사람은 누구나 **창의적**이랍니다.
창의력 과학의 **세계**로 **오심**을
환영합니다 !!

국내 최초로
중고등 과정의 과학의 전부와 과학 창의력 문제의 전부를

중등기초 - 중등완성 - 고등기초 - 고등완성 - 실전 문제 풀이의 5단계로 구성한

세페이드 과학 시리즈 - 무한상상편!

이제 편안하게 과학공부를 즐길 수 있습니다.

cafe.naver.com/creativeini

결국은 창의력입니다.

창의력은 유익하고 새로운 것을 생각해 내는 능력입니다.
창의력의 요소로는 자기만의 의견을 내는 독창성, 다른 주제와 연관성을 나타내는 융통성, 여러 의견을 내는 유창성, 조금 더 정확하고 치밀한 의견을 내는 정교성, 날카롭고 신속한 의견을 내는 민감성 등이 있습니다.
한편, 각종 입시와 대회에서는 창의적 문제해결력을 측정하고 평가합니다.
최근 교육계의 가장 큰 이슈가 되고 있는 STEAM 교육도 서로 별개로 보아 왔던 과학, 기술 분야와 예술 분야를 융합할 수 있는"창의적 융합인재 양성"을 목표로 하고 있습니다.

창의력과학 세페이드 시리즈는 과학적 창의력을 강화시킵니다.

창의력과학

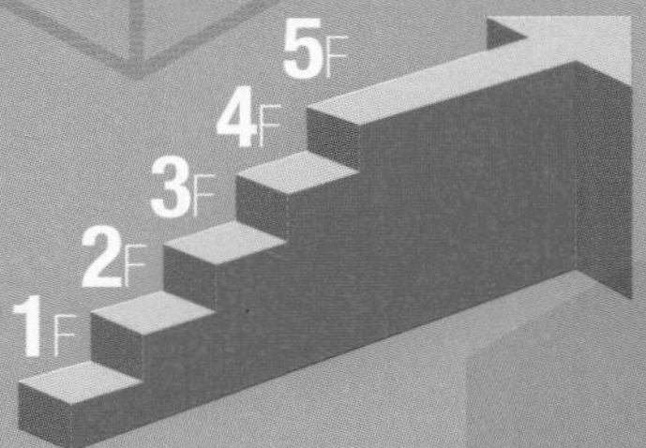

시리즈의 구성

물리(상,하) 화학(상,하)	과학을 처음 접하는 사람 과학을 차근차근 배우고 싶은 사람 창의력을 키우고 싶은 사람	중등 기초(상,하)	1F
물리(상,하) 지구과학(상,하) 화학(상,하) 생명과학(상,하)	중학교 과학을 완성하고 싶은 사람 중등 수준 창의력을 숙달하고 싶은 사람	중등 완성(상,하)	2F
물리(상,하) 지구과학(상,하) 화학(상,하) 생명과학(상,하)	고등학교 과학 I 을 완성하고 싶은 사람 고등 수준 창의력을 키우고 싶은 사람	고등 I (상,하)	3F
물리(상,하) 지구과학(상,하) 화학(상,하) 생명과학(상,하)	고등학교 과학 II 을 완성하고 싶은 사람 고등 수준 창의력을 숙달하고 싶은 사람	고등 II (상,하)	4F
물리, 화학, 생명과학, 지구과학	고급 문제, 심화 문제, 융합 문제를 통한 각 시험과 대회를 대비하고자 하는 사람	실전 문제 풀이	5F

무한 상상하는 법

1. 고개를 숙인다.
2. 고개를 든다.
3. 뛰어간다.
4. 무한상상한다.

CEPHEID

창/의/력/과/학

세페이드

4F. 화학(상)

윤 찬 섭 무한상상 영재교육 연구소

cafe.naver.com/creativeini 무한상상

단원별 내용 구성

이론 - 유형 - 창의력 - 과제 등의 단계별 학습으로
가장 효과적인 자기주도학습이 가능합니다.
새로운 문제에 도전해 보세요!

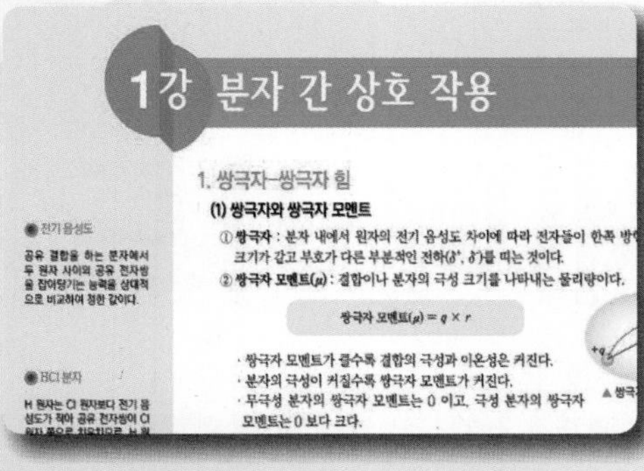

1. 강의

관련 소단원 내용을 4~6편으로
나누어 강의용/학습용으로 구성하였습니다.
개념에 대한 이해를 돕기 위해 보조단에는 풍부한
자료와 심화 내용을 수록했습니다.

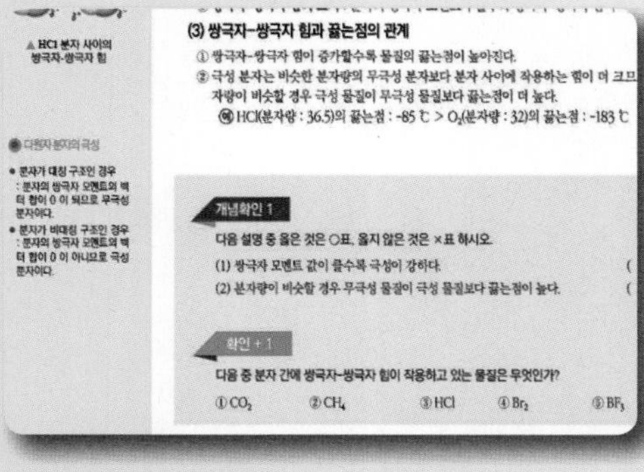

2. 개념확인, 확인+

강의 내용을 이용하여 쉽게 풀고 내용을
정리할 수 있는 문제로 구성하였습니다.

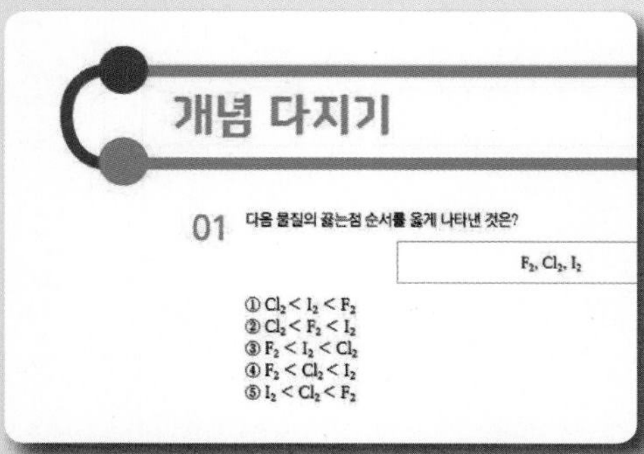

3. 개념다지기

관련 소단원 내용을 전반적으로 이해하고
있는지 테스트합니다.
내용에 국한하여 쉽게 해결할 수 있는
문제로 구성하였습니다.

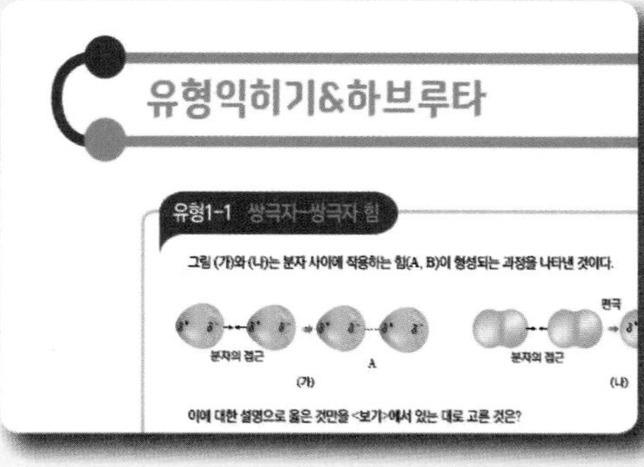

4. 유형익히기 하브루타

관련 소단원 내용을 유형별로 나누어서
각 유형에 따른 대표 문제를 구성하였고,
연습문제를 제시하였습니다.

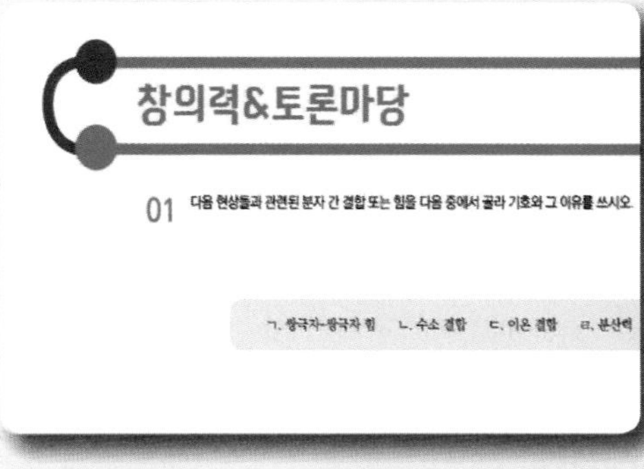

5. 창의력 & 토론 마당

주로 관련 소단원 내용에 대한 심화 문제로
구성하였고, 다른 단원과의 연계 문제도 제시됩니다.
논리 서술형 문제, 단계적 해결형 문제 등도
같이 구성하여 창의력과 동시에 논술, 구술 능력도
향상할 수 있습니다.

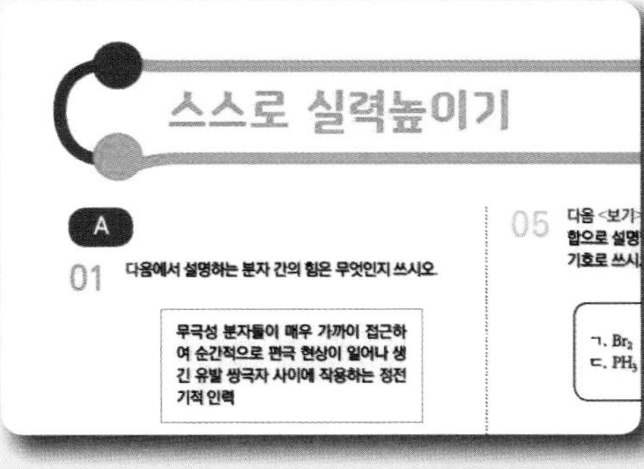

6. 스스로 실력 높이기

A단계(기초) – B단계(완성) – C단계(응용)
– D단계(심화)로 구성하여 단계적으로 자기주도
학습이 가능하도록 하였습니다.

7. Project

대단원이 마무리될 때마다 읽기 자료,
실험 자료 등을 제시하여 서술형/논술형 답안을
작성하도록 하였고, 단원의 주요 실험을
자기주도적으로 실시하여 실험보고서 작성을
할 수 있도록 하였습니다.

c o n t e n t s

4F 화학(상)

1. 다양한 모습의 물질

2. 물질 변화와 에너지

CEPHEID
창/의/력/과/학
세페이드 4F. 화학(상)

4F 화학(하)

1. 화학 평형

2. 화학 반응 속도

CEPHEID

창/의/력/과/학

세페이드

I 다양한 모습의 물질

분자 사이의 작용하는 힘과 고체, 액체, 기체의 특징을 알아보고, 용액의 총괄성을 이해하자.

1강 분자 간 상호 작용

1. 쌍극자-쌍극자 힘

(1) 쌍극자와 쌍극자 모멘트

① **쌍극자** : 분자 내에서 원자의 전기 음성도 차이에 따라 전자들이 한쪽 방향으로 치우쳐 크기가 같고 부호가 다른 부분적인 전하(δ^+, δ^-)를 띠는 것이다.

② **쌍극자 모멘트(μ)** : 결합이나 분자의 극성 크기를 나타내는 물리량이다.

$$\text{쌍극자 모멘트}(\mu) = q \times r$$

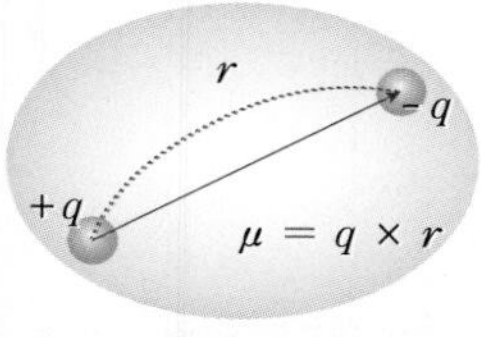

▲ 쌍극자 모멘트(μ)

· 쌍극자 모멘트가 클수록 결합의 극성과 이온성은 커진다.
· 분자의 극성이 커질수록 쌍극자 모멘트가 커진다.
· 무극성 분자의 쌍극자 모멘트는 0 이고, 극성 분자의 쌍극자 모멘트는 0 보다 크다.

③ **쌍극자 모멘트(μ)의 표시** : 쌍극자 모멘트는 δ^+ 에서 δ^- 로 향하는 화살표로 나타내며, 쌍극자 모멘트의 크기는 화살표의 길이로 나타낸다.

모형	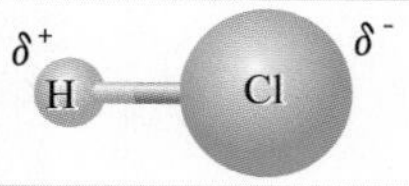	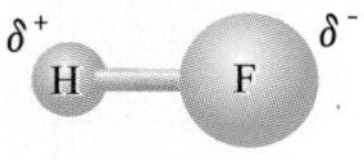
구조식	H－Cl	H－F
쌍극자 모멘트	$+\!\!\longrightarrow$	$+\!\!\longrightarrow$

▲ 쌍극자 모멘트의 표시

● 전기 음성도

공유 결합을 하는 분자에서 두 원자 사이의 공유 전자쌍을 잡아당기는 능력을 상대적으로 비교하여 정한 값이다.

● HCl 분자

H 원자는 Cl 원자보다 전기 음성도가 작아 공유 전자쌍이 Cl 원자 쪽으로 치우치므로, H 원자는 부분적인 (+) 전하를 띠고, Cl 원자는 부분적인 (-) 전하를 띤다.

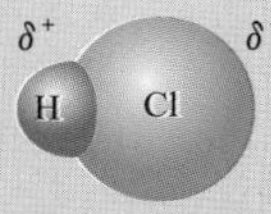

▲ HCl 분자

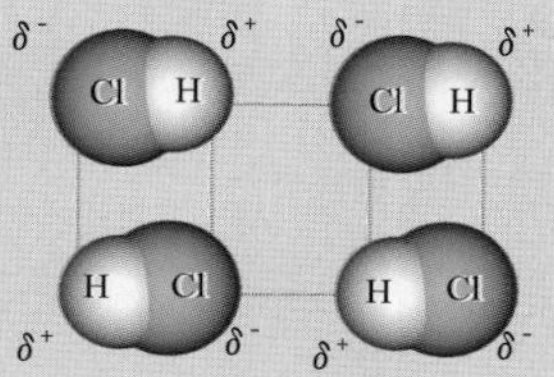

▲ HCl 분자 사이의 쌍극자-쌍극자 힘

(2) 쌍극자-쌍극자 힘

① **쌍극자-쌍극자 힘** : 극성 분자의 (+) 전하를 띤 부분과 다른 극성 분자의 (-) 전하를 띤 부분이 서로 접근할 때 작용하는 분자 사이의 정전기적 인력이다.

② **쌍극자-쌍극자 힘의 크기** : 분자의 쌍극자 모멘트가 클수록 쌍극자-쌍극자 힘이 커진다.

(3) 쌍극자-쌍극자 힘과 끓는점의 관계

① 쌍극자-쌍극자 힘이 증가할수록 물질의 끓는점이 높아진다.

② 극성 분자는 비슷한 분자량의 무극성 분자보다 분자 사이에 작용하는 힘이 더 크므로, 분자량이 비슷할 경우 극성 물질이 무극성 물질보다 끓는점이 더 높다.

예 HCl(분자량 : 36.5)의 끓는점 : -85 ℃ > O_2(분자량 : 32)의 끓는점 : -183 ℃

● 다원자 분자의 극성

- 분자가 대칭 구조인 경우 : 분자의 쌍극자 모멘트의 벡터 합이 0 이 되므로 무극성 분자이다.
- 분자가 비대칭 구조인 경우 : 분자의 쌍극자 모멘트의 벡터 합이 0 이 아니므로 극성 분자이다.

개념확인 1

다음 설명 중 옳은 것은 ○표, 옳지 않은 것은 ×표 하시오.

(1) 쌍극자 모멘트 값이 클수록 극성이 강하다. (　　)

(2) 분자량이 비슷할 경우 무극성 물질이 극성 물질보다 끓는점이 높다. (　　)

확인 + 1

다음 중 분자 간에 쌍극자-쌍극자 힘이 작용하고 있는 물질은 무엇인가?

① CO_2　② CH_4　③ HCl　④ Br_2　⑤ BF_3

2. 분산력

(1) 순간 쌍극자

① **편극** : 인접한 전하에 의해 분자의 전자 구름이 한쪽으로 치우치는 현상이다.

② **순간 쌍극자** : 편극에 의해 순간적으로 생성된 쌍극자로 유발 쌍극자, 유도 쌍극자라고 도 한다.

(2) 분산력(반데르 발스 힘) : 순간 쌍극자와 이 쌍극자에 의해 유발된 다른 무극성 분자의 순간 쌍극자 사이에 작용하는 인력이다.

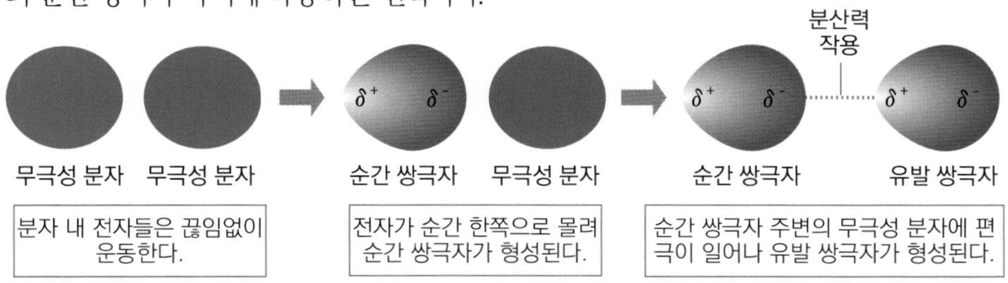

▲ 무극성 분자 사이에 분산력이 형성되는 과정

① **분자량과 분산력의 관계** : 비슷한 구조에서 분자량이 클수록 편극이 쉽게 일어나기 때문에 분산력이 증가한다.

② **표면적과 분산력의 관계** : 분자량이 비슷할 경우 분자의 표면적이 클수록 편극이 쉽게 일어나 힘이 작용하는 부분이 커지기 때문에 분산력이 증가한다.

(3) 분산력과 끓는점의 관계 : 분산력이 증가할수록 끓는점이 높아진다.

예 할로젠 분자와 비활성 기체는 분자량이 클수록 분산력이 증가하여 끓는점이 높아진다.

할로젠 분자의 끓는점 비교 : $F_2 < Cl_2 < Br_2 < I_2$

할로젠 분자	분자량	끓는점(℃)	상온에서의 상태
F_2	38	-188.0	기체
Cl_2	71	-34.1	기체
Br_2	160	58.8	액체
I_2	254	184.4	고체

▲ 할로젠 분자의 물리적 성질

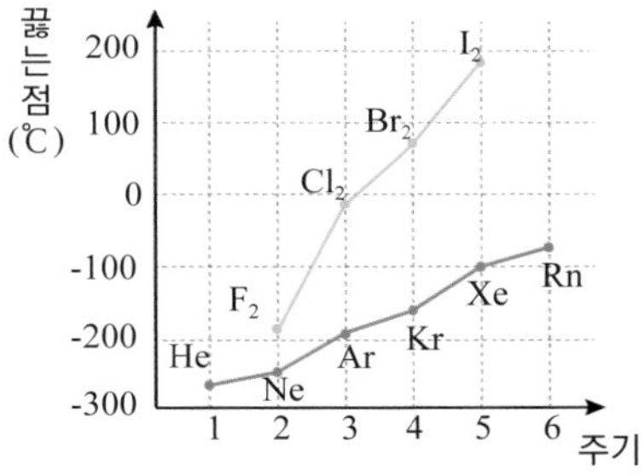

▲ 비활성 기체와 할로젠 분자의 끓는점

개념확인 2

정답 및 해설 02쪽

무극성 분자 사이에 작용하는 정전기적 인력은 무엇인가?

( )

확인 + 2

다음 중 분자들의 끓는점이 높은 순서대로 옳게 나타낸 것은?

① $CF_4 < CH_4 < CCl_4$ ② $CF_4 < CCl_4 < CH_4$ ③ $CH_4 < CF_4 < CCl_4$
④ $CH_4 < CCl_4 < CF_4$ ⑤ $CCl_4 < CH_4 < CF_4$

● 순간 쌍극자

극성 분자가 무극성 분자에 접근하면 무극성 분자의 전자들이 극성 분자의 (+) 전하를 띠는 부분 쪽으로 치우쳐 순간 쌍극자가 형성된다.

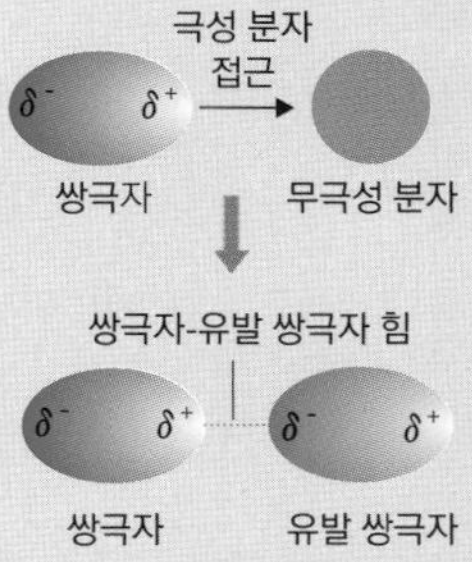

▲ 쌍극자-유발 쌍극자 힘

● 분자 사이에 작용하는 힘

- 극성 분자-극성 분자 : 쌍극자-쌍극자 힘, 분산력
- 극성 분자-무극성 분자 : 쌍극자-유발 쌍극자 힘, 분산력
- 무극성 분자-무극성 분자 : 분산력

● 탄화수소의 끓는점

탄화수소의 분자량이 증가할수록 분산력이 커지므로 녹는점과 끓는점이 높아진다.

탄화수소	분자량	끓는점 (℃)
메테인 (CH_4)	16	-164
에테인 (C_2H_6)	30	-89
프로페인 (C_3H_8)	44	-42
뷰테인 (C_4H_{10})	58	-0.6
펜테인 (C_5H_{12})	72	36
헥세인 (C_6H_{14})	86	69
헵테인 (C_7H_{16})	100	98

3. 수소 결합

(1) 수소 결합 : 전기 음성도가 큰 F, O, N 원자에 결합된 수소 원자와, 이웃한 분자의 F, O, N 원자 사이에 작용하는 분자간의 인력이다.

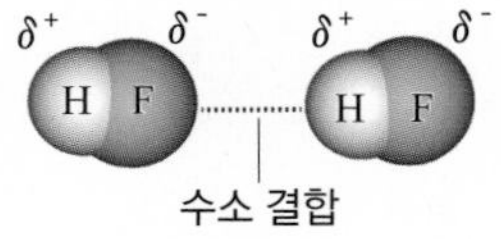

▲ HF 분자 사이의 수소 결합

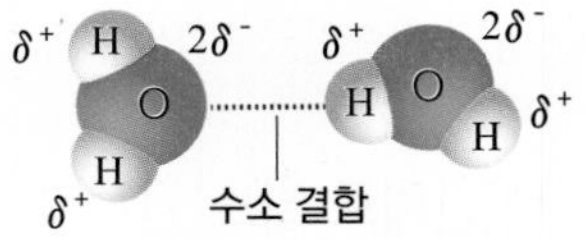

▲ H_2O 분자 사이의 수소 결합

분자	HF	H_2O	NH_3
수소 결합의 종류	F−H⋯F	O−H⋯O	N−H⋯N
수소 결합의 세기	29	24	16
끓는점(℃)	19	100	-33

▲ HF, H_2O, NH_3 분자의 수소 결합

(2) 수소 결합과 끓는점의 관계 : 수소 결합 물질은 분자량이 비슷한 다른 물질에 비해 끓는점이 높다.

① **14족 원소의 수소 화합물** : 무극성이므로 같은 주기의 수소 화합물 중 끓는점이 가장 낮다.

② **15~17족 원소의 수소 화합물(수소 결합 물질 제외)** : 주기가 커질수록 분산력이 증가하여 끓는점이 높아진다.

③ **H_2O, HF, NH_3(수소 결합 물질)** : 같은 족 원소의 수소 화합물보다 분자량이 작지만 끓는점이 높다.

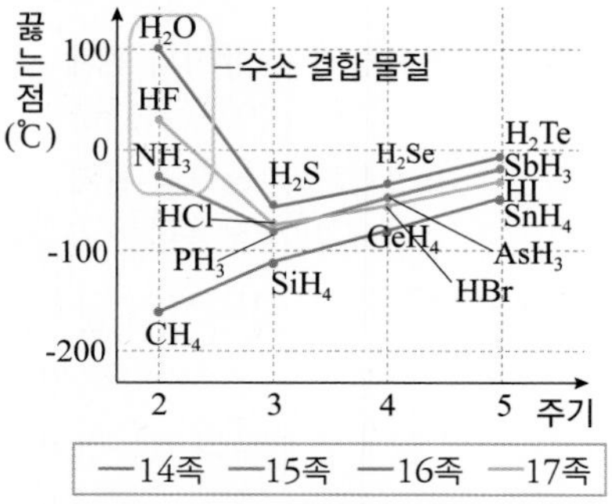

▲ 14 ~ 17족 수소 화합물의 끓는점 비교

(3) 이합체 또는 다합체 형성 : 수소 결합 물질은 이합체나 다합체를 형성한다.

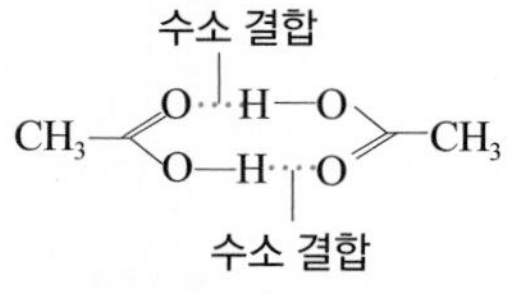

▲ 아세트산(CH_3COOH)의 이합체

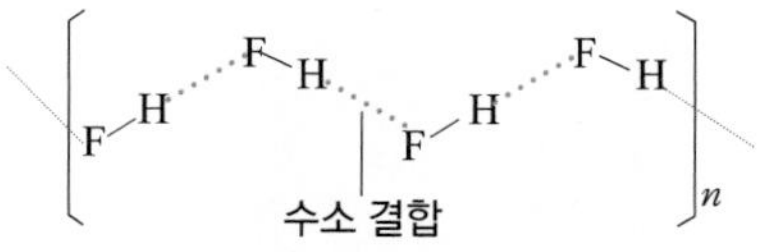

▲ 플루오린화 수소(HF)의 다합체

개념확인 3

다음 수소 결합에 대한 설명 중 옳은 것은 ○표, 옳지 않은 것은 ×표 하시오.

(1) 수소에 결합된 원자의 전기 음성도가 클수록 결합의 세기가 강하다. ( )

(2) 수소 결합 물질은 분자량이 비슷한 다른 물질에 비해 끓는점이 낮다. ( )

확인 + 3

다음 분자 중 수소 결합을 형성하는 것은?

① CH_4 ② C_2H_6 ③ PH_3 ④ HF ⑤ SiH_4

● 수소 결합의 세기

- 분자 사이의 힘 중 분산력, 쌍극자-쌍극자 힘보다 훨씬 강하다.
- 수소에 결합된 원자의 전기 음성도가 클수록 강하다.

● 수소 결합에서 '결합'

수소 결합은 분자 간에 형성되는 화학 결합이다. 분자 간 힘으로서는 강하지만 원자 간 결합인 공유 결합 보다는 훨씬 약하므로 '실선'이 아닌 '점선'으로 나타낸다.

● DNA 염기쌍의 수소 결합

수소 결합에 의해 DNA 염기쌍과 단백질의 2차, 3차 구조가 형성된다.

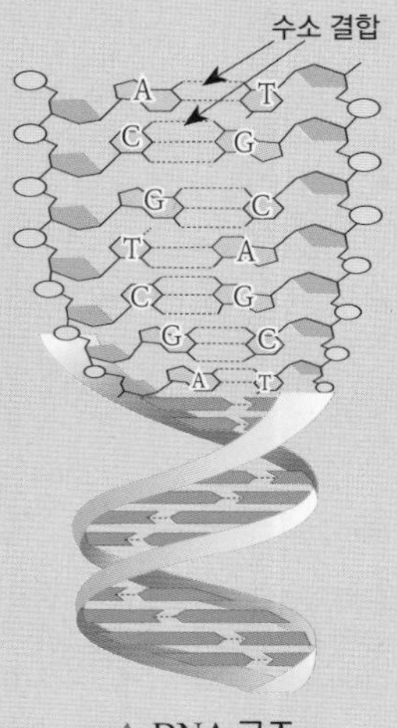

▲ DNA 구조

미니사전

이합체(二 둘, 合 합하다, 體 몸) 두 분자가 수소 결합 등에 의해 결합하여 한 분자처럼 행동하는 물질

다합체(多 많다, 合 합하다, 體 몸) 여러 개의 분자가 수소 결합 등에 의해 결합하여 한 분자처럼 행동하는 물질

4. 분자 사이의 힘과 끓는점 비교

(1) 분자 사이의 힘의 비교

① 분자량이 비슷한 경우 힘의 크기 : 분산력 < 쌍극자-쌍극자 힘 < 수소 결합

	분산력	쌍극자-쌍극자 힘	수소 결합
분자 사이에 작용하는 힘	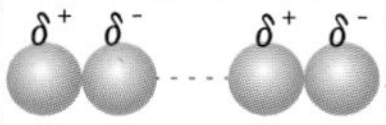	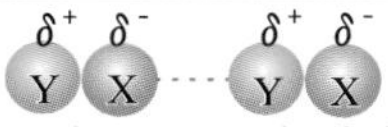 X, Y : 다른 종류의 비금속 원소	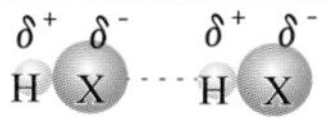 X : F, O, N
힘의 크기	작다	⟶	크다
끓는점	낮다	⟶	높다

▲ 분자 사이에 작용하는 힘의 비교 (분자량이 비슷한 경우)

② 극성 분자의 경우 분산력과 쌍극자-쌍극자 힘이 존재하고, 무극성 분자에서는 분산력만 존재한다.

③ 극성 분자 사이에 작용하는 힘은 무극성 분자간에 작용하는 힘보다 크다.

힘	세기 (kJ/mol)	특징
쌍극자-쌍극자	1 ~ 3 정도	극성 분자들 사이에 존재
분산력	0.5 ~ 10 정도	모든 분자들 사이에 존재
수소 결합	15 ~ 40 정도	F, O, N와 결합한 H와 F, O, N 사이에 존재

▲ 여러 가지 분자 사이의 힘의 비교

(2) 분자 사이의 힘과 끓는점의 관계

① 분자량이 비슷한 경우 쌍극자 모멘트가 클수록 끓는점이 높다.

② 분자량이 비슷한 경우 표면적이 클수록 끓는점이 높다.

예 탄화수소 이성질체의 경우 사슬 구조(*n*-형)가 가지를 뻗은 구조(*iso*-형, *neo*-형)보다 표면적이 크므로 녹는점, 끓는점이 높다.

③ 쌍극자 모멘트가 비슷한 경우 분자량이 클수록 분산력이 증가하여 끓는점이 높다.

④ 수소 결합이 강할수록 끓는점이 높다.

⑤ 할로젠 원소는 분자가 수소 화합물에 비해 분자량이 크므로 끓는점이 높다. 단, HF는 수소 결합을 하기 때문에 F_2보다 끓는점이 높다.

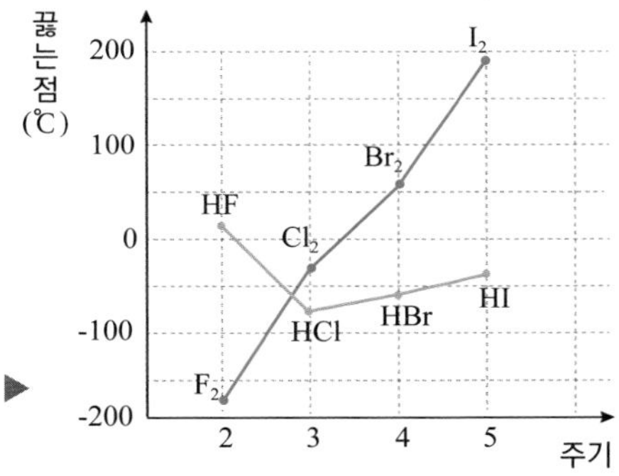

할로젠 원소와 할로젠 원소의 수소 화합물의 끓는점 비교 ▶

개념확인 4 정답 및 해설 02쪽

극성 분자 사이와 무극성 분자 사이에 모두 작용하는 힘은 무엇인가?

( )

확인 + 4

다음 중 분자들 사이에 작용하는 것이 아닌 것은?

① 수소 결합 ② 공유 결합 ③ 분산력
④ 쌍극자-쌍극자 힘 ⑤ 쌍극자-유발 쌍극자 힘

● 분산력의 작용

분산력은 두 분자가 분극화된 전하 분포를 가질 때 일어나므로 극성 분자나 무극성 분자 모두에 작용한다.

● CO와 N_2의 비교

CO와 N_2는 분자량이 같지만 CO는 극성 분자이고, N_2는 무극성 분자이므로 CO의 끓는점이 더 높다.

화학식	분자량	끓는점(℃)
CO	28	-191.5
N_2	28	-196.0

● 뷰테인의 끓는점 비교

n-뷰테인의 끓는점은 -0.6℃이고, *iso*-뷰테인의 끓는점은 -11.6℃이다. 두 분자의 분자량이 같지만 *n*-뷰테인의 표면적이 커서 분자들과 분산력이 크기 때문에 *n*-뷰테인의 끓는점이 *iso*-뷰테인보다 높다.

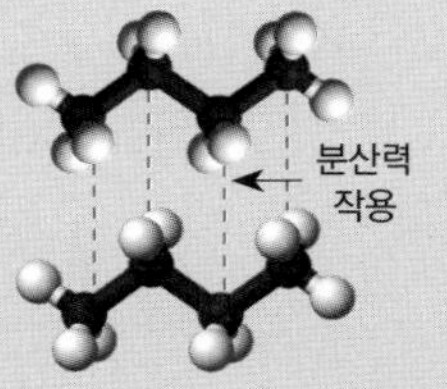

▲ *n*-뷰테인(C_4H_{10})

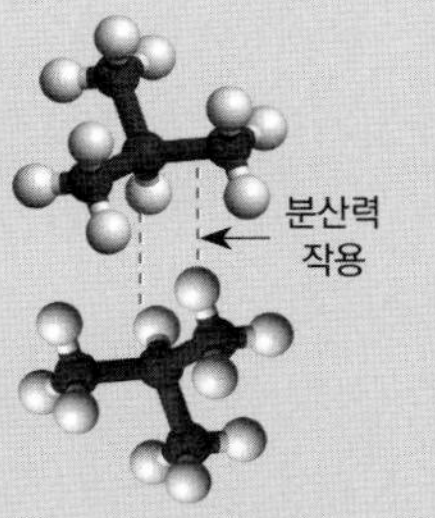

▲ *iso*-뷰테인(C_4H_{10})

개념 다지기

01 다음 물질의 끓는점 순서를 옳게 나타낸 것은?

F_2, Cl_2, I_2

① $Cl_2 < I_2 < F_2$
② $Cl_2 < F_2 < I_2$
③ $F_2 < I_2 < Cl_2$
④ $F_2 < Cl_2 < I_2$
⑤ $I_2 < Cl_2 < F_2$

02 다음 분자 사이에 작용하는 힘에 대한 설명 중에서 옳지 않은 것은?

① 분산력은 분자의 표면적이 클수록 증가한다.
② 쌍극자 모멘트가 클수록 분자 사이의 힘이 커진다.
③ 수소 결합 물질은 대체로 이합체나 다합체를 형성한다.
④ 쌍극자-쌍극자 힘은 무극성 분자 사이에 작용하는 힘이다.
⑤ 수소 결합을 하는 물질은 분자량이 비슷한 다른 물질에 비해 녹는점이나 끓는점이 높다.

03 다음은 14족 원소의 수소 화합물의 끓는점을 비교한 것이다.

$CH_4 < SiH_4 < GeH_4 < SnH_4$

이와 같은 순서를 나타내는 데 영향을 주는 것은 무엇인가?

① 공유 결합 ② 수소 결합 ③ 분산력
④ 쌍극자-쌍극자 힘 ⑤ 쌍극자-유발 쌍극자 힘

04 다음 분자 중에서 분산력이 가장 큰 것은 무엇인가?

① HI ② HCl ③ Cl_2 ④ N_2 ⑤ I_2

05 그림은 다이클로로벤젠의 이성질체를 구조식으로 나타낸 것이다.

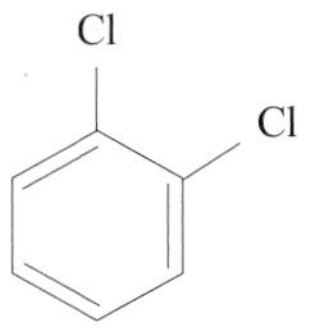

(가) 오쏘-다이클로로벤젠

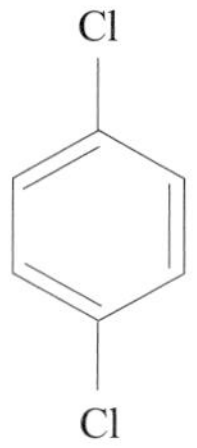

(나) 파라-다이클로로벤젠

(가), (나) 중에서 끓는점이 더 높은 것과 그 이유를 바르게 설명한 것은?

① (가), 분자량이 더 크기 때문이다.
② (가), 극성 분자이기 때문이다.
③ (가), 수소 결합을 하기 때문이다.
④ (나), 분자량이 더 크기 때문이다.
⑤ (나), 무극성 분자이기 때문이다.

06 다음 중 수소 결합 물질의 특성으로 옳지 않은 것은?

① 비열이 크다. ② 녹는점이 높다. ③ 끓는점이 높다.
④ 증발열이 크다. ⑤ 증기 압력이 크다.

07 다음 중 수소 결합을 하는 화합물을 <보기>에서 있는 대로 고른 것은?

< 보기 >

ㄱ. NH_3 ㄴ. CH_4 ㄷ. CH_3OCH_3 ㄹ. CH_3COOH

① ㄱ, ㄴ ② ㄱ, ㄹ ③ ㄴ, ㄷ
④ ㄷ, ㄹ ⑤ ㄱ, ㄴ, ㄹ

08 수소의 할로젠화물의 끓는점은 HCl < HBr < HI < HF 순으로 나타난다. 이 순서에 영향을 미치는 요인들을 옳게 나타낸 것은?

① 수소 결합, 분자량 ② 수소 결합, 전기 음성도
③ 쌍극자 사이의 힘, 수소 결합 ④ 쌍극자 사이의 힘, 분자량
⑤ 분자량, 이온 결합

유형익히기&하브루타

유형1-1 쌍극자-쌍극자 힘

그림 (가)와 (나)는 분자 사이에 작용하는 힘(A, B)이 형성되는 과정을 나타낸 것이다.

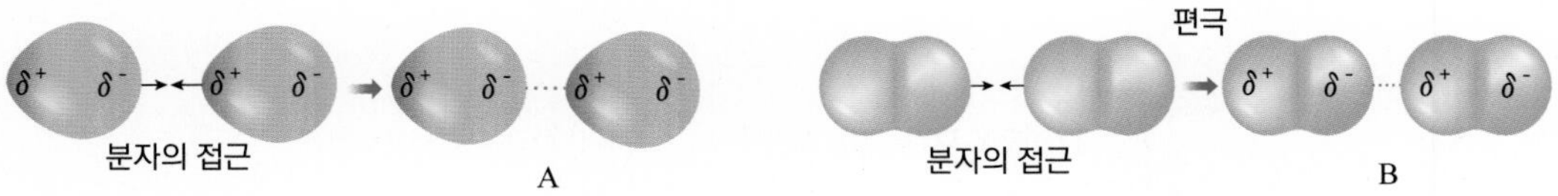

(가) (나)

이에 대한 설명으로 옳은 것만을 <보기>에서 있는 대로 고른 것은?

<보기>

ㄱ. A는 극성 분자 사이에 작용하는 힘이다.
ㄴ. HCl 분자 사이에서 B는 작용하지 않는다.
ㄷ. 분자량이 비슷한 HCl와 O_2의 끓는점 차이는 A로 설명할 수 있다.

① ㄱ ② ㄴ ③ ㄷ ④ ㄱ, ㄷ ⑤ ㄴ, ㄷ

01 표는 4가지 물질의 성질을 나타낸 것이다.

물질	화학식	분자량	쌍극자 모멘트(D)	끓는점 (℃)
질소	N_2	28	0	-196
산소	O_2	32	0	-183
일산화 질소	NO	30	0.15	-152
프로페인	$CH_3CH_2CH_3$	44	0	-42

이에 대한 설명으로 옳은 것만을 <보기>에서 있는 대로 고른 것은?

<보기>

ㄱ. 프로페인은 무극성 분자이다.
ㄴ. 질소와 산소의 끓는점이 다른 것은 원자들의 결합력 차이 때문이다.
ㄷ. 일산화 질소가 산소보다 끓는점이 높은 것은 극성 분자이기 때문이다.

① ㄱ ② ㄴ ③ ㄷ
④ ㄱ, ㄷ ⑤ ㄴ, ㄷ

02 표는 할로젠 수소 화합물 A ~ C에 대한 자료이다.

화합물	결합 길이 (pm)	전기 음성도 차이	끓는점 (℃)
A	92	1.9	20
B	130	0.9	-85
C	140	0.7	-67

이에 대한 설명으로 옳은 것은?

① 분자량은 A가 C보다 크다.
② 분산력은 B가 C보다 크다.
③ 극성의 크기는 B가 A보다 크다.
④ 분자 간 인력은 C가 B보다 크다.
⑤ 전기 음성도 차이가 클수록 끓는점이 높아진다.

유형1-2 분산력

표는 물질 (가)와 (나)의 구조식과 끓는점을 나타낸 것이다.

물질	구조식	끓는점(℃)
(가)	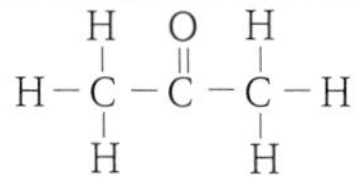	56
(나)	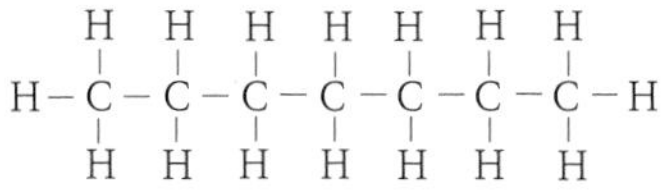	69

(가)와 (나)에 대한 설명으로 옳은 것만을 <보기>에서 있는 대로 고른 것은?

<보기>

ㄱ. (가)는 극성 분자, (나)는 무극성 분자이다.
ㄴ. (가)의 분자 사이에는 분산력이 작용하지 않는다.
ㄷ. 분자 사이 인력의 크기는 (나)가 (가)보다 크다.

① ㄱ　② ㄴ　③ ㄷ　④ ㄱ, ㄷ　⑤ ㄴ, ㄷ

03 표는 뷰테인 이성질체의 구조식과 끓는점을 나타낸 것이다.

물질	구조식	끓는점(℃)
(가)	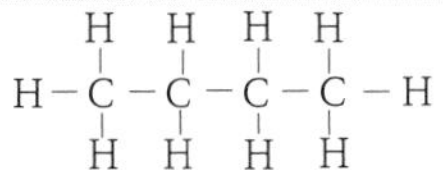	-0.5
(나)	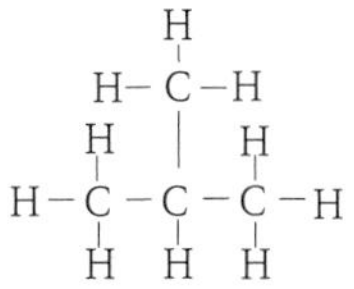	-11.7

이에 대한 설명으로 옳은 것만을 <보기>에서 있는 대로 고른 것은?

<보기>

ㄱ. (가)와 (나)의 분자량은 같다.
ㄴ. (가)와 (나)에 모두 분산력이 존재한다.
ㄷ. (가)가 (나)보다 끓는점이 높은 이유는 표면적의 차이 때문이다.

① ㄱ　② ㄴ　③ ㄷ
④ ㄴ, ㄷ　⑤ ㄱ, ㄴ, ㄷ

04 표는 4가지 물질의 성질을 나타낸 것이다.

물질	분자량	극성 유무	끓는점(℃)
(가)	16	무극성	-161
(나)	32	무극성	-112
(다)	36.5	극성	-85
(라)	20	극성	19

이에 대한 설명으로 옳은 것만을 <보기>에서 있는 대로 고른 것은?

<보기>

ㄱ. (가)~(라)는 25℃에서 모두 기체 상태이다.
ㄴ. 분자 사이에 작용하는 힘은 (다)가 가장 크다.
ㄷ. (라)는 분자 사이에 쌍극자-쌍극자 힘만 작용한다.

① ㄱ　② ㄴ　③ ㄷ
④ ㄴ, ㄷ　⑤ ㄱ, ㄴ, ㄷ

유형1-3 수소 결합

그림 (가)는 에탄올, (나)는 아세트 알데하이드의 구조식을 나타낸 것이다.

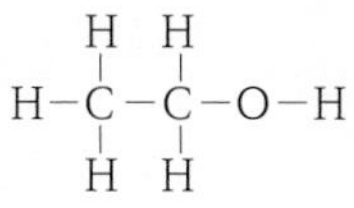

(가) 에탄올

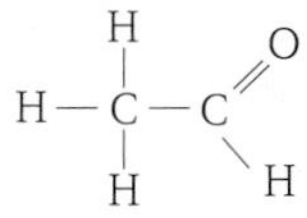

(나) 아세트 알데하이드

에탄올과 아세트 알데하이드에 대한 비교로 옳은 것만을 <보기>에서 있는 대로 고른 것은?

<보기>

ㄱ. 끓는점은 (가)가 (나)보다 높다.
ㄴ. 분산력은 (나)가 (가)보다 크다.
ㄷ. (가)는 분자 사이에 작용하는 힘의 종류가 2개이다.

① ㄱ ② ㄴ ③ ㄷ ④ ㄱ, ㄴ ⑤ ㄴ, ㄷ

05 그림은 폼알데하이드(HCHO)를 물에 녹였을 때, 수용액 속에 존재하는 분자와 분자 사이의 힘 (가), (나)를 나타낸 것이다.

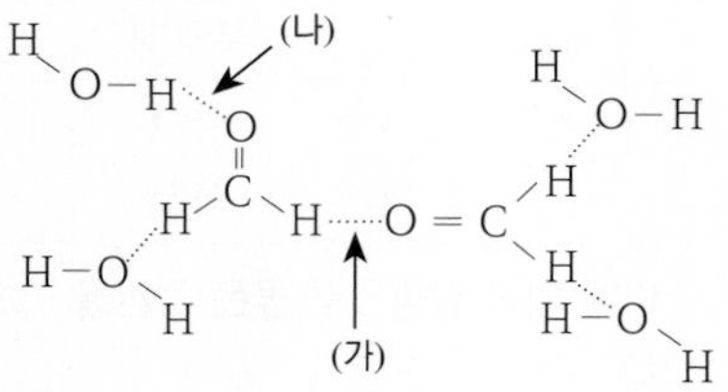

이에 대한 설명으로 옳은 것만을 <보기>에서 있는 대로 고른 것은?

<보기>

ㄱ. (가)는 수소 결합이다.
ㄴ. (나)가 (가)보다 힘의 크기가 더 세다.
ㄷ. 폼알데하이드(HCHO)는 극성 분자이다.

① ㄱ ② ㄴ ③ ㄱ, ㄴ
④ ㄴ, ㄷ ⑤ ㄱ, ㄴ, ㄷ

06 그림은 원소의 주기에 따른 할로젠화 수소의 끓는점을 나타낸 것이다.

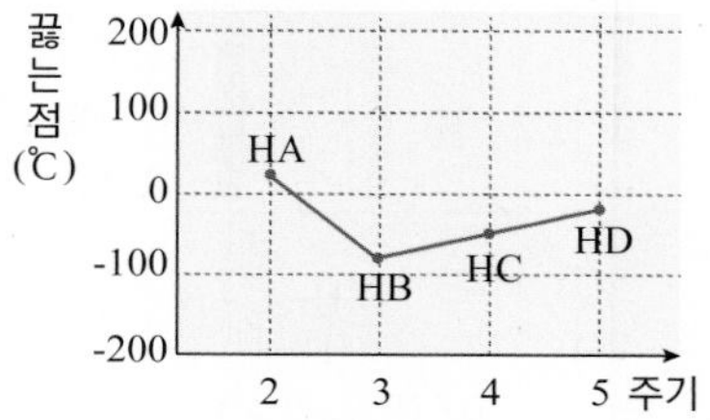

이에 대한 설명으로 옳은 것만을 <보기>에서 있는 대로 고른 것은? (단, A ~ D는 임의의 원소 기호이다.)

<보기>

ㄱ. HA는 수소 결합을 한다.
ㄴ. 할로젠 분자의 끓는점은 A_2가 B_2보다 높다.
ㄷ. 할로젠화 수소 분자 간의 인력은 HD가 HC보다 크다.

① ㄱ ② ㄴ ③ ㄷ
④ ㄱ, ㄷ ⑤ ㄱ, ㄴ, ㄷ

유형1-4 분자 간 힘과 끓는점 비교

표는 3가지 물질의 특성을 나타낸 것이다.

물질	(가)	(나)	(다)
구조	H–C–H (C에 H 2개가 위·아래로 더 결합)	H–F	H–O–H (O에 H 하나는 옆, 하나는 아래)
끓는점(℃)	-162	19.5	100
분자량	16	20	18

이에 대한 설명으로 옳은 것만을 <보기>에서 있는 대로 고른 것은?

〈 보기 〉

ㄱ. 분자량이 증가할수록 끓는점이 높아진다.
ㄴ. (가)는 분자들 사이에 쌍극자-쌍극자 힘이 작용한다.
ㄷ. (다)의 끓는점이 (나)보다 높은 것은 (다)의 수소 결합이 더 강하기 때문이다.

① ㄱ ② ㄴ ③ ㄷ ④ ㄱ, ㄴ ⑤ ㄱ, ㄷ

07 다음 중 수소 화합물의 끓는점 차이에 대한 주요 원인을 설명한 것으로 옳지 <u>않은</u> 것은?

	끓는점 비교	주요 원인
①	$HF < H_2O$	H_2O은 한 분자당 수소 결합의 개수가 더 많다.
②	$SiH_4 < HCl$	HCl은 극성이고 SiH_4는 무극성이다.
③	$H_2S < H_2O$	H_2O은 수소 결합을 한다.
④	$HCl < HF$	HF의 분산력이 HCl보다 크다.
⑤	$HCl < HBr$	HBr는 HCl보다 편극이 잘 일어난다.

08 표는 3가지 물질 (가) ~ (다)의 특성에 대한 자료이다.

물질	(가)	(나)	(다)
화학식	CH_3CHO	$CH_3CH_2CH_3$	C_2H_5OH
분자량	44	44	46
끓는점(℃)	-20	-42	78

이에 대한 설명으로 옳은 것만을 <보기>에서 있는 대로 고른 것은?

< 보기 >

ㄱ. (가)와 (나)는 무극성 분자이다.
ㄴ. (가)가 (나)보다 분자 사이의 인력이 더 크다.
ㄷ. (다)는 분자 사이에 수소 결합을 한다.

① ㄱ ② ㄴ ③ ㄷ ④ ㄱ, ㄴ ⑤ ㄴ, ㄷ

창의력&토론마당

01 다음 현상들과 관련된 분자 간 결합 또는 힘을 다음 중에서 골라 기호와 그 이유를 쓰시오.

ㄱ. 쌍극자-쌍극자 힘　ㄴ. 수소 결합　ㄷ. 이온 결합　ㄹ. 분산력

(1) 종이에 물을 쏟았더니 종이가 마른 후 쭈글쭈글해 졌다.

(2) 상온에서 뷰테인은 기체 상태이고, 펜테인은 액체 상태이다.

(3) 메탄올(CH_3OH)은 프로페인(C_3H_8)보다 분자량이 작지만 끓는점은 더 높다.

02 그림은 펜테인의 이성질체인 *n*-펜테인, *iso*-펜테인, *neo*-펜테인의 구조이다. 이들의 끓는점이 높은 순서대로 나열하고, 그 이유를 설명하시오.

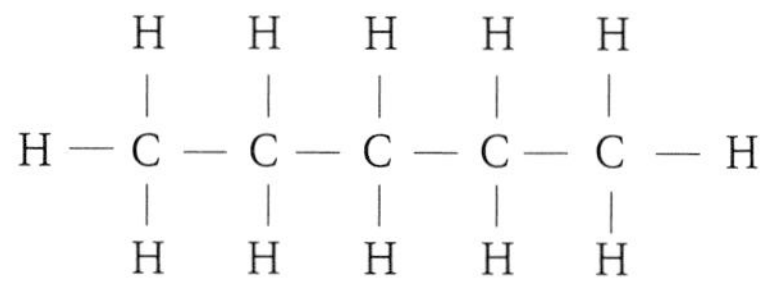

▲ *n*-펜테인

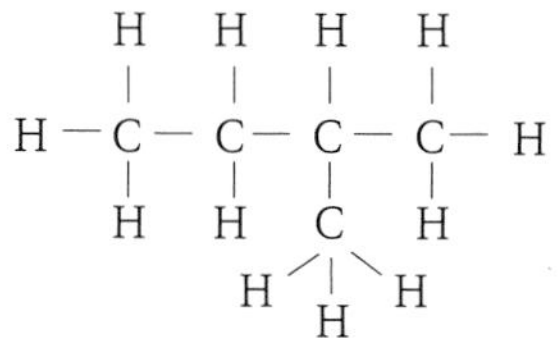

▲ *iso*-펜테인

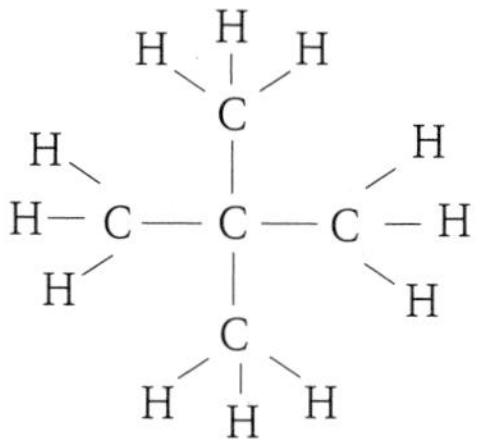

▲ *neo*-펜테인

창의력&토론마당

03 <자료 1, 2>는 2, 3주기 원소의 수소 화합물에서 분자 사이의 힘과 끓는점 사이의 관계를 알아보기 위해 조사한 것이다.

〈자료 1〉 분자의 성질과 끓는점 사이의 관계
(가) 분자량이 비슷할 때 극성 물질은 무극성 물질보다 끓는점이 높다.
(나) 무극성 물질은 유발 쌍극자가 생기기 쉬울수록 끓는점이 높다.
(다) 분자량이 비슷할 때 수소 결합을 하는 물질은 끓는점이 특히 높다.

〈자료 2〉 14 ~ 17족 원소의 수소 화합물의 끓는점과 분자량

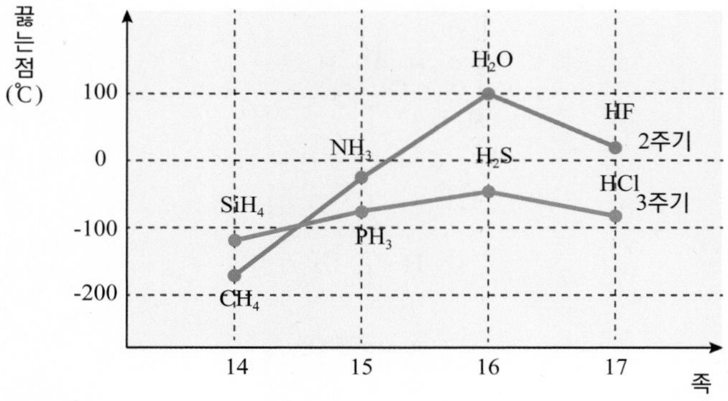

화합물	CH_4	NH_3	H_2O	HF	SiH_4	PH_3	H_2S	HCl
분자량	16	17	18	20	32	34	34	36.5

위 <자료 1>의 (가), (나), (다)의 예시에 해당하는 화합물을 <자료 2>에서 찾아 끓는점을 비교하시오.

04 다음을 읽고 물음에 답하시오.

2차 세계 대전 이전에 개발된 하이드라진은 공업적인 가치가 없었지만 전쟁 중에 하이드라진(N_2H_4)은 전투기에 사용되어 전투기의 효율성을 높였다. 현재에는 로켓의 연료로 사용되고 있다. 영화 '마션'에서는 촉매를 첨가하여 하이드라진(N_2H_4)을 질소와 수소로 분리하고, 이 과정에서 고온과 고온의 가스가 발생된다. 이렇게 만들어진 수소를 이용하여 산소와 반응시켜 물을 만든다.

(1) 하이드라진(N_2H_4)이 로켓의 연료로 사용되는 이유를 쓰시오.

(2) 하이드라진(N_2H_4)과 에틸렌(C_2H_4)의 끓는점을 비교해 보고 그 근거를 쓰시오.

창의력&토론마당

05 다음은 분자 간의 인력에 대한 설명이다.

> 화합물의 끓는점은 분자 사이의 인력이 클수록 높아진다. 분자 간 인력이 약하면 작은 에너지로도 화합물을 기체 상태로 만들 수 있으므로, 화합물의 증기 압력은 높아지고 끓는점은 낮아진다. 탄화수소의 경우 분산력만이 분자 간의 인력을 결정하는 것으로 알려져 있다. 분산력은 분자들 사이에 서로 접촉 가능한 표면적에 의존하며, 이 표면적이 클수록 분자 간의 인력이 커진다. 포화 탄화수소의 사슬구조 화합물은 탄소 수가 하나 늘어나면 분산력은 1 ~ 1.5kcal/mol 정도 늘어난다.

위 내용을 참고하여 다음 화합물들의 끓는점이 높을 것으로 예상되는 것부터 순서대로 기호로 나열하고 그 이유를 쓰시오.

(가) $CH_3CH_2CH_2CH_3$

(나) $CH_3CH_2CH_2CH_2CH_2CH_3$

(다)

$$\begin{array}{c} CH_3 \\ | \\ CH_3CCH_2CH_3 \\ | \\ CH_3 \end{array}$$

(라) $CH_3CH_2CH_2CH_2CH_2CH_2CH_2CH_3$

(　　　　>　　　　>　　　　>　　　　)

06 그림은 14 ~ 17족 수소 화합물의 끓는점을 나타낸 것이다. 다음 물음에 답하시오.

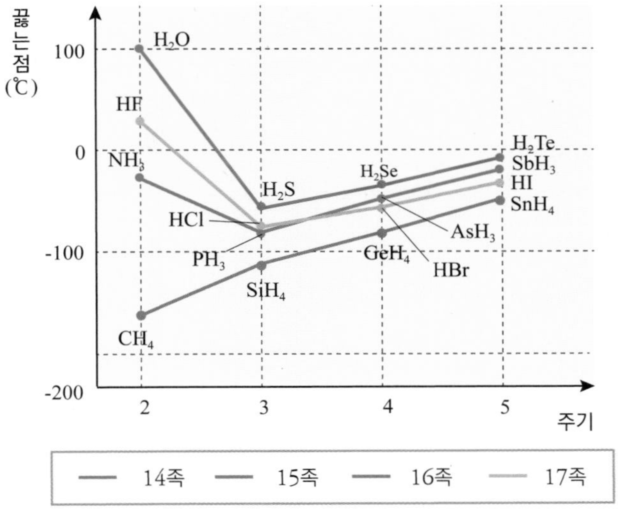

(1) 14족 수소 화합물의 끓는점이 주기에 따라 어떻게 변하는지 이유와 함께 쓰시오.

(2) 16족의 H_2O와 17족의 HF는 주기가 작은데도 끓는점이 높다. 그 이유는 무엇인가?

(3) 수소 결합을 하는 NH_3는 수소 결합을 하지 않는 H_2Te, SbH_3보다 끓는점이 낮다. 그 이유는 무엇인가?

스스로 실력높이기

A

01 다음에서 설명하는 분자 간의 힘은 무엇인지 쓰시오.

무극성 분자들이 매우 가까이 접근하여 순간적으로 편극 현상이 일어나 생긴 유발 쌍극자 사이에 작용하는 정전기적 인력

( )

02 분자 사이에 작용하는 힘에 대한 설명으로 옳은 것은 ○표, 옳지 않은 것은 ×표 하시오.

(1) 분자 사이의 쌍극자-쌍극자 힘은 분자량이 비슷한 무극성 분자 사이에 작용하는 힘보다 작다. ( )

(2) 무극성 분자는 분자량이 클수록, 표면적이 작을수록 끓는점이 높다. ( )

03 다음은 14족 원소의 수소 화합물의 끓는점을 비교한 것이다.

$CH_4 < SiH_4 < GeH_4 < SnH_4$

위의 내용과 가장 관련이 있는 것은?

① 공유 결합 ② 수소 결합 ③ 분산력
④ 분자의 극성 ⑤ 쌍극자-쌍극자 힘

04 다음 중 수소 결합을 형성하지 않는 물질은?

① H_2O ② CH_4 ③ NH_3
④ HF ⑤ CH_3COOH

05 다음 <보기>는 물질의 끓는점을 비교한 것이다. 수소 결합으로 설명할 수 있는 것을 <보기>에서 있는 대로 골라 기호로 쓰시오.

< 보기 >

ㄱ. $Br_2 > F_2$ ㄴ. HF > HCl
ㄷ. $PH_3 > SiH_4$ ㄹ. $NH_3 > PH_3$

( )

06 수소 결합에 대한 설명으로 옳은 것은 ○표, 옳지 않은 것은 ×표 하시오.

(1) 수소 결합 물질은 이합체나 다합체를 형성한다. ( )

(2) 수소 결합은 분자량이 비슷한 경우 분산력이나 쌍극자-쌍극자 힘보다 훨씬 강하다. ( )

07 다음 중 분자 사이에 분산력만 작용하는 것은?

① HBr ② ICl ③ NH_3
④ CO_2 ⑤ CH_3OH

08 다음 중 2주기 원소 수소 화합물의 끓는점 크기를 옳게 비교한 것은?

① $CH_4 < NH_3 < H_2O < HF$
② $CH_4 < NH_3 < HF < H_2O$
③ $NH_3 < CH_4 < HF < H_2O$
④ $NH_3 < HF < H_2O < CH_4$
⑤ $HF < CH_4 < NH_3 < H_2O$

09 다음 중 분자 사이에 작용하는 힘에 대한 설명으로 옳지 않은 것은?

① 극성 물질은 모두 수소 결합을 한다.
② 분산력은 모든 분자 사이에서 작용하는 힘이다.
③ 쌍극자-쌍극자 힘은 극성 분자 사이에 작용하는 힘이다.
④ 분자 사이에 작용하는 힘이 클수록 물질의 끓는점이 높아진다.
⑤ 수소 결합을 하는 물질은 분자량이 비슷한 다른 물질에 비해 녹는점이나 끓는점이 높다.

10 분자 사이에 작용하는 힘의 크기를 바르게 비교한 것을 <보기>에서 있는 대로 골라 기호로 쓰시오. (단, 원자량은 H = 1, C = 12, N = 14, O = 16, F = 19, Cl = 35.5이다.)

<보기>

ㄱ. $CO > N_2$　　ㄴ. $HF > H_2O$
ㄷ. $HCl > HF$　　ㄹ. $Cl_2 > F_2$

(　　　　　)

B

11 다음 중 3가지 화합물 C_2H_6, $CHCl_3$, CH_3CH_2OH을 물에 대한 용해도가 큰 순서대로 바르게 나타낸 것은?

① $C_2H_6 > CHCl_3 > CH_3CH_2OH$
② $C_2H_6 > CH_3CH_2OH > CHCl_3$
③ $CHCl_3 > CH_3CH_2OH > CHCl_3$
④ $CH_3CH_2OH > CHCl_3 > C_2H_6$
⑤ $CH_3CH_2OH > C_2H_6 > CHCl_3$

12 표는 4가지 물질의 특성을 나타낸 것이다.

화학식	분자량	끓는점(℃)
N_2	28	-196
SiH_4	32	-112
HCN	27	25.6
$CH_3CH_2CH_3$	44	-42

이에 대한 설명으로 옳지 않은 것은?

① 극성 물질은 1 가지이다.
② N_2는 쌍극자 모멘트가 0이다.
③ SiH_4는 분자 사이에 분산력만 존재한다.
④ SiH_4의 끓는점이 N_2보다 높은 것은 분자량 때문이다.
⑤ HCN의 끓는점이 $CH_3CH_2CH_3$보다 높은 것은 수소 결합 때문이다.

13 다음 중 분자 사이의 힘에 대한 설명으로 옳은 것만을 <보기>에서 있는 대로 고른 것은?

<보기>

ㄱ. 할로젠 분자 중에서 F_2는 I_2보다 분산력이 작다.
ㄴ. HCl는 분자 사이에 분산력과 쌍극자-쌍극자 힘이 작용한다.
ㄷ. NH_3의 끓는점이 PH_3보다 높은 것과 가장 관계가 큰 것은 분산력이다.

① ㄱ ② ㄷ ③ ㄱ, ㄴ
④ ㄴ, ㄷ ⑤ ㄱ, ㄴ, ㄷ

14 표는 쌍극자 모멘트 합이 0인 몇 가지 물질의 특성을 나타낸 것이다.

물질	분자량	끓는점(℃)
(가)	16	-164
(나)	30	-89
(다)	44	-42
(라)	58	-0.5
(마)	72	36

이에 대한 설명으로 옳은 것만을 <보기>에서 있는 대로 고른 것은?

<보기>

ㄱ. (가) ~ (마) 모두 무극성 물질이다.
ㄴ. 25℃에서 기체로 존재하는 물질은 3 가지이다.
ㄷ. 분자 사이에 작용하는 분산력은 (라)가 가장 크다.

① ㄱ ② ㄷ ③ ㄱ, ㄷ
④ ㄴ, ㄷ ⑤ ㄱ, ㄴ, ㄷ

15 표는 3가지 물질의 특성을 나타낸 것이다.

분자식	분자량	끓는점(℃)
NH_3	17	-33
H_2O	18	100
HF	20	19

이에 대한 설명으로 옳은 것은?

① NH_3는 분자 사이에 분산력만 작용한다.
② HF 분자 사이의 힘은 NH_3 분자 사이의 힘보다 크다.
③ H_2O이 HF보다 끓는점이 높은 것은 분산력 때문이다.
④ H_2O과 NH_3의 끓는점 차이는 공유 결합 에너지와 관계가 있다.
⑤ NH_3 분자 사이의 힘은 NH_3와 H_2O 분자 사이의 힘보다 크다.

16 다음은 할로젠의 수소 화합물(HX)과 탄소 화합물(CX_4)에서 할로젠 원소의 주기에 따른 화합물의 끓는점을 상대적으로 비교한 것이다.

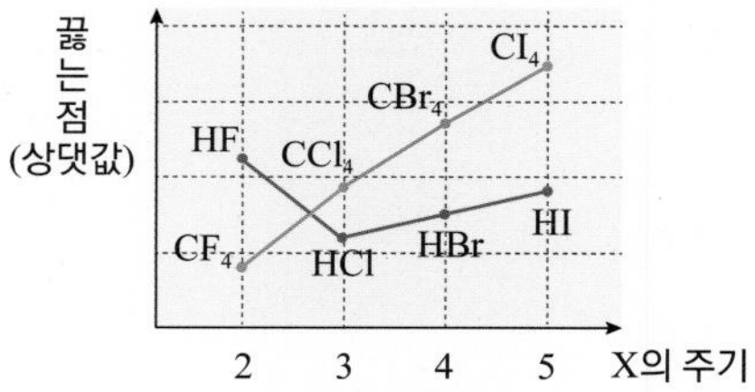

이에 대한 설명으로 옳은 것만을 <보기>에서 있는 대로 고른 것은?

<보기>

ㄱ. HX와 CX_4 모두에서 분자 사이에 작용하는 힘은 HF가 가장 크다.
ㄴ. 할로젠 탄소 화합물은 분자량이 클수록 끓는점이 높아진다.
ㄷ. HF가 HCl보다 끓는점이 높은 것은 수소 결합 때문이다.

① ㄱ ② ㄴ ③ ㄷ
④ ㄱ, ㄷ ⑤ ㄴ, ㄷ

17 표는 분자량이 비슷한 3가지 화합물의 특성을 나타낸 것이다.

화합물	화학식	분자량	끓는점(℃)
에탄올	C_2H_5OH	46	78
폼산	HCOOH	46	101
아세트 알데하이드	CH_3CHO	44	21

이에 대한 설명으로 옳은 것만을 <보기>에서 있는 대로 고른 것은?

<보기>
ㄱ. 에탄올과 폼산은 잘 섞인다.
ㄴ. 아세트 알데하이드는 분자 사이에 수소 결합을 한다.
ㄷ. 에탄올이 아세트 알데하이드보다 끓는점이 높은 주된 원인은 분산력 차이 때문이다.

① ㄱ ② ㄴ ③ ㄷ
④ ㄱ, ㄴ ⑤ ㄴ, ㄷ

18 다음 그래프에서 할로젠 원소(X)에 대하여 (가)는 할로젠 분자(X_2), (나)는 할로젠화 수소(HX)의 끓는점을 주기에 따라 나타낸 것이다.

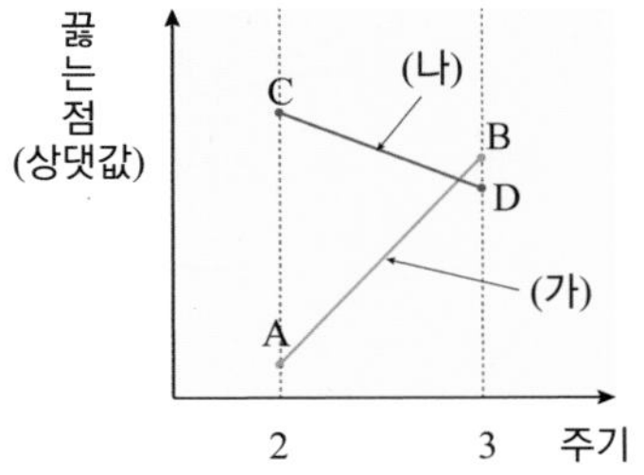

이에 대한 설명으로 옳은 것만을 <보기>에서 있는 대로 고른 것은? (단, X는 임의의 할로젠 원소 기호 이다.)

<보기>
ㄱ. 분자량은 A가 C보다 크다.
ㄴ. 쌍극자-쌍극자 힘은 D가 B보다 크다.
ㄷ. B가 D보다 끓는점이 높은 것은 분산력 때문이다.

① ㄱ ② ㄷ ③ ㄱ, ㄴ
④ ㄴ, ㄷ ⑤ ㄱ, ㄴ, ㄷ

C

19 그림은 2 ~ 4 주기 할로젠 원소의 수소 화합물의 끓는점을 상대적으로 비교하여 나타낸 것이다.

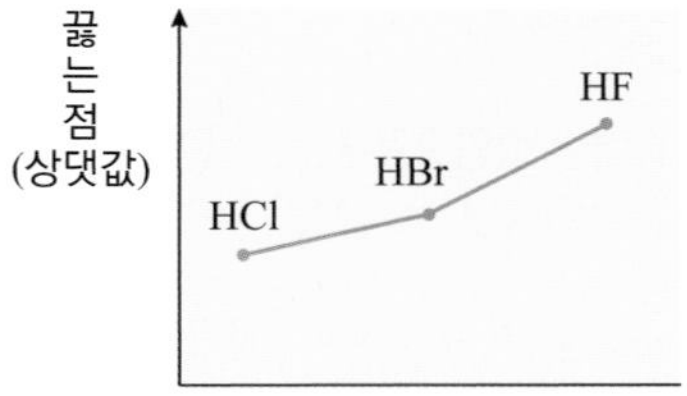

이에 대한 설명으로 옳은 것만을 <보기>에서 있는 대로 고른 것은? (단, 분자의 쌍극자 모멘트의 크기는 HF > HCl > HBr이다.)

<보기>
ㄱ. 분자의 극성이 클수록 끓는점이 높다.
ㄴ. HBr가 HCl보다 끓는점이 높은 것은 쌍극자-쌍극자 힘이 더 크기 때문이다.
ㄷ. HF가 HBr보다 끓는점이 높은 주된 원인은 수소 결합이다.

① ㄱ ② ㄴ ③ ㄷ
④ ㄱ, ㄴ ⑤ ㄴ, ㄷ

20 다음 그래프는 15족 어떤 원소(X)의 수소 화합물(XH_3) 4개의 끓는점을 분자량에 따라 나타낸 것이다.

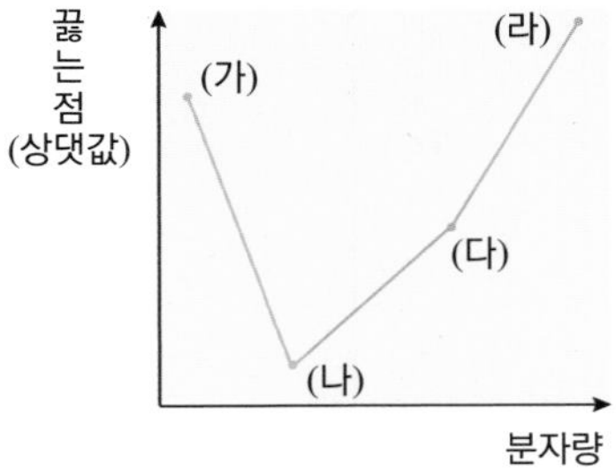

이에 대한 설명으로 옳은 것만을 <보기>에서 있는 대로 고른 것은? (단, X는 임의의 15족 원소 기호이다.)

<보기>
ㄱ. (가)는 수소 결합을 한다.
ㄴ. (라)가 (가)보다 끓는점이 높은 것은 분산력 때문이다.
ㄷ. (다)가 (나)보다 끓는점이 높은 주요 원인은 쌍극자-쌍극자 힘이다.

① ㄱ ② ㄴ ③ ㄱ, ㄴ
④ ㄴ, ㄷ ⑤ ㄴ, ㄷ

스스로 실력높이기

21 다음은 2 ~ 3주기 원소 A~D의 수소 화합물에 대한 자료이다.

화학식	AH_4	BH_4	H_2C	H_2D
분자량	16	32	34	x
끓는점(℃)	y	-112.0	-60.3	100.0

이에 대한 설명으로 옳은 것만을 <보기>에서 있는 대로 고른 것은? (단, A ~ D는 원소 C, O, Si, S 중의 하나이다.)

<보기>

ㄱ. x는 34보다 크다.
ㄴ. y는 -112.0보다 작다.
ㄷ. BH_4의 분자 사이의 힘은 H_2C보다 더 크다.

① ㄱ ② ㄴ ③ ㄷ
④ ㄱ, ㄴ ⑤ ㄴ, ㄷ

22 다음은 분자량에 따른 할로젠화 탄소 화합물 CX_4 ~ CZ_4의 끓는점을 나타낸 것이다.

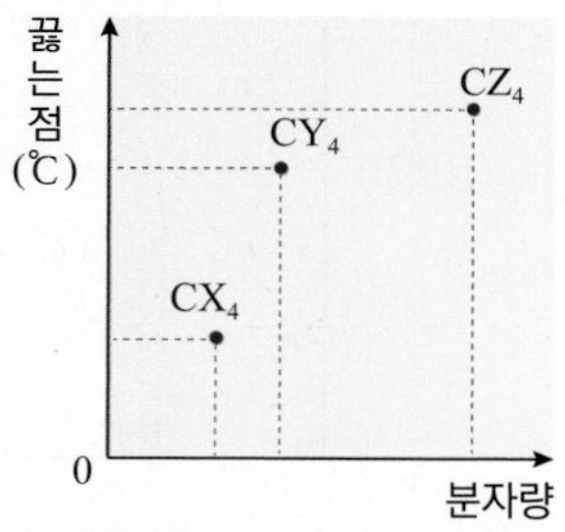

이에 대한 설명으로 옳은 것만을 <보기>에서 있는 대로 고른 것은? (단, X ~ Z는 원소 F, Cl, Br 중의 하나이다.)

<보기>

ㄱ. 분산력은 CX_4가 CZ_4보다 작다.
ㄴ. 할로젠화 수소 HX는 수소 결합을 한다.
ㄷ. 할로젠화 수소의 쌍극자-쌍극자 힘은 HY가 HZ보다 작다.

① ㄱ ② ㄴ ③ ㄷ
④ ㄱ, ㄴ ⑤ ㄱ, ㄷ

23 그림 (가)와 (나)는 분자량이 비슷한 두 화합물의 분자 구조를 나타낸 것이다.

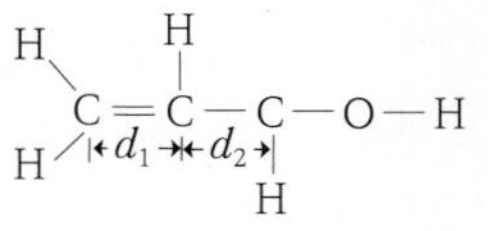

(가)

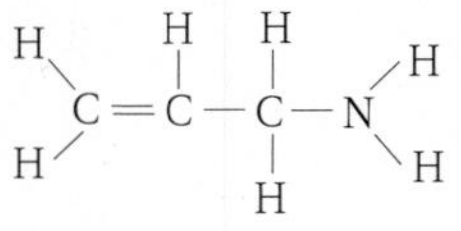

(나)

이에 대한 설명으로 옳은 것만을 <보기>에서 있는 대로 고른 것은?

<보기>

ㄱ. (가)에서 결합 길이는 $d_1 < d_2$이다.
ㄴ. (나)는 쌍극자 모멘트의 합이 0이다.
ㄷ. (가)와 (나)는 모두 분자 사이에 수소 결합을 한다.

① ㄱ ② ㄴ ③ ㄱ, ㄴ
④ ㄱ, ㄷ ⑤ ㄴ, ㄷ

24 다음은 할로젠화 수소의 끓는점과 구성 원소의 전기 음성도 차이를 나타낸 것이다.

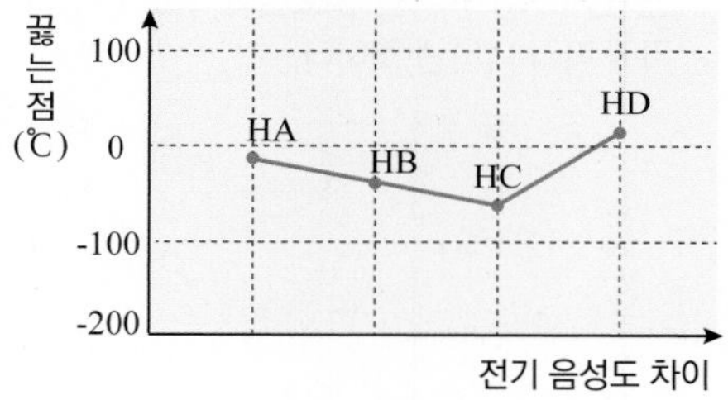

이에 대한 설명으로 옳은 것만을 <보기>에서 있는 대로 고른 것은? (단, A ~ D는 임의의 할로젠 원소 기호이다.)

<보기>

ㄱ. 분산력은 HA < HB이다.
ㄴ. 액체 상태에서 분자 사이의 힘은 HC < HB이다.
ㄷ. HD가 HA보다 끓는점이 높은 이유는 전기 음성도 차이 때문이다.

① ㄱ ② ㄴ ③ ㄷ
④ ㄱ, ㄴ ⑤ ㄴ, ㄷ

심화

25 다음 분자들 사이에 작용하는 힘을 <보기>에서 있는 대로 골라 기호로 쓰시오.

〈 보기 〉

ㄱ. 쌍극자-쌍극자 힘　　ㄴ. 분산력
ㄷ. 수소 결합

(1) CH_4 (　　　　)
(2) NH_3 (　　　　)
(3) HCl (　　　　)

26 다음은 할로젠 원소의 수소 화합물(HX)의 끓는점을 주기에 따라 나타낸 것이다.

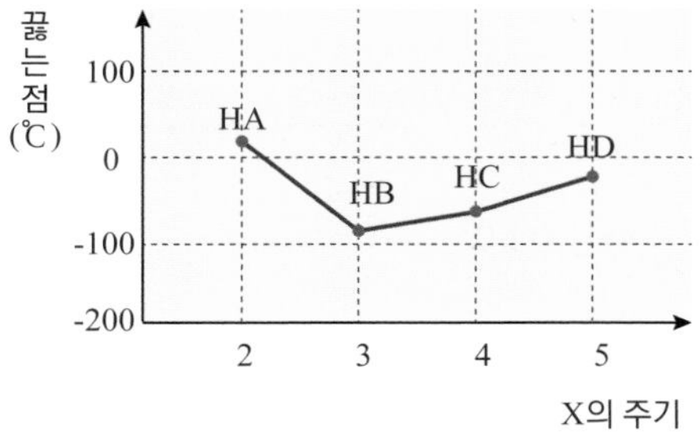

끓는점 변화가 위와 같이 나타나는 이유를 쓰시오. (단, A ~ D는 임의의 할로젠 원소 기호이다.)

27 다음은 HI와 I_2의 특성을 나타낸 표이다.

화학식	분자량	끓는점(℃)
HI	127.9	-35.4
I_2	254.0	184.4

I_2가 HI보다 끓는점이 더 높은 이유를 분자 사이의 힘과 관련지어 쓰시오.

28 그림은 물 분자의 구조를 나타낸 것이다.

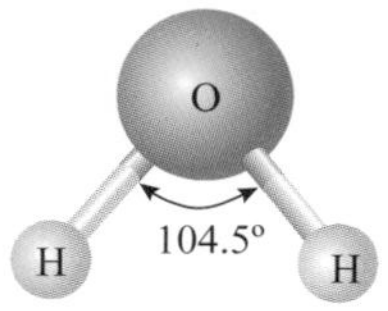

O - H 결합의 쌍극자 모멘트가 1.52 D 라면 물의 쌍극자 모멘트는 얼마인가? (단, cos(52.25º) = 0.61으로 계산한다.)

29 그림은 14족과 16족 원소의 수소 화합물의 끓는점을 주기에 따라 나타낸 것이다.

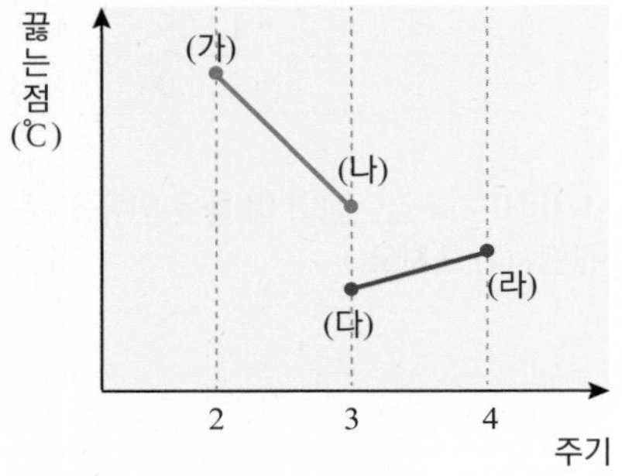

(가) ~ (라) 중에서 분자 사이에 쌍극자-쌍극자 힘, 분산력, 수소 결합의 힘이 존재하는 분자의 갯수를 각각 쓰시오.

(1) 쌍극자-쌍극자 힘 (　　　)개
(2) 분산력 (　　　)개
(3) 수소 결합 (　　　)개

30 그림은 안정한 수소 화합물(XH_n) a ~ f 의 끓는점을 중심 원자 X의 족에 따라 나타낸 것이다. 각 수소 화합물의 화학식을 쓰시오. (단, 각각의 X는 C, N, O, Si, P, S에 해당한다.)

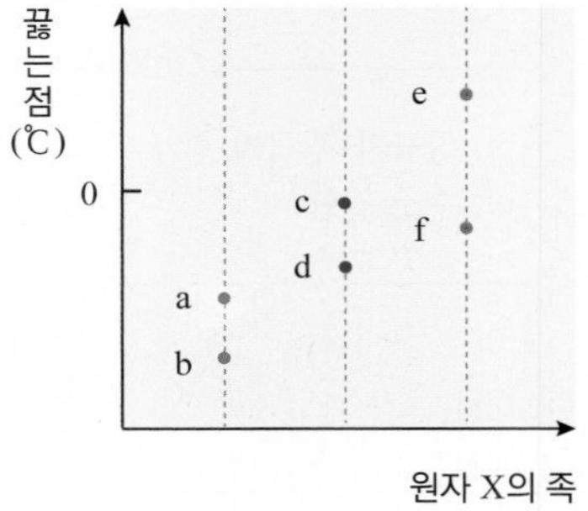

(1) a (　　　)
(2) b (　　　)
(3) c (　　　)
(4) d (　　　)
(5) e (　　　)
(6) f (　　　)

31 그림은 DNA 2중 나선 구조에서 염기 사이에 존재하는 결합 (가)와 (나)를 나타낸 것이다.

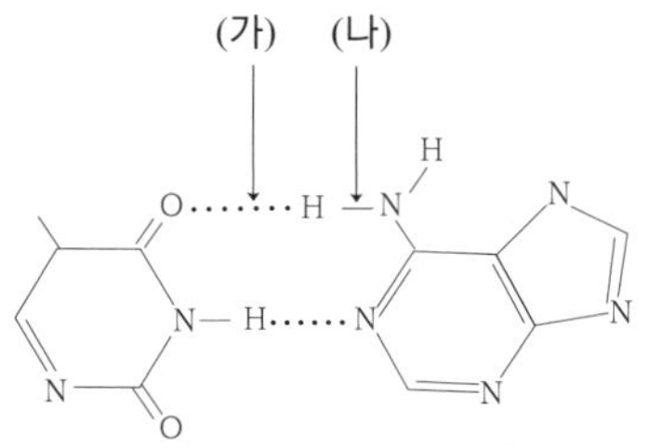

(가)와 (나) 결합의 종류를 쓰고 결합의 세기를 비교하시오.

32 4개의 할로젠 수소 화합물의 끓는점 순서는 HF > HI > HBr > HCl이다.

(1) 위 4개의 분자를 분자 사이에 분산력이 큰 순서대로 나열하시오.

(2) 위 4개의 분자를 분자 사이에 쌍극자-쌍극자 힘이 큰 순서대로 나열하시오.

(3) (1)번과 (2)번으로부터 위 4개 분자의 끓는점 순서의 이유를 설명하시오.

2강 기체 1

1. 기체의 압력

● 압력

P(압력) $= \dfrac{F(\text{힘})}{S(\text{힘이 작용한 면적})}$

(1) 압력 : 단위 면적에 가해진 힘의 크기로 나타낸다. 압력의 단위는 Pa(파스칼)을 사용하고, 1 Pa = 1N/m^2 이다.

(2) 토리첼리의 대기압 측정 실험

① **대기압** : 지구를 둘러 싼 공기에 의해 생기는 압력이다.

② **토리첼리의 실험** : 한쪽 끝이 막힌 긴 유리관에 수은을 가득 채워 수은이 담긴 용기에 거꾸로 세우면 수은 기둥의 높이가 760 mm 인 위치에서 수은이 더 이상 내려오지 않는다.

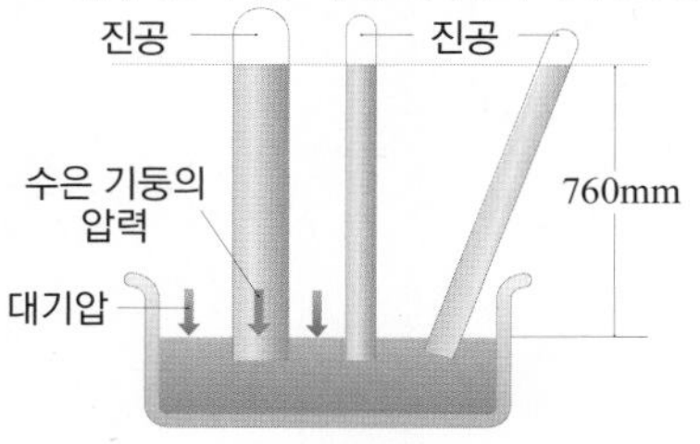

▲ 토리첼리의 실험

유리관을 기울이거나, 굵기를 변화시켜도 수은은 760mm 높이까지 내려오다가 멈춘다. ⇨ 수은의 높이가 760 mm 일 때 대기압과 수은이 누르는 압력이 같기 때문이다.

1 기압 = 수은 기둥 높이 760 mm = 760 mmHg = 760 torr

● 압력의 단위

파스칼(Pa)	1Pa = 1N/m^2
mmHg	수은 기둥이 누르는 압력(온도에 따라 다름)
torr	1torr = 1mmHg
기압(atm)	1atm = 760mmHg = 760torr = 101,325Pa

(3) 기체의 압력

① 기체 분자들이 끊임없이 운동하면서 용기의 벽면에 충돌하는 힘에 의해 기체의 압력이 나타난다.

② **압력의 측정** : 용기 속에 들어 있는 기체의 압력은 수은이 들어 있는 U자관 장치로 측정할 수 있다.

● 기체의 압력의 방향과 크기

기체 분자는 모든 방향으로 움직이므로 기체의 압력은 모든 방향에 같은 크기로 작용한다.

기체의 압력 > 대기압	기체의 압력 = 대기압	기체의 압력 < 대기압
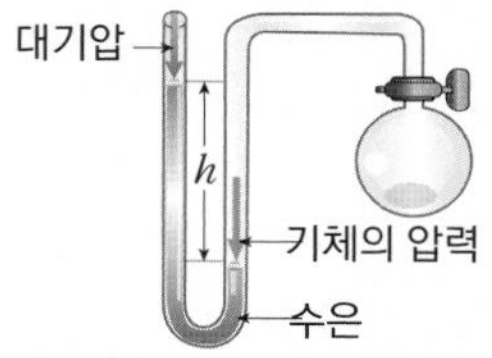	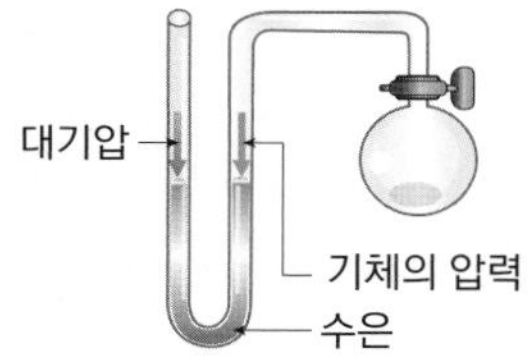	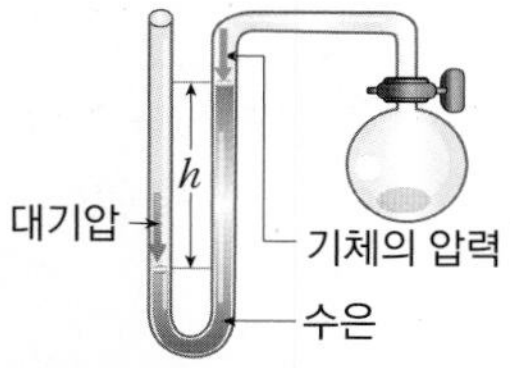
대기압 쪽 관의 수은 기둥의 높이가 더 높으면 기체의 압력이 대기압보다 높다. 기체의 압력 = 대기압(760 mmHg) + h(mmHg)	양쪽 관의 수은 기둥의 높이가 같으면 기체의 압력과 대기압이 같다. 기체의 압력 = 1 기압 (760 mmHg)	기체 쪽 관의 수은 기둥의 높이가 더 높으면 기체의 압력이 대기압보다 낮다. 기체의 압력 = 대기압(760 mmHg) - h(mmHg)

개념확인 1

1 기압에서 한쪽 끝이 막힌 긴 유리관에 수은을 가득 채워 수은이 담긴 용기에 거꾸로 세울 때 수은 기둥의 높이는 몇 mm인가?

( ) mm

확인 + 1

다음 빈칸에 들어갈 알맞은 부등호를 쓰시오.

기체의 압력 ( ) 대기압일 때 대기압 쪽 관의 수은 기둥의 높이가 h만큼 더 높다.

2. 보일 법칙

(1) 기체의 압력과 부피의 관계

① 일정한 온도에서 일정량의 기체에 가하는 압력이 커지면 기체의 부피는 작아지고, 압력이 작아지면 기체의 부피는 커진다.

② **보일의 실험** : 일정한 온도에서 한쪽 끝이 막힌 J자관에 수은을 추가하면서 압력을 증가시키면 J자관의 막힌 쪽에 들어 있는 공기의 부피가 감소한다. ⇨ 일정한 온도에서 기체의 부피와 압력은 서로 반비례한다는 것을 발견하였다.

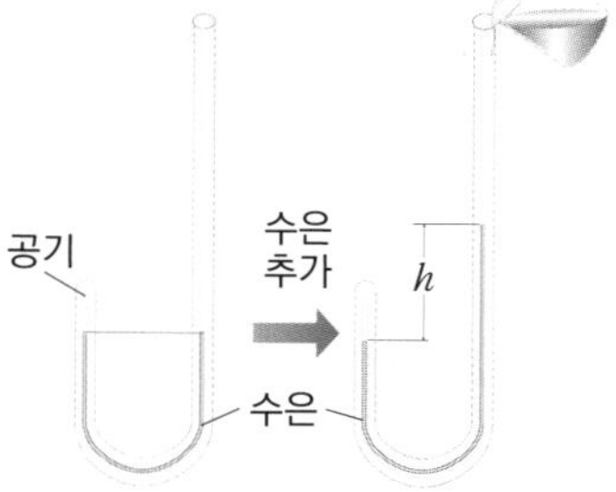

(2) 보일 법칙 : 일정한 온도에서 일정량의 기체의 부피(V)는 압력(P)에 반비례한다.

$$P \times V = k \ (k\text{는 비례상수})$$
$$P_1V_1 = P_2V_2$$
(P_1 : 처음 압력, V_1 : 처음 부피, P_2 : 나중 압력, V_2 : 나중 부피)

① **보일 법칙과 그래프**

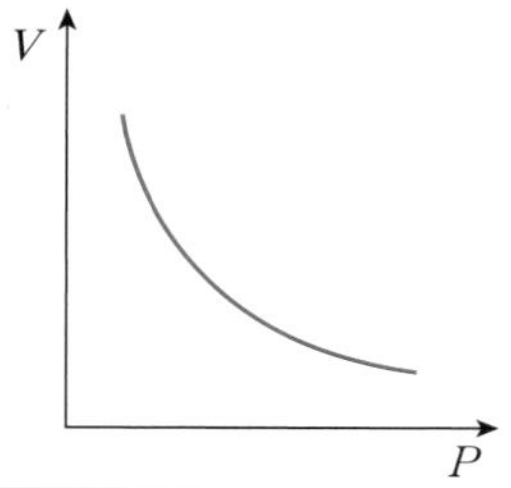	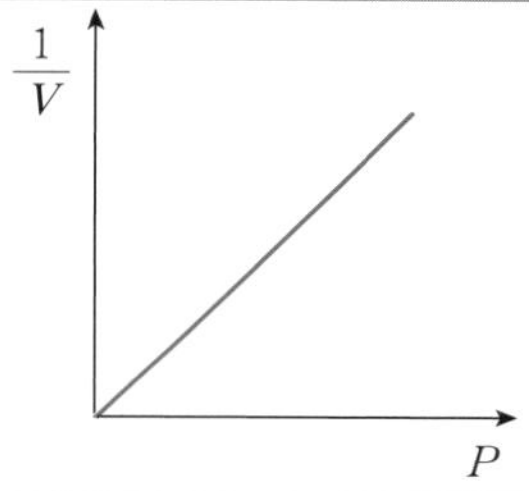	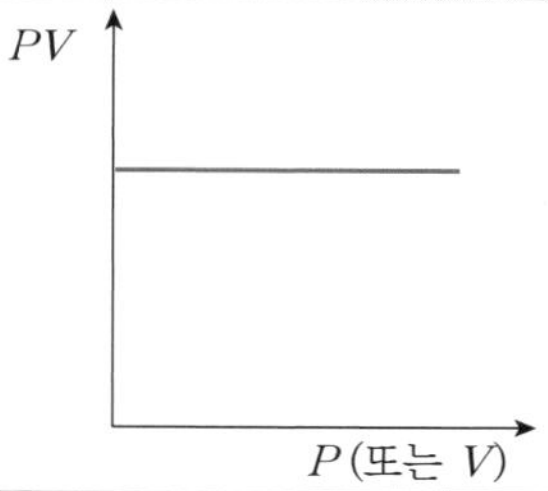
기체의 압력(P)과 부피(V)는 서로 반비례한다.	기체의 압력(P)과 부피(V)는 서로 반비례하므로 압력(P)은 $\frac{1}{\text{부피}(V)}$에 비례한다.	기체의 압력(P)과 부피(V)는 서로 반비례하므로 압력과 부피의 곱은 항상 일정하다.

② **보일 법칙과 관련된 현상**

· 잠수부가 호흡할 때 내뿜는 기포의 크기는 수면으로 올라갈수록 커진다.
· 풍선이 하늘로 올라가면 점점 커지다가 터진다.
· 빈 페트병을 가지고 높은 산에 올라가면 페트병이 불룩해진다.

● 기체 분자 운동과 보일 법칙

일정한 온도에서 외부 압력이 증가하면 기체의 부피가 감소하여 기체 분자 사이의 거리가 가까워지기 때문에 충돌 횟수가 증가한다. 벽면에 작용하는 힘의 크기가 증가하므로 기체의 압력이 증가한다.

개념확인 2

정답 및 해설 08쪽

다음 빈칸에 들어갈 알맞은 말을 각각 쓰시오.

일정한 (　　)에서 일정량의 기체의 부피는 압력에 (　　　)한다.

확인 + 2

1 기압 25℃에서 주사기에 부피가 60 mL 의 공기가 들어 있다. 주사기 끝을 막고 피스톤을 눌러 공기의 부피를 15 mL 로 만들 때 주사기 내부의 압력은 몇 기압이 되는지 구하시오. (단, 온도는 일정하다.)

(　　　　) 기압

3. 샤를 법칙

(1) 기체의 온도와 부피의 관계 : 일정한 압력에서 일정량의 기체는 온도가 높아지면 기체의 부피가 커지고, 온도가 낮아지면 기체의 부피가 작아진다.

(2) 절대 온도 : -273℃를 0으로 하는 온도, 단위는 K(켈빈)이다.

절대 온도(K) = 273 + 섭씨 온도(℃)

(3) 샤를 법칙 : 압력이 일정할 때 일정량의 기체의 부피(V)는 절대 온도(T)에 비례한다.

➩ 섭씨 온도를 기준으로 압력이 일정할 때 일정량의 기체의 부피는 온도 1℃ 증가할 때마다 0℃ 부피의 $\frac{1}{273}$씩 증가함

$$V_t = V_0 + V_0 \times \frac{t}{273} = V_0\left(1 + \frac{t}{273}\right) = V_0\left(\frac{273 + t}{273}\right)$$

(V_t : t℃ 때 기체 부피, V_0 : 0℃ 때 기체 부피)

➩ 절대 온도를 기준으로 273 + t(℃)를 T로 나타내고, $\frac{V_0}{273}$는 일정한 상수 값 k로 나타냄

$V = kT$ (k는 비례상수)

$\frac{V_1}{T_1} = \frac{V_2}{T_2}$ (V_1 : 처음 부피, T_1 : 처음 온도, V_2 : 나중 압력, T_1 : 나중 온도)

① 샤를 법칙과 그래프

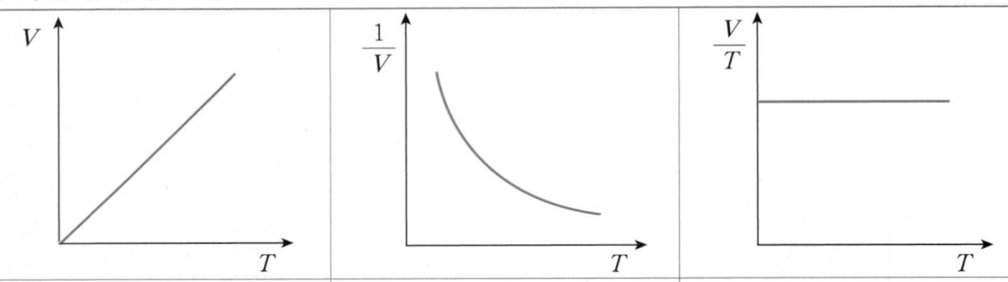

기체의 부피(V)는 절대 온도(T)에 비례한다.	기체의 부피(V)는 절대 온도(T)에 비례하므로 절대 온도(T)는 $\frac{1}{부피(V)}$에 반비례한다.	기체의 부피(V)는 절대 온도(T)와 서로 비례하므로 온도가 변해도 $\frac{부피(V)}{절대\ 온도(T)}$는 일정하다.

② 샤를 법칙과 관련된 현상

· 찌그러진 탁구공을 뜨거운 물에 넣으면 원래대로 펴진다.

· 여름철에는 자동차 바퀴에 공기를 적게 넣는다.

개념확인 3

열역학 제 2법칙에 따라 정해진 온도로 -273℃를 0으로 하는 온도를 무엇이라고 하는지 쓰시오.

( )

확인 + 3

0℃, 1 기압에서 부피가 300 mL 인 산소가 있다. 온도를 높여 600 mL 로 만들 때 몇 ℃까지 가열해야 하는지 구하시오. (단, 압력은 일정하다.)

( )℃

여러 가지 온도

● 섭씨 온도(℃) : 1기압에서 순수한 물의 어는점과 끓는점 사이를 100등분하여 그 간격을 1℃로 한 것이다.

● 화씨 온도(℉) : 물의 어는점 32℉, 끓는점 212℉ 사이를 180등분 하여 그 간격을 1℉로 나타낸 것이다.

T_f(화씨 온도)= $\frac{9}{5}t$(℃) + 32

● 절대 온도(K) : 열역학 제 2 법칙에 따라 정해진 온도로 -273℃를 0으로 한 온도이다.

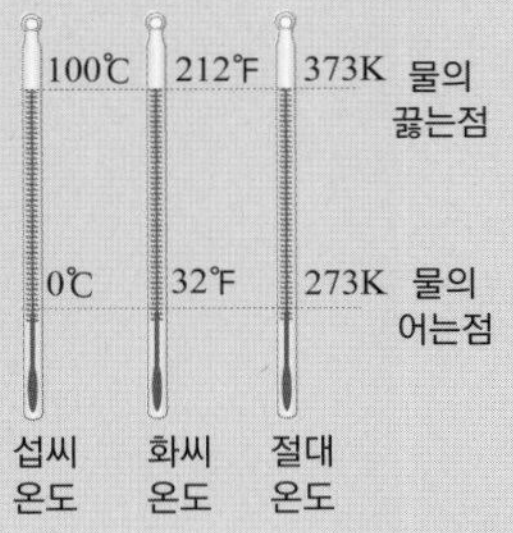

절대 영도

열역학적으로 생각할 수 있는 최저 온도로 기체의 부피가 0이 되는 온도를 절대 영도 0K(-273℃)라고 한다.

기체 분자 운동과 샤를 법칙

일정한 압력에서 기체의 온도가 상승하면 기체의 평균 운동 에너지가 증가한다. 따라서 기체 분자의 평균 운동 속도가 증가하여 충돌 횟수가 증가하므로 기체가 차지하는 부피가 증가한다.

기체 분자의 평균 운동 에너지

기체 분자의 평균 운동 에너지(E_K) = $\frac{3}{2}kT$ 로 절대 온도에만 비례한다.

4. 보일 - 샤를 법칙과 아보가드로 법칙

(1) 보일 - 샤를 법칙 : 일정량의 기체의 부피(V)는 압력(P)에 반비례하고, 절대 온도(T)에 비례한다.

보일 법칙 : $P_1V_1 = P_2V_2$　　샤를 법칙 : $\frac{V_1}{T_1} = \frac{V_2}{T_2}$

보일 - 샤를 법칙 : $\frac{PV}{T} = k$ (k는 비례상수)

$\frac{P_1V_1}{T_1} = \frac{P_2V_2}{T_2}$ (P_1, V_1, T_1 : 처음 상태, P_2, V_2, T_2 : 나중 상태)

(2) 아보가드로 법칙 : 압력과 온도가 일정할 때 기체의 부피(V)는 몰수(n)에 비례한다.

$V = k \times n$ (k : 비례 상수)

① 온도와 압력이 같을 때, 기체는 종류와 관계없이 같은 부피 속에 같은 수의 입자를 갖는다.

② 기체 1몰(6.02×10^{23} 개)은 표준 상태(0℃, 1 기압)에서 22.4 L 의 부피를 갖는다.

③ 기체의 몰수가 많아지면 부피도 비례하여 증가한다.

(3) 보일 - 샤를 법칙과 아보가드로 법칙 그래프

보일 - 샤를 법칙		아보가드로 법칙	
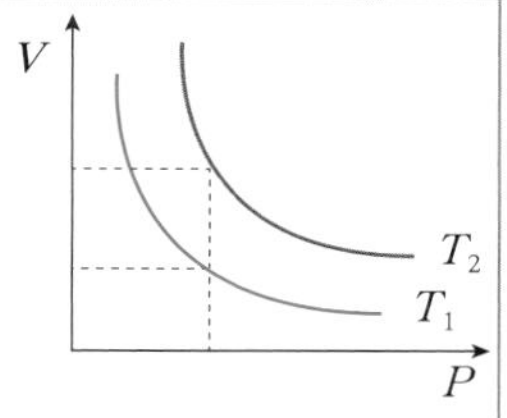	압력이 같을 때, T_2에서의 부피가 T_1에서보다 크므로 온도는 $T_2 > T_1$이다.	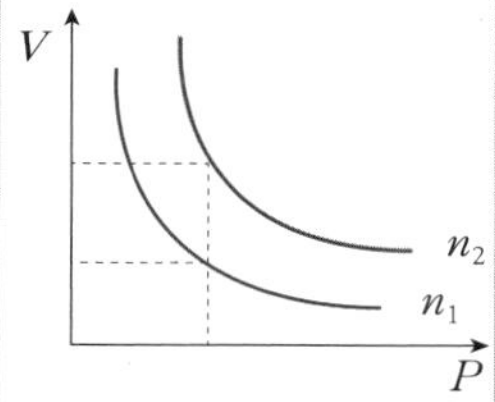	압력이 같을 때, n_2에서의 부피가 n_1에서보다 크므로 몰수는 $n_2 > n_1$이다.
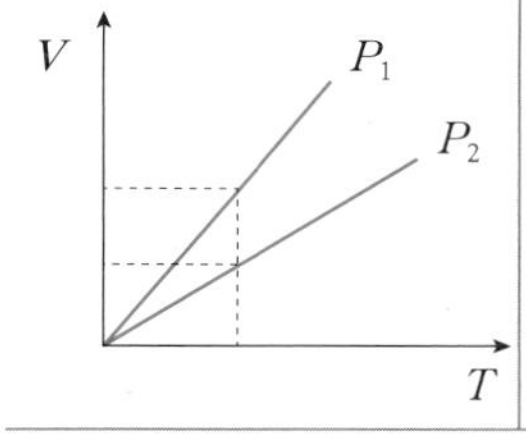	온도가 같을 때, P_1에서의 부피가 P_2에서보다 크므로 압력은 $P_2 > P_1$이다.	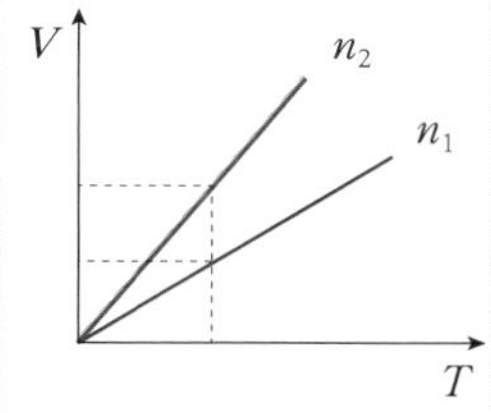	온도가 같을 때, n_2에서의 부피가 n_1에서보다 크므로 몰수는 $n_2 > n_1$이다.

● 아보가드로수

1몰의 물질 속에 들어 있는 입자 수로 6.02×10^{23} 개를 말한다.

● 표준 상태(STP)

0℃, 1 기압의 상태를 표준 상태(Standard Temperature and Pressure)라고 한다. 표준 상태에서 기체 1몰의 부피는 22.4 L 이나, 온도와 압력이 변하면 기체 1몰의 부피도 변하게 된다. 온도가 증가하면 샤를 법칙에 의해 기체의 부피가 증가하고, 압력이 증가하면 보일 법칙에 의해 기체의 부피는 감소한다.

개념확인 4

정답 및 해설 08쪽

0℃, 1 기압에서 부피가 100 mL 인 기체가 있다. 273℃, 4 기압에서 이 기체의 부피는 몇 mL 가 되는지 구하시오.

(　　　　　　　　　　) mL

확인 + 4

0℃, 1 기압에서 산소 기체 32 g 의 부피는 몇 L인지 구하시오. (단, O의 원자량은 16이다.)

(　　　　　　　　　　) L

5. 이상 기체 상태 방정식

(1) 기체 관련 법칙

보일 법칙

$PV = k_1$

온도가 일정할 때, 일정량의 기체의 부피는 압력에 반비례한다.

샤를 법칙

$\frac{V}{T} = k_2$

압력이 일정할 때, 일정량의 기체의 부피는 절대 온도에 비례한다.

아보가드로 법칙

$\frac{V}{n} = k_3$

온도와 압력이 일정할 때, 기체의 부피는 몰수에 비례한다.

이상 기체 법칙

$\frac{PV}{nT} = k$ (k는 비례 상수)

(2) 기체 상수(R) : 0℃, 1 기압에서 기체 1몰의 부피가 22.4 L 이므로 이 값을 이용하여 구한 비례 상수이다.

$$R = \frac{PV}{nT} = \frac{1\ \text{atm} \times 22.4\ \text{L}}{1\ \text{mol} \times 273\ \text{K}} = 0.082\ \text{atm}\cdot\text{L/mol}\cdot\text{K} = 8.31\ \text{J/mol}\cdot\text{K}$$

(3) 이상 기체 상태 방정식 : 기체 상수(R)로 이상 기체 법칙을 나타낸 식이다.

$$PV = nRT$$

(P : 기체의 압력(atm), V : 기체의 부피(L),
n : 기체의 몰수(mol), R : 기체 상수(0.082 atm · L / mol · K), T : 절대 온도(K))

(4) 기체의 분자량

① 기체의 질량(w)을 측정하여 기체의 몰수 $n = \frac{w}{M}$를 이상 기체 방정식에 대입하여 분자량(M)을 구한다.

$$M = \frac{wRT}{PV}$$

② 기체의 밀도(d) = $\frac{w}{V}$을 이상 기체 방정식에 대입하여 분자량(M)을 구한다.

$$M = \frac{dRT}{P}$$

● 이상 기체 상태 방정식의 기호와 단위

기호	의미	단위
P	압력	atm
V	부피	L
n	몰수	mol
T	절대 온도	K

● 기체 상수(R) 값 SI 단위

$PV = nRT$

$= \frac{1.013\times10^5\ \text{Pa}\times22.4\ \text{L}\times10^{-3}\text{m}^3}{1\ \text{mol}\times273\ \text{K}}$

$= 8.31$ J/mol·K

● 기체의 분자량

- 기체의 질량(w)을 알 때

  $PV = nRT = \frac{wRT}{M}$

  $\therefore M = \frac{wRT}{PV}$

- 기체의 밀도(d)을 알 때

  $M = \frac{w}{V} \times \frac{RT}{P}$

  $\therefore M = \frac{dRT}{P}$

개념확인 5

0℃, 1 기압에서 기체 1몰의 부피가 22.4 L 일 때, 이상 기체 상태 방정식을 이용하여 구한 비례 상수를 무엇이라고 하는지 쓰시오.

(　　　　　　　　　　)

확인 + 5

보일 법칙, 샤를 법칙, 아보가드로 법칙을 하나의 식으로 표현하고, 기체 상수(R)을 넣어 만든 이상 기체 법칙을 나타낸 방정식을 무엇이라고 하는지 쓰시오.

(　　　　　　　　　　)

6. 이상 기체와 실제 기체

(1) 이상 기체와 실제 기체

① **이상 기체** : 분자 자체의 부피가 없고, 분자 사이의 인력과 반발력이 작용하지 않는 가상적인 기체로 이상 기체 상태 방정식에 적용되는 기체이다.

② **실제 기체** : 분자 자체의 부피가 존재하고, 분자 사이의 인력과 반발력이 작용하는 기체로 이상 기체 상태 방정식에 적용되지 않는 기체이다.

구분	이상 기체	실제 기체
분자의 크기	없다.	기체의 종류에 따라 다르다.
분자의 질량	있다.	있다.
0 K 에서의 부피	없다.	0 K 이전에 고체나 액체가 된다.
기체에 관한 법칙	일치한다.	고온 · 저압에서 일치한다.
분자 사이의 인력 · 반발력	없다.	있다.

● 실제 기체가 이상 기체와 가까울 때

기체의 온도가 높고 압력이 낮을수록 분자 사이의 거리가 멀어져서 인력이나, 반발력을 무시할 수 있으므로 이상 기체에 가깝다.

(2) 이상 기체와 실제 기체에서 이상 기체 상태 방정식

① **이상 기체 상태 방정식**

이상 기체 상태 방정식은 $n = \frac{PV}{RT}$ 로 나타낼 수 있다. 이상 기체는 1몰을 밀폐된 용기에 넣고 온도나 압력을 변화시켜도 분자 수는 일정하므로 $\frac{PV}{RT}$ 의 값은 1로 일정하다. 실제 기체는 1몰에 대하여 압력을 변화시키면 $\frac{PV}{RT}$ 의 값이 변한다.

② **300 K에서 여러 가지 기체의 $\frac{PV}{RT}$ 값**

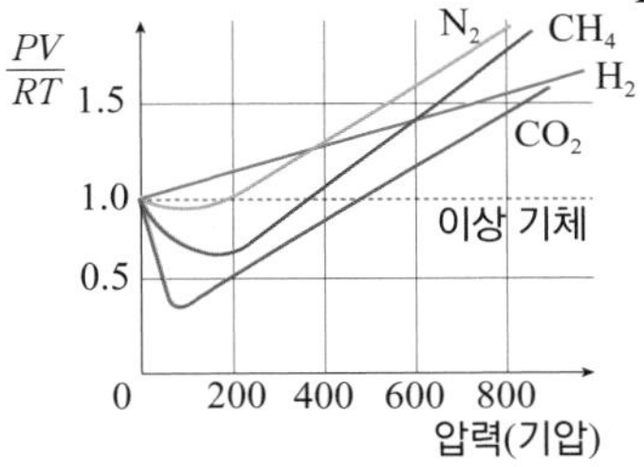

수소(H_2) 기체는 $\frac{PV}{RT}$ 값이 1에 가장 가까우므로 다른 기체에 비해 이상 기체에 가깝게 행동한다. ⇨ 실제 기체는 분자량이 작을수록 이상 기체에 가깝다. 실제 기체는 낮은 압력에서 $\frac{PV}{RT}$ 값이 1에 가깝지만 압력이 증가할수록 $\frac{PV}{RT}$ 값이 1에서 멀어진다. ⇨ 실제 기체는 압력이 낮을수록 이상 기체에 가깝다.

③ **여러 온도에서 질소 기체의 $\frac{PV}{RT}$ 값**

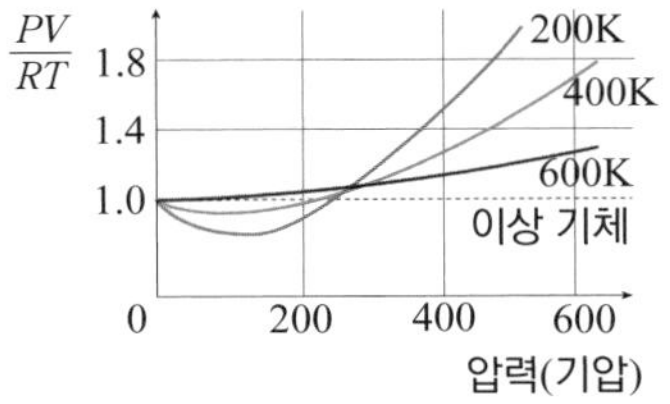

질소(N_2) 기체는 온도가 높을수록 $\frac{PV}{RT}$ 값이 1에 가깝다. ⇨ 실제 기체는 온도가 높을수록 이상 기체에 가깝다.

개념확인 6 정답 및 해설 08쪽

분자 사이의 부피가 없고, 분자 사이의 인력과 반발력이 작용하지 않는 가상적인 기체를 무엇이라고 하는지 쓰시오.

( )

확인 + 6

다음 빈칸에 들어갈 알맞은 말을 각각 쓰시오.

실제 기체는 ( )이 낮을수록, ( )가 높을수록 이상 기체에 가깝다.

개념 다지기

01 압력에 대한 설명으로 옳은 것만을 <보기>에서 있는 대로 고른 것은?

<보기>

ㄱ. 토리첼리의 실험 결과 유리관을 기울여도 수은 기둥의 높이는 760 mm 이다.
ㄴ. 대기압이 1 기압일 때, 수은이 들어 있는 U자관 장치에서 양쪽 관의 수은의 기둥의 높이가 같으면 용기 속에 들어 있는 기체의 압력은 1 기압이다.
ㄷ. 밑넓이 20 m^2, 무게 200 N 인 물체를 바닥에 놓으면 10 Pa 의 압력이 작용한다.

① ㄱ ② ㄴ ③ ㄷ ④ ㄱ, ㄴ ⑤ ㄱ, ㄴ, ㄷ

02 25℃, 1 기압에서 10 L 의 산소를 온도는 같고 압력이 190 mmHg 인 곳에서 측정했을 때, 부피는 몇 L 인가?

① 80 L ② 40 L ③ 10 L
④ 5 L ⑤ 2.5 L

03 25℃에서 강철 용기 안에 헬륨 기체를 넣고 100℃로 가열할 때, 증가하는 것으로 옳은 것을 <보기>에서 있는 대로 고른 것은?

<보기>

ㄱ. 압력 ㄴ. 밀도
ㄷ. 분자 간의 평균 거리 ㄹ. 기체 분자 수

① ㄱ ② ㄴ, ㄹ ③ ㄷ, ㄹ ④ ㄴ, ㄷ, ㄹ ⑤ ㄱ, ㄴ, ㄷ, ㄹ

04 그림 (가)는 서로 다른 온도 T_1 과 T_2 에서 일정량의 기체에 대하여 압력에 따른 부피 변화를 나타낸 것이고, 그림 (나)는 서로 다른 압력 P_1 과 P_2 에서 일정량의 기체에 대하여 절대 온도에 따른 부피 변화를 나타낸 것이다.

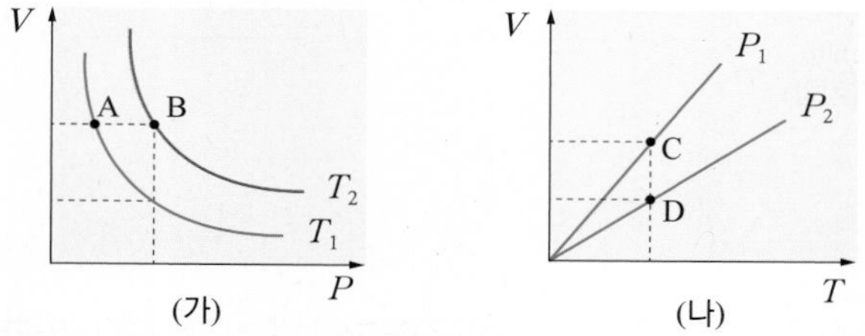

이에 대한 설명으로 옳은 것만을 <보기>에서 있는 대로 고른 것은?

<보기>

ㄱ. (가)에서 $T_1 > T_2$ 이다.
ㄴ. A와 B에서 기체 분자의 평균 운동 속력은 같다.
ㄷ. 기체 분자 사이의 평균 거리는 C가 D보다 크다.

① ㄱ ② ㄷ ③ ㄱ, ㄴ ④ ㄴ, ㄷ ⑤ ㄱ, ㄴ, ㄷ

05

다음은 어떤 기체 6 g 의 온도와 압력에 따른 부피 변화를 나타낸 것이다.

실험	온도(K)	압력(atm)	부피(L)
(가)	273	1	4.48
(나)	546	1	8.96
(다)	546	2	4.48

2 기압 819 K 에서 기체 6 g 의 부피는 몇 L 인가?

① 2.24 L ② 4.48 L ③ 6.72 L
④ 8.96 L ⑤ 11.2 L

06

27℃에서 플라스크 안의 압력이 760 mmHg 가 되도록 2몰의 이상 기체 X로 채웠다. 이 기체의 부피는 몇 L 인가? (단, 기체 상수(R) = 0.08 atm·L/mol·K이다.)

( ) L

07

1 기압, 300 K 에서 어떤 기체 5 g 이 4 L 의 부피를 차지하고 있다. 이 기체의 분자량을 구하시오. (단, 기체 상수(R) = 0.08 atm·L/mol·K이다.)

( )

08

그림은 여러 온도에서 1몰의 질소 기체의 압력에 따른 $\frac{PV}{RT}$ 의 변화를 나타낸 것이고, A ~ C는 온도가 200 K 일 때 세 지점을 각각 나타낸 것이다.

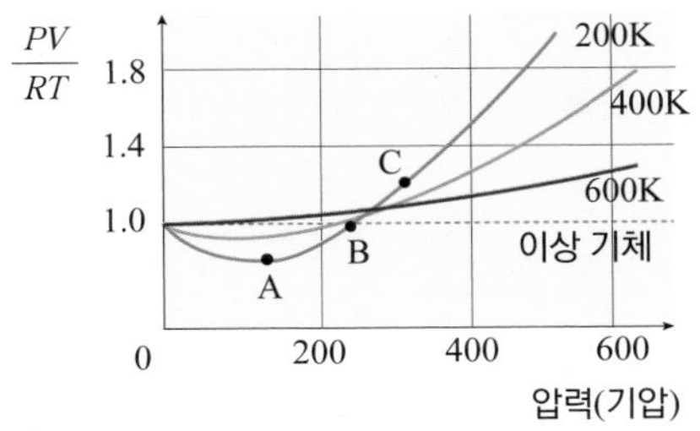

이에 대한 설명으로 옳은 것만을 <보기>에서 있는 대로 고른 것은?

<보기>

ㄱ. 질소 기체는 온도가 높을수록 이상 기체에 가까워진다.
ㄴ. A ~ C 중 같은 조건의 이상 기체보다 큰 부피를 가지는 것은 A이다.
ㄷ. B는 이상 기체 방정식을 만족한다.

① ㄱ ② ㄴ ③ ㄷ ④ ㄱ, ㄷ ⑤ ㄴ, ㄷ

유형2-1 기체의 압력

그림 (가)와 (나)는 용기 속에 들어 있는 기체의 압력을 측정한 것을 나타낸 것이다.

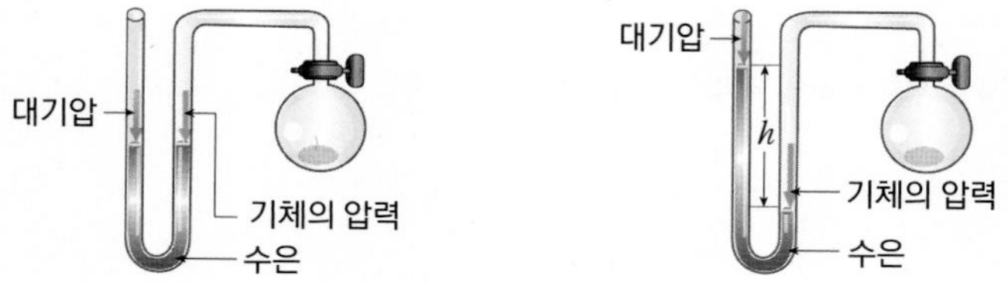

(가) (나)

이에 대한 설명으로 옳은 것만을 <보기>에서 있는 대로 고른 것은? (단, U자관의 한쪽 끝은 열려있다.)

< 보기 >

ㄱ. 용기 속에 들어 있는 기체의 압력은 (가) > (나)이다.
ㄴ. 용기 (나)에 들어 있는 기체의 압력은 1기압이다.
ㄷ. 용기 속의 충돌 횟수는 (가) < (나)이다.

① ㄱ ② ㄴ ③ ㄷ ④ ㄱ, ㄴ ⑤ ㄱ, ㄴ, ㄷ

01 다음은 수은을 이용하여 각기 다른 장소인 (가) ~ (다)에서 측정한 대기압을 나타낸 것이다.

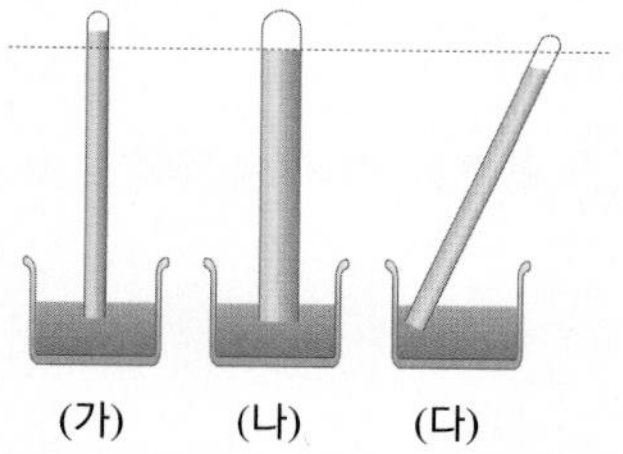
(가) (나) (다)

(가) ~ (다) 중 대기압이 가장 높은 곳과 가장 낮은 곳을 바르게 짝지은 것은?

	높은 곳	낮은 곳		높은 곳	낮은 곳
①	(가)	(나)	②	(가)	(다)
③	(나)	(가)	④	(나)	(다)
⑤	(다)	(가)			

02 그림 (가)는 수은 기둥의 높이가 같고 한쪽 끝이 막힌 J자 관을, (나)는 같은 온도에서 (가)의 열린 관 쪽으로 수은을 더 넣어 수은 기둥의 높이 차이가 19 cm 가 되도록 만든 것이다.

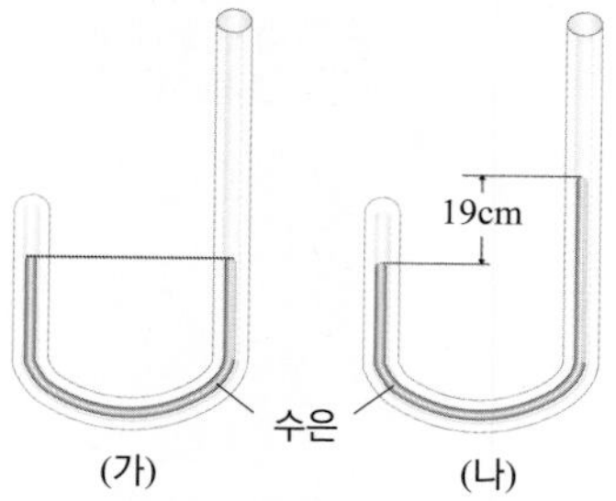

(가) (나)

이에 대한 설명으로 옳은 것만을 <보기>에서 있는 대로 고른 것은? (단, 대기압은 1 기압이고, 1 기압은 760 mmHg 로 계산한다.)

< 보기 >

ㄱ. (가)에서 기체의 압력은 1 기압이다.
ㄴ. (나)에서 기체의 압력은 1.5 기압이다.
ㄷ. 평균 운동 에너지는 (가)와 (나)가 같다.

① ㄱ ② ㄴ ③ ㄱ, ㄴ
④ ㄱ, ㄷ ⑤ ㄴ, ㄷ

유형2-2 보일 - 샤를 법칙

그림과 같이 일정한 온도에서 J자관에서 Ne(g)를 넣고, 수은을 넣어 가면서 Ne(g)의 부피를 측정하여 표와 같은 결과를 얻었다.

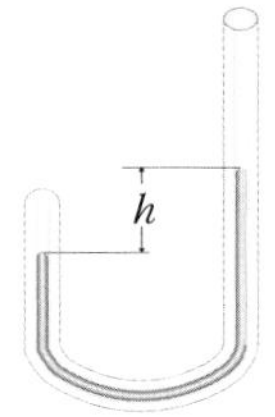

실험	수은 기둥의 높이 차 h(mm)	Ne(g)의 부피 (mL)
A	0	30
B	190	(나)
C	(가)	10

이에 대한 설명으로 옳은 것만을 <보기>에서 있는 대로 고른 것은? (단, 대기압은 760 mmHg 이다.)

< 보기 >

ㄱ. Ne(g)의 부피는 h에 반비례한다.
ㄴ. (가)는 1520이고, (나)는 24이다.
ㄷ. 기체 분자 사이의 평균 거리는 실험 A와 실험 B가 같다.

① ㄱ ② ㄴ ③ ㄷ ④ ㄱ, ㄴ ⑤ ㄱ, ㄴ, ㄷ

03 그림은 일정량의 기체 X의 온도와 압력을 나타낸 것이다.

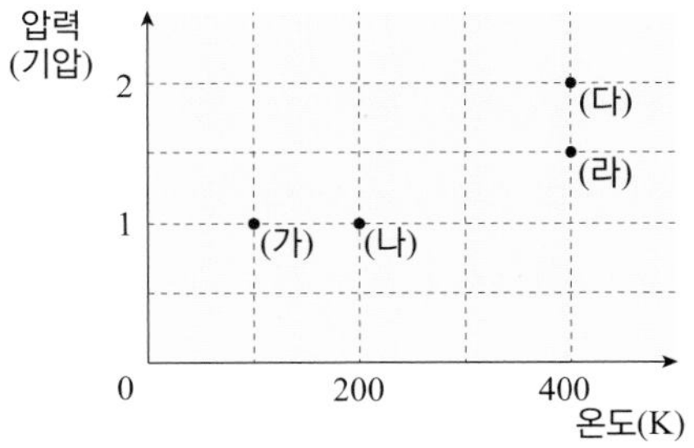

이에 대한 설명으로 옳은 것만을 <보기>에서 있는 대로 고른 것은?

< 보기 >

ㄱ. (가)와 (나)의 부피 비는 1 : 2 이다.
ㄴ. (나)와 (다)의 단위 부피당 분자 수 비는 1 : 1이다.
ㄷ. 밀도는 (다) > (라) 이다.

① ㄴ ② ㄷ ③ ㄱ, ㄴ
④ ㄱ, ㄷ ⑤ ㄱ, ㄴ, ㄷ

04 그림은 부피가 같은 2개의 용기에 같은 질량의 기체 X와 Y를 각각 넣었을 때, 온도에 따른 부피 변화를 나타낸 것이다.

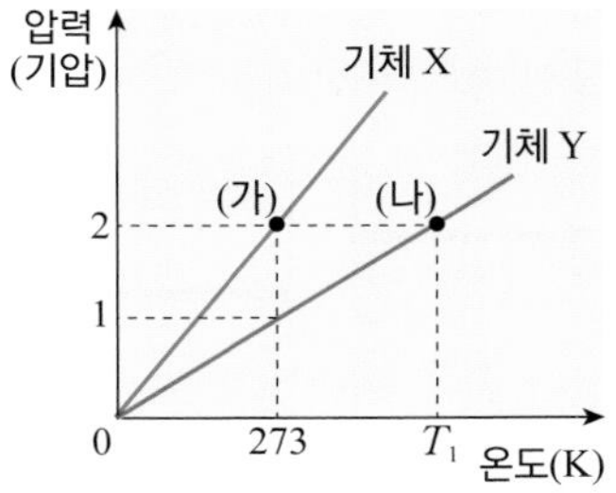

이에 대한 설명으로 옳은 것만을 <보기>에서 있는 대로 고른 것은?

< 보기 >

ㄱ. 분자량은 X가 Y의 2배이다.
ㄴ. T_1 = 546 K이다.
ㄷ. 분자 사이의 평균 거리는 (가)와 (나)가 같다.

① ㄴ ② ㄷ ③ ㄱ, ㄴ
④ ㄱ, ㄷ ⑤ ㄴ, ㄷ

유형2-3 이상 기체 방정식

그림은 어떤 기체 0.5몰의 $\frac{1}{\text{압력}}$ 과 부피의 관계이다.

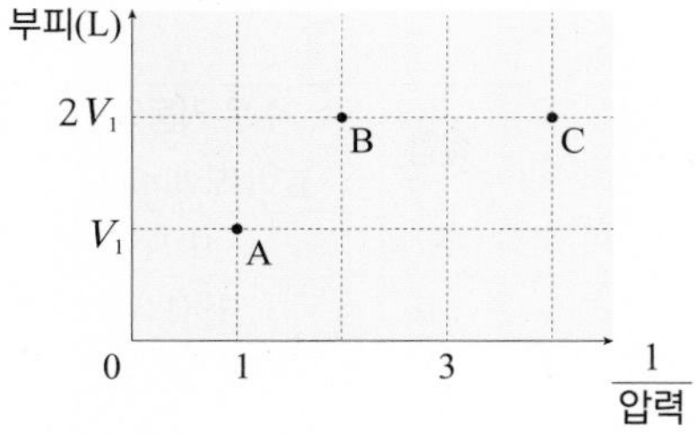

이에 대한 설명으로 옳은 것만을 <보기>에서 있는 대로 고른 것은? (단, A의 온도는 400 K 이고, 기체 상수 (R)= 0.08 atm·L/mol·K이다.)

<보기>

ㄱ. V_1은 8 L 이다.
ㄴ. A에서 기체 분자의 평균 운동 에너지는 B의 2배이다.
ㄷ. C에서 기체의 온도는 200 K 이다.

① ㄱ ② ㄴ ③ ㄷ ④ ㄱ, ㄴ ⑤ ㄱ, ㄴ, ㄷ

05 그림 (가)는 27℃, 750 mmHg 에서 부피가 60 mL 인 질소 기체를 나타낸 것이고, (나)는 온도를 -73℃로 변화시켰을 때를, (다)는 (나)의 상태에서 압력을 500 mmHg 로 압력을 변화시켰을 때를 나타낸 것이다.

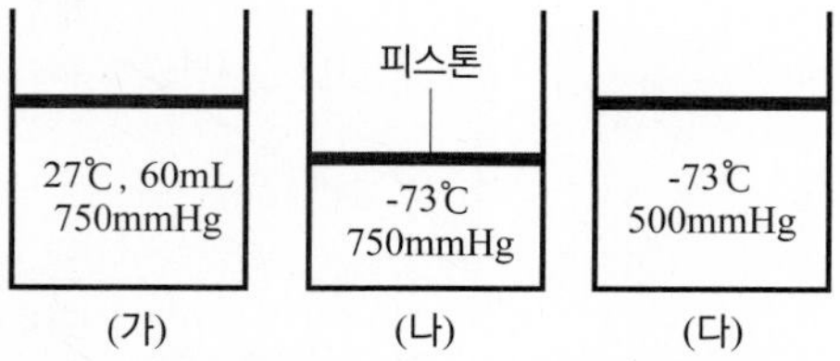

이에 대한 설명으로 옳은 것만을 <보기>에서 있는 대로 고른 것은? (단, 1 기압은 750 mmHg 라고 가정한다.)

<보기>

ㄱ. (가) → (나)에서 기체의 부피가 감소한다.
ㄴ. (다)의 부피는 60 mL이다.
ㄷ. 내부의 단위 부피당 기체 분자 수는 (나)가 가장 많다.

① ㄱ ② ㄴ ③ ㄷ
④ ㄱ, ㄴ ⑤ ㄱ, ㄴ, ㄷ

06 다음은 기체 A, B, C 기체에 대한 자료를 나타낸 것이다.

기체	분자량	압력(기압)	부피(L)	온도(K)
A	24	2	1	273
B	16	3	2	273
C	4	2	2	546

이에 대한 설명으로 옳은 것만을 <보기>에서 있는 대로 고른 것은? (단, 기체 상수(R)= 0.08 atm·L/mol·K이다.)

<보기>

ㄱ. 기체의 질량은 A가 B보다 크다.
ㄴ. 기체의 몰수는 C가 B보다 작다.
ㄷ. 기체 분자의 평균 운동 에너지가 가장 큰 것은 C이다.

① ㄴ ② ㄷ ③ ㄱ, ㄴ
④ ㄴ, ㄷ ⑤ ㄱ, ㄴ, ㄷ

유형2-4 이상 기체와 실제 기체

그림은 300 K 에서 1몰의 여러 기체의 압력에 따른 $\frac{PV}{RT}$의 변화를 나타낸 것이다.

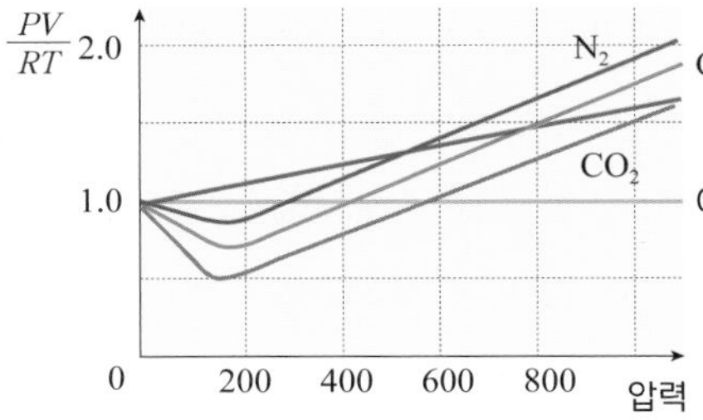

이에 대한 설명으로 옳은 것만을 <보기>에서 있는 대로 고른 것은?

< 보기 >

ㄱ. 분자량이 작을수록 이상 기체에 가까워진다.
ㄴ. 실제 기체는 인력과 반발력이 존재하기 때문에 $\frac{PV}{RT}$ = 1 이 아니다.
ㄷ. 압력이 작을수록 이상 기체에 가까워진다.

① ㄱ ② ㄴ ③ ㄷ ④ ㄱ, ㄴ ⑤ ㄱ, ㄴ, ㄷ

07 이상 기체와 실제 기체를 비교한 내용으로 옳은 것은?

	구분	이상 기체	실제 기체
①	분자의 크기	없다	있다
②	분자의 질량	없다	있다
③	0 K 의 부피	0	0
④	이상 기체 법칙	완전히 일치	고압에서 일치
⑤	인력과 반발력	있다	있다

08 그림은 기체 X 12 g 의 온도(T_1, T_2)와 압력에 따른 $\frac{PV}{RT}$ 값을 나타낸 것이다.

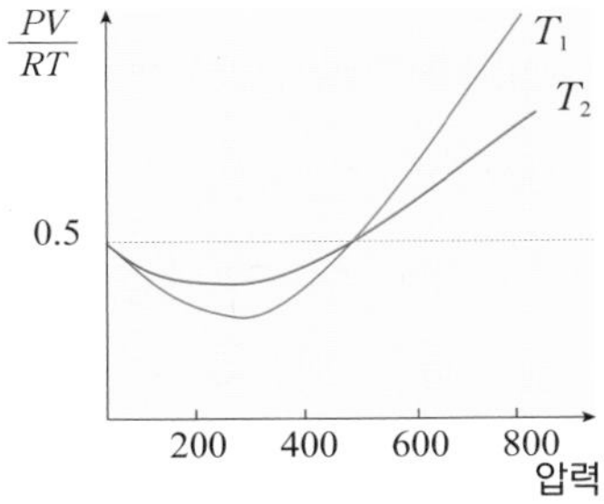

이에 대한 설명으로 옳은 것만을 <보기>에서 있는 대로 고른 것은?

< 보기 >

ㄱ. 기체 X의 분자량은 6이다.
ㄴ. 기체 분자의 평균 운동 에너지는 T_1일 때보다 T_2일 때 더 크다.
ㄷ. 압력이 커질수록 이상 기체에 가깝다.

① ㄱ ② ㄴ ③ ㄱ, ㄴ
④ ㄴ, ㄷ ⑤ ㄱ, ㄴ, ㄷ

창의력&토론마당

01 기체가 들어 있는 용기가 두 개의 압력계와 연결되어 있다. 한 압력계는 수은을 사용하였고, 다른 압력계는 프탈산 다이뷰틸의 기름이 들어 있다. 이 압력계의 한 끝은 실험 장치에 연결되어 있고, 다른 한 끝은 대기와 통하고 있다. 압력계의 액체 기둥 높이 차를 측정하면 실험 장치 속의 압력을 구할 수 있다. 관 속에 들어 있는 액체가 수은이고 외부 압력이 1 기압인 경우, 대기로 연결된 U자관의 기둥이 장치 쪽 기둥보다 15mm 낮았다. 다음 물음에 답하시오. (이때 유체의 압력은 $P = \rho gh$로 구한다. ρ는 밀도이고, g는 중력 가속도이며, h는 높이이다. $Pa = kg/m \cdot s^2$ 이고, 1 기압 = 1.01×10^5 Pa이다.)

(1) 용기 속에 들어 있는 기체의 압력(Pa)을 구하시오.

(2) 기름이 들어 있는 압력계에서 양쪽 기름의 높이 차이를 구하시오. (단, 기름의 밀도는 1.5×10^3 kg/m^3 이고, 수은의 밀도는 13.5×10^3 kg/m^3 이다.)

02 다음은 과망간산 포타슘을 분해시키는 반응으로 고순도 산소를 실험에서 쉽게 얻는 반응이다.

$$2KMnO_4(s) \rightarrow K_2MnO_4(s) + MnO_2(s) + O_2(g)$$

27℃, 3 기압의 실험실에서 $KMnO_4(s)$가 분해되어 산소 3.4 L 가 만들어졌다고 한다. 227℃, 1 기압에서 산소의 부피를 계산하시오.

03 잠수부의 탱크에는 압축된 산소(O_2)가 0.16 kg 이 들어 있다. 다음 물음에 답하시오. (단, 기체 상수 (R) = 0.08 atm·L/mol·K이고, O 의 원자량은 16 이다.)

(1) 온도가 7 ℃이고, 탱크의 부피가 2.24 L 일 때 탱크 내부 압력을 구하시오.

(2) 탱크 내부의 압력이 5 기압이고, 탱크의 부피가 8 L 일 때 내부의 온도를 구하시오.

(3) 온도가 37 ℃, 탱크 내부 압력이 0.8 기압일 때 탱크 내부에서 이 산소가 차지하는 부피를 구하시오.

04 염소산 포타슘($KClO_3$)을 가열하면 분해되어 다음과 같이 산소와 염화 포타슘을 만든다.

$$2KClO_3(s) \rightarrow 2KCl(s) + 3O_2(g)$$

시험관에 염소산 포타슘 98 g 을 넣고 가열해 위 반응을 완결시켰다. 생성된 산소를 17 ℃, 1.2 기압에서 모았을 때, 산소 부피를 구하시오. (단, 기체 상수(R) = 0.08 atm·L/mol·K이고, O, Cl, K의 원자량은 각각 16, 35.5, 39이다.)

05 폐로 들어오는 공기는 폐포라고 하는 조그마한 주머니에서 혈액 속으로 확산되어 들어간다. 폐포의 평균 반지름을 1 cm 로 가정한다. 폐포의 압력은 1 기압이고, 온도는 37℃ 이다. 폐포 속으로 들어가는 산소의 몰수를 구하시오.(단, 반지름 r 일 때, 부피는 $\frac{4}{3}\pi r^3$ 이고, 공기는 20 % 의 산소를 포함한다. 기체 상수(R) = 0.08 atm·L/mol·K 이고, 1 cm^3 = 1 mL 이다.)

06 아래 자료를 참고로 하여 다음 물음에 답하시오.

〈자료〉
실제 기체는 이상 기체 상태 방정식이 적용되지 않는다. van der waals가 1873년에 이상 기체 상태 방정식을 보정하기 위해 반데르 발스 상태 방정식을 제안하였다. 이상 기체 법칙에 비교하면 분자간 힘에 기인하는 두 종류의 보정이 있음을 알 수 있다. 반발력 때문에 한 분자가 다른 분자의 몸통 부피 내로 들어갈 수 없으므로 분자가 움직여 다닐 수 있는 용기의 실제 유효 부피는 V가 아니라 $V - nb$ 이다. 여기서 b는 1몰의 분자 자신들이 차지하고 있는 자기 자신의 부피를 나타내는 상수이다. 분자 사이에는 인력이 작용하여 서로 잡아당기는데, 이렇게 서로 잡아당기면 기체 중에서 독립적으로 운동하는 분자의 유효 개수는 감소하게 되고, 분자와 벽과의 충돌 횟수 또한 감소한다. 충돌이 줄어들면, 압력이 감소한다. 이런 영향으로 압력이 $a\frac{n^2}{V^2}$ 만큼 감소한다. 여기서 a는 인력의 크기에 비례하는 0보다 큰 상수이다.

$$P = \frac{nRT}{V - nb} - a\frac{n^2}{V^2} \Rightarrow (P + a\frac{n^2}{V^2})(V - nb) = nRT$$ 반데르 발스 식

이산화 탄소(CO_2) 55 g 을 1 L 용기에 담고 압력을 측정하였더니 130 기압이었다. (단, 기체 상수(R) = 0.08 atm·L/mol·K이고, C와 O의 원자량은 각각 12, 16이다.)

(1) 이상 기체 상태 방정식을 이용하여 온도를 구하시오.

(2) 위 자료의 반데르 발스 식을 이용하여 온도를 구하시오.(단, $CO_2(g)$의 반데르 발스 상수 a = 3.59 atm·L^2/mol^2 이고, b = 0.032 L/mol 이다.)

스스로 실력높이기

A

01 그림과 같이 기체 A와 B의 압력을 구한 결과를 나타낸 그림이다. 기체 A와 B의 압력을 구하시오. (단, 대기압은 1 기압으로 760 mmHg 이다.)

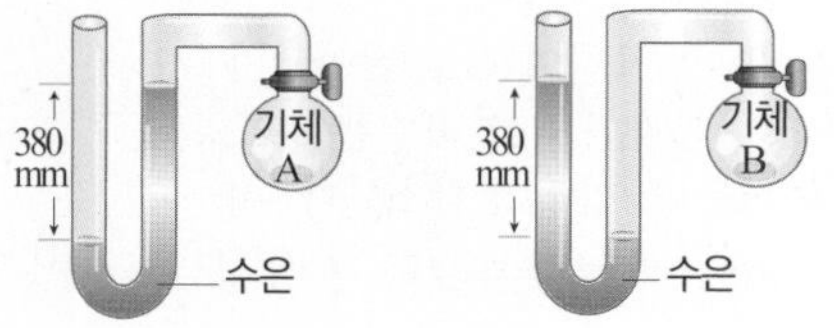

(1) 기체 A의 압력 : (　　　　　) 기압
(2) 기체 B의 압력 : (　　　　　) 기압

02 0℃, 1 기압에서 부피가 300 mL 인 산소가 있다. 압력을 2 기압으로 높이고 온도를 273℃로 높였을 때 부피를 구하시오.

(　　　　　　　　　　) mL

03 압력과 온도가 일정할 때 기체의 부피는 몰수에 비례한다는 법칙을 쓰시오.

(　　　　　　　　) 법칙

04 그림은 서로 다른 압력 P_1 과 P_2 에서 일정량의 기체에 대하여 온도에 따른 부피 변화를 나타낸 것이다. 다음 빈칸에 들어갈 부등호(> , = , <)를 쓰시오.

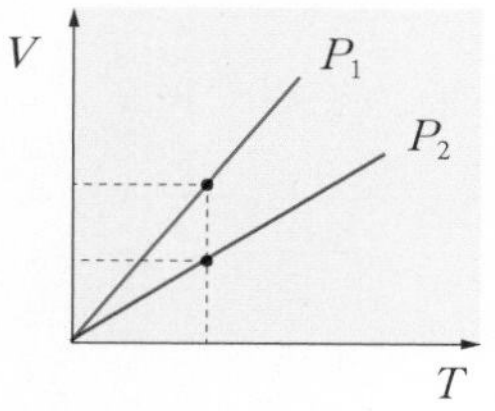

P_1 (　　　　　) P_2

05 이상 기체 방정식($PV = nRT$)으로 설명할 수 있는 법칙을 <보기>에서 있는 대로 골라 기호를 쓰시오.

〈 보기 〉

ㄱ. 보일 법칙　　　　　ㄴ. 보일 - 샤를 법칙
ㄷ. 아보가드로 법칙　　ㄹ. 질량 보존의 법칙

(　　　　　　　　　　)

06 기체 관련 법칙에 대한 설명 중 옳은 것은 ○표, 옳지 않은 것은 ×표 하시오.

(1) 일정한 온도에서 기체의 압력과 부피의 곱은 항상 일정하다. (　　)

(2) 일정한 압력에서 온도에 따라 $\frac{부피(V)}{절대\ 온도(T)}$는 변한다. (　　)

(3) 일정한 온도와 압력에서 기체의 부피는 몰수에 비례한다. (　　)

07 그림은 일정한 온도에서 일정량의 기체의 압력(P)과 부피(V)의 관계를 나타낸 것이다. A와 B의 면적을 비교하여 다음 빈칸에 들어갈 부등호(> , = , <)를 쓰시오.

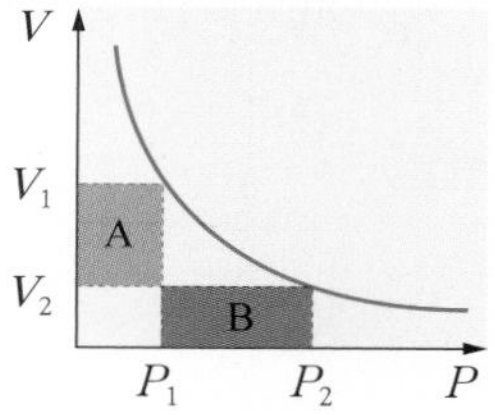

A (　　　　　) B

08 27℃ 에서 400 mL 플라스크 안의 압력이 3 기압이 되도록 하려면 몇 몰의 산소 기체를 채워야 하는지 쓰시오. (단, 기체 상수(R) = 0.08 atm·L/mol·K이다.)

(　　　　　　　　　　) mol

09 어떤 기체가 177℃, 1 기압에서 2.9 g/L 의 밀도를 가진다. 27℃, 2 기압에서 이 기체의 밀도를 구하시오. (단, 질량은 일정하다.)

( ) g/L

10 실제 기체에 대한 설명으로 빈칸에 알맞은 말을 각각 고르시오.

> 실제 기체는 압력이 (높을수록, 낮을수록) 온도가 (높을수록, 낮을수록) 이상 기체에 가깝다.

B

11 다음은 금속과 산이 반응할 때 발생하는 수소 기체의 부피를 측정하는 실험 과정이다.

〈실험 과정〉

㉠ 일정량의 Mg(*s*)과 HCl(*aq*)을 반응시켜 발생하는 수소 기체를 그림 (가)와 같이 수상 치환으로 기체 측정관에 모으고 부피를 측정한다.

㉡ 그림 (나)와 같이 수조에 물을 넣어 기체 측정관 안의 수면의 높이를 그림 (나)와 같이 맞춘 후 부피를 측정한다.

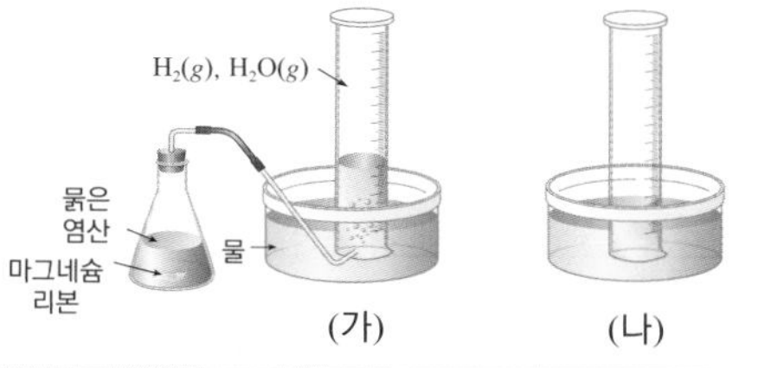

이에 대한 설명으로 옳은 것만을 <보기>에서 있는 대로 고른 것은? (단, 대기압은 760 mmHg 이다.)

<보기>

ㄱ. 그림 (가)에서 수소 기체와 수증기의 압력은 760mmHg이다.
ㄴ. 그림 (나)에서 수소 기체와 수증기 압력의 합은 760mmHg이다.
ㄷ. 실험실의 온도를 높이면 기체 측정관의 수증기의 부피는 증가한다.

① ㄴ ② ㄷ ③ ㄱ, ㄷ ④ ㄴ, ㄷ ⑤ ㄱ, ㄴ, ㄷ

12 그림은 일정량의 기체 X의 압력과 밀도를 상댓값으로 나타낸 것이다.

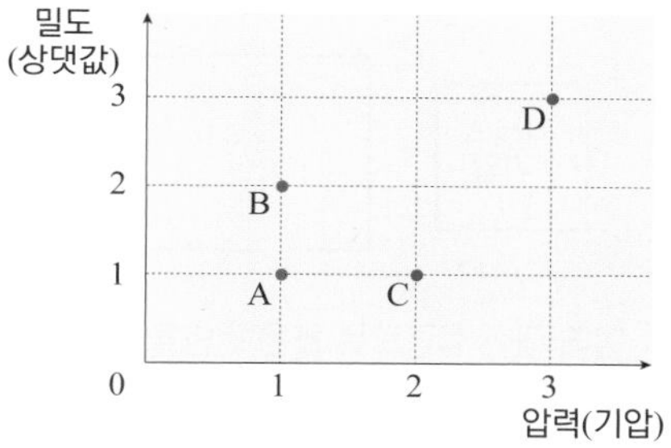

이에 대한 설명으로 옳은 것만을 <보기>에서 있는 대로 고른 것은?

<보기>

ㄱ. A 점의 온도가 가장 높다.
ㄴ. C 점의 부피는 B 점의 부피의 2배이다.
ㄷ. 기체 분자의 평균 운동 에너지는 D가 가장 크다.

① ㄴ ② ㄷ ③ ㄱ, ㄴ ④ ㄴ, ㄷ ⑤ ㄱ, ㄴ, ㄷ

13 그림은 일정량의 비활성 기체 X의 $\frac{1}{온도}$ 와 부피에 따른 압력 변화를 나타낸 것이다.

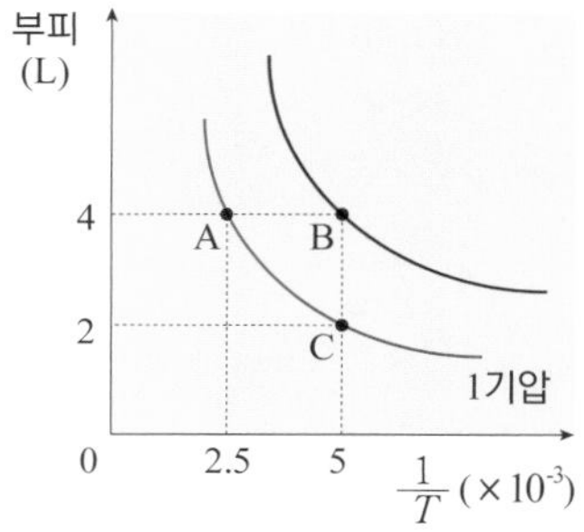

이에 대한 설명으로 옳은 것만을 <보기>에서 있는 대로 고른 것은?

<보기>

ㄱ. 기체의 압력은 A가 B의 2배이다.
ㄴ. 기체의 밀도는 B가 C의 2배이다.
ㄷ. 2 기압, 600 K 에서 기체의 부피는 5 L 이다.

① ㄱ ② ㄷ ③ ㄱ, ㄴ ④ ㄴ, ㄷ ⑤ ㄱ, ㄴ, ㄷ

14~15 그림과 같이 일정한 온도에서 부피와 압력이 다른 기체 A, B, C가 각각 용기에 들어 있다. 기체 분자의 분자량의 비는 A : B : C = 2 : 8 : 1이다.

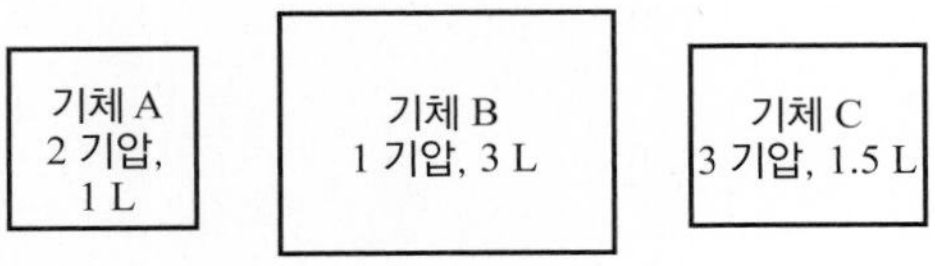

14 이에 대한 설명으로 옳은 것만을 <보기>에서 있는 대로 고른 것은?

< 보기 >

ㄱ. 기체 분자 수는 A가 B보다 작다.
ㄴ. 기체의 평균 운동 에너지는 B가 C보다 크다.
ㄷ. 기체의 질량은 A가 C보다 크다.

① ㄱ ② ㄷ ③ ㄱ, ㄴ
④ ㄴ, ㄷ ⑤ ㄱ, ㄴ, ㄷ

15 기체 분자 A, B, C의 질량비와 밀도비를 바르게 짝지은 것은?

	질량비	밀도비
①	2 : 1 : 3	2 : 1 : 3
②	2 : 1 : 3	4 : 8 : 3
③	8 : 48 : 9	2 : 1 : 3
④	8 : 48 : 9	4 : 8 : 3
⑤	8 : 48 : 9	8 : 48 : 9

16 어떤 기체가 72 L 의 플라스크 속에 가득 들어 있을 때 온도는 300 K 이고, 내부 압력은 1 기압이었다. 이 기체가 들어 있는 플라스크의 무게는 108.3 g 이고, 플라스크만의 무게는 102.3 g 이다. 아래 표를 참고 하면, 이 기체는 다음 중 어떤 것인가? (단, 기체 상수(R) = 0.08 atm·L/mol·K이다.)

원소	H	C	He	Cl
원자량	1	12	4	35.5

① H_2 ② He ③ HCl
④ CH_4 ⑤ Cl_2

17 그림과 같이 같은 온도에서 부피가 같은 3개의 용기 (가), (나), (다)에 서로 다른 기체 A, B, C가 각각 12 g, 6 g, 1 g 씩 담겨 있다.

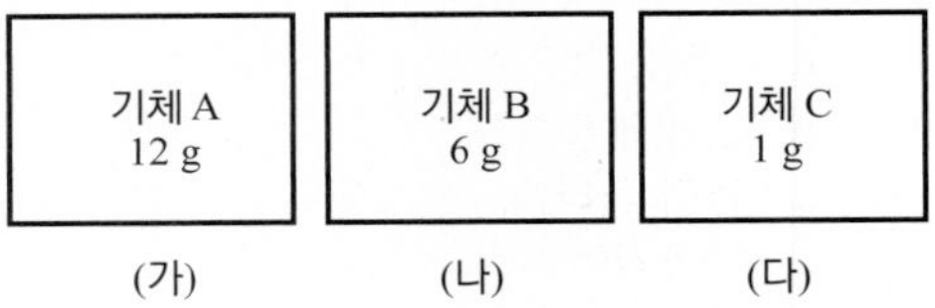

기체의 압력 사이의 관계가 다음과 같을 때 기체 A, B, C의 분자량을 바르게 비교한 것은?

$$P_A = 3P_B, \quad P_C = 2P_B$$

① 2 : 4 : 1 ② 3 : 8 : 1 ③ 3 : 1 : 2
④ 8 : 12 : 1 ⑤ 12 : 6 : 1

18 그림 (가)는 300K에서 3 가지 실제 기체에 대해, 그림 (나)는 서로 다른 온도에서 질소 기체에 대해 압력에 따른 $\frac{PV}{RT}$ 값을 나타낸 것이다.

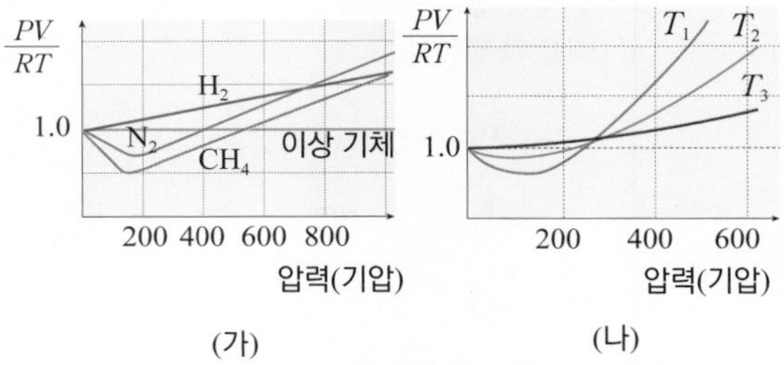

이에 대한 설명으로 옳은 것만을 <보기>에서 있는 대로 고른 것은?

< 보기 >

ㄱ. 분자량이 작을수록 기울기가 이상 기체에 가깝다.
ㄴ. 실제 기체는 분자 사이의 거리가 가까울수록 이상 기체 상태 방정식을 잘 따른다.
ㄷ. 질소 분자의 평균 운동 에너지는 T_1에서보다 T_2에서 크다.

① ㄱ ② ㄴ ③ ㄱ, ㄴ
④ ㄱ, ㄷ ⑤ ㄴ, ㄷ

C

19 그림과 같은 장치의 콕을 통하여 27℃에서 기체 A a몰을 플라스크 내부로 주입하였더니 (가)와 같이 되었고, 온도를 일정하게 유지하면서 (가)에 기체 A a몰을 추가로 주입하였더니 (나)와 같이 되었다. (나)에서 온도를 올렸더니 (다)와 같이 되었다.

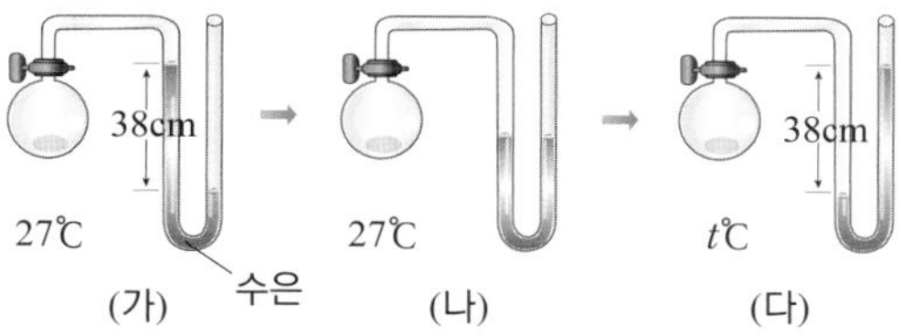

이에 대한 설명으로 옳은 것만을 <보기>에서 있는 대로 고른 것은? (단, 대기압은 760 mmHg 이고, U자관의 부피는 무시한다.)

<보기>

ㄱ. 기체의 밀도는 (나)가 (가)의 2배이다.
ㄴ. 기체의 압력은 (다)가 (가)의 3배이다.
ㄷ. (다)에서 기체의 온도는 177℃이다.

① ㄱ ② ㄴ ③ ㄱ, ㄷ
④ ㄴ, ㄷ ⑤ ㄱ, ㄴ, ㄷ

20 그림은 서로 다른 압력에서 일정량의 기체 X의 온도에 따른 부피 변화를 나타낸 것이다.

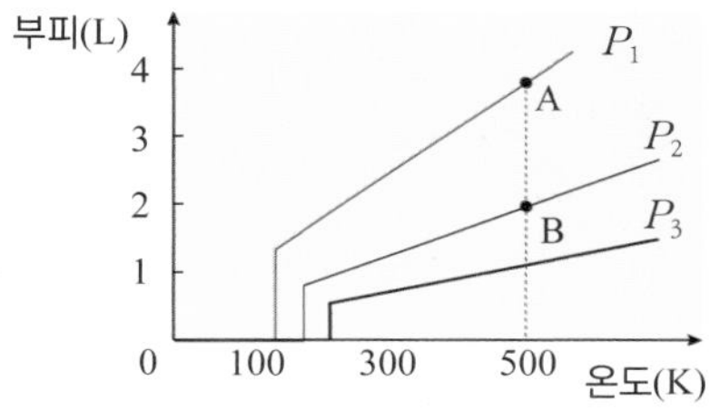

이에 대한 설명으로 옳은 것만을 <보기>에서 있는 대로 고른 것은?

<보기>

ㄱ. P_1의 압력이 P_2의 압력보다 낮다.
ㄴ. A 점과 B 점에서 기체 분자의 평균 운동 거리는 같다.
ㄷ. 압력이 일정할 때 기체의 부피는 온도에 비례한다.

① ㄱ ② ㄷ ③ ㄱ, ㄴ
④ ㄱ, ㄷ ⑤ ㄴ, ㄷ

21 그림 (가)는 기체 X 1.5 g 의 온도에 따른 부피 변화를 나타낸 것이고, (나)는 기체 X 1.5 g 의 압력에 따른 부피 변화를 나타낸 것이다.

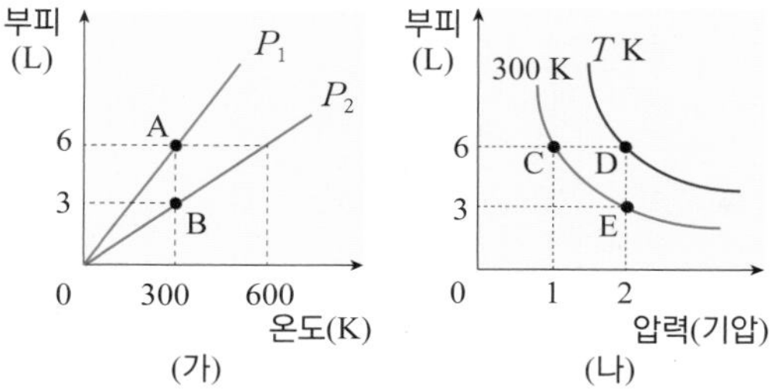

이에 대한 설명으로 옳은 것만을 <보기>에서 있는 대로 고른 것은?

<보기>

ㄱ. (가)에서 A 점의 압력은 1 기압이다.
ㄴ. (가)에서 B 점의 압력은 (나)의 E 점의 압력과 같다.
ㄷ. (나)에서 C 점의 밀도는 D 점의 밀도의 2배이다.

① ㄱ ② ㄴ ③ ㄱ, ㄴ
④ ㄱ, ㄷ ⑤ ㄱ, ㄴ, ㄷ

22 그림 (가)는 기체 X의 $\frac{1}{부피}$ 과 압력의 관계를 나타낸 것이고, (나)는 기체 X의 (압력 × 부피)와 부피의 관계를 나타낸 것이다.

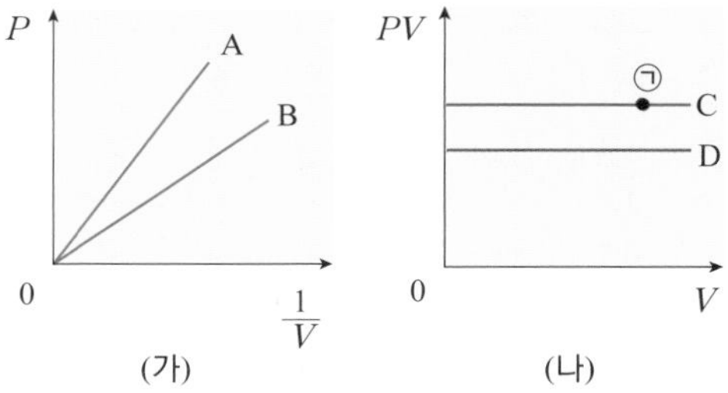

이에 대한 설명으로 옳은 것만을 <보기>에서 있는 대로 고른 것은?

<보기>

ㄱ. (가)에서 A의 온도가 B보다 더 높다.
ㄴ. (나)에서 D가 C보다 더 높은 온도에서 나타난 결과이다.
ㄷ. ㉠ 점이 25℃, 800 기압 조건의 이상 기체를 나타낸 것이라면 동일 조건에서 실제 기체도 ㉠ 점이다.

① ㄱ ② ㄷ ③ ㄱ, ㄴ
④ ㄱ, ㄷ ⑤ ㄴ, ㄷ

23 그림 (가)는 압력 P_1과 P_2에서 질량이 a g 인 기체 A의 온도에 따른 부피를, (나)는 압력 P_1에서 질량이 b g 인 기체 A와 B의 온도에 따른 부피를 나타낸 것이다.

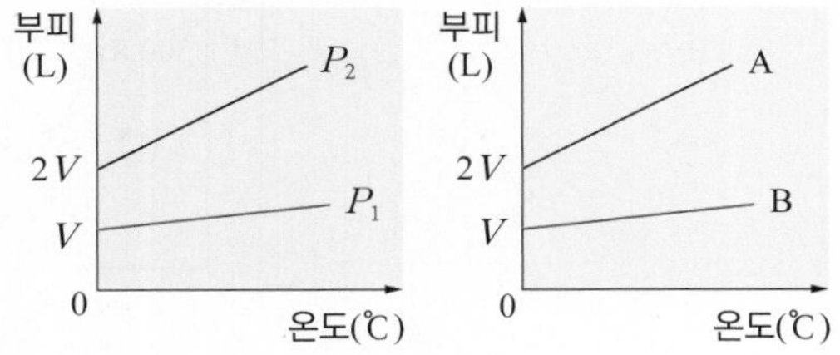

(가) (나)

이에 대한 설명으로 옳은 것만을 <보기>에서 있는 대로 고른 것은?

<보기>

ㄱ. (가)에서 $P_1 < P_2$이다.
ㄴ. b는 a의 2배이다.
ㄷ. 분자량의 비는 A : B = 2 : 1이다.

① ㄱ ② ㄴ ③ ㄱ, ㄴ
④ ㄴ, ㄷ ⑤ ㄱ, ㄴ, ㄷ

24 그림 (가)는 300 K 에서 2 가지 실제 기체에 대해, 그림 (나)는 서로 다른 온도에서 질소 기체에 대해 압력에 따른 $\frac{PV}{RT}$ 값을 나타낸 것이다.

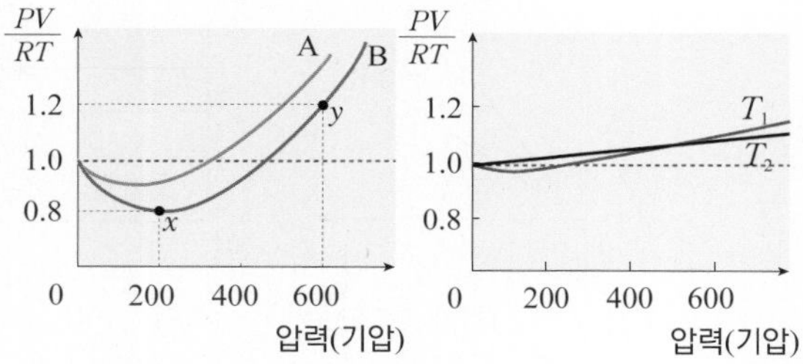

(가) (나)

이에 대한 설명으로 옳은 것만을 <보기>에서 있는 대로 고른 것은?

<보기>

ㄱ. 300 K, 200 기압에서 분자 간의 인력은 A가 B보다 작다.
ㄴ. 온도는 T_2가 T_1보다 높다.
ㄷ. x점과 y점에서 기체의 부피비는 2 : 1이다.

① ㄱ ② ㄴ ③ ㄱ, ㄴ
④ ㄱ, ㄷ ⑤ ㄱ, ㄴ, ㄷ

심화

25 수은의 밀도는 0℃에서 13.6 g/cm^3 이고, 35℃에서 13.1 g/cm^3 이다. 온도가 35℃일 때 수은 기압계를 읽었더니 수은 기둥의 높이가 760 mmHg 이었다. 이때 대기의 실제 압력(atm)을 구하고, 소수점 셋째 자리까지 나타내시오. (단, 유체의 압력은 $P = \rho gh$로 구한다. ρ는 밀도이고, g는 중력 가속도이며, h는 높이이다.)

26 미지 시료 기체의 몰수를 측정하기 위해 몇 가지의 무게를 측정하였다. 31℃에서 134 g 의 진공 플라스크에 물을 가득 채우고 무게를 측정했더니 1134 g 이었고, 물을 모두 빼고 미지의 기체로 채운 후, 무게를 측정하였더니 137 g 이었다. 이때 플라스크 안 기체의 압력은 0.9 기압이었다. 이상 기체 방정식에 따른다고 가정하면 미지 기체의 몰수는 얼마인지 구하시오. (단, 31℃에서 물의 밀도는 0.997 g/mL 이고, 기체 상수(R) = 0.08 atm·L/mol·K이다.)

27 그림 (가)와 같이 실린더에 수소 분자 $2n$개가 들어 있을 때 실린더의 높이가 a 였다면, 그림 (나)와 (다)의 기체 속에 포함된 원자 수를 구하시오. (단, 온도와 압력이 일정하고, (가)는 H_2, (나)는 Ar, (다)는 O_2가 각각 들어 있다.)

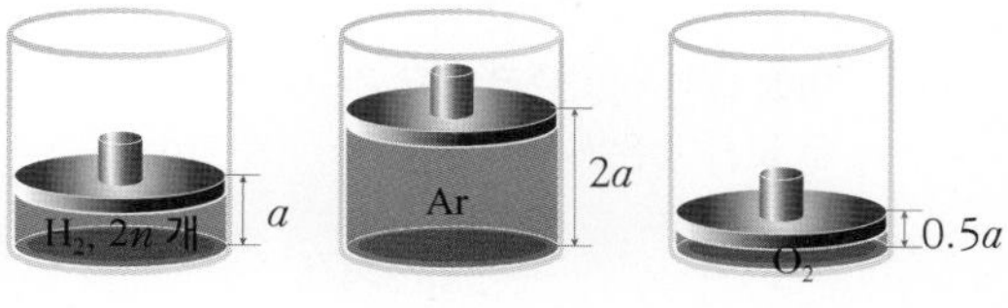

(가) (나) (다)

28 같은 온도에서 그림과 같이 준비된 세 가지 기체 (X_2, XY_2, Z_2)의 질량을 측정하였다.(단, X, Y, Z는 임의의 기호이고, 모든 기체는 이상 기체이다.)

기체의 종류	X_2	XY_2	Z_2
기체의 질량(g)	0.64	1.60	0.16

(1) 분자 수 비 X_2 : XY_2 를 구하시오.

(2) 분자량 비 XY_2 : Z_2 를 구하시오.

(3) 원자량 비 X : Y 를 구하시오.

29 샤를은 풍선에 사용하는 수소를 철과 황산 용액을 반응시켜서 황산 철(Ⅱ)과 함께 얻었다.

(1) 이 반응에 대한 화학 반응식을 쓰시오.

(2) 이 반응에서 황산 137.2 kg 이 사용되었다면 300 K, 1 기압에서 생성된 수소 부피를 구하시오.(단, 기체 상수(R) = 0.08 atm·L/mol·K이고, H, O, S의 원자량은 각각 1, 16, 32이다.)

(3) (2)에서 생성된 수소로 가득 채워진 구의 반지름을 구하시오. (단, 반지름 r일 때, 구의 부피는 $\frac{4}{3}\pi r^3$이고, 1 m^3 = 1000L이고, π = 3.15로 계산한다.)

30 오존을 건조한 KOH 분말과 함께 -13℃에 두면 적갈색의 오존화 포타슘(KO_3)이 생긴다. 화학 반응식은 다음과 같다.

$$5O_3(g) + 2KOH(s) \rightarrow 2KO_3(s) + 5O_2(g) + H_2O(s)$$

-13℃, 0.12 기압에서 KO_3 5.16 g 을 얻기 위해서 필요한 오존의 부피를 구하시오. (단, 기체 상수(R) = 0.08 atm·L/mol·K이고, O, K의 원자량은 각각 16, 39이다.)

31 그림 (가)는 어떤 기체를 밀폐된 용기에 넣고 조건을 변화시킨 것을 나타낸 것이고, (나)는 이 기체의 압력과 $\frac{PV}{nRT}$ 과의 관계를 나타낸 것이다.

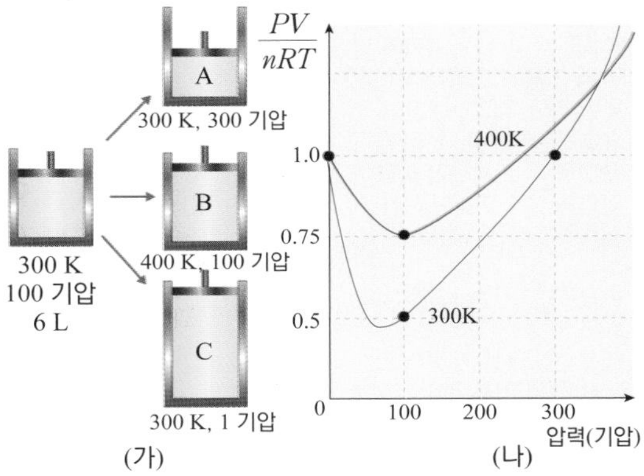

그림 (나)의 자료를 이용하여 그림 (가)의 최종 상태 A, B, C의 부피를 구하시오. (단, 기체 상수(R) = 0.08 atm·L/mol·K 이다.)

32 실제 기체가 압력이 높을수록 이상 기체에서 벗어나는 이유를 기체 분자가 차지하는 부피와 연관을 지어 서술하시오.

3강 기체 2

1. 부분 압력의 법칙

(1) 부분 압력과 전체 압력

① **전체 압력** : 서로 반응하지 않는 두 종류 이상의 기체가 일정한 부피의 용기에 들어 있을 때 혼합 기체의 압력이다.

② **부분 압력** : 서로 반응하지 않는 두 종류 이상의 기체가 일정한 부피의 용기에 들어 있을 때 혼합 기체를 이루는 각 성분 기체의 압력이다.

③ **혼합 기체의 압력** : 각 성분 기체의 압력은 기체의 분자 수에 비례하며, 각 성분 기체의 압력을 모두 더하면 혼합 기체의 전체 압력이 된다.

(2) 부분 압력 법칙 : 혼합 기체의 전체 압력은 각 성분 기체의 부분 압력의 합과 같다.

$$P_T = P_A + P_B + P_C + \cdots \ (P_T : \text{전체 압력}, P_A, P_B, P_C : \text{각 성분 기체의 부분 압력})$$

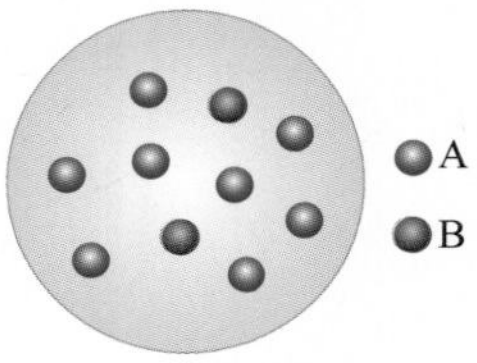

전체 압력이 1 기압일 때,
분자 수 비가 A : B = 4 : 1 이므로 A의 부분 압력은 0.8 기압, B의 부분 압력은 0.2 기압이다.

(3) 몰 분율 : 혼합 기체에서 성분 기체의 몰수를 전체 기체의 몰수로 나눈 값이다.

$$\text{기체 A의 몰 분율}(X_A) = \frac{\text{기체 A의 몰수}}{\text{전체 기체의 몰수}} = \frac{n_A}{n_A + n_B}$$

$$\text{기체 B의 몰 분율}(X_B) = \frac{\text{기체 B의 몰수}}{\text{전체 기체의 몰수}} = \frac{n_B}{n_A + n_B}$$

(4) 몰 분율과 부분 압력 : 혼합 기체에서 성분 기체의 부분 압력은 몰 분율에 비례한다.

$$P_A = P_T \times \frac{n_A}{n_A + n_B} = P_T \times X_A$$

$$P_B = P_T \times \frac{n_B}{n_A + n_B} = P_T \times X_B$$

개념확인 1

서로 반응하지 않는 두 종류 이상의 기체가 일정한 부피의 용기에 들어 있을 때 혼합 기체를 이루는 각 성분 기체의 압력을 무엇이라고 하는지 쓰시오.

( )

확인 + 1

혼합 기체에서 성분 기체의 몰수를 전체 기체의 몰수로 나눈 값을 무엇이라고 하는지 쓰시오.

( )

● 지구 대기를 이루는 기체의 부분 압력

기체	조성비(%)
질소(N_2)	78.1
산소(O_2)	20.9
아르곤(Ar)	0.9

부분 압력

P_{N_2} = 1 기압 × $\frac{78.1}{100}$ = 0.781 기압

P_{O_2} = 1 기압 × $\frac{20.9}{100}$ = 0.209 기압

P_{Ar} = 1 기압 × $\frac{0.9}{100}$ = 0.009 기압

● 부분 압력 법칙

① 일정한 온도(T)에서 n_A 몰의 기체 A를 부피 V의 용기에 넣었을 때 기체 A가 나타내는 압력을 P_A라고 하고, n_B 몰의 기체 B를 동일한 부피 V의 용기에 넣었을 때 기체 B가 나타내는 압력을 P_B라고 하면 이상 기체 상태 방정식은 다음과 같다.

$$P_A = \frac{n_A RT}{V}, \ P_B = \frac{n_B RT}{V}$$

② 같은 온도에서 n_A 몰의 기체 A와 n_B 몰의 기체 B를 동일한 V의 용기에 넣으면 혼합 기체의 전체 압력은 P_T는 전체 몰수($n_A + n_B$)에 비례한다.

$$P_T = \frac{(n_A + n_B)RT}{V} = P_A + P_B$$

● 수상치환으로 모은 기체의 부분 압력

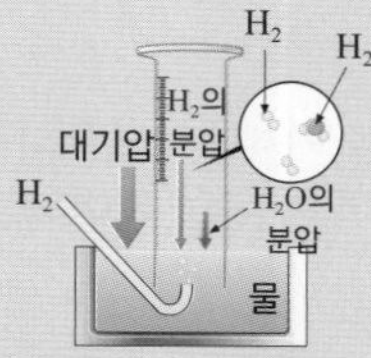

기체와 수증기가 혼합되어 있다.

• 측정관의 수면과 수조의 수면이 일치하지 않는 경우
P_{H_2} = 대기압 − P_{H_2O} − $P_{물기둥}$

• 측정관의 수면과 수조의 수면이 일치하는 경우
P_{H_2} = 대기압 − P_{H_2O}

2. 기체 분자 운동론1

(1) 기체 분자 운동론 : 기체의 성질을 기체 분자의 운동으로 설명하기 위한 이론이다.

〈 기체 분자 운동론의 가정 〉

① 기체 분자들은 다양한 속도 분포를 가지고 무질서한 직선 운동을 한다. ⇨ 기체는 끊임없이 무질서하게 움직이는 많은 수의 분자로 이루어져 있다.

② 기체 분자 사이에는 인력과 반발력이 작용하지 않는다.

③ 기체 분자들은 서로 멀리 떨어져 있기 때문에 기체가 차지하는 부피의 대부분은 빈 공간이다. ⇨ 기체 분자 자체의 부피는 기체가 차지하는 전체 부피에 비해 매우 작으므로 무시한다.

④ 기체 분자들은 충돌할 때 에너지 손실이 없기 때문에 충돌 후에도 속도가 느려지지 않는다. ⇨ 기체 분자 사이의 충돌이나 벽과의 충돌은 완전 탄성 충돌이므로 충돌 후 에너지 손실이 없다.

⑤ 기체 분자의 평균 운동 에너지는 분자의 크기, 모양 및 종류에는 영향을 받지 않는다.
⇨ 기체 분자의 평균 운동 에너지는 절대 온도에만 비례한다.

E_k (E_k : 기체 분자 1개의 평균 운동 에너지) = $\frac{3}{2}kT$ (k : 볼츠만 상수, T : 절대 온도)

(2) 기체 분자의 평균 운동 속도

① **평균 운동 속도** : 기체 분자들은 서로 다른 속도로 끊임없이 운동하고 있다. 이때 기체 분자의 운동 속도의 평균을 말한다.

② 기체 분자 운동론에 의하면 온도가 같을 경우 모든 기체의 평균 운동 에너지는 같다. 하지만 평균 운동 속도는 분자량이 작은 기체일수록 빠르다.

③ 같은 온도에서 기체 분자들은 서로 다른 속도로 운동하고 있지만, 평균 운동 속도로 운동하는 분자 수가 가장 많다.

④ 기체 분자들은 온도가 높을수록 평균 운동 에너지가 증가하므로 평균 운동 속도도 증가한다.

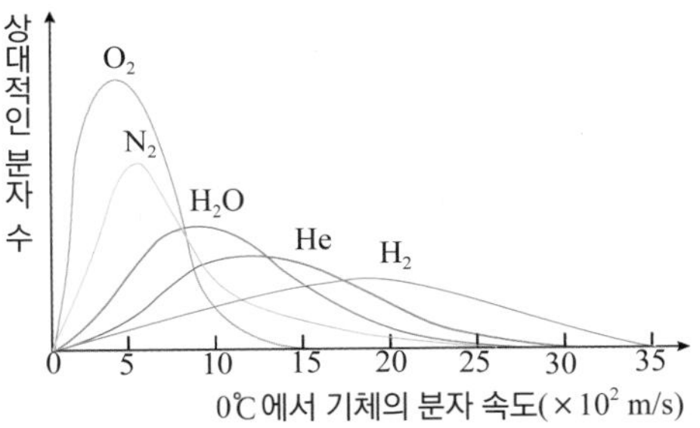

▲ 분자량에 따른 기체 분자의 운동 속력 분포

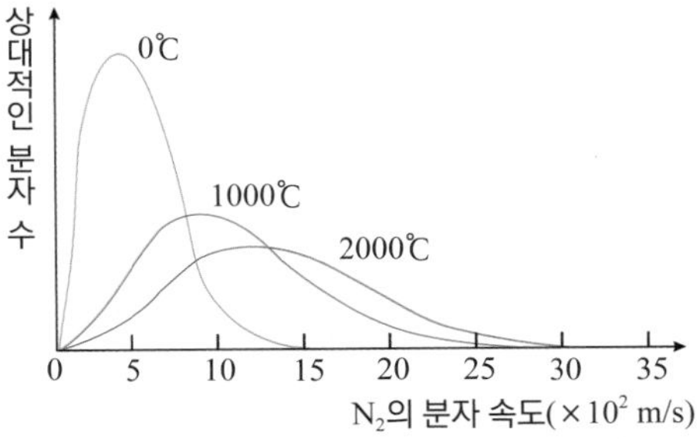

▲ 온도에 따른 기체 분자의 운동 속력 분포

● 기체 분자의 평균 운동 속도

질량이 m이고, 평균 운동 속도 v인 기체 1개의 평균 운동 에너지는
$E_k = \frac{1}{2}mv^2$이다.
기체 분자 운동론에 의하면 운동 에너지는 절대 온도에 비례하므로
$E_k = \frac{1}{2}mv^2 = \frac{3}{2}kT$ 이다.

평균 운동 속도 v로 식을 정리하면
$v = \sqrt{\frac{3kT}{m}}$ 이 된다.

따라서 운동 속도는 $\sqrt{T}$ 에 비례하고, $\sqrt{m}$에 반비례한다.

개념확인 2 정답 및 해설 14쪽

기체들의 여러 가지 성질을 기체 분자의 운동으로 설명하기 위한 이론을 무엇이라고 하는지 쓰시오.

( )

확인 + 2

온도가 다른 기체 X에 대해 기체 평균 운동 속도를 비교하여 다음 빈칸에 알맞은 부등호(> , = , <)를 쓰시오.

27℃에서 평균 운동 속도 ( ) 100℃에서 평균 운동 속도

미니사전

완전 탄성 충돌(完 완전할 全 온전할 彈 두드리다 性 성질) 두 물체가 충돌할 때 충돌 전의 운동 에너지의 합과 충돌 후의 합이 보존되는 충돌이다.

3. 기체 분자 운동론2

(1) 보일 법칙(n , T 가 일정할 때 V 와 P 의 관계)

기체의 몰수와 온도가 일정할 때 기체의 부피는 압력에 반비례한다.

일정한 온도에서 일정량의 기체를 실린더에 넣고 외부 압력을 높이면 기체의 부피가 감소하여 단위 부피당 들어 있는 분자 수가 증가한다. 용기의 벽면에 충돌하는 기체 분자 수도 증가하므로 기체의 압력이 높아진다.

온도, 분자 수	(가) = (나)
압력	(가) < (나)
부피	(가) > (나)
충돌 횟수	(가) < (나)
평균 운동 속도	(가) = (나)

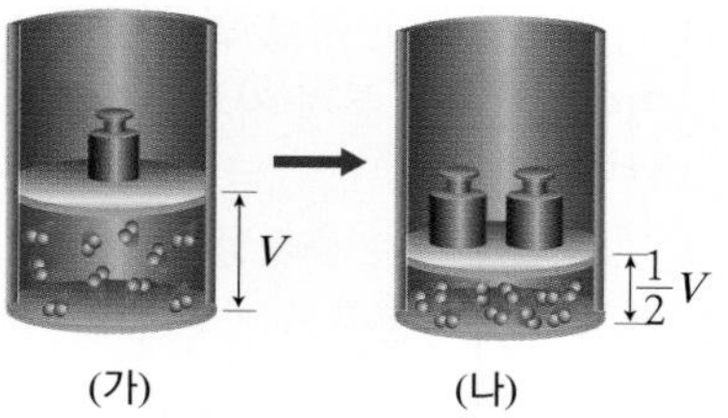

(2) 샤를 법칙(n , P 가 일정할 때 V 와 T 의 관계)

기체의 몰수와 압력이 일정할 때 기체의 부피는 절대 온도에 비례한다.

일정한 압력에서 일정량의 기체를 실린더에 넣고 실린더를 가열하면 기체 분자의 평균 운동 에너지가 증가한다. 기체 분자가 실린더의 안쪽 벽면에 충돌하는 횟수와 세기가 증가하여 실린더 내부의 압력이 외부의 압력과 같아질 때까지 부피가 커진다.

압력, 분자 수	(가) = (나)
온도	(가) < (나)
부피	(가) < (나)
평균 운동 속도	(가) < (나)

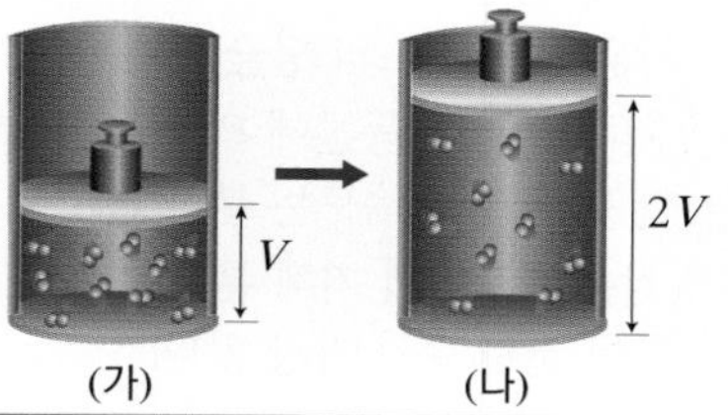

(3) 아보가드로 법칙(T , P 가 일정할 때 V 와 n 의 관계)

기체의 온도와 압력이 일정할 때 기체의 부피는 몰수에 비례한다.

일정한 온도와 압력에서 실린더에 기체를 더 넣으면 기체 분자의 몰수가 증가하므로 실린더 벽에 충돌하는 분자 수가 증가하여 실린더 내부의 압력이 외부의 압력과 같아질 때까지 부피가 커진다.

온도, 압력	(가) = (나)
분자 수	(가) < (나)
부피	(가) < (나)
평균 운동 속도	(가) = (나)

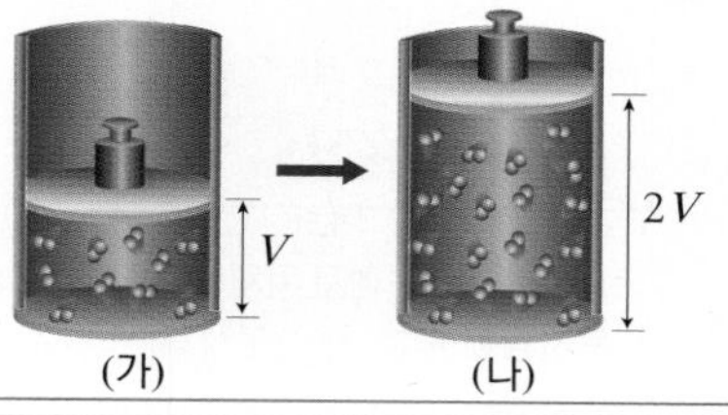

기체 분자의 운동

기체 분자 사이에 작용하는 힘은 매우 작으며, 기체 분자는 서로 다른 속도로 끊임없이 운동한다. 이때 기체의 압력은 기체 분자들이 끊임없이 운동하면서 용기 벽면에 충돌하는 힘에 의해 나타난다.

- 분자 수가 적고, 온도가 낮으면 압력이 작다.

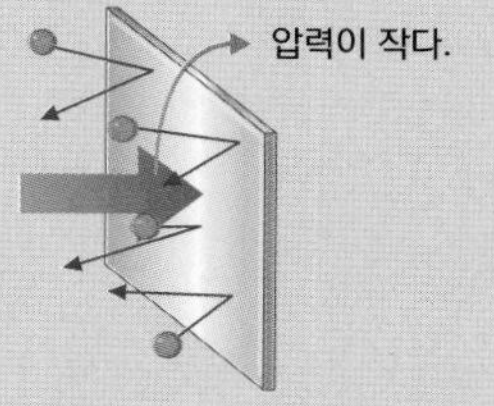

- 분자 수가 많고, 온도가 높으면 압력이 크다.

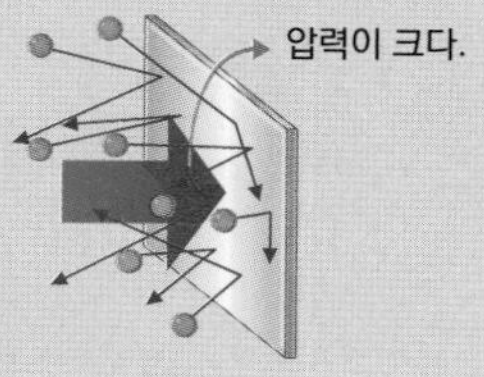

개념확인 3

일정한 온도에서 일정량의 기체를 실린더에 넣고 외부 압력을 높일 때 충돌 횟수를 비교하여 다음 빈칸에 알맞은 부등호(> , = , <)를 쓰시오.

외부 압력 변화 전 (　　　) 외부 압력 변화 후

확인 + 3

다음 빈칸에 들어갈 알맞은 말을 각각 쓰시오.

일정한 압력에서 일정량의 기체를 실린더에 넣고 실린더를 가열하면 기체 분자의 평균 운동 에너지가 (　　　)하여, 실린더 내부의 부피가 (　　　)한다.

4. 기체의 확산

(1) 기체의 확산과 분출

구분	확산	분출
정의	기체 분자가 스스로 운동하여 다른 기체 속으로 퍼져 나가는 현상	기체가 분자 운동에 의해 작은 구멍을 통해서 빠져 나가는 현상
조건	같은 공간에서 압력의 영향 없이 자발적으로 이동하여 기체가 혼합된다.	압력이 높은 곳에서 압력 차이로 인해 기체 분자가 이동한다.
모형	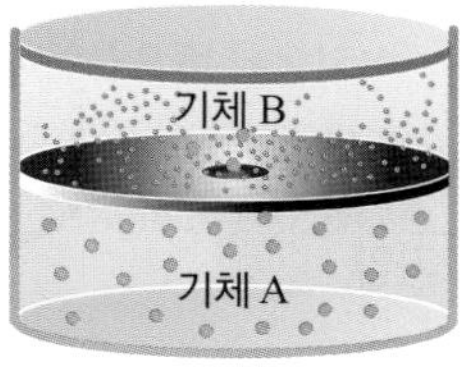	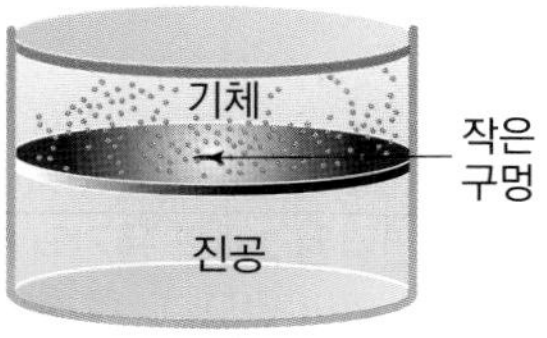

(2) 확산 속도에 영향을 주는 요인 : 기체의 확산은 기체 분자의 운동에 의해 일어나므로 분자 운동 속도가 빠를수록 확산 속도가 빠르다.

① **온도** : 온도가 높아지면 분자의 평균 속도가 증가하여 확산 속도가 빨라진다.

② **질량** : 기체의 분자량이 작을수록 기체의 평균 속도는 빨라져 확산 속도가 빨라진다.

③ **물질의 상태** : 확산되는 입자가 고체 → 액체 → 기체로 갈수록 분자 운동이 활발해져 확산 속도가 빨라진다.

④ **매질의 종류** : 매질의 종류가 액체 → 기체 → 진공으로 갈수록 확산 속도가 빨라진다. 같은 기체에서도 기체의 압력이 작아질수록 확산을 방해하는 입자의 수가 적어지기 때문에 확산 속도가 빨라진다.

(3) 그레이엄 법칙 : 일정한 온도와 압력에서 두 기체의 확산 속도는 기체의 분자량의 제곱근에 반비례한다.

$$\frac{v_A}{v_B} = \sqrt{\frac{M_B}{M_A}} = \sqrt{\frac{d_B}{d_A}}$$

(v_A, v_B : 기체의 확산 속도, M_A, M_B : 기체의 분자량, d_A, d_B : 기체의 밀도)

(4) 기체의 확산 현상

① 향수를 뿌리면 주변에 향수 냄새가 퍼진다.

② 굴뚝에서 나온 연기가 사방으로 퍼진다.

③ 브로민 기체가 든 병 위에 빈병을 덮으면 브로민 기체가 병 전체로 퍼진다.

개념확인 4 정답 및 해설 14쪽

기체 분자가 스스로 운동하여 다른 기체 속으로 퍼져 나가는 현상을 무엇이라고 하는지 쓰시오.

( )

확인 + 4

일정한 온도와 압력에서 기체 X 10mL가 확산되는데 20초 걸리고, H_2 10mL가 확산되는데 5초 걸렸다. 기체 X의 분자량을 구하시오.

( )

● 분출과 그레이엄 법칙

분출이 일어날 때는 확산이 일어날 때보다 기체 분자 사이에 충돌이 적게 일어난다. 따라서 그레이엄 법칙은 확산보다 분출에 더 잘 적용된다.

● 그레이엄 법칙 유도

일정한 온도와 압력에서 기체 분자의 운동 에너지는 속도의 제곱에 비례한다.

$\frac{1}{2}m_A v_A^2 = \frac{1}{2}m_B v_B^2$

$m_A v_A^2 = m_B v_B^2$

$\frac{v_A^2}{v_B^2} = \frac{m_B}{m_A}$

$\frac{v_A}{v_B} = \sqrt{\frac{m_B}{m_A}}$

기체의 질량비와 분자량비가 같으므로

$\frac{v_A}{v_B} = \sqrt{\frac{M_B}{M_A}}$

● 기체의 분출 속도비와 밀도비

같은 온도와 압력에서 분자량비 = 밀도비 이므로는 기체의 확산 속도를 기체의 밀도비로 나타낼 수 있다.

개념 다지기

01 혼합 기체의 압력에 대한 설명으로 옳은 것만을 <보기>에서 있는 대로 고른 것은?

<보기>

ㄱ. 혼합 기체에서 성분 기체의 압력은 성분 기체의 몰수에 비례한다.
ㄴ. 성분 기체 A와 B의 질량이 같으면 몰 분율이 같다.
ㄷ. 각 성분 기체의 압력을 모두 더하면 전체 압력이 된다.

① ㄱ ② ㄴ ③ ㄷ ④ ㄱ, ㄷ ⑤ ㄱ, ㄴ, ㄷ

02 그림과 같이 콕으로 연결된 2개의 용기의 한쪽 용기에는 2기압, 4L의 산소(O_2) 기체가 들어 있고, 다른 한쪽 용기에는 5기압, 2L의 수소(H_2) 기체가 들어 있다. 콕을 열었을 때 전체 압력은? (단, 온도는 일정하고, 두 기체는 반응하지 않는다.)

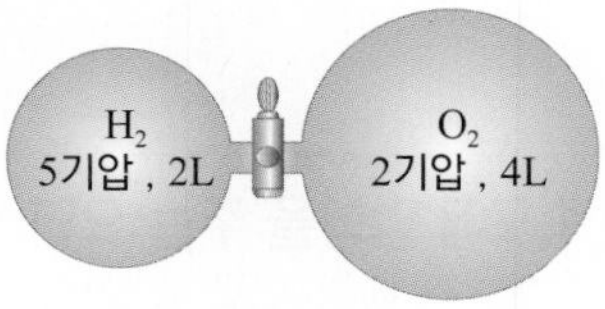

① 1 기압 ② 2 기압 ③ 3 기압
④ 6 기압 ⑤ 9 기압

03 기체 분자 운동론에 대한 설명으로 옳은 것만을 <보기>에서 있는 대로 고른 것은?

<보기>

ㄱ. 기체 분자 자체의 부피는 기체가 차지하는 전체 부피에 비해 매우 작으므로 무시한다.
ㄴ. 기체 분자들은 충돌 후 에너지 손실이 있기 때문에 충돌 후에 속도가 느려진다.
ㄷ. 기체 분자의 평균 운동 에너지는 절대 온도와 관계없이 일정하다.

① ㄱ ② ㄴ ③ ㄷ ④ ㄱ, ㄴ ⑤ ㄱ, ㄴ, ㄷ

04 그림은 온도에 따른 질소 분자의 운동 속도를 나타낸 것이다. 이에 대한 설명으로 옳은 것만을 <보기>에서 있는 대로 고른 것은?

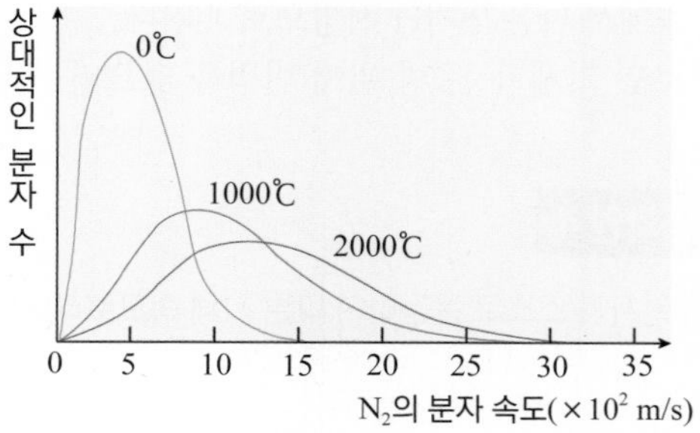

<보기>

ㄱ. 기체 분자들은 온도가 높을수록 평균 운동 속도가 빠르다.
ㄴ. 각각의 온도에서 그래프의 면적은 모두 같다.
ㄷ. 기체 분자 운동론에 의하면 기체를 수소로 바꿔도 평균 운동 에너지가 같다.

① ㄱ ② ㄷ ③ ㄱ, ㄴ ④ ㄴ, ㄷ ⑤ ㄱ, ㄴ, ㄷ

05 일정한 온도에서 일정량의 기체를 실린더에 넣고 외부 압력을 높일 때 일정한 것만을 <보기>에서 있는 대로 고른 것은?

<보기>

ㄱ. 분자 수 ㄴ. 충돌 횟수 ㄷ. 부피 ㄹ. 평균 운동 속도

① ㄱ ② ㄱ, ㄹ ③ ㄷ, ㄹ ④ ㄱ, ㄴ, ㄷ ⑤ ㄱ, ㄴ, ㄷ, ㄹ

06 일정한 온도에서 공기가 들어 있는 주사기에 공기를 추가하였다. 공기를 추가하기 전과 비교하여 옳은 것만을 <보기>에서 있는 대로 고른 것은?

<보기>

ㄱ. 분자 간 충돌 횟수가 증가한다.
ㄴ. 기체 분자의 평균 운동 속도는 증가한다.
ㄷ. 기체의 부피가 증가한다.

① ㄱ ② ㄴ ③ ㄷ ④ ㄱ, ㄴ ⑤ ㄱ, ㄷ

07 그림은 같은 온도에서 기체 A, B, C가 들어 있는 같은 크기의 풍선을 오랫동안 놓아두었을 때 풍선의 크기 변화를 나타낸 것이다.

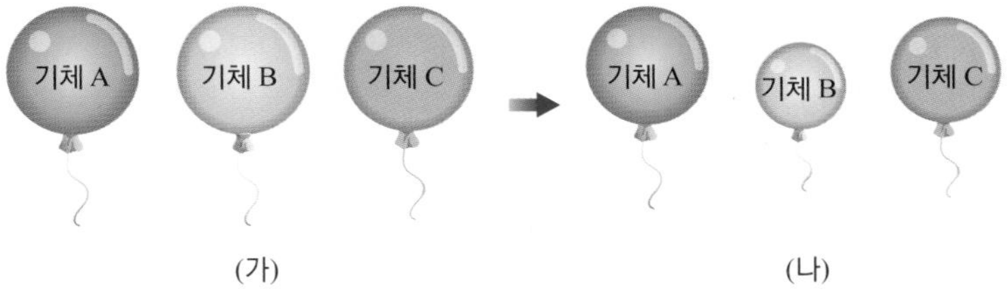

이에 대한 설명으로 옳은 것만을 <보기>에서 있는 대로 고른 것은?

<보기>

ㄱ. 기체 분자의 분자량은 A > B이다.
ㄴ. 기체의 평균 분자 운동 속도는 B > C이다.
ㄷ. (가)에서 기체의 밀도는 C > A이다.

① ㄱ ② ㄷ ③ ㄱ, ㄴ ④ ㄴ, ㄷ ⑤ ㄱ, ㄴ, ㄷ

08 다음 중 확산 속도에 대한 설명으로 옳은 것은?

① 온도가 낮아지면 확산 속도가 빨라진다.
② 기체 분자보다 액체 분자의 확산 속도가 빠르다.
③ 기체 분자의 분자량이 클수록 확산 속도가 빨라진다.
④ 매질의 종류가 기체일 때보다 진공일 때 확산 속도가 빠르다.
⑤ 매질이 기체일 때 매질의 압력이 클수록 확산 속도가 빨라진다.

유형익히기&하브루타

유형3-1 부분 압력의 법칙

그림과 같이 콕으로 연결된 2개의 용기의 한쪽 용기에는 1 기압, 1 L 의 기체 H_2가 들어 있고, 다른 한쪽 용기에는 1 기압, 2 L 의 기체 O_2가 들어 있다.

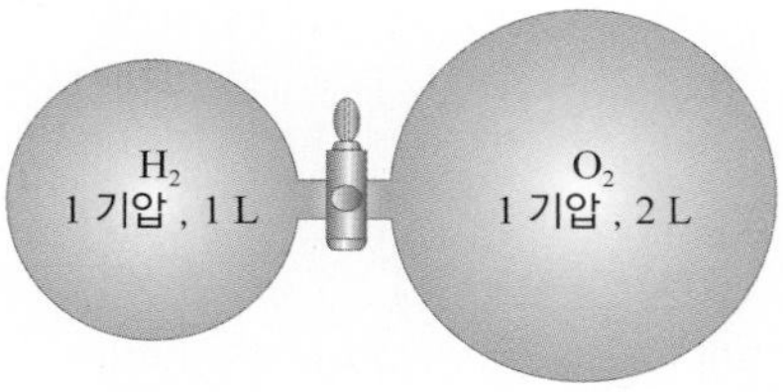

콕을 열고 충분한 시간이 흐른 후에 대한 설명으로 옳은 것만을 <보기>에서 있는 대로 고른 것은? (단, 온도는 일정하고, 두 기체는 반응하지 않는다.)

< 보기 >

ㄱ. 몰 분율은 O_2가 H_2의 2배이다.
ㄴ. H_2와 O_2의 부분 압력은 같다.
ㄷ. 혼합 기체의 압력은 1기압이다.

① ㄱ ② ㄷ ③ ㄱ, ㄴ ④ ㄱ, ㄷ ⑤ ㄱ, ㄴ, ㄷ

01 25 ℃에서 그림 (가)의 콕을 열면 그림 (나)와 같이 수은 기둥의 높이가 변한다.

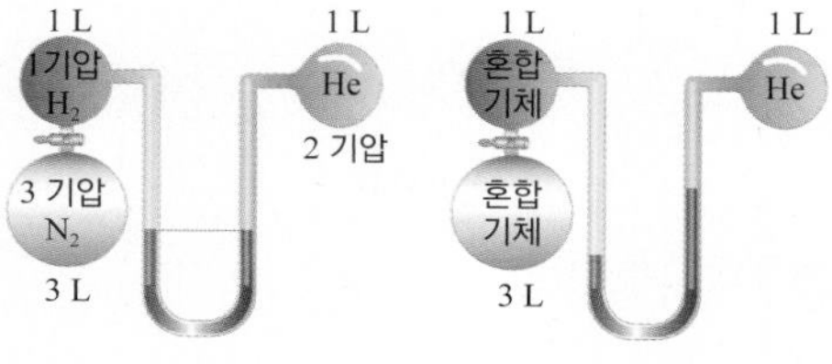

(가) (나)

이에 대한 설명으로 옳은 것만을 <보기>에서 있는 대로 고른 것은? (단, 연결관의 부피는 무시한다.)

< 보기 >

ㄱ. 혼합 기체의 압력은 2 기압이다.
ㄴ. 혼합 기체와 헬륨의 분자 수 비는 5 : 1 이다.
ㄷ. 세 기체의 평균 분자 운동 에너지는 모두 같다.

① ㄱ ② ㄴ ③ ㄱ, ㄴ
④ ㄱ, ㄷ ⑤ ㄴ, ㄷ

02 그림 (가)는 20℃에서 수소 기체를 눈금 실린더에 수상 치환으로 포집한 것이고, (나)는 (가)에서 눈금 실린더와 수조의 수면이 같도록 수조에 물을 넣은 것을 나타낸 것이다.

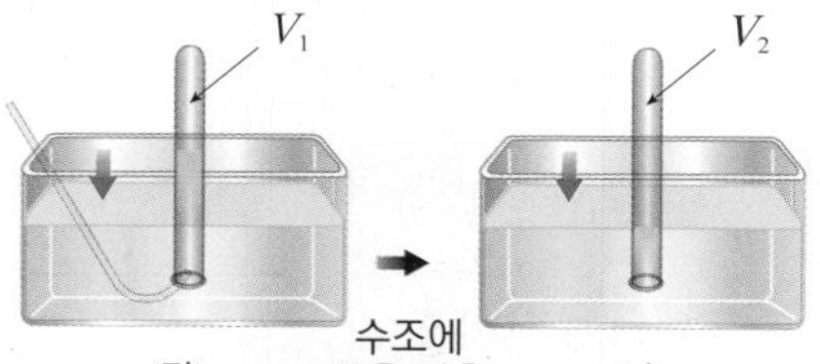

(가) 수조에 물을 넣음 (나)

이에 대한 설명으로 옳은 것만을 <보기>에서 있는 대로 고른 것은? (단, 온도는 일정하고 대기압은 760 mmHg 이며, 수증기압은 20 mmHg 이다.)

< 보기 >

ㄱ. (가)에서 수소 기체의 압력은 1 기압이다.
ㄴ. (나)에서 수소 기체의 압력은 740 mmHg 이다.
ㄷ. 눈금 실린더에 들어 있는 기체의 부피는 $V_1 < V_2$ 이다.

① ㄱ ② ㄴ ③ ㄱ, ㄴ
④ ㄱ, ㄷ ⑤ ㄴ, ㄷ

유형3-2 기체 분자 운동론1

그림 (가)는 온도 T_1, T_2 에서 일정량의 기체 A의 속도에 따른 분자 수를, (나)는 온도 T_1 에서 일정량의 기체 A, B의 속도에 따른 분자 수를 나타낸 것이다.

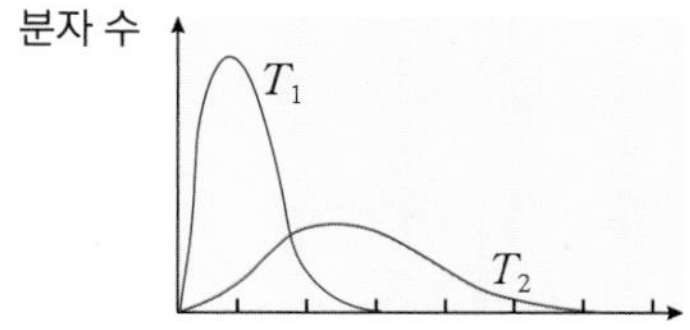

(가)

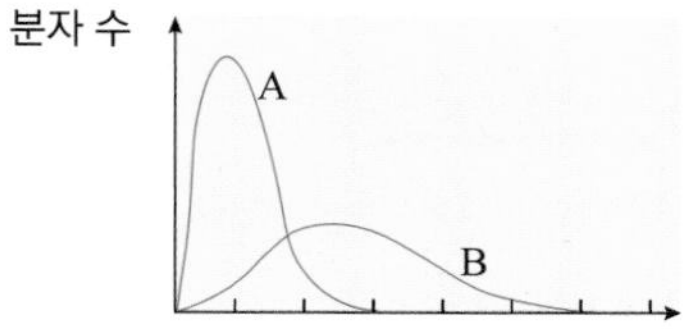

(나)

이에 대한 설명으로 옳은 것만을 <보기>에서 있는 대로 고른 것은?

< 보기 >

ㄱ. T_1 은 T_2 보다 낮다.
ㄴ. 분자량은 A가 B보다 크다.
ㄷ. T_2 에서 B의 평균 운동 에너지는 A보다 크다.

① ㄱ ② ㄴ ③ ㄱ, ㄴ ④ ㄴ, ㄷ ⑤ ㄱ, ㄴ, ㄷ

03 다음 중 기체 분자 운동론에 대한 설명으로 옳지 않은 것은?

① 기체 분자 자체의 부피는 무시한다.
② 기체는 끊임없이 직선 운동을 한다.
③ 기체 분자 사이에는 인력과 반발력이 작용하지 않는다.
④ 평균 운동 에너지는 분자의 크기, 모양에 영향을 받는다.
⑤ 기체 분자들이 충돌할 때 완전 탄성 충돌이므로 충돌 후 에너지 손실이 없다.

04 그림은 같은 온도에서 O_2, He, H_2 기체의 분자 운동 속도에 따른 분자 수의 분포를 나타낸 것이다.

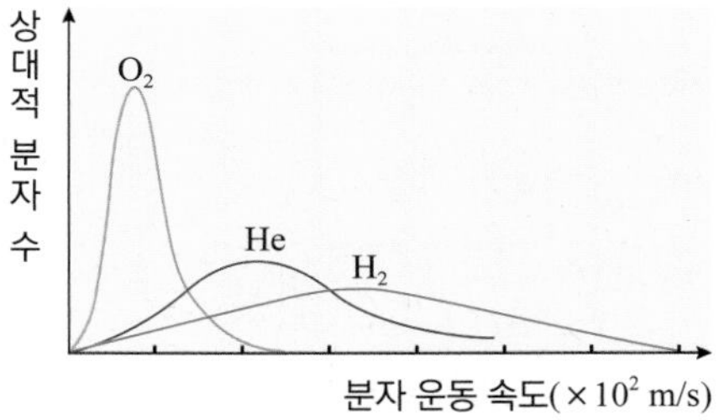

이에 대한 설명으로 옳은 것만을 <보기>에서 있는 대로 고른 것은?

< 보기 >

ㄱ. H_2의 분자 속도는 항상 O_2보다 크다.
ㄴ. 3 가지 기체 분자의 평균 운동 에너지는 모두 같다.
ㄷ. 평균 운동 속도는 O_2 > H_2 이다.

① ㄴ ② ㄷ ③ ㄱ, ㄴ
④ ㄱ, ㄷ ⑤ ㄴ, ㄷ

유형3-3 기체 분자 운동론2

그림은 25℃에서 질량이 같은 기체 A ~ C가 같은 크기의 실린더 속에 각각 들어 있다.

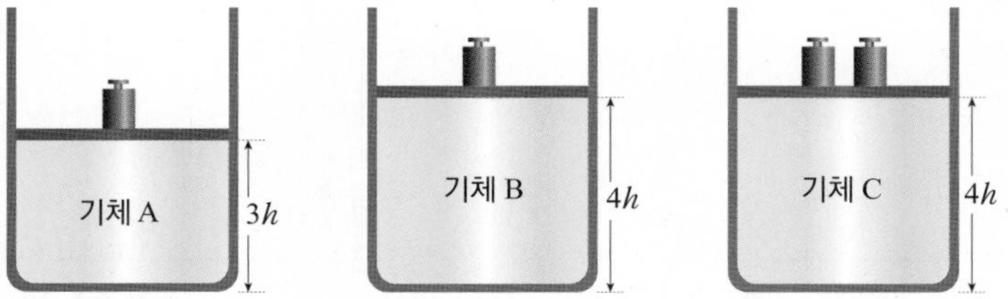

이에 대한 설명으로 옳은 것만을 <보기>에서 있는 대로 고른 것은? (단, 실린더 벽과 뚜껑 사이의 마찰은 무시하고, 대기압은 고려하지 않는다.)

< 보기 >

ㄱ. 기체 분자의 몰수는 A와 B가 같다.
ㄴ. 분자량은 B가 C보다 크다.
ㄷ. 단위 면적당 기체 분자의 충돌 횟수는 A가 C보다 크다.

① ㄱ ② ㄴ ③ ㄷ ④ ㄱ, ㄴ ⑤ ㄱ, ㄴ, ㄷ

05 그림은 He과 N_2 기체가 들어 있는 용기를 냉각 시킨 것이다.

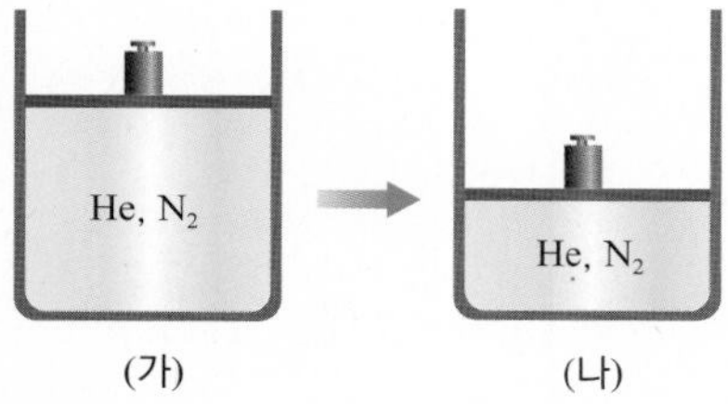

이에 대한 설명으로 옳은 것만을 <보기>에서 있는 대로 고른 것은? (단, 대기압은 고려하지 않는다.)

< 보기 >

ㄱ. (가)에서 He의 평균 분자 운동 에너지는 N_2보다 크다.
ㄴ. (나)에서 He의 평균 분자 운동 에너지는 N_2와 같다.
ㄷ. (가)와 (나)에서 He의 평균 운동 속도는 같다.

① ㄱ ② ㄴ ③ ㄷ
④ ㄱ, ㄴ ⑤ ㄱ, ㄴ, ㄷ

06 다음은 여러 가지 조건으로 기체 상태를 변화 시킨 것이다.

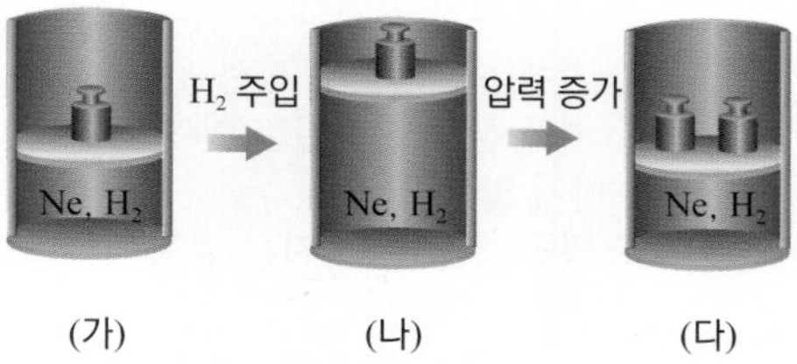

이에 대한 설명으로 옳은 것만을 <보기>에서 있는 대로 고른 것은? (단, 온도는 일정하다.)

< 보기 >

ㄱ. (가)보다 (나)에서 H_2의 부분 압력이 크다.
ㄴ. (가)보다 (다)에서 Ne의 평균 운동 속도는 크다.
ㄷ. (나)보다 (다)에서 충돌 횟수가 더 크다.

① ㄱ ② ㄷ ③ ㄱ, ㄴ
④ ㄱ, ㄷ ⑤ ㄱ, ㄴ, ㄷ

유형3-4 기체의 확산

그림과 같이 X 수용액과 진한 암모니아수를 양끝에 놓았더니 시간이 흐른 후 A 위치에서 흰 연기가 발생하였다.

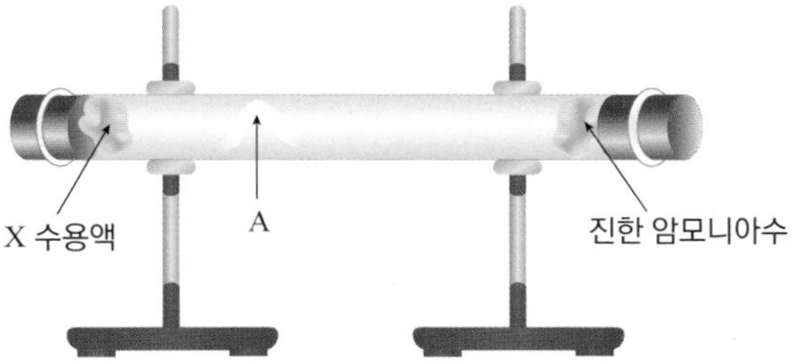

이에 대한 설명으로 옳은 것만을 <보기>에서 있는 대로 고른 것은?

<보기>
ㄱ. 농도는 X 수용액이 암모니아수보다 진해야 한다.
ㄴ. 분자량은 X가 암모니아보다 크다.
ㄷ. 암모니아수 대신 CH_3NH_2 수용액을 사용하면 두 기체는 A의 왼쪽에서 만날 것이다.

① ㄴ ② ㄷ ③ ㄱ, ㄴ ④ ㄴ, ㄷ ⑤ ㄱ, ㄴ, ㄷ

07 그림은 실린더에 기체 A와 B를 각각 2 기압이 되도록 넣고 양쪽 콕을 동시에 열었다가 충분한 시간이 흐른 후 닫았을 때 피스톤이 오른쪽으로 h 만큼 이동한 모습을 나타낸 것이다.

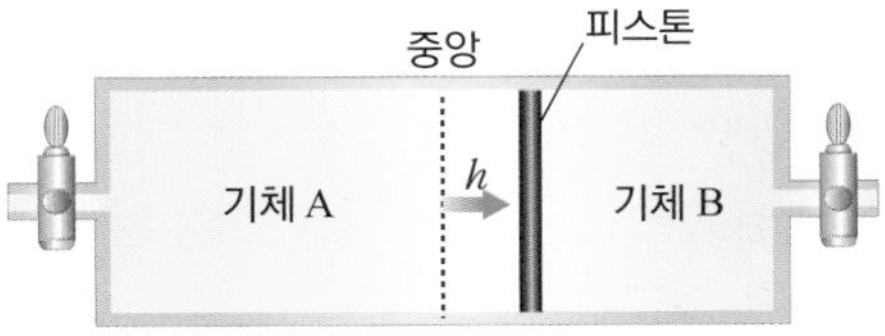

이에 대한 설명으로 옳은 것만을 <보기>에서 있는 대로 고른 것은? (단, 온도는 일정하고, 피스톤의 질량과 마찰은 무시하며, 콕을 열기 전 기체 A와 B의 부피는 일정하다.)

<보기>
ㄱ. 기체의 밀도는 A가 B보다 작다.
ㄴ. 피스톤이 이동한 후 기체의 압력은 A와 B가 같다.
ㄷ. 기체 A 대신 A보다 분자량이 작은 기체를 사용하면, 피스톤은 현재 위치보다 오른쪽으로 이동한다.

① ㄱ ② ㄴ ③ ㄱ, ㄴ
④ ㄴ, ㄷ ⑤ ㄱ, ㄴ, ㄷ

08 그림은 일정한 온도에서 기체 C가 들어 있는 용기에 기체 A와 B가 각각 들어 있는 같은 크기의 풍선을 넣었을 때의 모습을 나타낸 것이다.

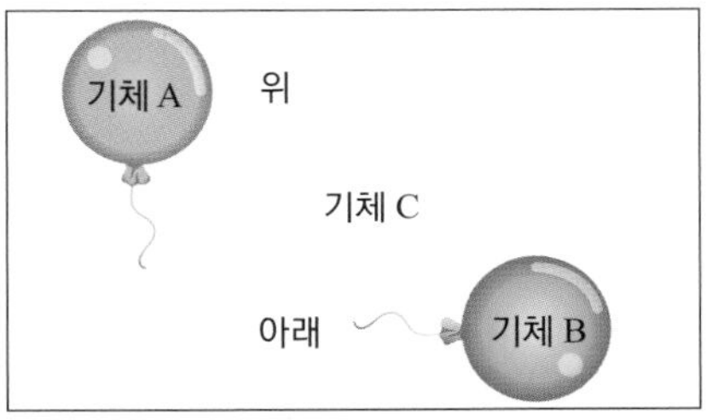

이에 대한 설명으로 옳은 것만을 <보기>에서 있는 대로 고른 것은?

<보기>
ㄱ. 기체의 밀도는 A와 B가 같다.
ㄴ. 분자의 상대적 질량은 A가 B보다 작다.
ㄷ. 기체 분자의 확산 속도는 B가 C보다 느리다.

① ㄱ ② ㄴ ③ ㄷ
④ ㄱ, ㄷ ⑤ ㄴ, ㄷ

창의력&토론마당

01 NO_2를 상온까지 식히면, 그중 일부는 다음 반응에 의해서 이합체인 N_2O_4를 형성한다.

$$2NO_2(g) \rightarrow N_2O_4(g)$$

고온에서 NO_2 15.18 g을 12 L 플라스크에 넣고, 그 플라스크를 27℃까지 식혔다. 이때 전체 압력은 0.5 기압이었다. NO_2와 N_2O_4의 부분 압력과 몰 분율을 구하시오. (단, N와 O의 원자량은 각각 14, 16이고, 기체 상수(R)는 0.08 기압·L/몰·K이다.)

02 아세틸렌(C_2H_2)은 촉매가 존재할 때 수소와 반응하여 다음과 같이 에테인(C_2H_6)을 만든다.

$$C_2H_2(g) + 2H_2(g) \rightarrow C_2H_6(g)$$

일정한 부피의 용기 속에 있는 아세틸렌과 과량의 수소를 촉매 하에서 반응시켰다. 반응이 완전히 끝난 후, 온도가 원래 온도와 같아졌을 때에 용기 내 기체의 몰수는 1 몰에서 0.42 몰로 감소했다. 반응 전 혼합 기체에 들어 있던 아세틸렌의 몰 분율을 구하시오.

03 아래 자료를 참고로 하여 다음 물음에 답하시오.

〈자료〉

길이가 l 이고, 한쪽 끝 면의 면적이 A인 직육면체 모양의 상자가 있다. 상자에 N개의 분자가 있고, x의 방향으로 속도 v_x 로 움직이는 분자에 의한 압력을 구하면

$P = \frac{F}{A} = \frac{Nm}{Al}v_x^2$이다.

여기에서 Al는 상자의 부피 V이므로 다음과 같이 나타낼 수 있다.

$PV = Nmv_x^2$

기체 분자의 속도의 성분 v_x^2, v_y^2, v_z^2는 통계적으로 서로 같아야 한다.

$v_x^2 = v_y^2 = v_z^2 = \frac{1}{3}v^2$

따라서 다음이 성립한다.

$PV = \frac{1}{3}Nmv^2$ (N은 n에 아보가드로수 N_A를 곱한 값이다.)

(1) 이때 기체 분자 1개의 평균 운동 에너지를 온도를 이용하여 식으로 나타내시오.
(단, $\frac{R}{N_A}$는 k(볼츠만 상수)로 나타낼 수 있다.)

(2) 이때 기체 분자의 평균 운동 속도를 온도와 질량을 이용하여 설명하시오.

04 O_2 기체 시료를 온도는 유지하고 압력을 증가시켜 처음의 일정 온도에서 더 작은 부피로 압축했다. 다음 물음에 답하시오.

(1) 이때 O_2 분자의 평균 운동 에너지 변화를 쓰시오.

(2) 이때 O_2 분자의 평균 운동 속도 변화를 쓰시오.

(3) 이때 단위 시간당 용기 벽과 O_2 분자의 전체 충돌 수 변화를 쓰시오.

(4) 이때 기체 분자간 평균 거리의 변화를 쓰시오.

05 2원자 분자로 구성된 미지의 기체는 같은 온도에서 O_2 속도의 0.355배 속도로 분출된다. 다음 물음에 답하시오. (단, O의 원자량은 16이다.)

(1) 미지의 기체의 분자량을 구하시오.

(2) 분자량을 이용하여 어떤 기체인지 예상해 보자.

06 아래 자료를 참고로 하여 다음 물음에 답하시오.

〈자료〉

기체가 들어 있는 용기에 작은 구멍을 뚫어 놓을 때 용기 벽에 충돌하는 분자 중 우연히 이 구멍을 향하는 분자가 용기 밖으로 나오는 현상을 기체의 분출이라고 한다.

그레이엄(Graham)은 기체가 작은 구멍을 통하여 진공으로 분출되는 속도는 기체 분자량의 제곱근에 반비례함을 실험으로 확인하였다. 이 실험 결과는 기체 분자 운동론으로 부터 유도할수 있다.

$$PV = \frac{1}{3}Nmv^2$$

$$3RT = \frac{Nm}{n}v^2 = Mv^2$$

$$v = \sqrt{\frac{3RT}{M}}$$

따라서 일정한 온도와 압력에서 두 기체의 확산 속도는 기체의 분자량의 제곱근에 반비례 한다.

$$\frac{v_1}{v_2} = \sqrt{\frac{M_2}{M_1}}$$

(1) 이때 일정한 온도와 압력에서 두 가지 물질 A와 B의 분출 속도를 A와 B의 밀도를 이용하여 비교하시오.

(2) 기체 X가 일정 압력에서 작은 구멍을 통하여 분출하고 있다. 1 L의 기체가 분출하는데 102초 걸렸다. 동일 조건에서 1 L의 O_2 기체가 분출하는데 34초가 걸렸다. 기체 X의 분자량을 구하시오. (단, O의 원자량은 16이다.)

스스로 실력높이기

A

01 이산화 탄소(CO_2) 기체 4.4 g 과 산소(O_2) 기체 6.4 g 을 혼합한 기체에서 이산화 탄소 기체의 부분 압력이 0.4 기압일 때, 혼합 기체의 전체 압력(기압)을 구하시오. (단, C, O의 원자량은 각각 12, 16이다.)

( ) 기압

02~03 그림과 같이 콕으로 연결된 2개의 용기의 한쪽에는 산소(O_2) 기체가 들어 있고, 다른 쪽에는 질소(N_2) 기체가 들어 있다. 콕을 열었을 때 각 기체에 대한 물음에 답하시오. (단, 온도는 일정하다.)

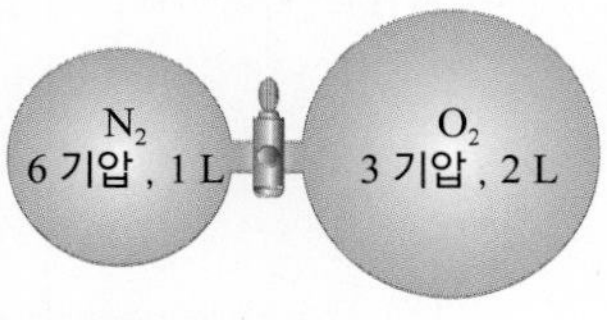

02 질소 기체의 몰 분율을 구하시오.

( )

03 산소 기체의 부분 압력을 구하시오.

( ) 기압

04 그림은 온도 $T_1 \sim T_3$에서 기체 X의 분자 운동 속도에 따른 분자 수 분포를 각각 나타낸 것이다. $T_1 \sim T_3$ 중 온도가 가장 높은 것을 고르시오.

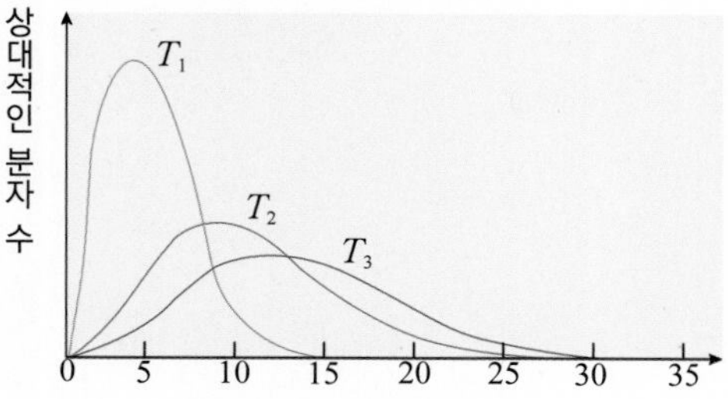

05 두 물질의 평균 운동 속도와 에너지를 비교하여 빈칸에 알맞은 부등호(>, =, <)를 쓰시오.

(1) 25℃, He(g)의 평균 운동 속도
( ) 25℃, O_2(g)의 평균 운동 속도

(2) 25℃, N_2(g)의 평균 운동 속도
( ) 150℃, N_2(g)의 평균 운동 속도

(3) 25℃, H_2(g)의 평균 운동 에너지
( ) 150℃, O_2(g)의 평균 운동 에너지

06 그림은 온도를 일정하게 유지하면서 실린더 내 기체의 부피를 변화시키는 모습을 나타낸 것이다. 기체 분자에 있어 부등호(>, =, <)를 이용하여 나타내시오. (단, 피스톤과 용기 사이의 마찰과 피스톤의 무게는 없다.)

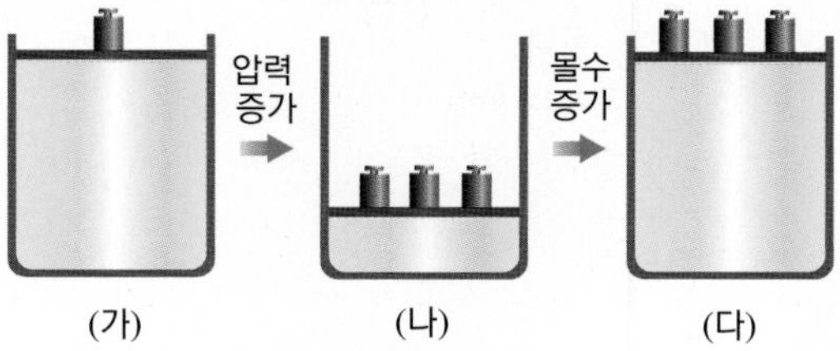

(1) (가)의 평균 운동 에너지
( ) (나)의 평균 운동 에너지

(2) (나)의 평균 운동 속도
( ) (다)의 평균 운동 속도

(3) (가)의 벽과의 충돌 횟수
( ) (다)의 벽과의 충돌 횟수

07 그림은 확산 속도 측정 장치에 기체 A와 B를 넣고, 양쪽 콕을 동시에 열었을 때 흰 연기가 최초로 생성된 위치까지의 거리를 측정하여 나타낸 것이다. A와 B의 분자량 비를 구하시오.

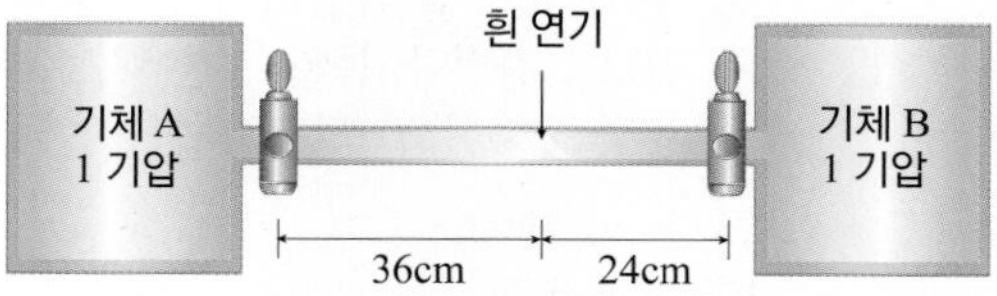

08 미지의 물질 X의 산화물 XO_2를 기화시켜 같은 조건에서 산소(O_2) 기체와 비교하였더니 분출 속도가 XO_2 : O_2 = 1 : 2였다. X의 원자량을 구하시오. (단, O의 원자량은 16이다.)

( )

09 확산 속도에 영향을 주는 요인을 <보기>에서 있는 대로 골라 기호를 쓰시오.

〈 보기 〉

ㄱ. 기체의 온도　　ㄴ. 기체의 질량
ㄷ. 물질의 상태　　ㄹ. 기체의 부피

(　　　　　　　　　　)

10 기체의 확산에 대한 설명으로 빈칸에 알맞은 말을 각각 고르시오.

기체의 확산 속도는 온도가 (높을수록, 낮을수록), 질량이 (클수록, 작을수록) 빨라진다.

B

11 그림과 같이 두 용기 (가), (나)에 헬륨(He)과 네온(Ne)을 각각 넣었다. 온도를 일정하게 유지하면서 콕을 열고 충분한 시간이 흐르도록 하였다.

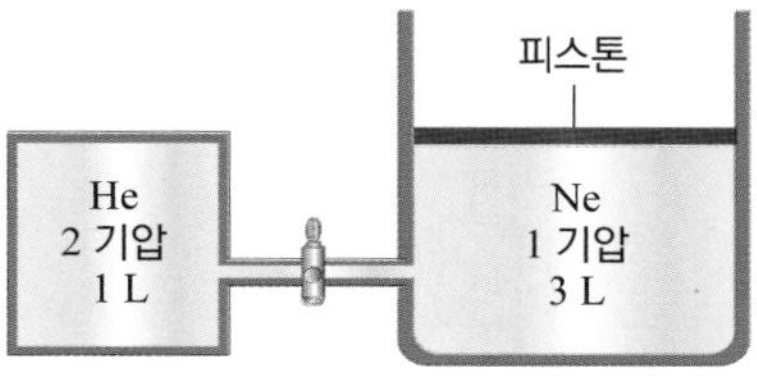

(가)　　(나)

콕을 열고 충분한 시간이 흐른 후에 대한 설명으로 옳은 것만을 <보기>에서 있는 대로 고른 것은? (단, 피스톤의 무게와 용기 사이의 마찰은 무시하고, 대기압은 1기압이며, He과 Ne은 이상 기체라고 가정한다.)

<보기>

ㄱ. He과 Ne의 몰수 비는 1 : 3 이다.
ㄴ. Ne의 부분 압력은 $\frac{3}{5}$기압이다.
ㄷ. 용기 (나)의 부피는 3 L이다.

① ㄴ　② ㄷ　③ ㄱ, ㄷ
④ ㄴ, ㄷ　⑤ ㄱ, ㄴ, ㄷ

12 그림 (가)와 같이 기체 A와 수은이 담긴 장치에 기체 B를 넣고 관에 수은을 더 넣었더니 (나)와 같이 되었다.

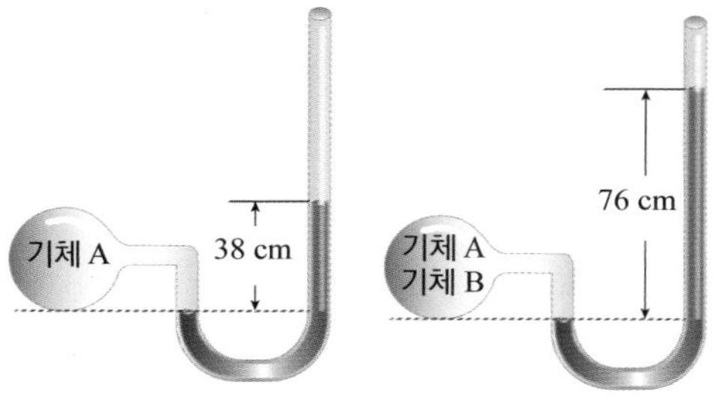

(가)　　(나)

(나)에서 기체 A와 B의 부분 압력비($P_A : P_B$)로 옳은 것은? (단, 수은, 기체 A, B는 서로 반응하지 않으며, 대기압은 760mmHg이다.)

① 1 : 3　② 1 : 2　③ 1 : 1
④ 2 : 1　⑤ 3 : 1

13 다음은 헬륨(He)과 메테인(CH_4) 기체의 혼합 실험이다.

〈실험 과정〉
㉠ 콕 A를 열어 두 기체가 섞이도록 하였다.
㉡ 콕 B를 열었다.

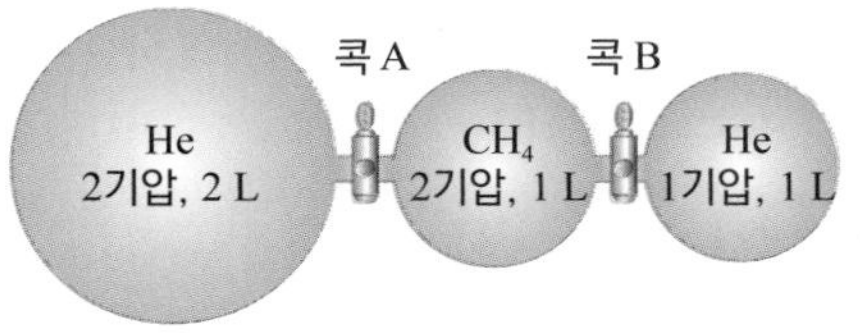

이에 대한 설명으로 옳은 것만을 <보기>에서 있는 대로 고른 것은? (단, 온도는 일정하고, 연결관의 부피는 무시한다.)

<보기>

ㄱ. ㉠에서 He과 CH_4의 부분 압력은 같다.
ㄴ. ㉡에서 전체 압력은 1.75 기압이다.
ㄷ. CH_4의 몰 분율은 ㉠ > ㉡ 이다.

① ㄱ　② ㄷ　③ ㄱ, ㄴ
④ ㄴ, ㄷ　⑤ ㄱ, ㄴ, ㄷ

스스로 실력높이기

14 그림은 같은 온도에서 서로 다른 기체 (가)와 (나)의 분자 운동 속도에 따른 분자 수의 분포를 나타낸 것이다.

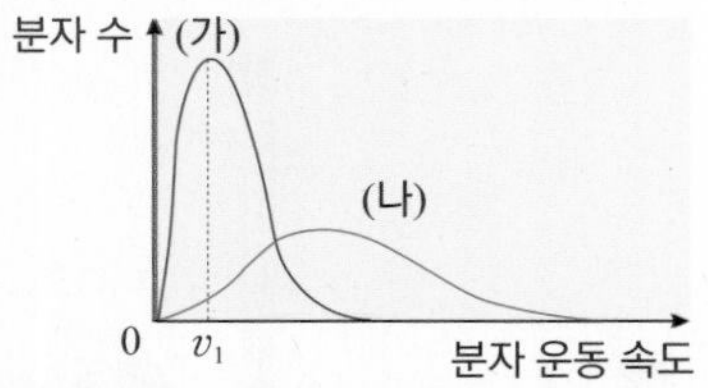

이에 대한 설명으로 옳은 것만을 <보기>에서 있는 대로 고른 것은?

<보기>

ㄱ. 분자량은 (가)가 (나)보다 크다.
ㄴ. 분자의 평균 운동 에너지는 (가)와 (나)가 같다.
ㄷ. 온도를 높이면 (가)의 v_1에 해당하는 분자 수는 증가한다.

① ㄱ ② ㄷ ③ ㄱ, ㄴ
④ ㄴ, ㄷ ⑤ ㄱ, ㄴ, ㄷ

15~16 다음은 여러 가지 조건으로 실린더에 들어 있는 기체 A, B의 상태를 (가)에서 압력을 증가해서 (나)의 상태로, (나)에서 기체 A를 주입하여 (다)의 상태로 변화시킨 것이다.

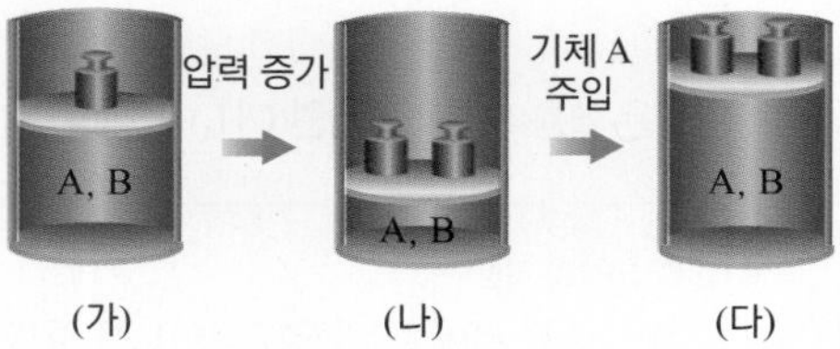

15 이에 대한 설명으로 옳은 것만을 <보기>에서 있는 대로 고른 것은? (단, 피스톤과 벽면의 마찰은 무시하고, 온도는 일정하다.)

<보기>

ㄱ. (가)보다 (나)에서 기체 분자의 평균 운동 에너지가 높다.
ㄴ. (가)보다 (다)에서 기체 B의 몰 분율이 더 작다.
ㄷ. (나)보다 (다)에서 충돌 횟수가 더 크다.

① ㄱ ② ㄴ ③ ㄱ, ㄴ
④ ㄴ, ㄷ ⑤ ㄱ, ㄴ, ㄷ

16 (가), (나), (다)에서 기체 분자의 평균 운동 에너지를 비교한 것으로 옳은 것은? (단, 피스톤의 마찰은 없다.)

① (다) > (나) > (가) ② (다) > (나) = (가)
③ (다) = (나) = (가) ④ (가) > (나) = (다)
⑤ (가) > (나) > (다)

17 그림 (가)와 (나)는 기체 X와 Y가 실린더에 각각 들어 있는 것을 나타낸 것이다. 콕을 열었을 때 피스톤이 바닥에 닿을 때까지 걸린 시간은 (가)가 8초, (나)가 16초이다.

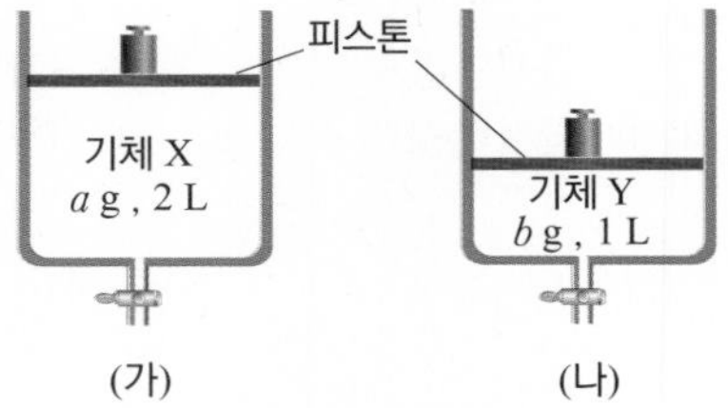

이에 대한 설명으로 옳은 것만을 <보기>에서 있는 대로 고른 것은? (단, 온도와 압력이 일정하고, 실린더의 단면적은 같다.)

<보기>

ㄱ. 분출 속도의 비는 X : Y = 4 : 1이다.
ㄴ. 분자량은 Y가 X의 16배이다.
ㄷ. b는 a의 8배이다.

① ㄱ ② ㄷ ③ ㄱ, ㄴ
④ ㄴ, ㄷ ⑤ ㄱ, ㄴ, ㄷ

18 다음은 일정한 온도에서 기체의 확산에 대한 실험이다.

〈실험 과정〉
㉠ 그림과 같이 A, C 용기에 2 L의 기체 X와 4 L의 기체 Y를 넣었다.
㉡ 동일한 콕 a, b를 동시에 열었다가 바로 닫았더니 A, C의 부피는 각각 1 L, 2 L가 되었다.

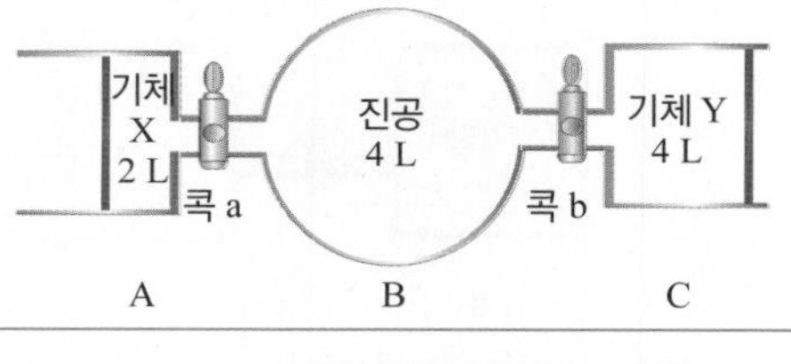

이에 대한 설명으로 옳은 것만을 <보기>에서 있는 대로 고른 것은? (단, 대기압은 1기압이고, 기체 X와 Y는 반응하지 않으며 연결관의 부피와 피스톤과 벽면의 마찰은 무시한다.)

<보기>

ㄱ. ㉠에서 기체 분자의 평균 거리는 X와 Y가 같다.
ㄴ. 기체의 밀도는 X < Y이다.
ㄷ. ㉡에서 용기 B의 압력은 0.75 기압이다.

① ㄱ ② ㄴ ③ ㄱ, ㄴ
④ ㄱ, ㄷ ⑤ ㄴ, ㄷ

C

19 그림은 일정한 온도에서 실린더에 헬륨(He)과 메테인(CH_4)이 들어 있는 모습을 나타낸 것이다. 이때 두 기체의 밀도는 동일하다.

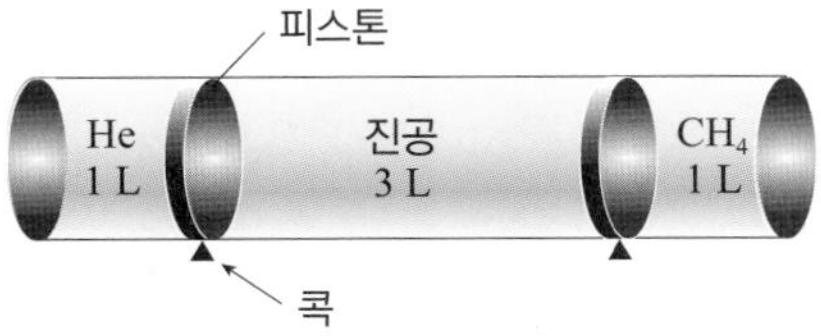

고정되어 있던 두 콕을 풀고 충분한 시간이 흘렀을 때, 두 기체의 물리량을 비교한 것으로 옳은 것은? (단, 피스톤의 마찰은 없으며, H의 원자량은 1, He의 원자량은 4, C의 원자량은 12이다.)

< 보기 >

(가) $\frac{\text{He의 질량}}{CH_4\text{의 질량}}$ (나) $\frac{\text{He의 몰수}}{CH_4\text{의 몰수}}$

(다) $\frac{\text{He의 부피}}{CH_4\text{의 부피}}$

① (다) > (나) > (가) ② (다) > (나) = (가)
③ (다) = (나) > (가) ④ (가) = (나) = (다)
⑤ (가) > (나) > (다)

20 그림과 같이 부피가 1L인 두 개의 강철 용기에 0.2 기압의 메테인(CH_4) 기체와 1 기압의 산소(O_2) 기체가 각각 들어 있다. 콕을 열어 일정한 온도를 유지하며 기체를 혼합시킨 후 점화 장치로 메테인을 완전 연소 시켰다.

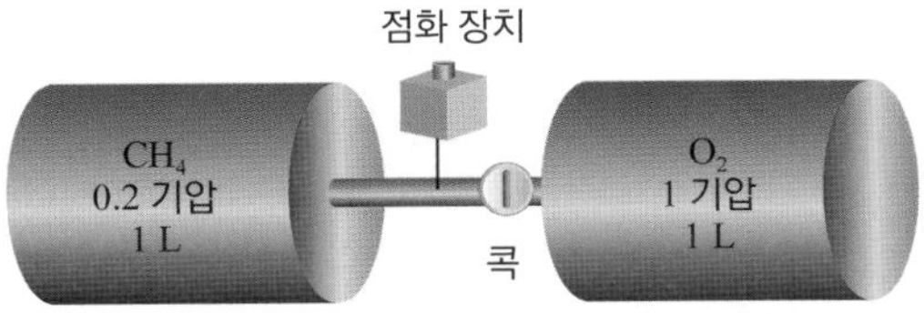

이에 대한 설명으로 옳은 것만을 <보기>에서 있는 대로 고른 것은? (단, 반응 전후 온도는 일정하며, 연결관의 부피는 무시한다.)

< 보기 >

ㄱ. 반응 전 혼합 기체의 전체 압력은 1.2 기압이다.
ㄴ. 반응 후 남은 산소의 부분 압력은 0.3 기압이다.
ㄷ. 반응 전과 반응 후의 총 분자 수는 같다.

① ㄱ ② ㄷ ③ ㄱ, ㄴ
④ ㄱ, ㄷ ⑤ ㄴ, ㄷ

21 다음은 기체 X가 Y와 반응하여 고체 Z를 생성하는 화학 반응식이다.

$$X(g) + Y(g) \rightarrow Z(s)$$

그림은 일정한 온도에서 콕으로 분리된 두 용기에 기체 X와 기체 Y를 각각 넣은 모습이고, 두 콕을 동시에 열고 충분한 시간이 흘렀을 때 고체 Z가 처음으로 생성되는 위치는 P이다.

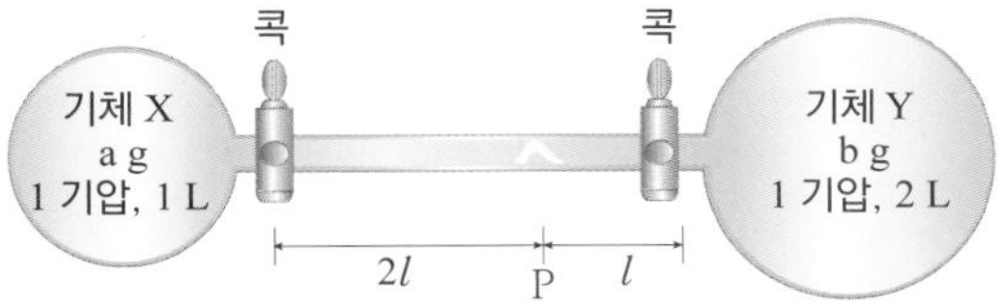

X와 Y의 분자량비와 질량비로 옳은 것은?

	X와 Y의 분자량비	X와 Y의 질량비
①	1 : 2	1 : 4
②	1 : 4	1 : 8
③	1 : 4	1 : 16
④	4 : 1	8 : 1
⑤	2 : 1	4 : 1

22 그림은 같은 온도에서 기체 A ~ C의 분자 운동 속도에 따른 분자 수 분포를 각각 나타낸 것이다.

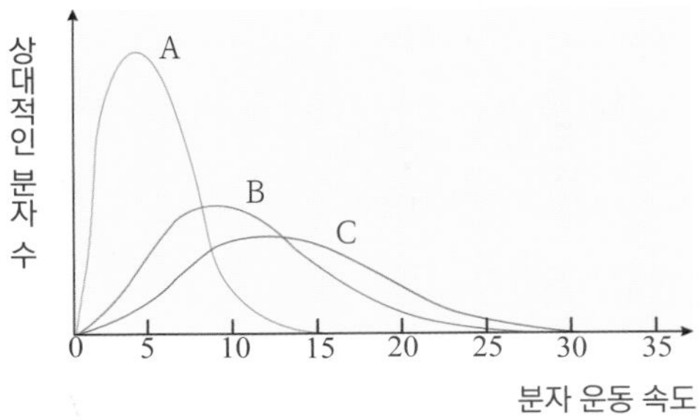

이에 대한 설명으로 옳은 것만을 <보기>에서 있는 대로 고른 것은?

< 보기 >

ㄱ. 질량이 같을 때 분자 수가 가장 많은 기체는 C이다.
ㄴ. 기체 분자의 운동 속도는 A가 C보다 항상 작다.
ㄷ. 기체 분자의 평균 운동 에너지는 B가 C보다 크다.

① ㄱ ② ㄴ ③ ㄱ, ㄴ
④ ㄱ, ㄷ ⑤ ㄱ, ㄴ, ㄷ

23 25℃, 1 기압에서 실린더 속에 기체 A와 B가 들어 있다. 반응 전 기체 A의 부분 압력이 0.2 기압이고, 기체 B의 부분 압력이 0.8 기압일 때, 아래와 같이 반응하여 기체 C가 생성된다.

$$A(g) + 2B(g) \rightarrow 2C(g)$$

이에 대한 설명으로 옳은 것만을 <보기>에서 있는 대로 고른 것은? (단, 온도는 일정하고, 실린더의 피스톤 질량과 마찰은 무시한다.)

<보기>

ㄱ. 반응 전과 후 혼합 기체의 밀도비는 5 : 4이다.
ㄴ. 반응 후 기체 B의 부분 압력은 0.5 기압이다.
ㄷ. 혼합 기체의 총 몰수는 반응 전이 반응 후 보다 크다.

① ㄱ ② ㄴ ③ ㄱ, ㄴ
④ ㄴ, ㄷ ⑤ ㄱ, ㄴ, ㄷ

24 그림은 같은 온도에서 동일한 두 실린더에 각각 헬륨(He)과 기체 X를 넣고 같은 질량의 추로 압력을 가할 때 기체가 분출되는 모습을, 그래프는 시간에 따른 피스톤의 높이 변화를 나타낸 것이다.

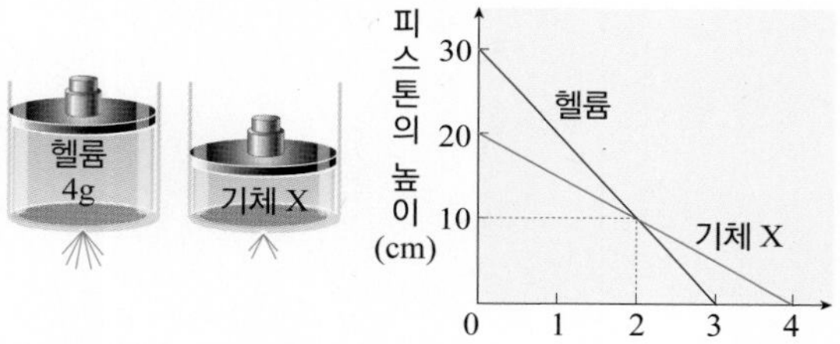

이에 대한 설명으로 옳은 것만을 <보기>에서 있는 대로 고른 것은? (단, He의 원자량은 4이고, 실린더 벽과 뚜껑 사이의 마찰은 무시하며, 대기압은 고려하지 않는다.)

<보기>

ㄱ. 기체 X의 분자량은 16이다.
ㄴ. 처음 2분 동안 배출된 헬륨의 몰수는 $\frac{2}{3}$ 몰이다.
ㄷ. 기체가 분출되는 동안 실린더 내부의 기체 분자 사이의 평균 거리는 줄어든다.

① ㄱ ② ㄴ ③ ㄱ, ㄴ
④ ㄱ, ㄷ ⑤ ㄱ, ㄴ, ㄷ

심화

25 그림은 27℃에서 30기압의 산소(O_2)(g)와 포도당($C_6H_{12}O_6$)(s) 0.1몰이 들어 있는 0.8 L 크기의 용기를 나타낸 것이다.

포도당을 완전히 연소 시킨 후, 용기를 27℃로 냉각시켰다. (단, 기체 상수(R) = 0.08 atm·L/mol·K이고, 고체와 액체의 부피는 무시한다.)

(1) 이 반응에 대한 화학 반응식을 쓰시오.

(2) 발생하는 이산화 탄소의 몰수를 구하시오.

(3) 남아 있는 산소의 부분 압력을 구하시오.

26 어떤 연구에 1.5 몰의 CO_2, 18 몰의 O_2, 80.5 몰의 Ar으로 구성된 합성 대기가 필요하다. 이 대기에 대한 물음에 답하시오.

(1) 합성 대기의 전체 압력이 1 기압일 때, 혼합물 중 O_2의 부분 압력을 구하시오.

(2) 이 합성 대기를 1기압, 300 K에서 부피 120 L의 용기에 넣었을 때, 용기에 들어 있는 O_2는 몇 g인가? (단, O의 원자량은 16이고, 기체 상수(R) = 0.08 atm·L/mol·K 이다.)

27 300 K 에서 부피 24 L 강철 용기에 헬륨 기체와 고체 탄산수소 나트륨($NaHCO_3$)을 각각 1 몰씩 넣었다. 이 강철 용기를 600 K 로 가열하였을 때 탄산 수소 나트륨이 완전히 분해 되었다.

$$2NaHCO_3(s) \rightarrow Na_2CO_3(s) + CO_2(g) + H_2O(g)$$

600 K 에서 강철 용기 속의 헬륨 기체의 부분 압력을 구하시오.(단, 생성물은 서로 반응하지 않고, 용기 속 고체의 부피는 무시하며, 기체 상수(R) = 0.08 atm·L/mol·K이다.)

28 다음 기체 시료 중 N_2 분자의 변화에 따른 평균 운동 속도 변화를 쓰시오.

(1) 온도를 증가시켜 준다.(단, 압력, 부피, 몰수는 일정하다.)

(2) 시료 부피를 증가시킨다.(단, 압력, 부피, 온도는 일정하다.)

(3) 같은 온도에서 Ar 시료와 혼합한다.(단, 압력, 부피, 온도는 일정하다.)

29 그림은 절대 온도 T_0에서 밀폐된 용기 속에 같은 몰수가 들어 있는 이상 기체 A와 B의 속도 분포를 나타낸 것이다.

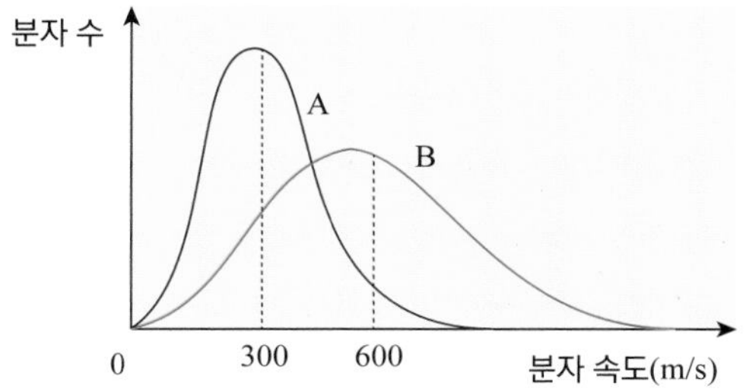

이에 대한 <보기>에서 설명 중 옳지 않은 것을 있는 대로 골라 바르게 고쳐 쓰시오.

〈 보기 〉

ㄱ. 평균 운동 에너지는 A가 B의 2배이다.

ㄴ. 온도를 $4T_0$로 높이면 각 기체의 평균 운동 속도는 2배가 된다.

ㄷ. 일정한 온도에서 용기의 부피를 2배로 증가시키면 각 기체의 평균 운동 속도는 2배가 된다.

30 HCl와 NH_3를 유리관의 양쪽 끝에서 유입되도록 한다. 이때 NH_3의 확산 속도는 HCl의 확산 속도의 몇 배인지 구하시오. (단, H, N, Cl의 원자량은 각각 1, 14, 35.5이다.)

31 그림과 같은 실린더에 헬륨(He) 2.4 g 과 산소(O_2) A 몰을 넣었더니 그림 (가)와 같이 되었다. 온도를 일정하게 유지하며 용기의 오른쪽에 B g 의 산소를 더 넣었더니 그림 (나)와 같이 되었다. (단, He, O의 원자량은 각각 4, 16이고, 헬륨과 산소는 이상 기체로 가정한다.)

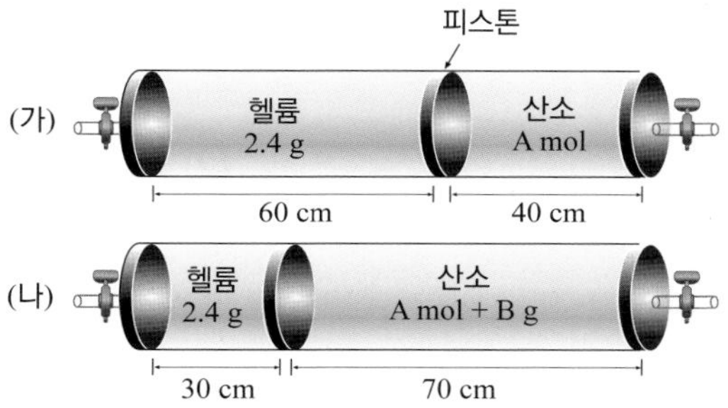

(1) 그림 (가)에서 산소의 몰수 A를 구하시오.

(2) 더 넣어준 산소의 질량 B를 구하시오.

32 그림은 일정한 온도에서 유리관 (가) 양 끝에 액체 A, B를 묻힌 솜을, 유리관 (나) 양 끝에 액체 A, C를 묻힌 솜을 각각 동시에 넣었을 때 각 기체가 만나는 지점을 나타낸 것이다.

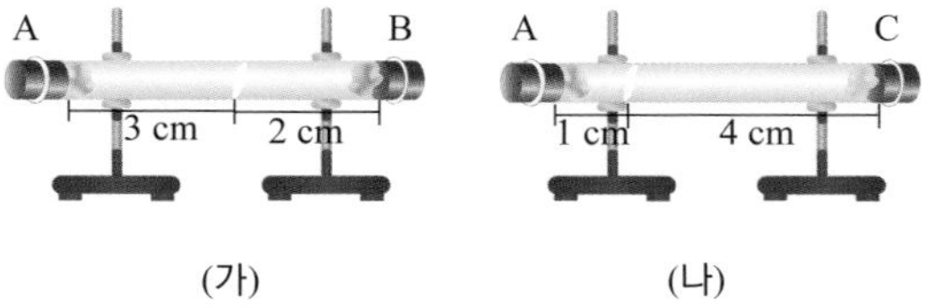

(1) 기체 A, B, C의 평균 운동 속도를 비교하시오.

(2) 기체 A, B, C의 분자량의 비를 구하시오.

4강 액체

1. 물의 분자 구조와 비열

● 물 분자의 구조

H_2O	
루이스 전자점식	구조식
$H:\ddot{\underset{\cdot\cdot}{O}}:$ H	H−O | H

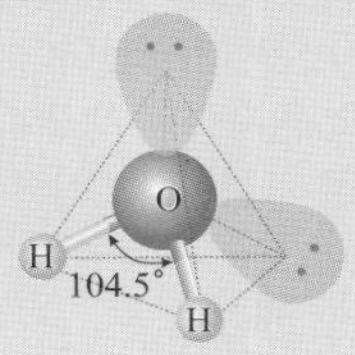

(1) 물 분자의 특성

① **물 분자의 구조** : 수소 원자 2개와 산소 원자 1개가 결합하여 결합각이 104.5°인 굽은 형 구조를 이룬다.

② **물 분자의 전자 분포** : 물 분자는 전체적으로 중성이지만, 산소 원자는 전기 음성도가 매우 커서 전자를 끌어당기는 힘이 매우 강해 부분적으로 (-) 전하를 띠고, 수소 원자는 전자를 끌어당기는 힘이 약해 부분적으로 (+) 전하를 띤다.

③ **물 분자의 수소 결합** : 물 분자에서 수소 원자의 크기는 매우 작기 때문에 이웃하는 물 분자의 산소 원자와 매우 가깝게 접근한다. 따라서 (+) 부분 전하를 띠는 수소 원자와 이웃하는 물 분자에서 (-) 부분 전하를 띠는 산소 원자 사이에는 강한 정전기적 인력이 작용한다.

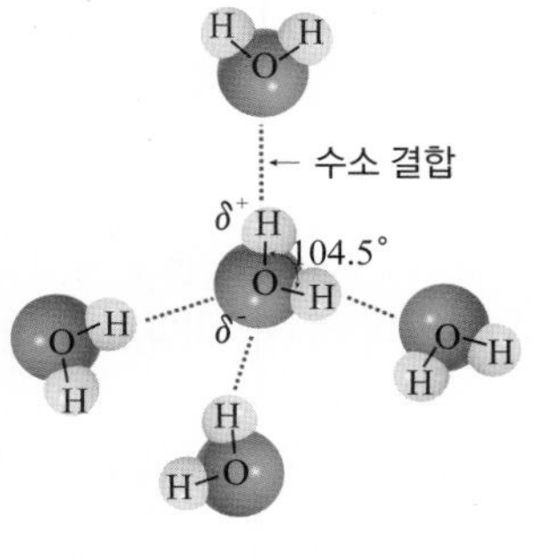

▲ 물 분자 사이의 수소 결합

(2) 물의 비열

● 여러 가지 물질의 비열

물질	상태	비열 (J/g·℃)
구리	고체	0.38
철	고체	0.46
수은	액체	1.39
에탄올	액체	2.48
물	액체	4.18

1J/g·℃ = 0.24 cal/g·℃

① **비열** : 물질 1 g의 온도를 1℃ 높이는 데 필요한 열량으로, 비열이 클수록 온도가 쉽게 올라가지 않는다.

② **물의 비열** : 물은 비열이 커서 온도가 쉽게 오르거나 내려가지 않는다.

· 가해지는 열의 일부를 물 분자 사이의 수소 결합을 끊는데 소모하기 때문에 비열이 크다. 따라서 같은 열을 가해도 물은 다른 물질보다 온도가 쉽게 오르지 않는다.

· 분자 사이의 수소 결합을 형성하면서 열을 방출하므로 물은 다른 물질보다 온도가 쉽게 내려가지 않는다.

③ **물의 비열이 크기 때문에 나타나는 현상**

· 해안 지방에서 낮에는 육지가 바다보다 온도가 빠르게 높아져서 바다에서 육지 쪽으로 해풍이 불고, 밤에는 육지가 바다보다 온도가 빠르게 식어서 육지에서 바다 쪽으로 육풍이 분다.

● 비열과 열용량

비열은 어떤 물질 1 g의 온도를 1℃ 높이는 데 필요한 열량이고, 열용량은 어떤 물질의 온도를 1℃ 높이는 데 필요한 열량이다. 열용량은 비열에 질량을 곱한 값이다.

▲ 해풍

▲ 육풍

개념확인 1

다음 빈칸에 들어갈 알맞은 말을 각각 쓰시오.

> 물 분자는 (+) 부분 전하를 띠는 (　　　) 원자와 이웃하는 물 분자의 (-) 부분 전하를 띠는 (　　) 원자가 (　　　) 결합을 한다.

확인 + 1

물질 1 g 의 온도를 1℃ 올리는데 필요한 열량을 무엇이라고 하는지 쓰시오.

(　　　　　　　　　　)

2. 물의 녹는점과 끓는점

(1) 물의 녹는점과 끓는점 : 물은 수소 결합을 하여 분자 사이의 인력이 크기 때문에 분자량이 비슷한 다른 물질에 비해 녹는점과 끓는점이 매우 높다.

수소 화합물	분자식	분자량	녹는점(℃)	끓는점(℃)
메테인	CH_4	16	-182	-164
암모니아	NH_3	17	-77.7	-33
물	H_2O	18	0	100
플루오린화 수소	HF	20	-83	19
황화 수소	H_2S	34	-85.5	-60.3
염화 수소	HCl	36.5	-114	-85

▲ 몇 가지 물질의 녹는점과 끓는점

(2) 물의 융해열과 기화열

① **융해열 :** 일정한 온도에서 1 g의 고체를 융해하여 액체로 바꿀 때 흡수하는 열량으로, 융해가 일어나기 위해서는 고체 분자 사이의 인력을 약화시켜야 하므로 열에너지가 필요하다. 얼음의 융해열은 약 336 J/g이다.

② **기화열 :** 일정한 온도에서 1 g의 액체를 기화하여 기체로 바꿀 때 흡수하는 열량으로, 기화가 일어나기 위해서는 액체 분자 사이의 인력을 약화시켜야 하므로 열에너지가 필요하다. 물의 기화열은 약 2268 J/g이다.

③ **물의 융해열과 기화열**

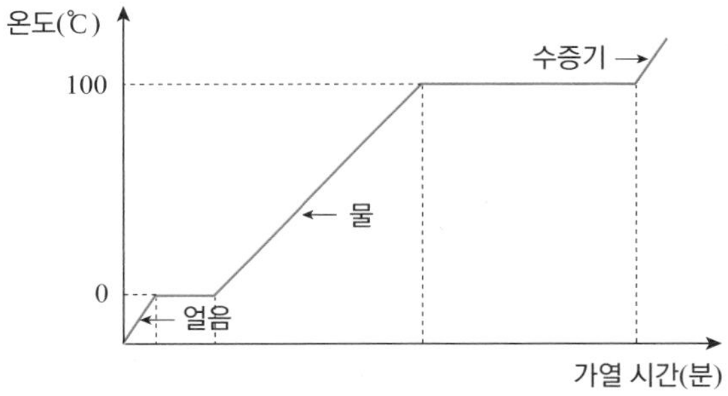

▲ 얼음의 가열 곡선

⇨ 얼음, 물, 수증기의 가열 구간에서 직선의 기울기가 클수록 흡수한 열에 의한 온도 변화가 큰 것이므로 비열이 작다. 비열의 크기는 수증기 < 얼음 < 물 순이다.

⇨ 융해와 기화가 일어나는 동안 열에너지가 융해열과 기화열로 사용되므로 온도가 일정하며, 온도가 일정한 구간의 길이는 각각 융해열과 기화열의 크기에 비례한다. 따라서 융해열 < 기화열이다.

융해열과 관련된 현상

- 아이스박스에 얼음을 채우고 음식을 넣어 음식을 차갑게 보관한다.
- 호수의 얼음이 녹을 때 열을 흡수하므로 그 주위는 다른 지역보다 기온이 낮다.

기화열과 관련된 현상

- 운동 후 땀이 기화하며 열을 흡수하므로 체온이 낮아진다.
- 몸에 열이 날 때 물수건으로 몸을 닦으면 물이 기화하면서 열을 흡수하므로 체온이 낮아진다.

개념확인 2

정답 및 해설 21쪽

다음 중 끓는점이 가장 높은 물질은 무엇인가?

① CH_4 ② NH_3 ③ HCl ④ H_2S ⑤ H_2O

확인 + 2

얼음 20 g 을 일정한 열량으로 가열할 때 물의 기화열과 얼음의 융해열을 비교하여 다음 빈칸에 알맞은 부등호(> , = , <)를 쓰시오.

물의 기화열 (   ) 얼음의 융해열

3. 물의 밀도

(1) 상태 변화에 따른 물의 부피와 밀도 비교

① **물을 제외한 모든 물질** : 상태가 변할 때 질량은 일정하므로, 밀도 (= $\frac{질량}{부피}$)는 부피와 반비례한다. 부피가 고체 < 액체 < 기체 순으로 증가하므로, 밀도는 고체 > 액체 > 기체 순이다.

② **물** : 물은 고체 상태에서 수소 결합에 의해 빈 공간이 많은 육각 고리형 구조를 가진다. 따라서 부피는 액체 < 고체 < 기체 순이고, 밀도는 액체 > 고체 > 기체 순이다.

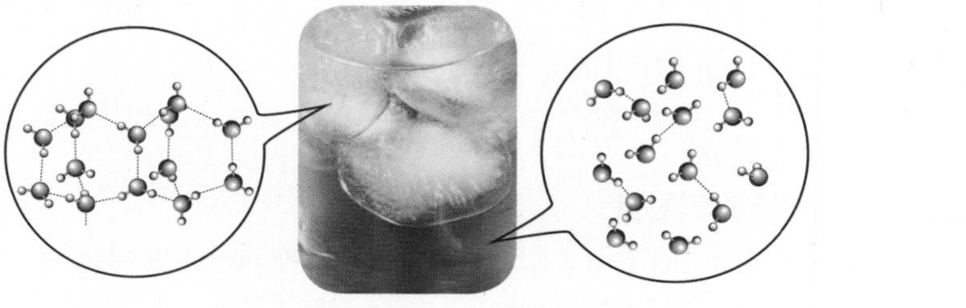

▲ 얼음과 물의 수소 결합

(2) 온도에 따른 물의 부피와 밀도 변화

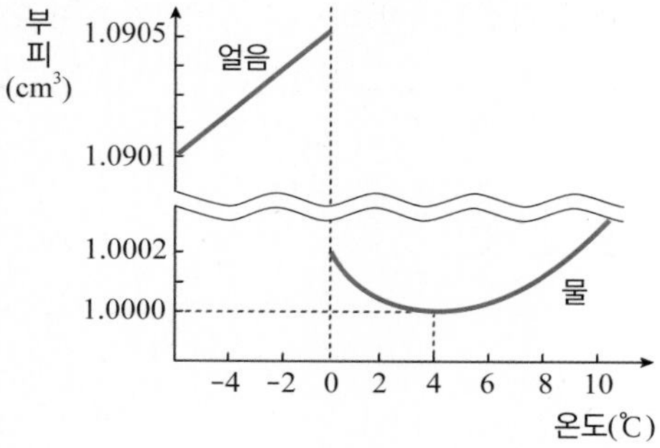

▲ 온도에 따른 물 1 g의 부피 변화

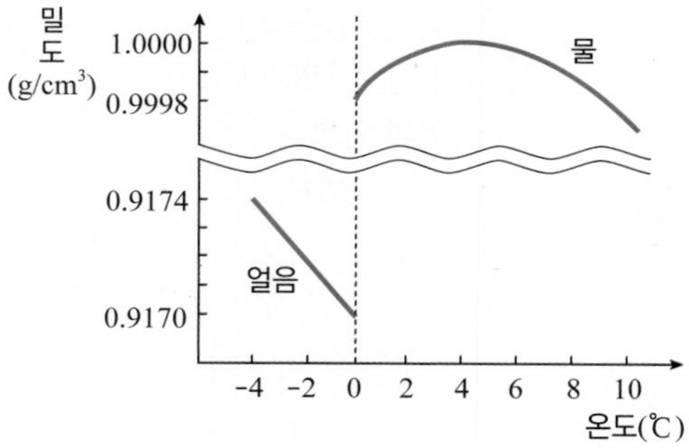

▲ 온도에 따른 물 1 g의 밀도 변화

⇨ 얼음에서 물로 상태가 변하면, 수소 결합의 일부가 끊어져 빈 공간을 채우므로 부피가 감소하고 밀도는 증가한다.

⇨ 온도가 4 ℃보다 높아지면, 물 분자 운동이 활발해져 열팽창에 의해 부피가 증가하고 밀도는 감소한다. 따라서 4 ℃에서 물의 부피는 가장 작고, 밀도는 가장 크다.

(3) 물이 얼 때의 부피와 밀도 변화와 관련된 현상

· 빙산이 바닷물 위에 떠 있다.

· 겨울철에 호수나 강의 물이 표면부터 언다.

· 겨울철에 수도관 속의 물이 얼면 수도관이 터진다.

· 암석의 틈으로 스며들어 간 물이 얼면 암석이 쪼개지고 쉽게 풍화된다.

● 물과 얼음 비교

부피	물 < 얼음
밀도	물 > 얼음
수소 결합 수	물 < 얼음
분자 사이의 인력	물 < 얼음
분자 사이의 평균 거리	물 < 얼음

● 물이 얼 때 부피가 증가하는 이유

• 물을 제외한 물질 : 일반적으로 액체 상태에서 분자들은 약간의 거리를 두고 자유롭게 움직이고 있다. 온도가 녹는점보다 낮아져 고체가 되면 분자 운동이 느려지고, 분자 사이의 간격이 가까워져서, 대부분의 액체가 고체로 변할 때 부피가 감소하고 밀도가 커진다.

• 물 : 물은 액체 상태에서 일부는 수소 결합을 하고 있고, 일부는 떨어져 있다. 온도가 0℃보다 낮아져 물이 얼면 분자 운동이 느려지고, 인접한 분자 사이의 간격이 가까워지면서 모든 물 분자들이 수소 결합을 하게 되어 육각 고리 모양의 결정을 이루므로 빈 공간이 생긴다.

개념확인 3

질량이 같은 물과 얼음의 수소 결합 수를 비교하여 다음 빈칸에 알맞은 부등호(>, =, <)를 쓰시오.

얼음의 수소 결합 수 (　　　) 물의 수소 결합 수

확인 + 3

물의 부피가 최소가 되고, 밀도가 가장 클 때의 온도를 쓰시오.

(　　　　　　　　) ℃

4. 물의 표면 장력과 모세관 현상

(1) 표면 장력 : 액체가 표면에서 표면적을 최소화하려는 힘이다.

① **표면 장력이 생기는 이유**

· 액체 내부의 분자 : 모든 방향으로 분자 사이의 인력이 작용한다.

· 액체 표면의 분자 : 옆과 아래 방향으로만 분자 사이의 인력이 작용한다. 따라서 액체는 표면에 있는 분자의 수를 가능한 적게하여 표면적을 줄이려는 성질을 갖는다.

② **물의 표면 장력** : 물은 수소 결합에 의해 분자 사이의 힘이 매우 크기 때문에 다른 액체에 비해 표면 장력이 크다.

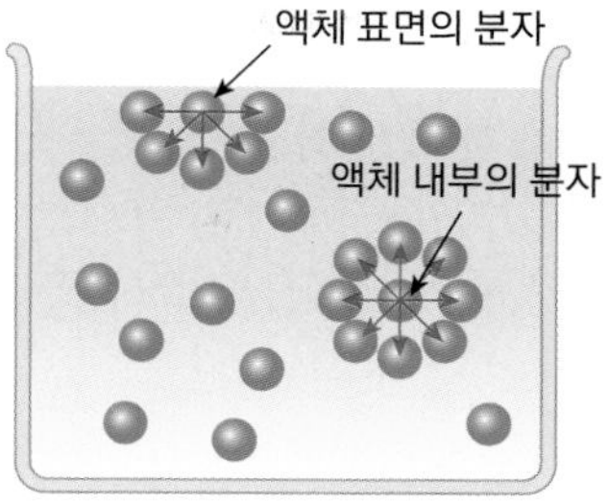

▲ 표면 장력이 생기는 원인

③ **물의 표면 장력과 관련된 현상**

· 소금쟁이가 물에 뜬다.

· 풀잎 끝에 맺힌 물방울의 모양이 동그랗다.

· 물이 가득 담긴 유리컵에 클립이나 동전을 넣어도 물이 넘치지 않는다.

(2) 모세관 현상 : 액체가 얇은 관이나 미세한 틈을 따라 올라가는 현상으로, 액체의 응집력과 액체와 모세관 사이의 부착력의 영향을 받는다.

① **물의 모세관 현상** : 물은 수소 결합에 의해 응집력이 크고, 유리관과의 부착력도 크기 때문에 다른 액체에 비해 모세관 현상이 잘 일어난다.

② **모세관 현상의 원리** : 물과 유리의 부착력 때문에 모세관 안쪽의 양 옆으로 올라가는데, 물은 응집력이 크기 때문에 물이 뭉친다. 이 과정이 반복되면 물이 점차 모세관 속에서 위로 올라가게 된다.

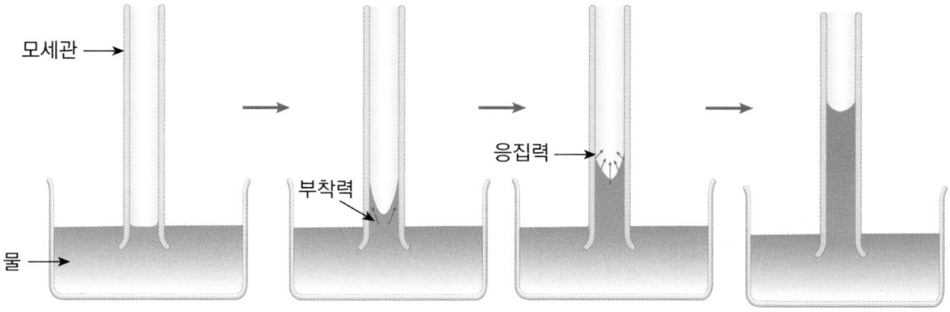

▲ 모세관 현상의 원리

③ **물의 모세관 현상과 관련된 현상**

· 식물의 뿌리에서 흡수된 물이 물관을 따라 잎까지 올라간다.

· 종이나 천의 한쪽 끝을 물에 대면 물이 스며들어 올라간다.

개념확인 4 정답 및 해설 21쪽

액체가 표면에서 표면적을 최소화 하려는 힘을 무엇이라고 하는지 쓰시오.

( )

확인 + 4

액체가 가는 관이나 미세한 틈을 따라 올라가는 현상을 무엇이라고 하는지 쓰시오.

( )

표면 장력의 크기에 영향을 미치는 요인

● 온도 : 온도가 높아지면 분자 운동이 활발해지므로 분자 사이의 힘이 작아진다. 따라서 표면 장력은 작아진다.
● 물질의 종류 : 액체의 표면 장력은 액체 분자 사이에 작용하는 인력에 의해 생기는 것이므로, 다른 조건이 비슷하면 분자 사이에 작용하는 인력이 큰 물질일수록 표면 장력이 크다.

메니스커스 현상

모세관을 액체에 넣었을 때 모세관에서의 액체 표면을 메니스커스라고 한다. 액체를 구성하고 있는 입자 사이의 힘(응집력)과 액체와 모세관 사이의 힘(부착력)에 의해 결정된다.

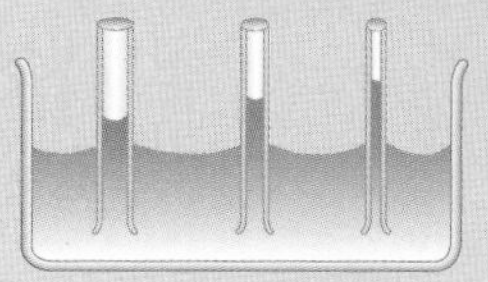
▲ 물의 표면 장력

물은 응집력보다 부착력이 더 커서 아래로 볼록한 모양이다. 관의 굵기가 가늘수록 높이 올라간다.

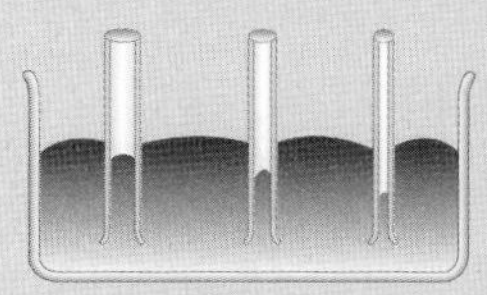
▲ 수은의 표면 장력

수은은 부착력에 비해 응집력이 훨씬 크기 때문에 모세관 속에서 위로 볼록한 모양을 한다. 관의 굵기가 가늘수록 관 안의 액면이 낮아진다.

미니사전

모세관(毛 가늘다 細 가늘다 管 관) 모세관 현상이 나타나는 가는 관

응집력(凝 뭉치다 集 모이다 力 힘) 액체 또는 고체에서 그 물질을 구성하는 원자, 분자 사이에 작용하는 인력으로 분산력, 수소 결합, 이온 간의 정전기적 인력 등이 원인이다.

부착력(附 붙다 着 붙다 力 힘) 서로 다른 두 물질 사이에 작용하는 인력

개념 다지기

01 다음 중 물 분자에 대한 설명으로 옳지 않은 것은?

① 굽은형 구조이다.
② 극성 물질을 잘 녹인다.
③ 물 분자 한 개는 최대 3개의 수소 결합이 가능하다.
④ 물 분자의 산소 원자와 수소 원자는 공유 결합을 한다.
⑤ 물 분자를 구성하는 산소는 부분적인 (-) 전하를 띠고 있다.

02 바닷가에서 낮에는 해풍이 불고, 밤에는 육풍이 분다. 이 현상과 관계 깊은 물의 특성은?

① 비열 ② 밀도 ③ 기화열 ④ 모세관 ⑤ 표면 장력

03 표는 여러 물질들의 화학식과 녹는점, 끓는 점을 나타낸 것이다.

물질	화학식	녹는점(℃)	끓는점(℃)
메테인	CH_4	-182	-164
암모니아	NH_3	-77.7	-33
물	H_2O	0	100
황화 수소	H_2S	-85.5	-60.3

이에 대한 설명으로 옳은 것만을 <보기>에서 있는 대로 고른 것은?

<보기>

ㄱ. 수소 결합을 하는 물질은 두 가지이다.
ㄴ. 상온(25℃)에서 액체 상태로 존재하는 물질은 세 가지이다.
ㄷ. 분자량이 커질수록 분자 사이의 힘이 커진다.

① ㄱ ② ㄴ ③ ㄷ ④ ㄱ, ㄴ ⑤ ㄱ, ㄴ, ㄷ

04 실온에서 비커 속의 얼음이 녹아 얼음과 물이 공존하고 있다. 얼음이 녹아 물이 될 때 변하는 것을 <보기>에서 있는 대로 고른 것은?

<보기>

ㄱ. 밀도
ㄴ. 물의 분자 구조
ㄷ. 얼음과 물의 전체 질량
ㄹ. 분자 사이의 평균 거리

① ㄱ ② ㄱ, ㄹ ③ ㄴ, ㄷ ④ ㄱ, ㄴ, ㄷ ⑤ ㄴ, ㄷ, ㄹ

05

그림 (가)는 얼음 100g을 일정한 열원으로 가열했을 때의 온도 변화를, (나)는 얼음을 가열했을 때 온도에 따른 밀도 변화를 나타낸 것이다.

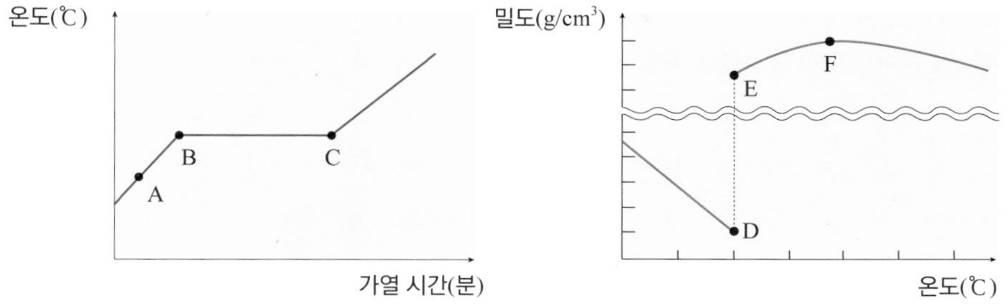

(가) (나)

이에 대한 설명으로 옳은 것만을 <보기>에서 있는 대로 고른 것은?

<보기>

ㄱ. A에서 B로 변할 때 밀도는 감소한다.
ㄴ. C는 F와 온도가 같다.
ㄷ. H_2O의 평균 수소 결합 수는 D < E 이다.

① ㄱ ② ㄷ ③ ㄱ, ㄴ ④ ㄴ, ㄷ ⑤ ㄱ, ㄴ, ㄷ

06

오른쪽 그림은 물의 온도에 따른 밀도 변화를 나타낸 것이다. A ~ E 중에서 부피가 최소인 곳은?

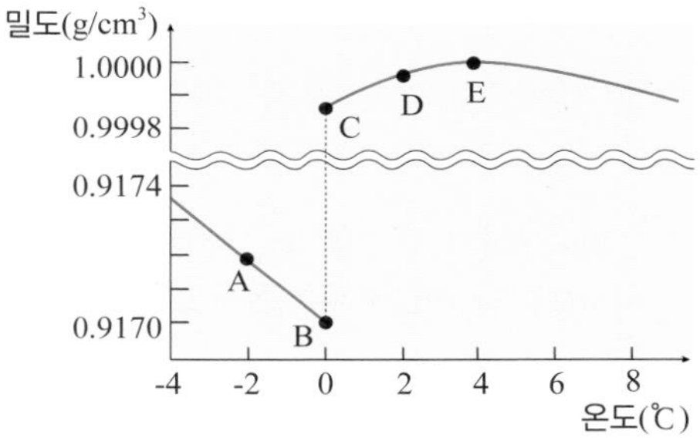

① A ② B ③ C
④ D ⑤ E

07

모세관 현상에 대한 설명으로 옳은 것만을 <보기>에서 있는 대로 고른 것은?

<보기>

ㄱ. 물은 분자 사이의 수소 결합을 하고 있어 모세관 현상이 잘 나타난다.
ㄴ. 물은 관의 굵기가 가늘수록 관 안의 액면이 높아진다.
ㄷ. 수은은 모세관 속에서 오목한 모양을 하고 있다.

① ㄱ ② ㄴ ③ ㄷ ④ ㄱ, ㄴ ⑤ ㄱ, ㄷ

08

유리판의 표면에 물방울을 떨어뜨리면 둥그런 모양이 된다. 이러한 현상과 가장 관련이 깊은 것은?

① 빙산이 바닷물 위에 떠 있다.
② 물 위에 클립을 띄울 수 있다.
③ 암석의 틈으로 스며든 물이 얼면 바위가 깨진다.
④ 식물의 뿌리에서 흡수된 물이 식물체 전체로 퍼진다.
⑤ 물 줄기에 대전체를 가까이 가져가면 물줄기가 끌려온다.

유형익히기&하브루타

유형4-1 물의 분자 구조와 비열

그림은 물 분자의 모형과 결합 A, B를 나타낸 것이다.

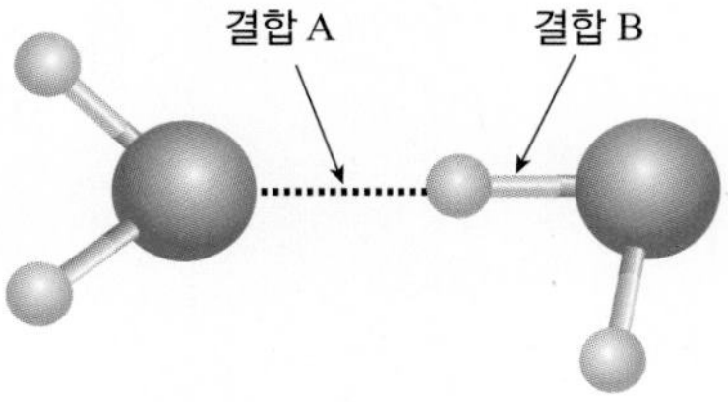

이에 대한 설명으로 옳은 것만을 <보기>에서 있는 대로 고른 것은?

< 보기 >

ㄱ. 물이 수증기가 될 때 결합 A는 끊어진다.
ㄴ. 결합 A의 세기 < 결합 B의 세기이다.
ㄷ. 이온성 물질이 물에 잘 녹는 것은 결합 B와 관계있다.

① ㄱ ② ㄷ ③ ㄱ, ㄴ ④ ㄱ, ㄷ ⑤ ㄱ, ㄴ, ㄷ

01 그림은 같은 질량, 같은 온도의 물과 액체 A를 냉각시켰을 때 시간에 따른 온도 변화를 나타낸 것이다.

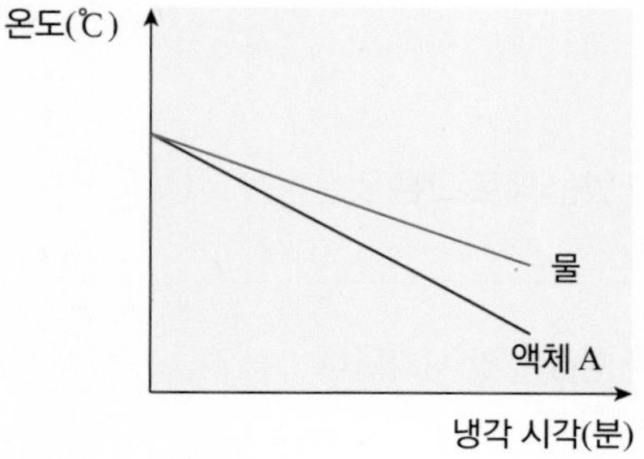

이 그래프를 통해 알 수 있는 물의 성질로 가장 적절한 것은?

① 비열이 크다.
② 끓는점이 높다.
③ 기화열이 크다.
④ 융해열이 크다.
⑤ 표면 장력이 크다.

02 다음 중 생물체가 수분과 체온을 일정하게 유지하는데 관련이 있는 물의 특성으로 옳은 것만을 <보기>에서 있는 대로 고른 것은?

< 보기 >

ㄱ. 비열이 크다.
ㄴ. 얼면 밀도가 작아진다.
ㄷ. 끓는점이 높고, 기화열이 크다.
ㄹ. 얼면 부피가 커진다.

① ㄱ ② ㄱ, ㄷ ③ ㄴ, ㄹ
④ ㄱ, ㄴ, ㄷ ⑤ ㄴ, ㄷ, ㄹ

유형4-2 물의 녹는점과 끓는점

그림은 -10 ℃의 고체 A, B를 각각 10 g 씩 비커에 넣고 일정한 열량으로 가열할 때 시간에 따른 온도 변화를 나타낸 것이다.

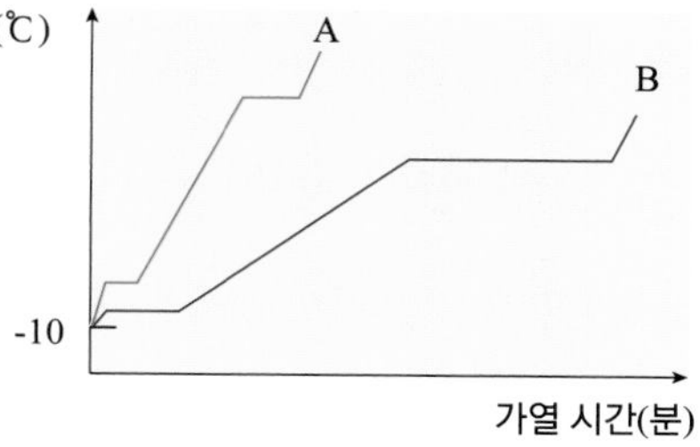

이에 대한 설명으로 옳은 것만을 <보기>에서 있는 대로 고른 것은?

<보기>

ㄱ. 분자 사이의 인력은 A가 B보다 작다.
ㄴ. A는 고체일 때의 비열이 액체일 때 보다 작다.
ㄷ. B의 질량을 20 g으로 하면 액체 구간의 기울기가 증가한다.

① ㄱ ② ㄴ ③ ㄱ, ㄴ ④ ㄴ, ㄷ ⑤ ㄱ, ㄴ, ㄷ

03 그림은 1기압 상태에서 5몰의 얼음을 가열했을 때 가해준 열량에 따른 온도 변화를 나타낸 것이다.

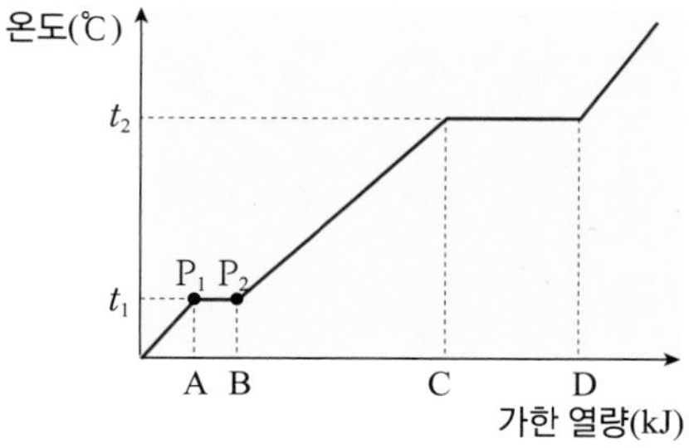

이 그래프에 대한 설명으로 옳은 것만을 <보기>에서 있는 대로 고른 것은?

<보기>

ㄱ. P_1 ~ P_2 사이에서 가한 에너지는 상태 변화에 사용된다.
ㄴ. 물의 비열은 $\frac{C-B}{t_2-t_1}$ 이다.
ㄷ. 몰수가 증가하면 녹는점이 t_1 보다 높다.

① ㄱ ② ㄷ ③ ㄱ, ㄴ
④ ㄱ, ㄷ ⑤ ㄴ, ㄷ

04 그림은 얼음 10 g 을 일정한 열원으로 가열할 때 시간에 따른 온도를 나타낸 것이다.

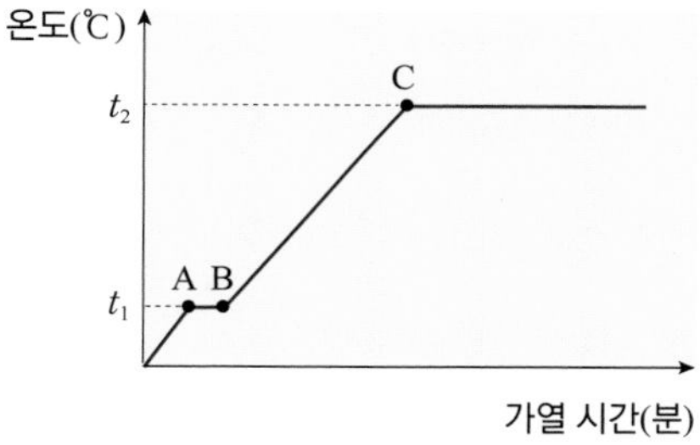

얼음의 양을 20 g 으로 늘리고 가열하였을 때의 그래프에 대한 설명으로 옳은 것만을 <보기>에서 있는 대로 고른 것은?

<보기>

ㄱ. AB 구간의 길이가 2배가 된다.
ㄴ. t_1과 t_2의 차이가 커진다.
ㄷ. BC의 기울기가 작아진다.

① ㄱ ② ㄷ ③ ㄱ, ㄴ
④ ㄱ, ㄷ ⑤ ㄴ, ㄷ

유형익히기&하브루타

유형4-3 물의 밀도

그림은 온도에 따른 물의 밀도 변화를 나타낸 것이다.

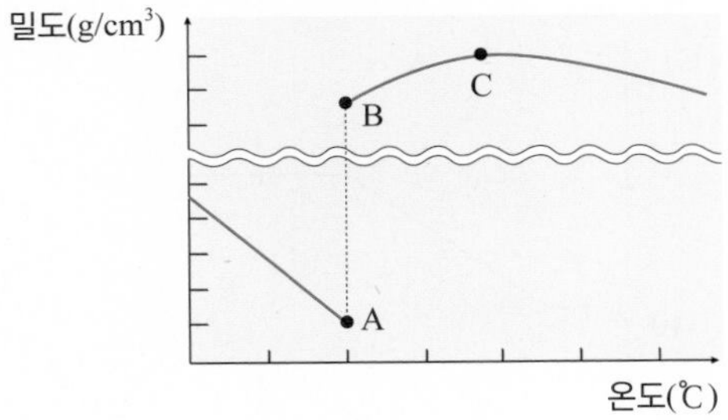

이에 대한 설명으로 옳은 것만을 <보기>에서 있는 대로 고른 것은?

< 보기 >

ㄱ. A에서 B로 될 때의 온도는 녹는점이다.
ㄴ. B에서 C로 될 때 물 분자의 평균 거리는 늘어난다.
ㄷ. A와 C 중 물 분자의 평균 수소 결합 수는 C가 더 작다.

① ㄱ ② ㄴ ③ ㄷ ④ ㄱ, ㄷ ⑤ ㄴ, ㄷ

05 그림은 온도에 따른 물 1 g의 부피 변화를 나타낸 것이다.

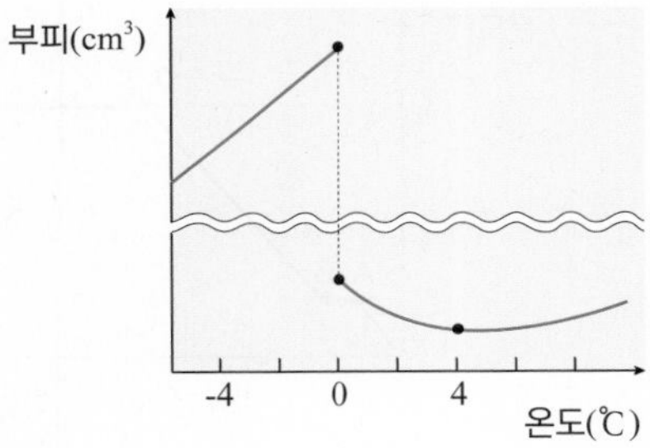

이에 대한 설명으로 옳은 것만을 <보기>에서 있는 대로 고른 것은?

< 보기 >

ㄱ. 0 ℃에서 물의 상태가 변한다.
ㄴ. 4 ℃일 때 물의 밀도가 가장 크다.
ㄷ. 얼음의 온도가 높아질수록 분자 사이의 빈 공간이 커진다.

① ㄱ ② ㄴ ③ ㄷ
④ ㄱ, ㄴ ⑤ ㄱ, ㄴ, ㄷ

06 그림 (가)는 얼음의 구조를, (나)는 물의 구조를 나타낸 것이다.

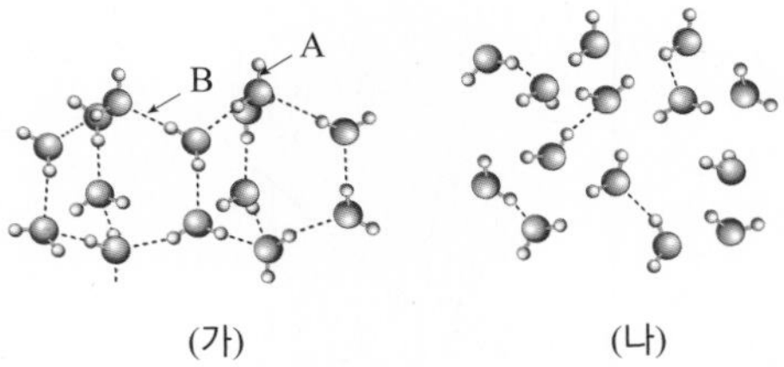

이에 대한 설명으로 옳은 것만을 <보기>에서 있는 대로 고른 것은?

< 보기 >

ㄱ. 얼음이 녹아 물이 되면 A의 결합 길이가 길어진다.
ㄴ. -10 ℃ 얼음 1 g의 부피는 10 ℃ 물 1 g의 부피보다 작다.
ㄷ. 얼음이 녹아 물이 되면 B의 결합 수가 감소한다.

① ㄱ ② ㄷ ③ ㄱ, ㄴ
④ ㄱ, ㄷ ⑤ ㄱ, ㄴ, ㄷ

유형4-4 표면 장력과 모세관 현상

그림은 25℃에서 수은, 물, 에탄올을 한 방울씩 떨어뜨린 모습을 나타낸 것이다.

이에 대한 설명으로 옳은 것만을 <보기>에서 있는 대로 고른 것은?

<보기>

ㄱ. 같은 온도에서 수은의 표면 장력이 물보다 크다.
ㄴ. 물과 에탄올을 혼합한 용액의 표면 장력은 물보다 크다.
ㄷ. 수면에 클립을 살짝 얹어 놓으면 가라앉지 않는 이유는 물방울의 모양이 둥근 이유와 같다.

① ㄱ ② ㄴ ③ ㄱ, ㄷ ④ ㄴ, ㄷ ⑤ ㄱ, ㄴ, ㄷ

07 그림은 물과 수은에 가는 유리관을 넣었을 때의 모습을 나타낸 것이다.

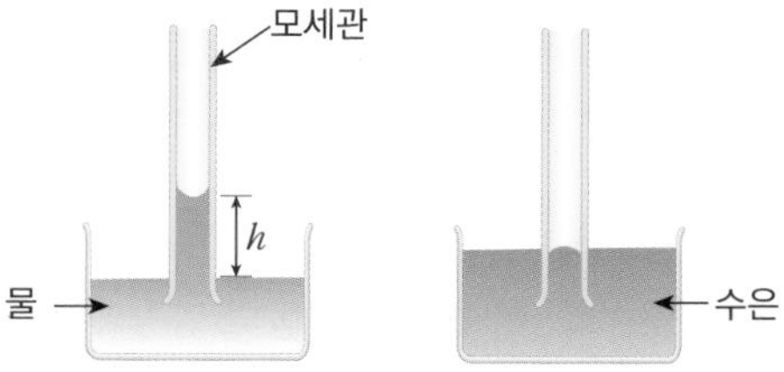

(가) (나)

이에 대한 설명으로 옳은 것만을 <보기>에서 있는 대로 고른 것은?

<보기>

ㄱ. (가)에 에탄올을 넣어주면 h는 감소한다.
ㄴ. (가)에서 물의 응집력은 물과 유리의 부착력보다 크다.
ㄷ. (나)의 수은의 응집력은 수은과 유리의 부착력보다 크다.

① ㄱ ② ㄴ ③ ㄱ, ㄷ
④ ㄴ, ㄷ ⑤ ㄱ, ㄴ, ㄷ

08 그림 (가)는 물 분자의 결합 모형을, (나)는 온도가 다른 물방울을 유리판 위에 떨어뜨렸을 때 모양을 나타낸 것이다.

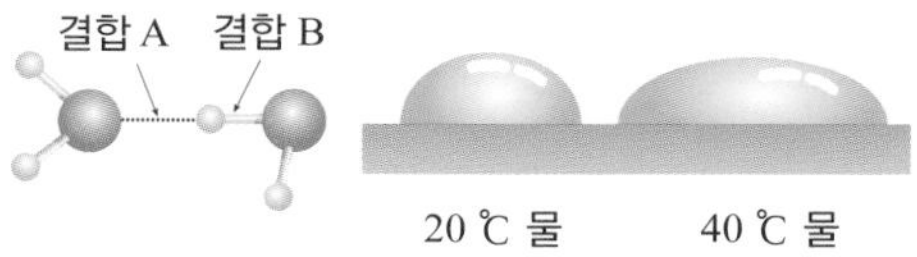

(가) (나)

이에 대한 설명으로 옳은 것만을 <보기>에서 있는 대로 고른 것은?

<보기>

ㄱ. 물방울의 모양이 둥근 것은 결합 B 때문이다.
ㄴ. 40 ℃ 물방울은 20 ℃ 물방울보다 1몰당 결합 A의 평균 개수가 적다.
ㄷ. 물의 표면 장력은 온도가 높을수록 증가한다.

① ㄱ ② ㄴ ③ ㄷ
④ ㄱ, ㄷ ⑤ ㄴ, ㄷ

창의력&토론마당

01 그림 (가)는 모래와 물을 각각 수조에 담고, 가열과 냉각에 따른 온도 변화를 측정하는 실험 장치를, (나)는 이 실험 장치를 통해서 전등을 켰을 때와 껐을 때 시간에 따른 온도 변화를 측정하여 그래프로 나타낸 것이다.

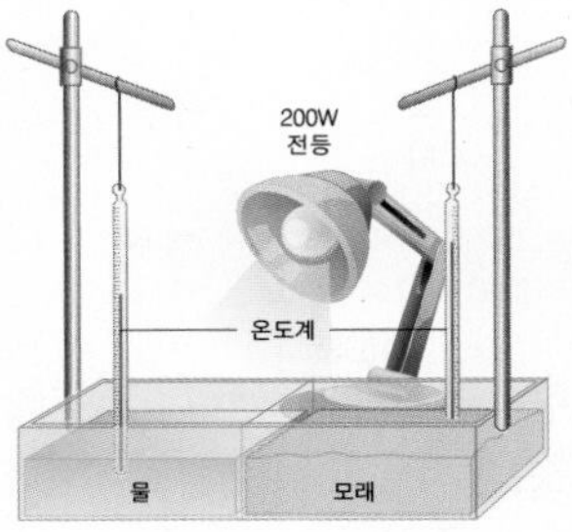

(가)

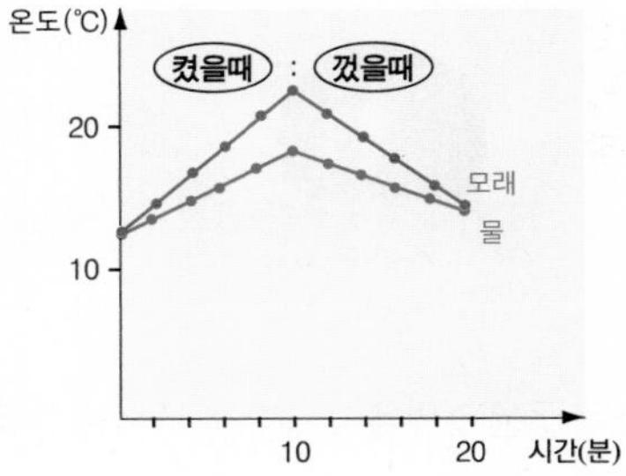

(나)

(1) 전등을 켰을 때 모래가 물보다 빨리 가열되는 이유를 설명하시오.

(2) 이 실험에서 모래는 육지를, 물은 바다를 나타낸다면 해안 지방에서 해륙풍이 부는 이유를 비열과 공기의 상승, 하강을 이용하여 설명하시오.

(3) 그림은 어느 해안 지역에서의 기압 분포를 나타낸 것이다. 이때 부는 바람의 명칭과 바다(A)와 육지(B)에서 기온과 기압이 각각 큰 쪽은 어디인가? (단, A와 B는 같은 높이에 있는 지점이다.)

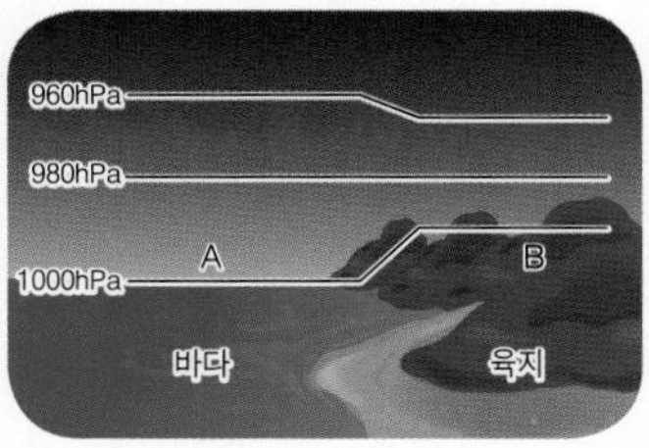

02 다음은 물과 메탄올을 이용한 실험이다. 다음 물음에 답하시오.

〈 실험 〉

〈실험 과정〉
1. 목장갑을 착용하고, 목장갑을 25 ℃의 물에 적신다.
2. 물에 적신 목장갑을 25 ℃의 메탄올에 적신다.
3. 목장갑에 불을 붙인다.

〈실험 결과〉
목장갑은 타지 않고, 손도 얼마 동안은 뜨거움을 느끼지 못한다.

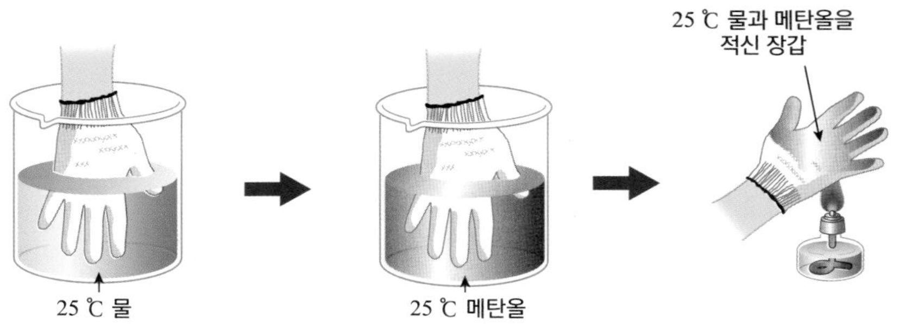

(1) 불이 붙어 있는데도 목장갑이 타지 않는 이유를 설명하시오.

(2) 물 대신 사염화 탄소(CCl_4)를 사용하면 실험 결과가 어떻게 바뀔지 예상해 보고, 그 이유를 쓰시오.

03 다음 자료를 읽고 물음에 답하시오.

〈자료〉

상온(25℃)의 물을 얼리면 투명한 물이 흰색의 불투명한 얼음이 된다. 얼음이 불투명한 흰색으로 보이는 이유는 빛이 얼음 속의 공기 분자를 통과할 때, 난반사되어 얼음이 하얗게 보이는 것이다. 기체의 용해도는 액체의 온도가 높을수록 감소하므로 물을 끓여주면 물 속에 용해되어 있던 기체들이 빠져나오게 되므로 끓인 물을 얼리면 투명하게 얼릴 수 있다.

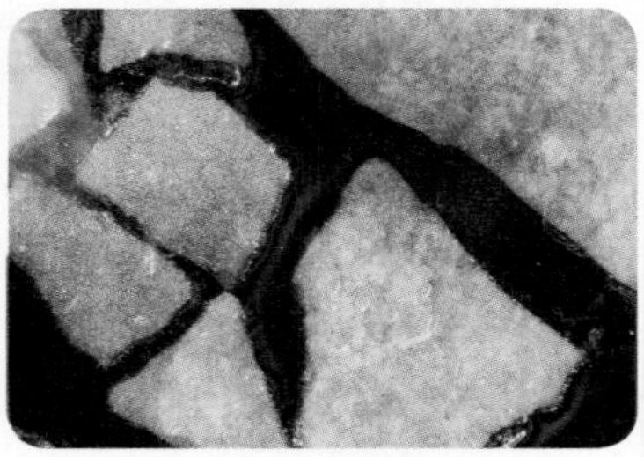

(1) 얼음 속에 기체가 갇혀 있는 이유를 얼음의 구조를 이용하여 설명하시오.

(2) 끓인 물을 얼린 얼음과 상온의 물을 얼린 얼음을 각각 상온의 물에 넣었을 때 어떤 얼음이 물에 더 잘 뜰지 예상하여 설명하시오.

04 다음을 자료를 보고 물음에 답하시오.

〈자료〉

빙산은 바다 위를 표류하는 큰 얼음 덩어리이다. 빙산의 일각이란 바닷물 아래에는 바닷물 위 질량의 6 ~ 7배 정도 되는 빙산이 잠겨 있기 때문에 바닷물 위에 보이는 빙산은 전체 빙산의 일부분에 지나지 않는다는 말이다. 1912년 4월 14일 밤 대서양을 횡단하기 위해 첫 항해를 하던 타이타닉호는 빙산과 충돌 후 침몰하여 1500여명의 희생자를 내었다.

▲ 타이타닉 호

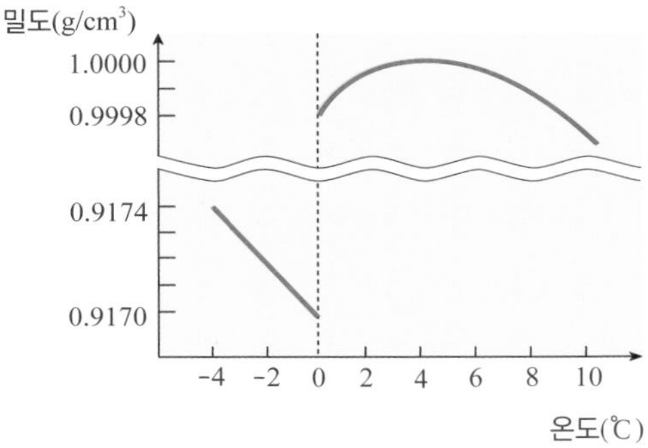

(1) 거대한 빙산이 어떻게 물 위에 뜰 수 있는지 설명하시오.

(2) 어느 지역을 떠돌던 빙산이 물과 온도가 같게 되었다면, 전체 부피 중 그 빙산의 물 위에 보이는 부분의 부피 비율을 구하시오.

(3) 같은 크기의 빙산이 같은 온도의 강물과 바닷물에 떠 있다면, 어디에 있는 빙산이 수면 위로 더 올라와 있는지 쓰고 그 이유를 설명하시오.

(4) 10 mL 의 0 ℃ 물과 10 mL 의 8 ℃ 물을 섞으면 20 mL 가 되지 않는다. 그 이유를 설명하시오.

05 표면 장력에 영향을 주는 요인들을 알아보았다. 다음 물음에 답하시오.

(1) 액체 방울의 모양을 알아보기 위해 같은 부피(16.38cm^3)를 가지는 몇 가지 기하 구조와 표면적을 나타낸 것이다. 액체 방울의 모양을 예상해 보고, 표면 장력을 이용하여 설명하시오.

구조	사면체	육면체	팔면체	십이면체	구
표면적(cm^3)	46.5	38.7	36.9	34.2	31.2

(2) 온도에 따른 물의 표면 장력을 알아보기 위해 온도를 다르게 하여 표면 장력을 측정해 보았다. 온도와 표면 장력의 관계를 분자 운동을 이용하여 설명하시오.

온도(℃)	0	5	10	15	20	25	30
표면 장력 (dyne/cm)	75.6	74.9	74.2	73.5	72.8	72.0	71.2

(3) 평평한 플라스틱 판에 물을 떨어뜨리면 둥근 모양을 유지한다. 하지만 비눗물을 떨어뜨리면 순수한 물보다는 옆으로 퍼진 모양을 한다. 그 이유를 쓰시오.

06 다음은 물과 수은이 각각 담긴 수조에 유리관을 넣었을 때 입자의 배열을 모형으로 나타낸 것이다. 다음 물음에 답하시오.

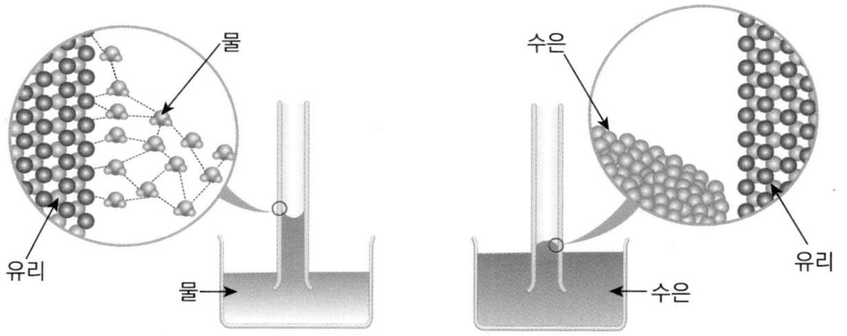

(1) 물의 응집력과 물과 유리의 부착력을 비교하고, 물의 모세관 현상을 설명하시오.

(2) 수은의 응집력과 수은과 유리의 부착력을 비교하고, 수은의 모세관 현상을 설명하시오.

스스로 실력높이기

A

01 물의 상태가 변할 때 결합에 대한 설명으로 빈칸에 알맞은 말을 각각 고르시오.

> 물의 상태가 변할 때 (공유 , 수소) 결합은 끊어지지 않고, (공유 , 수소) 결합만 끊어진다. 결합의 세기는 공유 결합 (> , = , <) 수소 결합 이다.

02 그림은 같은 질량, 같은 온도의 액체 A와 B를 가열시켰을 때 시간에 따른 온도 변화를 나타낸 것이다. 비열이 큰 것은 A, B 중 어느 것인가?

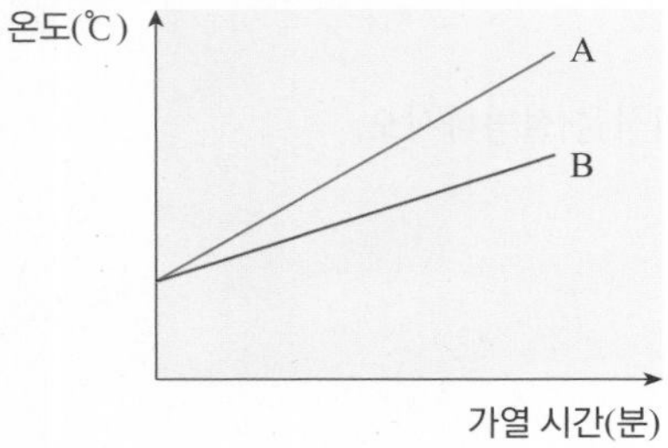

03 그림은 얼음 10 g 을 일정한 열량으로 가열할 때, 가열 시간에 따른 온도 변화를 나타낸 것이다. 이에 대한 설명으로 옳은 것은 ○표, 옳지 않은 것은 ×표 하시오.

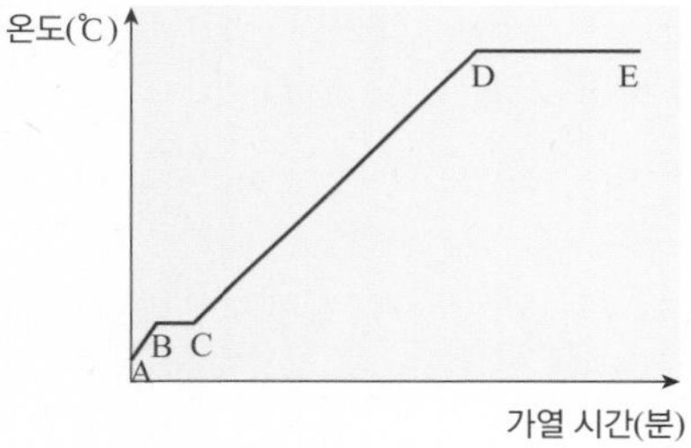

(1) BC에서 수소 결합의 수가 증가한다. (　　)

(2) AB와 CD의 기울기로 보아 물은 얼음보다 비열이 크다. (　　)

(3) BC와 DE의 길이로 보아 물의 기화열이 얼음의 융해열보다 크다. (　　)

04 다음을 비교하여 빈칸에 알맞은 부등호(>, =, <)를 쓰시오.

(1) 얼음 10 g의 녹는점 (　　) 얼음 20 g의 녹는점

(2) 얼음의 융해열 (　　) 물의 기화열

(3) 얼음의 비열 (　　) 물의 비열

05 질량이 같은 물과 얼음을 비교했을 때 얼음이 더 큰 값을 나타내는 것을 <보기>에서 있는 대로 골라 기호를 쓰시오.

〈 보기 〉

ㄱ. 부피　　ㄴ. 분자 사이의 평균 거리

ㄷ. 분자 사이의 인력　　ㄹ. 수소 결합 수

(　　　　　　　　)

06 그림은 온도에 따른 얼음과 물의 밀도 변화를 나타낸 것이다. 이에 대한 설명 중 옳은 것은 ○표, 옳지 않은 것은 ×표 하시오.

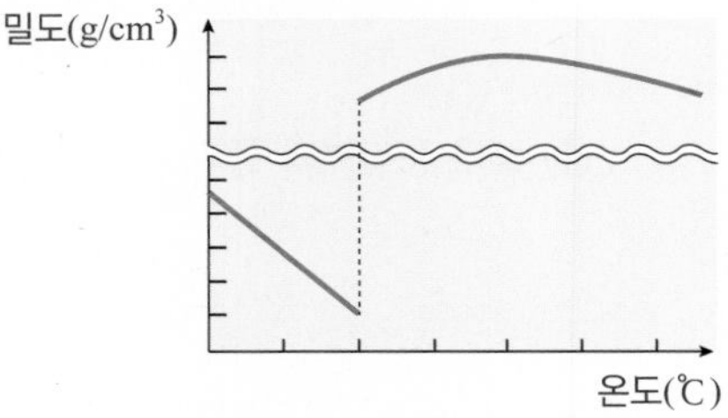

(1) 얼음 1 g의 부피는 물 1 g의 부피보다 크다. (　　)

(2) 물 분자 사이의 평균 거리는 4 ℃에서 가장 멀다. (　　)

(3) 0 ℃에서 얼음이 물로 변할 때 수소 결합의 수가 감소한다. (　　)

07 다음 빈칸에 알맞은 말을 쓰시오.

> 물은 (　　) 결합을 하여 분자 사이의 인력이 크기 때문에 다른 액체에 비해 표면 장력이 크다.

08 그림은 물과 수은의 모세관 현상을 나타낸 것이다. 다음을 비교하여 빈칸에 알맞은 부등호(>, =, <)를 쓰시오.

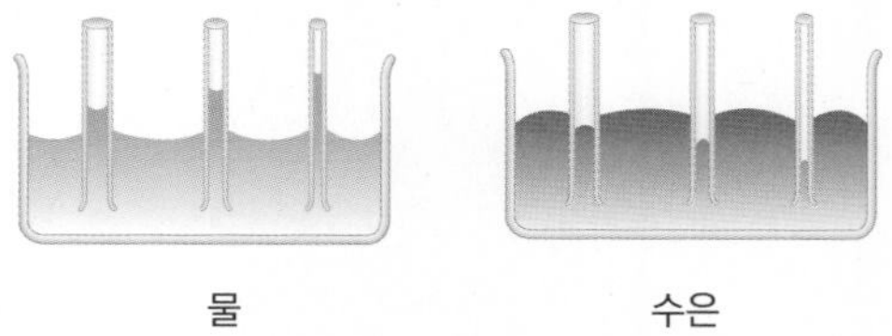

(1) 물의 응집력 (　　) 물과 모세관 사이의 부착력

(2) 수은의 응집력 (　　) 수은과 모세관 사이의 부착력

09 물에 대한 설명 중 옳은 것은 ○표, 옳지 않은 것은 × 표 하시오.

(1) 물이 얼 때 부피가 증가한다. ( )

(2) 같은 부피의 물은 4 ℃일 때 질량이 가장 크다. ( )

(3) 물이 분자량이 비슷한 메테인보다 끓는점이 높은 이유는 더 강한 공유 결합을 하기 때문이다. ( )

10 다음은 물의 성질과 그에 따라 나타나는 현상을 나타낸 것이다. 물의 성질과 나타나는 현상의 연관성이 가장 작은 것은?

	물의 성질	나타나는 현상
①	비열이 크다.	해안 지방은 내륙 지방보다 일교차가 작다.
②	융해열이 크다.	체온이 올라가면 땀을 흘린다.
③	물의 밀도가 얼음보다 크다.	겨울철에 수도관이 얼어서 터진다.
④	용해성이 크다.	생물체가 영양분을 흡수한다.
⑤	표면 장력이 크다.	풀잎에 맺힌 물방울의 모양이 동그랗다.

B

11 그림은 물과 얼음의 구조를 물 분자의 결합 모형으로 나타낸 것이다.

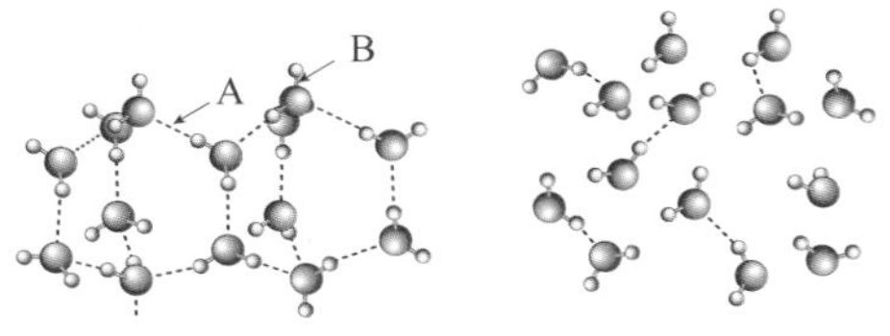

(가) (나)

이에 대한 설명으로 옳은 것만을 <보기>에서 있는 대로 고른 것은?

<보기>

ㄱ. 얼음에서 물로 상태가 변하면 부피가 감소한다.
ㄴ. 얼음은 물에 비해 분자 사이의 평균 거리가 멀다.
ㄷ. 결합 A는 결합 B보다 끊어지기 쉽다.

① ㄴ ② ㄷ ③ ㄱ, ㄷ
④ ㄴ, ㄷ ⑤ ㄱ, ㄴ, ㄷ

12 그림은 같은 질량의 고체 물질 A와 B를 같은 조건으로 각각 가열하여 얻은 가열 곡선이다.

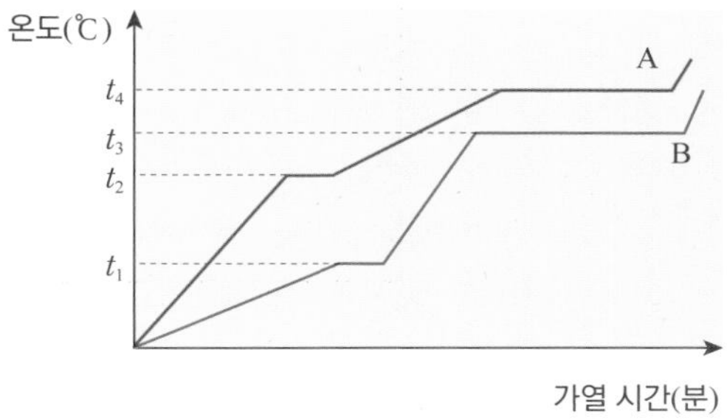

이에 대한 설명으로 옳은 것만을 <보기>에서 있는 대로 고른 것은?

<보기>

ㄱ. 액체의 비열은 A가 B보다 작다.
ㄴ. 액체로 존재하는 온도 범위는 A가 B보다 작다.
ㄷ. 기화열은 A가 B보다 크다.

① ㄴ ② ㄷ ③ ㄱ, ㄴ
④ ㄴ, ㄷ ⑤ ㄱ, ㄴ, ㄷ

13 표는 3 가지 액체에 대한 자료이다.

구분	물질	분자량	비열(J / g·℃)	기화열(kJ/g)
(가)	H_2O	18	4.2	2.26
(나)	C_2H_5OH	46	2.44	0.93
(다)	C_6H_6	78	1.05	0.43

이에 대한 설명으로 옳은 것만을 <보기>에서 있는 대로 고른 것은?

<보기>

ㄱ. 분자 사이에 수소 결합을 하는 물질은 2 가지이다.
ㄴ. 액체 1몰을 동일한 열원으로 같은 시간 동안 가열할 때 온도 변화가 가장 작은 물질은 (나)이다.
ㄷ. 1 g 의 액체를 기체로 상태 변화시키는 데 필요한 열량은 (다)가 가장 크다.

① ㄱ ② ㄷ ③ ㄱ, ㄴ
④ ㄴ, ㄷ ⑤ ㄱ, ㄴ, ㄷ

14 다음은 H_2O의 온도에 따른 밀도 그래프와 온도가 다른 물질 A, B, C에 대한 자료이다.

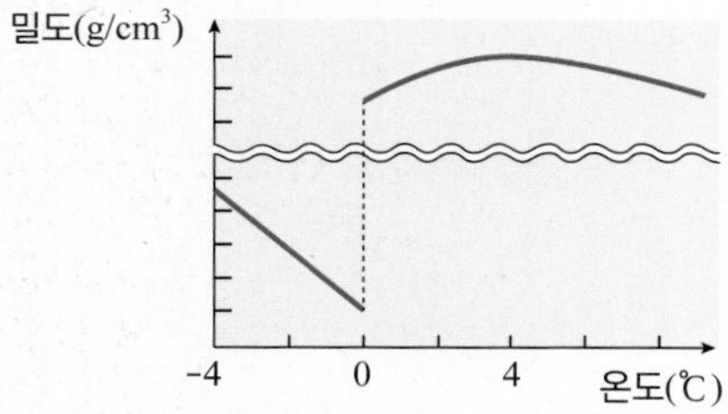

· A와 B의 상태는 다르고, B와 C의 상태는 같다.
· 밀도는 A < B < C 이다.
· 수소 결합의 평균 개수는 C < B < A 이다.

이에 대한 설명으로 옳은 것만을 <보기>에서 있는 대로 고른 것은? (단, A ~ C의 상태는 고체 또는 액체이다.)

<보기>

ㄱ. A의 상태는 고체이다.
ㄴ. 단위 부피당 분자 수가 가장 많은 것은 B이다.
ㄷ. 온도는 C가 B보다 높다.

① ㄱ ② ㄴ ③ ㄱ, ㄴ
④ ㄱ, ㄷ ⑤ ㄱ, ㄴ, ㄷ

15 그림 (가)는 온도에 따른 물의 밀도를, (나)는 물 분자 사이의 결합 모형을 나타낸 것이다.

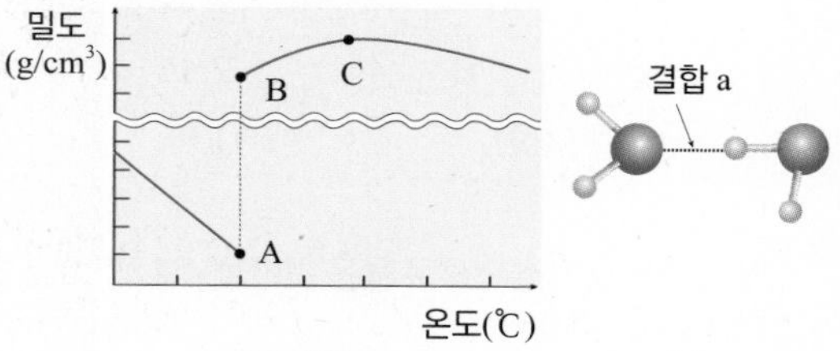

(가) (나)

점 A, B, C에서 H_2O 분자 사이의 평균 거리와 결합 a의 평균 개수를 비교한 것으로 바르게 짝지은 것은?

	H_2O 분자 사이의 평균 거리	결합 a의 평균 개수
①	A = B = C	A = B = C
②	A > B > C	A > B > C
③	A > C > B	B > A > C
④	B > C > A	C > B > A
⑤	A > B > C	B > C > A

16 표는 20 ℃ 에서 세 가지 액체의 표면 장력을 나타낸 것이다.

물질	물	벤젠	비눗물
표면 장력(10^{-3} N/m)	72.8	25.9	25.1

이에 대한 설명으로 옳은 것만을 <보기>에서 있는 대로 고른 것은?

<보기>

ㄱ. 비누는 물의 표면 장력을 감소시킨다.
ㄴ. 물이 벤젠보다 인력이 더 크다.
ㄷ. 상온에서 표의 세 가지 액체를 각각 한 방울씩 아크릴판 위에 떨어뜨리면 물방울의 모양이 가장 동그랗다.

① ㄱ ② ㄴ ③ ㄱ, ㄴ
④ ㄱ, ㄷ ⑤ ㄱ, ㄴ, ㄷ

17 그림 (가)와 (나)는 물이 담긴 용기에 가는 폴리에틸렌관과 유리관을 넣은 모습을 나타낸 것이다.

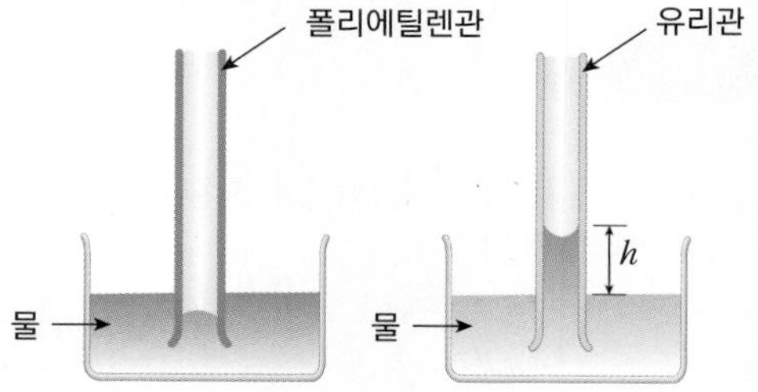

(가) (나)

이에 대한 설명으로 옳은 것만을 <보기>에서 있는 대로 고른 것은?

<보기>

ㄱ. (가)에서 물의 응집력은 물과 폴리에틸렌관 사이의 부착력보다 크다.
ㄴ. (나)에서 물의 응집력은 물과 유리관 사이의 부착력보다 크다.
ㄷ. (나)에서 안지름이 더 작은 유리관을 사용하면 h는 커진다.

① ㄱ ② ㄴ ③ ㄱ, ㄴ
④ ㄱ, ㄷ ⑤ ㄴ, ㄷ

18 그림 (가)는 유리관 위에 액체 A와 B를 한 방울씩 떨어뜨렸을 때의 모양을 나타낸 것이고, (나)는 일정 시간이 지났을 때의 A와 B의 상태를 나타낸 것이다.

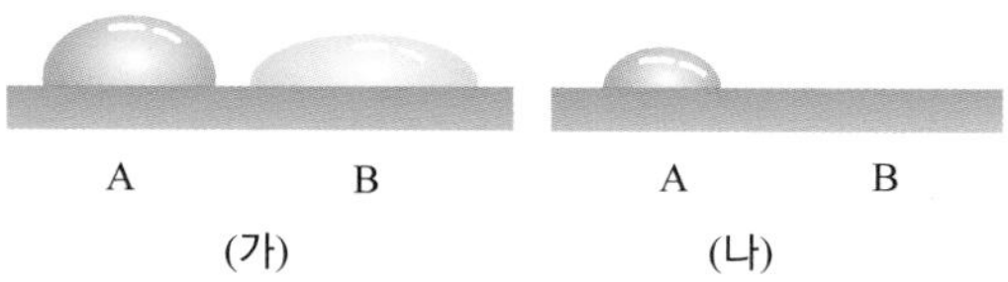

이에 대한 설명으로 옳은 것만을 <보기>에서 있는 대로 고른 것은?

<보기>

ㄱ. 표면 장력이 큰 액체는 A이다.
ㄴ. 분자간의 힘이 큰 액체는 B이다.
ㄷ. 끓는점이 높은 것은 A이다.

① ㄱ ② ㄴ ③ ㄱ, ㄴ
④ ㄱ, ㄷ ⑤ ㄴ, ㄷ

C

19 그림은 에탄올과 물의 구조를 모형으로 나타낸 것이다.

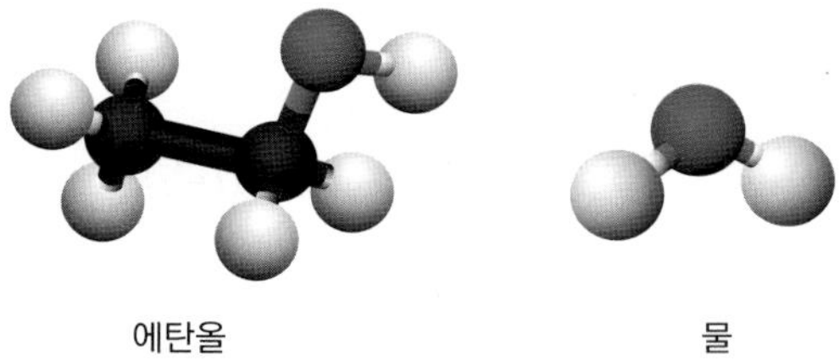

이에 대한 설명으로 옳은 것만을 <보기>에서 있는 대로 고른 것은?

<보기>

ㄱ. 고체 상태에서 1몰에 존재하는 수소 결합의 수는 에탄올이 물보다 많다.
ㄴ. 에탄올과 물을 혼합하면 에탄올과 물 분자는 수소 결합할 수 있다.
ㄷ. 물의 표면 장력보다 물과 에탄올을 섞은 액체가 표면 장력이 더 크다.

① ㄱ ② ㄴ ③ ㄱ, ㄴ
④ ㄴ, ㄷ ⑤ ㄱ, ㄴ, ㄷ

20 다음은 일정량의 얼음을 가열한 후 냉각하여 얻어진 그래프의 일부이다. 가열하는 동안 출입하는 열은 일정하며, 냉각하는 동안 출입하는 열도 일정하다.

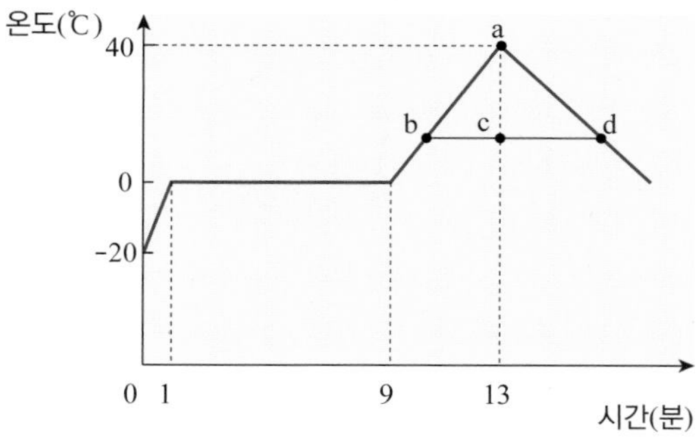

면적 비율이 Δabc : Δ abd = 2 : 5 일 때, 얼음의 온도가 -40℃가 되는 시간은?

① 28분 ② 30분 ③ 32분
④ 34분 ⑤ 36분

21 그림 (가)는 액체 벤젠에 고체 벤젠을 넣었을 때의 모습이고, (나)는 물이 들어 있는 비커에 얼음을 넣었을 때의 모습이다.

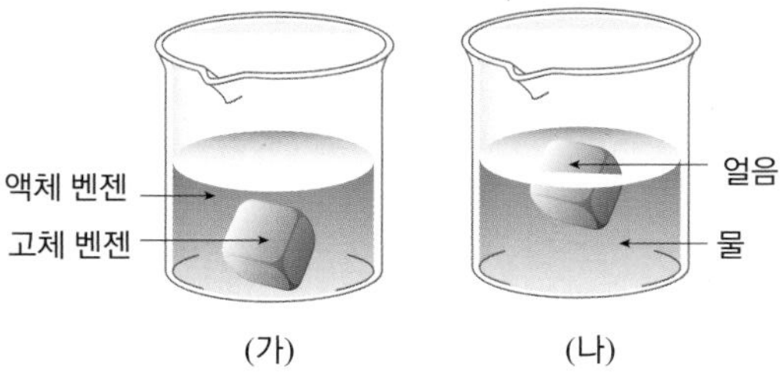

이에 대한 설명으로 옳은 것만을 <보기>에서 있는 대로 고른 것은?

<보기>

ㄱ. (가)에서 고체 벤젠이 가라 앉는 것은 얼음보다 수소 결합이 강하기 때문이다.
ㄴ. (가)에서 액체 벤젠이 고체가 되면 분자 사이의 빈 공간이 증가하여 부피가 더 커진다.
ㄷ. (나)에서 얼음이 녹기 전과 후의 액면 높이의 변화가 없다.

① ㄱ ② ㄷ ③ ㄱ, ㄴ
④ ㄴ, ㄷ ⑤ ㄱ, ㄴ, ㄷ

스스로 실력높이기

22 그림은 온도에 따른 물의 부피 변화를 나타낸 것이다.

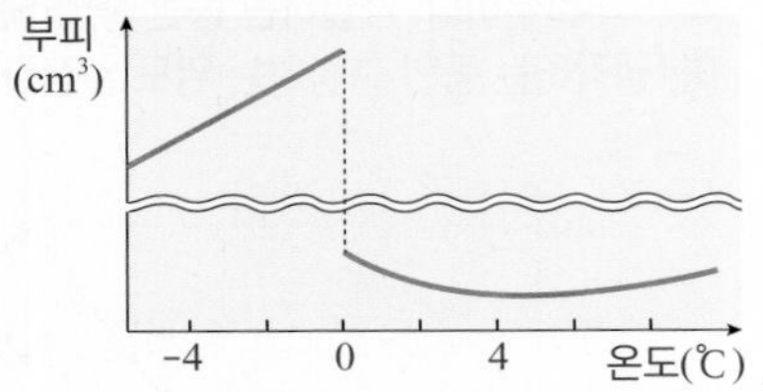

이에 대한 설명으로 옳은 것만을 <보기>에서 있는 대로 고른 것은?

< 보기 >

ㄱ. 단위 부피당 물의 질량이 4 ℃에서 가장 크다.
ㄴ. 분자들의 배열 상태는 4 ℃ 의 물이 0 ℃ 물보다 더 규칙적이다.
ㄷ. 4 ℃ 이상에서 부피가 증가하는 가장 큰 요인은 분자의 운동이 활발해지기 때문이다.

① ㄱ ② ㄴ ③ ㄱ, ㄴ
④ ㄱ, ㄷ ⑤ ㄱ, ㄴ, ㄷ

23 다음은 액체 A와 B의 온도에 따른 표면 장력을 각각 알아보기 위한 실험이다.

〈실험 과정〉

㉠ 동전 위에 스포이트로 액체 A를 조심스럽게 떨어뜨려 액체가 넘치기 직전까지 떨어뜨린 방울 수를 센다.
㉡ 온도를 다르게 해주며 과정 ㉠ 을 반복한다.
㉢ 액체 A 대신 B를 이용하여 과정 ㉠과 ㉡을 반복한다.

구분	넘치기 전까지 떨어뜨린 액체 방울 수		
	15 ℃	25 ℃	35 ℃
액체 A	32	30	27
액체 B	24	21	19

이에 대한 설명으로 옳은 것만을 <보기>에서 있는 대로 고른 것은? (단, 액체 A와 B는 서로 섞인다.)

< 보기 >

ㄱ. 온도가 높을수록 액체 A와 B 모두 분자 사이의 인력이 감소한다.
ㄴ. ㉠ 에서 액체 A 대신 액체 A와 B를 섞은 용액을 사용하면 표면 장력은 감소한다.
ㄷ. 25 ℃의 액체 A 와 15 ℃의 액체 B를 한 방울씩 각각 떨어뜨리면 25 ℃ 액체 A의 표면적이 더 크다.

① ㄱ ② ㄴ ③ ㄱ, ㄴ
④ ㄴ, ㄷ ⑤ ㄱ, ㄴ, ㄷ

24 그림 (가)는 물을 유리관에 넣었을 때 작용하는 힘을, (나)는 물이 담겨 있는 비커에 모세관을 넣었을 때의 매니스커스를 나타낸 것이다.

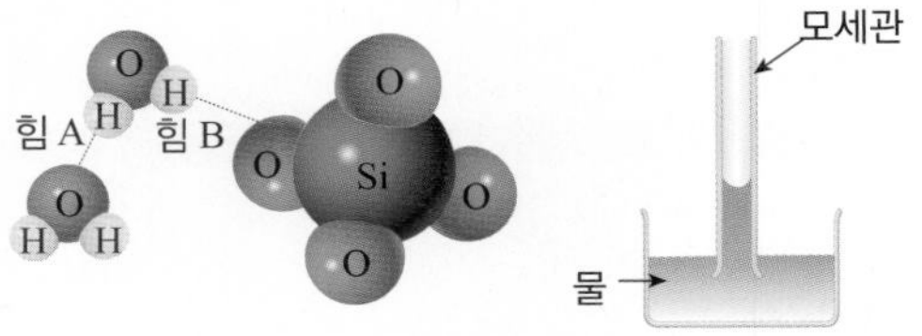

(가) (나)

이에 대한 설명으로 옳은 것만을 <보기>에서 있는 대로 고른 것은?

< 보기 >

ㄱ. (가)에서 힘 A는 부착력이고, 힘 B는 응집력이다.
ㄴ. (나)에서 힘의 크기는 힘 A < 힘 B 이다.
ㄷ. (나)에서 물 대신 수은을 넣어주면 모세관 내 수면의 높이가 낮아진다.

① ㄱ ② ㄴ ③ ㄱ, ㄴ
④ ㄱ, ㄷ ⑤ ㄴ, ㄷ

심화

25 다음은 물과 에탄올의 특성을 나타낸 표이다.

물질	화학식	상태	비열
에탄올	C_2H_5OH	액체	2.48
물	H_2O	액체	4.18

물이 에탄올보다 비열이 더 큰 이유를 분자 사이의 힘과 관련지어 쓰시오.

26 남극에 존재하는 빙하를 통해 과거의 지구 환경 변화를 알 수 있는 이유를 설명하시오.

27 그림은 온도에 따른 밀도 변화를 나타낸 것이다.

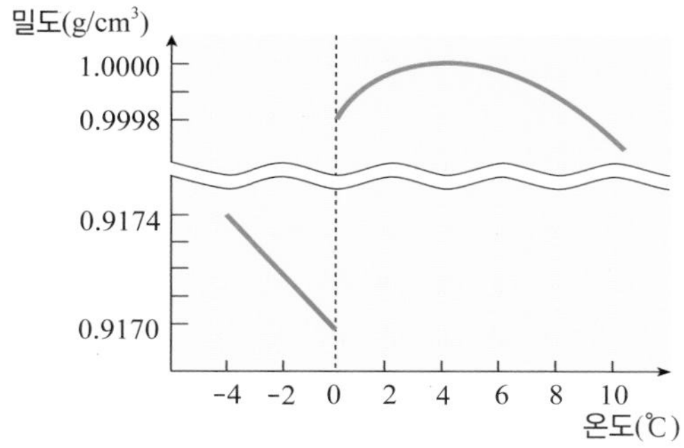

(1) 0 ℃에서 밀도가 크게 변하는 이유를 수소 결합을 이용하여 설명하시오.

(2) 4 ℃에서 밀도가 최대인 이유를 수소 결합을 이용하여 설명하시오.

28 얼음에 높은 압력을 가하면 액체인 물로 바뀌는 것을 볼 수 있다. 얼음에 압력이 가해졌을 때, 부피 변화를 얼음 구조의 변화를 이용하여 설명하시오.

29 그림은 평평한 유리와 양초 위에 물방울을 떨어뜨렸을 때의 모습이다. 두 물방울의 모양이 다른 이유를 설명하시오.

30 유리컵에 물을 넣고 핀셋을 이용하여 바늘을 수직으로 넣을 때와 수평으로 살짝 얹어 놓았을 때 어떤 차이가 있는지 설명하시오.

31 그림은 반지름이 다른 모세관을 물에 넣었을 때의 모습이다. 반지름이 작은 모세관일수록 수면이 더 많이 올라간다. 그 이유를 설명하시오.

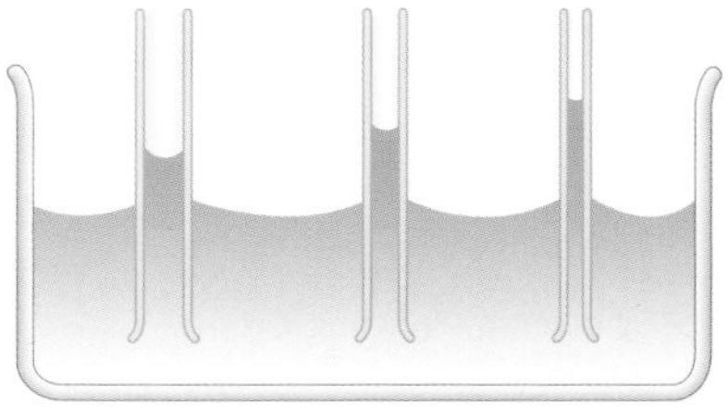

32 다음은 셀룰로오스의 구조를 나타낸 것이다.

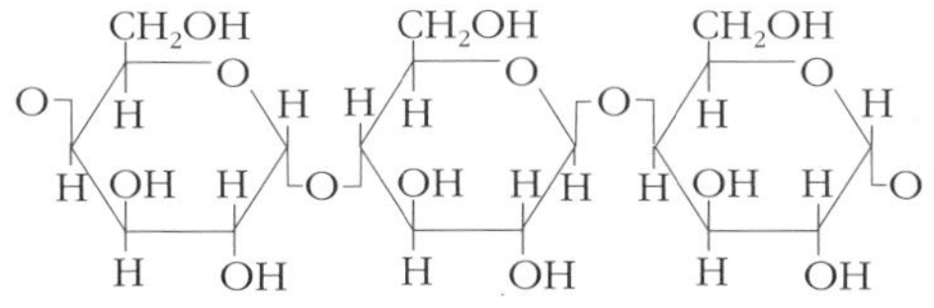

종이나 천은 셀룰로오스로 구성되어 있다. 종이나 천을 물에 대면 물이 스며들어 올라가는 현상을 모세관 현상으로 설명하시오.

5강 고체

1. 고체의 분류1

(1) 입자 배열에 따른 고체의 분류 : 고체를 이루는 원자, 이온, 분자 등의 입자의 배열 상태에 따라 결정성 고체와 비결정성 고체로 분류한다.

(2) 결정성 고체 : 결정을 구성하는 원자, 이온, 분자들이 규칙적인 배열을 하고 있다.

① 각 구성 입자 간 결합력의 크기가 모두 같기 때문에 녹는점이 일정하다.

② 결정성 고체는 방향에 따라 열전도율, 전기 전도율, 굴절률 등의 물리적인 성질이 다른 비등방성이다.

③ 결정성 고체는 분자 결정, 원자 결정, 이온 결정, 금속 결정으로 나눌 수 있다.

예 드라이아이스, 얼음, 다이아몬드, 석영, 염화 나트륨, 금, 은, 구리 등

결정	성분 원소	구성 입자	결합력	녹는점	전기 전도성	
					고체	액체
분자 결정	비금속 + 비금속	분자	분자 사이의 힘	낮음	없음	없음
원자 결정	비금속 + 비금속	원자	공유 결합력	매우 높음	없음	없음
이온 결정	금속 + 비금속	양이온과 음이온	이온 결합력	높음	없음	있음
금속 결정	금속	양이온과 자유 전자	금속 결합력	높음	있음	있음

(3) 비결정성 고체 : 결정을 구성하는 원자, 이온, 분자들이 불규칙적인 배열을 하고 있다.

① 각 구성 입자 간 결합력이 일정하지 않으므로 가열하면 결합이 약한 부분부터 먼저 끊어져 녹는점이 일정하지 않다.

② 열을 받으면 쉽게 변형된다.

③ 방향이 달라져도 물리적인 성질에는 차이가 없으므로 등방성이다.

예 유리, 플라스틱, 엿, 고무 등

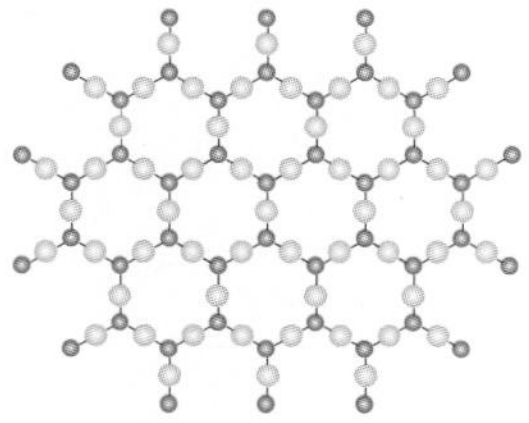

▲ 결정성 고체(석영)

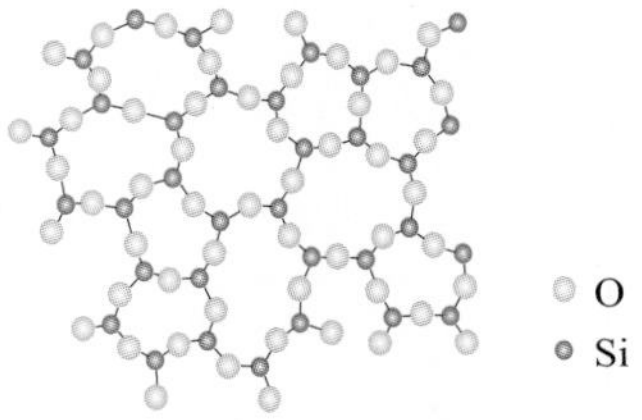

▲ 비결정성 고체(유리)

개념확인 1

다음 중 녹는점이 일정하지 않은 물질은 무엇인가?

① 얼음 ② 석영 ③ NaCl ④ Cu ⑤ 유리

확인 + 1

결정을 구성하는 입자들이 불규칙적인 배열을 하고 있는 고체를 무엇이라고 하는지 쓰시오.

( )

고체의 성질

• 입자 사이의 인력이 매우 커서 자유롭게 운동할 수 없으므로 일정한 모양과 부피를 갖는다.
• 입자 사이의 거리가 매우 가까워 온도, 압력에 의해 부피가 거의 변하지 않는다.

비등방성

고체의 성질이 결정체의 방향에 따라 다르게 나타나는 것을 의미하며, 등축정계를 제외한 모든 결정은 비등방성이다.

석영과 유리

석영과 유리는 공통적으로 SiO_2의 화학식을 가지고 있지만, 석영은 결정성 고체이고 유리는 비결정성 고체이다.

등축정계

결정의 중심을 지나는 3개의 가상적인 축이 서로 직교하는 모양으로, 길이가 같은 정육면체, 정팔면체 등을 의미한다.

결정성 고체의 예

• 분자 결정 : 얼음(H_2O), 드라이아이스(CO_2), 아이오딘(I_2), 나프탈렌($C_{10}H_8$) 등
• 원자 결정 : 다이아몬드(C), 석영(SiO_2), 흑연(C) 등
• 이온 결정 : 염화 나트륨(NaCl), 염화 세슘(CsCl) 등
• 금속 결정 : 나트륨(Na), 마그네슘(Mg), 구리(Cu) 등

2. 고체의 분류2

(1) 결합에 따른 고체의 분류 : 결정을 구성하는 입자와 입자 사이의 결합 방식에 따라 분류한다.

(2) 분자 결정 : 공유 결합으로 이루어진 분자가 분자 사이의 인력에 의해 규칙적으로 배열되어 결정을 이룬다.

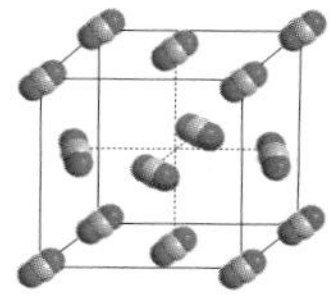
▲ 드라이아이스(CO_2)

- 분자 사이에 결합력이 약하기 때문에 녹는점과 끓는점은 매우 낮고, 일부는 승화성이 있다.
- 공유 결합 원자 사이의 전자는 공유되어 있거나 원자핵과 강하게 결합되어 있어 고체, 액체 상태에서 모두 전기 전도성을 갖지 않는다.

(3) 원자 결정 : 원자가 공유 결합에 의해 연속적으로 배열되어 결정을 이룬다.

▲ 다이아몬드(C)

- 원자 사이의 공유 결합을 끊어야 하므로 녹는점과 끓는점은 매우 높고, 매우 단단하다.
- 고체, 액체 상태에서 전기 전도성이 없지만, 흑연은 전기 전도성을 갖는다.

(4) 이온 결정 : 양이온과 음이온이 정전기적 인력인 이온 결합에 의해 규칙적으로 배열되어 결정을 이룬다.

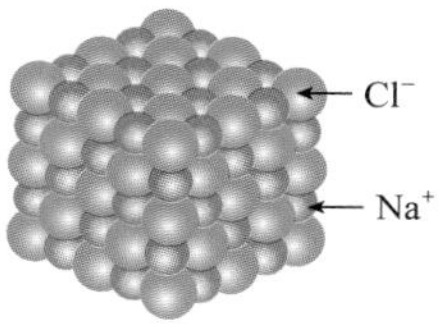

▲ 염화 나트륨(NaCl)

- 양이온과 음이온의 결합력이 매우 강하기 때문에 녹는점과 끓는점이 높아 상온에서 고체 상태로 존재한다.
- 고체 상태에서는 양이온과 음이온이 강하게 결합하고 있어 전기 전도성이 없지만, 용융되거나 수용액 상태가 되면 양이온과 음이온이 비교적 자유롭게 이동할 수 있게 되므로 전기 전도성이 있다.
- 대부분 단단하지만, 외부에서 힘을 가하거나 충격을 주면 쉽게 부서진다.

(5) 금속 결정 : 금속 양이온과 자유 전자 간의 정전기적 인력인 금속 결합에 의해 결정을 이룬다.

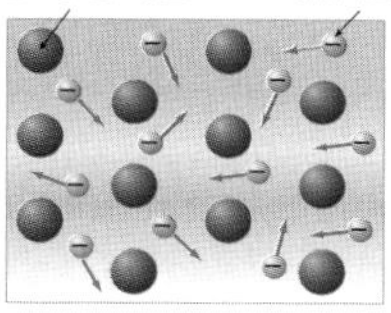

▲ 나트륨(Na)

- 대부분 은백색이나 은회색의 광택을 갖는다.
- 금속 양이온과 자유 전자 간의 정전기적 인력이 강하기 때문에 녹는점과 끓는점이 높아 상온에서 고체 상태로 존재한다.
- 자유 전자가 자유롭게 이동할 수 있어 전기 전도성과 열전도성이 크고, 연성(뽑힘성)과 전성(펴짐성)이 크다.

흑연의 전기 전도성

흑연은 탄소 원자 1개가 이웃한 탄소 원자 3개와 육각형을 이루면서 공유 결합한 원자 결정으로, 탄소가 갖는 4개의 원자가 전자 중 3개와 공유 결합하고 나머지 1개의 전자가 탄소 원자로 이루어진 육각형의 판 위를 자유롭게 이동할 수 있게 되어 예외적으로 전기 전도성을 갖는다.

이온 결정 부서짐

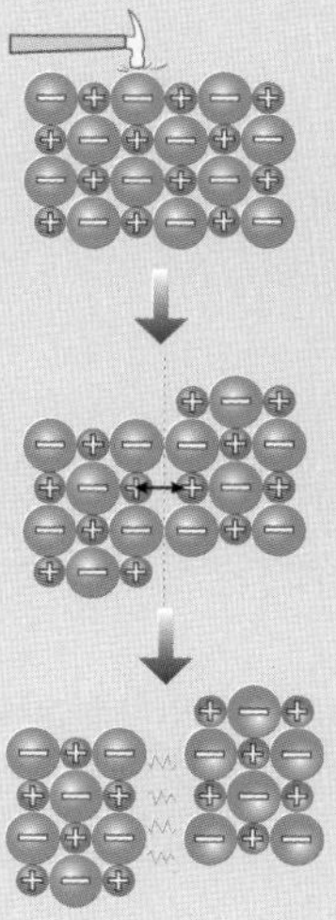

개념확인 2

정답 및 해설 27쪽

구리는 고체 상태와 액체 상태에서 모두 전기 전도성을 갖는 물질이다. 구리를 구성하는 입자들 사이의 화학 결합의 종류를 쓰시오.

( )

확인 + 2

다음 중 양이온과 음이온으로 이루어진 물질을 고르시오.

① CO_2 ② Fe ③ KOH ④ SiO_2(석영) ⑤ I_2

● 결정과 단위 세포

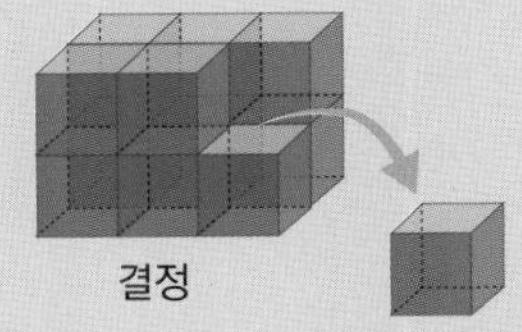

● 염화 나트륨(NaCl)

정육면체의 꼭짓점과 6개 면의 중심에 염화 이온이 위치해 있고, 이를 각 모서리의 중심에 나트륨 이온이 위치해 있는 구조이다.

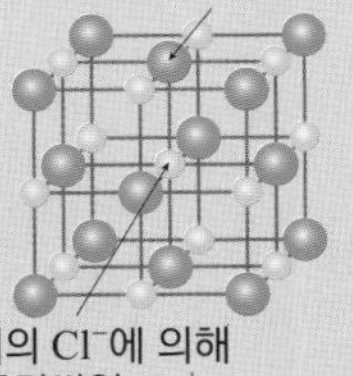

● 염화 세슘(CsCl)

정육면체의 중심에 세슘 이온이 위치해 있고, 꼭짓점에 염화 이온이 위치해 있는 구조이다.

● 배위수

기준이 되는 입자를 가장 가까운 거리에서 둘러싸고 있는 입자 수로, 단순 입방 구조에서는 6개의 입자에 의해 둘러싸여 있으므로 배위수가 6이다.

3. 고체의 결정 구조

(1) 결정의 구조 : 고체를 이루는 입자가 규칙적으로 쌓이면 결정이 생기고, 결정은 입자가 배열되는 방법에 따라 다양한 구조를 이룬다.

(2) 단위 세포(단위 격자) : 결정 구조에서 반복되는 가장 작은 구조이다.

(3) 결정 구조에서의 단위 세포

결정 구조	단순 입방 격자	체심 입방 격자	면심 입방 격자
정의	정육면체의 8개의 꼭짓점에 같은 종류의 원자들이 위치해 있는 구조	단순 입방 격자의 단위 세포 중심에 1개의 원자가 위치해 있는 구조	단순 입방 격자의 단위 세포에 있는 6개의 면의 중심에 원자가 위치해 있는 구조
단위 세포	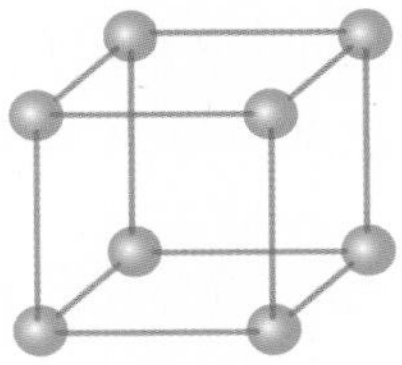	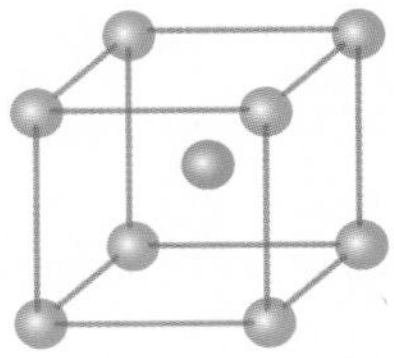	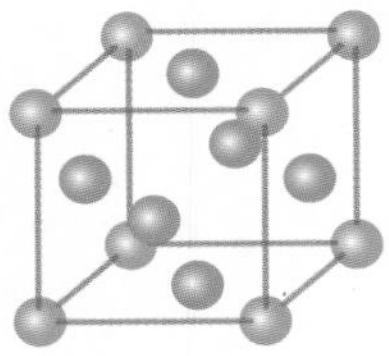
단위 세포 속의 입자 수	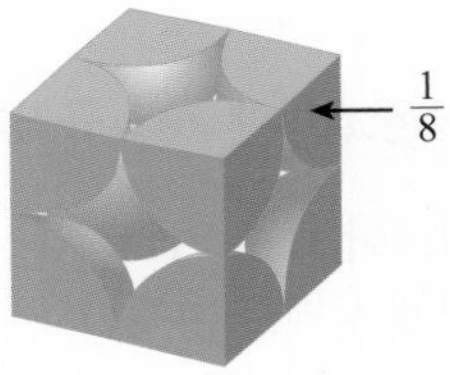 꼭짓점에 있는 입자는 8개의 단위 격자에 의해 나누어지므로 꼭짓점에 있는 입자의 $\frac{1}{8}$이 단위에 속한다. $\frac{1}{8} \times 8 = 1$(개)	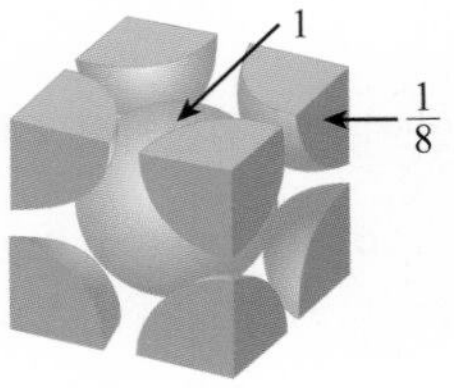 중심에 위치한 입자 1개와 꼭짓점에 있는 입자의 $\frac{1}{8}$이 단위에 속한다. $\frac{1}{8} \times 8 + 1 = 2$(개)	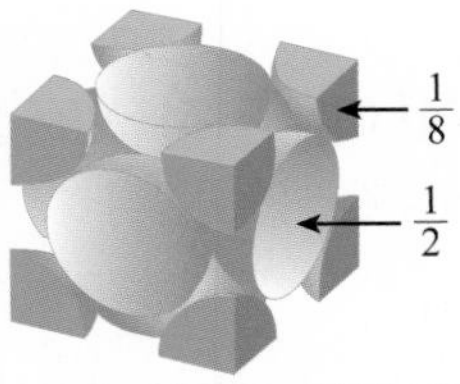 면에 있는 입자는 2개의 단위 격자에 의해 나누어 지므로 면에 있는 입자의 $\frac{1}{2}$과 꼭짓점에 있는 입자의 $\frac{1}{8}$이 단위에 속한다. $\frac{1}{8} \times 8 + \frac{1}{2} \times 6 = 4$(개)
배위수	6	8	12
예	폴로늄(Po)	리튬(Li), 나트륨(Na) 등	알루미늄(Al), 구리(Cu) 등

개념확인 3

고체의 결정 구조 중 정육면체의 8개의 꼭짓점에 같은 종류의 원자들이 위치해 있는 구조를 무엇이라고 하는지 쓰시오.

( )

확인 + 3

다음 빈칸에 들어갈 알맞은 말을 각각 쓰시오.

> 체심 입방 구조는 단순 입방 격자의 단위 세포 중심에 ( ) 개의 원자가 위치해 있는 구조로 단위 세포 속의 입자 수는 ( ) 개 이다.

4. 기체, 액체, 고체의 상태 변화

(1) 상과 상태 변화

① **상** : 주어진 온도와 압력에서 물질이 가지는 상태로 고체, 액체, 기체를 말한다.

② **상태 변화** : 온도와 압력에 따라 물질의 상태가 변하는 현상이다.

(2) 온도에 의한 상태 변화

① **상태 변화와 열의 이동**

· 고체는 열에너지를 흡수하여 액체로 상태가 변하고, 액체는 열에너지를 흡수하여 기체로 상태가 변한다.

· 기체는 열에너지를 방출하여 액체로 상태가 변하고, 액체는 열에너지를 방출하여 고체로 상태가 변한다.

· 일정한 압력에서 물질을 일정한 열원으로 가열하면 상태 변화가 없을 때는 온도가 상승하지만, 상태 변화가 일어날 때는 가열해 준 열이 상태 변화에 사용되므로 온도가 일정하다.

② **얼음의 상태 변화** : 고체 상태의 얼음은 온도가 높아지면 액체 상태인 물을 거쳐 기체 상태인 수증기가 된다.

③ **드라이아이스의 상태 변화** : 드라이아이스는 분자 사이의 힘이 약하기 때문에 대기압, 상온에서 액체 상태를 거치지 않고 고체 상태에서 기체로 승화한다.

④ **온도에 의한 상변화의 현상**

· 드라이아이스는 승화할 때 많은 열을 흡수하기 때문에 아이스크림 보관, 냉각, 무대의 안개 효과 등에 이용한다.

(3) 압력에 의한 상태 변화

① **압력을 높일 때의 상태 변화**

· 대부분의 물질은 압력을 가하면 부피가 줄어들어 분자 사이의 거리가 가까워져 인력이 커지므로 기체는 액체로, 액체는 고체로 상태가 변한다.

· 물은 예외적으로 고체 상태인 얼음에 압력을 가하면 액체 상태인 물이 된다.

② **압력에 의한 상변화의 이용**

· 휴대용 가스렌지 연료는 밀폐된 용기에 들어 있는 노말뷰테인(C_4H_{10})이 높은 압력에 의해 액화된 것으로, 용기 밖으로 나오면 압력이 낮아져 기체 상태가 된다.

· 가정용 연료인 액화 천연 가스(LNG)는 메테인(CH_4) 기체가 높은 압력에 의해 액화된 것으로, 밸브를 열어 사용할 때는 압력이 낮아져 기체 상태가 된다.

· 드라이아이스는 저온에서 기체 상태인 이산화 탄소에 압력을 가해 고체 상태인 드라이아이스로 제조된다.

고체 물질을 가열할 때 온도에 따른 부피 변화

고체 물질을 가열하면 분자 운동이 활발해져 부피가 증가한다. (얼음은 예외)

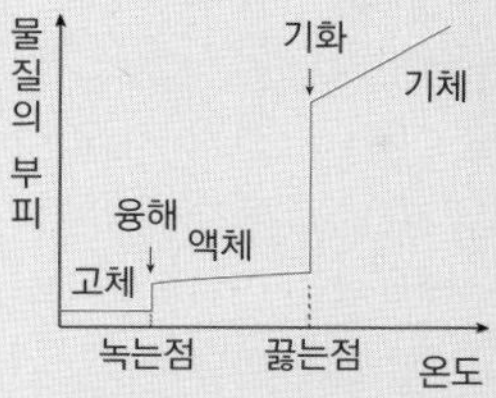

물의 순환

물은 태양 에너지에 의해 순환한다. 호수나 강, 바다의 물은 태양열을 받아 증발하여 수증기가 되고, 수증기가 작은 물방울이 되면서 구름을 형성하거나, 비나 눈이 되어 내린다. 추운 지방에서는 얼음으로 존재하며, 얼음이 온도가 높은 곳으로 이동하면 융해되어 강과 바다에 섞인다.

압력에 의한 상태 변화

얼음 위에 돌멩이가 매달린 철사줄을 올려놓았을 때 철사줄이 얼음 속을 통과한다. 이것은 압력이 높아지면 어는점이 낮아지기 때문에 얼음이 녹으면서 철사줄이 얼음 속을 통과하게 되는 것이다.

개념확인 4

정답 및 해설 27쪽

온도와 압력에 따라 물질의 상태가 변하는 현상을 무엇이라고 하는지 쓰시오.

(　　　　　　　　　　)

확인 + 4

다음 압력에 의한 상태 변화에 대한 설명 중 옳은 것은 ○표, 옳지 않은 것은 ×표 하시오.

(1) 물질의 상태는 온도와 관계없이 압력에 의해서만 결정된다. (　　)

(2) 고체 상태인 얼음에 압력을 가하면 액체 상태인 물이 된다. (　　)

개념 다지기

01 다음 중 고체에 대한 설명으로 옳은 것만을 <보기>에서 있는 대로 고른 것은?

<보기>

ㄱ. 입자 사이의 인력이 매우 크다.
ㄴ. 고체를 이루는 배열 상태에 따라 이온 결정, 분자 결정 등으로 분류한다.
ㄷ. 유리와 플라스틱은 구성 입자들이 규칙적인 배열을 하고 있다.

① ㄱ ② ㄴ ③ ㄷ ④ ㄱ, ㄴ ⑤ ㄱ, ㄷ

02 다음 중 비결정성 고체에 대한 설명으로 옳은 것은?

① 녹는점이 일정하다.
② 열을 받으면 쉽게 변형이 일어난다.
③ 물리적인 성질이 방향에 따라 다른 비등방성이다.
④ 결정을 구성하는 입자들이 규칙적인 배열을 이루고 있다.
⑤ 분자 결정, 원자 결정, 금속 결정, 이온 결정으로 나눌 수 있다.

03 표는 고체 A ~ C 의 몇 가지 성질을 조사한 자료이다.

물질	녹는점(℃)	색깔	전기 전도성	
			고체	액체
A	1,085	붉은색	있음	있음
B	772	흰색	없음	있음
C	113.7	흑자색	없음	없음

이에 대한 설명으로 옳은 것만을 <보기>에서 있는 대로 고른 것은?

<보기>

ㄱ. A는 양이온과 음이온으로 구성되어 있다.
ㄴ. B의 결정은 이온 사이의 정전기적 인력에 의해 형성된다.
ㄷ. C는 공유 결합에 의해 이루어진 물질이다.

① ㄱ ② ㄴ ③ ㄷ ④ ㄱ, ㄴ ⑤ ㄴ, ㄷ

04 다음 중 분자 결정에 대한 설명으로 옳은 것만을 <보기>에서 있는 대로 고른 것은?

<보기>

ㄱ. 끓는점이 낮다.
ㄴ. 분자의 공유 결합 에너지가 클수록 녹는점이 높다.
ㄷ. 고체 상태와 액체 상태에서 모두 전기 전도성을 가지지 않는다.

① ㄱ ② ㄴ ③ ㄱ, ㄴ ④ ㄱ, ㄷ ⑤ ㄱ, ㄴ, ㄷ

05 그림은 종류가 다른 두 결정 구조의 단위 세포를 나타낸 것이다.

(가)

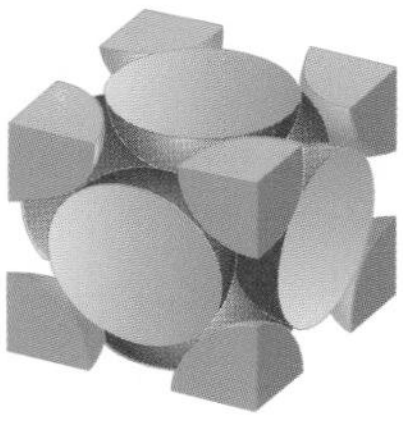
(나)

이에 대한 설명으로 옳은 것만을 <보기>에서 있는 대로 고른 것은?

<보기>

ㄱ. (가)의 결정 구조는 체심 입방 격자이다.
ㄴ. (가)의 단위 세포 안 입자 수는 2이다.
ㄷ. (나)의 배위수는 12개이다.

① ㄱ ② ㄴ ③ ㄷ ④ ㄱ, ㄴ ⑤ ㄱ, ㄴ, ㄷ

06 오른쪽 그림은 Cu의 결정 구조를 모형으로 나타낸 것이다. 단위 세포 안에 있는 Cu 원자의 수를 구하시오.

( )

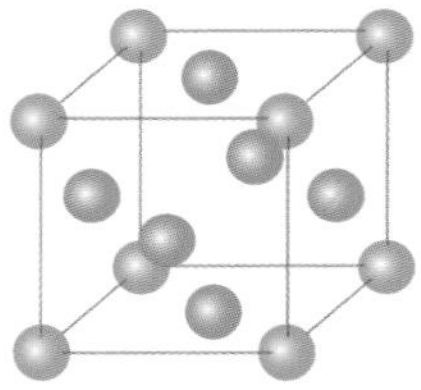

07 다음 빈칸에 들어갈 알맞은 말을 각각 고르시오.

LPG는 프로테인과 뷰테인 기체를 압축하여 액화시킨 것으로, 사용할 때는 압력이 낮아지면서 분자 사이의 거리가 (가까워져서, 멀어져서) 액체 프로테인과 뷰테인이 (고체, 기체) 상태가 된다.

08 다음 중 물질의 상태 변화에 대한 설명으로 옳은 것만을 <보기>에서 있는 대로 고른 것은?

<보기>

ㄱ. 융해와 기화는 흡열 과정이다.
ㄴ. 고체 상태인 얼음에 압력을 가하면 액체 상태인 물이 된다.
ㄷ. 드라이아이스는 1 기압, 상온에서 고체에서 액체로 상태가 변한다.

① ㄱ ② ㄷ ③ ㄱ, ㄴ ④ ㄴ, ㄷ ⑤ ㄱ, ㄴ, ㄷ

유형익히기&하브루타

유형5-1 고체의 분류1

그림은 고체를 구성하는 입자의 배열을 모형으로 나타낸 것이다.

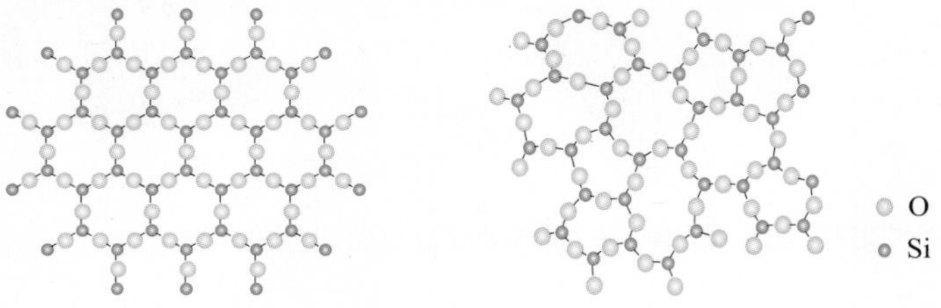

(가) (나)

이에 대한 설명으로 옳은 것만을 <보기>에서 있는 대로 고른 것은?

〈 보기 〉

ㄱ. (가)는 결정성 고체이다.
ㄴ. (나)의 구성 입자들 사이의 결합력은 일정하다.
ㄷ. (가)와 (나)의 녹는점은 같다.

① ㄱ ② ㄷ ③ ㄱ, ㄴ ④ ㄱ, ㄷ ⑤ ㄱ, ㄴ, ㄷ

01 다음은 어떤 두 가지 고체를 가열하여 온도 변화에 따른 부피 변화를 측정한 결과에 대한 그래프이다.

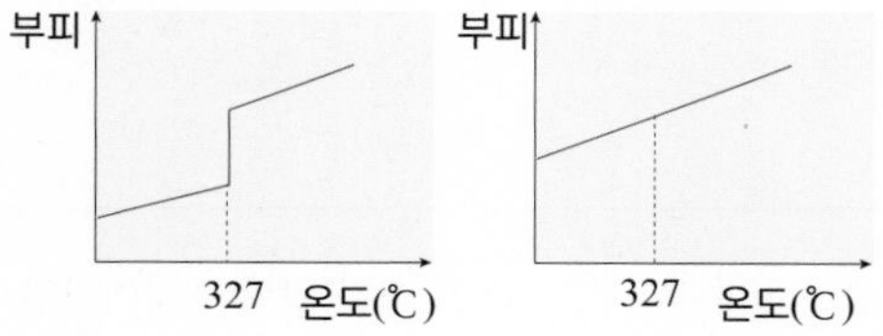

(가) (나)

이에 대한 설명으로 옳은 것만을 <보기>에서 있는 대로 고른 것은?

< 보기 >

ㄱ. 그림 (가)와 (나)의 고체는 녹는점이 각각 327℃이다.
ㄴ. (가)의 고체는 구성 입자들이 규칙적으로 배열한다.
ㄷ. (나)의 고체는 열을 받으면 쉽게 변형이 일어난다.

① ㄱ ② ㄷ ③ ㄱ, ㄴ
④ ㄱ, ㄷ ⑤ ㄴ, ㄷ

02 고체에 대한 설명으로 옳은 것만을 <보기>에서 있는 대로 고른 것은?

< 보기 >

ㄱ. 압력에 의해 부피가 거의 변하지 않는다.
ㄴ. 결정성 고체는 결합 방식에 따라 이온 결정, 분자 결정 등으로 분류한다.
ㄷ. 비결정성 고체는 열전도율, 굴절률이 비등방성을 나타낸다.

① ㄱ ② ㄷ ③ ㄱ, ㄴ
④ ㄱ, ㄷ ⑤ ㄴ, ㄷ

유형5-2 고체의 분류2

표는 물질 A ~ C 의 몇 가지 성질을 나타낸 것이다.

물질	녹는점(℃)	물과의 반응	전기 전도성	
			고체	액체
A	755	물에 잘 녹음	없음	있음
B	181	기체 발생	있음	있음
C	3570	녹지 않음	없음	없음

이에 대한 설명으로 옳은 것만을 <보기>에서 있는 대로 고른 것은?

〈 보기 〉

ㄱ. A는 극성을 띤 분자로 이루어져 있다.
ㄴ. B는 전성이 매우 크다.
ㄷ. C는 공유 결합으로 결정을 이룬다.

① ㄱ ② ㄴ ③ ㄱ, ㄴ ④ ㄴ, ㄷ ⑤ ㄱ, ㄴ, ㄷ

03 그림 (가)는 고체 A의 결정 구조를 나타낸 것이고, (나)는 고체 B의 결합 모형을 나타낸 것이다.

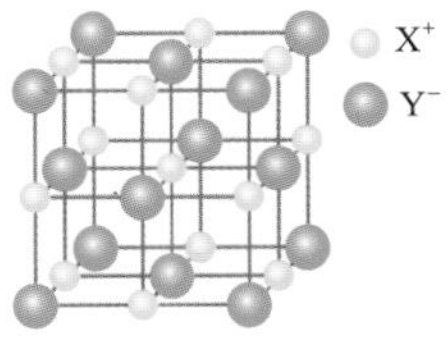

(가)

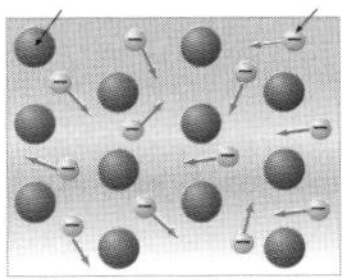

(나)

이에 대한 설명으로 옳은 것만을 <보기>에서 있는 대로 고른 것은?

< 보기 >

ㄱ. A에서 X^+과 가장 인접한 Y^-의 개수는 6개이다.
ㄴ. B는 원자 결정이다.
ㄷ. B는 고체 상태에서 전기 전도성이 있다.

① ㄱ ② ㄴ ③ ㄱ, ㄷ
④ ㄴ, ㄷ ⑤ ㄱ, ㄴ, ㄷ

04 그림은 고체 A와 B의 결정 구조를 나타낸 것이다.

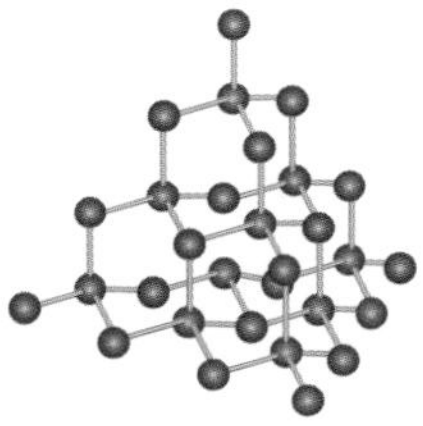
A

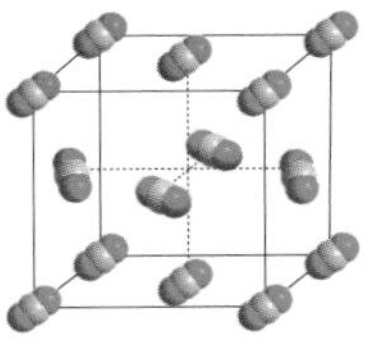
B

이에 대한 설명으로 옳은 것만을 <보기>에서 있는 대로 고른 것은?

< 보기 >

ㄱ. A는 고체 상태에서 전기 전도성이 있다.
ㄴ. B는 녹는점과 끓는점이 낮다.
ㄷ. A와 B는 공유 결합으로 결정을 이룬다.

① ㄱ ② ㄴ ③ ㄱ, ㄷ
④ ㄴ, ㄷ ⑤ ㄱ, ㄴ, ㄷ

유형5-3 고체의 결정 구조

그림 (가)와 (나)는 각각 나트륨(Na)과 염화 나트륨(NaCl)의 결정 모형을 나타낸 것이다.

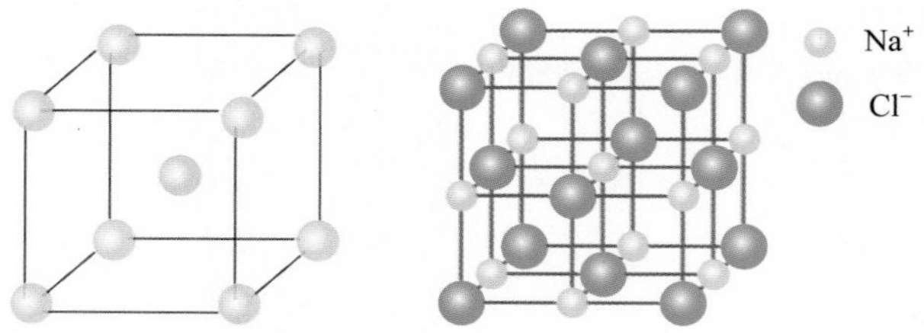

(가) (나)

이에 대한 설명으로 옳은 것만을 <보기>에서 있는 대로 고른 것은?

< 보기 >

ㄱ. (가)와 (나)는 고체일 때 모두 전기 전도성이 있다.
ㄴ. (가)는 체심 입방 격자이다.
ㄷ. (나)에서 단위 세포에 들어 있는 Na^+ 의 수는 Cl^- 의 수보다 많다.

① ㄱ ② ㄴ ③ ㄷ ④ ㄱ, ㄷ ⑤ ㄱ, ㄴ, ㄷ

05 그림은 레늄(Re) 산화물의 결정 구조를 모형으로 나타낸 것이다.

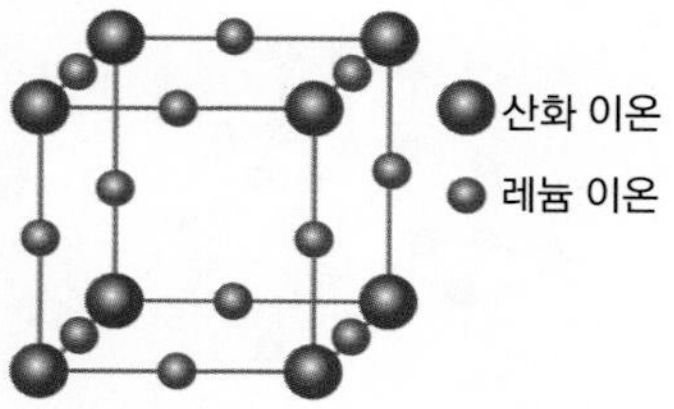

이에 대한 설명으로 옳은 것만을 <보기>에서 있는 대로 고른 것은?

< 보기 >

ㄱ. 단위 세포에 포함된 산화 이온의 수는 1개이다.
ㄴ. 단위 세포에 포함된 레늄 이온의 수는 3개이다.
ㄷ. 레늄 이온 1개와 가장 인접한 산화 이온의 수는 2개이다.

① ㄱ ② ㄴ ③ ㄷ
④ ㄱ, ㄴ ⑤ ㄱ, ㄴ, ㄷ

06 그림은 세 가지 고체의 결정 구조를 모형으로 나타낸 것이다.

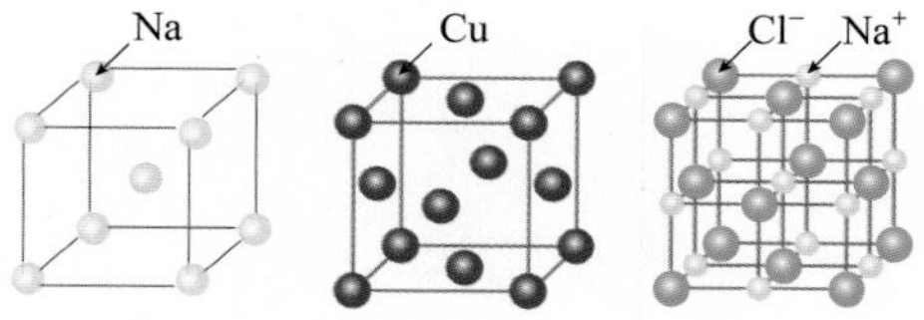

(가) (나) (다)

(가) ~ (다)에 대한 설명으로 옳은 것만을 <보기>에서 있는 대로 고른 것은?

< 보기 >

ㄱ. 모두 고체 상태에서 전기 전도성이 있다.
ㄴ. (가)와 (다)에서 단위 세포에 포함된 Na 원자와 Na^+ 의 개수비는 1 : 2이다.
ㄷ. (나)의 Cu 원자의 배위수는 6이다.

① ㄴ ② ㄷ ③ ㄱ, ㄴ
④ ㄱ, ㄷ ⑤ ㄱ, ㄴ, ㄷ

유형5-4 기체, 액체, 고체의 상태 변화

그림은 일정량의 고체를 일정한 열량으로 가열할 때 온도에 따른 부피 변화를 나타낸 것이다.

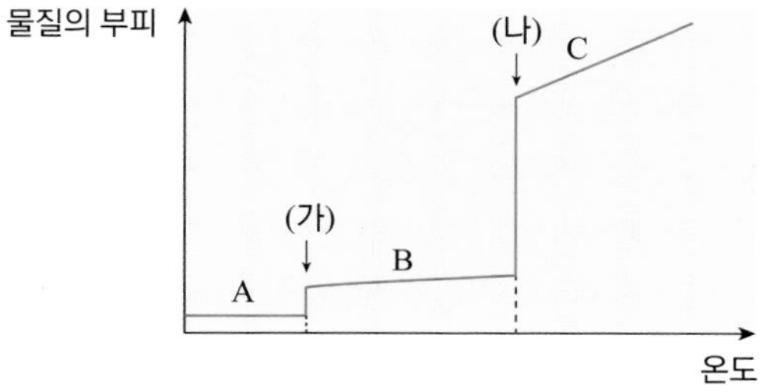

이에 대한 설명으로 옳은 것만을 <보기>에서 있는 대로 고른 것은?

< 보기 >

ㄱ. A에서 분자의 평균 운동 에너지가 가장 작다.
ㄴ. B와 C 구간에서 물질은 각각 두 가지 상태로 존재한다.
ㄷ. 필요한 열에너지의 크기를 비교하면 (가) < (나) 이다.

① ㄱ ② ㄴ ③ ㄱ, ㄷ ④ ㄱ, ㄷ ⑤ ㄱ, ㄴ, ㄷ

07 그림은 일정한 압력에서 용기 안에 들어 있는 물질 A의 3 가지 상태를 나타낸 것이다.

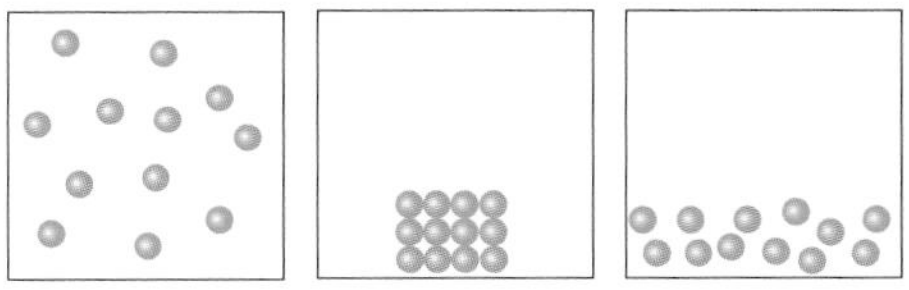

(가) (나) (다)

이에 대한 설명으로 옳은 것만을 <보기>에서 있는 대로 고른 것은? (단, 용기 안에 들어 있는 A의 양은 모두 같고, A는 물이 아니다.)

< 보기 >

ㄱ. 물질 A의 에너지는 (가) > (나) 이다.
ㄴ. (나)에 압력을 가하면 (다)가 된다.
ㄷ. 입자 운동이 가장 활발한 것은 (나)이다.

① ㄱ ② ㄴ ③ ㄱ, ㄴ
④ ㄴ, ㄷ ⑤ ㄱ, ㄴ, ㄷ

08 그림은 일정한 온도에서 수증기에 압력을 가할 때 부피 변화를 나타낸 것이다.

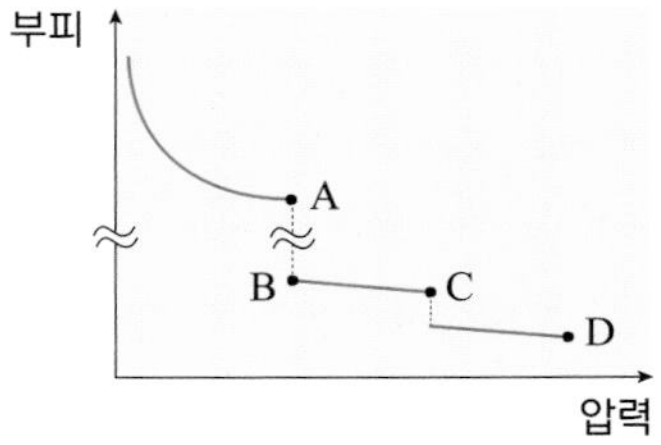

이에 대한 설명으로 옳은 것만을 <보기>에서 있는 대로 고른 것은?

< 보기 >

ㄱ. A에서 B로의 상태 변화를 액화라고 한다.
ㄴ. 단위 부피당 질량은 C가 D보다 작다.
ㄷ. BC 구간에서 두 가지 상태로 존재한다.

① ㄱ ② ㄴ ③ ㄱ, ㄴ
④ ㄴ, ㄷ ⑤ ㄱ, ㄴ, ㄷ

창의력&토론마당

01 그림 (가)와 (나)는 두 가지 물질의 구조를, (다)는 두 물질의 온도에 따른 밀도를 나타낸 것이다.

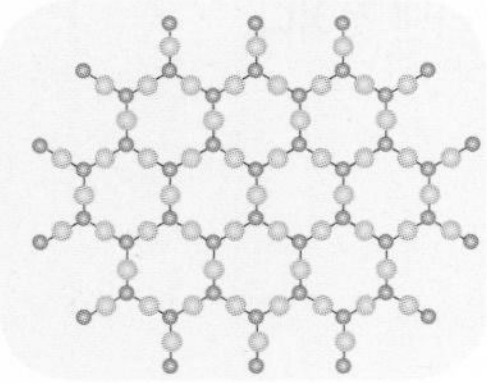

(가)

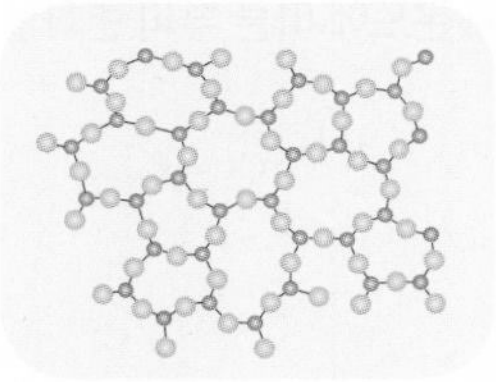

(나)

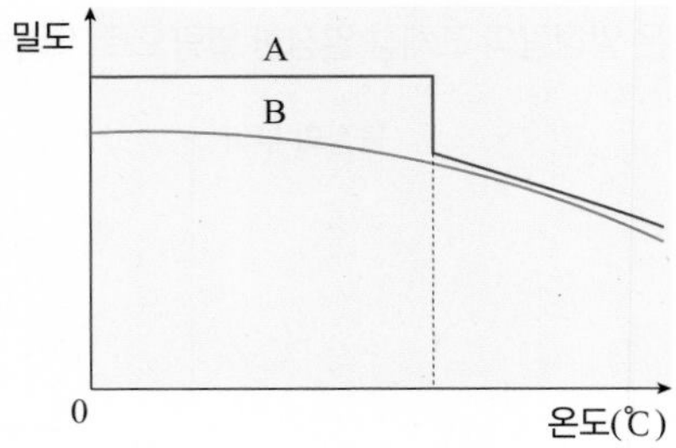

(다)

A와 B는 (가)와 (나) 중 어느 물질인지 바르게 짝지어 보고, 그 이유를 설명하시오.

02 다음은 Na, NaCl, Cl_2의 성질을 나타낸 것이다. 다음 물음에 답하시오.

물질	녹는점(℃)	끓는점(℃)	전기 전도성	
			고체	액체
Na	97.79	883	있음	있음
NaCl	801	1,400	없음	있음
Cl_2	-101.5	-34.04	없음	없음

(1) Na과 NaCl, Cl_2 를 구성하는 입자들 사이의 화학 결합의 종류를 쓰시오.

(2) Na와 NaCl에 충격을 주었을 때 변화를 쓰고, 그 이유를 설명하시오.

03 다음은 NaCl의 단위 세포를 나타낸 것이다.

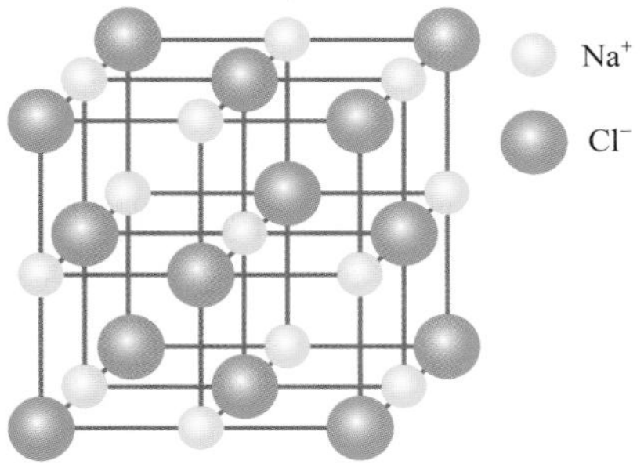

(1) NaCl의 단위 세포당 존재하는 Na^+ 과 Cl^- 의 수를 계산하시오.

(2) Na^+ 과 Cl^- 의 배위수를 계산하시오.

(3) NaCl의 결정 구조를 설명하시오.

창의력&토론마당

04 다음 자료를 보고 물음에 답하시오.

〈자료〉

원자는 균일한 구형의 물체로 간주될 수 있으며, 일반적으로 원자들이 모여 결정을 형성할 때는 가능한 입자의 인력이 최대가 되도록 가까이에서 밀집하여 쌓이게 된다.

단순 입방 구조 : 정육면체의 한 변의 길이를 a 라고 하면 아래 그림에서와 같이 입자의 반지름 $r = \frac{a}{2}$ 이고, 단위 격자 속에 존재하는 입자 수는 1개이다.

입자의 부피 = $\frac{4\pi r^3}{3} = \frac{4\pi(a/2)^3}{3} = \frac{\pi a^3}{6}$

격자의 부피 = a^3

입자의 점유 비율 = $\frac{(\pi a^3/6)}{a^3} \times 100 = 52\%$

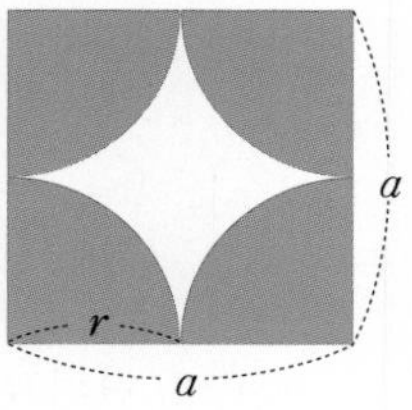

(1) 길이가 a인 단위 세포 안에 반지름의 길이가 r인 입자가 체심 입방 구조로 존재한다고 할 때 입자의 점유 비율을 구하시오.

(2) 길이가 a인 단위 세포 안에 반지름의 길이가 r인 입자가 면심 입방 구조로 존재한다고 할 때 입자의 점유 비율을 구하시오.

05 그림은 세슘(Cs), 염소(Cl)로 이루어진 화합물의 결정 단위 세포를 나타낸 것이다. 이 물질의 화학식을 쓰고, 결정 구조를 쓰시오.

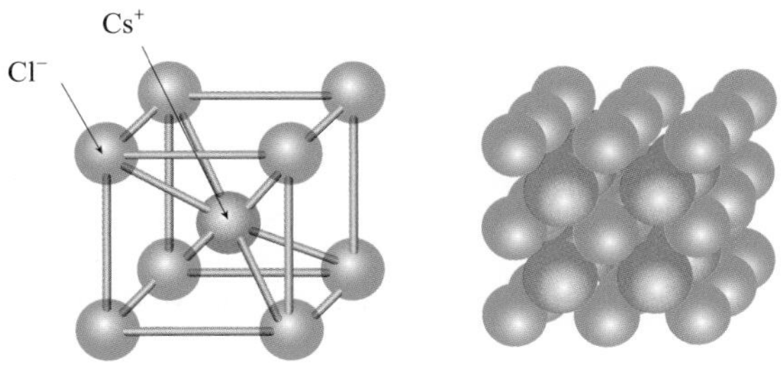

06 다음 실험 결과 물이 다시 끓는 이유를 압력과 상태 변화의 관계로 설명하시오.

〈실험 과정〉

1. 둥근 바닥 플라스크에 물을 반쯤 넣고 끓을 때까지 가열한 후 고무마개로 입구를 막는다.
2. 과정 1의 플라스크를 뒤집어 얼음 주머니를 올려 놓으면 플라스크 안의 물이 다시 끓는다.

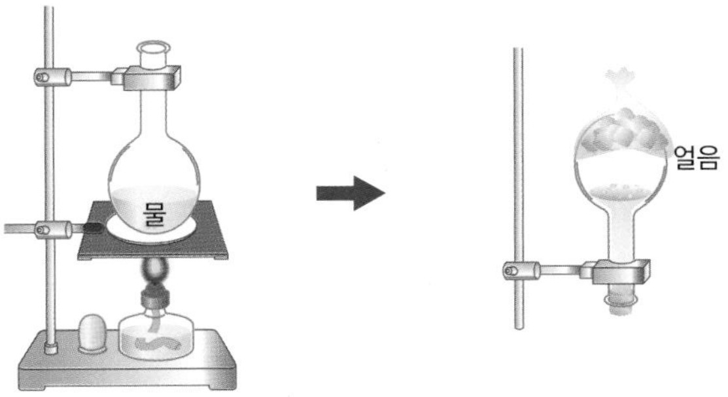

스스로 실력높이기

A

01 비결정성 고체에 대한 설명으로 빈칸에 알맞은 말을 각각 고르시오.

> 구성 입자들이 (규칙적인, 불규칙적인) 배열을 이루고 있는 고체로 녹는점이 (일정하다, 일정하지 않다.)

02 결정성 고체에 대한 설명 중 옳은 것은 ○표, 옳지 않은 것은 ×표 하시오.

(1) 녹는점이 일정하다. (　　)
(2) 입자들의 배열 상태에 따라 원자 결정, 금속 결정으로 분류한다. (　　)
(3) 구성 입자들이 규칙적인 배열을 이루고 있다. (　　)

03 다음 중 고체 상태에서는 전기가 통하지 않지만, 용융 상태에서는 전기가 통하는 물질을 고른 것은?

① Ag　② Ag_2O_3　③ K
④ CO_2　⑤ Si

04 그림은 고체의 결정 구조를 모형으로 나타낸 것이다. 이에 대한 설명 중 옳은 것은 ○표, 옳지 않은 것은 ×표 하시오.

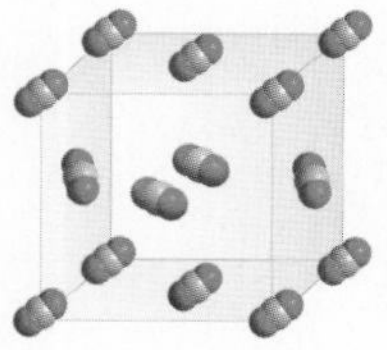
(가)

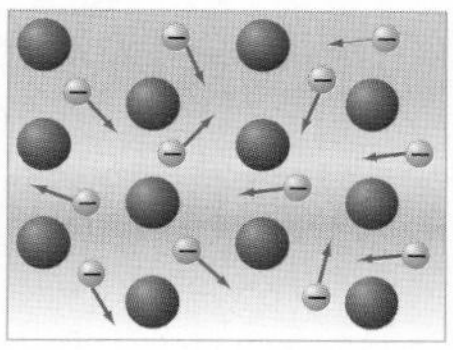
(나)

(1) (가)는 분자 사이의 힘에 의해 결정을 이룬다. (　　)
(2) (나)는 자유 전자의 특성이 나타난다. (　　)
(3) (가)와 (나)는 고체 상태에서 전기 전도성을 가진다. (　　)

05 다음 중 결정을 구성하는 입자와 입자 사이의 결합 방식이 같은 물질을 바르게 짝지은 것은?

① NaCl, CO_2　② Na, CH_4　③ SiO_2, Cu
④ H_2O, I_2　⑤ CsCl, Mg

06 금속 결정에 대한 설명으로 옳지 않은 것은?

① 열 전도성이 크다.
② 녹는점과 끓는점이 낮다.
③ 퍼짐성과 뽑힘성이 크다.
④ 금속 특유의 광택이 있다.
⑤ 전압을 걸어주면 전류가 흐른다.

07 그림은 종류가 다른 두 결정 구조의 단위 세포를 나타낸 것이다. 이에 대한 설명 중 옳은 것은 ○표, 옳지 않은 것은 ×표 하시오.

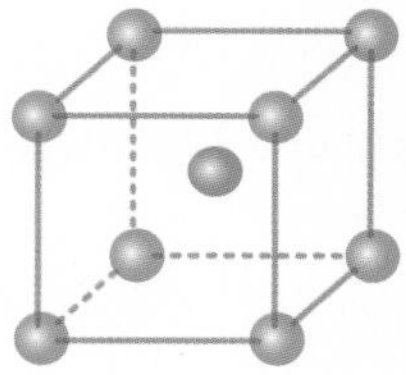
(가)

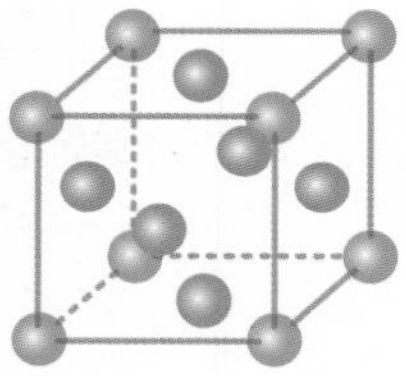
(나)

(1) (가)는 체심 입방 격자이다. (　　)
(2) (나)는 면심 입방 격자이다. (　　)
(3) (가)와 (나)의 단위 세포 안에 들어 있는 입자 수는 같다. (　　)

08 다음에서 설명하는 것이 무엇인지 쓰시오.

> 정육면체의 8개 꼭짓점에 같은 종류의 원자들이 자리 잡은 구조

(　　　　　　)

09 물질의 상변화에 대한 설명 중 옳은 것은 ○표, 옳지 않은 것은 ×표 하시오.

(1) 응고와 액화는 흡열 과정이다. (   )
(2) 얼음에 압력을 가하면 물이 된다. (   )
(3) 드라이아이스는 대기압, 상온에서 고체 상태에서 액체 상태로 융해한다. (   )

10 스케이트를 탈때 얼음은 물로 상태 변화하므로 스케이트가 잘 미끄러지게 된다. 스케이트를 탈때 얼음이 상태 변화하는 이유에 대한 설명으로 가장 옳은 것을 고르시오.

① 얼음은 결정성 고체이다.
② 얼음은 물보다 밀도가 크다.
③ 얼음에 높은 압력을 가하면 물로 변한다.
④ 얼음에 높은 온도를 가하면 물로 변한다.
⑤ 얼음을 구성하는 물 분자는 공유 결합을 한다.

B

11 그림은 고체를 구성하는 입자의 배열을 모형으로 나타낸 것이다.

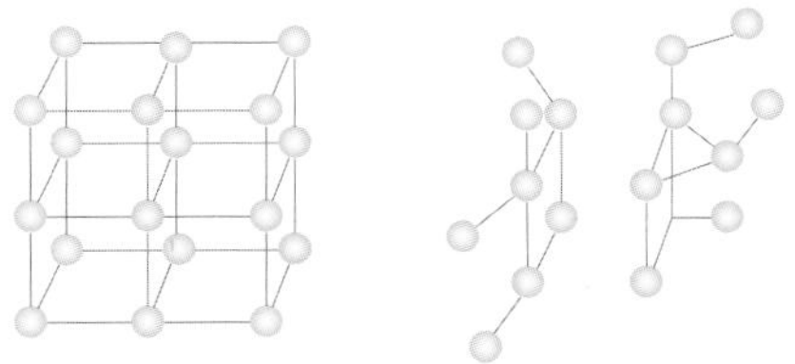

(가) (나)

이에 대한 설명으로 옳은 것만을 <보기>에서 있는 대로 고른 것은?

<보기>

ㄱ. (가)는 녹는점이 일정하다.
ㄴ. (나)는 비결정성 고체이다.
ㄷ. (나)의 예로는 유리, 플라스틱 등이 있다.

① ㄴ ② ㄷ ③ ㄱ, ㄷ
④ ㄴ, ㄷ ⑤ ㄱ, ㄴ, ㄷ

12 표는 고체 A ~ C 에 대한 자료이다.

물질	구성 입자	녹는점	고체의 전기 전도성
A	분자	낮음	없음
B	양이온과 음이온	높음	없음
C	양이온과 자유 전자	높음	있음

이에 대한 설명으로 옳은 것만을 <보기>에서 있는 대로 고른 것은?

<보기>

ㄱ. A, B는 결정성 고체이고, C는 비결정성 고체이다.
ㄴ. B는 액체 상태에서 전기 전도성이 있다.
ㄷ. C는 분자 결정이다.

① ㄱ ② ㄴ ③ ㄱ, ㄴ
④ ㄴ, ㄷ ⑤ ㄱ, ㄴ, ㄷ

13 그림은 입자 A와 B로 이루어진 금속 X를 모형으로 나타낸 것이다.

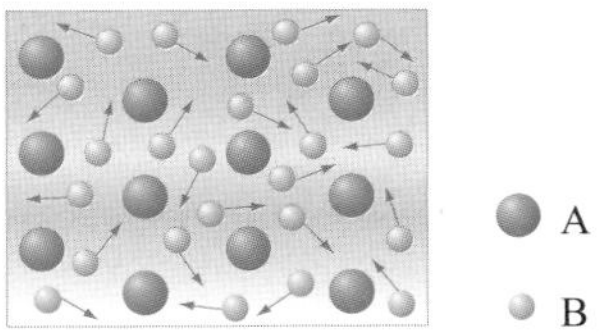

이에 대한 설명으로 옳은 것만을 <보기>에서 있는 대로 고른 것은?

<보기>

ㄱ. A와 B는 정전기적 인력으로 결합하고 있다.
ㄴ. 금속 X의 용융액에 전압을 걸어주면 A와 B는 반대로 이동한다.
ㄷ. A는 +2의 전하를 띤다.

① ㄱ ② ㄷ ③ ㄱ, ㄴ
④ ㄱ, ㄷ ⑤ ㄴ, ㄷ

스스로 실력높이기

14 다음 표는 세 가지 물질의 녹는점이며, 물질 (가) ~ (다)는 각각 NO_2, NaCl, MgO 중의 하나이다.

물질	(가)	(나)	(다)
녹는점(℃)	-9.3	2,852	801

이에 대한 설명으로 옳은 것만을 <보기>에서 있는 대로 고른 것은?

<보기>

ㄱ. (가)는 공유 결합 물질이다.
ㄴ. (나)는 고체 상태에서 전기 전도성이 있다.
ㄷ. 전기 분해시 금속을 얻을 수 있는 물질은 (나) 뿐이다.

① ㄱ ② ㄴ ③ ㄱ, ㄴ
④ ㄱ, ㄷ ⑤ ㄱ, ㄴ, ㄷ

15 그림은 탄소로 이루어진 2가지 고체 결정의 구조를 나타낸 것이다.

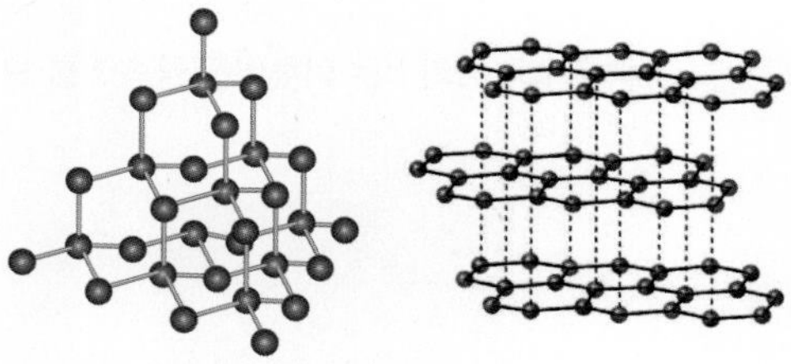

(가) (나)

이에 대한 설명으로 옳은 것만을 <보기>에서 있는 대로 고른 것은?

<보기>

ㄱ. (가)는 녹는점이 일정하다.
ㄴ. (나)는 같은 평면을 구성하는 입자 간의 결합력이 같다.
ㄷ. (가)와 (나)는 고체 상태에서 전기 전도성이 있다.

① ㄱ ② ㄴ ③ ㄱ, ㄴ
④ ㄱ, ㄷ ⑤ ㄱ, ㄴ, ㄷ

16 그림은 3가지 금속 (가) ~ (다)의 결정 모형을 나타낸 것이다.

(가) (나) (다)

이에 대한 설명으로 옳은 것만을 <보기>에서 있는 대로 고른 것은?

<보기>

ㄱ. (가)는 단순 입방 격자 구조이다.
ㄴ. 단위 세포에 들어 있는 금속 원자의 수는 (나) < (다) 이다.
ㄷ. (다)의 단위 세포에서 한 원자 옆에 가장 가까이 있는 원자 수는 12개이다.

① ㄱ ② ㄴ ③ ㄱ, ㄴ
④ ㄱ, ㄷ ⑤ ㄱ, ㄴ, ㄷ

17 그림은 어떤 고체의 결정 구조를 나타낸 것이다.

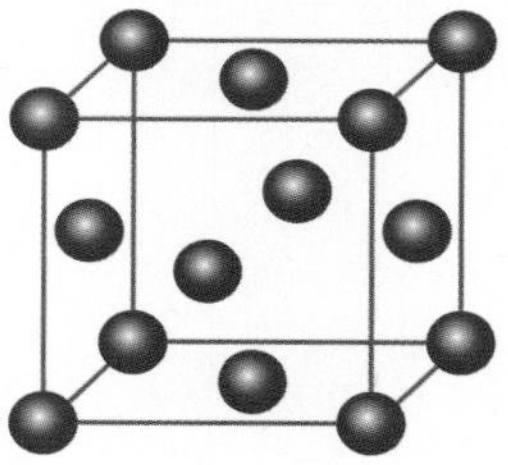

이에 대한 설명으로 옳은 것만을 <보기>에서 있는 대로 고른 것은?

<보기>

ㄱ. 결정 구조는 체심 입방 구조이다.
ㄴ. 단위 세포에 들어 있는 원자의 수는 4개이다.
ㄷ. 한 원자를 둘러싸고 있는 가장 가까운 원자의 수는 8개이다.

① ㄱ ② ㄴ ③ ㄱ, ㄴ
④ ㄱ, ㄷ ⑤ ㄴ, ㄷ

18 그림은 어떤 고체 물질을 일정한 열량으로 가열할 때 온도에 따른 부피 변화를 측정한 결과이다.

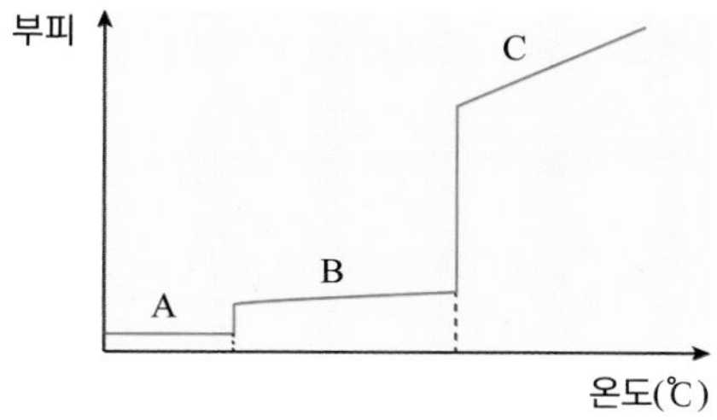

이에 대한 설명으로 옳은 것만을 <보기>에서 있는 대로 고른 것은?

<보기>

ㄱ. 이 고체 물질은 혼합물이다.
ㄴ. 입자 사이의 인력의 크기는 A > B 이다.
ㄷ. C 구간에서 분자의 평균 운동 에너지는 일정하다.

① ㄴ ② ㄷ ③ ㄱ, ㄴ
④ ㄱ, ㄷ ⑤ ㄱ, ㄴ, ㄷ

20 표는 고체 A ~ D에 대한 자료이다.

물질	녹는점(℃)	끓는점(℃)	전기 전도성	
			고체	액체
A	1,440	2,355	없음	없음
B	114	183	없음	없음
C	680	1,120	있음	있음
D	800	1,413	없음	있음

이에 대한 설명으로 옳은 것만을 <보기>에서 있는 대로 고른 것은?

<보기>

ㄱ. 결정의 종류가 같은 물질은 A와 B이다.
ㄴ. C는 전성과 연성이 크다.
ㄷ. (+) 전하와 (-) 전하를 띠는 입자 사이에 정전기적 인력이 작용하는 물질은 C와 D이다.

① ㄱ ② ㄴ ③ ㄱ, ㄴ
④ ㄱ, ㄷ ⑤ ㄴ, ㄷ

C

19 다음은 석영과 유리를 고체 상태에서 가열하였을 때 온도 변화에 따른 부피 변화를 측정한 결과이다.

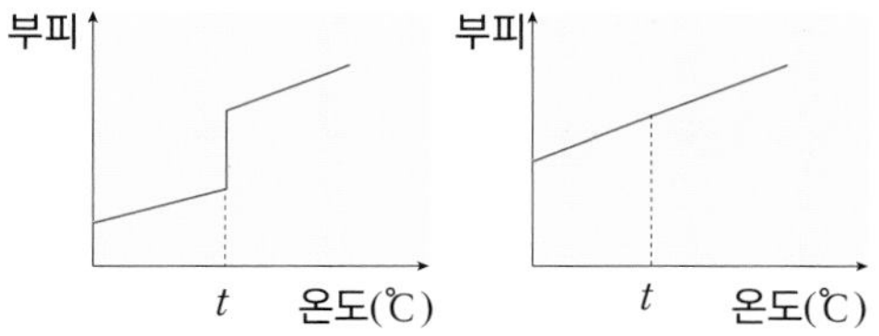

(가) (나)

이에 대한 설명으로 옳은 것만을 <보기>에서 있는 대로 고른 것은?

<보기>

ㄱ. (가)는 고체에서 전기 전도성이 없다.
ㄴ. (나)는 융해열이 일정하지 않다.
ㄷ. (나)의 고체가 (가)의 고체보다 단단하다.

① ㄱ ② ㄴ ③ ㄱ, ㄴ
④ ㄴ, ㄷ ⑤ ㄱ, ㄴ, ㄷ

21 그림 (가)는 드라이아이스(CO_2), (나)는 염화 나트륨(NaCl), (다)는 흑연(C)의 결정 구조를 모형으로 나타낸 것이다.

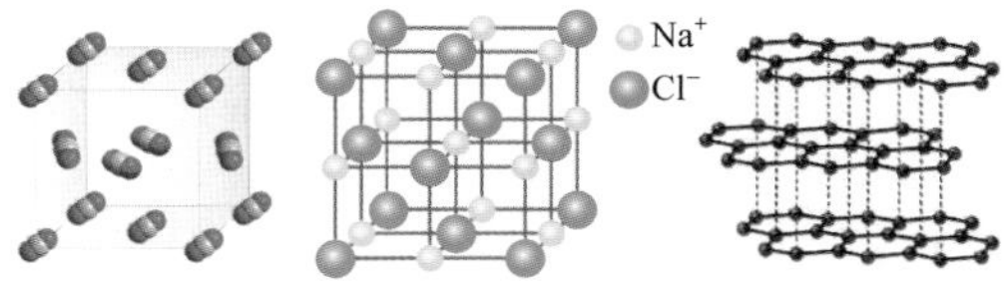

(가) (나) (다)

이에 대한 설명으로 옳은 것만을 <보기>에서 있는 대로 고른 것은?

<보기>

ㄱ. (가)와 (다)에서 원자 사이의 결합 종류는 같다.
ㄴ. 결정을 이루는 입자 사이의 인력이 가장 강한 것은 (가)이다.
ㄷ. 고체 상태에서 (가)와 (나)는 전기 전도성이 있다.

① ㄱ ② ㄷ ③ ㄱ, ㄴ
④ ㄴ, ㄷ ⑤ ㄱ, ㄴ, ㄷ

22 그림 (가)와 (나)는 금속 산화물의 결정 구조를 모형으로 나타낸 것이다.

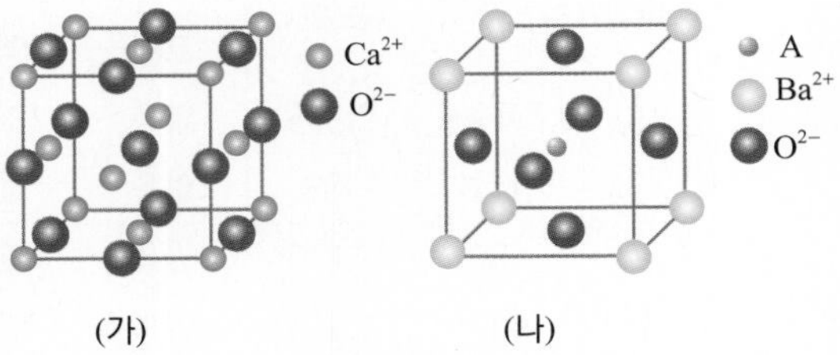

이에 대한 설명으로 옳은 것만을 <보기>에서 있는 대로 고른 것은?

<보기>

ㄱ. (가)와 (나)에서 단위 세포에 포함된 O^{2-}의 수는 같다.
ㄴ. A 이온의 전하는 +4 이다.
ㄷ. 단위 세포에 포함된 전체 이온의 수는 (가) : (나) = 5 : 8 이다.

① ㄱ ② ㄴ ③ ㄱ, ㄴ
④ ㄱ, ㄷ ⑤ ㄱ, ㄴ, ㄷ

23 그림은 2 가지 화합물의 결정 구조를 모형으로 나타낸 것이다. (가)와 (나)에서 단위 세포는 한 변의 길이가 각각 a_1과 a_2인 정육면체이다.

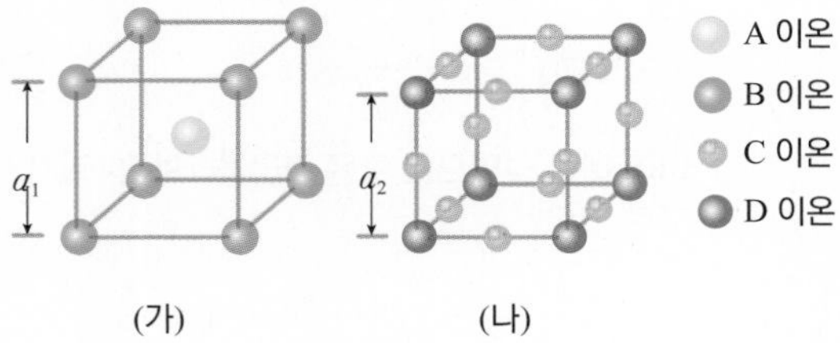

$\frac{\text{(나)의 단위 세포에 포함된 이온 수}}{\text{(가)의 단위 세포에 포함된 이온 수}}$는? (단, A ~ D는 임의의 원소 기호이다.)

① $\frac{1}{2}$ ② 1 ③ $\frac{3}{2}$
④ 2 ⑤ $\frac{5}{2}$

24 어떤 이온 화합물 고체 결정의 화학식이 Mn_xF_y이다. Mn 양이온은 단위 세포에서 단순 입방 배열을 하고 F 음이온은 단위 세포 각 모서리의 가운데 위치하는 구조를 가지면, 이 화합물의 조성식과 Mn 이온에서 가장 가까운 F 이온의 수와 F 이온에서 가장 가까운 Mn 이온의 수를 바르게 짝지은 것은?

	화학식	Mn에서 가장 가까운 F의 수	F에서 가장 가까운 Mn의 수
①	MnF_3	6	2
②	MnF_3	6	4
③	MnF_3	2	6
④	MnF_4	6	8
⑤	MnF_4	12	6

심화

25 액체 상태의 용융 실리카(SiO_2)를 빠르게 냉각시킬 때 유리와 석영 중 어떤 물질을 형성할지 쓰시오.

26 분자 결정과 원자 결정은 모두 공유 결합 물질이지만, 힘을 가했을 때 부서지는 정도가 다르다. 그 이유를 설명하시오.

27 그림은 고체 상태의 물질을 가열하면서 온도에 따른 전기 전도도를 측정한 결과를 나타낸 것이다. 다음 물음에 답하시오.

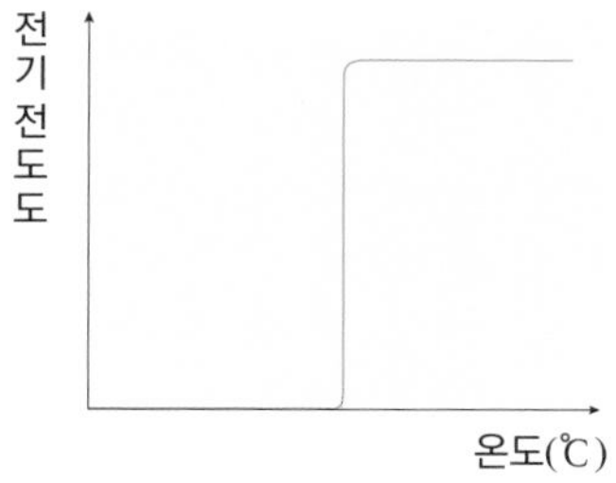

(1) 이 고체는 어떤 결정인가?

(2) 온도에 따른 전기 전도도가 그림과 같이 나타나는 이유를 설명하시오.

28 천연의 공유 결합 물질은 고체 상태와 액체 상태에서 전기 전도성이 없지만, 흑연은 예외적으로 고체 상태에서 전기 전도성이 있다. 그 이유를 설명하시오.

29 3주기의 금속 Na과 Mg 중 녹는점이 더 높은 물질은 무엇인지 그 이유와 함께 서술하시오.

30 다음은 서로 다른 두 종류의 양이온 A^{m+}, B^{n+}과 음이온 C^{x-}로 이루어진 어떤 이온 결정의 단위 세포를 나타낸 그림이다. 이 이온 결정에서 이론적으로 가능한 이온 전하량의 크기 m, n, x 사이의 관계를 식으로 나타내시오.

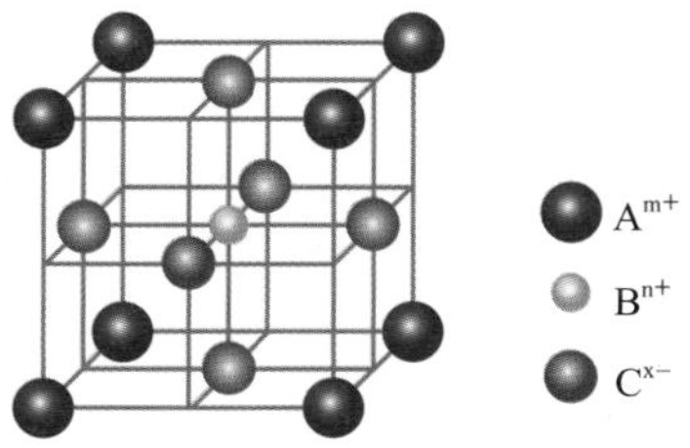

31 구리는 면심 입방 구조를 이루는데, 이 단위 세포 한변의 길이는 362 pm 이다. 이 결정에서 구리 원자들이 밀집할 때, 구리 원자의 반지름을 구하시오. (단, $2\sqrt{2}$는 2.8로 계산한다.)

32 얼음 위에 돌멩이가 매달린 철사줄을 올려놓았을 때 철사줄이 얼음 속을 통과한다. 그 이유를 설명하시오.

6강 용해와 용액의 농도

1. 용해와 용액

(1) 혼합물

① **불균일 혼합물** : 두 종류 이상의 성분 물질들이 고르지 않게 섞여 부분마다 성질이 다른 물질이다.

② **균일 혼합물** : 두 종류 이상의 성분 물질들이 고르게 섞여 모든 부분의 성질이 같은 물질이다.

(2) 용해와 용액

① **용해** : 용질이 용매에 녹아 균일하게 섞이는 현상이다.

② **용액** : 용질이 용매에 용해되어 균일하게 섞여 있는 혼합물이다.

$$\text{용질} + \text{용매} \xrightarrow{\text{용해}} \text{용액}$$

③ **용해의 원리** : 용질 입자와 용매 입자 사이의 인력에 의해 결정된다.

· 용매와 용질 사이의 인력 $\geq$ 용질과 용질, 용매와 용매 사이의 인력
⇨ 용해가 잘 일어난다.

· 용매와 용질 사이의 인력 $<$ 용질과 용질, 용매와 용매 사이의 인력
⇨ 용해가 잘 일어나지 않는다.

(3) 여러 가지 물질의 용해성

① **이온성 물질** : 물에 녹아 양이온과 음이온으로 이온화되는 물질이다.

예 $NaCl$, $AgNO_3$, $NaOH$, $CuSO_4$, KBr 등

② **극성 물질** : 극성 용매에 잘 녹고, 무극성 용매에는 잘 녹지 않는다.

예 CH_3OH, NH_3, HCl, SO_2 등

③ **무극성 물질** : 극성 용매에 잘 녹지 않고, 무극성 용매에는 잘 녹는다.

예 Cl_2, Br_2, I_2, CH_4, CO_2, $C_{10}H_8$(나프탈렌) 등

(4) 용매화와 수화

① **용매화** : 용질 입자가 용매 입자에 둘러싸여 안정화되는 현상이다.

② **수화** : 용질 입자가 물 분자에 의해 둘러싸여 안정화되는 현상이다.

개념확인 1

용질이 용매에 녹아 균일하게 섞이는 현상은 무엇인가?

(　　　　　　　　)

확인 + 1

다음 중 물에 잘 용해되지 않는 것은?

① HCl　② NH_3　③ $NaCl$　④ KBr　⑤ Cl_2

● 물에 잘 녹지 않는 이온성 물질(앙금)

이온성 물질이 모두 극성 용매인 물에 잘 녹는 것은 아니다. 물에 잘 녹지 않는 이온성 물질을 앙금이라고 한다.

예 $CaCO_3$, $BaCO_3$, PbI_2, $CaSO_4$, $BaSO_4$ 등

● 극성 용매와 무극성 용매

극성 용매는 극성 물질로 구성된 용매이고, 이온성 물질과 극성 물질을 잘 녹인다.

예 H_2O, C_2H_5OH, NH_3 등

무극성 용매는 무극성 물질로 구성된 용매이고, 무극성 물질을 잘 녹인다.

예 C_6H_6, CCl_4, C_6H_{14} 등

● NaCl의 수화

극성 분자인 물 분자에서 부분적인 (−) 전하를 띠는 산소 원자 쪽이 나트륨 이온(Na^+)을 떼어내 둘러싸고, 물 분자에서 부분적인 (+) 전하를 띠는 수소 원자 쪽이 염화 이온(Cl^-)을 떼어내 둘러싸 안정화하는 수화가 일어난다.

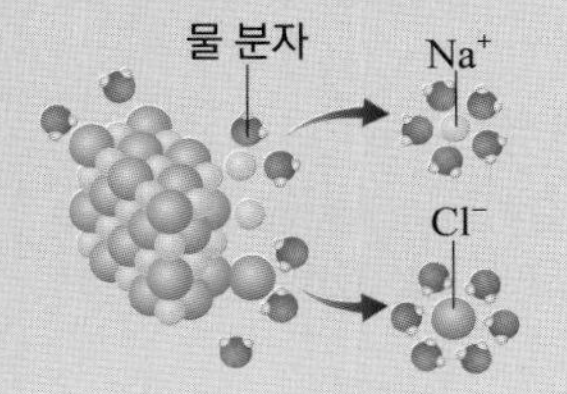

▲ NaCl의 수화

● 설탕의 수화

설탕의 분자 간 인력을 끊을 만큼 강한 인력이 물 분자와 설탕 분자 사이에 작용하여 떼어낸 후 물 분자가 설탕 분자를 둘러싼다.

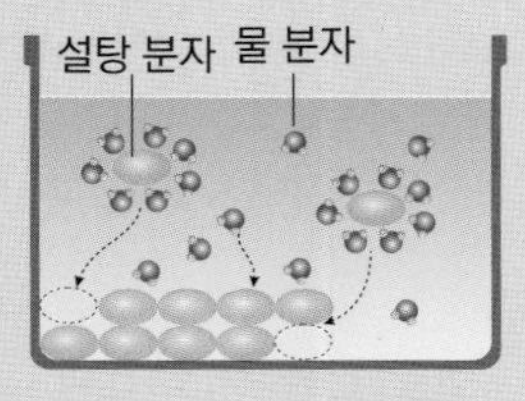

▲ 설탕 분자의 수화

2. 퍼센트 농도와 ppm

(1) 퍼센트 농도

① **질량 퍼센트 농도(%)** : 용액 100 (g) 속에 녹아 있는 용질의 질량(g)이다. 질량 퍼센트 농도는 온도나 압력의 변화에 영향을 받지 않는다.

$$\text{질량 퍼센트 농도(\%)} = \frac{\text{용질의 질량(g)}}{\text{용액의 질량(g)}} \times 100$$

(예) 설탕물 100 g 속에 설탕 10 g 이 녹아 있으면 질량 퍼센트 농도가 10 % 인 설탕물이 된다.

② **부피 퍼센트 농도(%)** : 용액 100 (mL) 속에 녹아 있는 용질의 부피(mL)이다. 온도나 압력의 변화에 따라 용액 및 용질의 부피도 변하므로 부피 퍼센트 농도는 온도나 압력의 변화에 영향을 받는다.

$$\text{부피 퍼센트 농도(\%)} = \frac{\text{용질의 부피(mL)}}{\text{용액의 부피(mL)}} \times 100$$

(예) 에탄올 수용액 100 mL 속에 에탄올 10 mL 가 녹아 있으면 부피 퍼센트 농도가 10 % 인 에탄올 수용액이 된다.

(2) ppm 농도(ppm) : 기체나 액체(용액) 10^6 (g) 속에 녹아 있는 용질의 질량(g)이다.

$$\text{ppm 농도} = \frac{\text{용질의 질량(g)}}{\text{용액의 질량(g)}} \times 10^6$$

(예) 강물 속 카드뮴의 농도가 16 ppm 일 때 강물 10^6 g 속에 존재하는 카드뮴의 질량은 16 g 이다.

① **ppm 농도의 성질** : 온도나 압력이 변해도 질량이 변하지 않으므로 ppm 농도는 온도나 압력의 영향을 받지 않는다.

② **ppm 농도의 이용** : 대기 중의 기체 분자의 농도, 강물 속의 중금속 농도 등 용질의 질량이 매우 작은 경우에 사용하기 적절하다.

퍼밀 농도

용액 1000 g 속에 녹아 있는 용질의 질량을 나타낸다.

퍼밀 농도(‰)

$$= 1000 \times \frac{\text{용질의 질량}}{\text{용액의 질량}}$$

(예) NaOH 수용액의 농도가 3 ‰ 일 때, 용액 1000 g 속에 녹아 있는 NaOH의 질량은 3 g 이다.

ppb 농도(ppb)

용액 10^9 g 속에 녹아 있는 용질의 질량을 g 수로 나타낸다. ppb는 'parts per billion' 의 약자이다.

ppb 농도

$$= 10^9 \times \frac{\text{용질의 질량(g)}}{\text{용액의 질량(g)}}$$

(예) 카드뮴의 농도가 3 ppb 일 때 용액 10^9 g 속에 녹아 있는 카드뮴의 질량은 3 g 이다.

개념확인 2

정답 및 해설 34쪽

다음 설명 중 옳은 것은 ○표, 옳지 않은 것은 ×표 하시오.

(1) 질량 퍼센트 농도는 용액 1000 g 속에 녹아 있는 용질의 질량이다. (　　)

(2) 30 ppm 은 용액 10^6 g 속에 용질 30 g 이 녹아 있는 용액이다. (　　)

확인 + 2

용액 속에 녹아 있는 용질의 질량이 매우 작을 때 사용하기 적절한 농도는 무엇인가?

(　　　　　　)

미니사전

ppm 'parts per million' 의 약자로 백만개 중의 하나라는 의미이다.

3. 몰 농도와 몰랄 농도

(1) 몰 농도

① 용액 1 L 속에 녹아 있는 용질의 몰수이다. 단위 : M 또는 mol/L

$$\text{몰 농도}(M) = \frac{\text{용질의 몰수(mol)}}{\text{용액의 부피(L)}} = \frac{\text{용질의 질량(g)}}{\text{용질의 분자량(g/mol)} \times \text{용액의 부피(L)}}$$

② 온도의 변화에 따라 용액의 부피가 변하기 때문에 온도의 영향을 받는다.

(2) 몰랄 농도

① 용매 1 kg 속에 녹아 있는 용질의 몰수이다. 단위 : m 또는 mol/kg

$$\text{몰랄 농도}(m) = \frac{\text{용질의 몰수(mol)}}{\text{용매의 질량(kg)}} = \frac{\text{용질의 질량(g)}}{\text{용질의 분자량(g/mol)} \times \text{용매의 질량(kg)}}$$

② 온도나 압력의 변화에 따라 용매의 질량이나 용질의 몰수가 변하지 않으므로 온도나 압력의 영향을 받지 않는다.

(3) 혼합 용액의 농도

① **혼합 용액의 몰농도** : 같은 용질이 서로 다른 몰 농도로 용해된 두 용액을 혼합해도 용질 전체의 몰수는 변하지 않는다.

예) 몰 농도가 M_1(mol/L)이고 용액의 부피가 V_1(L)인 용액과 몰 농도가 M_2(mol/L)이고 용액의 부피가 V_2(L)인 용액을 혼합하였을 때

용질의 전체 몰수$(n) = M_1V_1 + M_2V_2 = M(V_1 + V_2)$

$$\text{혼합 용액의 몰 농도}(M) = \frac{M_1V_1 + M_2V_2}{V_1 + V_2}$$

② **혼합 용액의 몰랄 농도** : 같은 용질이 서로 다른 몰랄 농도로 용해된 두 용액을 혼합하여도 용질 전체의 몰수는 변하지 않는다.

예) 몰랄 농도가 m_1(mol/kg)이고 용매의 질량이 w_1(kg)인 용액과 몰랄 농도가 m_2(mol/kg)이고 용매의 질량이 w_2(kg)인 용액을 혼합하였을 때

용질의 전체 몰수$(n) = m_1w_1 + m_2w_2 = m(w_1 + w_2)$

$$\text{혼합 용액의 몰랄 농도}(m) = \frac{m_1w_1 + m_2w_2}{w_1 + w_2}$$

● 표준 용액

농도를 정확하게 알고 있는 용액이다. 중화 적정 실험을 통해 농도를 모르는 용액의 농도를 구할 수 있다.

● 몰 분율

여러 성분이 녹아 있는 용액에 있어 전체 성분의 몰수에 대한 특정 성분의 몰수의 비율이다. 이때 각 성분의 몰 분율의 합은 1 이다.

$$\text{몰 분율}(X) = \frac{\text{특정 성분의 몰수}}{\text{전체 성분의 몰수}}$$

⇒ 몰 분율은 온도의 영향을 받지 않으며, 단위는 없다.

개념확인 3

다음 설명 중 옳은 것은 ○표, 옳지 않은 것은 ×표 하시오.

(1) 몰 농도는 용액 1 kg 속에 녹아 있는 용질의 몰수를 나타낸다. (   )

(2) 몰랄 농도는 온도에 따라 값이 변한다. (   )

확인 + 3

3 mol 의 NaOH가 녹아 있는 용액 1 L 의 몰 농도는 얼마인가?

(   )

4. 농도의 환산

(1) 퍼센트 농도의 환산

① **퍼센트 농도(%)를 몰 농도(M)로 환산** : 용액의 부피(L)와 용질의 몰수(mol)를 알아야 한다. (용액의 밀도 : d g/mL)

· 용액의 부피(L) $= \dfrac{\text{용액의 질량(g)}}{\text{용액의 밀도(g/mL)}} \times \dfrac{1}{1000} = \dfrac{100}{1000d} = \dfrac{1}{10d}$

· 용질의 몰수(mol) $= \dfrac{\text{용질의 질량(g)}}{\text{분자량(g/mol)}} = \dfrac{w}{M_w}$

$$\text{몰 농도} = \dfrac{\text{용질의 몰수(mol)}}{\text{용액의 부피(L)}} = \dfrac{10wd}{M_w}$$

② **퍼센트 농도(%)를 몰랄 농도(m)로 변환** : 용매의 질량(kg)과 용질의 몰수(mol)를 알아야 한다.

· 용매의 질량(kg) $= \dfrac{\text{용액의 질량(g) - 용질의 질량(g)}}{1000} = \dfrac{100 - w}{1000}$

· 용질의 몰수(mol) $= \dfrac{\text{용질의 질량(g)}}{\text{분자량(g/mol)}} = \dfrac{w}{M_w}$

$$\text{몰랄 농도} = \dfrac{\text{용질의 몰수(mol)}}{\text{용매의 질량(kg)}} = \dfrac{1000w}{(100 - w)M_w}$$

(2) 몰 농도의 환산

① **몰 농도(M)를 몰랄 농도(m)로 환산** : 용매의 질량(kg)을 알아야 한다.
(용액의 밀도 : d g/mL)

· 용매의 질량(kg) $= \dfrac{\text{용액의 질량(g) - 용질의 질량(g)}}{1000} = \dfrac{(1000d - nM_w)}{1000}$

· 용질의 몰수(mol) $= n$

$$\text{몰랄 농도} = \dfrac{\text{용질의 몰수(mol)}}{\text{용매의 질량(kg)}} = \dfrac{1000n}{1000d - nM_w}$$

개념확인 4

정답 및 해설 34쪽

5 % NaOH 수용액 100 g 의 몰랄 농도를 구하시오.(단, NaOH의 화학식량은 40 이다.)

( )

확인 + 4

1 M 요소 수용액 1 L 의 몰랄 농도를 구하시오.(단, 요소의 분자량은 60 이고, 수용액의 밀도는 1.1 g/mL 이다.)

( )

● 몰 농도를 % 농도로 환산

% 농도를 구하기 위해서는 용질의 질량(g)과 용액의 질량(g)을 알아야 한다. (용액의 밀도 : d g/mL)

용질의 질량 = $n \times M_w$

용액의 질량 = $V \times d$ (g/mL)

% 농도

$= \dfrac{\text{용질의 질량}}{\text{용액의 질량}} \times 100$

$= \dfrac{n \times M_w}{1000V \times d} \times 100$

● % 농도를 다른 농도로 환산할 때 용액의 질량을 100 (g) 으로 놓는 이유

x (%) 퍼센트 농도의 정의는 용액 100 (g) 중의 용질의 질량 x (g) 인 것으로 정의한다. 따라서 퍼센트 농도를 다른 농도로 환산 할 때 용액의 질량을 100 (g) 으로 하여 환산한다.

● 밀도

• 밀도 : 물질의 특성이 되는 물리량으로 단위 부피당 질량을 의미한다.

밀도 $= \dfrac{\text{질량(g)}}{\text{부피(mL)}}$

개념 다지기

01 다음 물질 중 서로 용해가 잘되는 물질들로 옳게 짝지어진 것은?

NaCl	H_2O	Cl_2	NH_3	C_6H_6

① H_2O, C_6H_6　② H_2O, Cl_2　③ H_2O, NaCl
④ C_6H_6, NaCl　⑤ C_6H_6, NH_3

02 수화 현상에 대한 설명으로 옳은 것은?

① Br_2는 수화가 잘 일어난다.
② 포도당은 물에 잘 수화된다.
③ 용질이 물 분자를 둘러싸 안정화하는 현상이다.
④ 용질과 용질 사이의 인력이 물과 용질 사이의 인력보다 클 때 일어난다.
⑤ $BaSO_4$은 용질과 용질 사이의 인력이 물과 용질 사이의 인력보다 작다.

03 농도가 20 % 인 NaCl 수용액을 만들려고 한다. 증류수 100 g 에 NaCl 결정을 몇 g 녹이면 되겠는가?

① 2.5 g　② 25 g　③ 2 g　④ 20 g　⑤ 30 g

04 강물 속 수은 농도가 20 ppm 일 때 강물 10^4 g 속에 존재하는 수은은 얼마인가?

① 0.2 g　② 2 g　③ 20 g　④ 200 g　⑤ 2000 g

05 NaOH 수용액 600 mL 속에 NaOH(화학식량 : 40) 12 g 이 녹아 있다. 이 수용액의 몰 농도는 얼마인가?

① 0.18 M ② 1.8 M ③ 0.05 M ④ 0.5 M ⑤ 5M

06 19.6 g 의 황산을 물에 녹여 전체 부피가 0.25 L 가 된 황산 수용액의 몰 농도와 몰랄 농도를 각각 구한 것은? (단, 용액의 밀도는 1.84 g/cm^3 이고, 황산의 분자량은 98 이다.)

	몰 농도	몰랄 농도
①	0.6 M	0.45 m
②	0.8 M	0.45 m
③	0.8 M	0.90 m
④	1.0 M	0.45 m
⑤	1.0 M	0.90 m

07 아세트산(CH_3CO_2H) 40 g 과 물 24 g 이 혼합된 용액에서 아세트산과 물의 몰 분율은 얼마인가? (단, 아세트산과 물의 분자량은 각각 60, 18 이다.)

	물의 몰 분율	아세트산의 몰 분율
①	0.67	0.33
②	0.56	0.44
③	0.44	0.56
④	0.33	0.67
⑤	0.22	0.78

08 8 % HCl 수용액 300 g 의 몰 농도는 얼마인가? (단, HCl의 분자량은 36.5 이고, 용액의 밀도는 1.04 g/mL 이다.)

① 1.00 M ② 1.29 M ③ 2.00 M ④ 2.29 M ⑤ 3.00 M

유형익히기&하브루타

유형6-1 용해와 용액

다음 그림은 염화 나트륨을 물에 넣었을 때 염화 나트륨이 수화 되는 모습을 모형으로 나타낸 것이다.

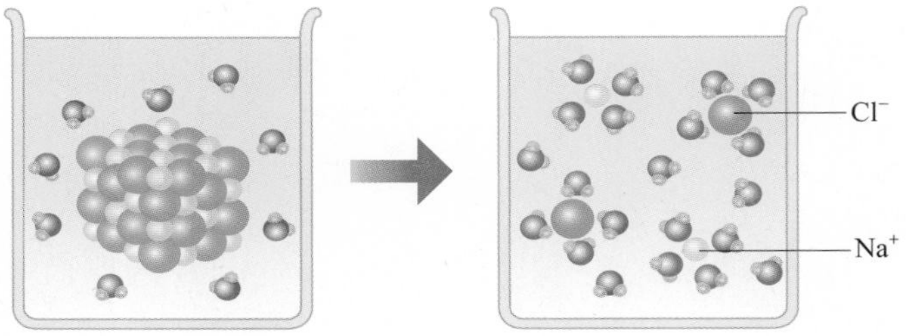

이에 대한 설명으로 옳은 것만을 <보기>에서 있는 대로 고른 것은?

<보기>

ㄱ. 용질과 용질 사이의 인력이 용질과 물 사이의 인력보다 작다.
ㄴ. Na^+과 물 분자의 산소 원자 사이에 인력이 작용하여 Na^+이 용해된다.
ㄷ. 염화 나트륨을 사염화 탄소에 용해시켜도 같은 현상이 일어난다.

① ㄱ ② ㄴ ③ ㄱ, ㄴ ④ ㄱ, ㄷ ⑤ ㄴ, ㄷ

01 다음 그림은 아이오딘을 물에 넣었을 때의 모습을 나타낸 것이다.

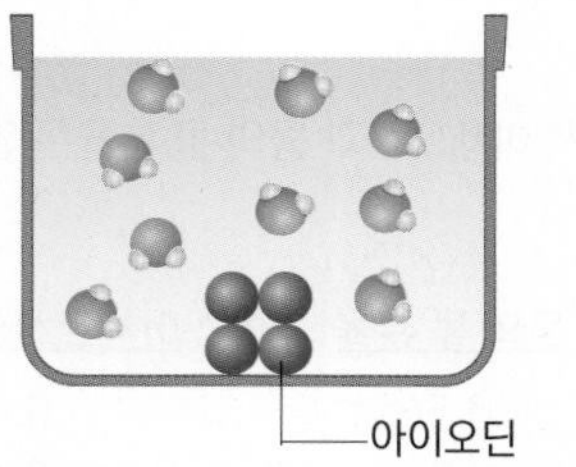

이에 대한 설명으로 옳은 것만을 <보기>에서 있는 대로 고른 것은?

<보기>

ㄱ. 아이오딘은 무극성 물질이다.
ㄴ. 아이오딘 분자와 물 분자 사이의 인력은 아이오딘 분자 간의 인력보다 크다.
ㄷ. 물 대신 벤젠을 사용하면 아이오딘은 용해된다.

① ㄱ ② ㄴ ③ ㄷ
④ ㄱ, ㄷ ⑤ ㄴ, ㄷ

02 그림 (가)와 (나)는 이온성 물질과 무극성 물질이 각각 다른 용매에 용해 된 그림이다.

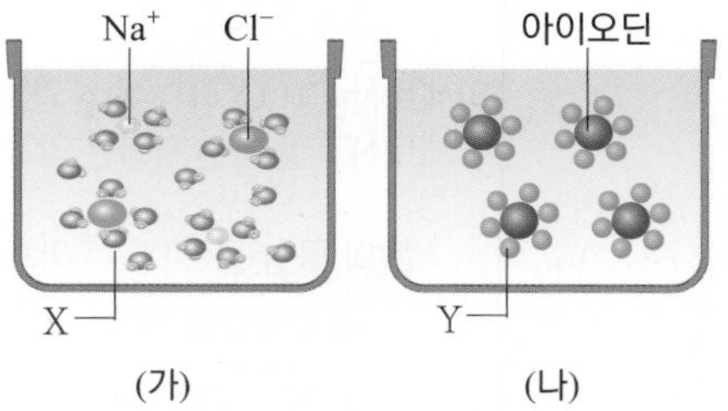

이에 대한 설명으로 옳은 것은?

① 요소는 용매 X 에 용해될 것이다.
② 쌍극자 모멘트는 X 보다 Y 가 크다.
③ X 와 비슷한 성질의 용매는 사염화 탄소이다.
④ X 대신 벤젠을 용매로 사용하여도 NaCl은 잘 용해된다.
⑤ 그림 (가), (나) 모두 용질과 용질 사이의 인력이 용질과 용매 사이의 인력보다 크다.

유형6-2 퍼센트 농도와 ppm

다음 표는 수돗물 속에 포함된 수은과 아연에 대한 수질 기준과, 어느 가정에서 채취한 수돗물 속의 수은과 아연의 양을 분석한 결과를 나타낸 것이다.

구분	수은		아연	
수질 기준(g/kg)	A 기관	B 기관	A 기관	B 기관
	10^{-3}	10^{-3}	3	1
분석 결과(ppm)	2		2000	

이 수돗물에 대한 설명으로 옳은 것만을 <보기>에서 있는 대로 고른 것은? (단, 아연의 원자량은 65 이고, 수돗물 속에는 수은과 아연만 용해되어 있다.)

<보기>

ㄱ. 수돗물 1 kg 에는 2×10^{-3} g 의 수은이 녹아 있다.
ㄴ. 수돗물 속 아연의 양은 A 기관과 B 기관의 수질 기준을 모두 만족시킨다.
ㄷ. 수돗물 1 kg 속 아연의 몰랄 농도는 약 0.031 m 이다.

① ㄱ　② ㄴ　③ ㄷ　④ ㄱ, ㄷ　⑤ ㄴ, ㄷ

03 그림 (가)와 (나)는 같은 질량, 같은 부피의 용매에 서로 다른 물질을 용해시킨 것이다.

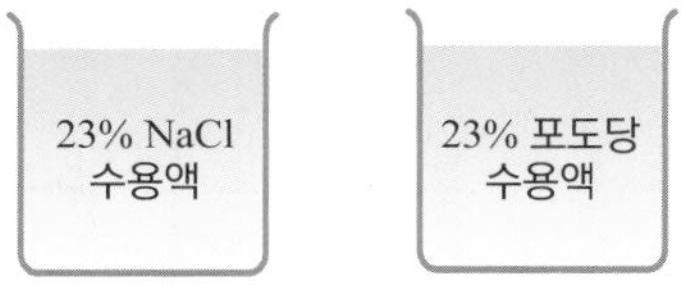

(가)　(나)

이에 대한 설명으로 옳은 것만을 <보기>에서 있는 대로 고른 것은? (단, NaCl의 화학식량은 58 이고, 포도당의 분자량은 180 이다. 또, 용매에 용질을 녹였을 때 용매의 부피 변화는 없다고 가정한다.)

<보기>

ㄱ. 용질의 몰수는 NaCl이 더 크다.
ㄴ. 23 % 수용액 속에 녹아 있는 NaCl의 질량과 포도당의 질량은 같다.
ㄷ. 포도당 수용액의 몰 농도가 NaCl 수용액의 몰 농도보다 더 크다.

① ㄴ　② ㄷ　③ ㄱ, ㄴ
④ ㄱ, ㄷ　⑤ ㄴ, ㄷ

04 다음은 어떤 식품의 성분 분석표를 나타낸 것이다.

영양 성분	질량(g)	각 영양 성분의 하루 권장 섭취량에 대한 비율(%)
탄수화물	36	11
지방	23	46
단백질	3	5
나트륨	0.190	10

이에 대한 설명으로 옳은 것만을 <보기>에서 있는 대로 고른 것은?

<보기>

ㄱ. 탄수화물의 하루 권장 섭취량은 327 g 이다.
ㄴ. 단백질의 하루 권장 섭취량은 지방의 하루 권장 섭취량보다 많다.
ㄷ. 나트륨의 하루 권장 섭취량이 용액 10^6 g 속에 녹아 있다면 나트륨의 ppm 농도는 1.9×10^{-6} ppm이다.

① ㄱ　② ㄴ　③ ㄱ, ㄴ
④ ㄱ, ㄷ　⑤ ㄱ, ㄴ, ㄷ

유형익히기&하브루타

유형6-3 몰 농도와 몰랄 농도

그림 (가)는 1 % 포도당 수용액 1 L 이고, 그림 (나)는 0.1 M 포도당 수용액 500 mL 를 나타낸 것이다.

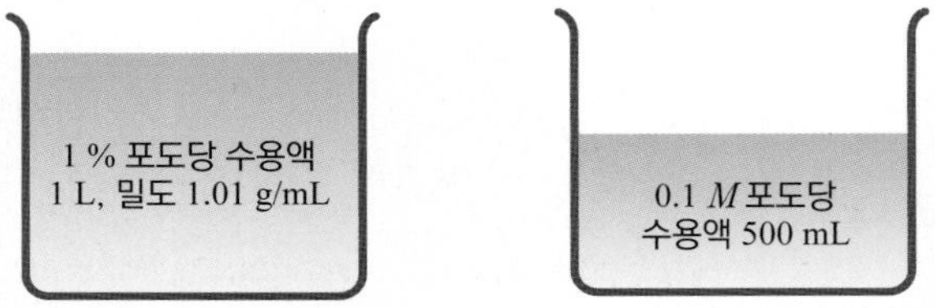

(가) (나)

이에 대한 설명으로 옳은 것만을 <보기>에서 있는 대로 고른 것은? (단, 포도당의 분자량은 180 이고, (가) 수용액의 밀도는 1.01 g/mL 이다.)

<보기>

ㄱ. (가) 수용액의 몰랄 농도는 0.56 m 이다.
ㄴ. 용액에 녹아 있는 포도당의 분자 수는 (가) 수용액이 (나) 수용액보다 많다.
ㄷ. (가) 수용액의 몰 농도가 (나) 수용액의 몰 농도보다 크다.

① ㄴ ② ㄷ ③ ㄱ, ㄴ ④ ㄱ, ㄷ ⑤ ㄱ, ㄴ, ㄷ

05 그림과 같이 0.1 M NaOH 수용액 100 mL 와 x (M) NaOH 수용액 300 mL 를 혼합하여 0.25 M NaOH 수용액 400 mL 만들었다.

(가)	(나)	(다)
0.1 M	x M	0.25 M
NaOH 수용액	NaOH 수용액	NaOH 수용액
100 mL	300 mL	400 mL

수용액 (나)의 몰 농도는 얼마인가?

① 0.03 M ② 0.3 M
③ 3 M ④ 0.15 M
⑤ 1.5 M

06 다음은 25 ℃에서 서로 다른 농도의 KOH 수용액을 혼합하는 실험이다.

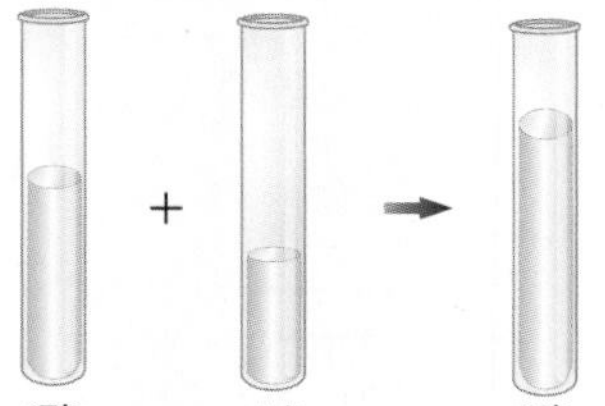

(가)	(나)	(다)
2.0 M	1.0 M	x (M)
KOH 수용액	KOH 수용액	KOH 수용액
30 mL	20 mL	50 mL

이에 대한 설명으로 옳은 것만을 <보기>에서 있는 대로 고른 것은?

<보기>

ㄱ. (다) 수용액에 녹아 있는 KOH의 몰수는 0.08 mol 이다.
ㄴ. (다) 수용액의 몰 농도는 0.16 M 이다.
ㄷ. (다) 수용액의 온도를 100 ℃까지 높이면 몰 농도는 변한다.

① ㄱ ② ㄷ ③ ㄱ, ㄴ
④ ㄱ, ㄷ ⑤ ㄱ, ㄴ, ㄷ

유형6-4 농도의 환산

다음 (가) ~ (다) 수용액은 농도가 각각 다른 NaOH 수용액을 나타낸 것이다.

(가)	(나)	(다)
0.1 *M* NaOH 수용액 50 mL	0.1 *m* NaOH 수용액 50 g	1 % NaOH 수용액 50 g

(가), (나), (다)를 비교한 것으로 옳은 것만을 <보기>에서 있는 대로 고른 것은? (단, 온도는 모두 같고, NaOH의 화학식량은 40 이며, (가) 수용액의 밀도는 1.53 g/mL 이다.)

<보기>

ㄱ. 수용액 속의 NaOH 용질의 몰수는 (가)가 (다)보다 크다.
ㄴ. 수용액 속의 용매의 질량은 (나)가 (다)보다 크다.
ㄷ. NaOH 수용액의 몰랄 농도는 (나)가 (다)보다 크다.

① ㄴ ② ㄷ ③ ㄱ, ㄴ ④ ㄱ, ㄷ ⑤ ㄱ, ㄴ, ㄷ

07 그림은 서로 다른 농도의 황산 수용액을 나타낸 것이다.

(가) (나)

이에 대한 설명으로 옳은 것만을 <보기>에서 있는 대로 고른 것은? (단, 황산의 분자량은 98 이고, 몰랄 농도의 계산은 소수점 둘째 자리까지 계산한다)

<보기>

ㄱ. 수용액 속 용질의 질량은 (가)가 (나)보다 크다.
ㄴ. 수용액의 몰랄 농도는 (가)가 (나)보다 크다.
ㄷ. 수용액의 퍼센트 농도는 (가)가 (나)보다 작다.

① ㄱ ② ㄴ ③ ㄷ
④ ㄱ, ㄷ ⑤ ㄱ, ㄴ, ㄷ

08 다음은 A, B, C에 대한 설명이다.

A : 5 % HCl 수용액 100 g 속에 들어 있는 용매의 질량(g)
B : 5 % HCl 수용액 100 g 속에 들어 있는 HCl 의 몰수(mol)
C : 5 % HCl 수용액 100 g 의 몰랄 농도(*m*)

이에 대한 설명으로 옳은 것만을 <보기>에서 있는 대로 고른 것은? (단, HCl의 분자량은 36.5 이다.)

<보기>

ㄱ. A = 99.5 g 이다.
ㄴ. $B = \dfrac{100 - A}{36.5}$ 이다.
ㄷ. $C = \dfrac{B}{A \times 10^{-3}}$ 이다.

① ㄴ ② ㄷ ③ ㄱ, ㄷ
④ ㄴ, ㄷ ⑤ ㄱ, ㄴ, ㄷ

창의력&토론마당

01 그림은 시험관 (가)의 5 M 요소 수용액 10 mL 중에서 x (mL)를 (나) 시험관에 옮겨 담고 증류수 y(mL) 를 첨가하여 시험관 (나)의 1 M 요소 수용액 10 mL 를 만들었다. 또, 시험관 (나)의 수용액의 용매를 증발시켜 (다) 4 M 요소 수용액 z (mL) 만들었다. 아래의 물음에 답하시오. (단, 요소는 비휘발성이고, 요소의 분자량은 60 이다.)

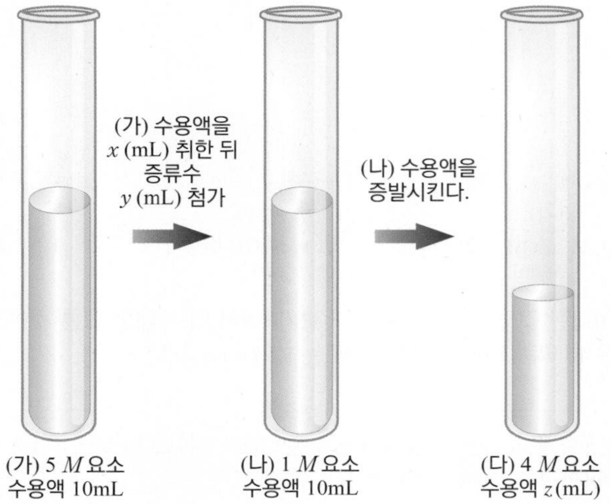

(1) (가) 수용액을 (나) 수용액으로 희석할 때 취한 (가) 수용액의 부피(x)와 첨가한 증류수의 부피(y)는 얼마인가?

(2) (다) 수용액의 부피(z)와 수용액 속에 녹아 있는 요소의 질량은 얼마인가?

02 다음은 요소 x (g) 을 증류수 y (g) 에 녹여 A (m) 요소 수용액 500 g 을 만드는 과정이다.

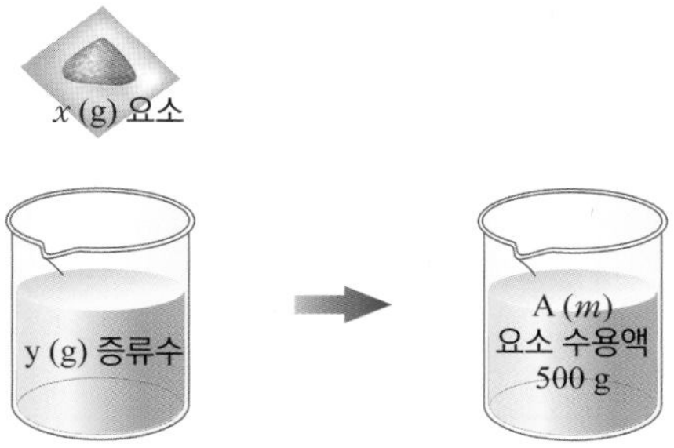

A (m) 요소 수용액 500 g 중 요소의 몰 분율이 0.1 일 때 요소 수용액의 몰랄 농도는 얼마인가? (단, 요소의 분자량은 60 이고, 물의 분자량은 18 이다.)

03 다음은 $AgNO_3$와 NaCl이 반응하여 AgCl 앙금을 생성하는 반응이다.

$$AgNO_3(aq) + NaCl(aq) \rightarrow AgCl(s) + NaNO_3(aq)$$

3 M $AgNO_3$ 수용액 500 mL 와 4 M NaCl 수용액 500 mL 를 혼합하고 시간이 충분히 지나 반응이 종결되었을 때, 수용액의 부피가 1 L 라면 수용액 속 $AgNO_3$, NaCl, $NaNO_3$의 몰 농도는 얼마인가? (단, 반응이 종결되었을 때 혼합 용액 속 NaCl 과 $NaNO_3$ 는 해리되지 않는다고 가정한다.)

04 다음 그래프는 수산화 바륨의 온도에 따른 용해도를 나타낸 것이다..

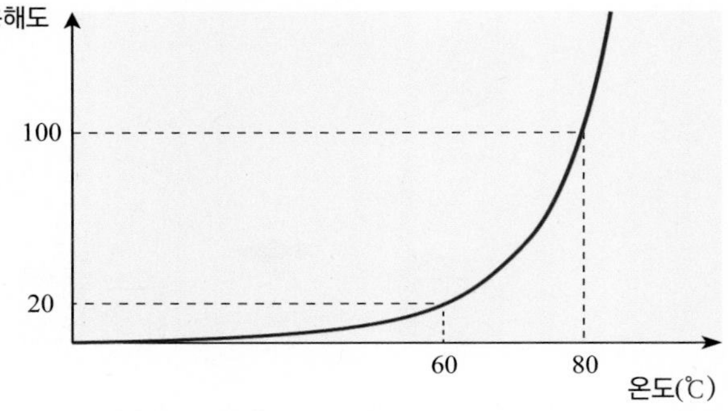

60 ℃ 와 80 ℃ 증류수 300 g 에 수산화 바륨 77 g 을 각각 녹였을 때, 수산화 바륨 수용액의 몰랄 농도는 각각 얼마인가? (단, 수산화 바륨의 화학식량은 154 이다.)

05 다음은 NaOH 표준 용액을 만들기 위한 실험 과정을 순서 없이 나열한 것이다. 물음에 답하시오. (단, NaOH의 화학식량은 40 이다.)

< 보기 >

A : 만든 용액을 깨끗한 시약병에 넣고 라벨을 붙인다.
B : 부피 플라스크의 표시선까지 정확하게 증류수를 넣는다.
C : 부피 플라스크의 마개를 닫고 뒤집어 잘 흔들어서 수용액을 섞는다.
D : NaOH 8 g 을 측정하여 비커에 넣고 물 100 mL 를 부어 완전히 녹인다.
E : 1 L 의 부피 플라스크에 비커의 수용액을 넣고 증류수로 비커를 잘 씻어 부피 플라스크에 넣는다.

(1) 표준 용액을 만드는 과정을 순서대로 나열하시오.

(2) 0.1 M HCl 수용액 400 mL 를 중화시키려면 HCl 수용액에 제조한 표준 용액을 얼마나 넣어 줘야 하는가?

06 다음은 서로 다른 두 수용액을 혼합한 모습을 나타낸 것이다. 아래의 물음에 답하시오. (단, NaCl의 화학식량은 58 이고, KCl의 화학식량은 74.5 이다. NaCl 수용액의 밀도는 1.1 g/mL 이고, KCl 수용액의 밀도는 1.13 g/mL 이다. NaCl과 KCl은 서로 반응하지 않는다.)

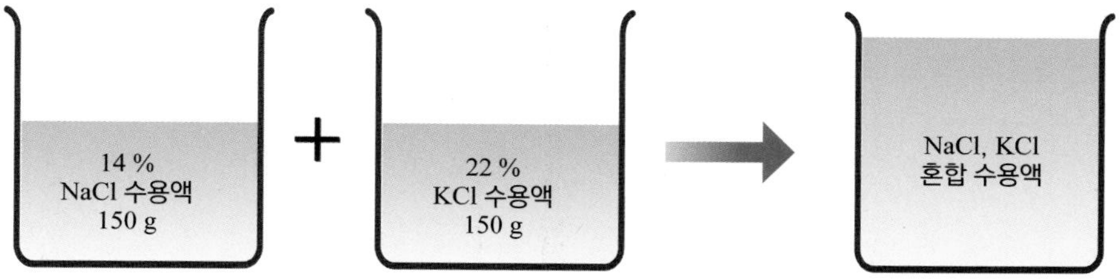

(1) 혼합 수용액에서 NaCl의 퍼센트 농도를 구하시오.

(2) 혼합 수용액에서 KCl의 몰 농도를 구하시오.

(3) 혼합 수용액에서 NaCl의 몰랄 농도를 구하시오.

스스로 실력높이기

A

01 다음에서 설명하는 현상이 무엇인지 쓰시오.

용질의 입자가 용매인 물에 둘러 쌓여 고르게 녹아 안정화 되는 현상

(　　　　　　)

02 다음 중 무극성 용매인 CCl_4에 용해가 잘 되는 것만을 <보기>에서 있는대로 골라 기호로 쓰시오.

<보기>
ㄱ. NaCl　　ㄴ. I_2
ㄷ. CH_4　　ㄹ. KOH

(　　　　　　)

03 몰 농도에 대한 설명으로 옳은 것은 ○표, 옳지 않은 것은 ×표 하시오.

(1) 몰 농도는 온도의 영향을 받지 않는다. (　　)

(2) 용액의 부피가 같고 용질의 질량이 같을 때 용질의 분자량이 클수록 몰 농도는 커진다. (　　)

04 몰랄 농도에 대한 설명으로 옳은 것은 ○표, 옳지 않은 것은 ×표 하시오.

(1) 몰랄 농도는 온도의 영향을 받지 않는다 (　　)

(2) 몰랄 농도는 용액 1 kg 중 용질의 몰수를 나타낸 농도이다. (　　)

05 다음은 각각 다른 NaCl 수용액 100 g 을 나열 한 것이다. NaCl 수용액의 % 농도가 큰 순서대로 <보기>에서 골라 나열하시오.

<보기>
ㄱ. 5% NaCl 수용액　　ㄴ. 5100 ppm 수용액
ㄷ. NaCl 5.5 g 을 녹인 수용액 100 g

(　　　　　　)

06 다음 중 ppm 농도에 대한 설명으로 옳지 않은 것을 고르시오.

① ppm 농도는 온도의 영향을 받지 않는다
② ppm 농도는 'parts per million'의 약자이다.
③ ppm 농도는 전체 용액 10^4 g 중 용질의 질량이다.
④ 대기 중의 오존(O_3)의 농도를 나타낼 때 사용할 수 있다.
⑤ ppm 농도는 용액의 전체 질량에 비해 용질의 질량이 매우 작을 때 사용하기 적절하다.

07 다음 중 NaCl 수용액의 몰 농도를 구할 때 필요한 것을 <보기>에 있는 대로 골라 기호로 쓰시오.

<보기>
ㄱ. NaCl의 화학식량　　ㄴ. NaCl의 질량
ㄷ. NaCl 수용액의 밀도　　ㄹ. NaCl 수용액의 부피

(　　　　　　)

08 다음 중 NaCl 수용액의 농도를 % 농도에서 몰 농도로 환산할 때 필요하지 않은 것은?

① 용액의 밀도
② 용액의 질량
③ 용매의 분자량
④ NaCl의 화학식량
⑤ 수용액에 녹아 있는 NaCl의 질량

09 물 100 g 에 물질 X 45 g 을 녹인 용액의 몰랄 농도가 2.5 m 일 때 물질 X 의 분자량을 구하시오.

( )

10 10 % NaOH 수용액 400 g 의 몰 농도와 몰랄 농도를 구하시오. (단, NaOH의 화학식량은 40 이고, 용액의 밀도는 1.07 g/mL 이다.)

몰 농도 : ( )
몰랄 농도 : ( )

B

11 다음은 설탕 입자가 물에 용해되는 모습이다. 이에 대한 설명으로 옳은 것은?

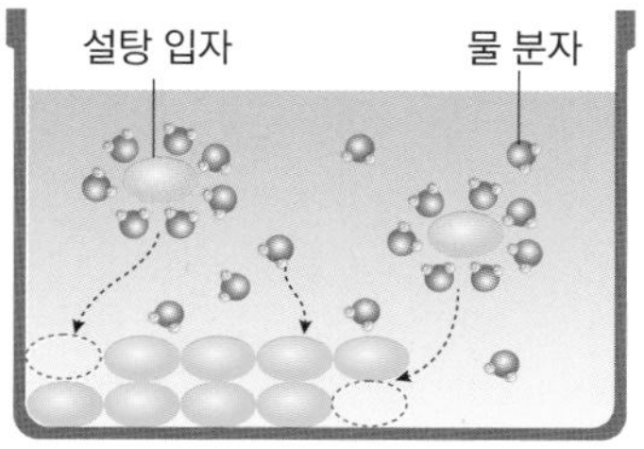

① 설탕은 극성 용매에 잘 용해된다.
② 설탕은 벤젠에 잘 용해된다.
③ 물 분자 사이의 수소 결합은 모두 끊어진다.
④ 설탕 대신 I_2를 넣어도 수화 현상이 일어난다.
⑤ 설탕 입자 간 인력이 설탕과 물 분자 사이의 인력보다 크다.

12 다음은 1 M NaCl 수용액 200 mL 와 1 M $MgCl_2$ 수용액 200 mL 를 혼합한 모습이다.

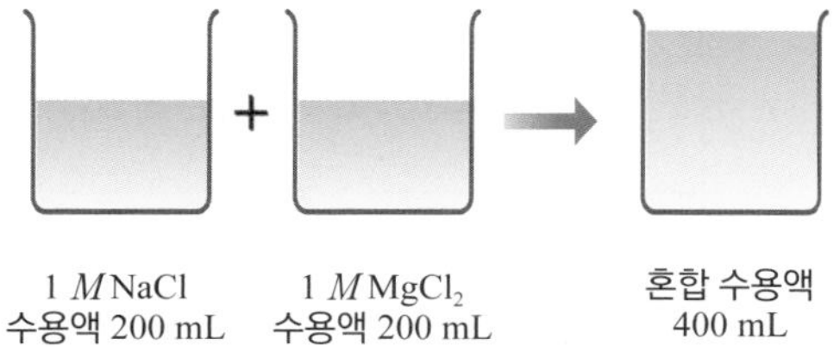

혼합 수용액 속의 Cl^- 의 몰 농도는 얼마인가? (단, NaCl 과 $MgCl_2$는 물에 완전히 해리된다고 가정한다.)

① 1.0 M ② 1.5 M ③ 2.0 M
④ 2.5 M ⑤ 3.0 M

13 농도가 15 % 인 질산 칼륨 수용액 160 g 을 만들려고 한다. 질산 칼륨 결정의 양을 x, 증류수의 양을 y 라고 할 때, $y - x$ 값으로 적절한 것은?

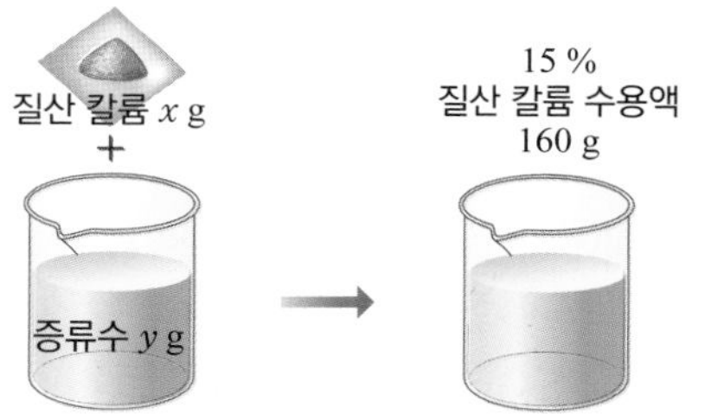

① 112 ② 114 ③ 116
④ 136 ⑤ 134

14 그림과 같이 0.1 M HCl 수용액 200 mL 의 물이 증발하여 수용액의 부피가 150 mL 로 줄어들었다.

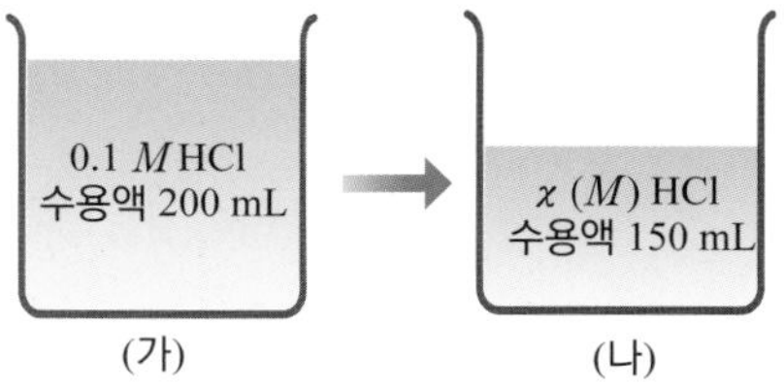

이에 대한 설명으로 옳은 것만을 <보기>에서 있는 대로 고른 것은? (단, HCl 은 비휘발성이라고 가정한다.)

< 보기 >
ㄱ. (가) 수용액은 (나) 수용액의 몰 농도의 1.33 배이다.
ㄴ. 수용액에 녹아 있는 HCl의 몰수는 (가) 와 (나) 에서 같다.
ㄷ. (나) 수용액에 증류수 50 mL 를 가하면 수용액의 몰 농도는 (가) 수용액 보다 작다.

① ㄱ ② ㄴ ③ ㄷ
④ ㄱ, ㄷ ⑤ ㄴ, ㄷ

15 다음은 (가), (나) 수용액의 제조 과정이다.

> (가) 수용액 : NaCl 3.5 g 에 증류수 1000 g 을 넣어 완전히 용해시킨다.
> (나) 수용액: (가) 수용액의 부피의 절반을 취한다.

이에 대한 설명으로 옳은 것은? (단, NaCl의 화학식량은 58 이고, NaCl 수용액의 밀도는 1.3 kg/L이다.)

① (가) 수용액의 퍼센트 농도는 0.40 % 이다.
② (가) 수용액의 몰랄 농도는 0.04 *m* 이다.
③ (나) 수용액의 몰랄 농도는 0.06 *m* 이다.
④ (나) 수용액에 녹아 있는 NaCl의 질량은 1.6 g 이다.
⑤ 실험실의 온도가 10℃ 높아지면 (가) 수용액의 몰랄 농도는 작아진다.

16 다음 그림과 같이 0.2 *M* HCl 수용액 200 mL 와, 0.3 *M* HCl 수용액 150 mL 를 혼합하여 *x* (*M*) HCl 수용액 350 mL 를 만들었다.

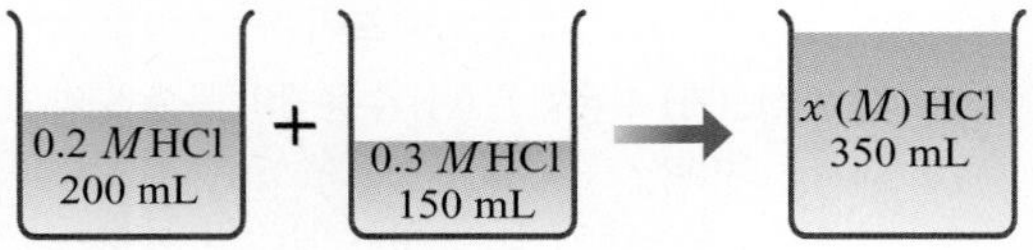

농도가 다른 두 용액을 혼합하여 만든 용액의 몰 농도 *x* 는 얼마인가? (단, HCl의 분자량은 36.5 이다,)

① 0.024 *M*　② 0.24 *M*　③ 0.012 *M*
④ 0.12 *M*　⑤ 0.48 *M*

17 그림 (가), (나)는 서로 다른 농도의 2 가지 요소 수용액을 나타낸 것이다.

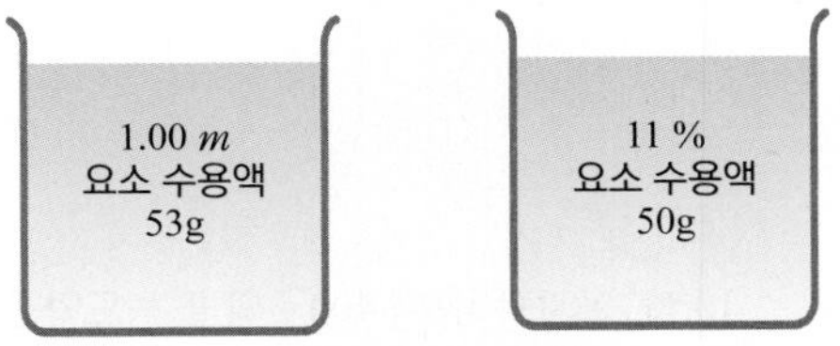

(가)　(나)

이에 대한 설명으로 옳은 것만을 <보기>에서 있는 대로 고른 것은? (단, 요소의 분자량은 60 이다.)

<보기>

ㄱ. 수용액의 몰랄 농도는 (가)가 (나)보다 크다.
ㄴ. 용해되어 있는 요소의 질량은 (가)가 (나)보다 크다.
ㄷ. 용액 100g 당 녹아 있는 용질의 질량은 (가)가 (나)보다 작다.

① ㄱ　② ㄴ　③ ㄷ
④ ㄱ, ㄴ　⑤ ㄴ, ㄷ

18 다음 그림은 3 가지의 서로 다른 KNO_3 수용액의 농도와 수용액의 양을 나타낸 것이다.

(가)　(나)　(다)

(가) 수용액의 몰랄 농도, (나) 수용액의 몰 농도, (다) 수용액의 퍼센트 농도가 2배되는 방법으로 옳은 것만을 <보기>에서 있는 대로 고른 것은? (단, KNO_3의 화학식량은 101 이고, KNO_3 는 비휘발성 물질이다.)

<보기>

ㄱ. (가) 수용액에 녹아 있는 KNO_3와 같은 질량만큼 용질을 더 녹인다.
ㄴ. (나) 수용액에 KNO_3를 101 g 을 더 녹인다.
ㄷ. (다) 수용액을 가열하여 물 500 g 을 증발시킨다.

① ㄱ　② ㄷ　③ ㄱ, ㄴ
④ ㄱ, ㄷ　⑤ ㄱ, ㄴ, ㄷ

C

19 다음 과정 (가), (나)는 NaF 수용액 A, B 를 만드는 과정이다.

〈실험 과정〉
(가) A 수용액 : NaF 6 g 에 증류수를 소량 넣어 용해시킨 후 1 L 부피 플라스크에 옮겨 담은 뒤 부피 클라스크의 1 L 눈금에 맞게 증류수를 넣는다.
(나) B 수용액 : A 수용액을 1 mL 취하여 1 L 부피 플라스크에 담고, 부피 플라스크의 1 L 눈금에 맞게 증류수를 넣는다.

이에 대한 설명으로 옳은 것만을 <보기>에서 있는 대로 고른 것은? (단, NaF의 화학식량은 42 이다.)

<보기>
ㄱ. A 수용액의 몰 농도는 0.14 M이다.
ㄴ. A 수용액에서 취한 1 mL 의 몰 농도는 A 수용액의 몰 농도 보다 작다.
ㄷ. B 수용액의 몰 농도는 1.4×10^{-4} M이다.

① ㄱ ② ㄴ ③ ㄷ
④ ㄱ, ㄴ ⑤ ㄱ, ㄷ

20 다음은 서로 다른 농도의 NaOH 수용액을 혼합한 뒤 증류수를 첨가하여 NaOH 수용액 200 g 을 만드는 과정이다.

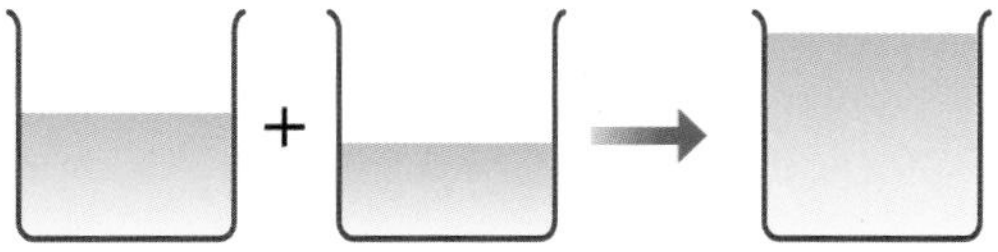

(가) 5 % NaOH 수용액 100 g
(나) 0.5 M NaOH 수용액 50 mL
(다) x (m) NaOH 수용액 200 g

이에 대한 설명으로 옳은 것만을 <보기>에서 있는 대로 고른 것은? (단, NaOH의 화학식량은 40 이고, (나) 수용액의 밀도는 1.02 g/mL 이다.)

<보기>
ㄱ. (가) 수용액의 용질의 몰수는 0.125 mol 이다.
ㄴ. (가) 수용액의 % 농도는 (나) 수용액의 % 농도 보다 작다.
ㄷ. (다) 수용액의 몰랄 농도 x (m) = 0.80 (m)이다.

① ㄱ ② ㄷ ③ ㄱ, ㄴ
④ ㄱ, ㄷ ⑤ ㄴ, ㄷ

21 다음은 A % 황산 수용액의 밀도와 부피, 용질의 분자량을 나타낸 것 이다.

ㄱ. 밀도 = d (g/mL)
ㄴ. 부피 = V (mL)
ㄷ. 용질의 분자량 = M_w

A % 황산 수용액의 몰 농도 (M) 와, 1 M 황산 수용액 1 L 를 만들 때 필요한 A % 황산 수용액의 부피 (mL) 를 구한 것으로 옳게 짝지은 것은?

	몰 농도	부피
①	$\frac{Ad}{100M_w}$	$\frac{M_w}{Ad}$
②	$\frac{Ad}{100M_w}$	$\frac{M_w}{10Ad}$
③	$\frac{10Ad}{M_w}$	$\frac{100M_w}{Ad}$
④	$\frac{10Ad}{M_w}$	$\frac{M_w}{10Ad}$
⑤	$\frac{10Ad}{M_w}$	$\frac{M_w}{Ad}$

22 다음은 NaCl 수용액을 만들어 희석하는 과정이다.

〈실험 과정〉
(가) NaCl 8.7 g 에 소량의 증류수를 넣고 500 mL 부피 플라스크에 옮긴 뒤 500 mL 표시선까지 증류수를 넣어 NaCl을 용해 시킨다.
(나) (가)의 수용액을 200 mL 취한 뒤 1 L 부피 플라스크에 옮겨담고, 증류수를 1 L 표시선 까지 채워준다.

이에 대한 설명으로 옳은 것만을 <보기>에서 있는 대로 고른 것은? (단, NaCl의 화학식량은 58 이다.)

<보기>
ㄱ. (가) 과정에서 NaCl 수용액의 몰 농도는 0.3 M이다.
ㄴ. (나) 과정에서 취한 (가) 수용액 200 mL 속 용질의 몰수는 0.15 mol 이다.
ㄷ. (나) 과정에서 희석시킨 수용액의 몰 농도는 0.06 M이다.

① ㄱ ② ㄴ ③ ㄱ, ㄴ
④ ㄱ, ㄷ ⑤ ㄱ, ㄴ, ㄷ

23 그림은 (가) NaF 결정 6.3 g 과 (나) 0.2 M NaF 수용액 400 mL 를 1 L 부피 플라스크에 넣고 1 L 표시선까지 증류수를 첨가하여 (다) x M NaF 수용액 1 L 를 만드는 과정이다.

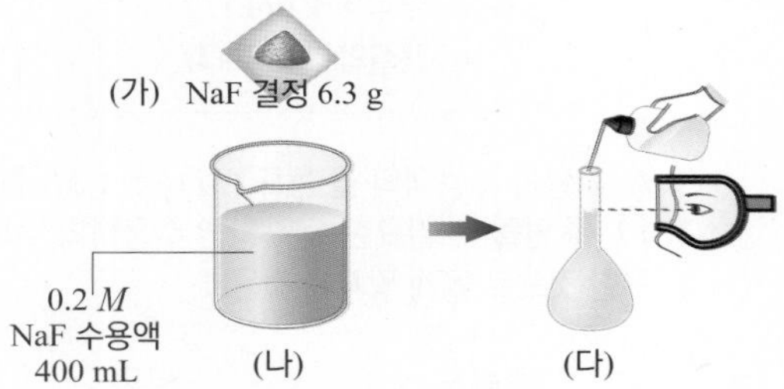

이에 대한 설명으로 옳은 것만을 <보기>에서 있는 대로 고른 것은? (단, NaF의 분자량은 42 이다.)

<보기>

ㄱ. (가)의 NaF 결정의 몰수는 0.15 mol 이다.
ㄴ. (나) 수용액에 녹아 있는 NaF의 질량은 0.336 g 이다.
ㄷ. (다) 수용액의 몰 농도 x (M)의 값은 0.23 (M) 이다.

① ㄱ ② ㄴ ③ ㄱ, ㄴ
④ ㄱ, ㄷ ⑤ ㄱ, ㄴ, ㄷ

24 다음 두 수용액의 농도를 몰랄 농도로 환산하려고 한다.

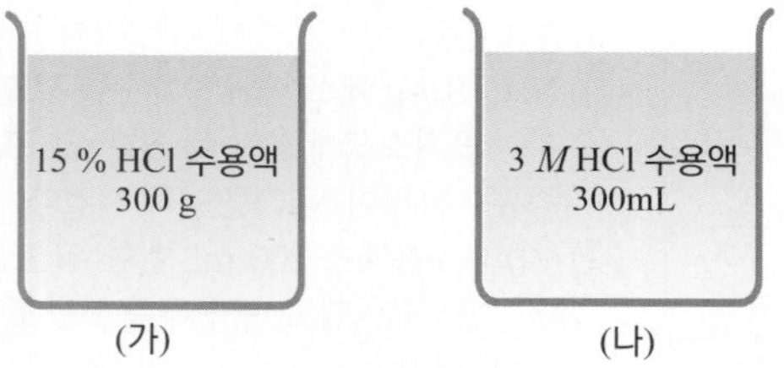

이에 대한 설명으로 옳은 것만을 <보기>에서 있는 대로 고른 것은? (단, HCl의 분자량은 36.5 이고, 용액 (나)의 밀도는 1.1 g/mL 이다.)

<보기>

ㄱ. (가) 수용액에 녹아 있는 HCl의 질량이 (나) 수용액에 녹아 있는 HCl의 질량보다 크다.
ㄴ. (가) 수용액의 몰랄 농도는 (나) 수용액의 몰랄 농도보다 2배 더 크다
ㄷ. (나)에 녹아 있는 HCl의 몰수는 0.09 mol이다.

① ㄱ ② ㄴ ③ ㄷ
④ ㄱ, ㄴ ⑤ ㄴ, ㄷ

심화

25 다음과 같이 농도가 다른 요소 수용액을 혼합한 후, 증류수를 첨가하여 요소 수용액 750 g 을 만들었다.

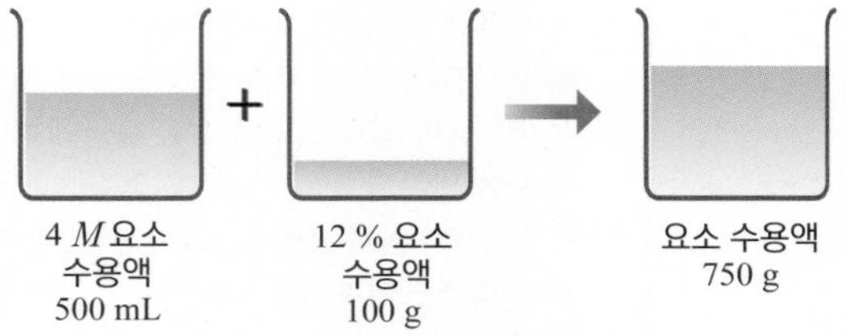

만들어진 수용액 750 g 의 몰랄 농도를 구하시오. (단, 요소의 분자량은 60 이다.)

26 다음은 (가) ~ (다) NaOH 수용액의 부피와 용액 1 L 당 녹아 있는 용질의 질량을 나타낸 것이다.

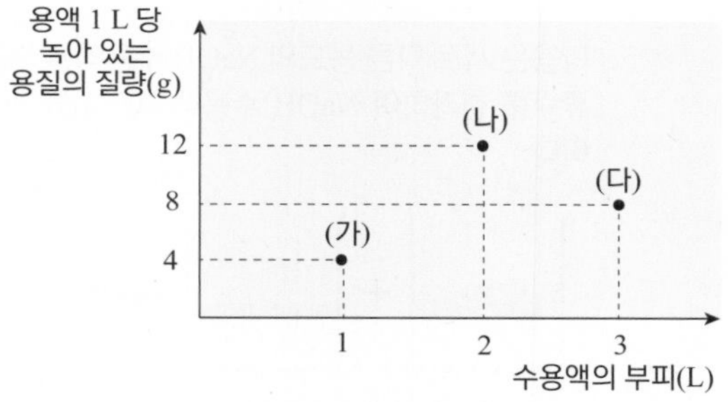

(가) ~ (다) NaOH 수용액의 몰 농도를 구하고, 몰 농도가 진한 순으로 기호를 나열하시오. (단, NaOH의 화학식량은 40 이다.)

27 23.8 % KBr 수용액 250 g 의 몰 농도와 몰랄 농도를 구하시오.(단, KBr의 화학식량은 119 이고, 용액의 밀도는 1.2 g/mL 이다.)

28 다음 은 3 m 의 NaOH 수용액 400 g 과 3 M 의 NaOH 수용액 300 mL 를 혼합하여 새로운 농도의 NaOH를 만드는 모습이다.

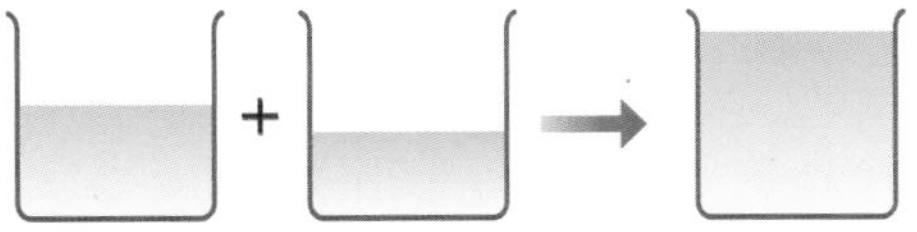

(다) 수용액의 % 농도를 구하시오. (단, NaOH의 화학식량은 40 이고, (나) 수용액의 밀도는 1.1 g/mL 이다.)

29 다음은 28 % 의 암모니아수 250 mL 중 x mL 취해 1 M 암모니아수 500 mL 가 되도록 희석하는 모습이다.

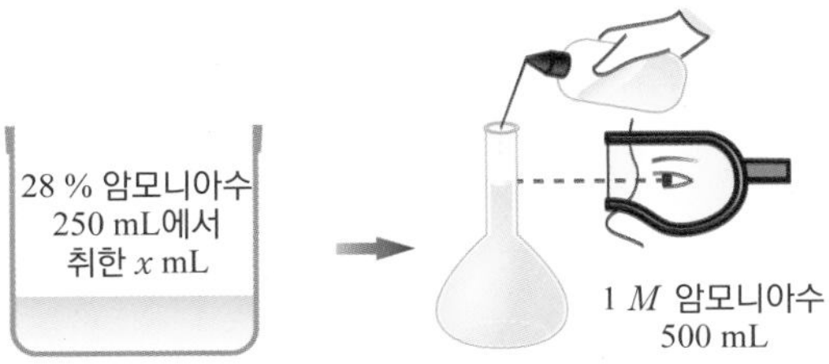

위의 과정에서 x와 추가로 넣어준 증류수의 부피(y)를 구하시오. (단, 암모니아의 분자량은 17 이고 28 % 암모니아수의 밀도는 0.90 g/mL 이다.)

30 표는 세 가지 요소 수용액 A, B, C 의 제조 방법을 나타낸 것이다.

구분	제조 방법
A 수용액	물 300 g 에 요소 5 g 을 녹인다.
B 수용액	요소 20 g 을 물에 녹여 200 mL로 만든다.
C 수용액	물 y g 에 요소 x g 을 녹인다.

수용액 A 와 B, C 를 혼합하여 요소 수용액의 농도를 1 m 수용액의 질량을 1000 g 으로 만들었을 때, 수용액 C 의 x 와 y 를 구하시오. (단, 요소의 분자량은 60 이고, 수용액 B 의 밀도는 1.1 g/mL 이다.)

31 표는 25 ℃에서 3 M NaOH 수용액 500 mL 의 온도에 따른 농도 변화이다.

온도	NaOH 수용액의 몰 농도
25℃	3 M
60℃	2.998 M

위와 같이 온도가 25 ℃ 에서 60 ℃ 로 증가하였을 때 몰 농도 변화를 부피의 온도 증가에 따른 변화와 관련지어 서술하고, 온도 증가에 따른 부피의 변화량을 구하시오. (단, NaOH의 화학식량은 60 이다.)

32 다음은 5 M HCl 수용액 400 mL 와 3 M NaOH 수용액 300 mL 의 중화 반응을 나타낸 모습이다.

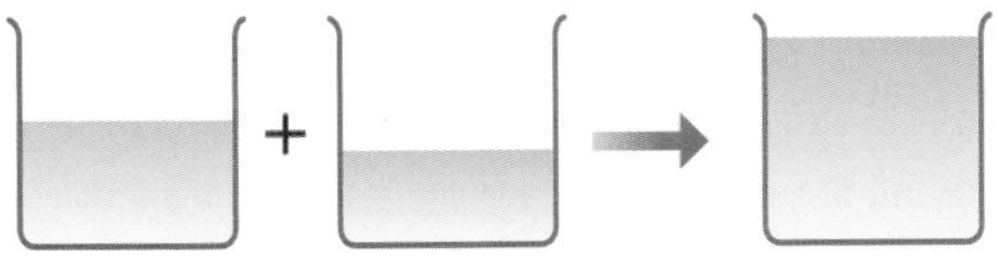

중화 반응이 모두 일어나고 난 뒤의 HCl 용액의 몰 농도와 NaOH의 몰 농도를 모두 구하시오. (단, 중화 반응 시 생성된 물의 부피는 무시하고, 중화 반응 후 HCl 과 NaOH 는 해리하지 않는다고 가정하며, HCl의 분자량은 36.5, NaOH의 화학식량은 60 이다.)

7강 묽은 용액의 성질

1. 증기 압력 내림1

(1) 증발

① **증발** : 액체 표면의 분자들이 액체 표면으로부터 떨어져 나와 기체 상태로 변하는 현상이다.
② **응결** : 증발한 기체 상태의 분자 일부가 에너지를 잃고 액체 상태로 변하는 현상이다.

(2) 동적 평형 상태
: 실제로는 증발과 응결이 일어나지만 증발하는 분자 수와 응결하는 분자 수가 같아 겉보기에 아무런 변화도 없는 것처럼 보이는 상태이다.

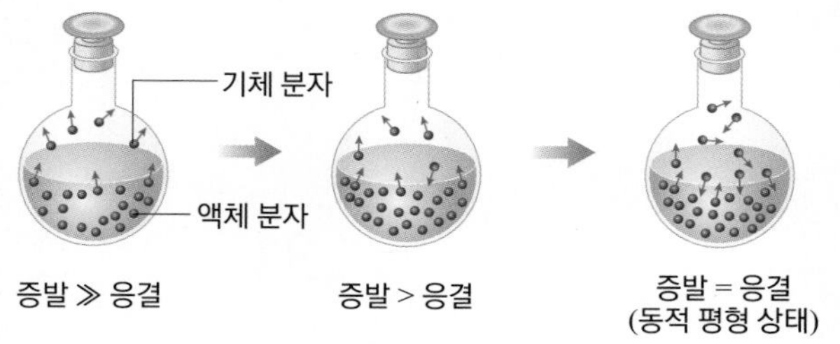

처음 밀폐된 플라스크 속에는 증발하는 액체의 분자 수가 많지만, 시간이 흐를수록 응결하는 분자 수가 증가한다. 나중에는 증발하는 분자 수와 응결하는 분자 수가 같아진다.
⇒ 동적 평형 상태

(3) 증기 압력(증기압)

① **증기 압력(증기압)** : 일정한 온도에서 액체(고체)와 증기가 동적 평형 상태가 되었을 때 증기가 나타내는 압력이다.
② **증기 압력의 크기** : 액체 분자 사이에 작용하는 인력이 작을수록, 액체의 온도가 높을수록 증기 압력이 크다.

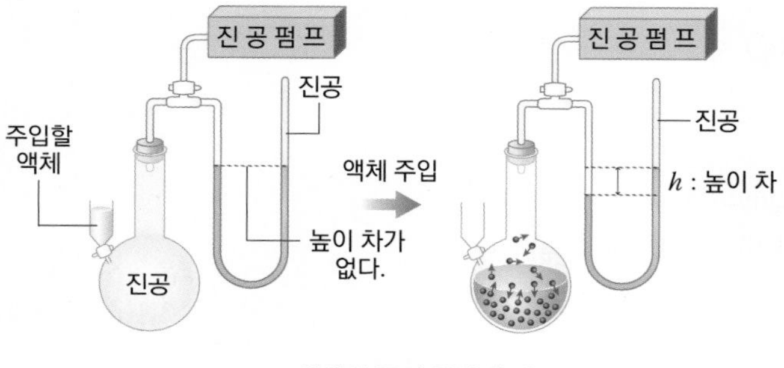

▲ 액체의 증기 압력 측정

진공으로 만든 밀폐된 플라스크 내부에 액체를 주입하여 동적 평형 상태에 도달하였을 때, 증기 압력은 수은 기둥의 높이 차(h)에 해당하는 압력이다.

● 고체의 증기 압력

일정한 온도에서 밀폐된 용기 속에 드라이아이스를 넣고 충분한 시간이 지나면, 동적 평형 상태에 도달하여, 드라이아이스의 크기가 변하지 않는 것 처럼 보인다. 이 때 증기가 나타내는 압력을 드라이아이스의 증기 압력이라고 한다.

▲ 밀폐된 용기 속 드라이아이스

● 증기 압력과 끓는점

액체의 온도가 높아져 액체의 증기 압력이 커지다가 외부 압력과 같아지면, 액체 표면뿐만 아니라 내부에서도 기화가 일어나면서 액체가 끓기 시작하는데 이때의 온도를 끓는점이라고 한다.

개념확인 1

증발하는 분자 수와 응결하는 분자 수가 같아서 겉보기에 아무런 변화도 없어 보이는 상태를 무엇이라 하는가? (　　　　　　　　　　)

확인 + 1

다음 설명 중 옳은 것은 ○표, 옳지 않은 것은 ×표 하시오.

(1) 액체의 증기 압력과 외부 압력이 같아져 액체 내부에서도 기화가 일어나는 온도를 끓는점이라고 한다. (　　)
(2) 액체 분자 사이의 인력이 클수록 증기 압력은 크다. (　　)

2. 증기 압력 내림2

(1) 증기 압력 내림

① **증기 압력 내림(ΔP)** : 일정한 온도에서 비휘발성 용질이 녹아 있는 용액의 증기 압력이 순수한 용매의 증기 압력보다 낮아지는 현상이다.

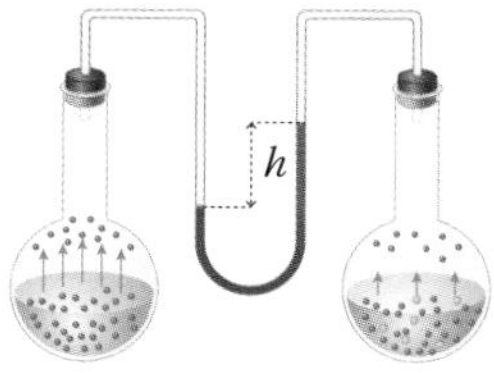

같은 온도에서 순수한 물의 증기 압력이 설탕물의 증기 압력보다 커 설탕물 쪽의 수은 기둥이 올라간다. 설탕물의 농도가 진할수록 수은 기둥의 높이 차(h)는 증가한다.

◀ 순수한 물과 설탕물의 증기압 비교

② **증기 압력 내림의 원인**

· 용질 입자와 용매 입자 사이에 인력이 작용하여 용매 입자의 증발을 방해한다.

· 용질 입자가 용액 표면의 일부를 차지하여 증발할 수 있는 용매 입자 수가 감소한다.

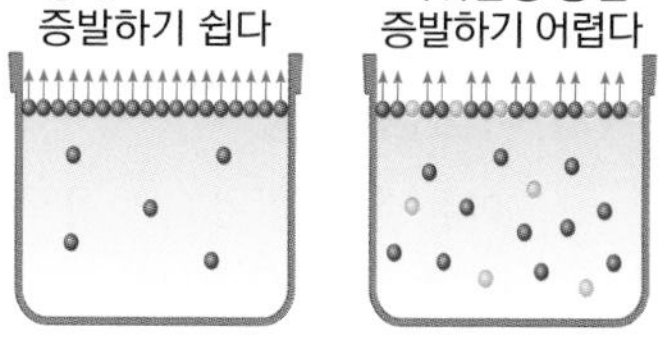

▲ 용매, 용액의 증발 모형

(2) 라울의 법칙

① **라울의 법칙** : 비휘발성, 비전해질 용질이 녹아 있는 묽은 용액의 증기 압력($P_{용액}$)은 순수한 용매의 증기 압력($P^{\circ}_{용매}$)과 용매의 몰 분율($X_{용매}$)을 곱한 것과 같다.

$$P_{용액} = P^{\circ}_{용매} \times X_{용매}\ (X_{용매} : 용매의\ 몰\ 분율)$$

② **비휘발성 비전해질 용질이 녹아 있는 묽은 용액의 증기 압력 내림** : 용매의 종류에 따라 다르고, 용매가 같으면 용질의 종류에 관계 없이 용질의 몰 분율($X_{용질}$)에 비례한다.

$$증기\ 압력\ 내림(\Delta P) = P^{\circ}_{용매} - P_{용액} = P^{\circ}_{용매} - P^{\circ}_{용매} \times X_{용매}$$
$$\Delta P = P^{\circ}_{용매}(1 - X_{용매})$$
$$\Delta P = P^{\circ}_{용매} \times X_{용질}$$

③ **휘발성 용질이 녹아 있는 묽은 용액의 증기 압력** : 용매 A와 용질 B의 부분 압력의 합과 같다.

$$P_{전체} = P_A + P_B$$

개념확인 2 정답 및 해설 42쪽

일정한 온도에서 비휘발성 용질이 녹아있는 용액의 증기 압력이 순수한 용매의 증기 압력보다 낮아지는 현상을 무엇이라 하는가?

( )

확인 + 2

20 ℃ 의 순수한 물의 증기 압력이 17.6 mmHg 일 때, 물 1.6 mol 에 설탕 0.4 mol 이 용해된 설탕물의 증기 압력은 얼마인가?

( )

● 순수한 용매와 용액의 증발

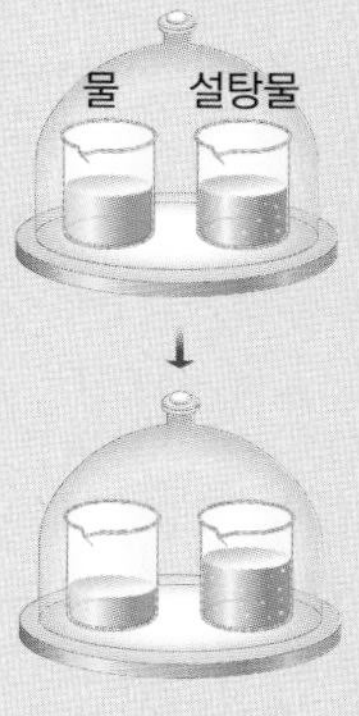

같은 크기의 비커에 같은 양의 물과 설탕물을 각각 넣고 일정한 시간동안 놓아두면 물의 양은 줄어 들고 설탕물의 양은 늘어난다.

⇨ 증기 압력이 큰 물 쪽에서 증기 압력이 작은 설탕물 쪽으로 물 분자가 이동하기 때문이다.

● 이상 용액과 비이상 용액

● 이상 용액 : 라울 법칙이 그대로 적용되는 용액, 농도가 묽을 수록 이상 용액에 가까워 진다.

● 비이상 용액 : 라울 법칙이 그대로 적용되지 않고, 라울 법칙에 따른 증기 압력보다 작거나 크게 나타나는 용액이다.

● 몰 분율

$$X_{용질} = \frac{n_{용질}}{n_{용질} + n_{용매}}$$
$$X_{용매} = \frac{n_{용매}}{n_{용매} + n_{용질}}$$
$$X_{용질} + X_{용매} = 1$$

● 증기 압력 그래프

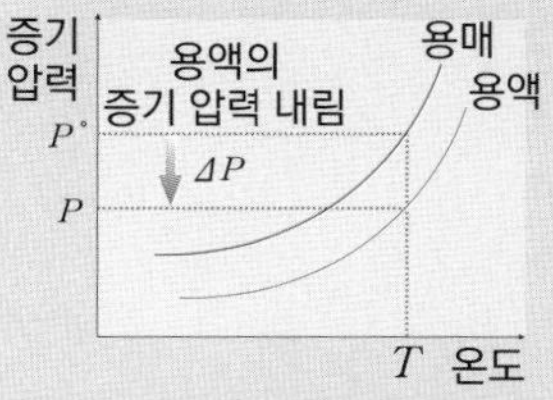

온도 T 에서 용액의 증기 압력(P)은 순수한 용매의 증기 압력(P°) 보다 작고 증기 압력은 ΔP 만큼 작아진다.

$$\Delta P = P^{\circ} - P$$

● 몰랄 오름 상수 표

용매	끓는점(℃)	상수(K_b)
H_2O	100	0.52
CCl_4	77	5.07
C_6H_6	80.2	2.53
$CHCl_3$	61.2	3.63
CS_2	46.3	2.37
C_6H_{12}	80.7	2.79

● 몰랄 내림 상수 표

용매	어는점(℃)	상수(K_f)
H_2O	0	1.86
CCl_4	- 23	29.8
C_6H_6	5.5	5.12
$CHCl_3$	- 63.5	4.70
CS_2	- 111	3.76
C_6H_{12}	6.6	20.0

● 전해질 용액에서의 끓는점 오름과 어는점 내림

끓는점 오름과 어는점 내림은 용액 속에 존재하는 입자의 총수에 의하여 결정된다. 농도가 같다면 전해질 용액이 비전해질 용액보다 끓는점 오름이나 어는점 내림이 크게 나타난다.

(예) NaCl이 물에 완전히 해리 된다면 1 m NaCl 수용액 속 용질의 몰수가 2배가 되므로, 수용액의 끓는점 오름 = 0.52 × 2 m = 1.04 (℃)이다.

● 증기 압력 곡선과 끓는점 오름 및 어는점 내림

같은 온도에서 용액의 증기 압력은 용매의 증기 압력보다 ΔP 만큼 작고, 용액의 끓는점은 용매의 끓는점보다 ΔT_b 만큼 높고, 용액의 어는점은 용매의 어는점보다 ΔT_f 만큼 낮다.

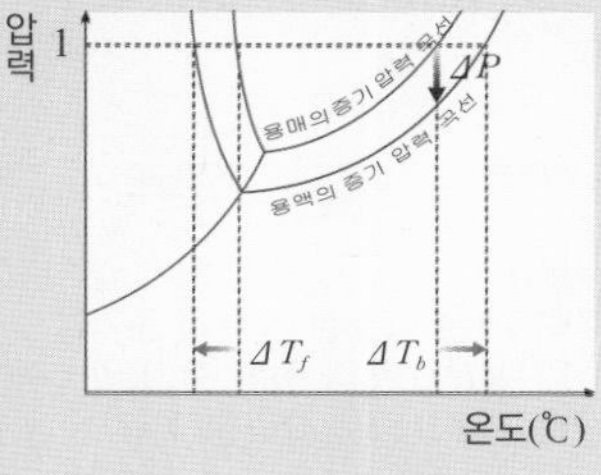

3. 끓는점 오름과 어는점 내림

(1) 끓는점 오름

① **끓는점 오름(ΔT_b)** : 용액의 끓는점이 순수한 용매의 끓는점보다 높아지는 현상이다.

② **몰랄 오름 상수(K_b)** : 농도가 1 (m) 인 용액의 끓는점 오름으로, 용질의 종류에 관계없이 용매의 종류에 따라 다른 값을 가진다.

③ **비휘발성, 비전해질 용질이 녹아 있는 묽은 용액의 끓는점 오름** : 용매의 종류에 따라 다르고, 용매가 같으면 용질의 종류에 관계없이 일정량의 용매에 녹아 있는 용질의 몰수에 비례한다. ⇨ 묽은 용액의 끓는점 오름은 용액의 몰랄 농도에 비례한다.

(예) 1 m 설탕물, 1 m 포도당 수용액의 끓는점은 100.52 ℃ 로 서로 같다.

끓는점 오름(ΔT_b) = $K_b \times m$
(K_b : 몰랄 오름 상수, m : 용액의 몰랄 농도)

(2) 어는점 내림

① **어는점 내림(ΔT_f)** : 용액의 어는점이 순수한 용매의 어는점보다 낮아지는 현상이다.

② **몰랄 내림 상수(K_f)** : 농도가 1 (m) 인 용액의 어는점 내림으로, 용질의 종류에 관계없이 용매의 종류에 따라 다른 값을 가진다.

③ **비휘발성, 비전해질 용질이 녹아 있는 묽은 용액의 어는점 내림** : 용매의 종류에 따라 다르고, 용매가 같으면 용질의 종류에 관계없이 일정량의 용매에 녹아 있는 용질의 몰수에 비례한다. ⇨ 묽은 용액의 어는점 내림은 용액의 몰랄 농도에 비례한다.

(예) 1 m 설탕물, 1 m 포도당 수용액의 어는점은 -1.86 ℃ 로 서로 같다.

어는점 내림(ΔT_f) = $K_f \times m$
(K_f : 몰랄 내림 상수, m : 용액의 몰랄 농도)

(3) 분자량 측정 : 용매 W g 에 분자량이 M 인 비전해질, 비휘발성인 용질 w g 이 녹아 있는 용액에서 용질의 분자량은 다음과 같이 구할 수 있다. (m : 몰랄 농도)

① 끓는점 오름을 이용하는 경우(K_b : 몰랄 오름 상수)

$$\text{끓는점 오름}(\Delta T_b) = K_b \times m = K_b \times \frac{w/M}{W/1000} \quad \therefore M = \frac{1000 \times w \times K_b}{\Delta T_b \times W}$$

② 어는점 내림을 이용하는 경우(K_f : 몰랄 내림 상수)

$$\text{어는점 내림}(\Delta T_f) = K_f \times m = K_f \times \frac{w/M}{W/1000} \quad \therefore M = \frac{1000 \times w \times K_f}{\Delta T_f \times W}$$

개념확인 3

벤젠을 사염화 탄소에 녹인 용액의 끓는점이 82.07 ℃ 일 때 용액의 몰랄 농도는 얼마인가? (단, 사염화 탄소의 끓는점은 77 ℃ 이고, 사염화 탄소의 몰랄 오름 상수는 5.07 이다.)

(　　　　　　　)

확인 + 3

2.0 m 요소 수용액의 어는점은 얼마인가? (단, 물의 어는점은 0 ℃이고, 물의 몰랄 내림 상수는 1.86 이다.)

(　　　　　　　)

4. 삼투압

(1) 삼투와 반투막

① **삼투** : 반투막을 사이에 두고 진한 용액과 묽은 용액을 넣으면 묽은 용액의 용매 분자가 반투막을 통해 진한 용액 쪽으로 이동하는 현상이다.

② **반투막** : 물과 같은 작은 용매는 통과시키지만 설탕 같은 큰 분자의 용질은 통과시키지 못하는 막으로 대표적인 반투막으로는 셀로판종이, 식물의 세포막, 달걀 속껍질, 동물의 방광막 등이 있다.

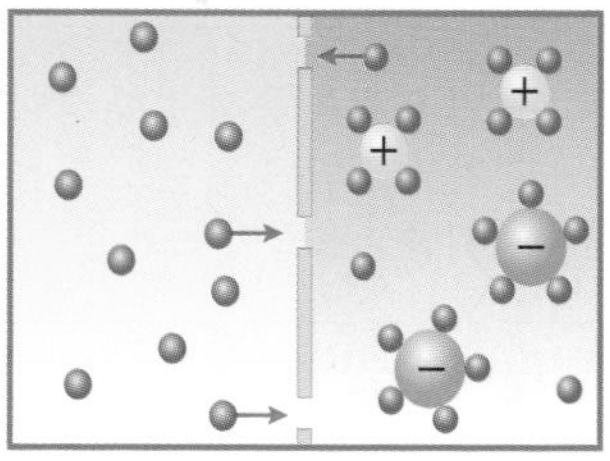

▲ 반투막에서의 입자의 이동

(2) 삼투압

① **삼투압** : 삼투 현상이 일어날 때 반투막이 받는 압력이다.

② **삼투압의 특징**

· 반투막을 사이에 두고 용매는 같지만 농도가 서로 다른 두 용액이 높이 차를 0으로 만들기 위해 가하는 압력과 크기가 같다.

· 용매나 용질의 종류에 관계없이 일정 부피의 용액 속에 녹아 있는 용질의 입자 수에 영향을 받는다.

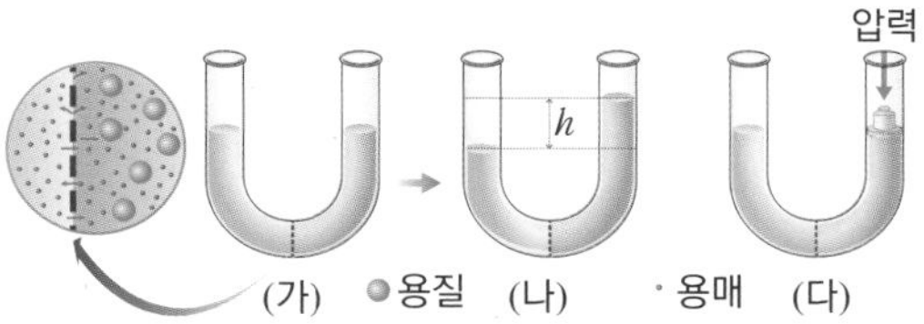

▲ 반투막으로 나누어진 U자관에서의 삼투압

(가) : 반투막을 경계로 물과 설탕물을 같은 높이 만큼 넣는다.
(나) : 삼투 현상에 의해 물 분자가 설탕물 쪽으로 이동하여 수면에 h 만큼 높이 차이가 생긴다.
(다) : 양쪽 수면의 높이가 같아지도록 설탕물 쪽에 압력을 가한다. 이때 가해진 압력의 크기는 삼투압의 크기와 같다.

(3) 반트호프의 법칙

① **순수한 물과 비전해질이 녹아 있는 묽은 용액에서 삼투압** : 용매와 용질의 종류에 관계없이 용액의 몰 농도 및 절대 온도에 비례한다.

$$삼투압(\pi) = C \times R \times T$$
(C = 몰 농도, R = 기체 상수, T = 절대 온도)

② 분자량이 M 인 용질 w (g)이 녹은 용액 V(L) 속 고분자 물질의 분자량을 구할 수 있다.

$$삼투압(\pi) = C \times R \times T = \frac{w}{MV} \times R \times T \quad (C = \frac{n}{V}, n = \frac{w}{M})$$
$$용질의\ 분자량(M) = \frac{w}{\pi V} RT$$

개념확인 4 정답 및 해설 42쪽

삼투 현상이 일어날 때 반투막이 받는 압력을 무엇이라 하는가?

( )

확인 + 4

25 ℃ 에서 0.1 M 포도당 수용액의 삼투압을 구하시오.(단, R = 0.082 L· atm / mol·K 이다.)

( )

삼투의 예

● 김치를 담글 때 배추를 소금물에 절인다.
● 적혈구를 증류수에 넣으면 적혈구가 터진다.
● 식물이 흙속의 물을 흡수한다.

삼투가 일어나는 이유

농도가 높은 용액일수록 용질의 입자가 반투막에 충돌하는 용매의 입자를 더 많이 방해한다. 그러므로 농도가 높은 용액의 용매가 반투막에 가하는 압력이 농도가 낮은 용액일 때 용매가 반투막에 가하는 압력보다 작아 농도가 낮은 용액의 용매가 농도가 높은 용액으로 이동한다.

전해질 용액의 삼투압

삼투압은 일정량의 용액 속에 녹아 있는 용질 입자 수에 영향을 받는다. 전해질 용액은 전해질의 이온화로 생긴 용질 입자 수의 증가로 인해 같은 농도의 비전해질 용액보다 삼투압이 크다.

삼투압의 측정

아래의 그림에서 삼투압은 설탕 수용액의 처음 높이와 평형 상태의 높이차에 의해 결정 된다.

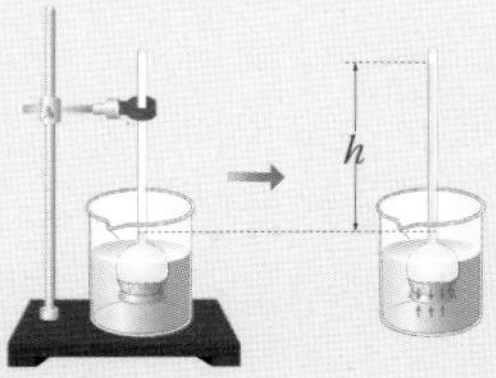

삼투압(π) = $\rho \times g \times h$
(ρ : 밀도, g : 중력가속도, h : 높이)

(예) 설탕 물기둥의 올라간 높이가 0.8 m 일때,
삼투압(π) = 1000 kg/m^3 × 9.80 m/s^2 × 0.80 m
= 7.84 × 10^3 kg/m·s^2
= 7.84 × 10^3 Pa
≒ 0.0774 atm

개념 다지기

01 증기 압력에 대한 설명으로 옳은 것만을 <보기>에서 있는 대로 고른 것은?.

< 보기 >

ㄱ. 증기 압력은 동적 평형 상태에서 증기가 나타내는 압력이다.
ㄴ. 같은 물질인 경우 온도가 높을수록 증기 압력은 작다.
ㄷ. 비휘발성 용질이 녹아 있는 용액의 증기 압력은 순수한 용매의 증기 압력보다 크다.

① ㄱ ② ㄴ ③ ㄱ, ㄴ ④ ㄱ, ㄷ ⑤ ㄱ, ㄴ, ㄷ

02 다음 <보기> 중 물이 담긴 밀폐된 플라스크를 가열할 때 증가하는 것만을 있는 대로 고른 것은?

< 보기 >

ㄱ. 물의 부피 ㄴ. 증기의 압력
ㄷ. 증발하는 분자 수 ㄹ. 기체 상태의 분자 수

① ㄱ, ㄴ ② ㄱ, ㄷ ③ ㄴ, ㄷ ④ ㄷ, ㄹ ⑤ ㄴ, ㄷ, ㄹ

03 37.8 ℃ 에서 에탄올 0.8 mol 과, 뷰탄올 0.2 mol 을 혼합한 용액의 증기 압력은 얼마인가? (단, 37.8 ℃ 에서 에탄올의 증기 압력은 0.136 atm 이고, 뷰탄올의 증기 압력은 0.022 atm 이다. 에탄올과 뷰탄올은 비전해질, 휘발성 물질이다.)

① 0.1132 atm ② 1.132 atm ③ 1.35 atm
④ 0.1528 atm ⑤ 1.528 atm

04 20 ℃ 에서 요소 30 g 이 물 351 g 속에 용해되어 있는 요소 수용액의 증기 압력은 얼마인가? (단, 20 ℃ 순수한 물의 증기 압력은 17.6 mmHg 이고, 요소의 분자량은 60 이고, 물의 분자량은 18 이다.)

① 16.72 mmHg ② 1.672 mmHg ③ 17.16 mmHg
④ 1.716 mmHg ⑤ 17.30 mmHg

05 물 100 g 에 설탕 3.42 g 을 녹인 용액의 끓는점과 어는점을 올바르게 짝지은 것은? (단, 설탕의 분자량은 342 이고, 물의 몰랄 오름 상수는 0.52, 물의 몰랄 내림 상수는 1.86이다.)

	끓는점(℃)	어는점(℃)		끓는점(℃)	어는점(℃)
①	100.52	0.186	②	100.52	-0.186
③	100.052	0.186	④	100.052	-0.186
⑤	100.052	0			

06 6.0 g 의 미지의 용질을 100 g 의 물에 녹인 용액의 끓는점이 100.173 ℃ 이다. 미지의 용질의 분자량은 얼마인가? (단, 순수한 물의 끓는점은 100 ℃ 이고, 몰랄 오름 상수는 0.52이다.)

① 180 ② 176 ③ 172 ④ 168 ⑤ 164

07 삼투 현상과 삼투압에 대한 내용 중 옳은 것만을 <보기>에서 있는 대로 고른 것은?

< 보기 >

ㄱ. 용질 입자는 반투막을 통과할 수 있다.
ㄴ. 삼투압은 삼투 현상이 일어날 때 반투막이 받는 압력이다.
ㄷ. 삼투는 농도가 낮은 용액의 용매가 농도가 진한 용액 쪽으로 이동하는 현상이다.

① ㄱ ② ㄴ ③ ㄱ, ㄷ ④ ㄴ, ㄷ ⑤ ㄱ, ㄴ, ㄷ

08 27 ℃ 에서 포도당 18 g 을 물에 녹여 포도당 수용액 200 mL 를 만들었을 때 포도당 수용액의 삼투압은 얼마인가? (단, 포도당의 분자량은 180 이고, 기체 상수는 0.082 $L \cdot atm \cdot mol^{-1} \cdot K^{-1}$ 이다.)

① 6.2 atm ② 0.62 atm ③ 8.3 atm ④ 1.23 atm ⑤ 12.3 atm

유형익히기&하브루타

유형7-1 증기 압력 내림1

그림은 농도가 다른 설탕물 A, B, C 를 수은이 담긴 유리관으로 연결한 진공인 플라스크에 각각 넣고 충분한 시간이 지났을 때 모습을 나타냈다.

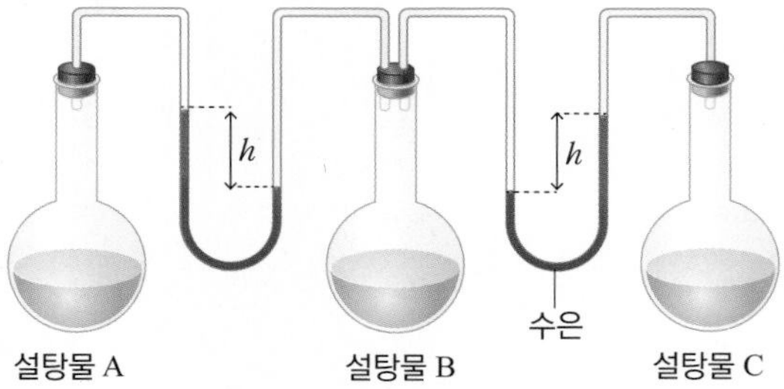

유리관 속 수은 기둥의 높이가 h 로 같을 때 이에 대한 설명으로 옳은 것만을 <보기>에서 있는 대로 고른 것은? (단, 설탕물 A의 몰랄 농도는 0.1 m 이다.)

< 보기 >

ㄱ. 용액의 증기 압력은 설탕물 A와 설탕물 C가 같다.
ㄴ. 설탕물 B의 몰랄 농도는 0.1 m 보다 크다.
ㄷ. 설탕물 B에 설탕을 더 넣어주면 h 값은 작아진다.

① ㄱ　② ㄴ　③ ㄱ, ㄷ　④ ㄴ, ㄷ　⑤ ㄱ, ㄴ, ㄷ

01 그림은 액체가 든 밀폐된 플라스크를 방치하여 시간이 지남에 따라 변하는 플라스크 속 모습을 나타낸 것이다.

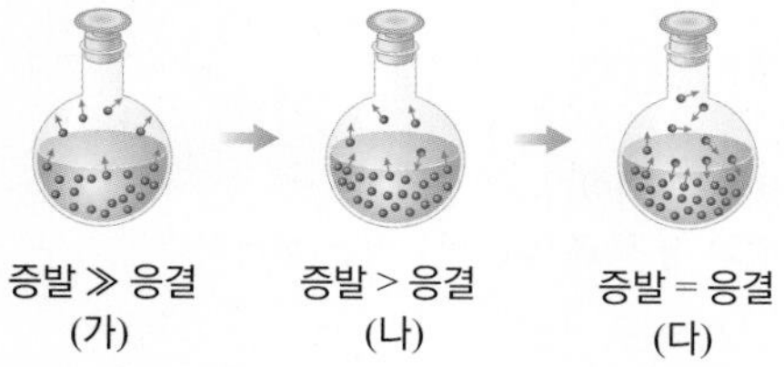

이에 대한 설명으로 옳은 것만을 <보기>에서 있는 대로 고른 것은?

< 보기 >

ㄱ. (가)에서 플라스크 속 액체의 양은 줄어든다.
ㄴ. (나)에서 플라스크 속 액체의 양은 늘어난다.
ㄷ. (다)에서 플라스크 속 액체는 증발하지 않는다.

① ㄱ　② ㄴ　③ ㄷ
④ ㄱ, ㄷ　⑤ ㄴ, ㄷ

02 그림은 물 100 g 에 같은 질량의 비휘발성, 비전해질 용질 A와 B를 각각 녹인 수용액을 수은이 들어 있는 유리관으로 연결된 진공 상태의 두 플라스크에 각각 넣고 충분한 시간이 흐른 뒤의 모습이다.

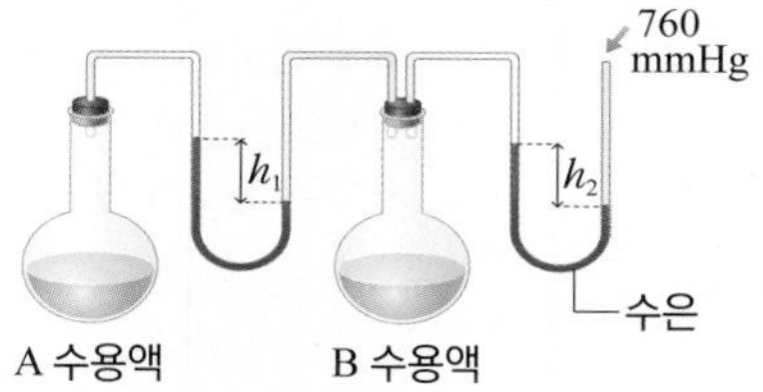

이에 대한 설명으로 옳은 것만을 <보기>에서 있는 대로 고른 것은? (단, 두 수용액의 온도는 같고, B 수용액의 유리관 한쪽 끝은 열려 있다.)

< 보기 >

ㄱ. A의 분자량이 B의 분자량보다 크다.
ㄴ. A 수용액의 증기 압력은 $(760 - h_2 - h_1)$ mmHg 이다.
ㄷ. B 수용액에 용질 B를 더 녹이면 h_1의 값은 작아진다.

① ㄱ　② ㄴ　③ ㄷ
④ ㄱ, ㄷ　⑤ ㄴ, ㄷ

유형7-2 증기 압력 내림 2

그림은 1기압에서 순수한 물과 요소 x (g)을 물 171 g 에 녹인 요소 수용액의 온도에 따른 증기 압력을 나타낸 것이다.

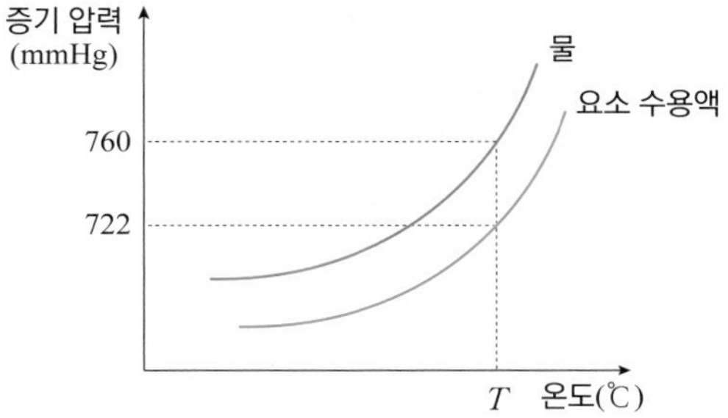

이에 대한 설명으로 옳은 것만을 <보기>에서 있는 대로 고른 것은? (단, 물의 분자량은 18, 요소의 분자량은 60 이고, 1 기압은 760 mmHg 이다.)

< 보기 >

ㄱ. x = 3 (g) 이다.
ㄴ. 요소 수용액 속 물의 몰 분율은 0.9 이다.
ㄷ. 요소 수용액의 끓는점은 T℃ 보다 높다.

① ㄱ ② ㄴ ③ ㄷ ④ ㄱ, ㄷ ⑤ ㄴ, ㄷ

03 그림은 t (℃) 에서 용질의 몰 분율에 따른 어떤 용액의 증기 압력 내림의 변화를 나타낸 것이다.

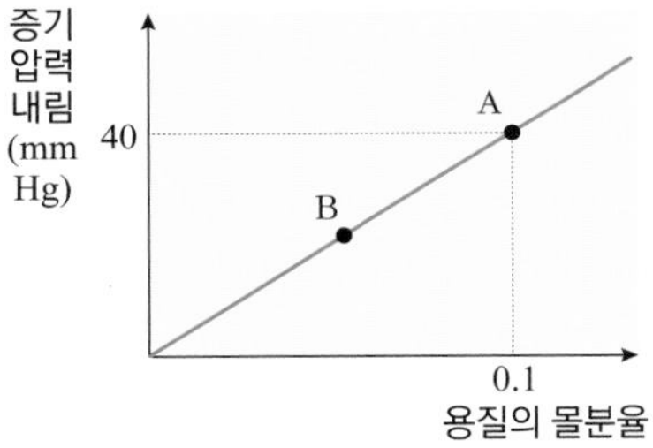

이에 대한 설명으로 옳은 것만을 <보기>에서 있는 대로 고른 것은?

< 보기 >

ㄱ. 용액의 증기 압력은 A일 때가 B일 때보다 높다.
ㄴ. t (℃) 에서 순수한 용매의 증기 압력은 400 mmHg 이다.
ㄷ. 용매의 몰 분율이 0.8 이면 용액의 증기 압력 내림은 320 mmHg 이다.

① ㄴ ② ㄷ ③ ㄱ, ㄴ
④ ㄱ, ㄷ ⑤ ㄴ, ㄷ

04 그림과 같은 장치에 20 ℃로 온도가 같은 순수한 물과 포도당 x (g) 을 물 153 g 에 녹인 수용액을 넣고 충분한 시간이 흐른 뒤 관찰한 수은 기둥의 높이 차가 2.64 mm 이었다.

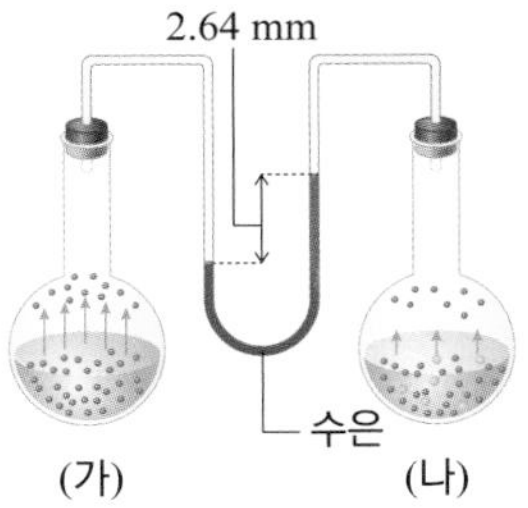

이때 포도당 수용액의 몰랄 농도는 얼마인가? (단, 20 ℃에서 물의 증기 압력은 17.6 mmHg 이며, 물의 분자량은 18 이고, 포도당 수용액은 라울의 법칙이 적용된다고 가정한다.)

① 9.80 m ② 9.00 m
③ 4.90 m ④ 4.50 m
⑤ 1.02 m

유형7-3 끓는점 오름과 어는점 내림

그림 (가)는 액체 A와 B의 온도에 따른 증기 압력을 나타낸 것이다. 그림 (나)는 액체 A와 B 100 g 에 같은 질량의 용질 C 를 각각 녹인 용액 X, Y 의 시간에 따른 온도 변화를 나타낸 것이다.

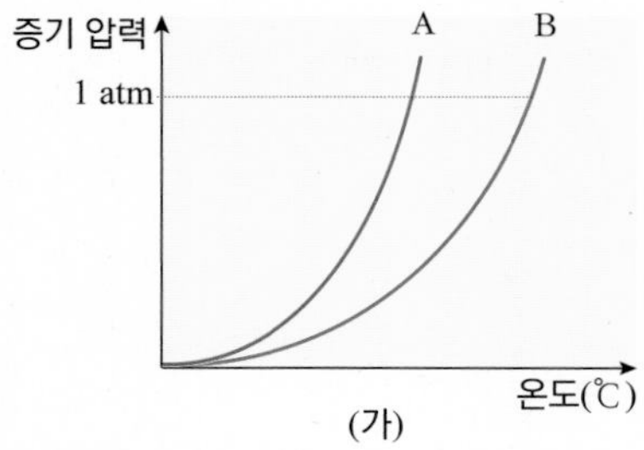

(가)

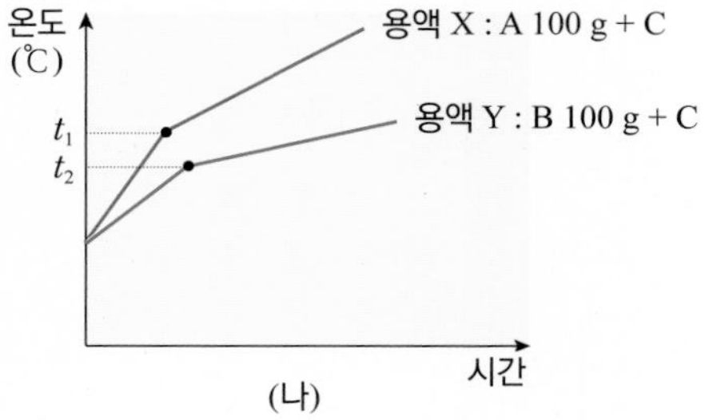

(나)

이에 대한 설명으로 옳은 것만을 <보기>에서 있는 대로 고른 것은? (단, 외부 압력은 1 atm 이다.)

< 보기 >

ㄱ. (가)에서 A의 끓는점이 B보다 높다.
ㄴ. 분자 사이의 인력은 A가 B 보다 작다.
ㄷ. A의 몰랄 오름 상수가 B의 몰랄 오름 상수 보다 크다.

① ㄱ　② ㄴ　③ ㄱ, ㄴ　④ ㄱ, ㄷ　⑤ ㄴ, ㄷ

05 다음은 물 100 g 에 같은 비휘발성, 비전해질 용질을 각각 다른 양으로 넣은 수용액의 끓는점과 어는점을 나타낸 표이다.

구분	A 수용액	B 수용액
용질의 양(g)	5	6
끓는점(℃)	(가)	101.04
어는점(℃)	- 3.1	(나)

이에 대한 설명으로 옳은 것만을 <보기>에서 있는 대로 고른 것은? (단, 물의 몰랄 오름 상수는 0.52, 물의 몰랄 내림 상수는 1.86 이다.)

< 보기 >

ㄱ. 용질의 분자량은 30 이다.
ㄴ. (가)는 101.87 이다.
ㄷ. (나)는 - 3.72 이다.

① ㄱ　② ㄴ　③ ㄱ, ㄴ
④ ㄱ, ㄷ　⑤ ㄱ, ㄴ, ㄷ,

06 그래프는 용매 X 와 용매 Y 에 각각 비휘발성, 비전해질 용질을 녹인 (가), (나) 수용액의 몰랄 농도에 따른 수용액의 어는점 변화를 나타낸 것이다.

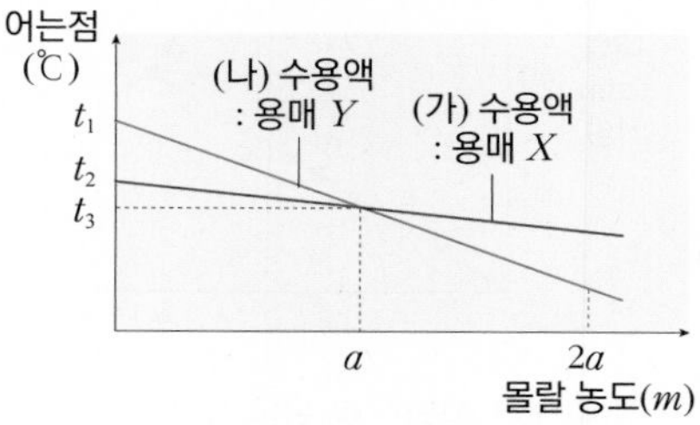

이에 대한 설명으로 옳은 것만을 <보기>에서 있는 대로 고른 것은?

< 보기 >

ㄱ. 용매 Y 의 몰랄 내림 상수 = $\frac{t_1 - t_3}{a}$ 이다.
ㄴ. 용매 X 의 몰랄 내림 상수가 용매 Y 의 몰랄 내림 상수 보다 크다.
ㄷ. 몰랄 농도가 $1.5a$ 일 때 (나) 수용액의 어는점 = $1.5t_3 - 0.5t_1$ 이다.

① ㄱ　② ㄷ　③ ㄱ, ㄴ
④ ㄱ, ㄷ　⑤ ㄱ, ㄴ, ㄷ

유형7-4 삼투압

그림 (가)는 반투막으로 분리된 수조에 물과 0.2 M 포도당 수용액을 높이가 같게 넣고 충분한 시간이 흐른 뒤 모습이고, 그림 (나)는 (가) 속 포도당 수용액에 압력을 가해 양쪽의 수면의 높이가 같아진 모습이다.

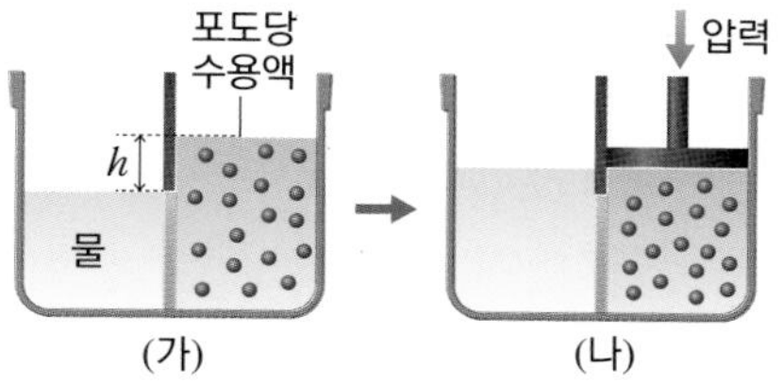

이에 대한 설명으로 옳은 것만을 <보기>에서 있는 대로 고른 것은? (단, 물과 포도당 수용액의 온도는 27 ℃이고, R 은 기체 상수이다.)

<보기>

ㄱ. (가)에서 온도를 높이면 h 는 증가한다.
ㄴ. (나)에서 가한 압력은 $600R$ 이다.
ㄷ. (가)에서 포도당 수용액 쪽에서 물 쪽으로 이동하는 물 분자도 있다.

① ㄱ ② ㄷ ③ ㄱ, ㄷ ④ ㄴ, ㄷ ⑤ ㄱ, ㄴ, ㄷ

07 그림은 물이 담긴 수조에 서로 다른 농도의 포도당 수용액이 담긴 깔때기 관 (가), (나)를 넣은 것이다.

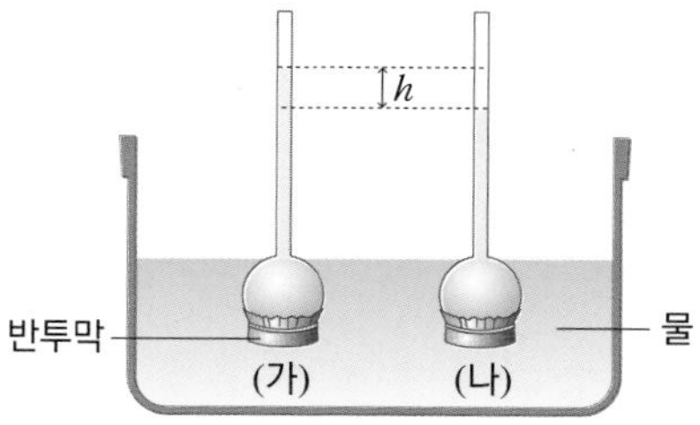

이에 대한 설명으로 옳은 것 만을 <보기>에서 있는 대로 고른 것은? (단, 수조 속에 담겨있는 모든 액체의 온도는 같다.)

<보기>

ㄱ. 수용액의 온도를 높여도 h 는 일정하다.
ㄴ. 포도당의 수용액의 몰 농도는 (가)가 (나)보다 크다.
ㄷ. (나)의 수용액에 포도당을 더 첨가하면 h 는 증가한다.

① ㄱ ② ㄴ ③ ㄱ, ㄴ
④ ㄴ, ㄷ ⑤ ㄱ, ㄴ, ㄷ

08 그림은 같은 질량의 용질 A와 B를 각각 25 ℃ 물에 녹여 만든 A, B 수용액 10 mL 를 깔때기 관에 각각 넣은 것을 나타낸 것이다. 삼투압을 측정하였더니 깔때기 관 속 수용액의 높이가 A 수용액이 B 수용액보다 2배 높았다.

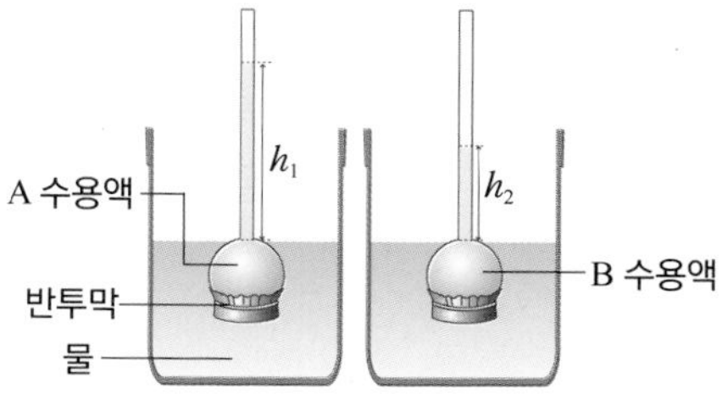

이에 대한 설명으로 옳은 것만을 <보기>에서 있는 대로 고른 것은? (단, A와 B는 비전해질, 비휘발성 물질이다.)

<보기>

ㄱ. 용질의 분자량은 A가 B보다 작다.
ㄴ. 시간이 충분히 흐른 뒤 두 수용액의 몰 농도는 처음보다 작아진다.
ㄷ. 50 ℃ B 수용액의 삼투압은 25 ℃ A 수용액의 삼투압과 같다.

① ㄱ ② ㄴ ③ ㄱ, ㄴ
④ ㄴ, ㄷ ⑤ ㄱ, ㄴ, ㄷ

창의력&토론마당

01 전해질 물질이 녹아 있는 수용액에는 양이온, 음이온이 해리되어 있고, 해리되지 않은 전해질 물질이 남아 있는 상태이다. 이러한 전해질 물질이 녹아 있는 수용액 속 용질의 총 몰수는 해리되어 생성된 양이온, 음이온의 몰수와 해리되지 않은 물질의 몰수를 각각 합한 값과 같다. 다음은 전해질 물질인 NaCl이 해리되는 과정을 나타낸 것이다.

$$NaCl(s) \rightarrow Na^{+}(aq) + Cl^{-}(aq)$$

위의 내용을 참고하여 0.15 *m* 요소 수용액과 0.1 *m* NaCl 수용액의 끓는점을 구하고자 한다. 아래의 질문에 답하시오.

(1) NaCl 이 비휘발성, 비전해질이라고 가정할 때, 0.1 *m* NaCl 수용액과 0.15 *m* 요소 수용액의 끓는점을 구하고, 두 수용액의 끓는점을 비교하시오.(단, 물의 몰랄 오름 상수는 0.52이고, 요소는 비휘발성, 비전해질 물질이다.)

(2) 27 ℃ 물에서 NaCl 이 90 % 만 해리될 때, 0.15 *m* 요소 수용액과 0.1 *m* NaCl 수용액의 끓는점을 구하고, 두 수용액의 끓는점을 비교하시오.

02 바닷물은 강물과 다르게 염류가 녹아 있어 추운 겨울에도 잘 얼지 않는다. 순수한 물의 어는점이 0 ℃ 이고, 바닷물의 어는점이 −1.91 ℃ 일 때, 바닷물과 어는점이 같아지도록 물 500 g 에 용질 A 12 g 을 용해시켜 수용액을 만들었다면 A의 분자량은 얼마인가? (단, 물의 몰랄 내림 상수는 1.86 이다. A는 비휘발성이며, 물에 완전히 해리되고, 한 분자는 물에 해리하여 두 이온을 생성한다.)

03 다음은 제설제로 사용 가능한 몇 가지 물질의 자료이다. 눈 1 kg 에 제설제 100 g 을 뿌릴 때, 각 물질이 용해된 눈의 녹는점을 구하고, 제설제로 사용하기에 가장 경제적인 물질을 구하시오. (단, 눈의 녹는점은 0 ℃ 이고, 몰랄 내림 상수는 1.86 이며 염화 칼슘, 염화 나트륨, 질산 알루미늄은 눈에 완전히 해리한다고 가정한다.)

물질	화학식	화학식량	해리되었을 때 생성되는 이온	100 g 당 가격
요소	$(NH_2)_2CO$	60	×	150 원
포도당	$C_6H_{12}O_6$	180	×	280 원
염화 칼슘	$CaCl_2$	111	Ca^+, $2Cl^-$	180 원
염화 나트륨	$NaCl$	58.5	Na^+, Cl^-	260 원
질산 알루미늄	$Al(NO_3)_3$	213	Al^{3+}, $3NO_3^-$	300 원

04 밀도가 1.05 g/mL 인 설탕물을 깔때기 관에 넣고, 물이 담긴 비커 속에 깔때기 관을 넣은 뒤 방치하였더니, 설탕물 기둥의 높이가 처음 높이보다 0.5 m 증가하였다. 실험 결과를 참고하여 아래의 질문에 답하시오.

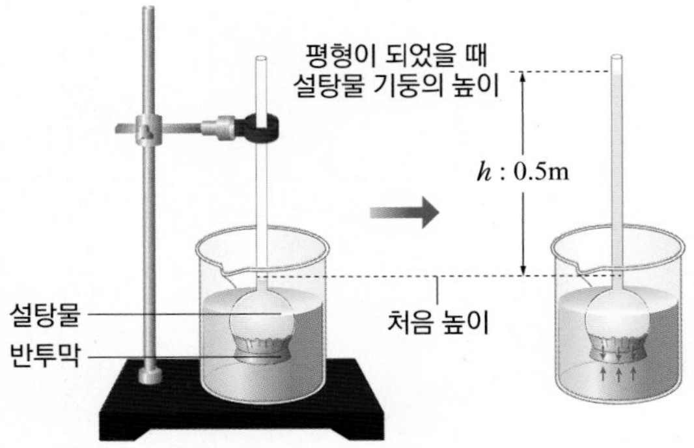

(1) 깔때기 관에 넣은 설탕물의 농도를 구하시오. (단, 중력 가속도는 9.80 m/s^2 이고, 1 Pa = 1 $kg/m \cdot s^2$, 1 atm = 1.013×10^5 Pa 이다. 또한, 기체 상수 = 0.082 atm · L/mol · K 이고, 설탕물의 온도는 27 ℃ 이다.)

(2) 설탕물의 삼투압의 크기는 설탕물 기둥이 반투막을 누르는 압력의 크기와 같다. 깔때기 관에 넣어준 설탕물의 온도가 높아지면 평형 상태에서 깔때기 관 속의 설탕물 기둥의 높이는 어떻게 될지 이유와 함께 서술하시오.

05

다음은 농도가 진한 용액에 삼투압보다 강한 압력을 주어, 진한 용액 속의 용매를 반투막을 통해 묽은 용액 쪽으로 이동시키는 역삼투를 이용한 실험 기구이다.

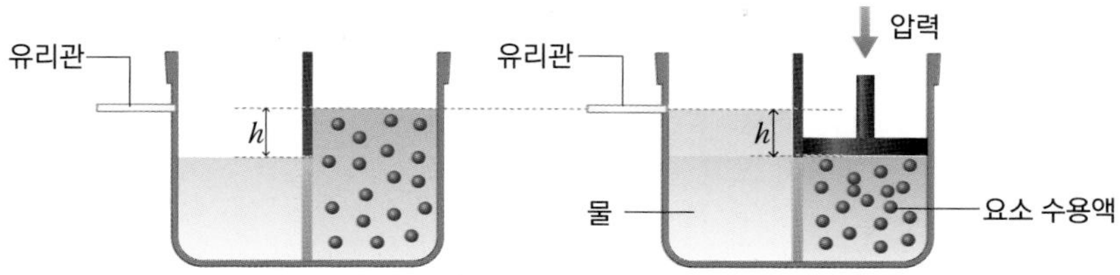

(가) (나)

27 ℃ 에서 0.5 M 요소 수용액에 압력을 주어 (가)의 요소 수용액 수면과 같은 높이에 있는 유리관의 높이까지 물을 흘려보내려고 한다. 요소 수용액에 가하는 최소한의 압력은 얼마인가? (단, 요소는 비휘발성 비전해질 분자이고, 기체 상수(R) = 0.082 atm·L/mol·K 이다.)

06

나무는 땅속의 물을 나무의 뿌리에서 부터 삼투 현상, 모세관 현상 등을 이용하여 물을 나무의 가지 끝까지 끌어올린다. 나무의 수액이 땅속의 물보다 농도가 0.08 M 더 높고, 수액과 땅속의 물이 25 ℃ 일 때, 땅속의 물이 나무 줄기를 통해서 얼마나 높이 올라갈 수 있겠는가? (단, 나무 뿌리가 땅속의 물을 흡수할 때 삼투 현상만 작용한다고 가정한다. 수액의 밀도는 1.1×10^3 kg/m^3 이고, 기체 상수는 0.082 atm · L/mol · K 이다. 또한, 중력 가속도는 9.8 m/s^2 이고, 1 atm = 101325 Pa , 1 Pa = 1 N/m^2, 1 N = 1 kg·m/s^2 이다.)

스스로 실력높이기

A

01 다음에서 설명하는 현상은 무엇인가?

반투막을 사이에 두고 양쪽에 소금물과 증류수를 넣으면 물 분자가 반투막을 통해 소금물 쪽으로 이동하는 현상이다.

( )

02 다음 중 동적 평형 상태의 분자 수의 비교가 올바른 것만을 <보기>에서 있는 대로 고르시오.

<보기>

ㄱ. 증발하는 분자 수 > 응결하는 분자 수
ㄴ. 증발하는 분자 수 = 응결하는 분자 수
ㄷ. 증발하는 분자 수 < 응결하는 분자 수

( )

03 증기 압력에 대한 설명으로 옳은 것은 ○표, 옳지 않은 것은 ×표 하시오.

(1) 분자 사이에 작용하는 인력이 작을수록 증기 압력은 크다. ( )

(2) 비휘발성 용질이 녹아 있는 용액의 농도가 진할수록 용액의 증기 압력은 높다. ( )

04 0.5 m 설탕물과 2 m 설탕물 중 두 설탕물의 온도가 같을 때 증기 압력이 높은 것은 어느 것인가?

( )

05 20 ℃ 물 174.6 g 에 요소 18 g 을 녹인 요소 수용액의 증기 압력 내림은 얼마인가? (단, 20 ℃의 순수한 물의 증기 압력은 17.6 mmHg 이다. 또, 물의 분자량은 18 이고, 요소의 분자량은 60이다.)

( )

06 끓는점 오름과 어는점 내림 현상에 대한 설명으로 옳은 것은 ○표, 옳지 않은 것은 ×표 하시오.

(1) 끓는점 오름은 용액의 몰 농도에 비례한다. ( )

(2) 어는점 내림은 용액의 절대 온도에 비례한다. ( )

(3) 0.1 m 요소 수용액과 0.1 m 포도당 수용액의 끓는점은 같다. ( )

07 용액의 끓는점에 대한 설명으로 알맞은 말을 괄호 안에 쓰시오.

용액의 끓는점 오름은 용매가 같을 때 용액의 ( )에 비례한다.

08 다음은 각각 다른 농도의 설탕물을 나타낸 것이다. 어는점이 낮은 것부터 높은 순으로 <보기>에서 골라 기호로 나열하시오. (단, 설탕의 분자량은 342 이다.)

〈 보기 〉

ㄱ. 물 1 kg 에 설탕 34.2 g 을 녹인 설탕물
ㄴ. 물 1 kg 에 설탕 0.15 mol 을 녹인 설탕물
ㄷ. 0.2 *m* 설탕물

( )

09 요소 30 g 을 증류수 300 g 에 녹인 요소 수용액의 끓는점과, 어는점을 구하시오. (단, 요소의 분자량은 60 이고, 증류수의 몰랄 오름 상수는 0.52, 증류수의 몰랄 내림 상수는 1.86 이다.)

끓는점 : ( )
어는점 : ( )

10 물질 A 30 g 을 증류수에 녹여 수용액 1 L 를 만들었다. 이 수용액의 삼투압이 4.11 atm 일 때, 물질 A의 분자량을 구하시오.(단, 물질 A는 비휘발성, 비전해질이며, 기체 상수는 0.082 atm · L/mol · K 이고, 수용액의 온도는 27 ℃ 이다.)

( )

B

11 다음은 밀폐된 플라스크 속 물이 동적 평형 상태가 되는 과정을 나타내는 그림이다.

이에 대한 설명으로 옳은 것만을 <보기>에서 있는 대로 고른 것은? (단, 물의 온도는 20 ℃로 같고, 20 ℃ 물의 증기 압력은 17.6 mmHg 이다.)

< 보기 >

ㄱ. 플라스크 속 물의 양은 (가)가 가장 많다.
ㄴ. (다)의 증기 압력은 17.6 mmHg 보다 크다.
ㄷ. (나)의 증기가 나타내는 압력을 20 ℃ 물의 증기 압력이라고 한다.

① ㄱ ② ㄷ ③ ㄱ, ㄴ
④ ㄱ, ㄷ ⑤ ㄴ, ㄷ

12 다음은 순수한 물의 증기 압력과 A 수용액의 증기 압력을 측정하는 실험이다.

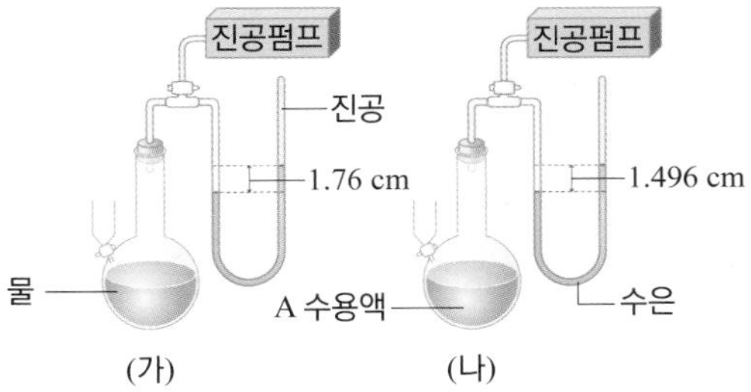

이에 대한 설명으로 옳은 것만을 <보기>에서 있는 대로 고른 것은? (단, 두 액체의 온도는 20 ℃이다.)

< 보기 >

ㄱ. A 수용액 속 용질 A의 몰 분율은 0.1 이다.
ㄴ. 물의 증기 압력은 A 수용액의 증기 압력 보다 크다.
ㄷ. (나)에 용질 A를 더 용해시키면, 수은 기둥의 높이 차는 1.496 cm 보다 크다.

① ㄱ ② ㄴ ③ ㄱ, ㄴ
④ ㄴ, ㄷ ⑤ ㄱ, ㄴ, ㄷ

13 그림은 (가) 10 % 포도당 수용액 200 g 에 포도당 7 g 을 녹여 (나) 포도당 수용액 207 g 을 만드는 모습이다. 20 ℃ 에서 (나) 수용액의 증기 압력은 얼마인가? (단, 20 ℃ 물의 증기 압력은 17.6 mmHg 이고, 물의 분자량은 18, 포도당의 분자량은 180 이다.)

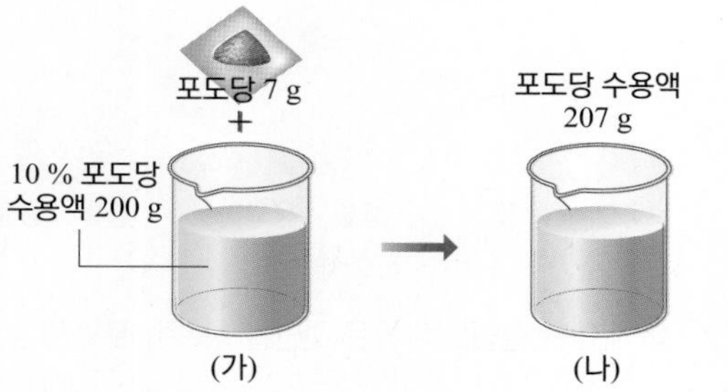

① 17.34 mmHg ② 17.20 mmHg
③ 17.58 mmHg ④ 1.73 mmHg
⑤ 1.76 mmHg

14 다음은 물 1 kg 에 용질 X 를 다른 질량으로 각각 용해시킨 두 수용액에 관한 표이다.

구분	A 수용액	B 수용액
용질의 양(g)	15	18
끓는점(℃)	(가)	100.156
어는점(℃)	- 0.465	(나)

(가)와 (나)에 해당하는 것으로 옳게 짝지어진 것은? (단, 용질 X 는 비휘발성, 비전해질 물질이고, 물의 몰랄 오름 상수는 0.52 이고, 몰랄 내림 상수는 1.86이다.)

	(가)	(나)
①	100.13	- 5.855
②	100.13	- 0.558
③	100.13	- 0.800
④	101.3	- 5.855
⑤	101.3	- 0.558

15 다음은 고체 X 를 용매 A에 녹여서 만든 용액의 정보를 나타낸 표이다.

구분	내용
순수한 용매의 끓는점	80.09 ℃
몰랄 오름 상수	2.64
용매의 질량	1000 g
용해된 X의 질량	32 g
용액의 끓는점	80.75

이에 대한 설명으로 옳은 것만을 <보기>에서 고른 것은? (단, X 는 비휘발성, 비전해질 물질이다.)

<보기>
ㄱ. X 의 분자량은 64 이다.
ㄴ. 용액의 몰랄 농도는 0.25 m 이다.
ㄷ. 용액은 순수한 용매 A보다 증기 압력이 낮다.

① ㄱ ② ㄴ ③ ㄷ
④ ㄱ, ㄴ ⑤ ㄴ, ㄷ

16 그림은 비휘발성, 비전해질 용질 X와 Y를 같은 질량의 물에 각각 녹인 수용액의 용질의 질량에 따른 어는점 변화를 나타낸 것이다.

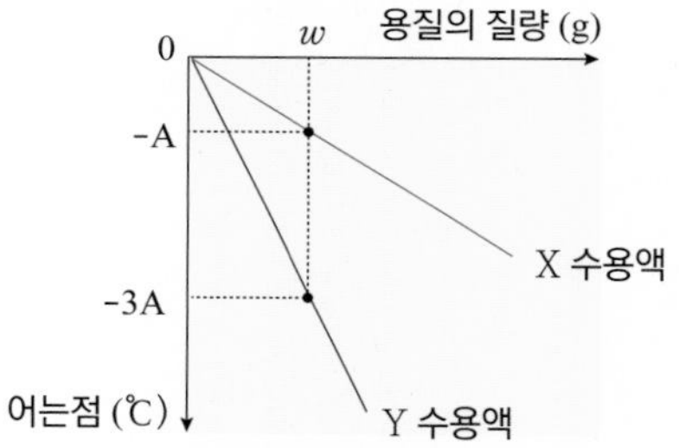

이에 대한 설명으로 옳은 것만을 <보기>에서 있는 대로 고른 것은?

<보기>
ㄱ. X 수용액의 몰랄 농도는 Y 수용액의 3배 크다.
ㄴ. 끓는점은 X 수용액이 Y 수용액보다 낮다.
ㄷ. 증기 압력은 X 수용액이 Y 수용액보다 낮다.

① ㄴ ② ㄷ ③ ㄱ, ㄴ
④ ㄱ, ㄷ ⑤ ㄴ, ㄷ

17 그림은 반투막을 사이에 두고 양쪽에 같은 높이로 물과 전해질 물질이 녹아있는 수용액을 넣었을 때 반투막 주변의 모습을 나타낸 것이다.

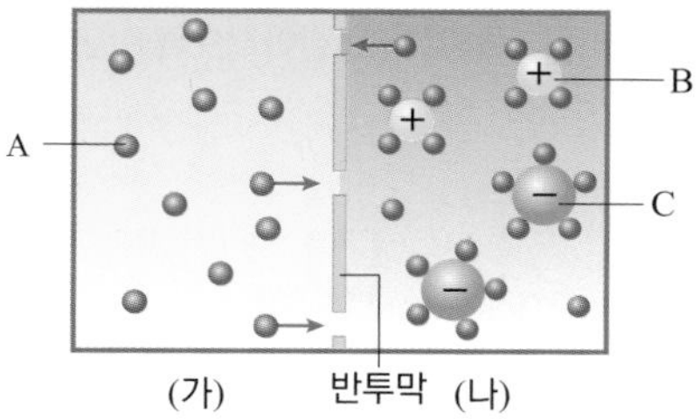

이에 대한 설명으로 옳은 것만을 <보기>에서 있는 대로 고른 것은? (단, B와 C는 반투막을 통과할 수 없다.)

<보기>

ㄱ. (가)의 A는 삼투 현상에 의해 (나) 쪽으로 이동한다.
ㄴ. B와 C의 수가 줄어들면 (나) 속 수용액의 삼투압은 커진다.
ㄷ. (가), (나)의 액체가 각각 반투막에 가하는 압력이 같을 때, 더 이상 A는 이동하지 않는다.

① ㄱ ② ㄴ ③ ㄷ
④ ㄱ, ㄴ ⑤ ㄴ, ㄷ

18 U자관에 반투막을 사이에 두고 포도당 수용액과 설탕물을 같은 높이로 넣고 하루가 지난 뒤 관찰하였다.

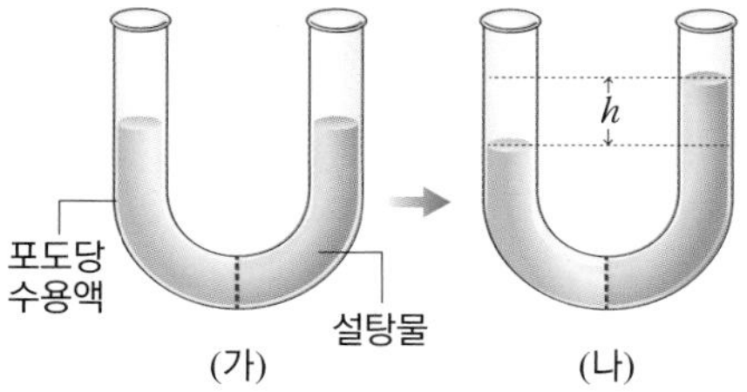

이에 대한 설명으로 옳은 것만을 <보기>에서 있는 대로 고른 것은?

<보기>

ㄱ. 몰 농도는 포도당 수용액이 설탕물보다 작다.
ㄴ. 용액의 온도를 높여도 h 값은 변하지 않는다.
ㄷ. (나)의 포도당 수용액에는 설탕 입자가 존재하지 않는다.

① ㄱ ② ㄷ ③ ㄱ, ㄴ
④ ㄱ, ㄷ ⑤ ㄴ, ㄷ

C

19 다음은 20 ℃의 진공 상태인 밀폐된 용기 안에 물을 넣은 뒤 시간에 따른 증발하는 분자 수와 응결하는 분자 수의 상대적인 수를 순서와 관계없이 나타낸 표이다.

상태	A	B
(가)	0.7	1
(나)	0.4	1
(다)	1	1

이에 대한 설명으로 옳은 것만을 <보기>에서 있는 대로 고른 것은?

<보기>

ㄱ. 증기 압력은 (나)에서 증기가 나타내는 압력이다.
ㄴ. A는 응결하는 분자 수이고, B는 증발하는 분자 수이다.
ㄷ. (나) - (가) - (다) 과정 순으로 동적 평형 상태에 도달한다.

① ㄱ ② ㄴ ③ ㄱ, ㄴ
④ ㄱ, ㄷ ⑤ ㄴ, ㄷ

20 다음은 (가)에 요소의 몰 분율이 0.025인 수용액을, (나)에는 요소의 몰 분율이 x 인 수용액을 넣고 두 수용액의 증기 압력을 비교하는 실험이다.

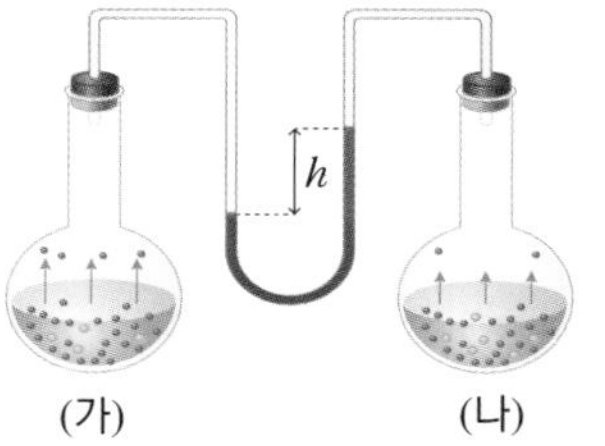

이에 대한 설명으로 옳은 것만을 <보기>에서 있는 대로 고른 것은? (단, 두 수용액의 온도는 20 ℃이며, 20 ℃ 물의 증기 압력은 17.6 mmHg 이다.)

<보기>

ㄱ. x 는 0.025 보다 크다.
ㄴ. (가)의 요소 수용액의 농도가 진해지면 h 의 크기는 증가한다.
ㄷ. h 가 0.5 mm 이면 (나) 수용액 속 요소의 몰 분율 x 는 0.053 이다.

① ㄱ ② ㄷ ③ ㄱ, ㄴ
④ ㄱ, ㄷ ⑤ ㄴ, ㄷ

스스로 실력높이기

21 그래프는 1 기압에서 용매 A와 B에 용질 C를 각각 녹인 용액 (가)와 (나)의 몰랄 농도에 따른 끓는점 변화를 나타낸 것이다.

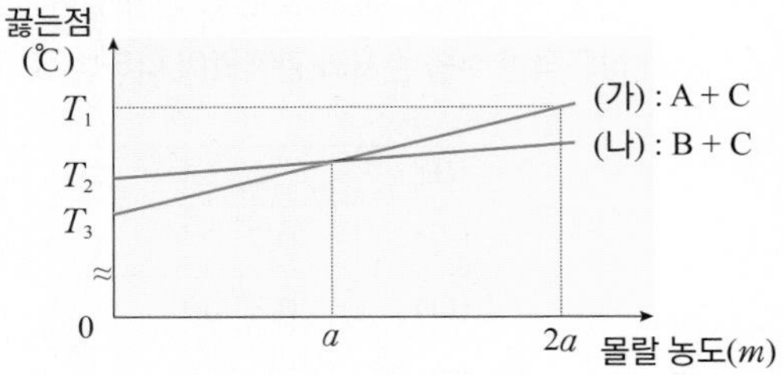

이에 대한 설명으로 옳은 것만을 <보기>에서 있는 대로 고른 것은? (단, C는 비휘발성, 비전해질 물질이다.)

< 보기 >

ㄱ. 순수한 용매의 끓는점은 A가 B보다 높다.
ㄴ. 몰랄 오름 상수는 A가 B보다 크다.
ㄷ. 몰랄 농도가 a (m) 일 때 용액 (가)의 끓는점은 $\frac{T_1 - T_3}{2}$ (℃) 이다.

① ㄱ ② ㄴ ③ ㄱ, ㄴ
④ ㄱ, ㄷ ⑤ ㄱ, ㄴ, ㄷ

22 그림은 요소 0.1 몰과 0.2 몰을 순서 없이 물 100 g에 각각 녹인 수용액 (가)와 (나)를 가열 했을 때, 끓기 시작한 순간부터 시간에 따른 끓는점을 나타낸 것이다.

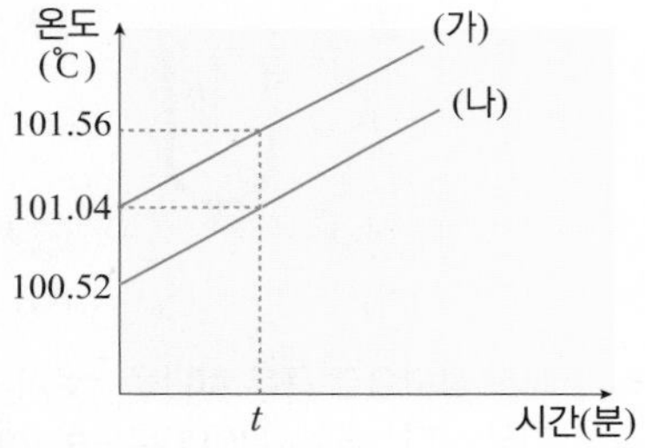

이에 대한 설명으로 옳은 것만을 <보기>에서 있는 대로 고른 것은? (단, 요소는 비휘발성 비전해질 용질이다.)

< 보기 >

ㄱ. 요소 0.2몰을 녹인 수용액은 (나)이다.
ㄴ. 물의 몰랄 오름 상수는 (가)가 (나)보다 크다.
ㄷ. (나)에서 가열 후 t 분 동안 증발한 물의 양은 50 g 이다.

① ㄱ ② ㄴ ③ ㄷ
④ ㄱ, ㄷ ⑤ ㄴ, ㄷ

23 다음은 (가)에 반투막을 사이에 두고 물과 0.5 M 요소 수용액을 각각 같은 높이로 넣고, (나)에는 반투막을 사이에 두고 물과 X 수용액을 각각 같은 높이로 넣었다. (가)와 (나)를 충분한 시간 동안 방치한 뒤 달라진 수면의 높이에 압력을 가하여 다시 같아지도록 만드는 실험이다.

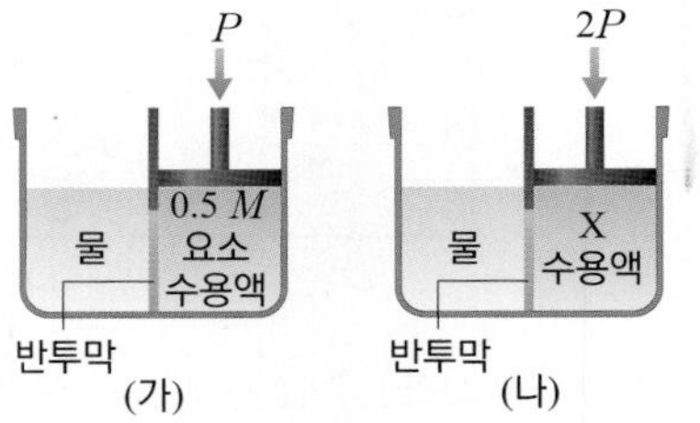

실험 장치 속 모든 액체의 온도가 27 ℃ 일 때, X 수용액의 몰 농도와, X 수용액의 삼투압을 구한 것으로 올바른 것은? (단, X 는 비휘발성, 비전해질 물질이고, 기체 상수는 0.082 atm·L/mol·K 이다.)

	몰 농도(M)	삼투압(atm)
①	1	12.3
②	1	18.5
③	1	24.6
④	2	12.3
⑤	2	24.6

24 다음은 0.5 M A 수용액 200 mL 를 깔때기 관 (가)에 넣고, 농도를 알 수 없는 A 수용액 200 mL 를 깔때기 관 (나)에 넣은 뒤 두 깔때기 관을 물이 담긴 수조에 넣고, 충분한 시간이 흐른 후 모습이다.

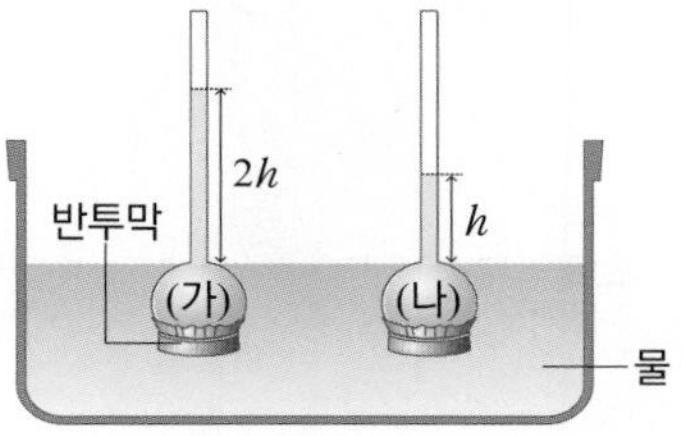

이에 대한 설명으로 옳은 것만을 <보기>에서 있는 대로 고른 것은? (단, A는 비휘발성, 비전해질 물질이다.)

< 보기 >

ㄱ. 용액의 삼투압은 (가)가 (나)보다 작다.
ㄴ. (나)의 몰 농도 (x) 는 0.25 M 이다.
ㄷ. (가)에 녹아 있는 A의 질량이 18 g 이라면 A의 분자량은 90 이다.

① ㄱ ② ㄴ ③ ㄷ
④ ㄱ, ㄴ ⑤ ㄴ, ㄷ

심화

25 다음은 0.2 *m* 요소 수용액 400 g , 0.4 *m* 요소 수용액 400 g 을 각각 (가)와 (나)에 넣고 증기 압력을 비교하는 실험이다.

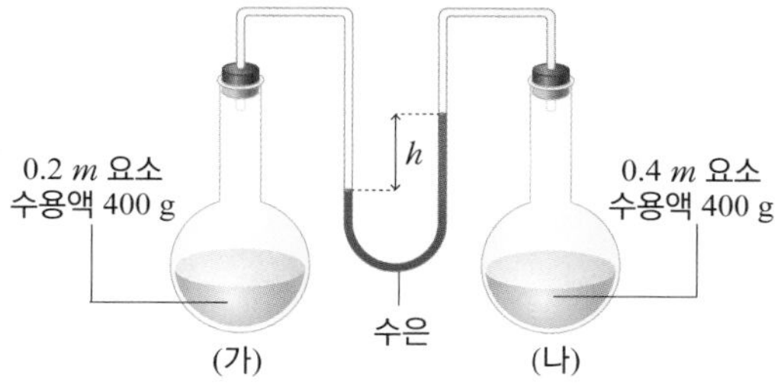

이때, (가)에 요소를 더 넣어 h의 값이 0이 되게 하려면 (가)에 추가되는 요소의 질량은 얼마인가? (단, 요소의 분자량은 60, 물의 분자량은 18 이다.)

26 다음은 플라스크 (가)는 20 ℃ 물 178.2 g 에 포도당 x (g) 녹인 포도당 수용액을 넣고, 플라스크 (나)는 20 ℃ 물 178.2 g 에 포도당을 18 g 을 녹인 수용액을 넣은 뒤 충분한 시간이 흐른 모습이다.

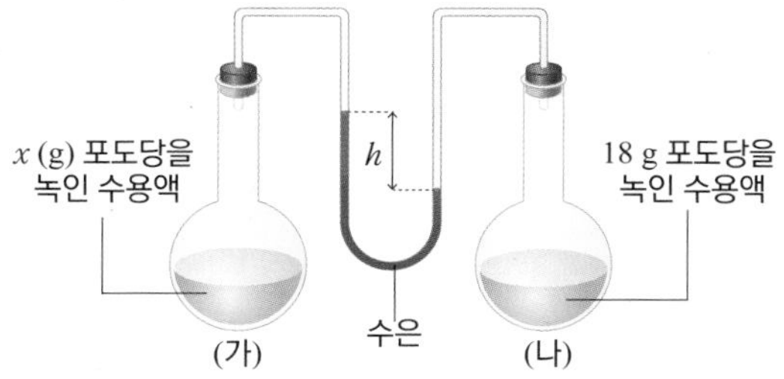

h 가 0.5 mm 일 때, (가)에 녹아 있는 포도당의 질량은 얼마인가? (단,포도당은 비휘발성, 비전해질 물질이며, 포도당의 분자량은 180 이다. 물의 분자량은 18 이고, 20℃에서 물의 증기 압력은 17.6 mmHg 이다.)

27 그림은 일정한 압력에서 비휘발성, 비전해질 용질 A, B를 서로 다른 용매에 각각 녹인 A, B 용액의 몰랄 농도에 따른 어는점 변화를 나타낸 것이다.

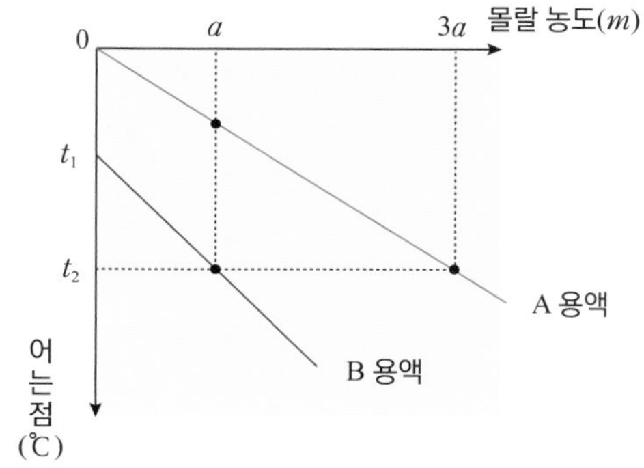

A, B 용액 속 용매의 몰랄 내림 상수를 각각 구하고, 두 용액의 몰랄 농도가 $2a$ 일 때 용액의 어는점을 각각 구하시오.

28 다음은 물과 벤젠 1 kg 에 비휘발성, 비전해질 용질 A, B를 각각 녹인 용액 (가)와 (나)이다.

< 보기 >

(가) : 물 1 kg 에 용질 A를 x (mol) 녹인 용액
(나) : 벤젠 1 kg 에 용질 B를 y (mol) 녹인 용액

(가), (나) 용액의 끓는점을 측정하였더니 100.52 ℃ 로 같을 때, $x + y$ 의 값은 얼마인가? (단, 물의 몰랄 오름 상수는 0.52이고, 벤젠의 끓는점은 80.1 ℃, 벤젠의 몰랄 오름 상수는 2.53이다.)

29 다음은 물 1000 g 에 NaCl 29.25 g 과 포도당 45 g 을 동시에 용해시켜 혼합 수용액을 만드는 모습이다.

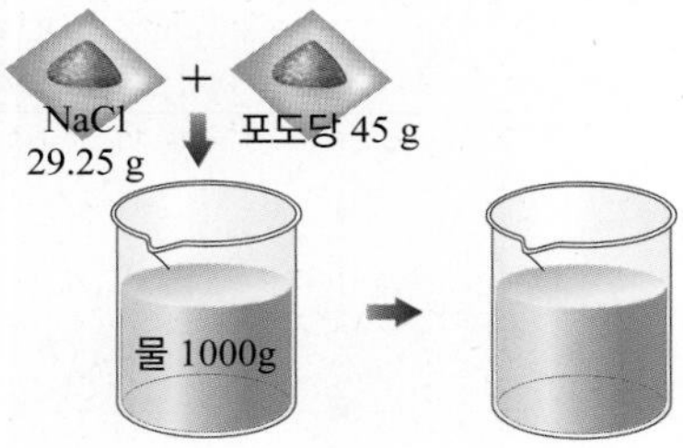

혼합 수용액의 끓는점과 어는점을 구하시오. (단, 물의 몰랄 오름 상수는 0.52 이고, 몰랄 내림 상수는 1.86 이다. NaCl과 포도당의 분자량은 각각 58.5, 180 이고, NaCl은 물에 완전히 해리된다.)

30 다음은 20 ℃ 물 1 kg 에 비휘발성, 비전해질 물질 A를 각각 다른 질량 용해시킨 수용액 (가), (나), (다)의 증기 압력, 수용액 속 용질 A의 몰 분율, 수용액의 끓는점을 나타낸 표이다. 표의 빈칸을 채워 넣으시오. (단, 물의 분자량은 18이고, 물의 몰랄 오름 상수는 0.52이다. 20 ℃ 물의 증기 압력은 17.6 mmHg 이고, 모든 수용액은 라울 법칙이 성립한다고 가정한다.)

구분	증기 압력 (mmHg)	A의 몰 분율	끓는점 (℃)
(가)	15.44	(　　)	(　　)
(나)	(　　)	0.15	(　　)
(다)	(　　)	(　　)	107.22

31 다음은 0.1 M, 0.2 M, 0.3 M 설탕물 200 mL 를 깔때기 관에 각각 넣은 후 물이 담긴 수조에 깔때기 관을 순서 없이 넣고 충분한 시간이 흐른 뒤의 모습이다.

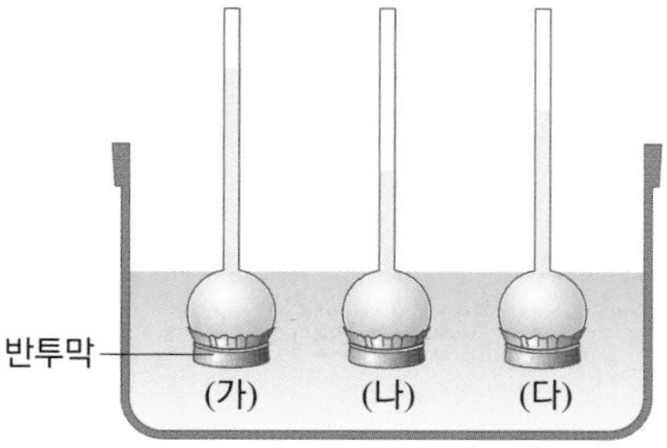

(가), (나), (다)에 넣어준 설탕물의 농도를 각각 구하고, 수조의 물을 0.2 M 의 설탕물로 바꾼다면, (가), (나), (다) 깔때기 관 속 설탕물의 높이는 각각 어떻게 변할지 이유와 함께 서술하시오. (단, 설탕물 기둥이 올라간 높이는 (가) > (다) > (나) 순이고, 수조 속 모든 액체의 온도는 20 ℃ 이며, 설탕은 비휘발성, 비전해질 물질이다.)

32 다음은 비전해질, 비휘발성 용질 X 를 물에 녹여 만든 0.002 M 수용액을 깔때기 관에 넣고 충분한 시간이 지난 뒤 관찰하였더니, 깔때기 관 속 수용액의 높이가 h (m) 가 되었다. 이때 h 의 값은 얼마인가? (단, 비커 속 모든 액체의 온도는 27 ℃ 이다. 수용액의 밀도는 1.05 g/cm^3 이고, 중력 가속도는 9.8 m/s^2, 기체 상수 = 0.082 atm·L/mol·K 이며, 1 atm = 101,325 Pa , 1 Pa = 1 N/m^2, 1 N = 1 kg·m/s^2 이다.)

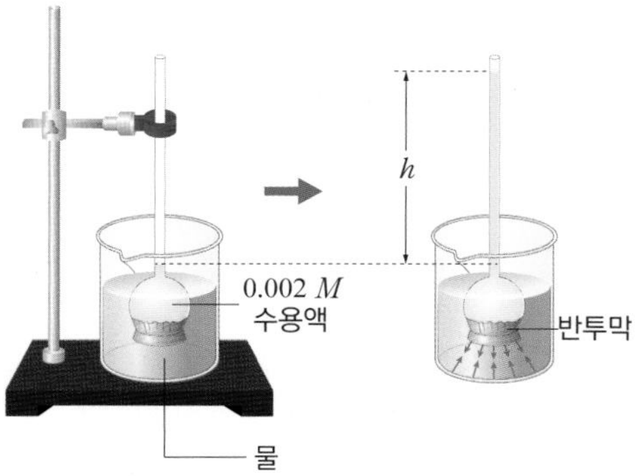

역삼투압과 중공사막의 끝없는 논쟁!

주제

삼투압의 원리

우리는 일상생활 속에서 알게 모르게 삼투현상을 많이 접한다. 식물이 뿌리에서 물을 흡수할 때, 김장할 때 삼투압의 원리가 적용된다. **그렇다면 이렇게 주변에서 흔히 찾아볼 수 있는 삼투현상은 어떻게 일어나는 것일까?!**

(1) 저농도 용액에서 고농도 용액으로

용액(용매 + 용질) 속에 들어 있는 용질은 입자가 커서 통과시키지 못하고 용매 분자만 통과시키는 막을 반투과성막이라고 한다. 이 막을 경계로 한쪽에는 순수한 물을, 다른 한쪽에는 소금물(용액)을 두면 물은 양방향으로 서로 이동하게 된다. 그러나 처음에는 순수한 물이 용액 쪽으로 더 빠르게 이동하여 용액 쪽의 높이가 더 증가하는데, 이와 같은 현상은 농도 차이가 줄어드는 방향으로 물이 움직이기 때문이다. 따라서 시간이 흘러 관에 있는 용액의 높이가 어느 정도 증가한 후에는 그 높이에 의한 압력 때문에 용액 쪽으로 이동하는 물의 속도가 점차 느려지게 되어 결국에는 양방향으로 물이 이동하는 속도가 같아지게 되며 용액의 높이는 더 이상 변하지 않게 된다. 이때 차이가 나는 수압을 삼투압이라고 하며, 물이 반투과성막을 통해 이동하는 현상을 삼투현상이라고 한다. 즉, 삼투현상은 반투과성막을 경계로 순수한 용매를 포함한 저농도 용액에서 고농도 용액 쪽으로 용매(물)가 이동하는 현상이며 삼투압은 이때 용매가 이동하기 위해 가하는 압력이다.

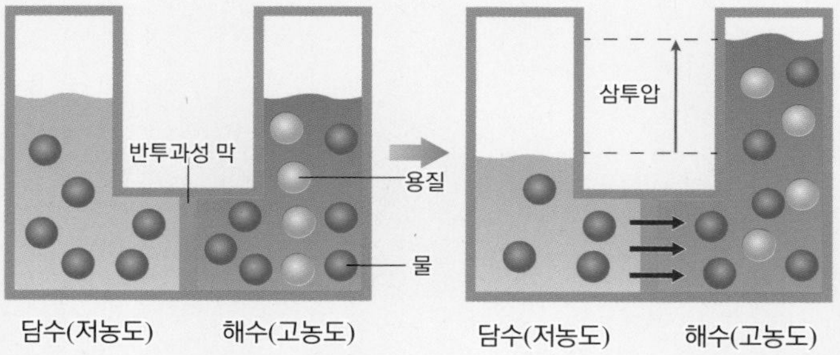

▲ 삼투압의 원리 < 그림 1 >

(2) 삼투현상과 삼투압

삼투압 현상은 1867년 독일의 화학자 트라우베(Moritz Traube)가 최초로 발견하였고, 1877년 페퍼(Wilhelm Friedrich Philipp Pfeffer)가 인공 반투과성 막으로 삼투압을 측정하여 정량적(定量的) 연구에 의한 삼투압이론을 확립하였다. 페퍼는 식물 세포로 물이 어떻게 들어가는지 연구하던 중에 세포막을 이용한 설탕 용액의 삼투현상을 측정하고, 삼투압이 온도에 비례한다는 것을 발견하였다. 그 후 1886년 J. H. 반트호프(Jacobus Henricus van't Hoff)는 실험을 통하여 용액에서의 삼투압은 용매와 용질의 종류와 상관없이 용액의 농도와 절대 온도에 비례한다는 사실을 밝혀냈는데. 이를 반트호프 법칙이라고 한다.

〈 반트호프 법칙의 공식 〉

$$삼투압(\pi) = C \times R \times T$$
(C = 몰 농도, R = 기체 상수, T = 절대 온도)

이러한 삼투압을 이용하면 용질의 분자량을 정하거나 분자량을 아는 물질의 용액 속에서의 이온화도를 구할 수 있다.

(3) 고장액 VS 저장액 VS 등장액

용액을 서로 비교했을 때 같은 삼투압을 가진 용액을 등장액, 상대적으로 낮은 삼투압을 가진 용액을 저장액, 더 높은 삼투압을 가진 용액을 고장액이라고 한다. 사람의 혈액과 비교했을 때 생리식염수와 링거액은 대표적인 등장액이다. 생리식염수는 동물의 혈액 속에 있는 염분의 농도와 같게 만든 액체로 증류수에 염화 나트륨을 섞어 만든 것이며, 링거액은 생리식염수에 혈액 성분과 가까운 여러 요소인 염화 칼륨, 염화 칼슘 등을 녹여서 만든 것이다.

Q1 목욕탕에서 물속에 오래 있으면 손발의 피부가 쭈글쭈글해지지만, 바닷물에서는 오랜 시간 수영을 해도 손발이 잘 쭈글쭈글해지지 않는 이유를 서술하시오.

Q2 배추를 소금에 절여 김장을 하는 이유를 서술하시오.

정수 방법에 대한 논란

역삼투를 이용한 바닷물의 정수

지구의 바다 위에는 수개월 또는 수년 동안 운항하는 배들이 많다. 이런 배에 승선하고 있는 사람들이 필요로 하는 식수와 용수는 매우 많은 양일 것이다. 하지만 필요한 양만큼 모두 배에 싣고 다닐 수도 없고, 각종 염분이 33~38%나 들어 있는 바닷물을 식수나 생활용수로 사용할 수도 없다. **그렇다면 배에서 생활하는 데 필요한 식수와 용수는 어떻게 공급되어야 하는가?!**

오랫동안 바다를 운항하는 배에서는 필요한 식수와 생활용수를 바닷물에서 얻는다. 짠 바닷물을 식수로 사용하기 위해서는 염분과 그 밖의 이온을 제거하고 순수한 물로 만들어야 한다. 바닷물에서 순수한 물을 얻기 위해서는 바닷물을 증발시킨 후 냉각시켜 순수한 물을 얻는 증류법을 사용하기도 하는데, 최근에는 역삼투 현상을 이용하여 바닷물로부터 순수한 물을 얻는 방법이 많이 이용된다. 많은 양의 염분이 들어 있는 바닷물의 삼투압은 대략 24.8기압이다. 〈그림1〉과 같이 특수한 반투막을 사이에 두고 순수한 물과 바닷물을 넣으면 순수한 물이 바닷물 쪽으로 이동하는 삼투가 일어난다. 그러나 〈그림2〉처럼 바닷물 쪽에 24.8기압보다 큰 압력을 가하면, 바닷물 속의 물만 반투막을 통하여 순수한 물 쪽으로 이동하게 된다. 이 물은 바닷물 속의 염분이 모두 걸러졌으므로, 식수나 생활용수로 사용할 수 있다. 요즘에는 역삼투압의 압력을 100기압까지 높여서 다량의 순수한 물을 얻고 있다.

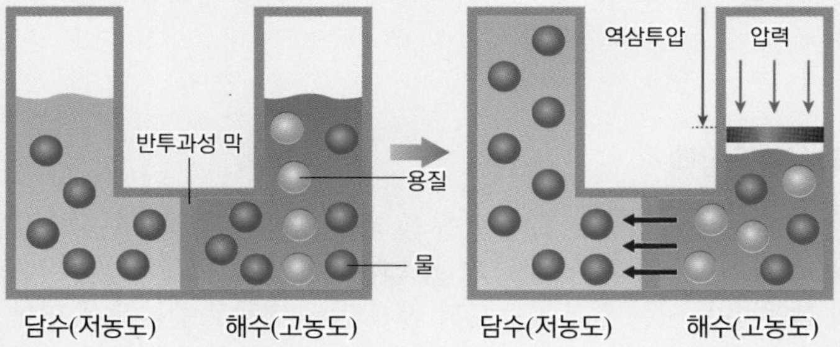

▲ 역삼투압의 원리 < 그림 2 >

이 방법은 바닷물을 증발시켜 순순한 물을 얻은 것보다 경제적이지만, 높은 압력에 견딜 수 있으며 물 분자가 빨리 통과할 수 있도록 매우 얇고 수명이 긴 반투막을 개발해야 한다. 현재 역삼투 방법은 선박에서나 물이 부족한 중동 지방에서 실제 사용되고 있으며, 시간당 5L의 물을 생산해 낼 수 있는 소규모 장치도 개발되어 활용되고 있다.

중공 사막 방식 VS 역삼투압 방식

점점 물에 대한 논란이 거세지고 있다. 핵심은 정수 방식을 둘러싼 논쟁이다. 역삼투압이냐, 중공사막이냐, 죽은 물이냐, 깨끗한 물이냐 등 반론이 반론을 낳으면서 논쟁은 종지부를 찍지 못하고 있다. 동시에 소비자에게 자기의 방식을 과도하게 인식시키고자 하는 행동이 시장을 혼탁하게 하고 있다.

역삼투압 방식 : 역삼투압 정수기는 인공으로 만든 미세한 막에 삼투압의 반대 방향으로 강한 압력을 가해 물을 통과시키는 방식으로, 역삼투압 막의 구멍은 머리카락의 만분의 일 크기로 아주 작기 때문에 대부분의 중금속 무기물질, 나트륨, 유기 오염물질을 제거하는 데는 탁월하지만, 미네랄까지 제거한다는 단점이 있다.

중공 사막 방식 : 중공 사막 방식은 혈액투석을 위한 신장투석기에 사용하는 중공사를 수처리 방법에 응용한 것으로 미세한 기공으로 물을 투과시켜서 바이러스, 세균 등 불순물을 걸러내지만, 미네랄은 남겨둔다는 장점이 있다. 미네랄은 칼륨과 칼슘, 나트륨, 마그네슘 등으로 신진대사 촉진에 기여한다. 미네랄을 제외한 각종 세균이나 염소 등, 유해물질만 여과해주어 인체에 유익한 식수를 공급해 주지만, 중금속과 환경호르몬은 제거하지 못한다.

역삼투압 방식을 공격하는 쪽에서 이 방식은 미네랄이 없는 데다 증류수에 가까운 물로 금붕어도 살 수 없는 '죽은 물'이라고 비판한다. 깨끗한 물을 만들어 내기 위한 과정에서 순수한 물 쪽으로 이동하지 않은 고농도의 물을 버려야 하므로 물 낭비 또한 많다는 점도 비판 대상이다. 또 산성에 가까워 오랜 시간 복용하면 각종 질병에 노출될 위험이 커진다는 주장도 있다. 한 연구원은 이 물에 대해 "과학 실험 시 그 어떤 영향도 미치지 않을 만큼 모든 물질이 제거된 초순수에 가까운 물"이라고 전했다. 즉, 깨끗한 물만 강조하다 보니 물의 생명력은 사라졌다는 것이다.

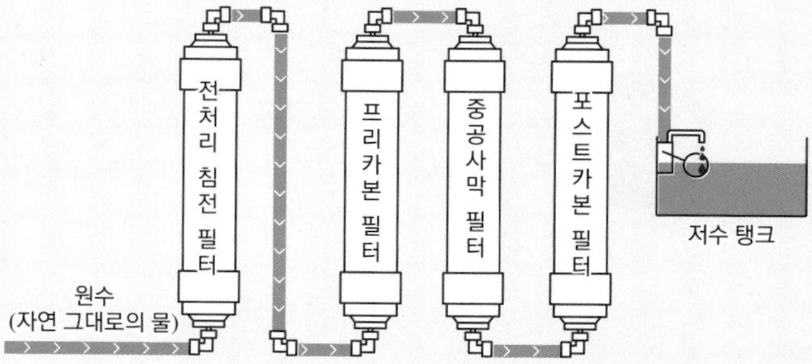

▲ 중공 사막 방식

이에 대해 역삼투압 정수기 업계에서는 굳이 정수기 물을 통해 미네랄을 섭취할 필요가 없다고 항변한다. 물에서 섭취할 수 있는 미네랄은 한정되어 있어 '차라리 멸치 한 마리를 먹는 게 낫다'는 주장이다. 장기간 복용으로 몸이 산성화된다는 비판에는 "산성을 띠는 음식이 많은데 유독 '물'에만 그런 잣대를 들이대는 것은 억울하다"고 업계 관계자는 말했다. 물에 영양분을 따지는 것은 무리가 있다는 입장이다.

그러면서 중공 사막 방식에 대해 미네랄을 섭취할 수 있을지 모르지만 다른 유해물질인 중금속이나 환경호르몬이 섞여 위험성은 더 크다고 공격한다. 역삼투압 방식은 유기 화학물질 및 중금속류 등 총 41개 항목에 대한 특수 정수 성능을 충족하는 물 마크를 획득했지만, 중공사막 필터는 특수 정수 성능이 아닌 의무항목의 일반 정수 성능밖에 만족시키지 못한다는 것이다. 역삼투압 정수기를 옹호하는 쪽은 결과적으로 "얼마나 많은 수의 불순물을 걸러내느냐는 것이 정수기의 존재 이유이자, 본질"이라고 강조한다. 즉, 역삼투압 정수기가 정수기의 본질에 부합하는 가장 이상적인 정수기라는 주장이다.

구분	중공 사막	역삼투압
제거물질	미네랄은 남기고 유해물질만 제거	미네랄을 포함한 물속 모든 불순물 제거
수소 이온 농도	pH 7.2 ~ 7.7 (약 알칼리)	pH 5.6 ~ 6.0 (산성)
정수 시간	짧음	오래 걸림
정수량	많음(필요한 만큼 충분)	적음 (정해진 용량으로 정수량이 모자랄 수 있음)
물낭비	없음	중공사막에 비해 3배 높음
건강과 질환	Good (약알칼리수, 미네랄 함유)	Bad (산성수, 심장혈관계 질환 가능성 15~40%) - 장기간 음용 시 각종 질환에 쉽게 노출 될 수 있음
유지 비용 (필터 단가에 따른 유지비)	물 소비량, 전력소모가 적어 유지 비용이 다소 적음	중공 사막에 비해 물 소비량이 많으며, 전력소모가 많아 유지 비용이 다소 높음 (필터를 자주 교체해야 함)

▲ 중공 사막 VS 역삼투압 비교

Q3 역삼투압 방식과 중공 사막 방식의 단점을 보완하기 위한 정수 방식을 고안하여 서술해 보시오.

역삼투압 정수기에서는 깨끗하지만 죽은 물이 나온다고?!

한국 정수기공업협동조합에 따르면, 현재 국내에서 시판되고 있는 정수기는 필터의 방식에 따라 역삼투압(RO·Reverse Osmosis)과 중공 사막(UF·Ultrafiltration)으로 구분된다. 이 두 가지 방식이 전체 시장의 80%가량을 차지하는 것으로 업계는 보고 있다.

국내에서 유통되는 정수기는 역삼투압 방식과 중공 사막 방식이 있다. 이 중 상당수가 역삼투압 방식의 정수기이다. 역삼투압 정수기는 인공으로 만든 미세한 막에 삼투압의 반대 방향으로 강한 압력을 가해 물을 통과시키는 방식으로, 역삼투압 막의 구멍은 머리카락의 만분의 일 크기로 아주 작기 때문에 대부분의 중금속 무기물질, 나트륨, 질산성 질소와 유기 오염물질을 제거하는 데는 탁월하지만, 미네랄까지 제거한다는 단점이 있다.

중공 사막 방식은 혈액투석을 위한 신장투석기에 사용하는 중공사를 수처리 방법에 응용한 것으로 미세한 기공으로 물을 투과시켜서 바이러스, 세균 등 불순물을 걸러내지만, 미네랄은 남겨둔다는 장점이 있다.

정수기 때문에 수도세 '줄줄'?

국내 정수기의 상당수를 차지하고 있는 역삼투압 정수기에서는 많은 양의 수돗물이 배출구로 버려진다. 실제 실험을 해본 결과, 일반 가정집에서 사용되는 정수기에서 마실 물 1L를 얻기 위해 배수관을 통해 버려지는 물의 양을 측정해봤더니 5L나 됐다. 1L의 물을 마시기 위해선 5L의 물이 낭비되는 셈이다. 정수기를 구매한 소비자는 이 사실을 알고 있을까? 정수기 회사들은 이런 사실을 소비자에게 알리고 있다고 주장하지만, 이를 아는 소비자는 많지 않다. 소비자 대부분은 물이 낭비되는 사실조차 모른다. 버려지는 물의 비용이 결국 소비자의 주머니에서 줄줄 세어 나가는 셈이다.

서울시 상수도사업본부 과장은 "대략 추산하면 수돗물을 마시는 것에 비해 정수기 물을 마실 경우 연간 40만 원의 비용이 더 든다"고 말한다. 예컨대 서울시에 설치된 정수기는 200만여 대로, 한 대당 40만 원의 연간 비용이 지출된다고 봤을 때 8,000억 원 정도가 소모되는 것이다. 동국대학교 건설환경공학과 교수는 "이 방식은 물 100을 가하면 40%는 얻고 60%는 폐수로 버려지게 된다"면서 물의 유실률이 크다고 설명한다. 이에 대해 정수기 업체 관계자는 "정수기 설명서에 손실되는 물은 생활하수로 사용할 수 있다고 명시해 놓았고, 이를 문의하는 고객에게도 설명해 준다"고 한다.

미네랄 없는 물 = 죽어있는 물?

또 하나의 논란은 역삼투압 방식으로 걸러진 물엔 미네랄 성분이 함께 제거되기 때문에 우리 몸에 좋지 않다는 것이다. 0.0001㎛ 크기의 필터로 물을 거르게 되면 대부분 오염 물질은 제거되지만, 칼슘과 철 등 물속에 녹아 있는 유·무기 물질까지 걸러지게 된다. 이렇게 '깐깐하게' 걸러진 물에는 미네랄이 없다. 초순수물 즉, 증류수에 가까운 물이 된다.

물에서 얻을 수 있는 미네랄은 칼슘, 칼륨, 마그네슘 등이다. 우리 몸을 정상적으로 유지하기 위해서 이들의 역할은 매우 중요하다. 분당서울대병원 소화기내과 교수는 "미네랄은 인체를 구성하는 성분으로, 세포·신경 전달 등 자동차의 윤활유와 같은 역할을 한다"고 설명했다. 이어 "미네랄이 부족하면 자기조절을 못 하고 통제력을 잃어버리고 심지어 대장암까지 생길 수 있다"면서 "미네랄을 음식으로 섭취하는 것은 한계가 있고, 미네랄이 들어 있는 물을 먹어야 한다. 미네랄이 없는 물은 죽어있는 물이다."라고 강조했다.

하지만 정수기 회사에서는 굳이 물에서 미네랄을 섭취할 필요가 없다고 주장한다. 일반 음식물 섭취로 인체에 필요한 미네랄을 충분히 섭취할 수 있다는 것이다. 정수기 회사 측은 "물을 통해 미네랄을 충분히 섭취하려면 하루에 엄청난 양의 물을 마셔야 하는데 불가능한 것 아니냐"면서 "굳이 물에서 미네랄을 섭취할 필요는 없다"고 말했다.

또 증류수에 가까운 초순수 물은 자칫 관리를 소홀히 하면 오염될 확률이 높으며, 대기와 접촉할 경우 쉽게 변질되고 세균 번식이 쉽다. 인하대학교 환경공학과 교수는 "수돗물은 잔류 염소 소독을 통해 물이 재오염되는 것을 막을 수 있는 반면 잔류 염소가 제거되면 재오염 될 가능성이 있다"고 설명했다.

알고 보니 '산성수' 벌컥벌컥

일반적으로 중성인 물속에는 양이온과 음이온이 평형을 이루고 있지만, 역삼투압 정수기 물은 산성을 띤다. 역삼투압 정수기 물의 pH가 약산성인 이유는 역삼투압 필터의 모공 크기가 백만 분의 일 정도로 아주 미세하기 때문에 물속의 양이온들을 대부분 제거하기 때문이다. (중공 사막 방식의 메인 필터는 그 모공 크기가 십만 분의 일 정도이므로 이온 성분(미네랄)은 제거하지 못한다) 즉, 수돗물은 혈액과 같은 약알칼리성인데 역삼투압 방식 정수기를 통과하면서 '산성수'로 바뀌게 된다.

사람의 몸에 흐르는 체액과 혈액은 약알칼리성으로 유지되는데, 산성화되면 몸은 쉽게 피로해지고 병에 걸리기 쉬워진다. 산성수를 장기적으로 먹게 되면 건강에 치명적일 수 있다고 전문가들은 경고한다. 분당서울대병원 소화기내과 교수는 "우리 몸은 pH 7.4로 약알칼리성을 띠는데 이 농도와 가까울수록 친화력이 좋아 체내에 잘 흡수된다"면서 "산성수를 계속 먹게 되면 몸의 균형이 깨질 수 있다"고 말했다. 동국대학교 건설환경공학과 교수는 "우리 몸에 금방 지장이 오는 것은 아니지만, 병이 생겼을 경우 암에 걸릴 확률이 높아질 수 있다"고 말했다.

이에 대해 정수기 업체는 정부에서 지정한 수소 이온 농도의 범위를 충족하기 때문에 문제가 없다고 말한다. 정부에서 지정한 수소 이온 농도는 pH 5.8~8.5이다. 수돗물은 pH 6.8~7.8로 중성이거나 약알칼리성을 띠며 정수기 물은 대부분 pH 6.5 정도로 산성을 띤다. 정수기 업체 관계자는 "먹는 물 기준에 부합된 수치이기 때문에 문제 될 것이 없다" 고 말한다.

이렇듯 역삼투압 정수기 논란은 계속되고 있지만, 논란이 되는 부분에 대해서 명확한 기준을 제시할 수 없기 때문에 결국 어떤 물을 먹느냐는 소비자의 선택이다.

Q4 자신의 집에 설치된 정수기의 필터 방식을 살펴보고, 장 · 단점을 서술하시오.

창/의/력/과/학

세페이드

4F. 화학(상)

II 물질 변화와 에너지

화학 반응의 에너지와 결합에너지, 엔트로피, 자유 에너지에 대해 이해하자.

9강 화학 반응과 에너지 1

1. 열의 출입

(1) 반응계와 주위

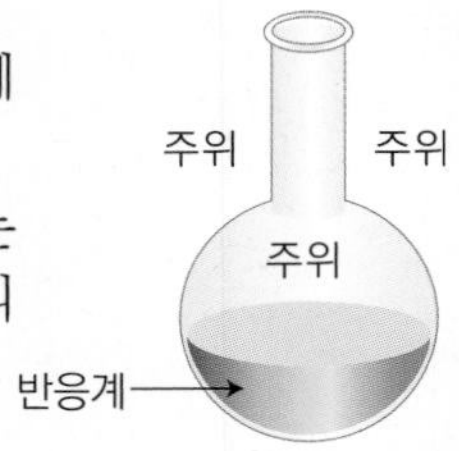

▲ 반응계와 주위

① **계(system)** : 우리가 관심을 갖는 우주의 한 부분으로 화학 반응에서는 반응물과 생성물을 의미한다.

② **주위(surroundings)** : 계를 제외한 모든 부분으로, 화학 반응에서는 반응물과 생성물을 제외한 용기, 주변 공기, 공간 등의 모든 것을 의미한다.

③ **계의 종류**

· 열린계 : 주위의 물질, 에너지가 모두 교환된다.

· 닫힌계 : 주위의 물질은 교환되지 않고, 에너지만 교환된다.

· 고립계 : 주위의 물질, 에너지가 모두 교환되지 않는다.

▲ 열린계 ▲ 닫힌계 ▲ 고립계

(2) 반응열(Q)

화학 반응이 일어날 때는 열을 방출하거나 흡수하는데, 이때 방출하거나 흡수하는 열을 반응열이라고 한다.

● 에너지 보존 법칙

에너지는 발생하거나 소멸되지 않고, 열, 빛, 자기, 에너지 등 형태만 변하며 총량은 일정하다.

(3) 계와 주위의 에너지 변화

에너지 보존 법칙에 의해 에너지는 다른 형태로 바뀔 수 있지만, 새로 생성되거나 소멸되지 않으므로 다음과 같은 관계가 성립한다.

반응계의 에너지 + 주위의 에너지 = 일정

화학 반응이 일어날 때 반응계가 에너지를 잃으면 주위는 에너지를 얻으며, 반응계가 에너지를 얻으면 주위는 에너지를 잃는다.

개념확인 1

다음 반응계와 주위에 대한 설명 중 옳은 것은 ○표, 옳지 않은 것은 ×표 하시오.

(1) 화학 반응물과 생성물, 주변 공기는 계에 해당한다. ( )

(2) 반응계가 에너지를 잃으면 주위도 에너지를 잃는다. ( )

(3) 고립계는 주위의 물질, 에너지가 모두 교환되지 않는다. ( )

미니사전

고립(孤 외로울 고 立 자리)
어느 곳에서 다른 곳으로 가는 길이 막히거나 끊어져 그 곳으로 갈 수 없는 상태

확인 + 1

화학 반응이 일어날 때 방출하거나 흡수하는 열을 무엇이라고 하는지 쓰시오.

( )

2. 발열 반응과 흡열 반응

(1) 발열 반응 : 화학 반응이 일어날 때 열에너지를 방출하며 반응한다.

① **발열 반응과 에너지 변화** : 계의 에너지가 주위로 이동하므로, 계의 에너지는 감소하고 주위의 온도는 높아진다.

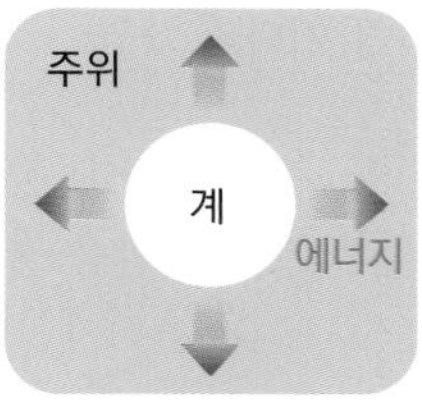

▲ 발열 반응

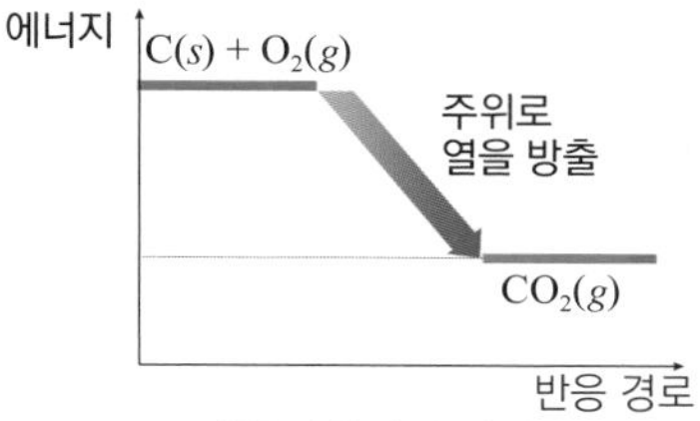

▲ 발열 반응에서 에너지 변화

② **발열 반응의 예**

· 연소 반응 : $C(s) + O_2(g) \rightarrow CO_2(g) + 393.5$ kJ
· 금속의 산화 반응 : $4Fe(s) + 3O_2(g) \rightarrow 2Fe_2O_3(s) + 825$ kJ
· 금속과 산의 반응 : $Zn(s) + 2HCl(aq) \rightarrow ZnCl_2(aq) + H_2(g) + 152.4$ kJ
· 중화 반응 : $HCl(aq) + NaOH(aq) \rightarrow NaCl(aq) + H_2O(l) + 57.7$ kJ

(2) 흡열 반응 : 화학 반응이 일어날 때 열에너지를 흡수하며 반응한다.

① **흡열 반응과 에너지 변화** : 주위의 에너지가 계로 이동하므로, 계의 에너지는 증가하고 주위의 온도는 낮아진다.

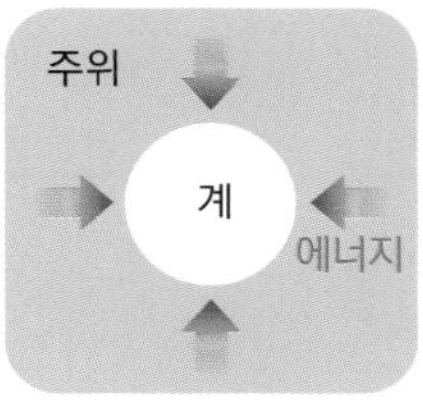

▲ 흡열 반응

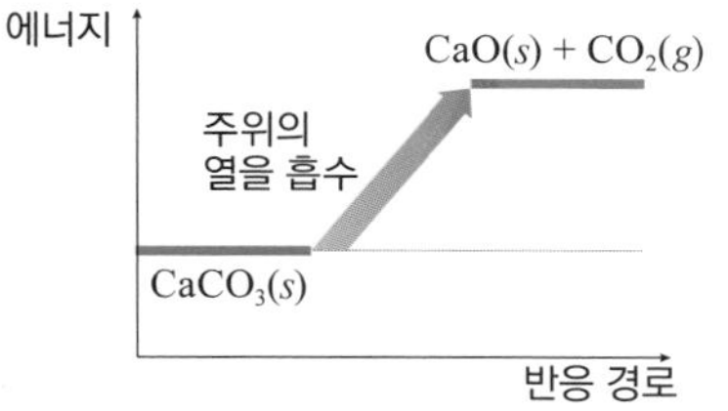

▲ 흡열 반응에서 에너지 변화

② **흡열 반응의 예**

· 열분해 : $CaCO_3(s) \rightarrow CaO(s) + CO_2(g) - 178.3$ kJ
· 광합성 : $6CO_2(g) + 12H_2O(l) \rightarrow C_6H_{12}O_6(s) + 6O_2(g) + 6H_2O(l) - 2820$ kJ
· 물의 전기 분해 : $2H_2O(l) \rightarrow 2H_2(g) + O_2(g) - 571.6$ kJ

개념확인 2

정답 및 해설 50쪽

다음의 변화 중 발열 반응이 아닌 것은?

① 메테인의 연소 반응 ② 식물의 광합성 ③ 철의 산화 반응
④ 산과 염기의 중화 반응 ⑤ 마그네슘과 묽은 염산의 반응

확인 + 2

다음 발열 반응과 흡열 반응에 대한 설명 중 옳은 것은 ○표, 옳지 않은 것은 ×표 하시오.

(1) 연료가 연소될 때 주위의 온도가 높아진다. ( )
(2) 흡열 반응에서 반응 물질은 생성 물질보다 에너지가 높다. ( )
(3) 물의 전기 분해가 일어날 때 주위의 에너지가 계로 이동한다. ( )

금속과 산의 반응

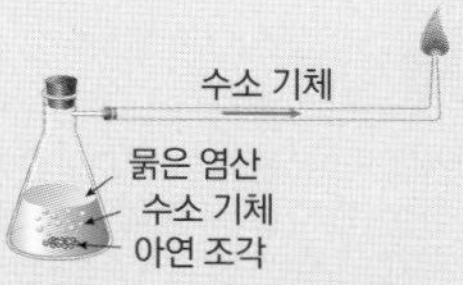

▲ 아연과 묽은 염산의 반응

발열 반응의 이용

● 연료가 연소될 때 열을 방출하므로 주위의 공기가 따뜻해진다.
● 철 가루가 산소와 반응할 때 열을 방출하므로 주머니 난로로 이용한다.

열분해

▲ 탄산 칼슘의 열분해

물의 전기 분해

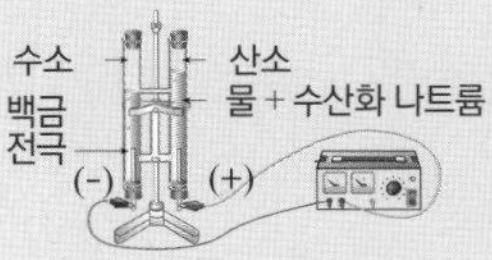

▲ 물의 전기 분해

흡열 반응의 이용

● 더운 여름날 마당에 물을 뿌리면 물이 증발하면서 열을 흡수하므로 시원해진다.
● 질산 암모늄이 물에 녹을 때 열을 흡수하여 시원해지므로 냉각 팩에 이용한다.

3. 반응열과 엔탈피

(1) 엔탈피

① **정의** : 어떤 압력과 온도에서 물질이 가지고 있는 고유한 총 에너지 함량으로 물질이 가진 엔탈피를 정확하게 측정하는 것을 불가능하며, 엔탈피 변화(ΔH)만 알 수 있다.

② **표준 엔탈피**(H°) : 25 ℃, 1 기압에서의 엔탈피 값이다.

(2) 반응 엔탈피

① **정의** : 화학 반응이 일어날 때 생성 물질의 엔탈피 합에서 반응 물질의 엔탈피 합을 뺀 값이다.

$$\text{반응 엔탈피}(\Delta H) = \text{생성 물질의 엔탈피 합} - \text{반응 물질의 엔탈피 합}$$
$$= \Sigma H_{\text{생성물}} - \Sigma H_{\text{반응물}}$$

② **반응열과 반응 엔탈피 관계** : 일정한 압력에서 반응열과 반응 엔탈피는 절댓값은 같지만, 부호가 반대이다.

$$Q = -\Delta H$$

③ **화학 반응에서 반응열과 반응 엔탈피**

구분	발열 반응	흡열 반응
엔탈피 변화 그래프	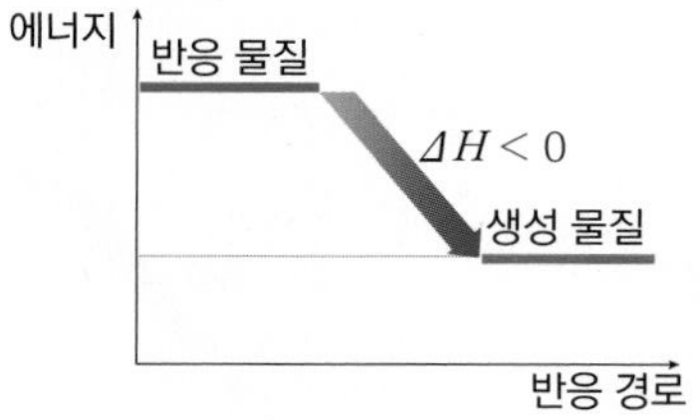	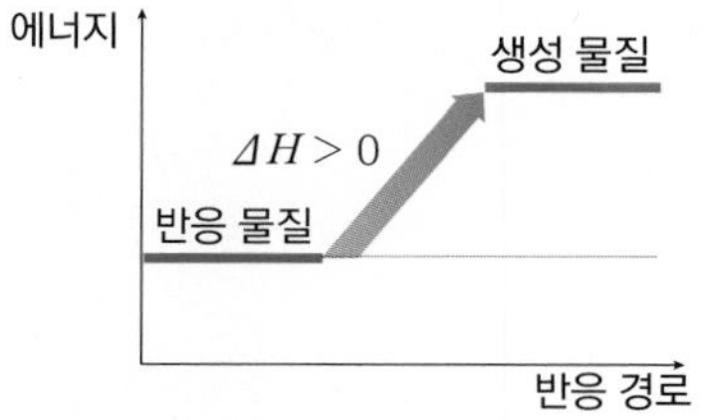
열의 출입	열이 방출되는 반응 $\Sigma H_{\text{생성물}} < \Sigma H_{\text{반응물}}$	열이 흡수되는 반응 $\Sigma H_{\text{생성물}} > \Sigma H_{\text{반응물}}$
반응 엔탈피	$\Delta H < 0$	$\Delta H > 0$
반응열	$Q > 0$	$Q < 0$
주위의 온도 변화	주위의 온도가 올라간다.	주위의 온도가 내려간다.

개념확인 3

어떤 압력과 온도에서 물질이 가지고 있는 고유한 총 에너지 함량을 무엇이라고 하는지 쓰시오.

( )

확인 + 3

다음 반응열과 반응 엔탈피에 대한 설명 중 옳은 것은 ○표, 옳지 않은 것은 ×표 하시오.

(1) 발열 반응에서 반응열(Q)은 0보다 크다. ( )

(2) 일정한 압력에서 반응열(Q)과 반응 엔탈피(ΔH)는 같다. ( )

(3) 흡열 반응은 생성 물질의 엔탈피 합보다 반응 물질의 엔탈피 합이 크다. ( )

● 엔탈피

엔탈피는 원자핵 속에 존재하는 입자들의 핵에너지, 전자가 가지는 에너지, 원자 사이의 공유 결합 에너지, 병진 운동 에너지, 진동 운동 에너지, 회전 운동 에너지 등의 모든 에너지를 합친 값이다.

● 발열 반응과 흡열 반응

- 발열 반응

$H_2(g) + \frac{1}{2}O_2(g) \rightarrow H_2O(l)$

$\Delta H = -285.8$ kJ

열이 방출되므로 반응열(Q)>0 이고, 엔탈피는 감소하므로 반응 엔탈피(ΔH)<0 이다.

- 흡열 반응

$H_2O(l) \rightarrow H_2(g) + \frac{1}{2}O_2(g)$

$\Delta H = +285.8$ kJ

열이 흡수되므로 반응열(Q)<0 이고, 엔탈피는 증가하므로 반응 엔탈피(ΔH)>0 이다.

● 물질의 안정성

같은 조건에서 엔탈피가 낮을수록 안정한 물질이다.

- 발열 반응 : 생성물이 더 안정함
- 흡열 반응 : 반응물이 더 안정함

4. 열화학 반응식

(1) 열화학 반응식

① 화학 반응에서 흡수하거나 방출하는 열에너지를 표현하기 위해 반응열(Q)이나 반응 엔탈피(ΔH)를 함께 나타낸 화학 반응식이다.

② 반응열 표시 : 반응열(Q)은 화학 반응식에서 생성물 쪽에 표시한다.

예 $H_2(g) + \frac{1}{2}O_2(g) \rightarrow H_2O(l) + 285.8$ kJ (발열 반응)

③ 반응 엔탈피 표시 : 반응 엔탈피(ΔH)는 화학 반응식 뒤에 별도로 표시한다.

예 $H_2(g) + \frac{1}{2}O_2(g) \rightarrow H_2O(l)$ $\Delta H = -285.8$ kJ (발열 반응)

(2) 열화학 반응식의 특징

① 열화학 반응식에서 나타낸 화학식 앞의 계수 비는 각 물질의 몰수 비를 의미한다.

② 어떤 물질이 가지는 엔탈피는 상태에 따라 달라지므로 열화학 반응식을 나타내는 물질의 화학식 뒤에는 반드시 물질의 상태 등을 표시해야 한다.

고체 : s (solid) 액체 : l (liquid) 기체 : g (gas) 수용액 : aq (aqueous)

예 $2H_2(g) + O_2(g) \rightarrow 2H_2O(l)$ $\Delta H = -571.6$ kJ
$2H_2(g) + O_2(g) \rightarrow 2H_2O(g)$ $\Delta H = -483.6$ kJ

③ 반응 엔탈피는 온도와 압력에 따라 달라지므로 열화학 반응식을 쓸 때에는 반응 조건을 표시해야 한다. 일반적으로 온도와 압력의 반응 조건이 주어지지 않으면 표준 상태인 25 ℃, 1 기압으로 간주한다.

④ 반응 엔탈피는 크기 성질이다. 따라서 화학 반응식의 계수가 변하면 반응 엔탈피도 비례하여 변한다.

예 $H_2(g) + \frac{1}{2}O_2(g) \rightarrow H_2O(l)$ $\Delta H = -285.8$ kJ

$2H_2(g) + O_2(g) \rightarrow 2H_2O(l)$ $\Delta H = -571.6$ kJ

⑤ 화학 반응이 역으로 진행되면 반응열과 반응 엔탈피는 원래 반응과 비교하여 절댓값은 같고, 부호가 반대이다.

예 $2H_2(g) + O_2(g) \rightarrow 2H_2O(l)$ $\Delta H = -571.6$ kJ
$2H_2O(l) \rightarrow 2H_2(g) + O_2(g)$ $\Delta H = +571.6$ kJ

● 표준 엔탈피 변화($\Delta H°$)

표준 상태(25 ℃, 1 기압)에서 혼합되지 않은 순수한 상태의 반응물로부터 혼합되지 않은 순수한 상태의 생성물이 생길 때의 엔탈피 변화

● 열화학 반응식

반응 물질과 생성 물질, 반응열과 반응 엔탈피는 알 수 있지만, 반응 물질과 생성 물질의 엔탈피는 알 수 없다.

● 수소의 연소 반응식

$2H_2(g) + O_2(g) \rightarrow 2H_2O(l) + 571.6$ kJ
$2H_2(g) + O_2(g) \rightarrow 2H_2O(g) + 483.6$ kJ

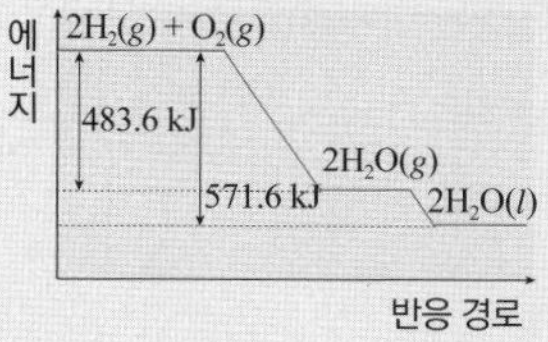

● 크기 성질과 세기 성질

- 크기 성질 : 시료의 양에 따라 달라지는 성질
예 질량, 부피, 분자 수, 반응 엔탈피 등
- 세기 성질 : 시료의 양에 따라 달라지지 않는 성질
예 끓는점, 녹는점, 밀도, 온도 등

개념확인 4

정답 및 해설 50쪽

물(H_2O) 생성 반응의 열화학 반응식을 완성하시오.

$2H_2(g) + O_2(\ \ ) \rightarrow 2H_2O(l)$ $\Delta H = -571.6$ kJ
$2H_2O(\ \ ) \rightarrow 2H_2(g) + O_2(g)$ $\Delta H = (\ \ )571.6$ kJ

확인 + 4

다음의 화학 반응이 25 ℃, 1 기압에서 일어났을 때, 반응 엔탈피(ΔH)는 몇 kJ인가?

$H_2(g) + \frac{1}{2}O_2(g) \rightarrow H_2O(g)$

(   ) kJ

개념 다지기

01 반응계와 주위에 대한 설명으로 옳은 것만을 <보기>에서 있는 대로 고른 것은?

<보기>

ㄱ. 계는 화학 반응에서 반응물과 생성물을 의미한다.
ㄴ. 닫힌계에서는 주위의 물질은 교환되고, 에너지는 교환되지 않는다.
ㄷ. 화학 반응이 일어날 때 반응계의 에너지와 주위의 에너지의 합은 일정하다.

① ㄱ ② ㄴ ③ ㄷ ④ ㄱ, ㄴ ⑤ ㄱ, ㄷ

02 다음 열의 출입에 대한 설명 중 옳은 것은 ○표, 옳지 않은 것은 ×표 하시오.

(1) 화학 반응이 일어날 때 방출하는 열만을 반응열이라고 한다. ( )
(2) 화학 반응이 일어날 때 계가 에너지를 잃으면 주위는 에너지를 얻는다. ( )
(3) 연료의 연소 반응이 일어날 때 화학 에너지가 열에너지로 변하는 것은 에너지가 소멸된 것이다. ( )

03 그림은 반응이 일어날 때의 에너지 변화를 나타낸 것이다. 이에 대한 설명이나 예로 옳은 것은?

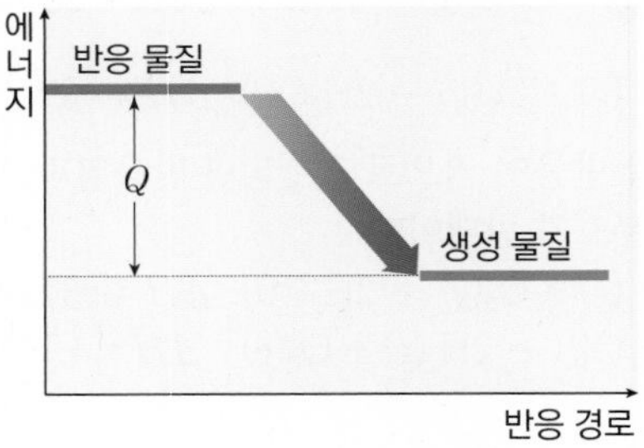

① 반응열(Q)이 0보다 작다.
② 주위에서 계로 에너지가 Q 만큼 이동한다.
③ 생성물의 에너지가 반응물의 에너지보다 높다.
④ 이와 같은 원리로 이누이트가 얼음집 내부에 물을 뿌린다.
⑤ 이와 같은 원리로 아이스크림을 포장할 때 드라이아이스를 넣어준다.

04 다음 빈칸에 들어갈 알맞은 말을 각각 고르시오.

얼음을 냉동실에서 꺼내면 얼음은 열을 (방출 / 흡수)하여 물이 된다.
이 때 열은 (계 / 주위)에서 (계 / 주위)로 이동한다.

05 다음 중 반응이 일어날 때 반응 엔탈피(ΔH) 값이 0보다 큰 값인 것은?

① 산성비에 철이 산화될 때
② LPG 가스를 연소시킬 때
③ 산성화된 호수에 석회 가루를 뿌릴 때
④ 철가루가 들어 있는 주머니 난로를 이용할 때
⑤ 질산 암모늄과 물이 들어 있는 냉각 팩을 이용할 때

06 다음은 아연과 묽은 염산이 반응할 때의 모습이다. 이 반응이 일어날 때 반응열과 주위의 온도 변화에 대해 바르게 짝지은 것은?

	반응열(Q)	주위의 온도 변화
①	$Q < 0$	주위의 온도가 올라간다
②	$Q < 0$	주위의 온도가 일정하다
③	$Q < 0$	주위의 온도가 내려간다
④	$Q > 0$	주위의 온도가 올라간다
⑤	$Q > 0$	주위의 온도가 내려간다

07 다음 중 열화학 반응식으로부터 알 수 있는 것을 <보기>에서 있는 대로 고른 것은?

< 보기 >

ㄱ. 반응열의 크기
ㄴ. 생성 물질의 종류
ㄷ. 반응 물질의 상태
ㄹ. 반응 물질의 엔탈피

① ㄱ ② ㄱ, ㄴ ③ ㄴ, ㄹ ④ ㄱ, ㄴ, ㄷ ⑤ ㄱ, ㄷ, ㄹ

08 다음 열화학 반응식을 이용하여 메테인(CH_4) 32 g 이 연소할 때 반응 엔탈피(ΔH)를 구하시오. (단, H와 C의 원자량은 각각 1, 12이다.)

$$CH_4(g) + 2O_2(g) \rightarrow CO_2(g) + 2H_2O(l) + 890\ kJ$$

( ) kJ

유형익히기&하브루타

유형9-1 열의 출입

그림 (가) ~ (다)는 온도가 같은 물을 같은 양씩 서로 다른 용기에 담아 놓은 것이다.

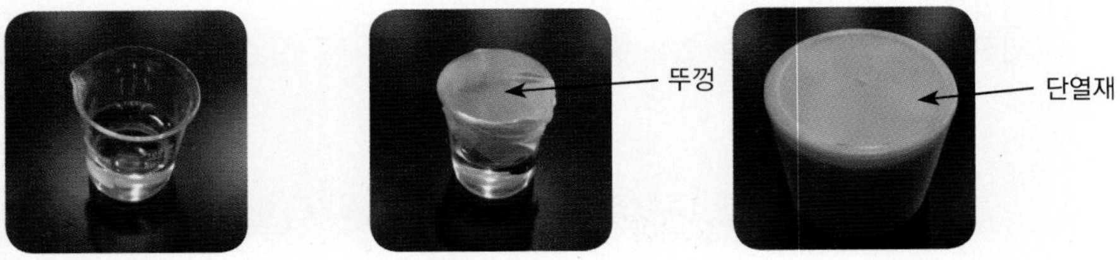

(가) (나) (다)

계와 주위에 대한 설명으로 옳은 것만을 <보기>에서 있는 대로 고른 것은? (단, 용기의 뚜껑은 완전히 밀폐되었으며, 단열재는 열팽창이 100% 된다고 가정한다.)

<보기>

ㄱ. (가)에서 물이 얼음이 될 때 주위의 온도가 올라간다.
ㄴ. (나)의 물이 수증기가 될 때 주위로 수증기가 이동할 수 있다.
ㄷ. (다) 내부의 에너지는 주위로 이동하지 않는다.

① ㄱ ② ㄱ, ㄴ ③ ㄱ, ㄷ ④ ㄴ, ㄷ ⑤ ㄱ, ㄴ, ㄷ

01 다음은 철 조각과 묽은 염산($HCl(aq)$)이 반응할 때의 모습이다. 이 반응이 일어날 때 반응계와 주위로 분류한 것을 바르게 짝지은 것은? (단, 실험 전 플라스크는 진공 상태였다.)

	반응계	주위
①	HCl, H_2O, 용기	O_2, H_2(실험실)
②	HCl, H_2O, 용기	O_2, H_2(플라스크 내부)
③	Fe, HCl, H_2(실험실)	용기, O_2
④	Fe, HCl, H_2(플라스크 내부)	용기, $FeCl_2$
⑤	Fe, HCl, H_2(플라스크 내부)	용기, O_2

02 다음 빈칸에 들어갈 알맞은 말을 각각 고르시오.

무한이가 실험실에서 중화 반응 실험을 하고 있다. 이때 실험하는 삼각 플라스크를 고무마개로 막았다면 (열린계 / 닫힌계 / 고립계)이며, 열을 (방출 / 흡수) 한다.

유형9-2 발열 반응과 흡열 반응

그림은 수소 기체와 산소 기체가 반응하여 물과 수증기가 되는 과정의 엔탈피 변화를 나타낸 것이다.

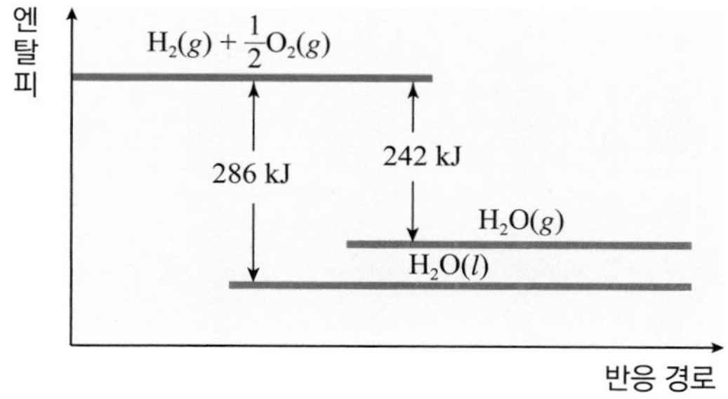

이에 대한 설명으로 옳은 것만을 <보기>에서 있는 대로 고른 것은?

<보기>

ㄱ. 수소 기체와 산소 기체가 반응하여 물이 될 때는 발열 반응이다.
ㄴ. 물은 수증기보다 에너지 면에서 더 안정하다.
ㄷ. 수소 기체 1몰과 산소 기체 0.5몰이 반응하여 수증기가 될 때 반응열은 0보다 작다.

① ㄱ ② ㄱ, ㄴ ③ ㄱ, ㄷ ④ ㄴ, ㄷ ⑤ ㄱ, ㄴ, ㄷ

03 다음 중 주위의 온도가 높아지는 반응의 예로 옳지 않은 것은?

① $C(s) + O_2(g) \rightarrow CO_2(g)$
② $4Fe(s) + 3O_2(g) \rightarrow 2Fe_2O_3(s)$
③ $Mg(s) + 2HCl(aq) \rightarrow MgCl_2(aq) + H_2(g)$
④ $6CO_2(g) + 12H_2O(l) \rightarrow C_6H_{12}O_6(s) + 6O_2(g) + 6H_2O(l)$
⑤ $CH_3COOH(aq) + NaHCO_3(aq) \rightarrow CH_3COONa(aq) + H_2O(l) + CO_2(g)$

04 다음 중 중화 반응에 대한 설명으로 옳은 것만을 <보기>에서 있는 대로 고른 것은?

<보기>

ㄱ. 중화 반응 결과 반응 전 질량과 반응 후 질량이 달라진다.
ㄴ. 중화 반응 결과 주위의 온도가 높아진다.
ㄷ. 중화 반응과 같은 원리를 이용하여 더운 여름날 마당에 물을 뿌려준다.

① ㄴ ② ㄷ ③ ㄱ, ㄴ ④ ㄱ, ㄷ ⑤ ㄱ, ㄴ, ㄷ

유형익히기&하브루타

유형9-3 반응열과 엔탈피

그림은 일정한 온도와 압력에서 반응하는 엔탈피 변화를 나타낸 것이다.

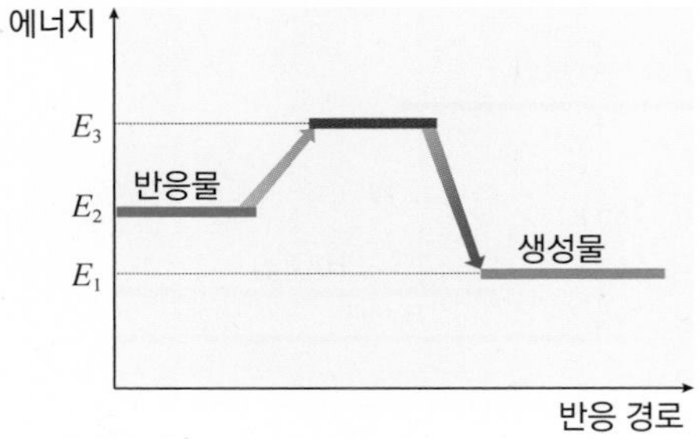

이에 대한 설명으로 옳은 것만을 <보기>에서 있는 대로 고른 것은?

< 보기 >

ㄱ. 반응 엔탈피는 (E_3 - E_1)이다.
ㄴ. 반응이 일어나면 주위의 온도가 올라간다.
ㄷ. 생성물의 엔탈피 합이 반응물의 엔탈피 합보다 낮다.

① ㄱ ② ㄴ ③ ㄱ, ㄷ ④ ㄴ, ㄷ ⑤ ㄱ, ㄴ, ㄷ

05 다음 중 반응 엔탈피(ΔH)에 대한 설명으로 옳은 것은?

① 세기 성질이다.
② (+) 값은 열을 방출하는 반응이다.
③ 금속과 산의 반응은 반응 엔탈피가 0보다 큰 값을 갖는다.
④ 일정한 압력에서 반응열과 부호는 같지만 절댓값이 다르다.
⑤ (-) 값을 가질 때는 생성 물질이 반응 물질보다 안정한 물질이다.

06 다음은 생선의 비린내를 없애기 위해 레몬즙을 뿌린 모습이다. 이 반응이 일어날 때 반응열과 반응 엔탈피에 대해 바르게 짝지은 것은?

	반응열(Q)	반응 엔탈피(ΔH)
①	$Q < 0$	$\Delta H < 0$
②	$Q < 0$	$\Delta H = 0$
③	$Q < 0$	$\Delta H > 0$
④	$Q > 0$	$\Delta H < 0$
⑤	$Q > 0$	$\Delta H > 0$

유형9-4 열화학 반응식

다음은 25 ℃, 1 기압에서 에타인(C_2H_2)과 벤젠(C_6H_6)을 연소시켰을 때의 열화학 반응식이다.

$$C_2H_2(g) + aO_2(g) \rightarrow 2CO_2(g) + H_2O(l) + 1299\ kJ$$
$$C_6H_6(l) + bO_2(g) \rightarrow 6CO_2(g) + 3H_2O(l) + 3273\ kJ$$

이에 대한 설명으로 옳은 것만을 <보기>에서 있는 대로 고른 것은?

< 보기 >

ㄱ. a와 b를 더하면 10이다.
ㄴ. 물질 1 g 을 완전 연소시킬 때 발생하는 열량은 $C_2H_2(g)$이 $C_6H_6(l)$보다 크다.
ㄷ. $C_6H_6(g)$ 1몰을 완전 연소시켰을 때 반응 엔탈피(ΔH)는 -3273 kJ이다.

① ㄱ ② ㄱ, ㄴ ③ ㄱ, ㄷ ④ ㄴ, ㄷ ⑤ ㄱ, ㄴ, ㄷ

07 다음은 액체 메탄올의 연소 반응을 열화학 반응식으로 나타낸 것이다.

$$2CH_3OH(l) + (\ ㉠\ )O_2(g) \rightarrow 2CO_2(g) + 4H_2O(l) \quad \Delta H = -1452\ kJ$$

이에 대한 설명으로 옳은 것만을 <보기>에서 있는 대로 고른 것은?

< 보기 >

ㄱ. ㉠에 들어갈 값은 4이다.
ㄴ. 1mol의 액체 메탄올(CH_3OH)을 연소시키면 반응열은 -726 kJ이다.
ㄷ. 액체 메탄올 대신 기체 메탄올을 연소시키면 반응 엔탈피 값이 작아진다.

① ㄴ ② ㄷ ③ ㄱ, ㄴ ④ ㄱ, ㄷ ⑤ ㄴ, ㄷ

08 25 ℃, 1 기압에서 기체 뷰테인(C_4H_{10}) 116 g 이 완전 연소되어 물과 이산화 탄소가 될 때 2878 kJ의 열이 방출된다. 이 반응을 열화학 반응식으로 나타내시오. (단, H와 C의 원자량은 각각 1, 12이다.)

창의력&토론마당

01 다음 글을 읽고, 물음에 답하시오.

19세기 이전 물리학자들은 역학적 일과 열을 다른 것으로 생각하였다. 역학적 일은 직접 닿은 물체끼리 전달하는 것이고, 열은 열소가 이동하는 것으로 생각하였다. 이후 J.R. 마이어는 실험을 통해 열이란 일을 하는 능력이라는 결론을 내렸다. 영국의 줄은 에너지 보존 법칙과 관련된 실험을 하였다. 장치를 살펴보면 인간이 핸들을 돌리고 추를 들어 올려 위치 에너지를 증가시켰다가 핸들을 놓아 추를 떨어트려 물속의 교반기를 회전시켰다. 이는 추의 위치 에너지가 교반기의 운동 에너지로 전환되는 과정이다. 이때 마찰에 의한 열이 발생하면서 물의 온도가 전체적으로 상승하는데, 이 온도는 위치 에너지의 양과 같다. 이후 1850년 루돌프 클라우지우스에 의해 에너지 보존 법칙이 정립되었다. 에너지는 형태가 변할 수는 있지만, 새로 만들어지거나 소멸되지 않으므로 에너지의 총합은 항상 일정하다. 우주의 에너지 총량은 우주가 탄생할 때부터 지금까지 일정하게 유지되었다.

위 글을 토대로 할 때 우주는 열린계, 닫힌계, 고립계 중 어디에 속하는지 그 이유와 함께 쓰시오.

02 다음은 겨울철에 자주 사용하는 보온병과 내부의 구조를 나타낸 것이다. 물음에 답하시오.

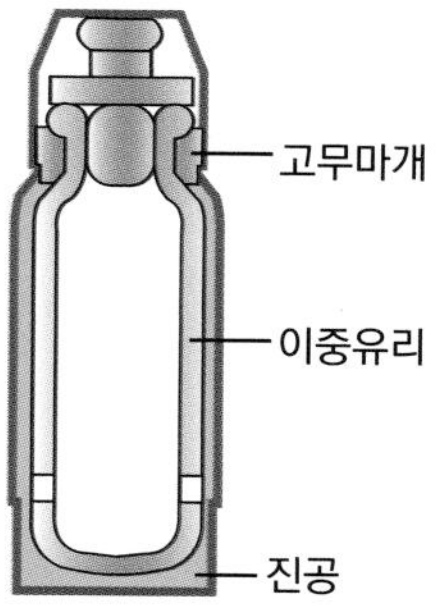

영국 스코틀랜드의 화학자인 제임스 듀어가 병 내부를 이중으로 만들어 사이의 공간을 진공으로 하고, 병 안쪽에 은도금을 하여 대류와 복사에 의한 열 손실을 최소한으로 줄인 보온병을 발명하였다. 유리는 열전도체로 부적합하고 진공에서도 매우 잘 격리되기 때문에 보온병을 만드는데 적합한 물질이다.

보온병은 열린계, 닫힌계, 고립계 중 어디에 속하는지 그 이유와 함께 쓰시오.

창의력&토론마당

03 다음은 화학 반응과 열의 출입을 알아보기 위한 실험이다.

〈실험 과정〉
1. 나무판 위를 물로 적신다.
2. 수산화 바륨($Ba(OH)_2$) 수화물과 염화 암모늄(NH_4Cl)을 넣은 비커를 올려놓는다.
3. 유리 막대로 잘 섞은 후 비커를 들어 올린다.

〈실험 결과〉
· 나무판에 비커가 달라붙었다.

수산화 바륨($Ba(OH)_2$) 수화물과 염화 암모늄(NH_4Cl)의 반응식은 다음과 같다.

$$Ba(OH)_2 \cdot 8H_2O(s) + 2NH_4Cl(s) \rightarrow BaCl_2(s) + 2NH_3(g) + 10H_2O(l)$$

(1) 이 반응의 종류를 쓰시오.

(2) 나무판에 비커가 달라붙어서 함께 들리는 이유가 무엇인지 서술하시오.

04 다음은 동일한 온도와 압력 조건에서 1몰의 다이아몬드와 흑연의 결합 구조와 연소 반응의 반응식을 나타낸 것이다.

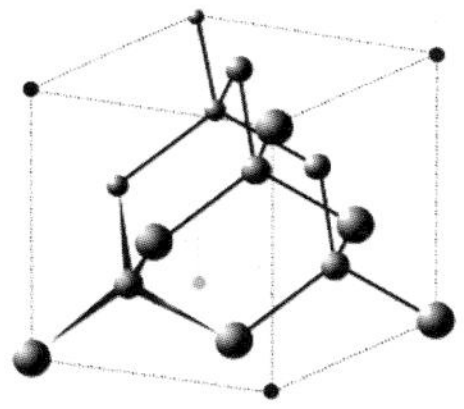
▲ 다이아몬드의 구조

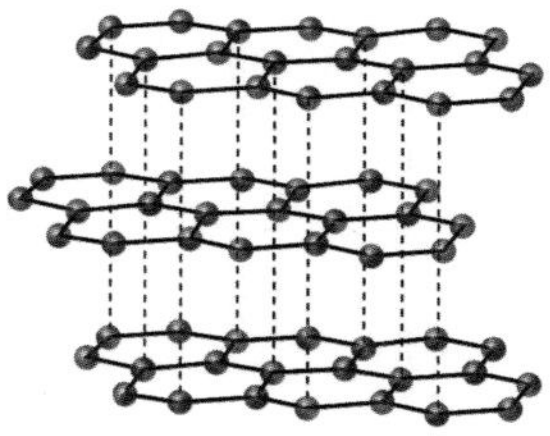
▲ 흑연의 구조

$C(s, \text{흑연}) + O_2(g) \rightarrow CO_2(g) + 393.7\ kJ$
$C(s, \text{다이아몬드}) + O_2(g) \rightarrow CO_2(g) + 395.4\ kJ$

흑연과 다이아몬드의 반응열을 비교하고, 어떤 구조가 더 안정한지 서술하시오.

05 표준 상태(0 ℃, 1 기압)에서 뷰테인(C_4H_{10}) 기체 1 L 를 태우면 물과 이산화 탄소가 생성되면서 128.48 kJ 을 방출한다. 다음 물음에 답하시오.

(1) 뷰테인(C_4H_{10}) 기체를 1 mol 을 연소시킬 때 방출되는 반응열(Q)을 구하시오.

(2) 2 mol 의 뷰테인(C_4H_{10}) 기체 연소 반응을 열화학 반응식으로 나타내시오.

(3) 25 ℃, 1 기압에서 뷰테인(C_4H_{10}) 기체 20 g 을 태우는 데 필요한 산소의 최소 부피는 몇 L 인지 구하시오. (단, 기체 상수는 0.082 atm·L/mol·K이고, H와 C의 원자량은 각각 1, 12 이다.)

06 다음은 물을 전기 분해하는 모습을 나타낸 그림과 물 분해 열화학 반응식이다. 다음 물음에 답하시오.

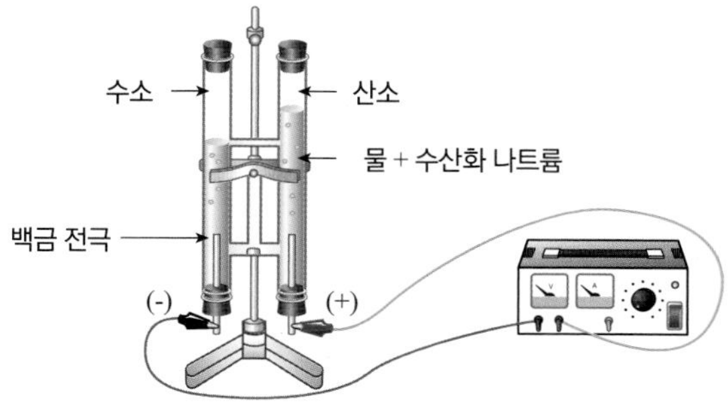

$$2H_2O(l) \rightarrow 2H_2(g) + O_2(g) \quad \Delta H = 571.6 \text{ kJ}$$

(1) 물 18 g 의 전기 분해 반응의 반응열(Q)을 구하시오. (단, 물의 분자량은 18 이다.)

(2) 물을 이용하여 얼음과 수증기를 만들 때 반응의 종류를 쓰고, 얼음과 수증기가 산소 기체와 수소 기체로 분해될 때 반응 엔탈피와 물의 전기 분해 반응 엔탈피 크기를 각각 비교하여 서술하시오.

스스로 실력높이기

A

01 열의 출입에 대한 설명 중 옳은 것은 ○ 표, 옳지 않은 것은 ×표 하시오.

(1) 계를 제외한 모든 부분을 주위라고 한다. (　　)

(2) 화학 반응이 일어날 때 방출하거나 흡수하는 열을 반응열이라고 한다. (　　)

(3) 화학 반응이 일어날 때 반응계가 에너지를 잃으면 주위는 에너지를 얻는다. (　　)

02 그림 (가) ~ (다)는 물질과 에너지 교환에 따라 계를 분류한 것이다. 계의 종류를 바르게 짝지은 것은?

(가)　　(나)　　(다)

	(가)	(나)	(다)
①	열린계	닫힌계	고립계
②	열린계	고립계	닫힌계
③	고립계	열린계	닫힌계
④	고립계	닫힌계	열린계
⑤	닫힌계	열린계	고립계

03 다음 빈칸에 알맞은 말을 쓰시오.

> 에너지는 다른 형태로 변할 수 있지만 총량은 생성되거나 소멸되지 않으므로 반응계의 에너지와 주위의 에너지 합은 (　　　)된다.

(　　　　　　　　　　)

04 반응이 일어날 때 주위의 온도가 높아지는 것을 <보기>에서 있는 대로 골라 기호를 쓰시오.

〈 보기 〉

ㄱ. 열분해　　ㄴ. 중화 반응
ㄷ. 금속의 산화 반응　　ㄹ. 물의 전기 분해

(　　　　　　　　　　)

05 발열 반응과 흡열 반응에 대한 설명 중 옳은 것은 ○ 표, 옳지 않은 것은 ×표 하시오.

(1) 발열 반응이 일어나면 주위의 온도가 높아진다. (　　)

(2) 흡열 반응이 일어나면 계의 에너지는 감소한다. (　　)

(3) 열분해는 주위의 에너지를 흡수하며 반응한다. (　　)

06 발열 반응에 대한 설명으로 옳은 것만을 <보기>에서 있는 대로 고른 것은?

〈 보기 〉

ㄱ. $\Sigma H_{생성물} < \Sigma H_{반응물}$　　ㄴ. $Q < 0$
ㄷ. 주위의 온도 변화 < 0　　ㄹ. $\Delta H < 0$

① ㄱ　② ㄴ　③ ㄱ, ㄹ
④ ㄴ, ㄷ　⑤ ㄱ, ㄴ, ㄷ

07 다음 반응에서 더 안정한 물질을 쓰시오.

$H_2(g) \rightarrow 2H(g)\quad \Delta H = 435.8$ kJ

( )

08 화학 반응이 일어날 때 흡수하거나 방출하는 에너지를 나타낸 화학 반응식을 무엇이라 하는지 쓰시오.

( )

09~10 다음은 질소와 산소가 반응하여 일산화 질소가 생성되는 반응의 열화학 반응식을 나타낸 것이다. 다음 물음에 답하시오.

$N_2(g) + O_2(g) \rightarrow 2NO(g)\quad \Delta H = 180.6$ kJ

09 다음 열화학 반응식에서 반응열을 구하시오.

( ) kJ

10 다음 열화학 반응식을 완성하시오.

$2N_2(g) + (\quad)O_2(g) \rightarrow 4NO(g) + (\qquad)$ kJ

B

11 열린계, 닫힌계, 고립계에서 물($H_2O(l)$)이 증발할 때, 각 경우에 대한 설명으로 옳은 것만을 <보기>에서 있는 대로 고른 것은?

<보기>

ㄱ. 열린계는 주위로 수증기가 출입할 수 있다.
ㄴ. 닫힌계는 주위와 에너지 교환을 할 수 없다.
ㄷ. 고립계는 주위의 온도가 올라간다.

① ㄱ ② ㄷ ③ ㄱ, ㄴ
④ ㄱ, ㄷ ⑤ ㄴ, ㄷ

12 다음은 흑연과 다이아몬드를 연소시킬 때 열화학 반응식과 엔탈피 변화를 나타낸 것이다.

$C(s,$ 흑연$) + O_2(g) \rightarrow CO_2(g)\quad \Delta H = x$ kJ
$C(s,$ 다이아몬드$) + O_2(g) \rightarrow CO_2(g)$
$\Delta H = -395.4$ kJ

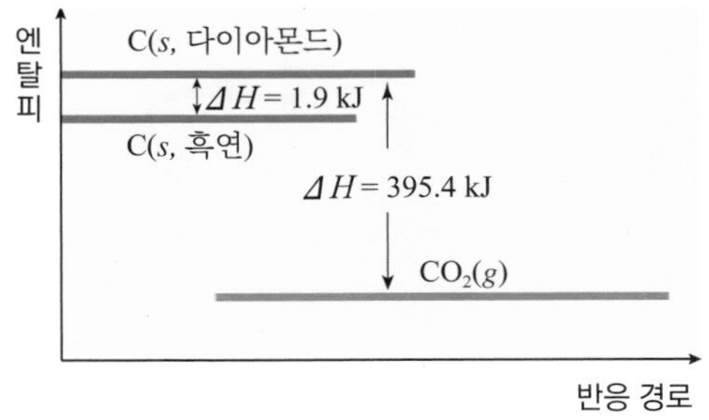

이에 대한 설명으로 옳은 것만을 <보기>에서 있는 대로 고른 것은?

<보기>

ㄱ. $x = 393.5$이다.
ㄴ. 흑연의 엔탈피가 더 낮으므로 더 안정한 물질이다.
ㄷ. 다이아몬드는 분자 결정이다.

① ㄴ ② ㄷ ③ ㄱ, ㄴ
④ ㄱ, ㄷ ⑤ ㄱ, ㄴ, ㄷ

13 그림은 두 반응이 일어났을 때의 에너지 변화를 나타낸 것이다.

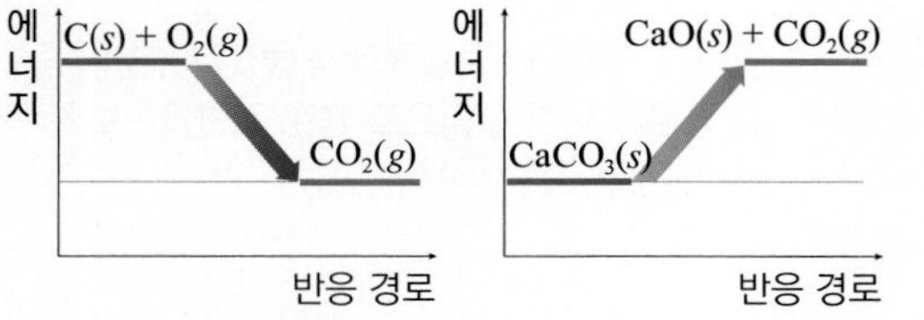

(가) (나)

이에 대한 설명으로 옳지 않은 것은?

① (가)의 반응이 일어날 때 열을 방출한다.
② (가)의 반응이 일어날 때 주위의 온도가 올라간다.
③ (나)에서 생성물이 반응물보다 더 큰 에너지를 갖는다.
④ (나)와 같은 반응에는 열분해, 광합성 등이 있다.
⑤ (가)와 (나)를 통해 반응물 엔탈피를 비교할 수 있다.

14 그림은 열분해 실험을 나타낸 것이다.

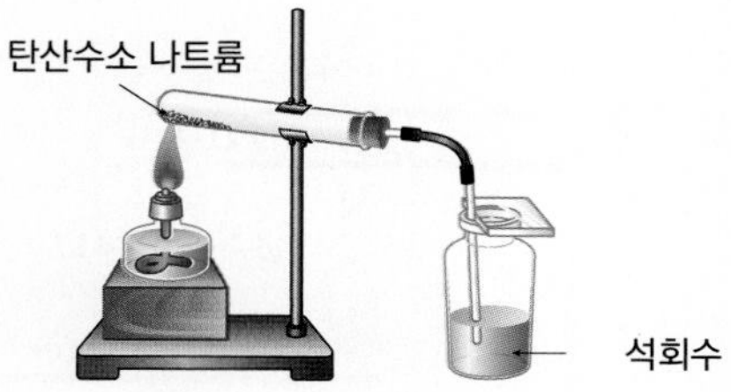

이에 대한 설명으로 옳은 것만을 <보기>에서 있는 대로 고른 것은?

<보기>

ㄱ. 이 반응으로 인해 석회수가 뿌옇게 변한다.
ㄴ. 이 반응은 생성 물질의 엔탈피 합이 반응 물질의 엔탈피 합보다 크다.
ㄷ. 이 반응에서 반응열(Q)은 0보다 크다.

① ㄴ ② ㄷ ③ ㄱ, ㄴ
④ ㄱ, ㄷ ⑤ ㄴ, ㄷ

15 다음은 일정한 온도와 압력에서 벤젠의 액화를 나타낸 열화학 반응식이다.

$$C_6H_6(g) \rightarrow C_6H_6(l) \quad \Delta H^\circ = -30.6 \text{ kJ}$$

이에 대한 설명으로 옳은 것만을 <보기>에서 있는 대로 고른 것은? (단, H와 C의 원자량은 각각 1, 12이다.)

<보기>

ㄱ. 이 반응은 25℃, 1 기압에서 진행되었다.
ㄴ. 이 반응이 일어날 때 주위의 온도가 올라간다.
ㄷ. 벤젠 26 g이 액화할 때 10.2 kJ의 열을 방출한다.

① ㄴ ② ㄷ ③ ㄱ, ㄴ
④ ㄱ, ㄷ ⑤ ㄱ, ㄴ, ㄷ

16 다음 열화학 반응식을 참고하여 25℃, 1 기압에서 황 가루(S(s)) 8 g 을 연소시킬 때 발생하는 반응열(Q)은? (단, S의 원자량은 32이다.)

$$S(s) + O_2(g) \rightarrow SO_2(s) \quad \Delta H = -300 \text{ kJ}$$

① -150 ② -75 ③ -37.5
④ 75 ⑤ 150

17~18 25℃, 1 기압에서 메테인(CH_4) 기체 8 g 을 완전 연소하면 445 kJ의 에너지가 방출된다. 다음 물음에 답하시오.

17 이에 대한 설명으로 옳은 것만을 <보기>에서 있는 대로 고른 것은?

<보기>

ㄱ. 메테인(CH_4)이 가지는 엔탈피 값을 알 수 있다.
ㄴ. 반응물보다 생성물이 더 안정하다.
ㄷ. 액체 메테인(CH_4)을 완전 연소하면 반응 엔탈피(ΔH) 값이 더 커진다.

① ㄴ ② ㄷ ③ ㄱ, ㄴ
④ ㄱ, ㄷ ⑤ ㄴ, ㄷ

17 다음 중 $CH_4(g)$를 완전 연소시킬 때의 열화학 반응식으로 옳게 나타낸 것은? (단, H, C의 원자량은 각각 1, 12이다.)

① $CH_4(g) + 2O_2(g) \rightarrow CO_2(g) + 2H_2O(l)$ $\Delta H = +222.5$ kJ
② $CH_4(g) + 2O_2(g) \rightarrow CO_2(g) + 2H_2O(l)$ $\Delta H = +445$ kJ
③ $CH_4(g) + 2O_2(g) \rightarrow CO_2(g) + 2H_2O(l)$ $\Delta H = +890$ kJ
④ $CH_4(g) + 2O_2(g) \rightarrow CO_2(g) + 2H_2O(l)$ $\Delta H = -445$ kJ
⑤ $CH_4(g) + 2O_2(g) \rightarrow CO_2(g) + 2H_2O(l)$ $\Delta H = -890$ kJ

C

19 다음 열화학 반응식을 참고할 때, 두 조건에서 발생한 반응 엔탈피의 비($\Delta H_1 : \Delta H_2$)로 옳은 것은?

> 메테인(CH_4) 연소 반응에서 O_2 1몰이 소모되는 반응 엔탈피 : ΔH_1
> 메테인(CH_4) 연소 반응에서 CO_2 1몰이 생성되는 반응 엔탈피 : ΔH_2

① 1 : 1　② 1 : 2　③ 1 : 4
④ 2 : 1　⑤ 4 : 1

20 25℃, 1기압에서 다음의 열화학 반응식을 그래프로 옳게 나타낸 것은?

> $C_6H_6(g) \rightarrow C_6H_6(l)$　$\Delta H^\circ = -30.6$ kJ

①
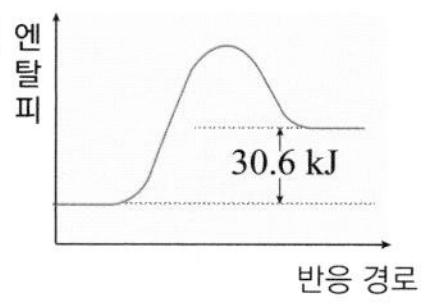

②
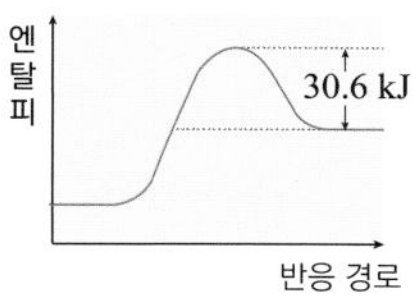

③
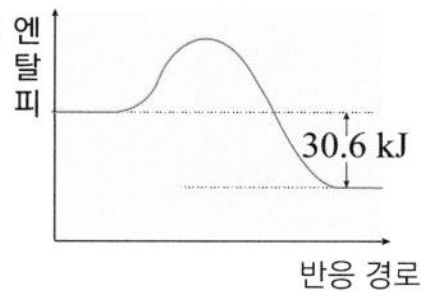

④
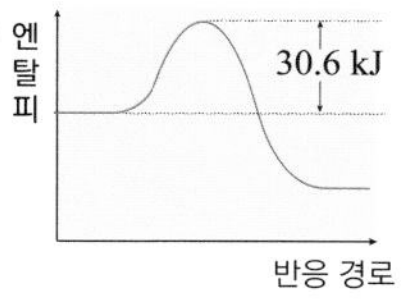

⑤
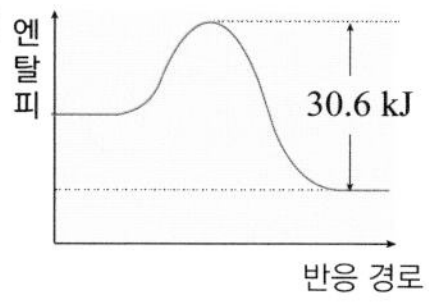

21 표는 몇 가지 물질이 물에 용해될 때 반응 엔탈피(ΔH)을 나타낸 것이다.

물질	반응 엔탈피 (ΔH)	물질	반응 엔탈피 (ΔH)
$NaCl(s)$	3.9 kJ	$H_2SO_4(l)$	-79.5 kJ
$KCl(s)$	17.2 kJ	$HCl(g)$	-74.8 kJ
$NH_4NO_3(s)$	25.7 kJ	$NH_3(g)$	-30.5 kJ

이에 대한 설명으로 옳은 것만을 <보기>에서 있는 대로 고른 것은?

<보기>
ㄱ. 고체가 물에 녹을 때는 열을 흡수한다.
ㄴ. 기체가 물에 녹을 때는 열을 방출한다.
ㄷ. 1몰을 물 100 g에 녹일 때 물의 온도를 많이 하강시키는 물질은 $H_2SO_4(l)$이다.

① ㄴ　② ㄷ　③ ㄱ, ㄴ
④ ㄱ, ㄷ　⑤ ㄴ, ㄷ

22 그림은 기체 A와 B가 반응하여 기체 C를 생성할 때의 에너지 변화를 나타낸 것이다.

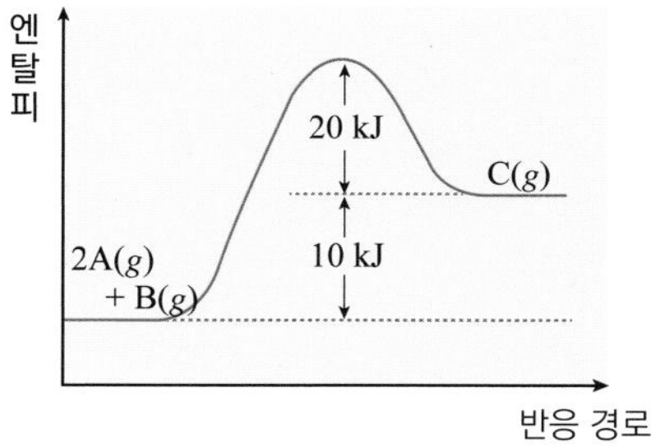

이에 대한 설명으로 옳은 것만을 <보기>에서 있는 대로 고른 것은?

<보기>
ㄱ. 이 반응의 열화학 반응식은 $2A(g) + B(g) \rightarrow C(g) - 30$ kJ이다.
ㄴ. 이 반응은 흡열 반응이다.
ㄷ. $C(g)$ 1몰의 에너지는 $A(g)$ 2몰과 $B(g)$ 1몰의 에너지 합보다 작다.

① ㄴ　② ㄷ　③ ㄱ, ㄴ
④ ㄱ, ㄷ　⑤ ㄴ, ㄷ

스스로 실력높이기

23 다음은 25℃, 1 기압에서 HCl와 NaOH이 물에 녹을 때의 열화학 반응식이다.

$$HCl(g) \rightarrow HCl(aq) \quad \Delta H = -75 \text{ kJ}$$
$$NaOH(s) \rightarrow NaOH(aq) \quad \Delta H = -45 \text{ kJ}$$

이에 대한 설명으로 옳은 것만을 <보기>에서 있는 대로 고른 것은? (단, H, O, Cl, Na의 원자량은 각각 1, 16, 35.5, 23이다.)

<보기>

ㄱ. 1 L 의 물에 NaOH(s) 8 g 을 녹일 때 9 kJ의 열이 방출된다.
ㄴ. 물 100 g 에 녹여 1% 수용액을 만들 때 방출되는 열은 NaOH(*s*)가 더 크다.
ㄷ. 물에 녹인 HCl 와 NaOH 을 반응시키면 주위 온도가 높아진다.

① ㄴ ② ㄷ ③ ㄱ, ㄴ
④ ㄱ, ㄷ ⑤ ㄴ, ㄷ

24 다음은 25℃, 1 기압에서 뷰텐(C_4H_8)이 연소하는 열화학 반응식이다. 이에 대한 설명으로 옳은 것만을 <보기>에서 있는 대로 고른 것은? (단, Q_1은 뷰텐(C_4H_8)의 완전 연소 반응에서 2몰의 $CO_2(g)$가 생성될 때 발생하는 반응열이다.)

$$㉠\, C_4H_8(g) + ㉡\, O_2(g) \rightarrow ㉢\, CO_2(g) + ㉣\, H_2O(g)$$

<보기>

ㄱ. 1몰의 뷰텐(C_4H_8)이 완전 연소할 때 발생하는 반응 엔탈피(ΔH)는 $2Q_1$이다.
ㄴ. 뷰텐을 연소시키면 주위의 온도가 높아진다.
ㄷ. 계수의 합 ㉠ + ㉡ + ㉢ + ㉣ = 13이다.

① ㄴ ② ㄷ ③ ㄱ, ㄴ
④ ㄱ, ㄷ ⑤ ㄴ, ㄷ

심화

25~26 다음은 냉장고 내부 응축기를 나타낸 것이다.

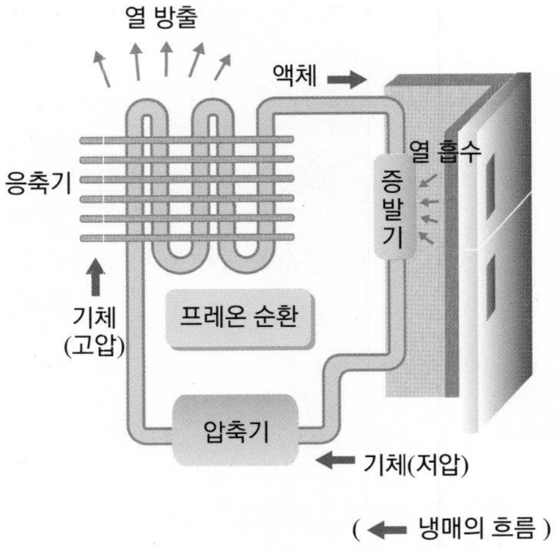

25 이에 대한 설명으로 옳지 않은 것을 <보기>에서 있는 대로 골라 바르게 고쳐 쓰시오.

<보기>

ㄱ. 응축기에서는 흡열 반응이 일어난다.
ㄴ. 증발기에서의 반응으로 주위 온도는 내려간다.
ㄷ. 증발기에서의 반응 엔탈피(ΔH)가 작을수록 좋은 냉매이다.
ㄹ. 압축기는 냉매를 고압으로 만들어 냉매가 쉽게 액화되도록 한다.

26 응축기와 증발기를 순환하는 냉매는 계와 주위 중 어느 곳에 속하는지 그 이유와 함께 서술하시오.

27 다음은 HCl 수용액과 NaOH 수용액 중화 반응의 열화학 반응식이다.

> $NaOH(aq) + HCl(aq) \rightarrow H_2O(l) + NaCl(aq)$
> $\Delta H = -56.2$ kJ

0.1 M HCl 수용액 100 mL 와 0.1 M NaOH 수용액 100 mL 를 넣고 반응이 끝난 후 물의 열량을 측정했더니 562 J 이 증가하였다. 이 반응으로 에너지 보존 법칙이 성립함을 설명하시오.

28 다음 반응에서 나타난 엔탈피 변화는 반응에 관여하는 반응물과 생성물의 몰수가 식에 있는 계수대로 주어질 때 측정한 것이다. 밑줄 친 물질이 1.00 g 이 생성 될 때의 반응 엔탈피(ΔH)를 계산하고, 반응의 종류를 쓰시오. (단, O, Mg의 원자량은 각각 16, 24이다.)

> $CaMg(CO_3)_2(s) \rightarrow CaO(s) + \underline{MgO(s)} + 2CO_2(g)$
> $\Delta H^\circ = 302$ kJ

29 다음과 같이 NaOH 수용액 속에서 액체 브로민은 쉽게 용해한다.

> $Br_2(l) + 2NaOH(aq) \rightarrow NaBr(aq) + NaOBr(aq) + H_2O(l)$

2.88×10^{-3} 몰의 $Br_2(l)$이 들어 있는 유리 캡슐을 과량의 $NaOH(aq)$에 넣었더니 121.3 J의 열을 방출하였다. 그리고 빈 캡슐을 과량의 $NaOH(aq)$에 넣었더니 2.34 J의 열을 방출하였다. 1.00 몰 $Br_2(l)$를 과량의 $NaOH(aq)$에 녹일 때 반응열(Q)을 구하시오.

30 25℃, 1 기압에서 프로페인(C_3H_8) 기체 22 g 을 완전 연소하면 1110 kJ의 에너지가 방출된다. $H_2O(l)$ 4몰이 생성될 때 반응을 열화학 반응식으로 나타내시오. (단, H와 C의 원자량은 각각 1, 12이다.)

31 0℃, 1 기압에서 뷰테인(C_4H_{10}) 기체를 연소 반응시킬 때 산소가 50 L 가 사용되고, 978 kJ의 열이 방출된다. 다음 물음에 답하시오,

(1) 1몰의 뷰테인(C_4H_{10}) 기체를 연소시킬 때 반응 엔탈피(ΔH)를 구하시오.

(2) 1몰의 뷰테인(C_4H_{10}) 기체를 연소시킬 때 열화학 반응식으로 나타내시오.

32 다음은 이산화 황 기체와 산소 기체가 반응하여 삼산화 황 기체가 되는 반응의 에너지 변화이다.

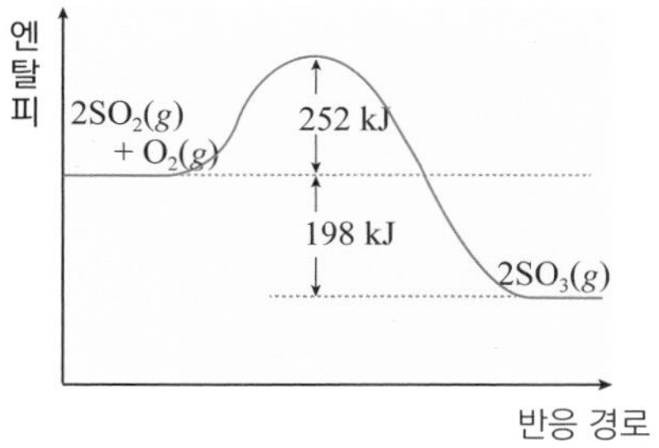

이에 대한 설명으로 옳지 않은 것을 <보기>에서 있는 대로 골라 바르게 고쳐 쓰시오.

〈 보기 〉

ㄱ. 반응 엔탈피(ΔH)는 -198 kJ이다.
ㄴ. 이 반응은 역반응이 더 잘 일어난다.
ㄷ. 이산화 황의 상태와 무관하게 반응열 값은 일정하다.
ㄹ. 이 반응이 일어날 때 주위의 온도는 올라간다.

10강 화학 반응과 에너지 2

1. 반응열의 종류 1

(1) 생성열(ΔH_f) : 어떤 화합물 1몰이 그 성분 원소의 가장 안정한 홑원소 물질로부터 생성될 때의 열량이다.

① **표준 생성 엔탈피(ΔH_f°)** : 25℃, 1 기압에서 성분 원소로부터 물질 1몰이 생성될 때의 엔탈피 변화이다.

예 $H_2(g) + \frac{1}{2}O_2(g) \rightarrow H_2O(l)$ $\Delta H = -285.8$ kJ

⇨ $H_2O(l)$ 1몰이 H_2와 O_2로부터 생성될 때 285.8 kJ의 열을 방출한다.
물(H_2O)의 표준 생성 엔탈피(ΔH_f°)는 -285.8 kJ/mol이다.

예 $N_2(g) + 3H_2(g) \rightarrow 2NH_3(g)$ $\Delta H = -92.2$ kJ

⇨ NH_3 2몰이 N_2와 H_2로부터 생성될 때 92.2 kJ의 열을 방출한다.
$NH_3(g)$의 표준 생성 엔탈피(ΔH_f°)는 $-\frac{92.2}{2} = -46.1$ kJ/mol이다.

② **홑원소 물질의 표준 생성 엔탈피** : 모든 홑원소 물질의 표준 생성 엔탈피는 0이다. 단, 홑원소 물질에 여러 가지 동소체가 존재하는 경우에는 표준 상태에서 가장 안정한 물질의 표준 생성 엔탈피가 0이다.

물질	산소			탄소		
	$O(g)$	$O_2(g)$	$O_3(g)$	$C(g)$	$C(s$, 흑연)	$C(s$, 다이아몬드)
ΔH_f°	249.2	0.0	142.7	716.7	0.0	1.9

▲ 산소와 탄소의 표준 생성 엔탈피(kJ/mol)

⇨ 산소의 경우 표준 상태에서 가장 안정한 홑원소 물질이 $O_2(g)$이므로 $O_2(g)$의 표준 생성 엔탈피가 0이다.

⇨ 탄소의 경우 표준 상태에서 가장 안정한 홑원소 물질이 $C(s$, 흑연)이므로 $C(s$, 흑연)의 표준 생성 엔탈피가 0이다.

③ **표준 생성 엔탈피와 물질의 안정성** : 같은 원소로부터 생성되는 여러 화합물 중에서 표준 생성 엔탈피(ΔH_f°)가 작을수록 상대적으로 안정하다.

물질	$CH_4(g)$	$C_2H_2(g)$	$C_2H_4(g)$	$C_2H_6(g)$
ΔH_f°	-74.8	226.7	52.3	-84.7

▲ 탄화수소의 안정성 비교(kJ/mol)

⇨ $CH_4(g)$, $C_2H_2(g)$, $C_2H_4(g)$, $C_2H_6(g)$ 중 표준 생성 엔탈피가 가장 작은 $C_2H_6(g)$가 가장 안정하다.

● 표준 생성 엔탈피

표준 상태(25℃, 1 기압)에서 성분 원소들의 가장 안정한 형태로부터 화합물 1몰이 생성되는 반응에 대한 엔탈피 변화를 의미하며 실험실에서 일어나지 않는 반응도 관계없다.
예 실험실에서 탄소와 수소를 반응시켜 메테인을 형성할 수 없지만, 메테인의 생성 엔탈피는 가상의 반응에서의 엔탈피 변화로 정의한다.

● 물의 생성열

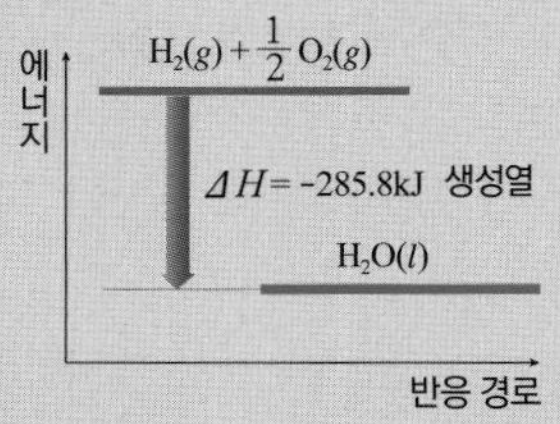

● 표준 생성 엔탈피와 물질의 안정성

표준 생성 엔탈피로 물질의 안정성을 비교할 때에는 같은 원소로부터 생성되는 물질의 경우에만 가능하다.
예 ΔH_f°가 −285.8 kJ/mol인 $H_2O(l)$이 ΔH_f°가 −135.44 kJ/mol인 $CCl_4(l)$보다 안정한 물질이라고 할 수 없다.

● 표준 생성 엔탈피와 엔탈피 변화

엔탈피 변화(ΔH)
$= \Sigma H^\circ_{생성 물질} - \Sigma H^\circ_{반응 물질}$

개념확인 1

다음 생성열에 대한 설명 중 옳은 것은 ○표, 옳지 않은 것은 ×표 하시오.

(1) 모든 홑원소 물질은 동소체가 존재해도 표준 생성 엔탈피는 0이다. (　　)

(2) 같은 원소로부터 생성되는 여러 화합물 중에서는 표준 생성 엔탈피가 작을수록 상대적으로 안정하다. (　　)

(3) 가상의 반응에서는 표준 생성 엔탈피를 정의할 수 없다. (　　)

확인 + 1

어떤 화합물 1몰이 그 성분 원소의 가장 안정한 홑원소 물질로부터 생성될 때의 열량을 무엇이라고 하는지 쓰시오.

(　　　　　　　　　　　　)

2. 반응열의 종류 2

(2) 분해열 : 어떤 화합물 1몰이 가장 안정한 성분인 홑원소 물질로 분해될 때의 열량이다.

예 $HCl(g) \rightarrow \frac{1}{2}H_2(g) + \frac{1}{2}Cl_2(g) \quad \Delta H = 92.3\ kJ$ (분해열)

$\frac{1}{2}H_2(g) + \frac{1}{2}Cl_2(g) \rightarrow HCl(g) \quad \Delta H = -92.3\ kJ$ (생성열)

⇨ 염산(HCl(g)) 1몰의 생성열은 -92.3 kJ/mol이고, 분해열은 92.3 kJ/mol이다.

⇨ 분해 반응은 생성 반응의 역반응에 해당하므로 분해열과 생성열의 절댓값은 같지만, 부호가 반대이다.

(3) 용해열 : 어떤 화합물 1몰이 충분한 양의 용매에 완전히 용해될 때의 열량이다.

① **고체의 용해** : 고체 물질이 물에 용해될 때는 열을 흡수하기도, 방출하기도 한다.

예 $NaCl(s) \rightarrow NaCl(aq) \quad \Delta H = 3.9\ kJ$

⇨ NaCl(s) 1몰이 물에 용해될 때 3.9 kJ의 열을 흡수한다. 대부분의 고체들이 물에 용해될 때는 열을 흡수하는 흡열 반응이 일어난다.

예 $NaOH(s) \rightarrow NaOH(aq) \quad \Delta H = -42.4\ kJ$

⇨ NaOH(s) 1몰이 물에 용해될 때 42.4 kJ의 열을 방출한다.

⇨ NaOH(s)은 발열 반응이므로 온도를 높이면 용해도가 감소할 것으로 예상되지만, 실제로 NaOH(s)의 용해도는 온도를 높일수록 증가한다.

② **기체와 액체의 용해** : 기체와 액체 물질이 물에 용해될 때는 대부분 열이 방출된다. 기체의 용해도는 온도가 낮을수록 커진다.

예 $HCl(g) \rightarrow HCl(aq) \quad \Delta H = -74.8\ kJ$

⇨ HCl(g) 1몰이 물에 용해될 때 74.8 kJ의 열을 방출한다.

예 $H_2SO_4(l) \rightarrow H_2SO_4(aq) \quad \Delta H = -81.9\ kJ$

⇨ $H_2SO_4(l)$ 1몰이 물에 용해될 때 81.9 kJ의 열을 방출한다.

물질	ΔH	물질	ΔH
$NaCl(s)$	3.9	$HCl(g)$	-74.8
$KCl(s)$	17.2	$HNO_3(l)$	-30.2
$NaOH(s)$	-42.4	$CH_3COOH(l)$	-16.0
$KOH(s)$	-57.6	$H_2SO_4(l)$	-81.9
$NH_4NO_3(s)$	25.7	$NH_3(g)$	-34.7
$CaCl_2(s)$	-81.3	$CO_2(g)$	-24.8

▲ 몇 가지 물질의 용해 엔탈피(kJ/mol)

● 수산화 나트륨(NaOH)의 용해 반응

수산화 나트륨(NaOH)의 용해열은 충분한 양의 용매에 고체 수산화 나트륨(NaOH)을 넣을 때 발생하는 열량이고, 수산화 나트륨(NaOH)의 용해도는 일정한 양의 용매에 포화 용액이 될 때까지 녹아 들어가는 용질의 양이다. $NaOH \cdot H_2O$을 녹일 때는 흡열 반응이 일어난다.

● 황산(H_2SO_4)의 용해 반응

황산(H_2SO_4)의 용해열은 다른 산의 용해열보다 크다. 따라서 진한 황산을 물에 묽힐 때에는 물에 진한 황산을 조금씩 넣어 가면서 서서히 묽혀야 한다.

정답 및 해설 56쪽

개념확인 2

다음의 열화학 반응식의 반응열(ΔH)이 의미하는 것을 고른 것은?

$H_2SO_4(l) \rightarrow H_2SO_4(aq) \quad \Delta H = -81.9\ kJ$

① 연소열 ② 생성열 ③ 반응열 ④ 분해열 ⑤ 용해열

확인 + 2

다음 반응열에 대한 설명 중 옳은 것은 ○표, 옳지 않은 것은 ×표 하시오.

(1) 분해열과 생성열은 절댓값은 같지만, 부호가 반대이다. ( )

(2) 고체 물질이 물에 용해될 때는 열을 흡수하는 흡열 반응이 일어난다. ( )

3. 반응열의 종류3

(4) 연소열 : 어떤 화합물 1몰이 완전 연소할 때의 열량이다.

① **연소 반응** : 물질의 연소 반응은 발열 반응이므로 연소 반응의 연소 엔탈피(ΔH)는 항상 0보다 작다.

예 $CH_4(g) + 2O_2(g) \rightarrow CO_2(g) + 2H_2O(l)$ $\Delta H = -890.8$ kJ

⇨ 메테인($CH_4(g)$) 1몰이 완전 연소될 때 890.8kJ의 열을 방출한다.

물질	C(s, 흑연)	$H_2(g)$	$C_3H_8(g)$	n - $C_4H_{10}(g)$
ΔH	-393.5	-285.8	-2219.2	-2877.6

▲ 몇 가지 물질의 연소 엔탈피(kJ/mol)

② **연소 엔탈피와 생성 엔탈피** : 홑원소 물질이 산소와 반응할 때 반응 엔탈피는 열화학 반응식에 따라 나눌 수 있다.

(5) 중화열 : 산과 염기가 중화 반응하여 1몰의 $H_2O(l)$이 생성될 때의 열량이다.

① **강산과 강염기의 중화 반응** : 중화열(ΔH)은 산과 염기의 종류에 관계없이 -55.8kJ/mol로 비슷하다. 산과 염기의 종류가 달라져도 중화 반응의 알짜 이온 반응식은 같기 때문이다.

예 $HCl(aq) + NaOH(aq) \rightarrow H_2O(l) + NaCl(aq)$ $\Delta H = -55.8$ kJ

⇨ $HCl(aq)$와 $NaOH(aq)$이 중화 반응하여 1몰의 $H_2O(l)$이 생성될 때 55.8 kJ의 열을 방출한다.

⇨ 알짜 이온 반응식 : $H^+(aq) + OH^-(aq) \rightarrow H_2O(l)$

② **황산(H_2SO_4)의 중화열** : 황산(H_2SO_4) 1몰은 H^+ 2몰을 내놓을 수 있다.

예 $H_2SO_4(aq) + 2NaOH(aq) \rightarrow 2H_2O(l) + Na_2SO_4(aq)$ $\Delta H = -111.6$ kJ

⇨ $H_2SO_4(aq)$과 $NaOH(aq)$이 중화 반응하여 2몰의 $H_2O(l)$이 생성될 때 111.6 kJ의 열을 방출한다.

⇨ 이 반응에서 중화열(ΔH)은 -111.6 kJ이 아니다. 중화열은 1몰의 $H_2O(l)$이 생성될 때의 반응열이다. 따라서 $H_2O(l)$ 2몰이 생성될 때 방출하는 열이 111.6 kJ이므로 $H_2O(l)$ 1몰이 생성될 때 방출하는 열은 $-\frac{111.6}{2} = -55.8$ kJ이다.

⇨ 이 반응의 중화열(ΔH)은 -55.8 kJ이다.

③ **혼합 용액의 온도 변화** : 일정량의 산(염기) 수용액에 염기(산) 수용액을 가해 중화시키면 중화열에 의해 용액의 온도가 높아지고, 중화점에서 혼합 용액은 최고 온도가 된다.

● 메테인의 연소열

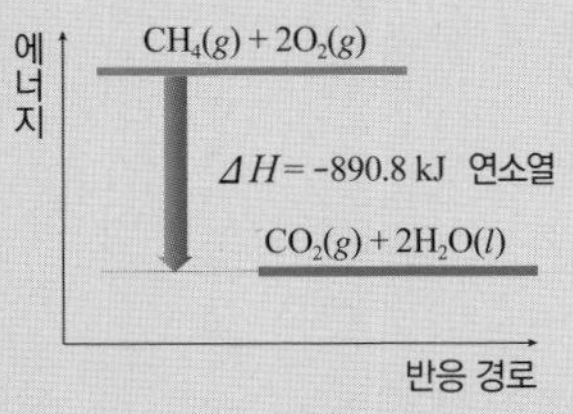

● 연소 반응에서 연소 엔탈피와 생성 엔탈피

• 연소 엔탈피

$N_2(g) + 2O_2(g)$
$\rightarrow 2NO_2(g)$ $\Delta H = -66$ kJ
⇨ $N_2(g)$의 연소 엔탈피는 -66 kJ/mol이다.

• 생성 엔탈피

$\frac{1}{2}N_2(g) + O_2(g)$
$\rightarrow NO_2(g)$ $\Delta H = -33$ kJ
⇨ $NO_2(g)$의 생성 엔탈피는 -33 kJ/mol이다.

● 강산과 강염기의 중화열

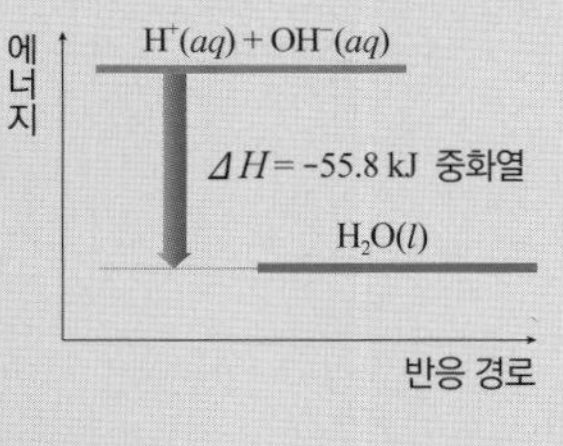

개념확인 3

2몰의 아세트산(CH_3COOH)과 1몰의 수산화 바륨($Ba(OH)_2$)이 반응할 때 111.6 kJ의 열을 방출한다. 이 때 중화열(ΔH)은 몇 kJ/mol인가?

( ) kJ/mol

확인 + 3

어떤 화합물 1몰이 완전 연소할 때의 열량을 무엇이라고 하는지 쓰시오.

( )

4. 반응열의 측정

(1) 비열과 열용량

① **비열(c)** : 물질 1 g 의 온도를 1℃ 높이는 데 필요한 열량이며, 단위는 J/g·℃이다.

② **열용량(C)** : 물질의 온도를 1℃ 높이는 데 필요한 열량이며, 단위는 J/℃이다.

열용량(C) = 비열(c) × 질량(m)

③ **열량(Q)** : 물질의 비열, 질량, 온도 변화의 곱으로 표시한다.

열량(Q) = 비열(c) × 질량(m) × 온도 변화(Δt)
= 열용량(C) × 온도 변화(Δt)

(2) 간이 열량계(정압 열량계)

① **특징**

· 쉽게 사용할 수 있으나, 열 손실이 크므로 정밀한 실험에는 사용할 수 없다.
· 뚜껑이 느슨하게 되어 있어 압력이 대기압으로 일정하게 유지된다.
· 주로 중화열과 용해열 등의 비연소 반응의 반응열을 측정하는 데 사용된다.

② **반응열 측정**

발생한 열량(Q) = 용액이 흡수한 열량
= 용액의 비열(c) × 용액의 질량(m) × 용액의 온도 변화(Δt)

(3) 통열량계(정부피 열량계)

① **특징**

· 단열이 잘 되기 때문에 열 손실이 거의 없어 비교적 정확하게 실험을 할 수 있다.
· 매우 단단한 강철 용기로 되어 있어 생성물이 밖으로 빠져나가지 못하므로 반응이 일어나는 동안 부피가 일정하게 유지된다.
· 주로 연소 반응의 반응열을 측정하는 데 사용된다.

② **반응열 측정**

발생한 열량(Q) = 물이 흡수한 열량 + 통열량계가 흡수한 열량
= 물의 비열(c) × 물의 질량(m) × 물의 온도 변화(Δt)
+ 통열량계의 열용량($C_{통열량계}$) × 온도 변화(Δt)

개념확인 4

정답 및 해설 56쪽

다음 열량계에 대한 설명 중 옳은 것은 ○표, 옳지 않은 것은 ×표 하시오.

(1) 실험에서 측정하여 계산된 연소열은 실제 값보다 작게 측정됐을 것이다. ( )

(2) 간이 열량계는 반응이 일어나는 동안 부피가 일정하게 유지된다. ( )

확인 + 4

간이 열량계 30℃의 물 100 g 을 넣고 물질 A 10 g 을 용해시켰더니 용액의 온도가 39℃로 높아졌다. 이 실험 결과로부터 물질 A의 용해열(ΔH)는 몇 kJ/mol인가? (단, 물질 A의 화학식량은 100이고, 용액의 비열은 4.2 J/g·℃이다.)

( ) kJ/mol

● 몇 가지 물질의 비열

물질	비열(J/g·℃)
공기	1.01
얼음	2.03
물	4.18
알루미늄	0.90
구리	0.39

● 간이 열량계

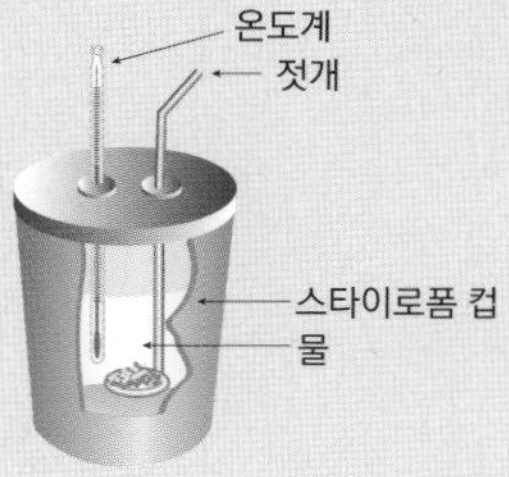

● 통열량계

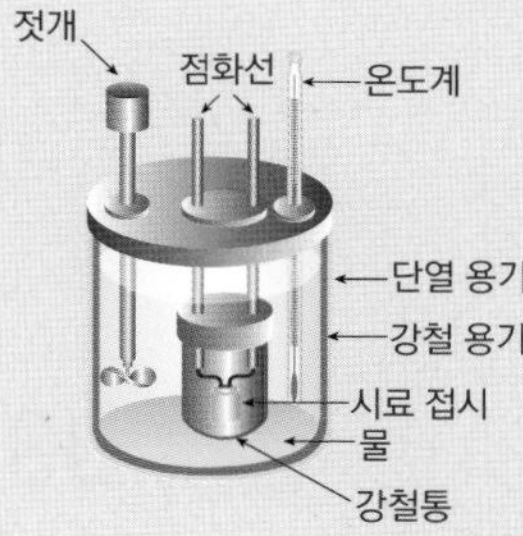

● 반응열 측정

• 간이 열량계
화학 반응에서 발생한 열을 모두 간이 열량계 속의 용액이 흡수하여 손실이 없다고 가정한다.
• 통열량계
화학 반응에서 발생한 열은 물과 통열량계가 흡수한 열의 합과 같다.

● 측정값과 반응값이 다른 이유

반응열의 일부가 열량계 등의 실험 기구의 온도를 변화시키거나, 열량계 밖으로 빠져나가기 때문이다.

개념 다지기

01 25℃, 1 기압에서 $NO_2(g)$의 생성 엔탈피($\varDelta H_f$)는 33.18 kJ/mol이다. 이 반응의 열화학 반응식을 나타낸 것은?

① $N_2(g) + 2O_2(g) \rightarrow 2NO_2(g) + 33.18$ kJ/mol
② $\frac{1}{2}N_2(g) + O_2(g) \rightarrow NO_2(g) + 33.18$ kJ/mol
③ $N_2(g) + 2O_2(g) \rightarrow 2NO_2(g) - 33.18$ kJ/mol
④ $\frac{1}{2}N_2(g) + O_2(g) \rightarrow NO_2(g) - 33.18$ kJ/mol
⑤ $NO(g) + \frac{1}{2}O_2(g) \rightarrow NO_2(g) - 33.18$ kJ/mol

02 그림은 수소 기체와 산소 기체가 반응하여 물과 수증기가 되는 과정의 엔탈피 변화를 나타낸 것이다. 이에 대한 설명으로 옳은 것은?

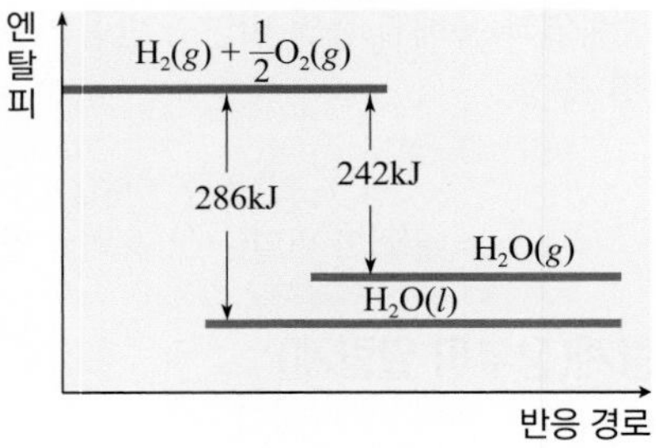

① $H_2O(l)$의 생성 엔탈피는 286 kJ/mol이다.
② $H_2O(g)$의 분해 엔탈피는 -242 kJ/mol이다.
③ $H_2O(l)$ 1 g을 $H_2O(g)$로 만드는데 필요한 에너지는 44.0 kJ이다.
④ 같은 물질이라면 상태에 따라 가지고 있는 에너지의 양이 같다.
⑤ $H_2O(l)$ 1 g이 생성되는데 방출되는 에너지는 $H_2O(g)$ 1 g이 생성되는데 필요한 에너지보다 크다.

03 다음 중화열에 대한 설명 중 옳은 것은 ○표, 옳지 않은 것은 ×표 하시오.

(1) 중화열은 산과 염기가 반응하여 1몰의 $H_2O(l)$이 생성될 때 발생하는 열량이다. (　　)
(2) 산과 염기의 종류에 따라 중화열이 달라진다. (　　)
(3) 황산(H_2SO_4)이 중화 반응할 때 중화열은 -55.8 kJ/mol이다. (　　)

04 다음 열화학 반응식에 대한 설명으로 옳은 것만을 <보기>에서 있는 대로 고른 것은?

$$N_2(g) + 2O_2(g) \rightarrow 2NO_2(g) \quad \varDelta H = -66 \text{ kJ}$$

<보기>

ㄱ. 1몰의 $NO_2(g)$의 생성 엔탈피는 33 kJ/mol이다.
ㄴ. 1몰의 $N_2(g)$의 연소 엔탈피는 -66 kJ/mol이다.
ㄷ. 1몰의 $NO_2(g)$의 분해 엔탈피는 -66 kJ/mol이다.

① ㄱ　　② ㄴ　　③ ㄷ　　④ ㄱ, ㄴ　　⑤ ㄱ, ㄷ

05 일산화 탄소(CO) 기체의 연소열(ΔH)은 -136 kJ/mol이다. 일산화 탄소(CO) 14 g 이 완전 연소할 때의 반응열을 구하시오. (단, C, O의 원자량은 각각 12, 16이다.)

( ) kJ

06 수산화 나트륨(NaOH)과 묽은 염산(HCl)이 중화 반응한다. 이 반응에 대한 설명으로 옳지 않은 것은?

① 이 반응은 발열 반응이다.
② 반응물보다 생성물의 엔탈피가 작다.
③ 나트륨 이온과 염화 이온은 구경꾼 이온이다.
④ 묽은 염산 대신 황산을 사용하면 중화열이 달라진다.
⑤ 수산화 나트륨 대신 수산화 칼륨을 사용해도 중화열이 같다.

07 다음 빈칸에 들어갈 알맞은 말을 각각 고르시오.

> 열량은 물체의 질량이 같다면 비열이 클수록 온도를 높이는 데 필요한 열량이 (크다 , 작다). 열량(Q) = (열용량 , 비열) × Δt로 구할 수 있다.

08 간이 열량계에 25℃ 물 100 g 을 넣고 메탄올 0.4 g 을 연소했더니 물의 온도가 35℃로 높아졌다. 이 실험 결과로부터 메탄올 0.4 g 이 완전 연소하여 발생한 열량은 몇 kJ인가? (단, 메탄올이 연소할 때 방출된 열은 물이 모두 흡수한다고 가정한다. 물의 비열은 4.2 J/g·℃이다.)

( ) kJ

유형익히기&하브루타

유형10-1 반응열의 종류1

그림은 포도당($C_6H_{12}O_6$)이 발효되어 에탄올(C_2H_5OH)이 되는 과정의 엔탈피 변화를 나타낸 것이다.

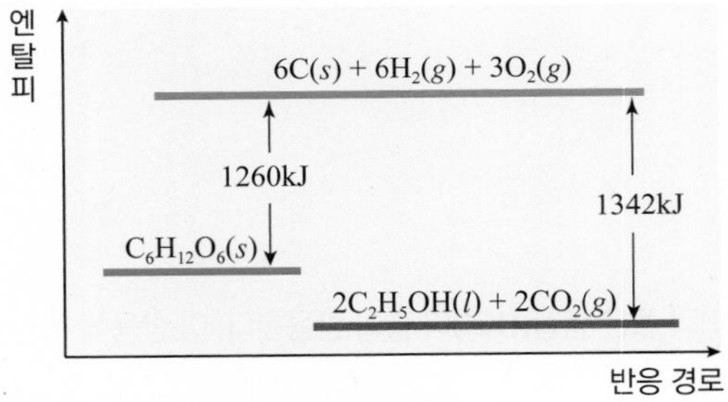

이에 대한 설명으로 옳은 것만을 <보기>에서 있는 대로 고른 것은?

<보기>

ㄱ. $C_6H_{12}O_6(s)$의 생성 엔탈피(ΔH_f)는 -1260kJ/mol이다.
ㄴ. 주어진 자료를 이용하여 $C_2H_5OH(l)$의 생성 엔탈피를 구할 수 있다.
ㄷ. $C_6H_{12}O_6(s)$ 1몰이 발효되어 $C_2H_5OH(l)$ 2몰과 $CO_2(g)$ 2몰이 될 때 반응 엔탈피는 82 kJ이다.

① ㄱ ② ㄱ, ㄴ ③ ㄱ, ㄷ ④ ㄴ, ㄷ ⑤ ㄱ, ㄴ, ㄷ

01 생성열에 대한 설명으로 옳은 것만을 <보기>에서 있는 대로 고른 것은?

<보기>

ㄱ. 흑연의 표준 생성 엔탈피는 0이다.
ㄴ. $H_2O(l)$이 $H_2O(g)$보다 표준 생성 엔탈피가 작으므로 $H_2O(g)$가 $H_2O(l)$보다 안정하다.
ㄷ. $NH_3(g)$ 2몰이 생성될 때 92.2 kJ의 열이 방출되므로 $NH_3(g)$의 생성 엔탈피는 -46.1 kJ/mol이다.

① ㄴ ② ㄷ ③ ㄱ, ㄴ ④ ㄱ, ㄷ ⑤ ㄱ, ㄴ, ㄷ

02 다음은 표준 생성 엔탈피에 대한 자료이다.

물질	표준 생성 엔탈피(kJ/mol)
$C_2H_4(g)$	52
$C_2H_6(g)$	-85

이것을 이용하여 25℃에서 다음 화학 반응의 표준 생성 엔탈피 변화(ΔH°_f)를 구하면?

$$C_2H_4(g) + H_2(g) \rightarrow C_2H_6(g)$$

① 137 ② 33 ③ -19 ④ -33 ⑤ -137

유형10-2 반응열의 종류2

다음은 CO와 CO_2가 생성될 때의 열화학 반응식이다.

$$C(s) + O_2(g) \rightarrow CO_2(g) \quad \Delta H_1$$
$$2C(s) + O_2(g) \rightarrow 2CO(g) \quad \Delta H_2$$
$$2CO(g) + O_2(g) \rightarrow 2CO_2(g) \quad \Delta H_3$$

이에 대한 설명으로 옳은 것만을 <보기>에서 있는 대로 고른 것은?

<보기>

ㄱ. 1몰의 $CO_2(g)$의 생성열은 ΔH_1이다.
ㄴ. 1몰의 $CO(g)$의 분해열은 $\frac{\Delta H_2}{2}$이다.
ㄷ. ΔH_1 와 $\frac{\Delta H_3}{2}$는 1몰의 $CO_2(g)$의 생성열로 같다.

① ㄱ ② ㄴ ③ ㄷ ④ ㄱ, ㄴ ⑤ ㄱ, ㄷ

03 다음 열화학 반응식 중 엔탈피 변화가 용해열에 해당하는 것은?

① $H_2SO_4(l) \rightarrow H_2SO_4(aq) \quad \Delta H = -81.9$ kJ
② $2C(s) + 3H_2(g) \rightarrow C_2H_6(g) \quad \Delta H = -84.68$ kJ
③ $CH_4(g) + 2O_2(g) \rightarrow CO_2(g) + 2H_2O(l) \quad \Delta H = -890.8$ kJ
④ $C_6H_{12}O_6(s) \rightarrow 6C(s) + 3O_2(g) + 6H_2(g) \quad \Delta H = 1260$ kJ
⑤ $CH_3COOH(aq) + NaOH(aq) \rightarrow CH_3COONa(aq) + H_2O(l) \quad \Delta H = -55.8$ kJ

04 다음은 $NH_3(g)$를 물에 용해시킬 때의 열화학 반응식이다.

$$NH_3(g) \rightarrow NH_3(aq) \quad \Delta H = -34.7 \text{ kJ}$$

이에 대한 설명으로 옳은 것만을 <보기>에서 있는 대로 고른 것은?

<보기>

ㄱ. $NH_3(g)$의 용해열은 34.7 kJ이다.
ㄴ. $NH_3(g)$를 물에 용해할 때 주위의 온도가 높아진다.
ㄷ. $NH_3(g)$의 용해도는 온도가 낮을수록 커진다.

① ㄴ ② ㄷ ③ ㄱ, ㄴ ④ ㄴ, ㄷ ⑤ ㄱ, ㄴ, ㄷ

유형익히기&하브루타

유형10-3 반응열의 종류3

다음 <보기>의 열화학 반응식의 반응열(ΔH)의 종류를 바르게 짝지은 것은?

< 보기 >

ㄱ. $H_2SO_4(l) \rightarrow H_2SO_4(aq)$ ΔH_1
ㄴ. $Ca(s) + C(s) + \frac{3}{2}O_2(g) \rightarrow CaCO_3(s)$ ΔH_2
ㄷ. $HCl(aq) + KOH(aq) \rightarrow KCl(aq) + H_2O(l)$ ΔH_3
ㄹ. $C_2H_5OH(l) + 3O_2(g) \rightarrow 2CO_2(g) + 3H_2O(l)$ ΔH_4

	생성열	용해열	연소열	중화열
①	ㄱ	ㄴ	ㄷ	ㄹ
②	ㄱ	ㄴ	ㄹ	ㄷ
③	ㄴ	ㄱ	ㄹ	ㄷ
④	ㄴ	ㄹ	ㄱ	ㄹ
⑤	ㄷ	ㄹ	ㄱ	ㄴ

05 다음은 인산과 수산화 나트륨의 반응을 열화학 반응식으로 나타낸 것이다.

$$H_3PO_4(aq) + 3NaOH(aq) \rightarrow Na_3PO_4(aq) + (\text{㉠})H_2O(l) \quad \Delta H = -167.4 \text{ kJ}$$

이에 대한 설명으로 옳은 것만을 <보기>에서 있는 대로 고른 것은?

〈 보기 〉

ㄱ. ㉠에 들어갈 값은 3이다.
ㄴ. 이 반응은 생성 물질의 엔탈피 합이 반응 물질의 엔탈피 합보다 작다.
ㄷ. 이 반응의 중화열(ΔH)은 -55.8 kJ/mol이다.

① ㄴ ② ㄷ ③ ㄱ, ㄴ ④ ㄴ, ㄷ ⑤ ㄱ, ㄴ, ㄷ

06 다음 표준 생성 엔탈피를 이용하여 $C_2H_6(g)$의 연소열이 -1561 kJ/mol일 때, $C_2H_6(g)$의 표준 생성 엔탈피(ΔH°_f, kJ/mol)를 구하시오.

물질	표준 생성 엔탈피(kJ/mol)
$CO_2(g)$	-394
$H_2O(l)$	-286

① 1669 ② 85 ③ -68 ④ -85 ⑤ -1669

유형10-4 반응열의 측정

그림은 에탄올($C_2H_5OH(l)$)의 연소열을 측정하기 위한 실험이다. 물 400 g 이 들어 있는 통열량계에 에탄올 1.46 g 을 넣고 연소시켰더니 물의 온도는 3.5℃ 상승하였다.

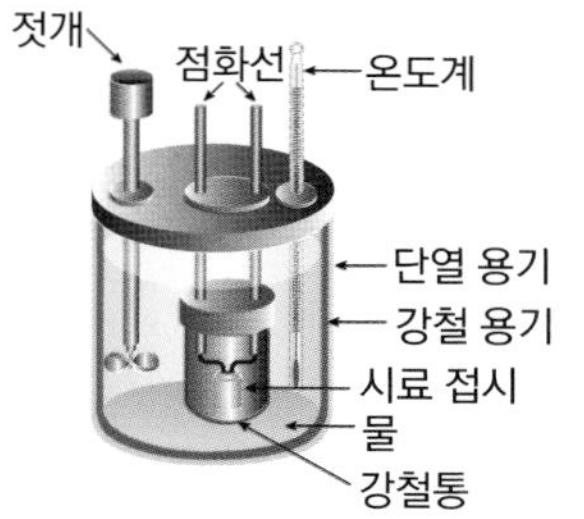

이 반응의 열화학 반응식으로 옳게 나타낸 것은? (단, 물의 비열은 4.2 J/g·℃, 열량계의 열용량은 840 J/℃ 이다. H와 C,O의 원자량은 각각 1, 12, 16 이다.)

① $C_2H_5OH(l) + 3O_2(g) \rightarrow 2CO_2(g) + 3H_2O(l)$ ΔH = -8.82 kJ
② $C_2H_5OH(l) + 3O_2(g) \rightarrow 2CO_2(g) + 3H_2O(l)$ ΔH = -222.5 kJ
③ $C_2H_5OH(l) + 3O_2(g) \rightarrow 2CO_2(g) + 3H_2O(l)$ ΔH = -277.9 kJ
④ $C_2H_5OH(l) + 3O_2(g) \rightarrow 2CO_2(g) + 3H_2O(l)$ ΔH = +8.82 kJ
⑤ $C_2H_5OH(l) + 3O_2(g) \rightarrow 2CO_2(g) + 3H_2O(l)$ ΔH = +277.9 kJ

07 다음 중 비열과 열용량에 대한 설명으로 옳은 것만을 <보기>에서 있는 대로 고른 것은?

< 보기 >

ㄱ. 열용량이 클수록 온도를 높이는 데 필요한 열량이 크다.
ㄴ. 열량의 단위는 J/℃이다.
ㄷ. 비열은 물질 1 g 의 온도를 1℃ 높이는 데 필요한 열량이다.

① ㄴ ② ㄷ ③ ㄱ, ㄴ ④ ㄱ, ㄷ ⑤ ㄴ, ㄷ

08 25℃, 밀폐된 용기에서 다이아몬드 5 mol 을 연소시켰다. 연소 후 주위 온도는 몇 ℃가 되겠는가? (단, 다이아몬드의 연소열은 -395.4 kJ/mol이고, 공기 5 mol 이 들어 있었다. 공기의 열용량은 6.1 kJ/mol·℃ 이다.)

( ) ℃

01 사이클로헥세인($C_6H_{12}(l)$)과 사이클로헥센($C_6H_{10}(l)$)은 탄소의 개수는 같지만 수소의 개수가 다르다. 다음 물음에 답하시오. (단, $H_2O(l)$의 표준 생성 엔탈피(ΔH°_f)는 −286 kJ/mol이고, $CO_2(g)$의 표준 생성 엔탈피(ΔH°_f)는 −394 kJ/mol이다.)

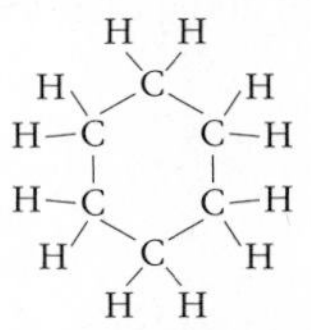

▲ 사이클로헥세인(C_6H_{12})

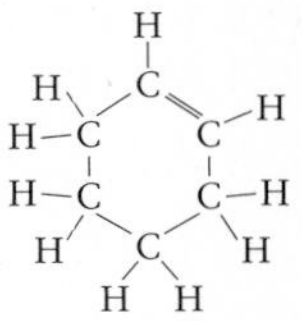

▲ 사이클로헥센(C_6H_{10})

(1) 사이클로헥세인($C_6H_{12}(l)$)이 $CO_2(g)$와 $H_2O(l)$로 연소되는 반응의 엔탈피 변화는 −3923.7 kJ/mol이다. $C_6H_{12}(l)$의 표준 생성 엔탈피(ΔH°_f)를 구하시오.

(2) 사이클로헥센($C_6H_{10}(l)$)이 $CO_2(g)$와 $H_2O(l)$로 연소하는 반응의 엔탈피 변화는 −3731.7 kJ/mol이다. $C_6H_{10}(l)$의 표준 생성 엔탈피(ΔH°_f)를 구하시오.

(3) 사이클로헥세인과 사이클로헥센의 표준 생성 엔탈피를 비교하여 더 안정한 물질을 쓰시오.

02 염화 칼슘($CaCl_2(s)$)을 물에 용해시킬 때의 반응은 핫팩 내부에서 일어난다. 핫팩 내부의 염이 들어 있는 주머니를 부수면 염이 흩어지며 주위에 있는 물속에 용해된다. 다음 물음에 답하시오. (단, $CaCl_2(s)$의 분자량은 110이고, $CaCl_2(s)$의 표준 생성 엔탈피는 -795.8 kJ/mol이다.)

(1) $Ca^{2+}(aq)$의 생성 엔탈피는 -542.83 kJ/mol이고, $Cl^-(aq)$의 생성 엔탈피는 -167.16 kJ/mol이다. 이 때 염화 칼슘($CaCl_2(s)$)의 용해열를 구하시오.

(2) 5 g 의 염화 칼슘($CaCl_2(s)$)이 20℃에서 0.1 L 의 물에 용해되었다. 순수한 물의 열용량은 418 J/℃일 때 반응 결과 물의 최종 온도를 구하시오.

창의력&토론마당

03 충분한 O_2가 공급되는 생체 세포 안에서 글루코스는 호기성 산화에 의해서 $CO_2(g)$와 $H_2O(l)$로 완전히 산화된다. 0.312 g 의 글루코스($C_6H_{12}O_6(s)$)를 열용량이 641 J/℃인 통열량계 안에서 태웠더니 온도가 7.79℃만큼 올라갔다. 다음 물음에 답하시오. (단, $H_2O(l)$의 표준 생성 엔탈피는 -286 kJ/mol이고, $CO_2(g)$의 표준 생성 엔탈피는 -394 kJ/mol이며, 글루코스의 분자량은 180이다.)

(1) 글루코스의 표준 몰 연소 엔탈피를 구하시오.

(2) 글루코스 1몰의 연소 반응을 열화학 반응식으로 나타내시오.

(3) 글루코스의 표준 생성 엔탈피를 구하시오.

04 25℃, 정부피 열량계에서 6.4 g 의 순수한 나프탈렌($C_{10}H_8(s)$) 시료가 산소와 완전 연소하면 $CO_2(g)$와 $H_2O(l)$이 발생한다. 이때 방출되는 열의 양은 257.851 kJ이다. 다음 물음에 답하시오. (단, $H_2O(l)$의 표준 생성 엔탈피는 -225.7 kJ/mol이고, $CO_2(g)$의 표준 생성 엔탈피는 -394 kJ/mol이며, H, C의 원자량은 각각 1, 12이다.)

(1) 나프탈렌($C_{10}H_8(s)$) 1몰이 연소할 때의 열화학 반응식을 나타내시오.

(2) 나프탈렌($C_{10}H_8(s)$) 32 g 이 $CO_2(g)$와 $H_2O(l)$로 연소하는 반응에서 $C_{10}H_8(s)$의 엔탈피 변화를 구하시오.

(3) 나프탈렌($C_{10}H_8(s)$) 1몰이 $CO_2(g)$와 $H_2O(l)$로 연소하는 반응을 할 때 $C_{10}H_8(s)$ 1몰의 표준 생성 엔탈피를 구하시오.

05 다음은 중화열을 알아보기 위한 실험이다.

〈 실험 과정 〉

1. 빈 눈금 실린더의 질량을 측정하고 0.1M HCl 수용액 100 mL 를 눈금 실린더에 넣고 질량을 측정하여 0.1M HCl 수용액 100 mL 의 질량을 구한다.
2. 빈 눈금 실린더의 질량을 측정하고 0.1M NaOH 수용액 100 mL 를 눈금 실린더에 넣고 질량을 측정하여 0.1M NaOH 수용액 100 mL 의 질량을 구한다.
3. 간이 열량계에 0.1M HCl 수용액 100 mL 를 넣고 처음 온도를 측정한다.
4. 0.1M NaOH 수용액 100 mL 을 모두 넣고 뚜껑을 덮은 채 젓개로 저어 주며 용액의 최고 온도를 측정한다.

〈 실험 결과 〉

0.1M HCl 수용액 100 mL 의 질량	100 g
반응 전 온도	20℃
0.1M NaOH 수용액 100 mL 의 질량	100 g
혼합 용액의 온도	20.6℃

(1) 중화 반응에서 사용한 용액의 질량과 측정한 온도를 이용하여 발생한 열량을 구하시오.
(단, 용액의 비열은 4.2 J/g·℃이다.)

(2) HCl 1mol 과 NaOH 1mol 이 중화할 때 발생하는 열량을 구하시오.

(3) 중화열의 이론치인 55.8 kJ/mol보다 작게 측정되는 이유를 쓰시오.

06 그림은 2.25 mg 의 안트라센($C_{14}H_{10}(s)$)을 간이 열량계에 넣고 연소시킨 것이다. 온도가 1.35℃ 올라갔을 때 다음 물음에 답하시오.

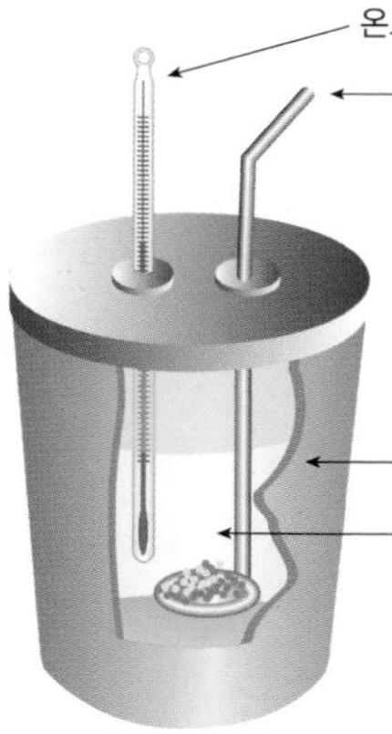

(1) 이 열량계의 열용량(C)을 구하시오. (단, 안트라센($C_{14}H_{10}(s)$)의 연소열은 -7061 kJ/mol이고, H, C의 원자량은 각각 1, 12이다.)

(2) 같은 조건에서 이 열량계에 13.5 mg 의 페놀($C_6H_5OH(s)$)을 넣고 연소시키면 온도가 얼마나 올라갈지 구하시오. (단, 페놀($C_6H_5OH(s)$)의 연소열은 -3054 kJ/mol이고, H, C의 원자량은 각각 1, 12이다.)

스스로 실력높이기

A

01 중화열에 대한 설명 중 옳은 것은 ○표, 옳지 않은 것은 ×표 하시오.

(1) 중화 반응은 항상 반응물이 생성물보다 안정하다. ( )

(2) 알짜 이온 반응식은 $H^+(aq) + OH^-(aq) \rightarrow H_2O(l)$ 이다. ( )

(3) 중화점에서 혼합 용액의 온도가 가장 높다. ( )

02 다음 열화학 반응식의 반응열(ΔH)이 의미하는 것을 고른 것은?

$$\frac{1}{2}H_2(g) + \frac{1}{2}Cl_2(g) \rightarrow HCl(g) \quad \Delta H = -90.3 \text{ kJ}$$

① 연소열 ② 생성열 ③ 반응열
④ 분해열 ⑤ 용해열

03 열량계 속의 물에 100 kJ 의 열을 공급할 때 온도가 5℃ 높아졌다. 열량계의 열용량은?

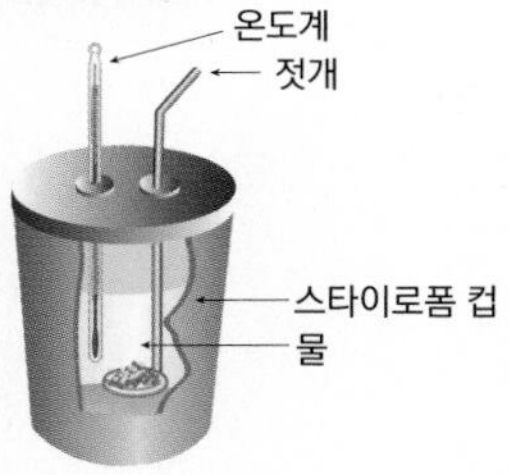

① 5 kJ/℃ ② 10 kJ/℃ ③ 15 kJ/℃
④ 20 kJ/℃ ⑤ 25 kJ/℃

04 다음 빈칸에 알맞은 말을 쓰시오.

> 분해열은 어떤 화합물 1몰이 가장 안정한 홑원소 물질로 분해될 때의 열량으로 ( )와(과) 절댓값은 같지만, 부호가 반대이다.

( )

05 연소열에 대한 설명 중 옳은 것은 ○표, 옳지 않은 것은 ×표 하시오.

(1) 연소 엔탈피는 항상 0보다 작다. ( )

(2) 홑원소 물질이 산소와 반응하는 열화학 반응식에서 생성 엔탈피와 연소 엔탈피는 같은 값을 갖는다. ( )

(3) 동소체를 연소시킬 때 연소 엔탈피는 같은 값을 갖는다. ( )

06 반응이 일어날 때 반드시 주위의 온도가 높아지는 것을 <보기>에서 있는 대로 고른 것은?

<보기>
ㄱ. 생성열　　ㄴ. 중화열
ㄷ. 연소열　　ㄹ. 용해열

① ㄱ ② ㄴ ③ ㄱ, ㄹ
④ ㄴ, ㄷ ⑤ ㄱ, ㄴ, ㄷ

07 다음 반응을 보고 $NH_3(g)$의 생성열을 쓰시오.

$$N_2(g) + 3H_2(g) \rightarrow 2NH_3(g) \quad \Delta H = -92\text{kJ}$$

( ) kJ/mol

08 물질 1 g 의 온도를 1℃ 높이는 데 필요한 열량을 무엇이라고 하는지 쓰시오.

( )

09~10 메테인 8 g 이 생성될 때 37.4 kJ의 열을 방출한다. 다음 물음에 답하시오.

09 다음 메테인의 분해열을 구하시오. (단, H, C의 원자량은 각각 1, 12이다.)

( ) kJ/mol

10

다음 열화학 반응식을 완성하시오.

C(*s*) + (　)H_2(*g*) → CH_4(*g*)　ΔH = (　　　) kJ

B

11

다음은 25℃, 1 기압에서 몇 가지 물질의 반응 엔탈피를 나타낸 것이다.

물질	생성열 (ΔH°_f, kJ/mol)	연소열 (ΔH°, kJ/mol)
$H_2(g)$		d
$CO(g)$	a	e
$CO_2(g)$	b	
$C_3H_8(g)$	c	

프로페인($C_3H_8(g)$)이 완전 연소하여 물과 이산화 탄소가 될 때, 반응 엔탈피를 구하기 위해 주어진 자료에서 필요한 것을 모두 고른 것은?

① a, c　② a, b　③ b, c, d
④ b, c, e　⑤ b, d, e

12

다음은 흑연과 다이아몬드를 연소시킬 때의 엔탈피 변화를 나타낸 것이다.

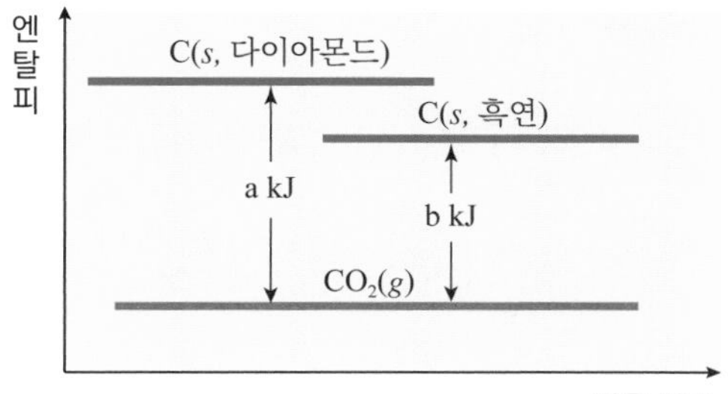

이에 대한 설명으로 옳은 것만을 <보기>에서 있는 대로 고른 것은?

<보기>

ㄱ. C(*s*, 다이아몬드) → C(*s*, 흑연)의 반응열은 (b - a) kJ이다.
ㄴ. $CO_2(g)$의 생성열(ΔH)은 b kJ이다.
ㄷ. C(*s*, 흑연)이 C(*s*, 다이아몬드)보다 안정하다.

① ㄴ　② ㄷ　③ ㄱ, ㄴ
④ ㄱ, ㄷ　⑤ ㄱ, ㄴ, ㄷ

13

다음 그림은 철의 연소 반응이다.

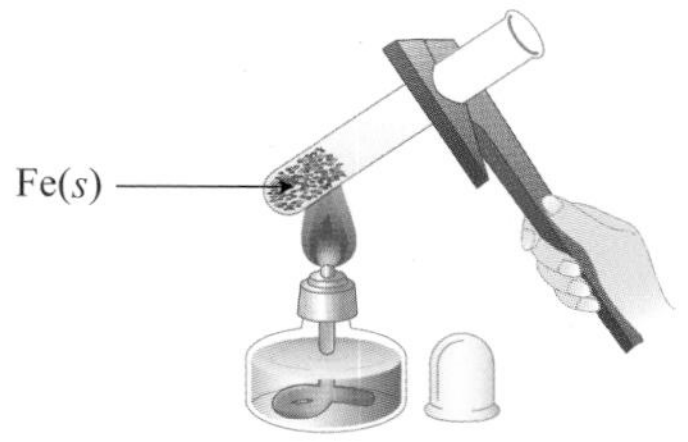

이에 대한 설명으로 옳은 것만을 <보기>에서 있는 대로 고른 것은? (단, 반응 결과 $Fe_2O_3(s)$가 생성된다.)

<보기>

ㄱ. 이 반응에서 반응 엔탈피는 0보다 크다.
ㄴ. Fe(*s*)의 연소열과 $Fe_2O_3(s)$의 생성열이 같다.
ㄷ. 철을 연소 시키면 철의 산화수가 증가한다.

① ㄴ　② ㄷ　③ ㄱ, ㄴ
④ ㄱ, ㄷ　⑤ ㄴ, ㄷ

14

아래의 표준 생성 엔탈피를 이용하여 25℃, 1 기압에서 다음 화학 반응의 반응 엔탈피 변화(ΔH, kJ/mol)는?

$$NH_3(g) + \frac{3}{4}O_2(g) \rightarrow \frac{1}{2}N_2(g) + \frac{3}{2}H_2O(l)$$

물질	표준 생성 엔탈피(kJ/mol)
$NH_3(g)$	-46.1
$H_2O(l)$	-286

① 382.9　② 332.1　③ -239.9
④ -332.1　⑤ -382.9

15~17 고체인 수산화 나트륨(NaOH(s))과 염산 수용액(HCl(aq))으로 염화 나트륨 수용액을 만드는 반응은 다음과 같은 열화학 반응식으로 나타낼 수 있다. (단, 수용액 1.0 g 의 온도를 1.0℃ 상승시키는 데 필요한 열은 4.2 J 이고, 고체인 수산화 나트륨의 온도 상승에 이용된 열량은 무시한다.)

$$NaOH(s) \rightarrow NaOH(aq) \quad \Delta H_1$$
$$NaOH(aq) + HCl(aq) \rightarrow NaCl(aq) + H_2O(l) \quad \Delta H_2$$

15 ΔH_1과 ΔH_2의 명칭이 바르게 짝지어 진 것은?

	ΔH_1	ΔH_2
①	생성열	용해열
②	생성열	중화열
③	용해열	중화열
④	용해열	생성열
⑤	중화열	용해열

16 2.0 g 의 고체 수산화 나트륨(NaOH)을 400 g 의 물에 녹였더니, 수용액의 온도가 1.3℃ 상승하였다. 이때 발생한 열 전부가 수용액의 온도 상승에 사용되었다면 ΔH_1(kJ/mol)의 값으로 옳은 것은? (단, H, O, Na의 원자량은 각각 1, 16, 23이고, 물의 비열은 4.2 J/℃·g이다.)

① -2184 ② -43.68 ③ -2.184
④ 43.68 ⑤ 2184

17 수산화 나트륨 0.1몰이 포함된 수용액 500 g 과 염화 수소 0.15몰이 포함된 수용액 500 g 을 혼합했더니, 수용액 온도가 1.3℃ 상승하였다. 이 때 발생한 열 전부가 수용액의 온도 상승에 사용되었다면 ΔH_2(kJ/mol)의 값으로 옳은 것은?

① -558 ② -55.8 ③ -54.6
④ 54.6 ⑤ 55.8

18 그림과 같은 스티로폼 컵 열량계 내에 $CaCl_2$를 물에 넣어 용해시키면서 다음과 같은 측정값을 얻었다.

$CaCl_2(s)$의 질량	4 g
물의 비열	4.18 J/g·℃
물의 질량	100 g
물의 처음 온도	25℃
물의 나중 온도	32.2℃

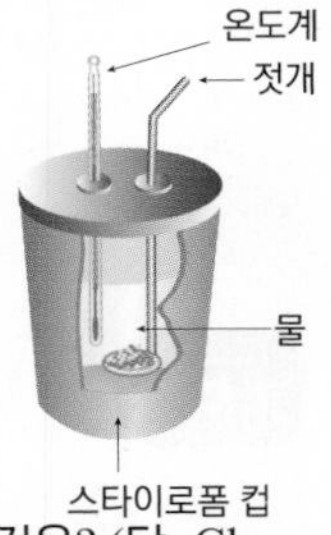

염화칼슘의 용해열(kJ/mol)을 계산한 것은? (단, Cl, Ca의 원자량은 각각 35.5, 40이다.)

① -83.53 ② -81.3 ③ -8.35
④ 81.3 ⑤ 83.53

C

19 25℃, 1 기압에서 HCl와 NaOH이 반응하는 열화학 반응식이다.

$$HCl(g) \rightarrow HCl(aq) \quad \Delta H = -75\ kJ$$
$$NaOH(s) \rightarrow NaOH(aq) \quad \Delta H = -45\ kJ$$

이에 대한 설명으로 옳은 것만을 <보기>에서 있는 대로 고른 것은?

<보기>

ㄱ. NaOH(s)을 물에 녹일 때 주위의 온도가 올라간다.
ㄴ. HCl(g)의 용해도는 온도가 낮을수록 커진다.
ㄷ. HCl와 NaOH을 같은 물에 각각 녹이면 ΔH가 -120 kJ이다.

① ㄱ ② ㄷ ③ ㄱ, ㄴ
④ ㄱ, ㄷ ⑤ ㄱ, ㄴ, ㄷ

20 그림은 50 g 의 에탄올과 100 g 의 물을 일정한 열량을 가하며 가열했을 때 시간에 따른 두 액체의 온도 변화를 각각 나타낸 것이다.

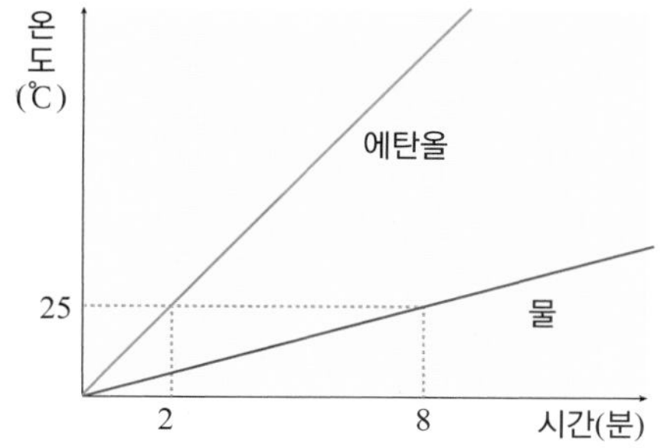

이에 대한 설명으로 옳은 것은?

① 100 g 의 물은 50 g 의 에탄올보다 비열이 4배 크다.
② 100 g 의 물은 50 g 의 에탄올보다 비열이 4배 작다.
③ 100 g의 물은 50 g의 에탄올보다 열용량이 4배 크다.
④ 100 g의 물은 50 g의 에탄올보다 열용량이 4배 작다.
⑤ 100 g의 물은 50 g의 에탄올보다 연소열이 4배 크다.

21 표는 $C_6H_6(l)$와 $C_2H_2(g)$의 생성열과 연소열(ΔH)을 나타낸 것이다.

물질	분자량	생성열 (ΔH°_f, kJ/mol)	연소열 (ΔH°, kJ/mol)
$C_6H_6(l)$	78	49	-3267
$C_2H_2(g)$	26	227	-1300

이에 대한 설명으로 옳은 것만을 <보기>에서 있는 대로 고른 것은? (단, H, C의 원자량은 각각 1, 12이다.)

<보기>
ㄱ. $C_2H_2(g)$는 $C_6H_6(l)$보다 안정하다.
ㄴ. 1 g을 완전 연소할 때 발생하는 열량은 $C_2H_2(g)$이 $C_6H_6(l)$보다 작다.
ㄷ. $3C_2H_2(g) \rightarrow C_6H_6(l)$ 반응이 일어날 때 열을 방출한다.

① ㄴ ② ㄷ ③ ㄱ, ㄴ
④ ㄱ, ㄷ ⑤ ㄴ, ㄷ

22 표는 몇 가지 탄화수소가 각각 1몰씩 연소될 때의 연소열(ΔH)을 나타낸 것이다.

탄화수소	$C_2H_6(g)$	$C_3H_8(g)$	$C_4H_{10}(g)$
연소열 (kJ/mol)	-1557	-2219.2	-2877.6

이에 대한 설명으로 옳은 것만을 <보기>에서 있는 대로 고른 것은? (단, H, C의 원자량은 각각 1, 12이다.)

<보기>
ㄱ. 세 탄화수소의 연소 생성 물질은 같다.
ㄴ. 열량계에서 연소할 때 용액의 온도가 가장 많이 올라가는 것은 $C_2H_6(g)$이다.
ㄷ. 1 g당 발열량이 가장 큰 것은 $C_4H_{10}(g)$이다.

① ㄱ ② ㄷ ③ ㄱ, ㄴ
④ ㄱ, ㄷ ⑤ ㄴ, ㄷ

23 그림은 몇 가지 반응의 엔탈피 변화를 나타낸 것이다.

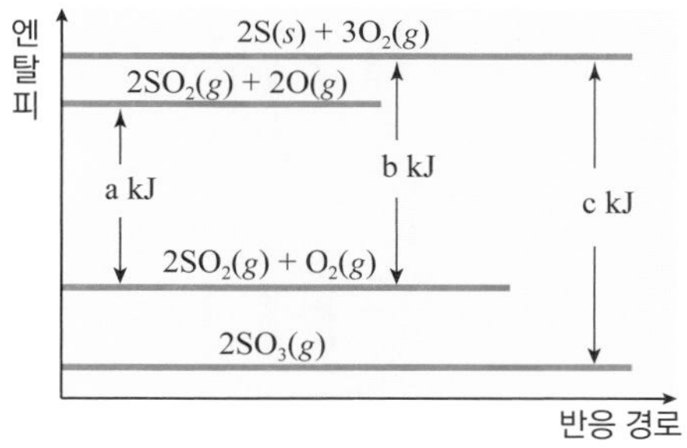

이에 대한 설명으로 옳은 것만을 <보기>에서 있는 대로 고른 것은?

<보기>
ㄱ. $O(g)$의 생성 엔탈피는 a kJ이다.
ㄴ. 반응 $2S(s) + 2O_2(g) \rightarrow 2SO_2(g)$의 반응 엔탈피는 -b kJ이다.
ㄷ. $SO_2(g)$의 연소 엔탈피는 $-\frac{c-b}{2}$이다.

① ㄴ ② ㄷ ③ ㄱ, ㄴ
④ ㄱ, ㄷ ⑤ ㄴ, ㄷ

스스로 실력높이기

24 다음은 하이드라진(N_2H_4)과 사산화 질소(N_2O_4)가 반응할 때의 열화학 반응식이다.

$$2N_2H_4(g) + N_2O_4(g) \rightarrow 3N_2(g) + 4H_2O(g)$$

이에 대한 설명으로 옳은 것만을 <보기>에서 있는 대로 고른 것은? (단, $N_2H_4(g)$의 생성열은 50.6 kJ/mol이고, $N_2O_4(g)$의 생성열은 9.16 kJ/mol이고, $H_2O(l)$의 표준 생성 엔탈피는 -286 kJ/mol이다.)

<보기>

ㄱ. 이 반응의 엔탈피 변화(ΔH)는 -1254.4 kJ/mol 이다.
ㄴ. 반응 결과 주위의 온도가 올라간다.
ㄷ. $N_2H_4(g)$ 0.3몰과 $N_2O_4(g)$ 0.2몰이 반응할 때 발생하는 열량은 -379 kJ/mol 이다.

① ㄴ ② ㄷ ③ ㄱ, ㄴ
④ ㄱ, ㄷ ⑤ ㄴ, ㄷ

심화

25~26 다음 그림은 통열량계를 사용하여 안트라센($C_{14}H_{10}(s)$)의 연소열을 측정하는 실험이다. 다음 물음에 답하시오.

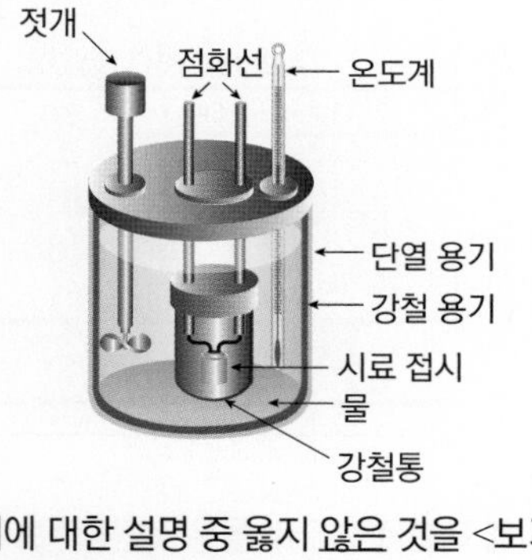

25 통열량계에 대한 설명 중 옳지 않은 것을 <보기>에서 있는 대로 골라 바르게 고쳐 쓰시오.

<보기>

ㄱ. 이 열량계는 반응이 일어나는 동안 부피가 일정하게 유지된다.
ㄴ. 간이 열량계와 발생한 열량을 구하는 계산 과정이 같다.
ㄷ. 열 손실이 거의 없어 측정값과 반응 값이 비슷하다.
ㄹ. 흡열 반응만 실험 가능하다.

26 위 실험에서 물 50 g 이 들어 있는 통열량계에 안트라센($C_{14}H_{10}(s)$) 2.25 mg 을 넣고 연소시켰더니 물의 온도는 0.35℃ 상승하였다. 이때 열량계의 열용량(C)을 구하시오. (단, 물의 비열은 4.2 J/g·℃이고, 안트라센의 연소열은 -7061 kJ/mol이며, H, C의 원자량은 각각 1, 12이다.)

27 가정에서 사용하는 도시 가스는 메테인과 에테인이 섞여있는 혼합물이다. 메테인의 연소열은 -880 kJ/mol이고, 에테인의 연소열은 -1467 kJ/mol이다. 어떤 도시가스 110 g 를 완전히 연소했더니 물과 이산화 탄소가 되면서 -5867 kJ/mol의 열이 발생하였다. 다음의 물음에 답하시오. (단, H, C의 원자량은 각각 1, 12이다.)

(1) 각각의 열화학 반응식을 쓰시오.

(2) 도시 가스의 메테인의 몰 분율은 얼마인지 구하시오.

28 염소산 포타슘($KClO_3$) 1.00 g 이 열용량을 무시할 수 있는 스티로폼 열량계 안에서 물 100 g 에 용해되어 온도가 25.0℃에서 24.16℃로 떨어졌다. 이때 염소산 포타슘의 용해열을 구하시오. (단, 물의 비열은 4.18 J/℃·g이고, $KClO_3$의 분자량은 122.55이다.)

29 가옥의 내장재로서 벽돌을 사용하였는데, 각 벽돌의 무게는 168 g 이고, 비열은 0.85 J/g·℃이다. 물 17 kg 과 똑같은 열용량을 갖게 만들려면 가옥의 내장재로 벽돌 몇 개 사용해야 하는가? (단, 물의 비열은 4.2 J /g·℃ 이다.)

30 나이트로메테인($CH_3NO_2(l)$)은 좋은 연료로서 상온에서 액체이다. 25℃에서 1몰의 액체 나이트로메테인을 태워 질소, 물, 이산화 탄소가 생길 때 엔탈피 변화를 구하시오. (단, $CH_3NO_2(l)$의 표준 생성 엔탈피는 -112 kJ/mol이고, $H_2O(l)$의 표준 생성 엔탈피는 -286 kJ/mol이고, $CO_2(g)$의 표준 생성 엔탈피는 -394 kJ/mol 이다.)

31 아연을 제련하는 단계에서 황화 아연은 산소와 반응하여 산화 아연을 만든다. 다음의 물음에 답하시오.

$$2ZnS(s) + 3O_2(g) \rightarrow 2ZnO(s) + 2SO_2(g)$$

(1) 이 반응의 반응 엔탈피를 구하시오. (단, $ZnO(s)$의 표준 생성 엔탈피는 -348.28 kJ/mol이고, $SO_2(g)$의 표준 생성 엔탈피는 -296.83 kJ/mol 이고, $ZnS(s)$의 표준 생성 엔탈피는 -205.98 kJ/mol이다.)

(2) 간이 열량계에 25℃ 물을 넣고 섬아연광($ZnS(s)$) 1 g을 일정 압력 조건에서 가열할 때 반응 결과 물의 최종 온도를 구하시오. (단, 물의 열용량은 418 J/℃이고, ZnS의 분자량은 97.5이다.)

32 다음과 같이 글루코스는 산소와 완전 연소하여 이산화 탄소와 물이 생성된다.

$$C_6H_{12}O_6(g) + 6O_2(g) \rightarrow 6CO_2(g) + 6H_2O(l)$$
$$\Delta H^\circ = -2880.8 \text{ kJ/mol}$$

체중이 50 kg 인 사람에 포함된 14.3 g 의 글루코스 전부가 산소와 반응하여 열을 방출하고 이 열이 모두 이 사람의 체온을 증가시키는 데 사용되었다면, 체온의 상승은 얼마인가? (단, 사람 몸의 대부분은 물이고, 물의 비열은 4.18 J/℃·g이며, 글루코스의 분자량은 180 이다.)

11강 헤스 법칙과 결합 에너지

1. 헤스 법칙1

(1) 헤스 법칙(총열량 불변의 법칙) : 화학 변화에서 반응 전 물질의 상태와 종류, 반응 후 물질의 상태와 종류가 결정되면 반응 경로와 상관없이 그 사이에 출입하는 열량의 총합은 일정하다.

● 엔탈피 변화와 헤스 법칙

엔탈피는 상태 함수이므로 반응의 경로와는 무관하다. 따라서 연속적으로 일어나는 반응의 엔탈피 변화의 합은 전체 반응의 엔탈피 변화와 같다.

〈탄소의 연소 반응에서의 헤스 법칙〉

경로1 탄소(C)가 이산화 탄소(CO_2)가 되는 과정

$C(s) + O_2(g) \rightarrow CO_2(g)$ $\Delta H_1 = -393.5$ kJ

➡ 탄소 1몰이 완전 연소되어 이산화 탄소 1몰이 될때 393.5 kJ의 열을 방출한다.

경로2 탄소(C)가 일산화 탄소(CO)가 되었다가 이산화 탄소(CO_2)로 되는 과정

$C(s) + \frac{1}{2}O_2(g) \rightarrow CO(g)$ $\Delta H_2 = -110.5$ kJ

$CO(g) + \frac{1}{2}O_2(g) \rightarrow CO_2(g)$ $\Delta H_3 = -283.0$ kJ

➡ 탄소 1몰이 일산화 탄소 1몰이 될 때 110.5 kJ의 열이 방출되고, 일산화 탄소 1몰이 이산화 탄소 1몰이 될 때 283 kJ의 열이 방출된다.

· **경로 1의 반응식은 경로 2의 반응식의 합과 같다.**

$$
\begin{array}{rl}
 & C(s) + \frac{1}{2}O_2(g) \rightarrow CO(g) \quad \Delta H_2 = -110.5 \text{ kJ} \\
+) & CO(g) + \frac{1}{2}O_2(g) \rightarrow CO_2(g) \quad \Delta H_3 = -283.0 \text{ kJ} \\
\hline
 & C(s) + O_2(g) \rightarrow CO_2(g) \quad \Delta H_1 = -393.5 \text{ kJ}
\end{array}
$$

· **경로 1의 반응열과 경로 2의 반응열의 합은 서로 같다.** 즉, 처음 물질의 종류와 상태가 나중 물질의 종류, 상태와 같으면 반응 경로와 관계없이 출입하는 열량이 같다.

$\therefore \Delta H_1 = \Delta H_2 + \Delta H_3$

● 상태 함수

어떤 물리량이 온도와 압력이 같은 현재의 조건에만 의존하고 현재 상태에 도달하는 과정에는 무관한 성질을 상태 함수라고 한다.

● 경로 함수

처음 상태에서 최종 상태에 이르는 방법에 따라 달라지는 값을 경로 함수라고 한다.

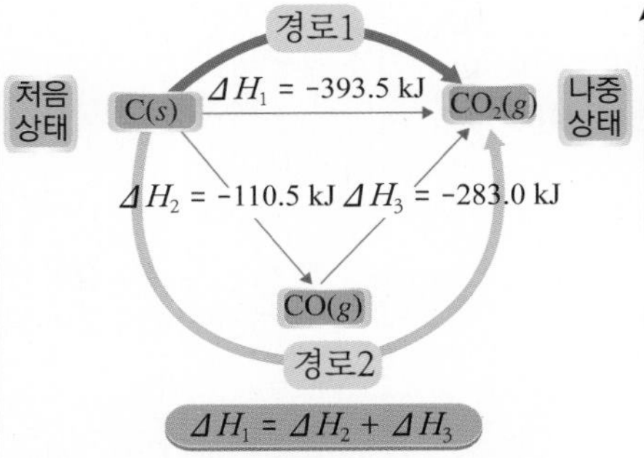

▲ 탄소 연소 반응에서의 헤스 법칙

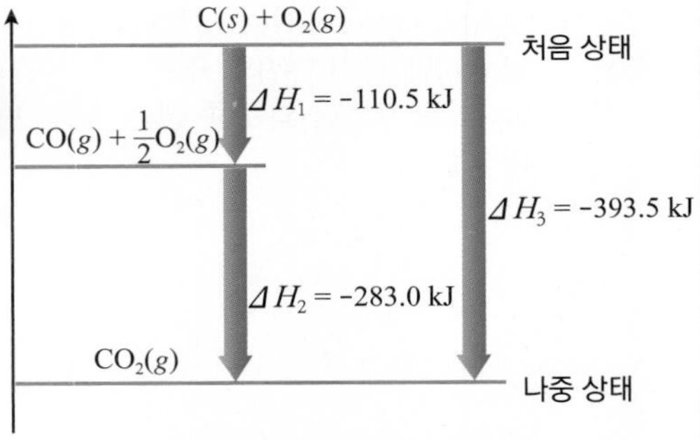

▲ 탄소 연소 반응에서의 에너지 변화

개념확인 1

다음은 몇 가지 화학 반응을 열화학 반응식으로 나타낸 것이다. A → C의 반응 엔탈피(ΔH)를 x, y로 나타 내시오.

A → B $\Delta H_1 = x$, B → C $\Delta H_2 = y$

ΔH = (   )

확인 + 1

반응 전 물질의 상태와 반응 후 물질의 상태가 결정되면 경로에 무관하게 그 사이에 출입하는 열량의 총합이 일정하다는 총열량 불변의 법칙이라고도 하는 법칙을 쓰시오.

(   )

2. 헤스 법칙2

(2) 헤스 법칙의 이용 : 헤스 법칙을 이용하면, 이미 알고 있는 반응열을 이용하여 실험적으로 구하기 어려운 반응열과 여러 가지 반응열을 쉽게 구할 수 있다.

1단계

반응 엔탈피를 알고 있는 열화학 반응식이 주어진다.

➡ C(*s*, 흑연), $H_2(g)$, $CH_4(g)$의 연소 반응식

· $C(s, 흑연) + O_2(g) \rightarrow CO_2(g)$ $\Delta H_1 = -393.5$ kJ ······ ㉠

· $2H_2(g) + O_2(g) \rightarrow 2H_2O(l)$ $\Delta H_2 = -571.6$ kJ ······ ㉡

· $CH_4(g) + 2O_2(g) \rightarrow CO_2(g) + 2H_2O(l)$ $\Delta H_3 = -890.8$ kJ ······ ㉢

2단계

구하려는 열화학 반응식을 나타낸다.

➡ 메테인(CH_4)의 생성 반응을 열화학 반응식으로 나타낸다.

· $C(s, 흑연) + 2H_2(g) \rightarrow CH_4(g)$ $\Delta H = x$ kJ

3단계

구하려는 열화학 반응식에 있는 물질의 계수와 주어진 열화학 반응식의 계수를 맞춘 후, 더하거나 빼서 구하려는 화학 반응식을 만든다.

➡ ㉠ ~ ㉢을 이용하여 구하려는 반응식과 같게 만든다.

$C(s, 흑연) + O_2(g) \rightarrow CO_2(g)$ ㉠

$+)\ 2H_2(g) + O_2(g) \rightarrow 2H_2O(l)$ ㉡

$C(s, 흑연) + 2H_2(g) + 2O_2(g) \rightarrow CO_2(g) + 2H_2O(l)$ ㉠ + ㉡

$-)\ CH_4(g) + 2O_2(g) \rightarrow CO_2(g) + 2H_2O(l)$ ㉢

$C(s, 흑연) + 2H_2(g) \rightarrow CH_4(g)$ ㉠ + ㉡ - ㉢

➡ 계산 결과 물질 앞에 - 부호가 있으면 + 부호를 만들기 위해 화살표 건너편으로 보낸다. 이 식에서 화살표 왼쪽에 $-CH_4(g)$가 있으므로 화살표 오른쪽으로 보내면 $CH_4(g)$가 된다.

4단계

반응 엔탈피도 함께 계산하여 구한다.

➡ $\Delta H = \Delta H_1 + \Delta H_2 - \Delta H_3$

$= (-393.5\text{ kJ}) + (-571.6\text{ kJ}) - (-890.8\text{ kJ}) = -74.3$ kJ(전체 반응의 반응 엔탈피)

개념확인 2

정답 및 해설 63쪽

25℃, 1 기압에서 물의 몰 기화열(ΔH)은 몇 kJ인가? (단, 수증기의 생성열은 -484 kJ/mol이고, 물의 생성열은 -571 kJ/mol이다.)

( ) kJ/mol

확인 + 2

다음 헤스 법칙에 대한 설명 중 옳은 것은 ○표, 옳지 않은 것은 ×표 하시오.

(1) 헤스 법칙을 이용하면 실험적으로 구하기 어려운 반응열도 구할 수 있다. ( )

(2) 물질의 앞에 - 부호가 있으면 화살표 건너편으로 보낸다. ( )

3. 결합 에너지1

(1) 화학 반응과 결합

① 화학 반응이 일어날 때 반응 물질을 이루고 있는 입자들 사이의 결합이 끊어지고, 생성 물질을 이루기 위해 새로운 결합이 생성된다.

② 결합이 끊어질 때 에너지를 흡수하고, 결합이 생성될 때 에너지를 방출한다.

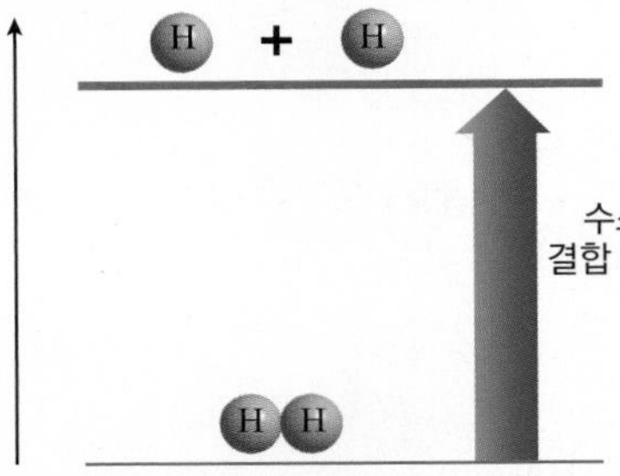

▲ 결합이 분해될 때의 에너지 흡수

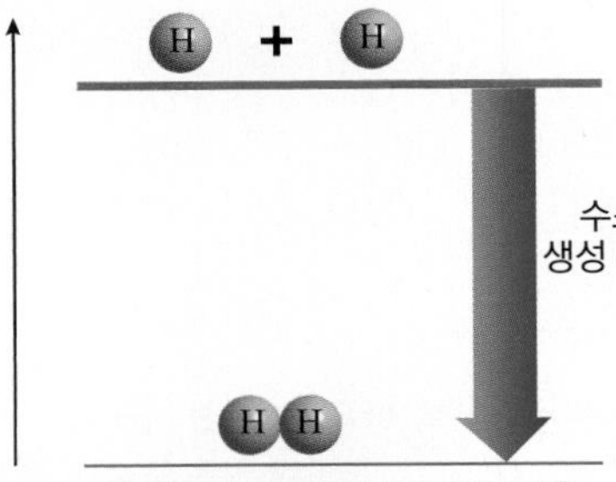

▲ 결합이 생성될 때의 에너지 방출

(2) 결합 에너지(D)

① **결합 에너지** : 기체 상태에서 두 원자 사이의 공유 결합 1몰을 끊는 데 필요한 에너지이다.

② **결합 에너지와 결합력** : 원자 사이의 결합이 강할수록 결합 에너지가 크다.

③ **결합의 종류와 결합 에너지** : 결합의 극성이 클수록, 단일 결합보다 다중 결합일수록 결합 에너지가 크다.

㉠ 결합의 극성에 따른 결합 에너지 크기 : N − N < O − H

결합의 수에 따른 결합 에너지 크기 : C − C < C = C < C ≡ C

단일 결합								다중 결합	
H − H	435.8	C − Br	289.1	N − Br	243.3	F − F	159.2	C = C	615.9
C − H	413.6	C − I	230.5	O − H	463.4	Cl − H	431.6	C ≡ C	842.2
C − C	346.1	N − H	391.8	O − O	146.2	Cl − Cl	242.6	C ≡ N	894.5
C − N	325.2	N − N	163.4	O − F	190.6	Br − H	370.0	C = O	804.5
C − O	356.2	N − O	201.5	O − Cl	203.6	Br − Br	193.6	N = N	419.0
C − F	460.9	N − F	272.8	O − I	234.6	I − H	299.6	N ≡ N	946.9
C − Cl	325.2	N − Cl	200.3	F − H	569.8	I − I	151.3	O = O	498.6

▲ 평균 결합 에너지(D, kJ/mol)

(3) 분자의 해리 에너지 : 분자에 존재하는 모든 결합을 끊어 원자 상태로 만드는 데 필요한 에너지이다.

㉠ H_2O의 해리 에너지 = 2 × (O − H 평균 결합 에너지) = 2 × 463.4 kJ/mol = 926.8 kJ/mol

개념확인 3

기체 상태에서 두 원자 사이의 공유 결합 1몰을 끊는 데 필요한 에너지를 무엇이라고 하는지 쓰시오.

( )

확인 + 3

CO_2의 해리 에너지는 몇 kJ/mol인가?(단, C = O의 결합 에너지는 804.5 kJ/mol이다.)

( ) kJ/mol

● 수소 분자의 결합

• 에너지 흡수 : 수소 분자 1몰이 분해되어 수소 원자 2몰이 될 때 435.8 kJ의 에너지를 흡수한다.

$H_2(g) \rightarrow 2H(g)$

ΔH = 435.8 kJ/mol

• 에너지 방출 : 수소 원자 2몰이 결합하여 수소 분자 1몰이 될 때 435.8 kJ의 에너지를 방출한다.

$2H(g) \rightarrow H_2(g)$

ΔH = −435.8 kJ/mol

● 결합 에너지

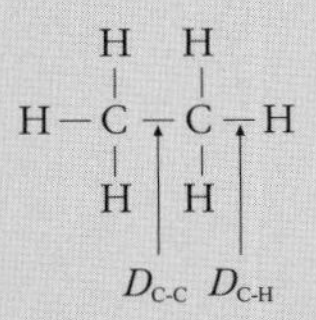

D_{C-C}는 C − C의 결합 에너지이고, D_{C-H}는 C − H의 결합 에너지이다.

● 결합 에너지

결합 에너지는 결합의 세기를 나타내는 척도로 결합 에너지가 클수록 결합이 강하기 때문에 끊기 어렵다. 결합 에너지는 극성이 클수록, 단일 결합보다 다중 결합일수록 증가한다.

• 결합의 극성
HF > HCl > HBr > HI

• 결합 에너지
HF > HCl > HBr > HI

• 결합 수
C − C < C = C < C ≡ C

• 결합 에너지
C − C < C = C < C ≡ C

미니사전

해리(解 풀다 離 떠나다)
화합물이 각각의 분자나 원자 또는 이온 등으로 나누어지는 현상이다.

4. 결합 에너지2

(4) 결합 에너지와 반응 엔탈피(ΔH) : 결합이 끊어질 때는 결합 에너지 만큼의 에너지를 흡수하고, 결합이 생성될 때는 결합 에너지 만큼의 에너지를 방출한다.

ΔH = 끊어지는 결합의 결합에너지 합 - 생성되는 결합의 결합 에너지
= 반응물의 결합 에너지 합 - 생성물의 결합 에너지 합

〈염화 수소 생성 반응의 엔탈피 변화〉

경로1 결합이 끊어지는 반응

H – H 결합 에너지 : $H_2(g) \rightarrow 2H(g)$ ΔH = 435.8 kJ

Cl – Cl 결합 에너지 : $Cl_2(g) \rightarrow 2Cl(g)$ ΔH = 242.6 kJ

ΔH_1 = (H – H 결합 에너지) + (Cl – Cl 결합 에너지) = 435.8 + 242.6 = 678.4 kJ

$H_2(g) + Cl_2(g) \rightarrow 2H(g) + 2Cl(g)$ ΔH_1 = 678.4 kJ

➡ H - H 결합 1몰이 끊어질 때 435.8 kJ의 열을 흡수하고, Cl – Cl 결합 1몰이 끊어질 때 242.6 kJ의 열을 흡수한다. 두 결합을 모두 끊는데 필요한 에너지는 678.4 kJ이다.

경로2 결합이 생성되는 반응

ΔH_2 = -(2 × H – Cl 결합 에너지) = - 2 ×431.6 = -863.2 kJ

$2H(g) + 2Cl(g) \rightarrow 2HCl(g)$ ΔH_2 = -863.2 kJ

➡ H 원자 2몰과 Cl 원자 2몰이 결합하여 H – Cl 2몰이 생성될 때 863.2 kJ의 열을 방출한다.

경로3 염화 수소가 생성될 때의 전체 반응

$\Delta H = \Delta H_1 + \Delta H_2$ = {(H – H 결합 에너지) + (Cl – Cl 결합 에너지)} - (2 × H – Cl 결합 에너지) = (435.8 + 242.6) - (2 ×431.6) = -184.8 kJ

$H_2(g) + Cl_2(g) \rightarrow 2HCl(g)$ ΔH = -184.8 kJ

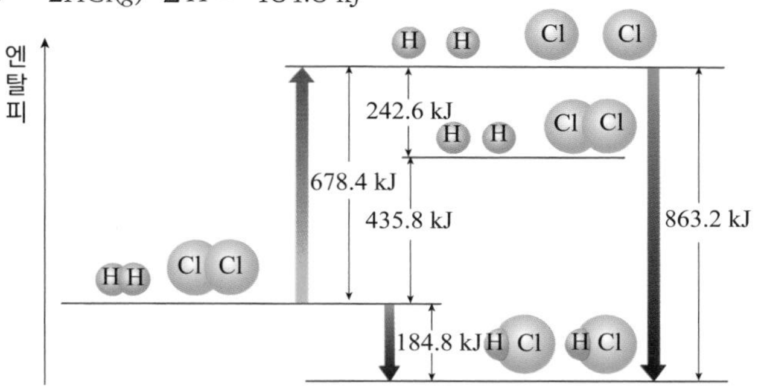

▲ 염화 수소 기체가 생성될 때의 엔탈피 변화

개념확인 4

정답 및 해설 63쪽

$N_2(g) + 3H_2(g) \rightarrow 2NH_3(g)$ 반응의 반응 엔탈피를 구하시오. (단, N ≡ N와, H – H, N – H의 결합 에너지는 각각 946.9 kJ/mol, 435.8 kJ/mol, 391.8 kJ/mol이다.)

( ) kJ

확인 + 4

에틸렌(C_2H_4)의 해리 에너지는 2250 kJ/mol이며, C – H의 결합 에너지는 415 kJ/mol이다. C = C의 결합 에너지를 구하시오.

( ) kJ/mol

● 평균 결합 에너지의 이용

반응열을 계산할 때 표준 생성열을 이용하는 것이 가장 좋지만, 표준 생성열을 알지 못하는 경우도 있다. 이때 화합물의 정확한 결합 에너지를 모르더라도 평균 결합 에너지를 이용하면 반응열을 근사적으로 구할 수 있다.

● 중간체와 결합 에너지

화학자들은 이미 결합이 깨졌으나 새로운 결합이 채 생기지 않은 중간체들을 연구하였다. 중간체들은 불안정하기 때문에 빠르게 반응하여 결국 안정한 생성물을 만들게 된다. 이때 짧은 시간동안 기체 상태에서 결합이 끊어질 때의 엔탈피 변화를 측정할 수 있다. 안정한 분자에서 결합을 끊는 데에는 열을 가해야 되기 때문에 이 값은 항상 0보다 크다.

● 평균 결합 에너지

다원자 분자에서 결합이 2개 이상인 경우 같은 결합이라도 결합 에너지가 다르게 나타난다. 따라서 화합물의 결합 에너지를 각각 측정한 후 그 평균 결합 에너지를 구한다.

● 다이아몬드와 흑연의 엔탈피 변화

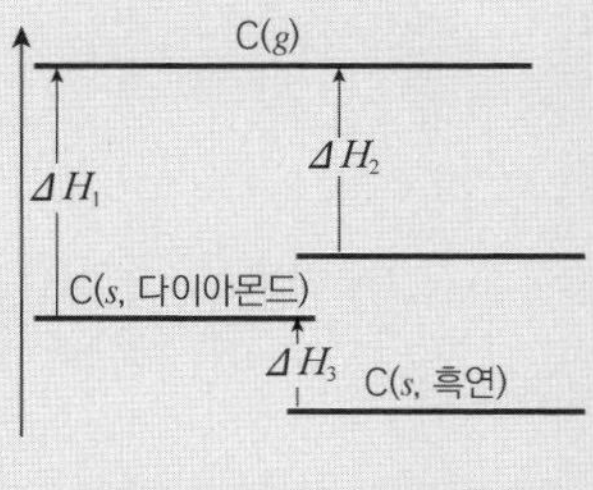

- ΔH_1 : 다이아몬드 1몰의 모든 C – C 결합을 끊는데 필요한 에너지
- ΔH_2 : 흑연 1몰의 모든 C – C 결합을 끊는데 필요한 에너지
- ΔH_3 : 흑연이 다이아몬드가 될 때 흡수하는 에너지

개념 다지기

01 다음 열화학 반응식을 이용하여 $2SO_2(g) + O_2(g) \rightarrow 2SO_3(g)$ 반응의 반응 엔탈피(ΔH, kJ)를 구하시오.

$$S(s) + O_2(g) \rightarrow SO_2(g) \quad \Delta H = -71.0 \text{ kJ}$$
$$S(s) + \frac{3}{2}O_2(g) \rightarrow SO_3(g) \quad \Delta H = -23.5 \text{ kJ}$$

① -95　② -47.5　③ 47.5　④ 94.5　⑤ 95

02 다음 열화학 반응식을 이용하여 $2NO(g) + O_2(g) \rightarrow 2NO_2(g)$ 반응의 반응열(Q, kJ)을 구하시오.

$$N_2(g) + O_2(g) \rightarrow 2NO(g) \quad \Delta H = 180 \text{ kJ}$$
$$N_2(g) + 2O_2(g) \rightarrow 2NO_2(g) \quad \Delta H = 68 \text{ kJ}$$

① -248　② -112　③ 32　④ 112　⑤ 248

03 다음 빈칸에 들어갈 알맞은 말을 각각 고르시오.

화학 반응에서 반응 전후 물질의 상태와 (종류, 몰수)가 같으면 반응 경로에 관계 없이 출입하는 열량의 합은 (커진다, 일정하다, 작아진다.)

04 그림은 수소와 질소의 연소 반응의 엔탈피 변화를 나타낸 것이다. 이에 대한 설명으로 옳은 것은?

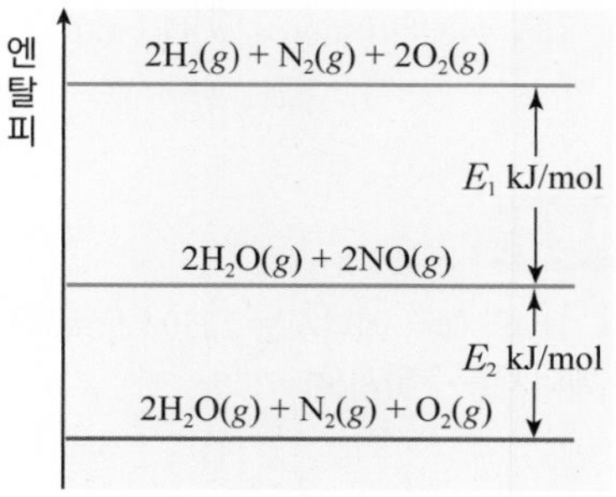

① $H_2O(g)$의 생성 엔탈피는 $(E_1 + E_2)$ kJ/mol이다.
② $NO(g)$의 분해 엔탈피는 $-\frac{E_2}{2}$ kJ/mol이다.
③ $H_2O(g)$가 생성되는 반응은 흡열 반응이다.
④ $NO(g)$의 생성 엔탈피는 E_2 kJ/mol이다.
⑤ $H_2(g) + NO(g) \rightarrow \frac{1}{2}N_2(g) + H_2O(g)$ 반응의 반응 엔탈피는 $(\frac{1}{2}E_1 + E_2)$ kJ/mol이다.

05 다음은 브로민화 수소(HBr)가 생성되는 반응의 열화학 반응식과 몇 가지 결합의 결합 에너지를 나타낸 것이다. H – Br 의 결합 에너지(kJ/mol)을 구하시오.

$H_2(g) + Br_2(g) \rightarrow 2HBr(g)$ $\Delta H = -72.8$ kJ
H - H 결합 에너지 : 435.8 kJ/mol
Br - Br 결합 에너지 : 193.6 kJ/mol

( ) kJ/mol

06 다음은 수소와 염소가 반응하여 염화 수소를 생성하는 반응의 엔탈피 변화를 나타낸 것이다.

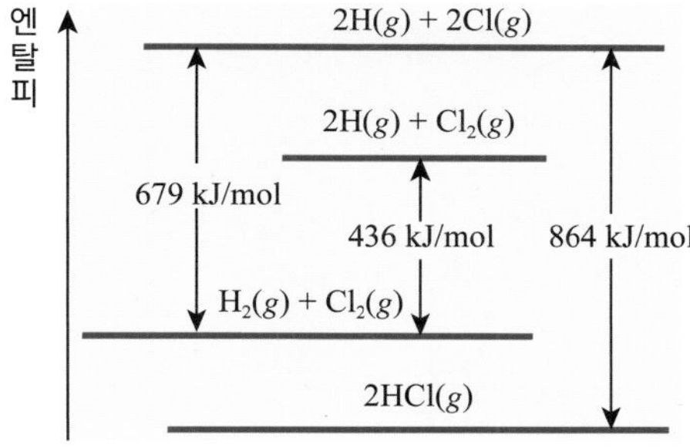

이에 대한 설명으로 옳은 것만을 <보기>에서 있는 대로 고른 것은?

<보기>

ㄱ. $Cl_2(g) \rightarrow 2Cl(g)$의 반응 엔탈피는 0보다 크다.
ㄴ. H – H의 결합 에너지는 436 kJ/mol이다.
ㄷ. $HCl(g)$의 생성 엔탈피는 -185 kJ/mol이다.

① ㄱ ② ㄴ ③ ㄷ ④ ㄱ, ㄴ ⑤ ㄱ, ㄴ, ㄷ

07 수증기(H_2O)의 생성열을 구하시오. (단, H – H의 결합 에너지는 436 kJ/mol이고, O = O 결합 에너지는 499 kJ/mol이고, O – H의 결합 에너지는 463 kJ/mol이다.)

( ) kJ

08 표의 결합 에너지를 이용하여 다음 반응의 반응 엔탈피를 구하시오.

$CH_4(g) + 2O_2(g) \rightarrow CO_2(g) + 2H_2O(g)$

결합	C – H	O = O	C = O	H – O
결합 에너지(kJ/mol)	414	499	805	463

( ) kJ

유형익히기&하브루타

유형11-1 헤스 법칙1

그림은 탄소가 연소하여 이산화 탄소를 생성하는 경로를 나타낸 것이다. 처음 상태의 C(s)가 완전 연소하여 $CO_2(g)$가 되는 경우와 C(s)가 불완전 연소하여 중간 상태인 CO(g)를 거쳐 $CO_2(g)$가 되는 2 가지 반응 경로를 각각 나타낸 것이다.

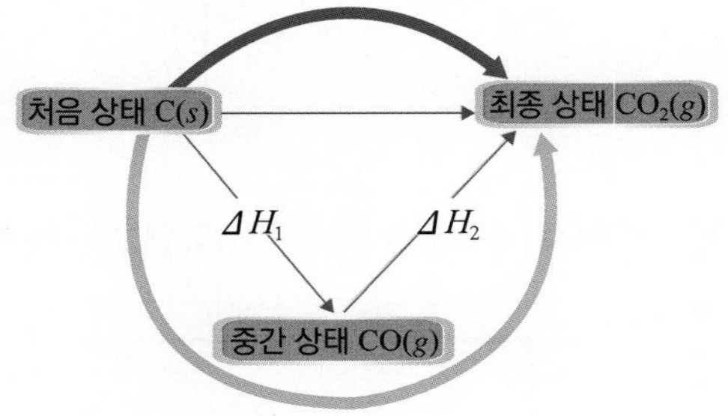

다음 중 탄소 1 g 이 연소되었을 때 반응 엔탈피를 ΔH_1, ΔH_2를 이용하여 바르게 나타낸 것은? (단, C의 원자량은 12이다.)

① $\Delta H_1 + \Delta H_2$ ② $\Delta H_1 - \Delta H_2$ ③ $12(\Delta H_1 + \Delta H_2)$

④ $\dfrac{\Delta H_1 + \Delta H_2}{12}$ ⑤ $\dfrac{\Delta H_1 - \Delta H_2}{12}$

01 탄소(s, 흑연)의 연소 반응에 대한 설명으로 옳은 것만을 <보기>에서 있는 대로 고른 것은?

<보기>

ㄱ. 탄소(s, 흑연)를 완전 연소시켜 $CO_2(g)$가 되는 반응과 불완전 연소하여 중간 상태인 CO(g)를 거쳐 $CO_2(g)$가 되는 반응의 엔탈피는 같다.
ㄴ. 흑연의 연소열은 다이아몬드를 완전 연소시켜 $CO_2(g)$가 되는 반응 엔탈피와 같다.
ㄷ. 헤스 법칙을 이용하여 실험적으로 불가능한 탄소(s, 흑연)가 불완전 연소하는 반응의 반응 엔탈피를 구할 수 있다.

① ㄱ ② ㄴ ③ ㄷ ④ ㄱ, ㄴ ⑤ ㄱ, ㄷ

02 다음을 이용하여 이산화 질소(NO_2)의 생성열(kJ)을 구하시오.

$$N_2(g) + 2O_2(g) \rightarrow 2NO(g) + O_2(g) \quad \Delta H_1 = -286\ \text{kJ}$$
$$NO_2(g) \rightarrow NO(g) + \frac{1}{2}O_2(g) \quad \Delta H_2 = -187.6\ \text{kJ}$$

① -49.2 ② -44.6 ③ 44.6 ④ 49.2 ⑤ 98.4

유형11-2 헤스 법칙 2

다음은 몇 가지 열화학 반응식을 나타낸 것이다.

$$2C(s, \text{흑연}) + 3H_2(g) + \frac{1}{2}O_2(g) \rightarrow C_2H_5OH(l) \quad \Delta H_1 = -278\text{ kJ}$$
$$C(s, \text{흑연}) + O_2(g) \rightarrow CO_2(g) \quad \Delta H_2 = -394\text{ kJ}$$
$$H_2(g) + \frac{1}{2}O_2(g) \rightarrow H_2O(l) \quad \Delta H_3 = -286\text{ kJ}$$
$$C_2H_5OH(l) + 3O_2(g) \rightarrow 2CO_2(g) + 3H_2O(l) \quad \Delta H$$

위의 자료를 이용하여 $C_2H_5OH(l)$의 연소열(kJ)을 구하시오.

① -1924　② -1368　③ -958　④ 1368　⑤ 1924

03 다음은 몇 가지 열화학 반응식이다.

$$N_2(g) + 3H_2(g) \rightarrow 2NH_3(g) \quad \Delta H_1 = -92.2\text{ kJ}$$
$$N_2H_4(g) + H_2(g) \rightarrow 2NH_3(g) \quad \Delta H_2 = -187.6\text{ kJ}$$

이것을 이용하여 25℃에서 다음 화학 반응의 반응 엔탈피(ΔH, kJ)를 구하시오.

$$N_2(g) + 2H_2(g) \rightarrow N_2H_4(g)$$

① -279.8　② -95.4　③ 47.7　④ 95.4　⑤ 279.8

04 다음은 열화학 반응식을 이용하여 벤젠의 몰 기화열(kJ/mol)과 기화열(kJ/g)을 구하시오. (단, H, C의 원자량은 각각 1, 12이다.)

$$6C(s) + 3H_2(g) \rightarrow C_6H_6(g) \quad \Delta H_1 = 82.93\text{ kJ}$$
$$6C(s) + 3H_2(g) \rightarrow C_6H_6(l) \quad \Delta H_2 = 49.0\text{ kJ}$$

	몰 기화열	기화열
①	138.93	1.42
②	33.93	0.435
③	15.07	0.15
④	-15.07	0.15
⑤	33.93	-0.435

유형11-3 결합 에너지1

표는 몇 가지 결합의 결합 에너지를 나타낸 것이다.

결합	결합 에너지(kJ/mol)	결합	결합 에너지(kJ/mol)
H – H	435.8	C – C	346.1
Cl – Cl	242.6	C = C	㉠
H – Cl	431.6	C ≡ C	842.2

이에 대한 설명으로 옳은 것만을 <보기>에서 있는 대로 고른 것은?

< 보기 >

ㄱ. 결합의 세기는 $H_2(g)$가 $Cl_2(g)$보다 세다.
ㄴ. ㉠은 346.1 kJ/mol보다 크고, 842.2 kJ/mol보다 작다.
ㄷ. $H_2(g) + Cl_2(g) \rightarrow 2HCl(g)$ 반응의 반응 엔탈피($\varDelta H$)는 246.8 kJ이다.

① ㄱ ② ㄴ ③ ㄷ ④ ㄱ, ㄴ ⑤ ㄱ, ㄷ

05 질소 기체 1몰과 수소 기체 3몰이 반응하여 암모니아 기체가 될 때 반응 엔탈피($\varDelta H$)는 -92 kJ이다. 다음 중 질소 기체(N ≡ N)의 결합 에너지를 구하는 방법으로 옳은 것은?

① 92 kJ + { 3 ×(N - H 결합 에너지) + 3 × (H – H 결합 에너지) }
② 92 kJ + { 3 ×(N - H 결합 에너지) - 3 × (H – H 결합 에너지) }
③ -92 kJ - { 3 ×(N - H 결합 에너지) + 3 × (H – H 결합 에너지) }
④ -92 kJ - { 6 ×(N - H 결합 에너지) + 3 × (H – H 결합 에너지) }
⑤ -92 kJ + { 6 ×(N - H 결합 에너지) - 3 × (H – H 결합 에너지) }

06 표는 결합 에너지를 나타낸 것이다.

결합	C – H	C – Cl	Cl – Cl	H – Cl
결합 에너지(kJ/mol)	413.6	325.2	242.6	431.6

표를 이용하여 25℃에서 다음 화학 반응의 반응 엔탈피($\varDelta H$, kJ)를 구하면?

$$CH_4(g) + 3Cl_2(g) \rightarrow CHCl_3(g) + 3HCl(g)$$

① -456.6 ② -301.8 ③ 64.6 ④ 301.8 ⑤ 456.6

유형11-4 결합 에너지2

그림은 질소 1몰을 수소와 반응시켜 암모니아 기체로 만드는 반응에서 에너지 변화를 나타낸 것이다. 반응 1은 $\Sigma D_{끊}$(끊어지는 결합), 반응 2는 $\Sigma D_{생}$(생성되는 결합)이다.

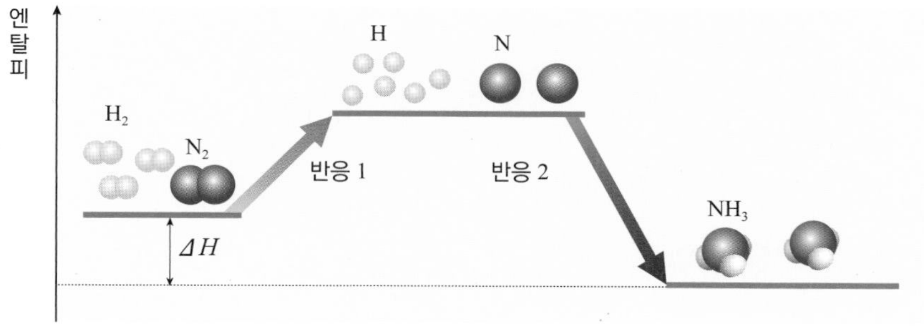

전체 엔탈피 변화를 $\Sigma D_{끊}$(끊어지는 결합), $\Sigma D_{생}$(생성되는 결합)으로 바르게 나타낸 것은?

① $\Delta H = \dfrac{\Sigma D_{생}}{\Sigma D_{끊}}$ ② $\Delta H = \dfrac{\Sigma D_{끊}}{\Sigma D_{생}}$ ③ $\Delta H = \Sigma D_{끊} + \Sigma D_{생}$
④ $\Delta H = \Sigma D_{끊} - \Sigma D_{생}$ ⑤ $\Delta H = \Sigma D_{생} - \Sigma D_{끊}$

07 다음 중 결합 에너지에 대한 설명으로 옳은 것만을 <보기>에서 있는 대로 고른 것은?

<보기>

ㄱ. 결합이 끊어질 때 결합 에너지 만큼의 에너지를 흡수한다.
ㄴ. 결합이 2개 이상인 경우 다원자 분자에서 같은 결합이면 결합 에너지도 같다.
ㄷ. 끊어지는 결합의 수와 생성되는 결합의 수가 같을 경우 생성되는 결합이 더 강하면 발열 반응이다.

① ㄱ ② ㄷ ③ ㄱ, ㄴ ④ ㄱ, ㄷ ⑤ ㄴ, ㄷ

08 25℃, 1 기압에서 하이드라진(N_2H_4)의 생성열이 95.4 kJ/mol일 때, N – H의 평균 결합 에너지를 구하시오. (단, N ≡ N의 결합 에너지는 946.9 kJ/mol이고, H – H 결합 에너지는 435.8 kJ/mol이고, N – N의 결합 에너지는 163.4 kJ/mol이다.)

(   ) kJ/mol

창의력&토론마당

01 철도 레일을 용접할 때 다음과 같은 과정을 거쳐 반응이 일어난다. 이 반응의 반응 엔탈피 변화를 구하시오. (단, $Fe_2O_3(s)$의 표준 생성 엔탈피(ΔH°_f)는 -824.2 kJ/mol이고, $Al_2O_3(s)$의 표준 생성 엔탈피(ΔH°_f)는 -1675.7 kJ/mol이다.)

$$2Al(s) + Fe_2O_3(s) \rightarrow 2Fe(s) + Al_2O_3(s)$$

02 $Ca^{2+}(g)$가 물에 용해되어 $Ca^{2+}(aq)$가 되는 반응의 반응 엔탈피를 구하시오.

< 보기 >

$Ca(s) \rightarrow Ca(g)$ $\Delta H_1 = 178.2$ kJ/mol
$Ca(g) \rightarrow Ca^{2+}(g) + 2e^-$ $\Delta H_2 = 1734.7$ kJ/mol
$Br_2(l) \rightarrow Br_2(g)$ $\Delta H_3 = 30.91$ kJ/mol
$Br_2(g) \rightarrow 2Br(g)$ $\Delta H_4 = 192.9$ kJ/mol
$Br(g) + e^- \rightarrow Br^-(g)$ $\Delta H_5 = -331.0$ kJ/mol
$CaBr_2(s) \rightarrow CaBr_2(aq)$ $\Delta H_6 = -103.1$ kJ/mol
$Br^-(g) \rightarrow Br^-(aq)$ $\Delta H_7 = -97.5$ kJ/mol
$Ca(s) + Br_2(l) \rightarrow CaBr_2(s)$ $\Delta H_8 = -682.8$ kJ/mol

03 무색의 불꽃 속에 소금 가루을 넣어 연소시키면 노란 색깔을 내는 불꽃 반응을 관찰할 수 있다. 노란색의 빛은 고체 상태의 소금에 포함된 Na 원자가 들뜬 상태(Na*)로 된 후, 다시 바닥 상태로 변환되면서 내놓는 빛이다. (단, 원자 1개의 에너지는 $E = h\upsilon$로 구한다. h는 플랑크 상수로 $h = 6.626\times 10^{-34}$ J·s 이고, υ는 진동수이다. 노란 빛의 진동수는 $5.1\times 10^{14}\,s^{-1}$이다.)

(1) Na 원자 1몰의 들뜬 상태의 에너지는 바닥 상태보다 얼마나 높은지 구하시오.

(2) 다음 반응의 엔탈피 변화를 〈보기〉를 참고하여 계산하시오.

$$NaCl(s) \rightarrow Na^*(g) + Cl(g)$$

< 보기 >

$Na(s) \rightarrow Na(g)\quad \Delta H_2 = 108.8$ kJ

$NaCl(s) \rightarrow Na(s) + \frac{1}{2}Cl_2(g)\quad \Delta H_3 = 410.0$ kJ

$Cl_2(g) \rightarrow 2Cl(g)\quad \Delta H_4 = 242.7$ kJ

창의력&토론마당

04 다음 반응의 반응 엔탈피는 0에 근접한다. 다음 화합물 4개의 루이스 구조를 그리고 반응 엔탈피가 0에 가까운 이유를 쓰시오.

$$BBr_3(g) + BCl_3(g) \rightarrow BBr_2Cl(g) + BCl_2Br(g)$$

05 삼염화불화 탄소(CCl_3F)는 냉매와 에어로졸로 사용된다. 반응 엔탈피와 평균 결합 에너지를 이용하여 $CCl_3F(g)$의 표준 생성 엔탈피를 구하시오. (단, $C(s)$의 승화 엔탈피는 716.7 kJ/mol이다.)

결합	C − Cl	C − F	Cl − Cl	F − F
결합 에너지(kJ/mol)	325.2	460.9	242.6	159.2

06 다음 표는 25℃, 1 기압에서 표준 생성 엔탈피와 평균 결합 에너지를 나타낸 것이다. 다음 물음에 답하시오.

물질	ΔH°_f (kJ/mol)
$CO_2(g)$	-390
$H_2O(g)$	-240
$CH_4(g)$	

결합	결합 에너지 (kJ/mol)
C − H	413.6
O − H	463.4
O = O	498.6
C = O	804.5

(1) 25℃, 1 기압에서 메테인($CH_4(g)$)과 $O_2(g)$가 반응하여 $CO_2(g)$와 $H_2O(g)$가 생성된다. 메테인 1몰이 반응할 때 반응 엔탈피를 구하시오.

(2) 25℃, 1 기압에서 메테인(CH_4)의 표준 생성 엔탈피를 구하시오.

(3) 25℃, 1 기압에서 에테인($C_2H_6(g)$)의 C − C 의 평균 결합 에너지(D)를 구하시오. (단, $C_2H_6(g)$의 생성열은 -85 kJ/mol이고, 연소 반응 시 $CO_2(g)$와 $H_2O(g)$가 생성된다.)

스스로 실력높이기

A

01 헤스 법칙에 대한 설명 중 옳은 것은 ○표, 옳지 않은 것은 ×표 하시오.

(1) 엔탈피는 경로 함수이므로 반응의 경로와 관계 있다. ( )

(2) 헤스 법칙을 이용해 실험적으로 구하기 어려운 반응열을 구할 수 있다. ( )

(3) 반응 전 물질의 상태와 종류, 반응 후 물질의 상태와 종류가 결정되면 반응 경로와 무관하게 출입하는 열량이 같다. ( )

02 다음은 몇 가지 화학 반응을 열화학 반응식으로 나타낸 것이다. $N_2(g) + 2O_2(g) \rightarrow 2NO_2(g)$의 반응 엔탈피($\Delta H$)를 x, y로 나타 내시오.

$N_2(g) + O_2(g) \rightarrow 2NO(g)\quad \Delta H_1 = x$
$2NO(g) + O_2(g) \rightarrow 2NO_2(g)\quad \Delta H_2 = y$

ΔH = ( )

03 그림은 황과 관련된 반응의 엔탈피 변화를 나타낸 것이다.

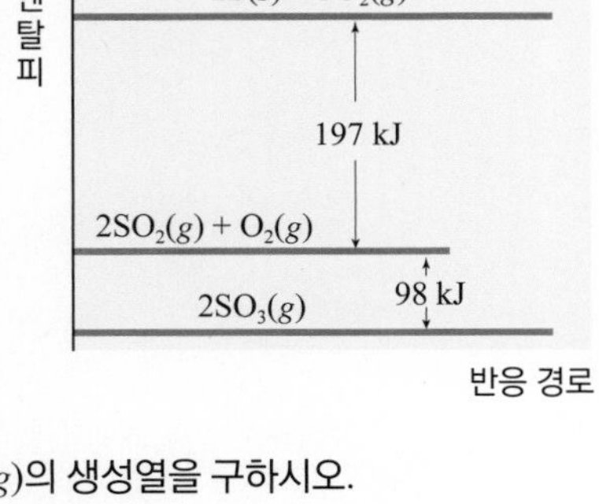

$SO_3(g)$의 생성열을 구하시오.

( ) kJ/mol

04 다음은 벤젠(C_6H_6)의 상 변화 반응을 열화학 반응식으로 나타낸 것이다. 벤젠이 용융될 때의 엔탈피를 구하시오.

$C_6H_6(l) \rightarrow C_6H_6(g)\quad \Delta H_1 = 30.8$ kJ
$C_6H_6(s) \rightarrow C_6H_6(g)\quad \Delta H_2 = 41.39$ kJ

( ) kJ

05 결합 에너지에 대한 설명 중 옳은 것은 ○표, 옳지 않은 것은 ×표 하시오.

(1) 반응물의 결합 에너지 합이 생성물의 결합 에너지 합보다 크면 흡열 반응이다. ( )

(2) 원자 사이의 결합이 강할수록 결합 에너지가 크다. ( )

(3) 평균 결합 에너지를 이용하면 반응열을 근사적으로 구할 수 있다. ( )

06 결합 에너지의 크기를 비교하여 빈칸에 알맞은 부등호를 쓰시오.

(1) C − C ( ) C = C

(2) H − N ( ) H − O

(3) H − Cl ( ) H − Br

07 다음 빈칸에 알맞은 말을 쓰시오.

화학 반응이 일어날 때 반응물을 구성하는 원자 사이의 결합이 끊어질 때 결합 에너지 만큼의 에너지를 ( )한다.

( )

08 기체 상태에서 두 원자 사이의 공유 결합 1몰을 끊는 데 필요한 에너지를 무엇이라 하는지 쓰시오.

( )

09~10 메테인의 해리 에너지는 1654.4 kJ/mol이다. 다음 물음에 답하시오.

09 다음 메테인의 C – H의 평균 결합 에너지를 구하시오.

( ) kJ/mol

10 다음 빈칸에 들어갈 알맞은 말을 각각 고르시오.

> 해리 에너지는 분자에 존재하는 모든 결합이 (끊어질 때, 생성될 때) 필요한 에너지이다. 메테인의 H를 F으로 바꾸면 해리 에너지가 (커진다, 작아진다)

B

11 다음 그림은 질소와 산소가 반응하여 일산화 질소가 생성될 때의 엔탈피 변화를 나타낸 것이다.

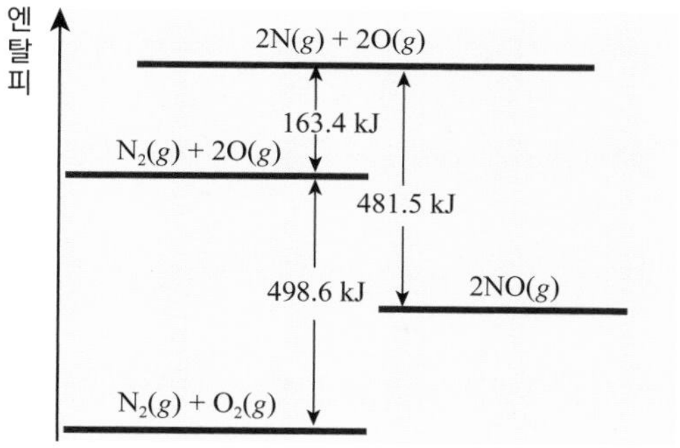

이에 대한 설명으로 옳은 것만을 <보기>에서 있는 대로 고른 것은?

< 보기 >

ㄱ. $N_2(g) \rightarrow 2N(g)$ - 163.4 kJ
ㄴ. $O_2(g) \rightarrow 2O(g)$ - 498.6 kJ
ㄷ. $N_2(g) + O_2(g) \rightarrow 2NO(g)$ ΔH = -180.5 kJ

① ㄴ ② ㄷ ③ ㄱ, ㄴ
④ ㄱ, ㄷ ⑤ ㄱ, ㄴ, ㄷ

12 그림은 25℃, 1 기압에서 몇 가지 반응의 엔탈피 변화를 나타낸 것이다.

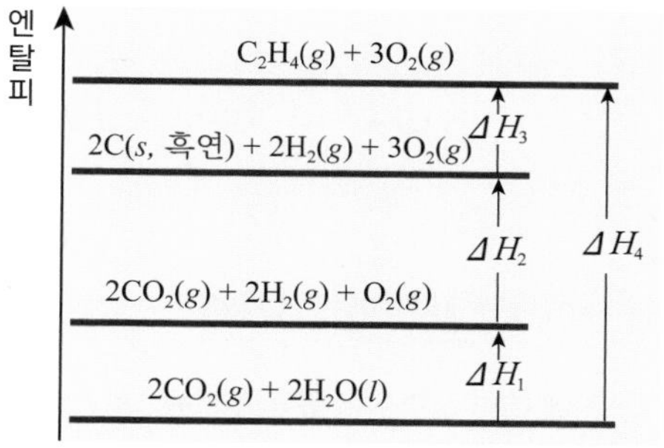

이에 대한 설명으로 옳은 것만을 <보기>에서 있는 대로 고른 것은?

< 보기 >

ㄱ. $C_2H_4(g)$의 생성열은 ΔH_3이다.
ㄴ. 흑연의 연소열은 $\Delta H_1 + \Delta H_2$이다.
ㄷ. $C_2H_4(g)$의 연소열은 ΔH_4이다.

① ㄱ ② ㄷ ③ ㄱ, ㄴ
④ ㄱ, ㄷ ⑤ ㄱ, ㄴ, ㄷ

13 그림은 어떤 반응의 경로에 따른 엔탈피 변화를 나타낸 것이다.

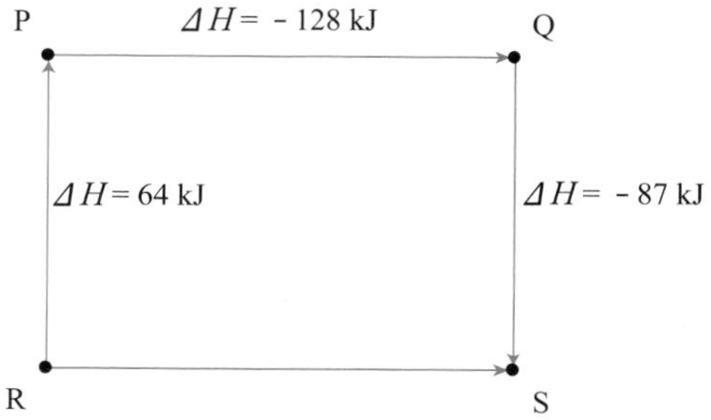

이에 대한 설명으로 옳은 것만을 <보기>에서 있는 대로 고른 것은?

< 보기 >

ㄱ. P → Q 반응은 흡열 반응이다.
ㄴ. R → S 의 엔탈피 변화는 ΔH = -151 kJ이다.
ㄷ. S → P 의 엔탈피 변화는 ΔH = 215 kJ이다.

① ㄴ ② ㄷ ③ ㄱ, ㄴ
④ ㄱ, ㄷ ⑤ ㄴ, ㄷ

스스로 실력높이기

14 다음은 플루오르화 수소가 생성되는 반응의 열화학 반응식을 나타낸 것이고, 표는 이와 관련된 결합의 결합 에너지를 나타낸 것이다.

$H_2(g) + F_2(g) \rightarrow 2HF(g)$ ΔH = a kJ

결합	H – H	F – F	H – F
결합 에너지(kJ/mol)	435.8	159.2	569.8

이에 대한 설명으로 옳은 것만을 <보기>에서 있는 대로 고른 것은?

<보기>

ㄱ. a는 25.2이다.
ㄴ. [$H_2(g) + F_2(g)$]의 결합 에너지의 합은 $2HF(g)$의 결합 에너지의 합보다 작다.
ㄷ. 표에 제시된 결합 중 가장 강한 결합은 H – H이다.

① ㄴ　② ㄷ　③ ㄱ, ㄴ　④ ㄱ, ㄷ　⑤ ㄱ, ㄴ, ㄷ

15 다음은 수소와 염소가 반응하여 염화 수소가 생성되는 열화학 반응식을 나타낸 것이다.

$H_2(g) + Cl_2(g) \rightarrow 2HCl(g)$ ΔH
$H_2(g) + Cl_2(g) \rightarrow 2H(g) + 2Cl(g)$ ΔH_1
$2H(g) + 2Cl(g) \rightarrow 2HCl(g)$ ΔH_2

이에 대한 설명으로 옳은 것만을 <보기>에서 있는 대로 고른 것은? (단, H – H의 결합 에너지는 436 kJ/mol이고, Cl – Cl 결합 에너지는 243 kJ/mol이고, H – Cl의 결합 에너지는 423 kJ/mol이다.)

<보기>

ㄱ. ΔH_1는 ΔH_2보다 크다.
ㄴ. ΔH_1는 0보다 작다.
ㄷ. 전체 반응의 ΔH는 -167 kJ이다.

① ㄴ　② ㄷ　③ ㄱ, ㄴ　④ ㄱ, ㄷ　⑤ ㄱ, ㄴ, ㄷ

16 황색의 착물 H_3NSO_2가 $NH_3(g)$와 $SO_2(g)$로 분해될 때의 표준 분해 엔탈피는 40 kJ/mol이다. H_3NSO_2의 표준 생성 엔탈피(ΔH°_f, kJ)를 구하시오. (단, $NH_3(g)$의 표준 생성 엔탈피는 -46.11 kJ/mol이고, $SO_2(g)$의 표준 생성 엔탈피는 -296.8 kJ/mol이다.)

① -382.91　② -290.69　③ -250.69　④ 250.69　⑤ 290.69

17~18 다음은 $C_2H_4(g) + 3O_2(g) \rightarrow 2CO_2(g) + 2H_2O(g)$의 반응 과정과 관련된 엔탈피 변화($\Delta H$)와 몇 가지 결합의 결합 에너지를 나타낸 것이다.

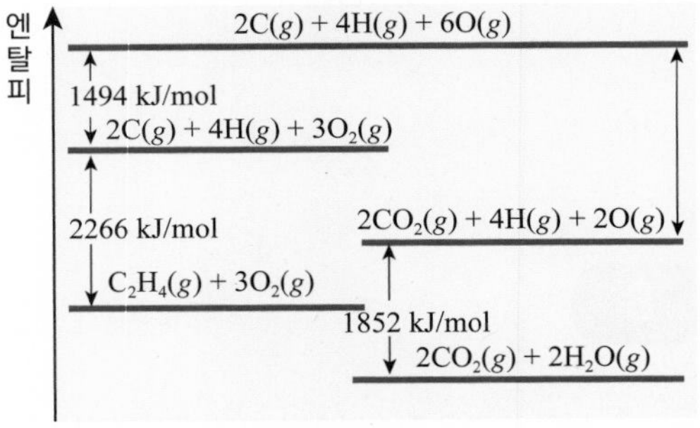

결합	C = O	C = C
결합 에너지(kJ/mol)	799	614

17 이에 대한 설명으로 옳은 것만을 <보기>에서 있는 대로 고른 것은?

<보기>

ㄱ. C – H 결합이 O – H 결합보다 강하다.
ㄴ. $H_2O(g)$의 해리 에너지는 -926 kJ/mol이다.
ㄷ. O = O의 결합 에너지는 498 kJ이다.

① ㄴ　② ㄷ　③ ㄱ, ㄴ　④ ㄱ, ㄷ　⑤ ㄱ, ㄴ, ㄷ

18 $C_2H_4(g) + 3O_2(g) \rightarrow 2CO_2(g) + 2H_2O(g)$의 반응 엔탈피($\Delta H$, kJ)를 구하시오.

① -1288　② -489　③ 263　④ 489　⑤ 1288

C

19 다음은 몇 가지 반응의 열 화학 반응식을 나타낸 것이다.

$2O_3(g) \rightarrow 3O_2(g) \quad \Delta H_1$
$O_2(g) \rightarrow 2O(g) \quad \Delta H_2$
$NO(g) + O_3(g) \rightarrow NO_2(g) + O_2(g) \quad \Delta H_3$

이에 대한 설명으로 옳은 것만을 <보기>에서 있는 대로 고른 것은?

〈 보기 〉

ㄱ. O = O 의 결합 에너지는 ΔH_2이다.
ㄴ. $NO(g) + O(g) \rightarrow NO_2(g)$ 반응의 반응 엔탈피는 $\frac{\Delta H_3 - \Delta H_2 + \Delta H_1}{2}$이다.
ㄷ. $O_3(g)$의 해리 에너지는 $\frac{\Delta H_1 + 3\Delta H_2}{2}$ 이다.

① ㄱ ② ㄷ ③ ㄱ, ㄷ
④ ㄴ, ㄷ ⑤ ㄱ, ㄴ, ㄷ

20 다음은 $A_2(g)$와 $B_2(g)$가 반응하여 $AB_2(g)$가 되는 열 화학 반응식을 나타낸 것이고, 표는 각 분자의 구조식이다.

$A_2(g) + 2B_2(g) \rightarrow 2AB_2(g) \quad \Delta H = 2800$ kJ

분자	A_2	B_2	AB_2
구조식	A = A	B − B	A − B │ A

A = A, B − B, A − B의 결합 에너지 비를 5 : 3 : 1이라고 할때 A = A의 결합 에너지(kJ/mol)는?

① -2000 ② -1556 ③ 560
④ 1556 ⑤ 2000

21 표에 있는 결합 에너지를 이용하여 프로펜과 물을 반응시켜 아이소프로판올을 생성하는 반응의 반응 엔탈피를 구하시오.

$CH_3CHCH_2(g) + H_2O(g) \rightarrow CH_3CH(OH)CH_3(g)$

결합	결합 에너지 (kJ/mol)	결합	결합 에너지 (kJ/mol)
C − O	356.2	C − H	413.6
C = O	804.5	O − H	463.4
C = C	615.9	C − C	346.1

① -36.6 ② 14.8 ③ 36.6
④ 324 ⑤ 366

22 그림은 물의 생성 반응과 관련된 엔탈피 변화를 나타낸 것이다.

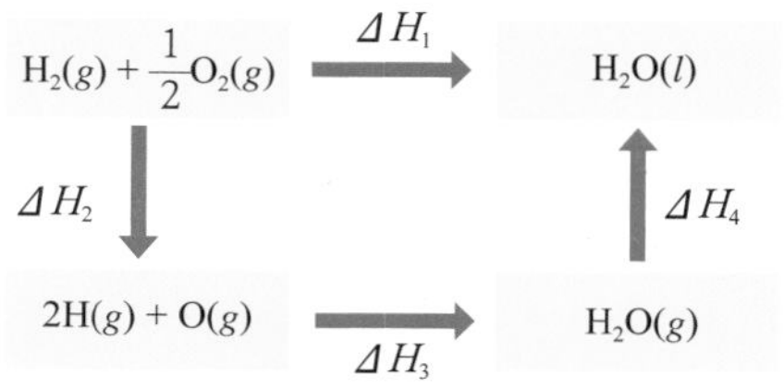

이에 대한 설명으로 옳은 것만을 <보기>에서 있는 대로 고른 것은?

< 보기 >

ㄱ. $H_2O(g)$의 생성열은 $\Delta H_1 - \Delta H_4$과 같다.
ㄴ. 표준 상태에서 $H_2(g)$의 연소열은 $\Delta H_2 + \Delta H_3$ 과 같다.
ㄷ. O − H의 결합 에너지는 $-\Delta H_3$ 이다.

① ㄱ ② ㄷ ③ ㄱ, ㄴ
④ ㄱ, ㄷ ⑤ ㄴ, ㄷ

스스로 실력높이기

23 그림은 다이아몬드와 흑연의 엔탈피 변화를 나타낸 것이다.

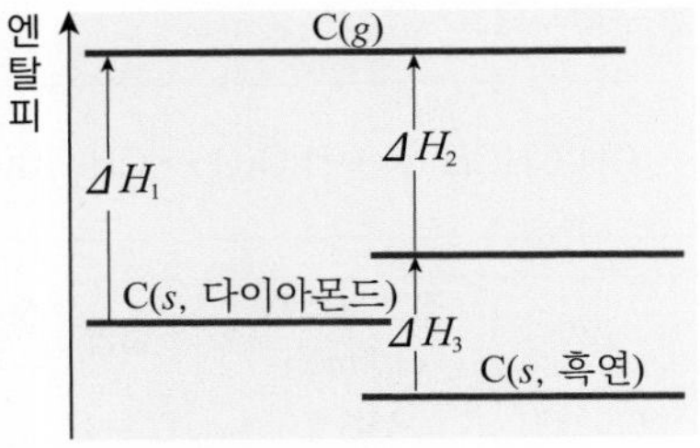

이에 대한 설명으로 옳은 것만을 <보기>에서 있는 대로 고른 것은? (단, $\varDelta H_2$는 흑연 1몰의 모든 C – C 결합을 끊는 데 필요한 에너지이다.)

<보기>

ㄱ. $\varDelta H_1$는 3 × (C – C 결합 에너지)이다.
ㄴ. 다이아몬드가 흑연이 될 때 발열 반응이다.
ㄷ. 흑연이 다이아몬드가 될 때 $\varDelta H_3 + \varDelta H_2 - \varDelta H_1$ 의 열을 흡수한다.

① ㄴ ② ㄷ ③ ㄱ, ㄴ
④ ㄱ, ㄷ ⑤ ㄴ, ㄷ

24 그림은 폼알데하이드(CH_2O)의 분해 경로와 각 단계의 표준 반응 엔탈피를 나타낸 것이다.

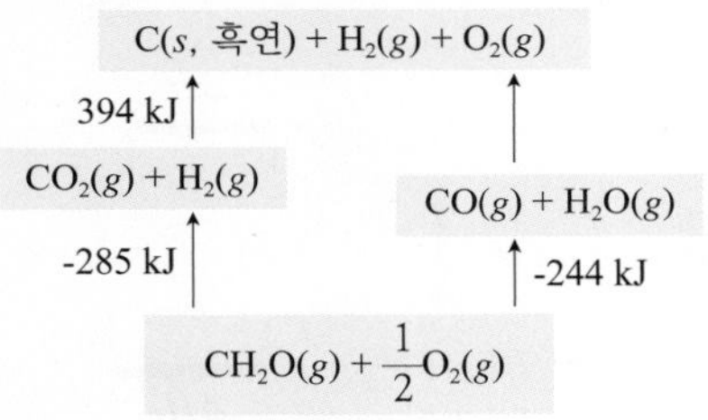

이에 대한 설명으로 옳은 것만을 <보기>에서 있는 대로 고른 것은?

<보기>

ㄱ. $CH_2O(g)$의 표준 생성 엔탈피는 -109 kJ/mol이다.
ㄴ. $CO_2(g)$에서 C = O의 평균 결합 에너지는 197 kJ/mol이다.
ㄷ. $CO(g)$의 생성 엔탈피는 353 kJ/mol이다.

① ㄱ ② ㄷ ③ ㄱ, ㄴ
④ ㄱ, ㄷ ⑤ ㄱ, ㄴ, ㄷ

심화

25~26 다음은 몇 가지 결합의 결합 에너지를 나타낸 것이다. 다음 물음에 답하시오.

결합	결합 에너지 (kJ/mol)	결합	결합 에너지 (kJ/mol)
O = O	498.6	C – H	413.6
C = O	804.5	O – H	463.4
C = C	615.9	C – O	356.2

25 $C_3H_6(g)$의 연소 반응에 대한 반응 엔탈피를 구하시오.

$C_3H_6(g) + H_2(g) \rightarrow C_3H_8(g)$ $\varDelta H_1 = -124$ kJ
$C_3H_8(g) + 5O_2(g) \rightarrow 3CO_2(g) + 4H_2O(l)$ $\varDelta H_2 = -2220$ kJ
$2H_2O(l) \rightarrow 2H_2(g) + O_2(g)$ $\varDelta H_3 = 562$ kJ

26 프로펜($C_3H_6(g)$)의 C – C의 평균 결합 에너지를 구하시오. (단, 물이 증발될 때 40 kJ/mol의 열을 흡수한다.)

27 그림은 표준 상태에서 NaCl이 생성되는 각 단계와 반응 엔탈피를 나타낸 것이다. (단, $Cl(g)$의 표준 생성 엔탈피는 122 kJ/mol이고, $Cl^-(g)$의 표준 생성 엔탈피는 -227 kJ/mol이다.)

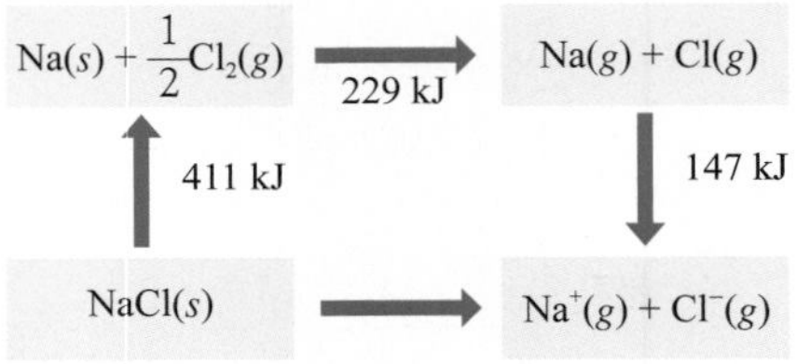

(1) Na의 1차 이온화 에너지를 구하시오.

(2) NaCl의 격자 에너지를 구하시오.

28 벤젠 기체의 연소 엔탈피와 사이클로헥세인 기체의 연소 엔탈피를 이용하여 벤젠이 수소화 반응을 할때 반응 엔탈피를 구하시오. (단, 벤젠의 연소 엔탈피는 -3268 kJ/mol이고, 사이클로헥세인의 연소 엔탈피는 -3920 kJ/mol이고, 물의 생성 엔탈피는 -286 kJ/mol이다.)

29 실릴렌(SiH_2)과 실란(SiH_4)은 디실란(Si_2H_6)과 같은 수소화규소의 열분해 반응의 중간체이다. 다음 반응의 반응 엔탈피를 구하시오. (단, $SiH_2(g)$의 표준 생성 엔탈피는 274 kJ/mol이고, $SiH_4(g)$의 표준 생성 엔탈피는 34.3 kJ/mol이고, $Si_2H_6(g)$의 표준 생성 엔탈피는 80.3 kJ/mol 이다.)

(1) $SiH_4(g) \rightarrow SiH_2(g) + H_2(g)$

(2) $Si_2H_6(g) \rightarrow SiH_2(g) + SiH_4(g)$

30 그림은 25℃에서 암모니아(NH_3)와 관련된 물질의 엔탈피를 나타낸 것이다.

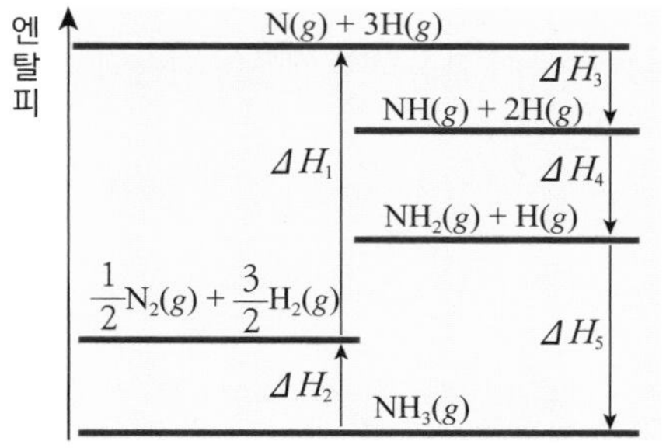

(1) $NH_3(g)$의 표준 생성 엔탈피를 구하시오.

(2) $NH_3(g)$의 N − H의 평균 결합 에너지 값을 구하시오.

31 그림은 25℃에서 HCl와 H_2O이 생성되는 반응 경로와 표준 반응 엔탈피를 나타낸 것이고, 표는 결합 에너지를 나타낸 것이다.

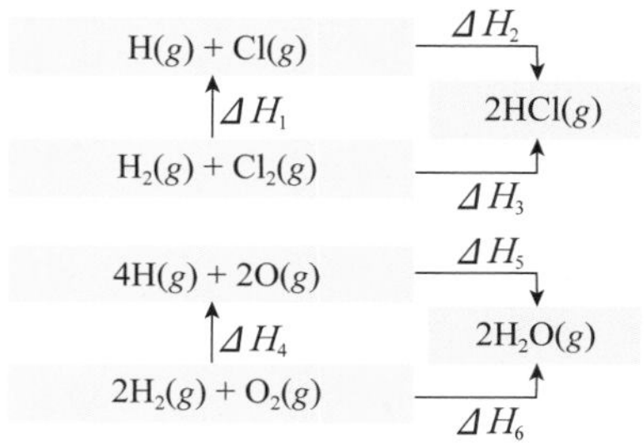

결합	결합 에너지 (kJ/mol)	결합	결합 에너지 (kJ/mol)
H − H	435	O − H	470
Cl − Cl	240	O − O	146.2
H − Cl	430	O = O	490

(1) HCl의 표준 생성 엔탈피를 구하시오.

(2) 다음 반응의 반응 엔탈피를 구하시오.

$$4HCl(g) + O_2(g) \rightarrow 2Cl_2(g) + 2H_2O(g)$$

32 다음은 몇 가지 열화학 반응식이다.

$$H_2(g) + I_2(g) \rightarrow 2HI(g) \quad \Delta H_1 = 52.96 \text{ kJ}$$
$$2H_2(g) + O_2(g) \rightarrow 2H_2O(g) \quad \Delta H_2 = -483.64 \text{ kJ}$$

이를 이용하여 25℃에서 다음 화학 반응의 반응 엔탈피(ΔH)를 구하시오.

$$4HI(g) + O_2(g) \rightarrow 2I_2(g) + 2H_2O(g)$$

12강 엔트로피

1. 열역학 제 1법칙

(1) 열역학 제 1법칙 : 에너지는 다른 형태로 전환될 뿐 생성되거나 소멸되지 않으며, 에너지의 총량은 일정하게 유지된다.

① **에너지의 전환** : 발열 반응에서는 반응 물질의 화학 에너지가 열에너지로 전환되고, 흡열 반응에서는 열에너지가 생성 물질의 화학 에너지로 전환된다.

② **에너지의 보존** : 에너지가 다른 에너지로 전환되더라도 에너지의 총량에는 변화가 없다.

③ **화학 반응에서 에너지 전환과 보존**

· 발열 반응이 일어날 때 반응 물질과 생성 물질의 에너지 차이만큼 화학 에너지가 열에너지로 전환되므로 전체 에너지는 보존된다.

예 $C(s) + O_2(g) \rightarrow CO_2(g)$ $\Delta H = -395.5kJ$

· 흡열 반응이 일어날 때 반응 물질과 생성 물질의 에너지 차이만큼 열에너지가 화학 에너지로 전환되므로 전체 에너지는 보존된다.

예 $N_2(g) + O_2(g) \rightarrow 2NO(g)$ $\Delta H = 180.5kJ$

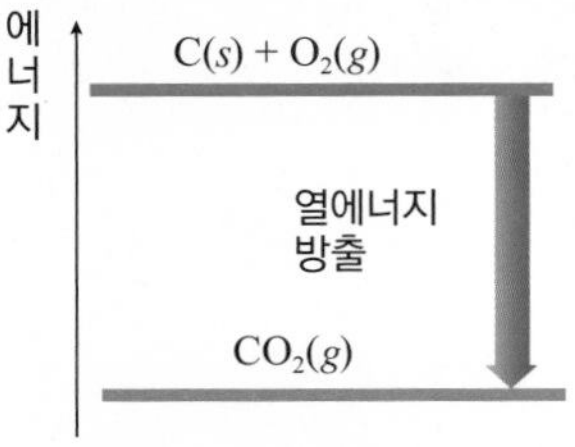

▲ 발열 반응에서 에너지 변화

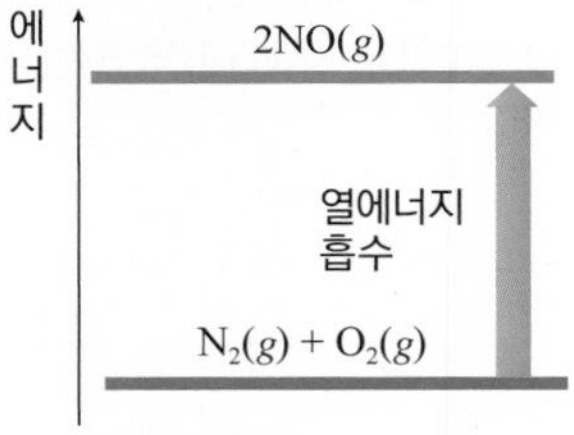

▲ 흡열 반응에서 에너지 변화

④ **헤스의 법칙과 에너지 보존 법칙** : 물질의 변화가 여러 경로를 거쳐도 반응물과 생성물이 같으면 총 엔탈피 변화는 항상 일정하므로, 여러 경로에서 주위와 교환한 열량의 합은 항상 일정하다.

(2) 내부 에너지

① 계를 구성하는 입자들의 운동 에너지와 위치 에너지의 총합을 의미한다.

$$E_i(\text{내부 에너지}) = E_k(\text{운동 에너지}) + E_p(\text{위치 에너지})$$

② 이상 기체에 가까운 단원자 기체(He, Ne, Ar 등)는 위치 에너지가 없고, 에너지 등분배 원리에 의해 공간 상에서 3가지 병진 운동이 가능하기 때문에 다음과 같이 나타낼 수 있다.

$$E_i = E_k = \frac{3}{2}nRT$$

개념확인 1

다음 열역학 제 1법칙에 대한 설명 중 옳은 것은 ○표, 옳지 않은 것은 ×표 하시오.

(1) 화학 반응이 일어날 때 계가 얻은 에너지는 주위가 잃은 에너지와 같다. ( )

(2) 발열 반응이 일어날 때 열에너지가 화학 에너지로 전환된다. ( )

확인 + 1

계를 구성하는 입자들의 운동 에너지와 위치 에너지의 총합을 의미하는 것을 무엇이라고 하는지 쓰시오.

( )

● 열역학

에너지의 대소를 비교하여 우리가 관심을 가지는 대상이 가장 안정한 상태에서 어떻게 존재하는지 예측하는 학문이다.

● 에너지

에너지는 일을 할 수 있는 능력이다. 에너지의 형태에는 전기 에너지, 화학 에너지, 열에너지, 운동 에너지 등이 있다.

● 열과 일

에너지가 전달되는 방식에는 열과 일의 형태가 있다. 열은 온도가 다른 두 물체 사이에 에너지가 직접 전달되는 방식이고, 일은 힘을 통해 에너지가 전달되는 방식이다.

● 우주와 에너지 보존

계와 주위를 모두 합쳐 우주라고 한다. 우주는 가장 대표적인 고립계로, 계와 주위 사이의 에너지 교환은 있어도 에너지의 총량은 일정하다.

● 에너지 등분배 원리

온도가 T인 시료에서 모든 2차 항들은 전체 에너지에 모두 동일하게 $\frac{1}{2}kT$의 기여를 한다. 따라서 x축에 평행한 운동의 평균 운동 에너지는 y축에 평행하거나 z축에 평행한 운동의 평균 운동 에너지와 동일하므로 단원자 기체의 총 운동 에너지는 $3 \times \frac{1}{2}kT$는 $\frac{3}{2}kT$이다.

2. 엔트로피와 자발성

(1) 자발적 과정과 비자발적 과정

① **자발적 과정** : 어떤 변화가 외부의 영향 없이 스스로 일어나는 것이다.

② **비자발적 과정** : 어떤 변화가 외부로부터 영향을 받아 일어나는 과정이다.

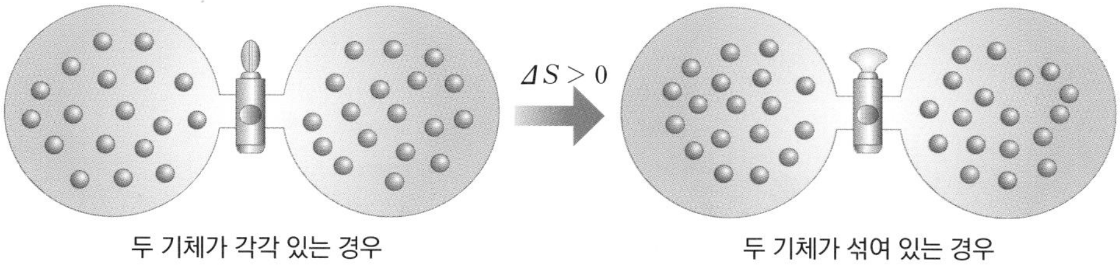

▲ 자발적 과정

(2) 엔트로피(S) : 무질서도를 나타내는 척도이며, 기호는 S로 나타낸다.

① **무질서도와 자발적 과정** : 무질서도가 큰 상태가 일어날 확률이 크기 때문에 무질서도가 증가하는 과정은 자발적으로 일어난다.

② 자연적으로 일어나는 모든 현상은 질서 있는 상태에서 무질서한 상태로 변화한다. 따라서 엔트로피가 낮은 상태에서 높은 상태로 변화한다.

③ 엔트로피는 엔탈피와 마찬가지로 상태 함수이다.

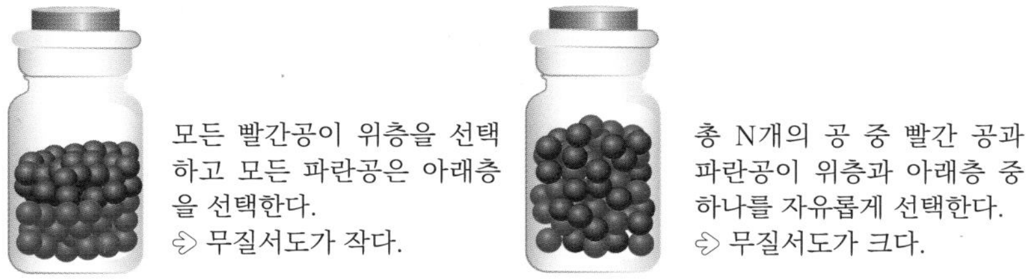

▲ 무질서도

(3) 계의 종류에 따른 자발적 변화

① **고립계에서의 자발적 과정** : 고립계에서는 주위와 물질, 에너지를 모두 교환할 수 없으므로 자발적 과정은 계의 엔트로피가 증가($\Delta S_{계} > 0$)하는 방향으로 진행된다.

② **열린계와 닫힌계에서의 자발적 과정** : 열린계에서는 주위와 물질, 에너지를 모두 교환할 수 있고, 닫힌계에서는 물질은 교환할 수 없지만, 에너지는 교환할 수 있으므로 자발적 과정은 계와 주위를 합한 우주 전체의 엔트로피가 증가($\Delta S_{우주} > 0$)하는 방향으로 진행된다.

자발적인 반응

- 높은 곳에서 물체를 놓으면 저절로 낮은 곳으로 떨어진다.
- 열은 온도가 높은 물체에서 낮은 물체로 이동한다.
- 철로 만든 제품이 공기와 물에 의해 서서히 녹슨다.
- 상온에서 얼음은 스스로 녹아 물이 된다.
- 메테인($CH_4(g)$)은 산소와 반응하여 물과 이산화 탄소가 된다.

비자발적인 반응

- 낮은 곳의 물체를 위로 들어 올리기 위해서는 일을 해야 한다.
- 온도가 낮은 곳의 열을 온도가 높은 곳으로 이동시키는 에어컨이나 냉장고는 전기 에너지가 필요하다.
- 혼합물은 스스로 순물질로 분해되지 않는다.
- 이산화 탄소와 물이 메테인($CH_4(g)$)이 되지 않는다.

엔트로피 증가

물체가 열을 흡수하여 온도가 높아지거나 상태가 변하여 분자의 운동이 활발해지면 엔트로피가 증가한다.

우주 전체의 엔트로피

- $\Delta S_{우주} > 0$ 이면 반응은 자발적으로 일어난다.
- $\Delta S_{우주} < 0$ 이면 반응은 비자발적으로 일어난다.
- $\Delta S_{우주} = 0$ 이면 반응은 평형 상태이다.

개념확인 2 정답 및 해설 72쪽

어떤 변화가 외부의 영향 없이 스스로 일어나는 과정을 무엇이라고 하는지 쓰시오.

(　　　　　　　　　　)

확인 + 2

다음 엔트로피에 대한 설명 중 옳은 것은 ○표, 옳지 않은 것은 ×표 하시오.

(1) 무질서도가 클수록 엔트로피가 크다. (　　)

(2) 열린계에서 자발적 과정은 계의 엔트로피가 증가하는 방향으로 진행된다. (　　)

3. 엔트로피의 변화

(1) 엔트로피 변화 : 최종 상태의 엔트로피($S_{최종}$)에서 초기 상태의 엔트로피($S_{초기}$)를 뺀 값이다.

(2) 상태 변화 : 물질의 상태가 고체 → 액체 → 기체로 갈수록 입자들의 배열이 불규칙적으로 되고 무질서하게 배열되므로 엔트로피가 증가한다.

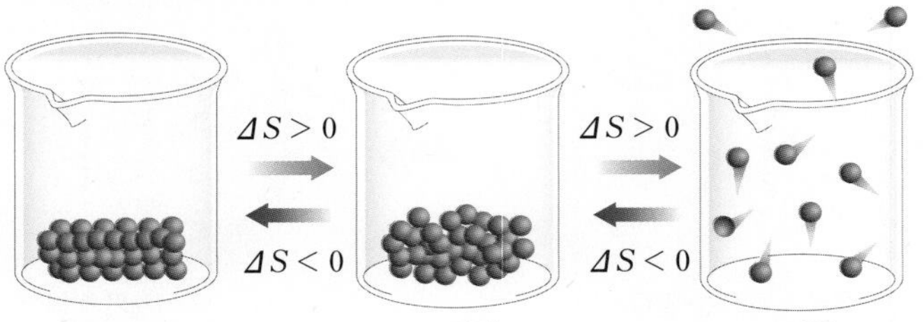

(3) 기체 분자 수가 변화할 때 : 기체의 분자 수가 증가할 때 무질서도가 증가하므로 엔트로피는 증가한다.

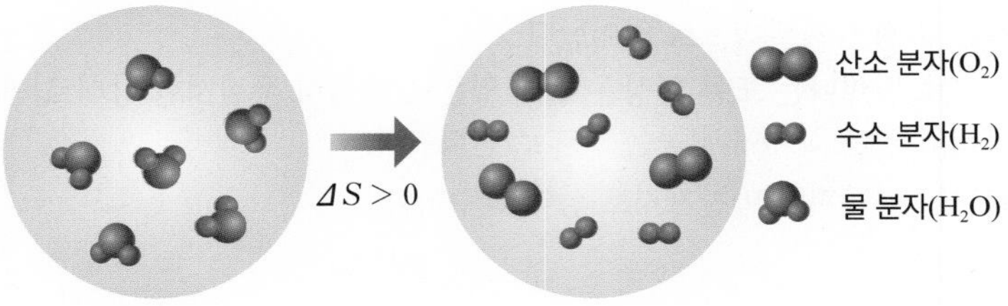

▲ 물의 분해

(4) 이온 결합성 물질을 용해할 때 : 대부분의 이온 결합성 물질이 이온화하는 과정의 엔트로피 증가 정도는 물에 의해 수화되는 과정의 엔트로피의 감소 정도보다 크다. ⇨ 전체 엔트로피가 증가한다.

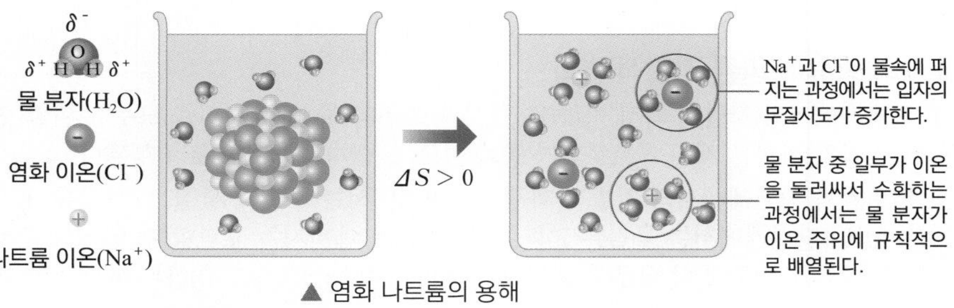

▲ 염화 나트륨의 용해

⇨ 염화 나트륨이 이온화하는 과정은 엔트로피가 증가하는 과정이지만, 물 분자에 의해 수화되는 것은 엔트로피가 감소하는 과정이다.

개념확인 3

다음 빈칸에 들어갈 알맞은 말을 쓰시오.

고체에서 액체로 될 때 입자들의 배열이 (　　　)으로 되고, 엔트로피가 (　　　)한다.

확인 + 3

NaCl을 물에 용해시킬 때 계의 엔트로피 변화(ΔS)를 부등호로 쓰시오.

ΔS (　　　) 0

● 엔트로피 변화

- 엔트로피가 증가하는 경우 : $S_{최종} > S_{초기}$이므로 $\Delta S > 0$이다.
- 엔트로피가 감소하는 경우 : $S_{최종} < S_{초기}$이므로 $\Delta S < 0$이다.

● 암모니아 합성과 분해

$N_2(g) + 3H_2(g) \rightarrow 2NH_3(g)$
질소 분자 1개와 수소 분자 3개가 반응하여 암모니아 분자 2개를 생성하는 경우 분자 수는 4개에서 2개로 감소하므로 엔트로피가 감소한다. ($\Delta S < 0$)

● 엔트로피와 기체

기체가 발생하거나 기체의 몰수가 증가하는 반응은 엔트로피가 크게 증가한다.

● 수화

수용액 속에서 용매인 물 분자가 용질 분자나 이온을 둘러싸는 현상이다. 수화되는 과정에서는 엔트로피가 감소한다.

4. 열역학 제 2법칙

(1) 열역학 제 2법칙 : 자연계에서 일어나는 모든 자발적 반응은 우주 전체의 엔트로피가 증가하는 방향으로 일어난다.

(2) 우주의 엔트로피 변화 : 우주의 엔트로피 변화($\Delta S_{우주}$)는 계의 엔트로피 변화($\Delta S_{계}$)와 주위의 엔트로피 변화($\Delta S_{주위}$)를 합한 값과 같다.

$$\Delta S_{우주} = \Delta S_{계} + \Delta S_{주위}$$

(3) 계와 주위의 엔트로피 변화

〈물이 얼음이 되는 반응의 엔트로피 변화〉

① 계의 엔트로피 변화 ($\Delta S_{계}$)
입자들의 배열이 무질서하게 배열되어 있는 액체 상태에서 질서 있는 배열의 고체 상태로 변하므로 계의 엔트로피는 감소한다.($\Delta S_{계} < 0$)

② 주위의 엔트로피 변화 ($\Delta S_{주위}$)
· 발열 반응이므로 계가 주위로 열을 방출하고, 이 열로 인해 주위의 엔트로피가 증가한다. 계에서 방출한 열에너지가 주위 원자들의 무질서한 운동을 증가시키기 때문에 주위의 엔트로피 변화는 계에서 방출한 열에너지($-\Delta H$)에 비례한다.($\Delta S_{주위} \propto -\Delta H$)
· 현재 온도가 낮을 때에는 주위 원자들이 운동 에너지가 작은 상태이므로 열에너지가 방출되면 운동 에너지가 증가하게 된다. 따라서 주위의 엔트로피 변화는 절대 온도에 반비례한다.
· 주위의 엔트로피 변화는 $-\Delta H_{계}$에 비례하고, 절대 온도(T)에 반비례하므로 다음과 같이 나타낼 수 있다.

$$\Delta S_{주위} = -\frac{\Delta H_{계}}{T}$$

③ 우주의 엔트로피 변화($\Delta S_{우주}$)
· 상온(25℃) : 상온은 상대적으로 온도가 높기 때문에 주위의 엔트로피 증가 정도가 작다. 따라서 주위의 엔트로피 증가 정도가 계의 엔트로피 감소 정도보다 작다.
· -10℃ : 상대적으로 주위의 엔트로피 증가 정도가 계의 엔트로피 감소 정도보다 크다.

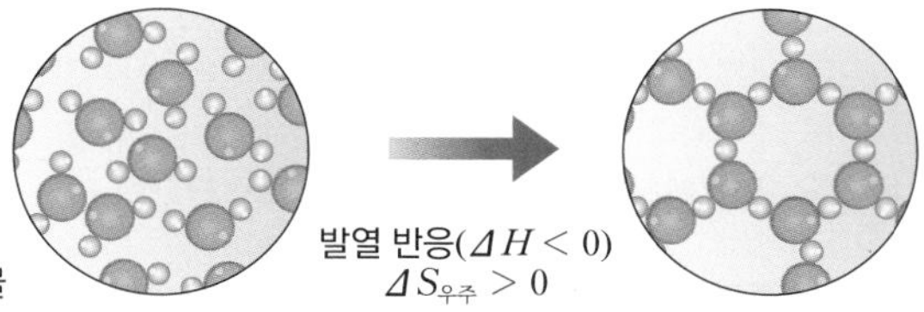

▲ 물이 얼음이 될 때(-10℃) 분자 배열의 변화

● 표준 몰 엔트로피

표준 상태에 있는 물질 1몰당 엔트로피를 표준 몰 엔트로피라고 한다. 표준 생성 엔탈피와 달리 홑원소 물질(원소) 표준 몰 엔트로피는 0이 아니다.

물질	$S°$(J/mol·K)
$H_2(g)$	130.6
$N_2(g)$	191.5
$O_2(g)$	205.0
$H_2O(l)$	69.9
$Na(s)$	51.4

● 열과 엔트로피

낮은 온도의 물체가 높은 온도의 물체로부터 열을 흡수하면 분자 운동이 활발해지므로 무질서도가 증가한다. 따라서 엔트로피가 증가한다.

● 계의 엔탈피 변화

계가 방출한 열은 계의 엔탈피 변화와 크기가 같고 부호가 반대이다.

개념확인 4

정답 및 해설 72쪽

자연계에서 일어나는 모든 자발적인 반응은 우주 전체의 엔트로피가 증가하는 방향으로 일어난다는 법칙을 무엇이라고 하는지 쓰시오.

( )

확인 + 4

물과 얼음이 공존하는 평형 상태(0℃)에서 물이 얼음으로 될 때 엔탈피 변화가 -6006 J/mol일 때, 계의 엔트로피 변화(ΔS)는 몇 J/K인가?

( ) J/K

개념 다지기

01 27℃에서 1몰의 Ne(*g*)의 내부 에너지(kJ)를 구하시오. (단, 기체 상수는 8.3 J/mol·K이다.)

( ) kJ

02 상온(25℃)에서 일어나는 물질 변화에서 비자발적인 반응인 것은?

① 산화 철이 철과 산소로 분해된다.
② 메테인은 산소와 반응하여 물과 이산화 탄소가 된다.
③ 물에 잉크를 떨어뜨리면 잉크가 물속으로 퍼져 나간다.
④ 높은 곳에서 물체를 떨어뜨리면 낮은 곳으로 떨어진다.
⑤ 온도가 높은 물체에서 온도가 낮은 물체로 열이 이동한다.

03 다음 중 엔트로피에 대한 설명으로 옳은 것만을 <보기>에서 있는 대로 고른 것은?

< 보기 >

ㄱ. 모든 자발적인 변화에서 계의 엔트로피는 증가한다.
ㄴ. 엔트로피는 무질서도를 나타내는 척도이다.
ㄷ. 반응 후 기체 분자 수가 많아지면 엔트로피가 감소한다.

① ㄱ ② ㄴ ③ ㄷ ④ ㄱ, ㄴ ⑤ ㄱ, ㄴ, ㄷ

04 그림 (가) ~ (다)는 같은 온도에서 같은 양의 물을 서로 다른 용기에 담아 놓은 것이다.

(가)

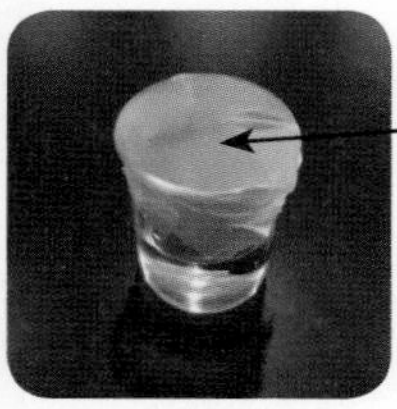

(나)

(다)

물이 증발될 때에 대한 설명으로 옳은 것만을 <보기>에서 있는 대로 고른 것은? (단, 용기의 뚜껑은 완전히 밀폐되었으며, (다)는 100% 단열되는 단열재 속에 담겨 있다.)

< 보기 >

ㄱ. (가)는 열린계이다.
ㄴ. (나)에서 주위의 엔트로피는 증가한다.
ㄷ. (다)에서 전체 엔트로피는 증가한다.

① ㄱ ② ㄴ ③ ㄷ ④ ㄱ, ㄷ ⑤ ㄱ, ㄴ, ㄷ

05 다음 중 계의 엔트로피가 증가하는 경우를 <보기>에서 있는 대로 고른 것은?

<보기>

ㄱ. 물이 얼어 얼음이 된다.
ㄴ. 수소가 연소되어 물이 생성된다.
ㄷ. 염화 나트륨이 물에 녹아 이온화 된다.

① ㄱ ② ㄴ ③ ㄷ ④ ㄱ, ㄴ ⑤ ㄱ, ㄴ, ㄷ

06 다음 빈칸에 들어갈 알맞은 말을 각각 고르시오.

대부분의 이온 결합성 물질은 물에 용해되어 수화된 이온들이 물속에 퍼질 때 무질서도가 (증가, 감소)하여 엔트로피가 (증가, 감소)한다.

07 다음은 세 가지 반응의 화학 반응식이다.

(가) $N_2(g) + 3H_2(g) \rightarrow 2NH_3(g)$
(나) $C_6H_6(l) \rightarrow C_6H_6(g)$
(다) $2C_2H_6(g) + 7O_2(g) \rightarrow 4CO_2(g) + 6H_2O(g)$

반응 (가) ~ (다)가 일어날 때 계의 엔트로피 변화의 부호를 바르게 짝지은 것은?

	(가)	(나)	(다)
①	+	+	+
②	+	-	+
③	+	-	-
④	-	+	+
⑤	-	-	+

08 얼음이 상온에서 녹아 물이 될 때 엔탈피 변화와 엔트로피 변화, 자발성에 대해 바르게 짝지은 것은?

	엔탈피 변화(ΔH)	엔트로피 변화(ΔS)	자발성
①	$\Delta H < 0$	$\Delta S < 0$	자발적
②	$\Delta H < 0$	$\Delta S > 0$	비자발적
③	$\Delta H > 0$	$\Delta S < 0$	비자발적
④	$\Delta H > 0$	$\Delta S = 0$	자발적
⑤	$\Delta H > 0$	$\Delta S > 0$	자발적

유형익히기&하브루타

유형12-1 열역학 제 1법칙

그림은 메테인의 연소 반응의 에너지 변화를 나타낸 것이다.

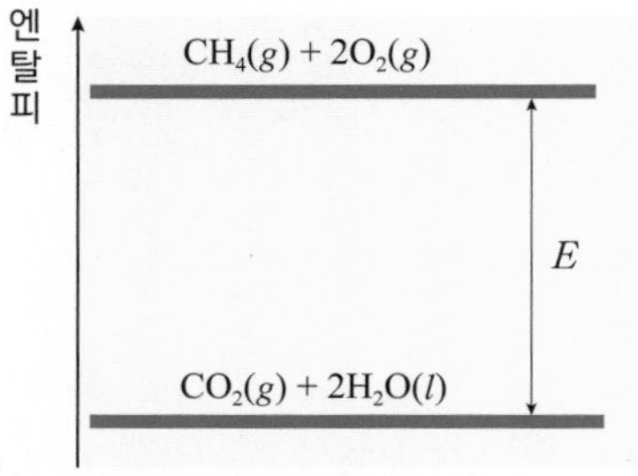

이에 대한 설명으로 옳은 것만을 <보기>에서 있는 대로 고른 것은?

< 보기 >

ㄱ. $CH_4(g) + 2O_2(g)$의 에너지는 $CO_2(g) + 2H_2O(l)$의 에너지보다 E만큼 더 크다.
ㄴ. 반응이 일어날 때 물질이 가진 화학 에너지가 열에너지로 교환된다.
ㄷ. 고립계에서 반응이 일어날 때 에너지의 총량에는 변화가 없다.

① ㄱ ② ㄴ ③ ㄷ ④ ㄱ, ㄴ ⑤ ㄱ, ㄴ, ㄷ

01 다음 중 에너지에 대한 설명으로 옳은 것만을 <보기>에서 있는 대로 고른 것은?

< 보기 >

ㄱ. 고립계에서 발열 반응이 일어날 때 계의 감소한 엔탈피가 열로 전환된다.
ㄴ. 고립계에서 헤스 법칙으로 다른 경로의 엔탈피 변화를 계산할 수 있다.
ㄷ. 냉찜질팩은 흡열 반응 과정에서 열이 화학 에너지로 전환된다.

① ㄴ ② ㄷ ③ ㄱ, ㄴ
④ ㄱ, ㄷ ⑤ ㄱ, ㄴ, ㄷ

02 그림은 냉장고에서 냉매가 순환하는 과정에서 에너지 전환을 나타낸 것이다.

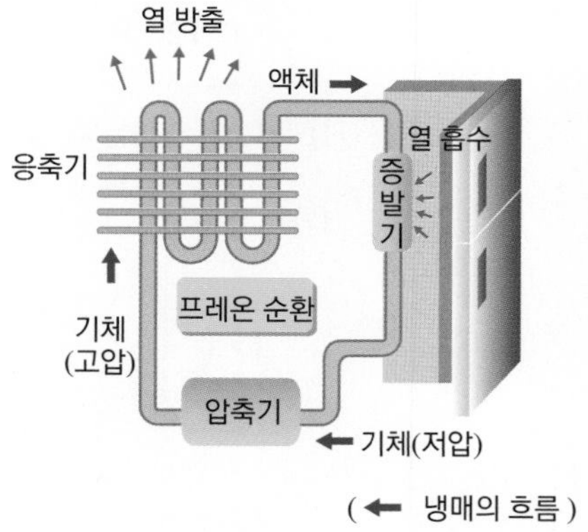

다음 빈칸에 들어갈 알맞은 말을 각각 쓰시오.

응축기는 (　　　) 반응이고, 고립계에서 방출한 열에너지는 흡수한 열에너지와 (　　).

유형12-2 엔트로피와 자발성

그림은 서로 다른 기체가 들어 있는 용기의 콕을 열기 전과 후의 모습을 나타낸 것이다.

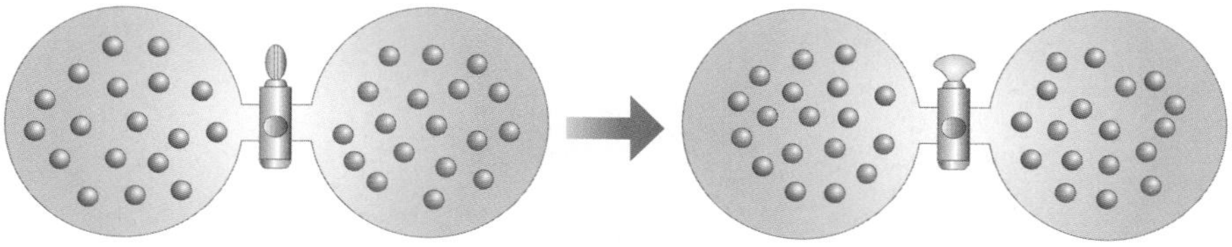

이 과정의 엔트로피 변화의 부호와 반응의 자발성 대해 바르게 짝지은 것은?

	엔트로피 변화(ΔS)	자발성
①	$\Delta S < 0$	자발적
②	$\Delta S > 0$	자발적
③	$\Delta S < 0$	비자발적
④	$\Delta S = 0$	자발적
⑤	$\Delta S > 0$	비자발적

03 상온(25℃)에서 일어나는 물질 변화에서 비자발적인 반응인 것은?

① 분수가 뿜어져 나온다.
② 물에 설탕을 넣으면 녹는다.
③ 방향제의 냄새가 방 안에 퍼진다.
④ 뜨거운 물질에서 차가운 물질로 열이 이동한다.
⑤ 염산과 수산화 나트륨 수용액을 혼합하면 중화 반응이 일어난다.

04 그림 (가)와 (나)는 계와 주위 사이의 물질 및 에너지 교환 여부에 따라 계를 구분한 것이다.

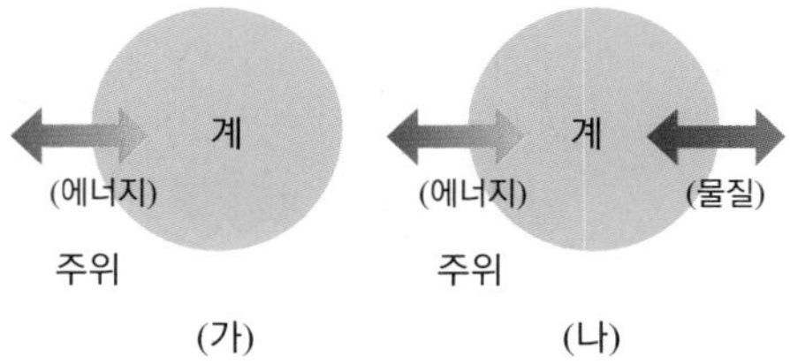

이에 대한 설명으로 옳은 것만을 <보기>에서 있는 대로 고른 것은?

< 보기 >

ㄱ. (가)는 닫힌계이다.
ㄴ. (가)에서 자발적 과정은 우주의 엔트로피가 증가하는 방향으로 진행된다.
ㄷ. (나)에서 계의 엔트로피가 증가하는 반응은 항상 자발적이다.

① ㄱ ② ㄷ ③ ㄱ, ㄴ
④ ㄱ, ㄷ ⑤ ㄱ, ㄴ, ㄷ

유형익히기&하브루타

유형12-3 엔트로피의 변화

그림은 기체 A_2와 기체 B_2로부터 자발적으로 반응하여 기체 AB_2가 생성되는 반응을 모형으로 나타낸 것이다.

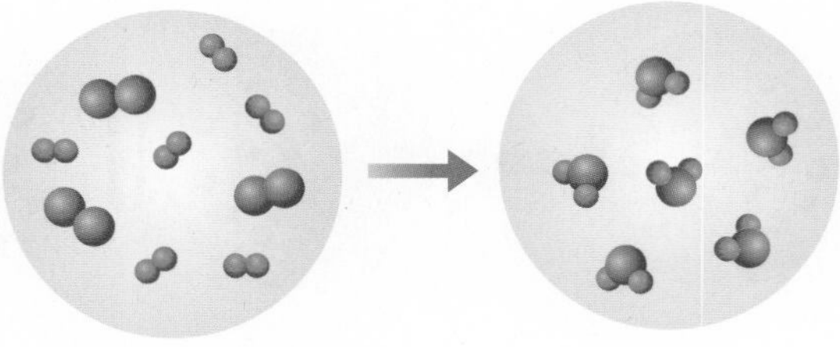

이에 대한 설명으로 옳은 것만을 <보기>에서 있는 대로 고른 것은? (단, 이 반응의 엔탈피 변화는 $\Delta H > 0$ 이다.)

<보기>

ㄱ. 반응이 일어날 때 계의 엔트로피는 감소한다.
ㄴ. 반응이 일어날 때 계의 무질서도는 감소한다.
ㄷ. 반응이 일어나면 주위의 온도가 높아진다.

① ㄱ ② ㄴ ③ ㄷ ④ ㄱ, ㄴ ⑤ ㄱ, ㄷ

05 그림은 어떤 물질의 상태 변화 과정을 모형으로 나타낸 것이다.

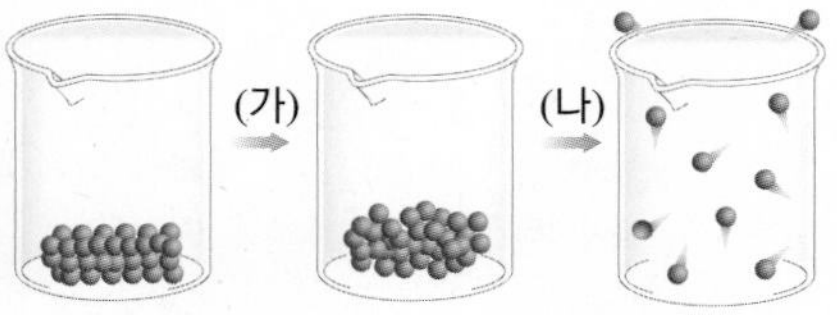

이에 대한 설명으로 옳은 것만을 <보기>에서 있는 대로 고른 것은?

<보기>

ㄱ. (가) 과정에서 주위로 열을 방출한다.
ㄴ. (가) 과정에서 계의 엔트로피가 증가한다.
ㄷ. (나) 과정에서 무질서도가 감소한다.

① ㄴ ② ㄷ ③ ㄱ, ㄴ
④ ㄱ, ㄷ ⑤ ㄴ, ㄷ

06 다음 중 엔트로피가 증가하는 반응은?

① $H_2O(g) \rightarrow H_2O(l)$
② $N_2(g) + 3H_2(g) \rightarrow 2NH_3(g)$
③ $Ag^+(aq) + Cl^-(aq) \rightarrow AgCl(s)$
④ $CaCO_3(s) \rightarrow CaO(s) + CO_2(g)$
⑤ $C_2H_4(g) + 3O_2(g) \rightarrow 2CO_2(g) + 2H_2O(l)$

유형12-4 열역학 제 2법칙

그림은 0℃에서 물이 얼음이 될 때 분자 배열의 변화를 나타낸 것이다.

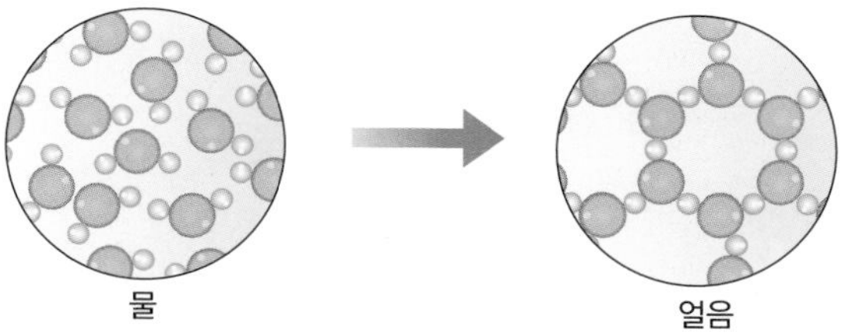

이에 대한 설명으로 옳은 것만을 <보기>에서 있는 대로 고른 것은?

<보기>

ㄱ. 주위에서 열을 흡수하므로 계의 엔탈피가 증가한다.
ㄴ. 계의 엔트로피가 감소한다.
ㄷ. 물이 얼음이 되는 반응은 비자발적이다.

① ㄱ ② ㄴ ③ ㄷ ④ ㄱ, ㄴ ⑤ ㄱ, ㄷ

07 다음은 25℃에서 마그네슘이 연소 반응할 때의 열화학 반응식이다. 이때 주위의 엔트로피 변화를 구하시오.

$$2Mg(s) + O_2(g) \rightarrow 2MgO(s)$$
$$\Delta H = -1192 \text{ kJ}$$

( ) kJ/K

08 그림 (가)와 (나)는 계와 주위의 엔트로피 변화를 나타낸 것이다.

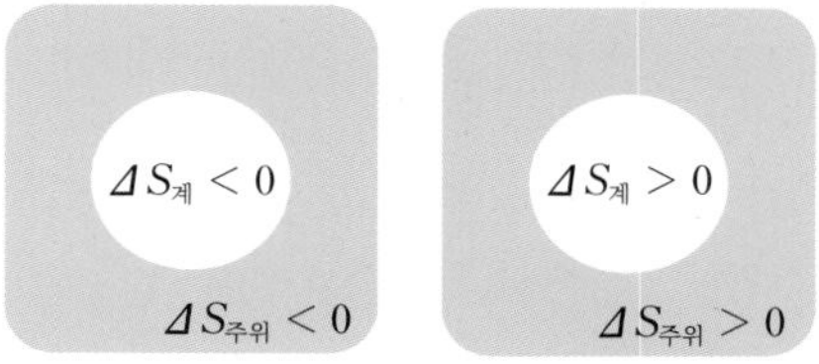

(가) (나)

(가)와 (나)의 반응의 자발성 여부에 대해 바르게 짝지은 것은?

	(가)	(나)
①	자발적	자발적
②	자발적	평형 상태
③	자발적	비자발적
④	비자발적	자발적
⑤	비자발적	비자발적

창의력&토론마당

01 그림은 자동차의 연료가 연소할 때 발생하는 에너지의 여러 가지 전환 방법과 비율을 나타낸 것이다. 물음에 답하시오.

(1) 엔진에서 자동차 연료의 에너지의 전환 과정을 쓰시오.

(2) 자동차 연료의 연소 반응에서 발생한 에너지와 자동차에서 사용하는 에너지를 열역학적으로 비교하여 설명하시오.

02 다음과 같이 똑같은 부피의 3개의 용기가 있다고 가정한다. 다음 물음에 답하시오. (단, 분자는 세 용기 중 하나에 무조건 존재한다.)

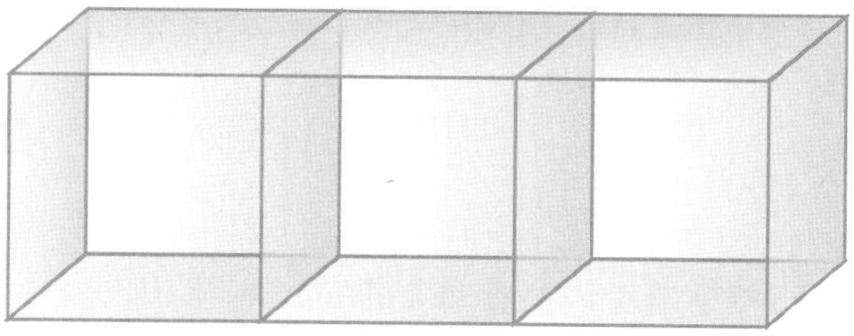

(1) 3개의 용기에 4개의 분자가 분포될 수 있는 경우의 수를 모두 구하시오.

(2) 위의 용기 중 가장 왼쪽 용기에 4개의 분자 모두가 들어갈 수 있는 확률은 얼마인가?

03 다음 각각의 과정에서 계의 엔트로피 변화의 부호($\Delta S_{계}$)를 예측하고, 그 이유를 쓰시오.

(1) 대기의 공기를 질소, 산소, 아르곤 각각의 기체로 분리시킨다. 이때 각 기체는 온도 및 압력이 처음 공기와 같다.

(2) 물에 금속 나트륨($Na(s)$)을 넣으면 불꽃을 일으키며 격렬히 반응하여 수소 기체($H_2(g)$)가 발생하고 수산화 나트륨 수용액($NaOH(aq)$)이 된다.

창의력&토론마당

04 에탄올(CH_3CH_2OH)은 78.4℃에서 정상 끓는점을 가지고, 증발될 때 반응 엔탈피는 841 J/g이다. 다음 물음에 답하시오. (단, H, C, O의 원자량은 각각 1, 12, 16 이다.)

(1) 에탄올이 1몰 증발될 때 반응 엔탈피(J/mol)를 구하시오.

(2) 에탄올 1몰이 증발할 때 주위의 엔트로피 변화(ΔS)는 몇 J/K인지 구하시오.

05 황(S)은 두 가지 상이한 결정 형태인 사방정계와 단사 결정계 형태이다. 대기압에서 사방정계의 황은 360 K 이상으로 가열했을 때 단사 결정계의 형태가 된다.

(1) 360 K 에서 이 반응의 $\Delta S_{우주}$를 구하시오.

(2) 이 반응의 ΔH는 400 J/mol이다. 이 반응의 $\Delta S_{계}$ 를 구하시오.

06 그림은 탄산 칼슘이 열분해 되어 산화 칼슘과 이산화 탄소가 생성되는 반응을 모형으로 나타낸 것이다. 다음 물음에 답하시오.

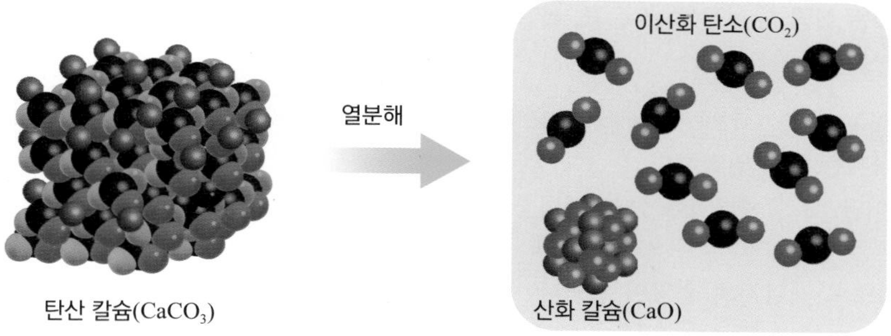

(1) 이 반응이 일어날 때 계의 엔트로피 변화를 쓰시오.

(2) 27℃에서 탄산 칼슘의 열분해 반응이 자발적인지, 비자발적인지 밝히고 그 이유를 쓰시오. (단, 탄산 칼슘이 열분해 될 때 180 kJ의 열을 흡수한다.)

스스로 실력높이기

A

01 열역학 제 1법칙에 대한 설명 중 옳은 것은 ○표, 옳지 않은 것은 ×표 하시오.

(1) 화학 반응에서 발생한 열은 다른 형태로 전환되므로 전체 에너지는 항상 일정하다. (　　)

(2) 흡열 반응이 일어날 때 열에너지가 화학 에너지로 전환된다. (　　)

(3) 우주는 고립계이므로 에너지의 출입이 일어나지 않는다. (　　)

02 다음 빈칸에 알맞은 말을 쓰시오.

> 계를 구성하는 입자들의 (　　) 에너지와 (　　) 에너지의 총합을 내부 에너지라고 한다.

03 무질서도를 나타내는 척도를 무엇이라 하는지 쓰시오.

(　　　　　　　　)

04 질소와 수소가 반응하여 암모니아 기체가 생성된다. 이 반응과 계의 엔트로피 변화의 부호가 같은 것만을 <보기>에서 있는 대로 고른 것은?

<보기>

ㄱ. $2C(s) + O_2(g) \rightarrow 2CO(g)$
ㄴ. $NaCl(s) \rightarrow Na^+(aq) + Cl^-(aq)$
ㄷ. $C_2H_4(g) + 3O_2(g) \rightarrow 2CO_2(g) + 2H_2O(l)$

① ㄱ　② ㄷ　③ ㄱ, ㄴ　④ ㄴ, ㄷ　⑤ ㄱ, ㄴ, ㄷ

05 계의 엔트로피가 증가하는 경우를 <보기>에서 있는 대로 골라 기호를 쓰시오.

<보기>

ㄱ. 물이 얼어 얼음이 된다.
ㄴ. 드라이아이스가 승화된다.
ㄷ. 여러 가지 부품으로 컴퓨터를 조립한다.

(　　　　　　　　)

06 두 물질의 온도가 같을 때 엔트로피를 비교하여 빈 칸에 알맞은 부등호를 쓰시오.

(1) 1몰의 $CO(g)$ (　　) 2몰의 $CO(g)$

(2) 1몰의 $NaCl(s)$ (　　) 1몰의 $NaCl(aq)$

(3) 1몰의 $H_2O(g)$ (　　) 1몰의 $H_2O(l)$

07 다음 빈칸에 알맞은 부등호를 쓰시오.

> 입자들의 배열이 불규칙적일수록 엔트로피가 커지므로 엔트로피는 고체 (　) 액체 (　) 기체이다.

08 열역학 제 2법칙에 대한 설명 중 옳은 것은 ○표, 옳지 않은 것은 ×표 하시오.

(1) 자연계에서 일어나는 모든 자발적인 반응은 계의 엔탈피가 증가한다. (　　)

(2) 우주의 엔트로피 변화는 계의 엔트로피 변화와 주위의 엔트로피 변화를 합한 값이다. (　　)

(3) 우주 전체의 엔트로피가 0이면 평형 상태이다. (　　)

09~10 그림은 1 기압에서 H_2O의 상태 변화를 모형으로 나타낸 것이다.

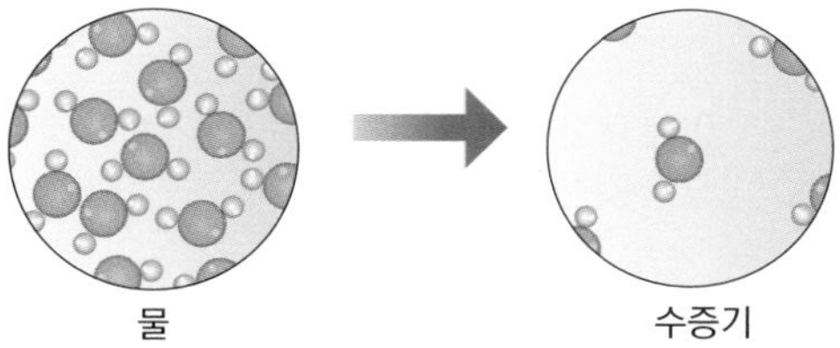

09 25℃일 때 계의 엔탈피 변화와 계의 엔트로피 변화, 주위의 엔트로피 변화를 부등호를 이용하여 나타내시오.

(1) $\varDelta H$(　) 0　　(2) $\varDelta S_{계}$(　) 0

(3) $\varDelta S_{주위}$(　) 0

10 25℃일 때 우주의 엔트로피 변화($\varDelta S_{우주}$)를 부등호를 이용하여 나타내시오.

$\varDelta S_{우주}$(　) 0

B

11 다음 그림은 계의 모식도를 나타낸 것이다.

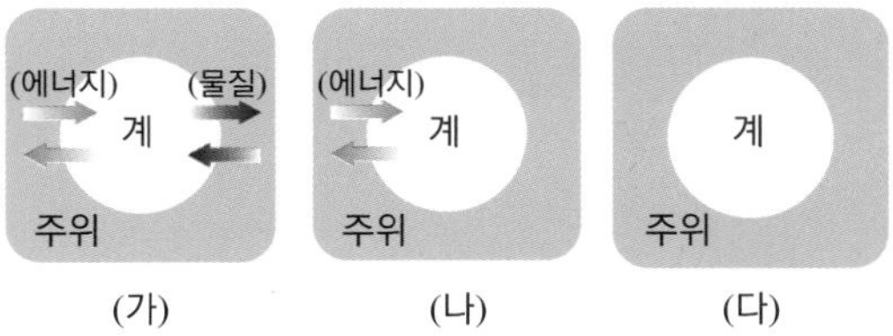

이에 대한 설명으로 옳은 것만을 <보기>에서 있는 대로 고른 것은?

<보기>

ㄱ. 사람의 신체는 (가)에 해당한다.
ㄴ. (나)에서 자발적 과정은 우주 전체의 엔트로피가 증가하는 방향으로 진행된다.
ㄷ. (다)의 계에서 열이 발생하면 계의 온도가 올라간다.

① ㄴ　② ㄷ　③ ㄱ, ㄴ　④ ㄴ, ㄷ　⑤ ㄱ, ㄴ, ㄷ

12 그림은 주위와 계 사이에서 물질 또는 에너지의 교환 가능 여부에 따른 3가지 다른 계에 속해 있는 H_2O을 구분한 것을 나타낸다.

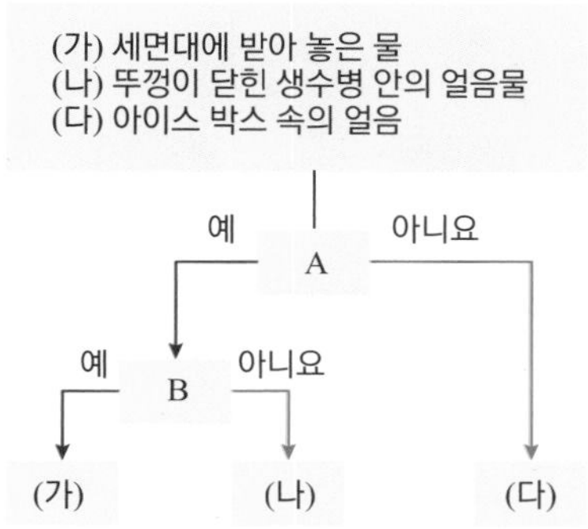

이에 대한 설명으로 옳은 것만을 <보기>에서 있는 대로 고른 것은?

<보기>

ㄱ. A의 분류 기분은 '주위와 에너지를 교환할 수 있는가?'이다.
ㄴ. 우주를 A와 B의 기준으로 구분하면 (나)에 해당한다.
ㄷ. (다)는 닫힌계이다.

① ㄱ　② ㄷ　③ ㄱ, ㄴ　④ ㄱ, ㄷ　⑤ ㄱ, ㄴ, ㄷ

13 그림은 기체 AB와 기체 B_2가 자발적으로 반응하여 기체 AB_2를 생성하는 반응을 모형으로 나타낸 것이다.

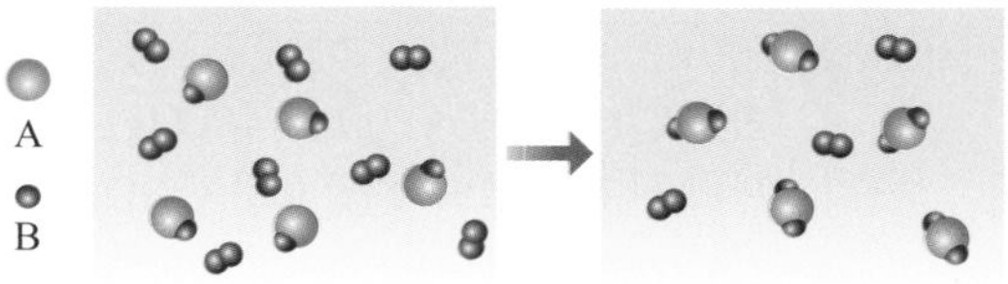

이에 대한 설명으로 옳은 것만을 <보기>에서 있는 대로 고른 것은?

<보기>

ㄱ. 계의 엔트로피는 증가한다.
ㄴ. 주위의 엔트로피는 증가한다.
ㄷ. 반응이 일어나면 주위의 온도는 올라간다.

① ㄴ　② ㄷ　③ ㄱ, ㄴ　④ ㄱ, ㄷ　⑤ ㄴ, ㄷ

스스로 실력높이기

14 그림은 어떤 물질의 상태 변화 과정을 나타낸 것이다.

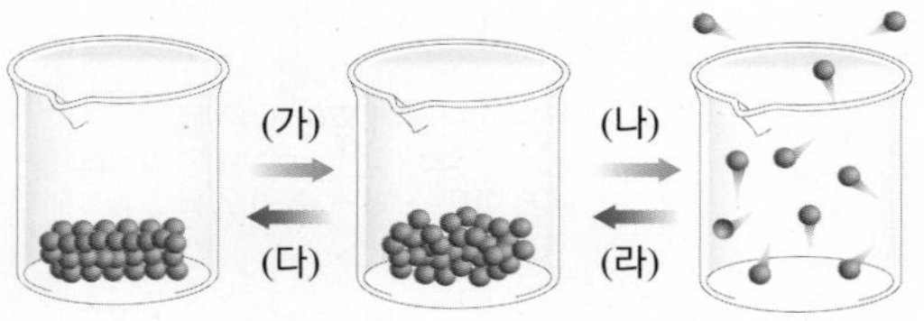

이에 대한 설명으로 옳은 것만을 <보기>에서 있는 대로 고른 것은?

<보기>

ㄱ. 계의 엔트로피 변화는 (가)가 (나)보다 크다.
ㄴ. (다) 과정에서 계의 엔트로피가 증가한다.
ㄷ. (라) 과정에서 주위로 열을 방출한다.

① ㄴ　② ㄷ　③ ㄱ, ㄴ
④ ㄱ, ㄷ　⑤ ㄱ, ㄴ, ㄷ

15 다음은 두 가지 반응을 열화학 반응식으로 나타낸 것이다.

(가) $2C_2H_6(g) + 7O_2(g) \rightarrow 4CO_2(g) + 6H_2O(l)$
(나) $NH_4NO_3(s) \rightarrow NH_4^+(aq) + NO_3^-(aq)$

이에 대한 설명으로 옳은 것만을 <보기>에서 있는 대로 고른 것은?

<보기>

ㄱ. (가) 반응은 주위의 엔트로피가 증가한다.
ㄴ. (가) 반응은 항상 자발적이다.
ㄷ. (나) 반응은 계의 엔트로피가 증가한다.

① ㄴ　② ㄷ　③ ㄱ, ㄴ
④ ㄱ, ㄷ　⑤ ㄱ, ㄴ, ㄷ

16 다음은 300 K, 1 기압에서 수증기가 생성되는 화학 반응식과 반응 엔탈피를 나타낸 것이다.

$2H_2(g) + O_2(g) \rightarrow 2H_2O(g)\quad \Delta H = -480\text{ kJ}$

이에 대한 설명으로 옳은 것만을 <보기>에서 있는 대로 고른 것은?

<보기>

ㄱ. 발열 반응이다.
ㄴ. 수증기가 생성되는 과정에서의 계의 엔트로피 변화는 0보다 작다.
ㄷ. 이 반응에서 주위의 엔트로피는 증가한다.

① ㄱ　② ㄷ　③ ㄱ, ㄷ
④ ㄴ, ㄷ　⑤ ㄱ, ㄴ, ㄷ

17~18 $H_2(g)$와 $N_2(g)$가 반응하여 $NH_3(g)$ 2몰이 형성될 때 92.4 kJ의 열을 방출한다.

17 27℃에서 1몰의 $NH_3(g)$가 생성될 때 주위의 엔트로피 변화(J/K)를 구하시오.

① -308　② -154　③ 3.08
④ 154　⑤ 308

18 이에 대한 설명으로 옳은 것만을 <보기>에서 있는 대로 고른 것은?

<보기>

ㄱ. 반응이 일어날 때 계의 엔트로피가 증가한다.
ㄴ. 반응이 일어날 때 주위의 엔트로피는 증가한다.
ㄷ. 이 반응은 항상 자발적으로 일어난다.

① ㄴ　② ㄷ　③ ㄱ, ㄴ
④ ㄱ, ㄷ　⑤ ㄴ, ㄷ

C

19 그림은 고체 염화 나트륨(NaCl)의 용해 과정을 나타낸 것이다.

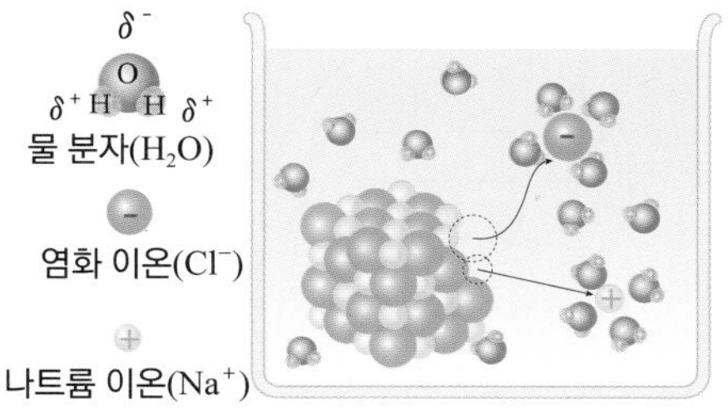

NaCl(s)의 용해 과정에 대한 설명으로 옳은 것만을 <보기>에서 있는 대로 고른 것은? (단, NaCl(s)의 용해열은 0보다 크다.)

<보기>

ㄱ. Na^+과 Cl^-의 엔트로피는 증가한다.
ㄴ. 물 분자에 의해 수화될 때 엔트로피가 감소한다.
ㄷ. $|\Delta S_{계}| > |\Delta S_{주위}|$ 일 때 NaCl(s)은 자발적으로 용해된다.

① ㄱ ② ㄷ ③ ㄱ, ㄷ
④ ㄴ, ㄷ ⑤ ㄱ, ㄴ, ㄷ

20 다음 반응은 상온에서 자발적으로 일어난다.

$$Ca(OH)_2(aq) + CO_2(g) \rightarrow CaCO_3(s) + H_2O(l)$$

이에 대한 설명으로 옳은 것만을 <보기>에서 있는 대로 고른 것은?

<보기>

ㄱ. 산과 염기의 중화 반응이다.
ㄴ. 이 반응에서 계의 엔트로피는 증가한다.
ㄷ. 이 반응은 상온에서 우주의 엔트로피가 증가한다.

① ㄴ ② ㄷ ③ ㄱ, ㄴ
④ ㄱ, ㄷ ⑤ ㄱ, ㄴ, ㄷ

21 그림은 물의 상태 변화를 나타낸 것이다.

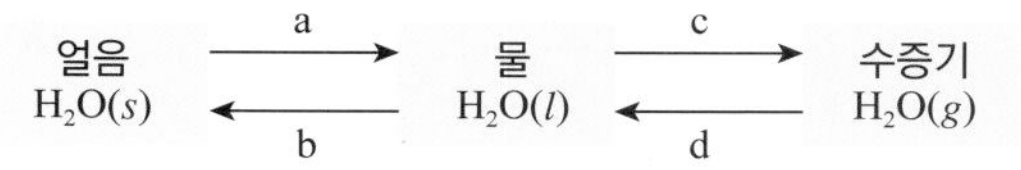

이에 대한 설명으로 옳은 것만을 <보기>에서 있는 대로 고른 것은?

<보기>

ㄱ. a와 c는 주위의 온도가 낮아진다.
ㄴ. b와 d는 주위의 엔트로피가 증가한다.
ㄷ. 모든 과정에서 우주의 에너지 양은 변함이 없다.

① ㄱ ② ㄷ ③ ㄱ, ㄷ
④ ㄴ, ㄷ ⑤ ㄱ, ㄴ, ㄷ

22 그림은 산과 염기를 섞었을 때 자발적으로 일어나는 중화 반응을 모형으로 나타낸 것이다.

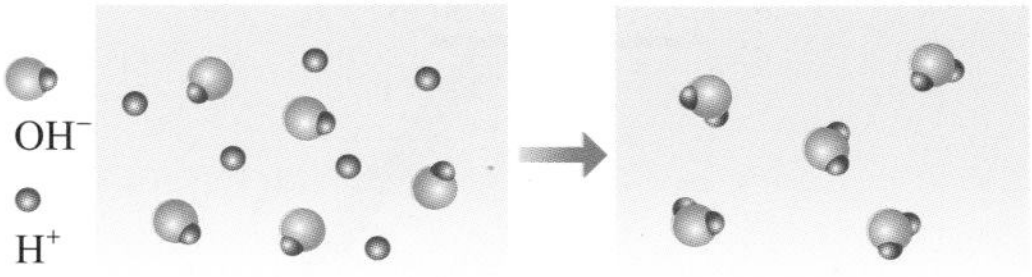

이에 대한 설명으로 옳은 것만을 <보기>에서 있는 대로 고른 것은?

<보기>

ㄱ. 이 반응의 반응 엔탈피(ΔH)는 0보다 작다.
ㄴ. 반응이 일어나면 주위의 엔트로피($\Delta S_{주위}$)는 감소한다.
ㄷ. 이 반응의 $\Delta S_{계} + \Delta S_{주위} < 0$이다.

① ㄱ ② ㄷ ③ ㄱ, ㄴ
④ ㄱ, ㄷ ⑤ ㄴ, ㄷ

스스로 실력높이기

23 그림은 온도를 높이는 과정에서 H_2O의 온도에 따른 엔트로피 변화를 나타낸 것이다.

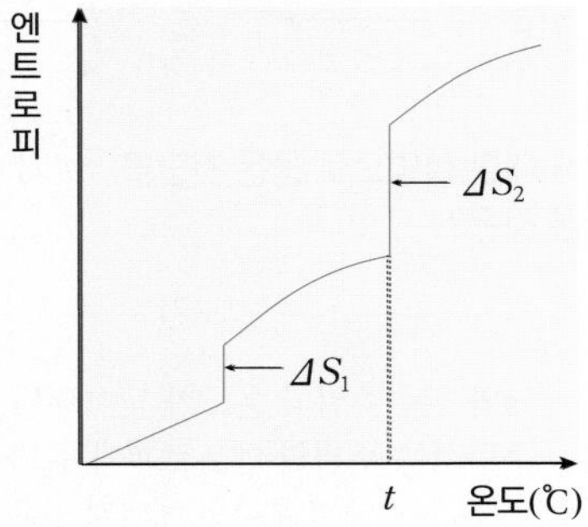

이에 대한 설명으로 옳은 것만을 <보기>에서 있는 대로 고른 것은?

<보기>

ㄱ. 압력이 1기압일 때 t는 100℃이다.
ㄴ. ΔS_1의 변화가 있었을 때 계의 엔트로피는 감소한다.
ㄷ. 대부분의 물질에서 $\Delta S_2 > \Delta S_1$이다.

① ㄴ ② ㄷ ③ ㄱ, ㄴ
④ ㄱ, ㄷ ⑤ ㄴ, ㄷ

24 그림은 에타인($C_2H_2(g)$)이 연소되는 반응의 엔탈피를 나타낸 것이다.

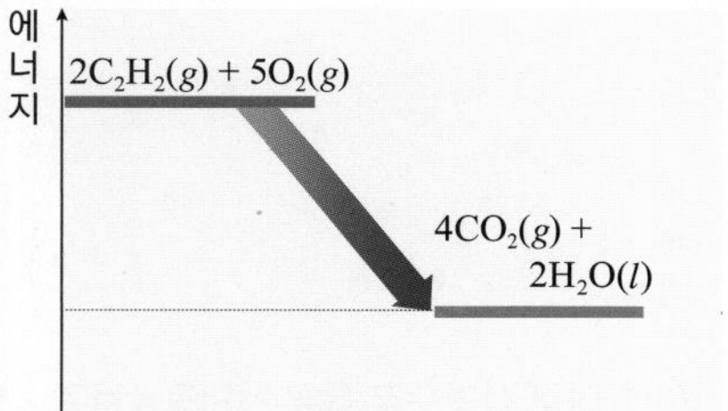

이에 대한 설명으로 옳은 것만을 <보기>에서 있는 대로 고른 것은?

<보기>

ㄱ. 반응이 일어날 때 계의 무질서도가 증가한다.
ㄴ. 주위의 엔트로피가 증가한다.
ㄷ. 우주의 엔트로피가 증가한다.

① ㄴ ② ㄷ ③ ㄱ, ㄴ
④ ㄱ, ㄷ ⑤ ㄴ, ㄷ

심화

25 그림은 에너지 전환 과정을 나타낸 것이다.

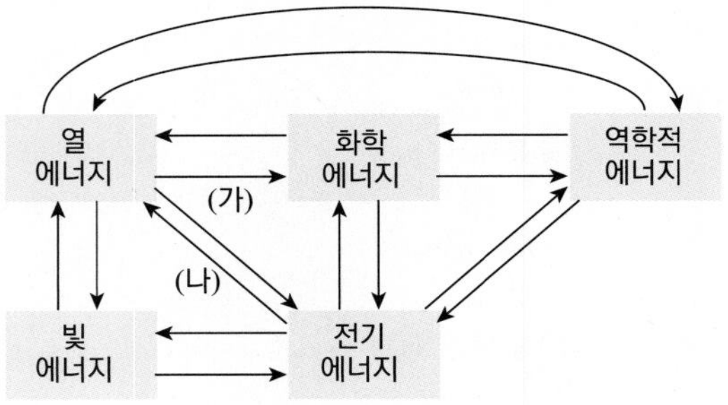

이에 대한 설명 중 <보기>에서 옳지 않은 것을 있는 대로 골라 바르게 고쳐 쓰시오.

〈 보기 〉

ㄱ. 에너지는 여러 가지 다른 형태의 에너지로 전환한다.
ㄴ. (가)는 발열 반응에 해당한다.
ㄷ. 전열기구는 (나)에 해당한다.
ㄹ. 철사를 구부리는 과정은 화학 에너지가 열에너지로 바뀐 것이다.

26 25℃에서 100 L 통에 질소 2몰과 산소 1몰의 혼합물이 열평형 상태로 있다. 모든 질소가 통의 왼쪽에, 모든 산소가 통의 오른쪽에 있을 확률을 구하시오.

27 끓는점 80℃에서 벤젠 3몰이 기화할 때 계의 엔트로피 변화를 계산하시오. (단, 80℃에서 벤젠이 기화하는 반응의 반응 엔탈피는 30.8 kJ/mol이다.)

28 다음 각각의 과정에서 계의 엔트로피 변화를 예측하고, 그 이유를 쓰시오.

(1) 고무줄에 추를 매달고 헤어드라이어로 고무줄을 가열하면 고무줄이 늘어난다.

(2) 압축된 기체로 채워진 가스통의 가스가 누출되어 대기 속으로 확산된다.

29 그림과 같이 유리관의 양 끝에 진한 암모니아수(NH_3)를 묻힌 솜과 진한 염산(HCl)을 묻힌 솜을 동시에 넣고 고무마개로 막았더니 잠시 후 유리관 안에 흰 연기가 생겼다. 다음 물음에 답하시오.

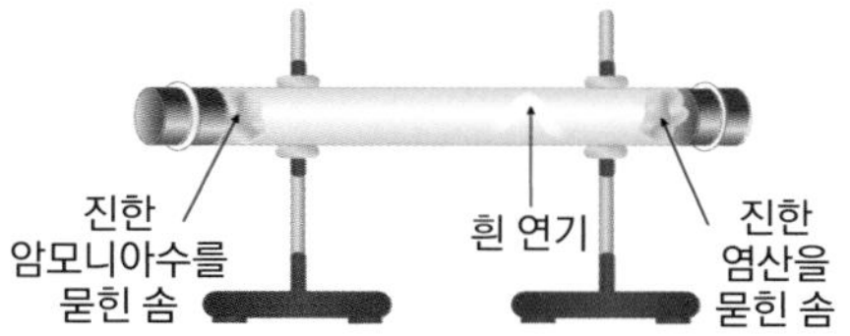

(1) 흰 연기가 생성될 때 $\Delta S_{계}$의 부호를 예측하시오.

(2) 흰 연기가 생성될 때 $\Delta S_{주위}$ 변화의 부호를 예측하시오.

30 0℃에서 잘 절연된 얼음-물 중탕에는 얼음 20 g이 들어 있다. 100℃의 니켈 한 조각을 중탕에 떨어뜨렸을 때 얼음 10 g이 녹았다. 이때 주위의 엔트로피 변화를 구하시오.(단, 얼음이 용융될 때의 반응 엔탈피는 334 J/g이고, 니켈이 계, 얼음-물 중탕이 주위라 가정한다.)

31~32 다음 그림 (가) ~ (다)는 온도가 다른 3 가지 액체 브로민(Br_2)을 나타낸 것이다. 다음 물음에 답하시오.

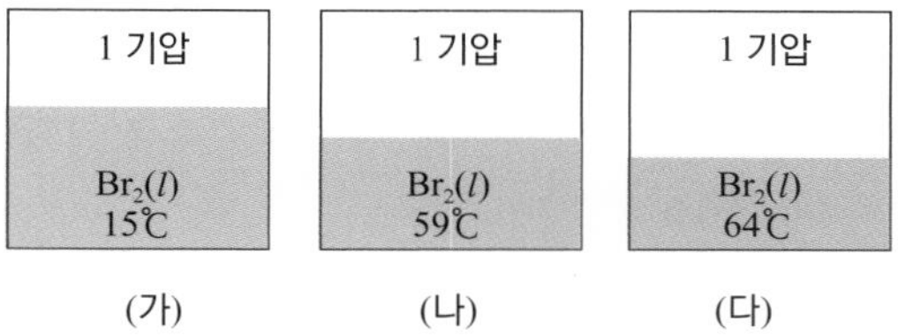

31 1 기압에서 브로민의 끓는점은 59℃이다. (다)의 경우 $\Delta S_{계}$와 $\Delta S_{주위}$, $\Delta S_{우주}$의 부호를 예측하시오.

32 이에 대한 설명 중 <보기>에서 옳지 않은 것을 있는 대로 골라 바르게 고쳐 쓰시오.

<보기>

ㄱ. (가)에서 $Br_2(l) \rightarrow Br_2(g)$는 자발적이다.
ㄴ. (나)에서 우주 엔트로피 변화 $\Delta S_{우주} = \Delta S_{주위} + \Delta S_{계}$는 0보다 크다.
ㄷ. (다)에서 $\Delta S_{주위}$는 0보다 작다.

13강 자유 에너지

1. 자유 에너지1

(1) 계의 엔탈피 변화와 주위의 엔트로피 변화

발열 반응	흡열 반응
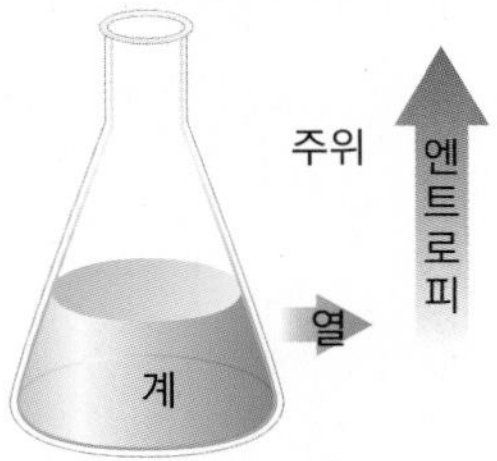	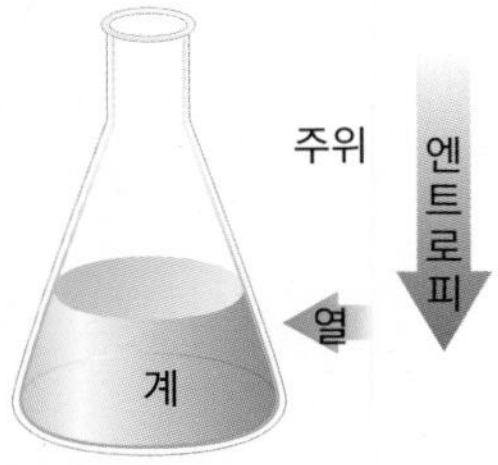
· 계의 엔탈피 변화($\varDelta H_{계}$) : 주위로 열을 방출하므로 계의 엔탈피가 감소한다.	· 계의 엔탈피 변화($\varDelta H_{계}$) : 주위에서 열을 흡수하므로 계의 엔탈피가 증가한다.
· 주위의 엔트로피 변화($\varDelta S_{주위}$) : 계가 주위로 열을 방출하면 주위의 온도가 높아지므로 주위의 엔트로피는 증가한다.	· 주위의 엔트로피 변화($\varDelta S_{주위}$) : 계가 주위에서 열을 흡수하면 주위의 온도가 낮아지므로 주위의 엔트로피는 감소한다.

● $\varDelta S_{주위}$와 온도의 관계

온도가 낮을수록 계에서 출입하는 열에너지에 의한 주위의 엔트로피 변화가 크다. 따라서 $\varDelta S_{주위}$는 절대 온도(T)에 반비례한다.

$$\varDelta S_{주위} \propto \frac{1}{T}$$

(2) 자유 에너지(G) : 일정한 온도와 압력에서 일어나는 반응의 자발성 여부를 계의 엔탈피와 계의 엔트로피를 이용하여 자발적인지 예측하기 위해 제안한 상태 함수이다.

$$G = H - TS$$

① 우주 전체의 엔트로피 변화는 계와 주위의 엔트로피 변화의 합이다.

$$\varDelta S_{우주} = \varDelta S_{계} + \varDelta S_{주위}$$

② 주위의 엔트로피 변화는 계의 엔탈피 변화로 나타낼 수 있다. ($\varDelta S_{주위} = -\dfrac{\varDelta H_{계}}{T}$)

$$\varDelta S_{우주} = \varDelta S_{계} + \varDelta S_{주위} = \varDelta S_{계} - \frac{\varDelta H_{계}}{T}$$

③ 엔트로피와 자유 에너지의 관계를 위해 양변에 $-T$를 곱한다.

$$-T\varDelta S_{우주} = \varDelta H_{계} - T\varDelta S_{계}$$

④ 일정한 온도와 압력에서 일어나는 화학 반응의 자유 에너지 변화를 우주의 엔트로피로 나타낼 수 있다.

$$\varDelta G = -T\varDelta S_{우주}$$

⑤ 일정한 온도와 압력에서 일어나는 화학 반응의 자유 에너지 변화는 다음 식으로 표현할 수 있다.

$$\varDelta G = \varDelta H_{계} - T\varDelta S_{계}$$

● 자유 에너지

자연에서 일어나는 반응의 자발성을 알아내기 위해서는 우주 전체의 엔트로피 변화를 계산해야 하므로 계와 주위의 엔트로피 변화를 모두 알아야 한다. 하지만 주위의 엔트로피 변화를 알아내는 것이 쉽지 않다. 따라서 자유 에너지라는 새로운 상태 함수를 제안하였다.

개념확인 1

다음 계와 주위의 변화에 대한 설명 중 옳은 것은 ○표, 옳지 않은 것은 ×표 하시오.

(1) 발열 반응이 일어날 때 주위의 엔트로피가 증가한다. (　　)

(2) 흡열 반응이 일어날 때 계의 엔탈피가 감소한다. (　　)

확인 + 1

일정한 온도와 압력에서 일어나는 반응의 자발성 여부를 계의 상태 함수만으로 예측하기 위해 제안한 상태 함수를 무엇이라고 하는지 쓰시오.

(　　　　　　　　　　　　)

2. 자유 에너지2

(3) 엔트로피와 자유 에너지 변화

① ΔG는 $\Delta S_{우주}$에 비례하지만 부호는 반대이다.($\Delta G = -T\Delta S_{우주}$)

② $\Delta S_{우주} > 0$일 때 반응이 자발적이므로 $\Delta G < 0$일 때 반응이 자발적이다. ⇨ 일정 온도와 압력에서 자발적 과정은 자유 에너지가 감소하는 반응이다.

③ 자유 에너지 변화(ΔG)와 반응의 자발성

자유 에너지 변화	반응의 자발성	우주 엔트로피 변화
$\Delta G < 0$	반응이 자발적으로 일어난다.	$\Delta S_{우주} > 0$
$\Delta G = 0$	반응이 평형 상태이다.	$\Delta S_{우주} = 0$
$\Delta G > 0$	반응이 자발적으로 일어나지 않는다. ⇨ 역반응이 자발적이다.	$\Delta S_{우주} < 0$

● 평형 상태

평형 상태는 정반응과 역반응의 속도가 같아져 겉보기에는 반응이 멈춘 것처럼 보이는 상태이다.

(4) 표준 생성 자유 에너지(ΔG°_f) : 표준 상태(25℃, 1기압)에서 구성 원소들로부터 화합물 1몰이 생성될 때의 자유 에너지 변화이다.

① 표준 자유 에너지 변화(ΔG°)는 생성 물질의 표준 생성 자유 에너지 합에서 반응 물질의 표준 생성 자유 에너지 합을 뺀 값이다.

$$표준\ 자유\ 에너지\ 변화(\Delta G^\circ) = \Sigma G^\circ_{f,\ 생성물} - \Sigma G^\circ_{f,\ 반응물}$$

물질	ΔH°_f (kJ/mol)	ΔS°_f (J/mol·K)	ΔG°_f (kJ/mol)	물질	ΔH°_f (kJ/mol)	ΔS°_f (J/mol·K)	ΔG°_f (kJ/mol)
$C(s)$	0	6	0	$H_2O(l)$	-286	70	-237
$CO_2(g)$	-393.5	214	-394	$H_2O(g)$	-242	186	-229
$CH_4(g)$	-75	186	-51	$NH_3(g)$	-46	193	-17
$H_2(g)$	0	131	0	$O_2(g)$	0	205	0

▲ 몇 가지 물질의 표준 생성 엔탈피, 표준 몰 엔트로피, 표준 생성 자유 에너지

② 표준 상태에서 가장 안정한 상태의 원소들의 표준 생성 자유 에너지(ΔG°_f)는 0이다.

③ 표준 생성 자유 에너지(ΔG°_f)는 크기 성질이다. 따라서 화학 반응식의 계수가 변하면 표준 생성 자유 에너지도 비례하여 변한다.

예 $C(s) + 2H_2(g) \rightarrow CH_4(g)$ $\Delta G^\circ_f = -51$ kJ
$2C(s) + 4H_2(g) \rightarrow 2CH_4(g)$ $\Delta G^\circ_f = -102$ kJ

④ 역반응의 ΔG°_f는 절댓값은 같고 부호만 반대인 값이다.

예 $C(s) + 2H_2(g) \rightarrow CH_4(g)$ $\Delta G^\circ_f = -51$ kJ
$CH_4(g) \rightarrow C(s) + 2H_2(g)$ $\Delta G^\circ_f = 51$ kJ

개념확인 2

정답 및 해설 77쪽

표준 상태(25℃, 1기압)에서 구성 원소들로부터 화합물 1몰이 생성될 때의 자유 에너지 변화를 무엇이라고 하는지 쓰시오.

( )

확인 + 2

다음 자유 에너지에 대한 설명 중 옳은 것은 ○표, 옳지 않은 것은 ×표 하시오.

(1) $\Delta G > 0$인 반응은 자발적으로 일어난다. ( )

(2) 표준 상태에서 가장 안정한 상태의 원소들의 표준 생성 자유 에너지는 0이다. ( )

3. 자유 에너지와 반응의 자발성1

● 자유 에너지와 반응의 자발성

- $\Delta G < 0$인 반응은 외부의 도움 없이 반응이 자발적으로 일어난다.
- $\Delta G > 0$인 반응이 일어나기 위해서는 외부에서 에너지 공급이 있어야 한다.

(1) 온도와 반응의 자발성 : 반응의 자발성을 결정하는 자유 에너지 변화는 $\Delta G = \Delta H - T\Delta S$ 이므로 반응의 자발성은 온도의 영향을 받는다.

① **엔탈피는 감소하고 엔트로피는 증가하는 반응** : 발열 반응이고, 엔트로피가 증가하면 모든 온도에서 $\Delta G < 0$이다. ⇨ 항상 자발적이다.

〈$\Delta H < 0$, $\Delta S > 0$〉 $\underset{-}{\Delta G} = \underset{-}{\Delta H} - \underset{+}{T\Delta S}$

㉠ 이산화 질소의 분해 반응

$$2NO_2(g) \rightarrow N_2(g) + 2O_2(g) \quad \Delta H = -66 \text{ kJ}$$

· 발열 반응($\Delta H < 0$)이다.
· 반응 후 기체의 몰수가 증가하므로 엔트로피가 증가한다.($\Delta S > 0$)
· $\Delta G = \Delta H - T\Delta S$ 에서 $\Delta H < 0$이고, $T\Delta S > 0$ 이므로 $\Delta H - T\Delta S$는 항상 (-) 값이다.
· 온도에 관계없이 $\Delta G < 0$이므로, 이 반응은 모든 온도에서 자발적이다.
⇨ 이산화 질소는 완전히 분해될 때까지 반응이 계속 진행된다.

② **엔탈피와 엔트로피가 감소하는 반응** : 발열 반응이고, 엔트로피가 감소하면 ΔG는 온도에 의해 결정된다. ⇨ 낮은 온도에서 $\Delta G < 0$이 되므로 낮은 온도에서 반응이 자발적이다.

〈$\Delta H < 0$, $\Delta S < 0$〉 $\Delta G = \underset{-}{\Delta H} - T\underset{-}{\Delta S}$

㉠ 물이 어는 반응

$$H_2O(l) \rightarrow H_2O(s) \quad \Delta H = -6.03 \text{ kJ}$$

· 발열 반응($\Delta H < 0$)이다.
· 액체가 고체로 되므로 무질서도가 감소하여 엔트로피가 감소한다. ($\Delta S < 0$)
· $\Delta G = \Delta H - T\Delta S$ 에서 $\Delta H < 0$이고, $T\Delta S < 0$ 이므로 $\Delta H - T\Delta S$는 온도(T)에 의해 결정된다.
· 낮은 온도에서는 $|\Delta H| > |T\Delta S|$이 되어 $\Delta H - T\Delta S < 0$이 되므로 반응이 자발적이다.
· 높은 온도에서는 $|\Delta H| < |T\Delta S|$이 되어 $\Delta H - T\Delta S > 0$이 되므로 반응이 비자발적이다.
⇨ 1 기압에서 물이 얼음이 되는 과정은 어는점인 0 ℃(= 273 K)를 기준으로 0 ℃보다 낮은 온도에서는 자발적이고, 0 ℃보다 높은 온도에서는 비자발적이다.

개념확인 3

다음 빈칸에 들어갈 알맞은 말을 쓰시오.

반응의 자발성을 결정하는 자유 에너지 변화는 $\Delta G = \Delta H$ - (　　　)이므로 반응의 자발성은 (　　　)의 영향을 받는다.

확인 + 3

25℃에서 물이 어는 반응의 자유 에너지 변화(ΔG)의 부호(>, = , <)를 쓰시오. (단, 물의 어는점은 0℃이다.)

ΔG (　　　) 0

4. 자유 에너지와 반응의 자발성2

③ **엔탈피는 증가하고 엔트로피는 감소하는 반응** : 흡열 반응이고, 엔트로피가 감소하면 모든 온도에서 $\Delta G > 0$이다. ⇨ 항상 비자발적이다.

〈$\Delta H > 0$, $\Delta S < 0$〉 $\Delta G = \Delta H - T\Delta S$ (+ + −)

예 산소에서 오존이 생성되는 반응

$$3O_2(g) \rightarrow 2O_3(g) \quad \Delta H = 286 \text{ kJ}$$

· 흡열 반응($\Delta H > 0$)이다.
· 반응 후 기체의 몰수가 감소하므로 엔트로피가 감소한다.($\Delta S < 0$)
· $\Delta G = \Delta H - T\Delta S$에서 $\Delta H > 0$이고, $T\Delta S < 0$ 이므로 $\Delta H - T\Delta S$는 항상 (+) 값이다.
· 온도에 관계없이 $\Delta G > 0$이므로, 이 반응은 모든 온도에서 비자발적이다.
⇨ 산소에서 오존이 생성되는 반응이 일어나기 위해서는 외부에서 에너지 공급이 있어야 한다.

● 반응의 자발성 판단

ΔH	ΔS	반응의 자발성
ΔH<0	ΔS>0	자발적
ΔH<0	ΔS<0	온도가 낮을때 자발적
ΔH>0	ΔS>0	온도가 높을때 자발적
ΔH>0	ΔS<0	비자발적

④ **엔탈피와 엔트로피가 증가하는 반응** : 흡열 반응이고, 엔트로피가 증가하면 ΔG는 온도에 의해 결정된다. ⇨ 높은 온도에서 $\Delta G < 0$이 되므로 높은 온도에서 반응이 자발적이다.

〈$\Delta H > 0$, $\Delta S > 0$〉 $\Delta G = \Delta H - T\Delta S$ (+ +)

예 철광석에서 철을 얻는 반응

$$Fe_2O_3(s) \rightarrow 2Fe(s) + \frac{3}{2}O_2(g) \quad \Delta H = 826 \text{ kJ}$$

· 흡열 반응($\Delta H > 0$)이다.
· 반응 후 기체의 몰수가 증가하므로 엔트로피가 증가한다. ($\Delta S > 0$)
· $\Delta G = \Delta H - T\Delta S$에서 $\Delta H > 0$이고, $T\Delta S > 0$ 이므로 $\Delta H - T\Delta S$는 온도(T)에 의해 결정된다.
· 낮은 온도에서는 $|\Delta H| > |T\Delta S|$이 되어 $\Delta H - T\Delta S > 0$이 되므로 반응이 비자발적이다.
· 높은 온도에서는 $|\Delta H| < |T\Delta S|$이 되어 $\Delta H - T\Delta S < 0$이 되므로 반응이 자발적이다.
⇨ 1 기압일 때, 철광석에서 철을 얻는 반응은 2595 ℃(= 2868 K)를 기준으로 2595 ℃보다 낮은 온도에서는 비자발적이고, 2595℃보다 높은 온도에서는 자발적이다.

● 철광석에서 철이 자발적으로 생성되는 온도

$Fe_2O_3(s) \rightarrow 2Fe(s) + \frac{3}{2}O_2(g)$

ΔH = 826kJ ΔS = 288J/K

$\Delta G = \Delta H - T\Delta S = 0$에서

$$T = \frac{\Delta H}{\Delta S} = \frac{826 \times 10^3 \text{ J}}{288 \text{ J/K}}$$

= 2868 K(= 2595 ℃) 이다.

2595 ℃보다 높은 온도에서 $\Delta G < 0$이 되므로 2595 ℃보다 높은 온도에서 이 반응은 자발적이다.

개념확인 4 정답 및 해설 77쪽

모든 온도에서 비자발적인 반응의 엔탈피 변화(ΔH)와 엔트로피 변화(ΔS)의 부호를 쓰시오.

ΔH(   ) 0 ΔS(   ) 0

확인 + 4

$N_2O_4(g) \rightarrow 2NO_2(g)$의 반응이 자발적으로 일어나려면 온도를 몇 ℃ 이상으로 높여야 하는가? (단, $N_2O_4(g)$ 의 ΔH = 57.2 kJ이고, ΔS = 176 J/K 이다.)

(   ) ℃

개념 다지기

01 다음 빈칸에 들어갈 알맞은 말을 각각 고르시오.

> ΔG와 $\Delta S_{우주}$의 관계는 ΔG = ($T\Delta S_{우주}$, - $T\Delta S_{우주}$)이고, $\Delta S_{우주} > 0$ 일 때 반응은 (자발적, 비자발적)으로 일어난다.

02 다음 중 계의 엔탈피 변화와 주위의 엔트로피 변화에 대한 설명으로 옳은 것만을 <보기>에서 있는 대로 고른 것은?

<보기>

ㄱ. 흡열 반응에서는 항상 계의 엔트로피가 증가한다.
ㄴ. 발열 반응에서는 항상 주위의 엔트로피가 증가한다.
ㄷ. 우주의 엔트로피가 증가하는 반응이 자발적이다.

① ㄱ ② ㄴ ③ ㄷ ④ ㄱ, ㄴ ⑤ ㄴ, ㄷ

03 다음 중 자유 에너지에 대한 설명으로 옳은 것만을 <보기>에서 있는 대로 고른 것은?

<보기>

ㄱ. ΔG는 $\Delta S_{우주}$에 비례하고, 부호도 같다.
ㄴ. $\Delta G < 0$일 때 반응이 자발적으로 일어난다.
ㄷ. ΔH와 ΔS의 부호가 다를 때 반응의 자발성은 온도에 의존한다.

① ㄱ ② ㄴ ③ ㄷ ④ ㄱ, ㄴ ⑤ ㄱ, ㄴ, ㄷ

04 그림은 반응물과 생성물이 모두 기체인 어떤 발열 반응을 모형으로 나타낸 것이다.

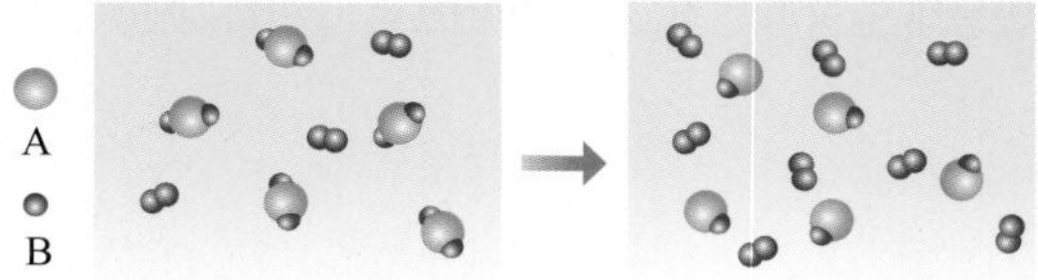

이 반응에서 계의 ΔH, ΔS와 ΔG의 부호를 바르게 짝지은 것은?

	ΔH	ΔS	ΔG
①	+	+	+
②	+	-	+
③	+	-	-
④	-	+	+
⑤	-	+	-

05 다음 중 계의 엔탈피 변화와 계의 엔트로피 변화에 대한 설명으로 옳은 것만을 <보기>에서 있는 대로 고른 것은?

< 보기 >

ㄱ. $\Delta H > 0$이고, $\Delta S > 0$ 일 때 높은 온도에서 정반응이 일어난다.
ㄴ. $\Delta H < 0$이고, $\Delta S < 0$ 일 때 모든 온도에서 비자발적이다.
ㄷ. $\Delta H > 0$이고, $\Delta S < 0$ 일 때 어느 온도에서나 ΔG는 항상 음수이다.

① ㄱ ② ㄴ ③ ㄷ ④ ㄱ, ㄴ ⑤ ㄱ, ㄴ, ㄷ

06 드라이아이스의 승화에 대한 설명으로 옳은 것은?

① $\Delta H > 0$, $\Delta S > 0$이고, 모든 온도에서 $\Delta G < 0$이다.
② $\Delta H > 0$, $\Delta S < 0$이고, 모든 온도에서 $\Delta G > 0$이다.
③ $\Delta H < 0$, $\Delta S > 0$이고, 모든 온도에서 $\Delta G > 0$이다.
④ $\Delta H > 0$, $\Delta S > 0$이고, 높은 온도에서 $\Delta G < 0$이다.
⑤ $\Delta H < 0$, $\Delta S < 0$이고, 낮은 온도에서 $\Delta G < 0$이다.

07 그림은 물이 수증기로 되는 상태 변화를 입자 모형으로 나타낸 것이다.

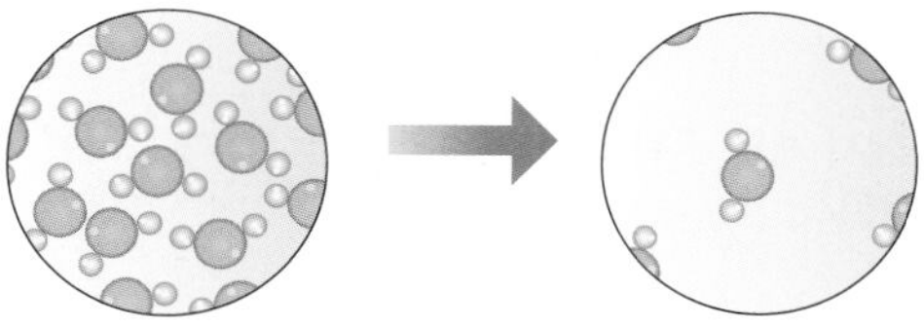

이에 대한 설명으로 옳은 것만을 <보기>에서 있는 대로 고른 것은?

< 보기 >

ㄱ. $\Delta H > 0$이다.
ㄴ. $\Delta S < 0$이다.
ㄷ. 모든 온도에서 자발적으로 반응이 일어난다.

① ㄱ ② ㄴ ③ ㄷ ④ ㄱ, ㄴ ⑤ ㄱ, ㄴ, ㄷ

08 다음은 1 기압에서 $C_2H_5OH(l)$이 $C_2H_5OH(g)$로 되는 반응의 엔탈피 변화와 엔트로피 변화를 나타낸 것이다.

$$C_2H_5OH(l) \rightarrow C_2H_5OH(g) \quad \Delta H = 38.72\ \text{kJ},\ \Delta S = 110\ \text{J/K}$$

$C_2H_5OH(l)$의 끓는점을 구하시오.

( ) K

유형익히기&하브루타

유형13-1 자유 에너지1

그림은 기체 A_2와 B_2가 반응하여 액체 상태의 AB가 생성되는 반응을 모형으로 나타낸 것이다.

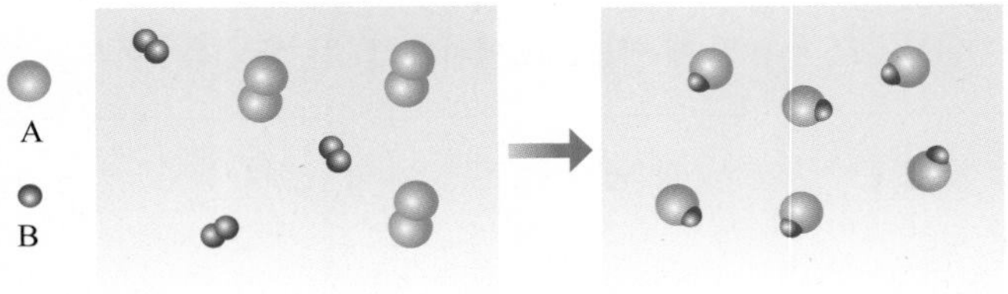

이 반응이 25℃에서 자발적으로 일어날 때, 25℃에서 ΔH와 $\Delta S_{계}$, $\Delta S_{우주}$의 부호에 대해 바르게 짝지은 것은?

	계의 엔트로피 변화($\Delta S_{계}$)	우주의 엔트로피 변화($\Delta S_{우주}$)	엔탈피 변화(ΔH)
①	$\Delta S_{계} < 0$	$\Delta S_{우주} < 0$	$\Delta H < 0$
②	$\Delta S_{계} < 0$	$\Delta S_{우주} > 0$	$\Delta H > 0$
③	$\Delta S_{계} < 0$	$\Delta S_{우주} > 0$	$\Delta H < 0$
④	$\Delta S_{계} > 0$	$\Delta S_{우주} = 0$	$\Delta H < 0$
⑤	$\Delta S_{계} > 0$	$\Delta S_{우주} > 0$	$\Delta H > 0$

01 그림은 두 가지 반응에서 계와 주위 사이의 열의 출입 관계를 나타낸 것이다.

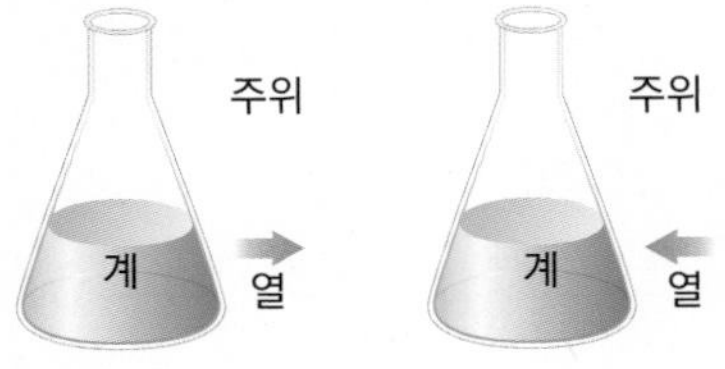

(가) (나)

이에 대한 설명으로 옳은 것만을 <보기>에서 있는 대로 고른 것은?

<보기>

ㄱ. (가)에서 계의 엔탈피가 감소한다.
ㄴ. (나)에서 $\Delta H > 0$이므로 모든 온도에서 비자발적이다.
ㄷ. (가)에서는 주위의 엔트로피가 증가하고, (나)에서는 주위의 엔트로피가 감소한다.

① ㄴ ② ㄷ ③ ㄱ, ㄴ
④ ㄱ, ㄷ ⑤ ㄱ, ㄴ, ㄷ

02 자유 에너지에 대한 설명으로 옳은 것만을 <보기>에서 있는 대로 고른 것은?

<보기>

ㄱ. 일정한 온도와 압력에서 일어나는 반응의 자발성 여부를 알 수 있다.
ㄴ. 자유 에너지는 우주 전체의 엔트로피 변화에 비례하지만 부호는 반대이다.
ㄷ. 일정한 온도에서 계의 엔탈피와 계의 엔트로피를 이용하여 나타낸다.

① ㄴ ② ㄷ ③ ㄱ, ㄴ
④ ㄱ, ㄷ ⑤ ㄱ, ㄴ, ㄷ

유형13-2 자유 에너지2

다음은 표준 상태 25℃, 1 기압에서 마그네슘의 연소 반응에 대한 열역학적 자료이다.

$$2Mg(s) + O_2(g) \rightarrow 2MgO(s)$$
$$\Delta H = -1192\ kJ\ ,\ \Delta S = -221\ J/K$$

이에 대한 설명으로 옳은 것만을 <보기>에서 있는 대로 고른 것은?

<보기>

ㄱ. 반응이 진행될 때 주위의 엔트로피는 감소한다.
ㄴ. 반응의 자유 에너지 변화는 -1126 kJ이다.
ㄷ. 반응이 비자발적으로 일어난다.

① ㄱ ② ㄴ ③ ㄷ ④ ㄱ, ㄴ ⑤ ㄱ, ㄴ, ㄷ

03 다음 표준 생성 자유 에너지를 이용하여 $C_2H_4(g)$가 연소되는 과정의 자유 에너지 변화가 -1328 kJ일 때, $C_2H_4(g)$의 표준 생성 자유 에너지(kJ)를 구하시오.

물질	표준 생성 자유 에너지(kJ/mol)
$CO_2(g)$	-390
$H_2O(l)$	-240

① 1669 ② 85 ③ 68
④ -68 ⑤ -1669

04 다음은 25℃, 1 기압에서 물의 기화 반응을 열화학 반응식으로 나타낸 것이다.

$$H_2O(l) \rightarrow H_2O(g)\quad \Delta G = 8\ kJ$$

이에 대한 설명으로 옳은 것만을 <보기>에서 있는 대로 고른 것은?

<보기>

ㄱ. 계의 엔트로피가 증가한다.
ㄴ. 이 반응은 자발적으로 일어난다.
ㄷ. 100 ℃에서 자유 에너지 변화(ΔG)는 0보다 크다.

① ㄱ ② ㄷ ③ ㄱ, ㄴ
④ ㄱ, ㄷ ⑤ ㄱ, ㄴ, ㄷ

유형13-3 자유 에너지와 반응의 자발성1

다음은 뷰테인(C_4H_{10})의 연소 반응을 열화학 반응식으로 나타낸 것이다.

$$C_4H_{10}(g) + \frac{13}{2}O_2(g) \rightarrow 4CO_2(g) + 5H_2O(g) \quad \Delta H < 0$$

이에 대한 설명으로 옳은 것만을 <보기>에서 있는 대로 고른 것은?

<보기>

ㄱ. 계의 엔트로피가 증가한다.
ㄴ. 주위의 엔트로피가 감소한다.
ㄷ. 이 반응은 모든 온도에서 자발적이다.

① ㄱ ② ㄴ ③ ㄷ ④ ㄱ, ㄴ ⑤ ㄱ, ㄷ

05 다음은 발열 반응의 화학식이다.

$$N_2H_4(l) + O_2(g) \rightarrow 2H_2O(g) + N_2(g)$$

25 ℃에서 계의 ΔH, ΔS 와 ΔG 의 부호에 대해 바르게 짝지은 것은?

	ΔH	ΔS	ΔG
①	$\Delta H < 0$	$\Delta S > 0$	$\Delta G < 0$
②	$\Delta H < 0$	$\Delta S > 0$	$\Delta G > 0$
③	$\Delta H < 0$	$\Delta S < 0$	$\Delta G > 0$
④	$\Delta H > 0$	$\Delta S < 0$	$\Delta G < 0$
⑤	$\Delta H > 0$	$\Delta S > 0$	$\Delta G > 0$

06 그림은 $A_2(g)$와 $B_2(g)$가 반응하여 $AB_2(g)$가 되는 반응을 모형으로 나타낸 것이다.

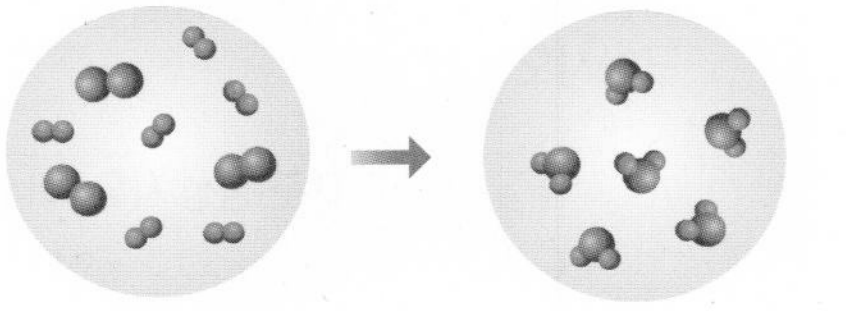

이에 대한 설명으로 옳은 것만을 <보기>에서 있는 대로 고른 것은? (단, 이 반응의 엔탈피 변화는 $\Delta H < 0$이다.)

<보기>

ㄱ. 반응이 일어날 때 계의 엔트로피는 증가한다.
ㄴ. 반응이 일어날 때 주위의 엔트로피는 증가한다.
ㄷ. 특정 온도보다 낮은 온도에서만 이 반응이 자발적으로 일어날 수 있다.

① ㄴ ② ㄷ ③ ㄱ, ㄴ
④ ㄴ, ㄷ ⑤ ㄱ, ㄴ, ㄷ

유형13-4 자유 에너지와 반응의 자발성2

다음은 어떤 온도에서 자발적으로 일어나는 산화 철(Ⅲ)과 수소의 산화 환원 반응을 나타낸 것이다.

$$Fe_2O_3(s) + 3H_2(g) \rightarrow 2Fe(s) + 3H_2O(g)$$
$$\Delta H = 98.8\ kJ\ ,\ \Delta S = 141.5\ J/K$$

이에 대한 설명으로 옳은 것만을 <보기>에서 있는 대로 고른 것은?

<보기>

ㄱ. 계의 무질서도는 감소한다.
ㄴ. 주위의 엔트로피는 감소한다.
ㄷ. 25 ℃에서 자발적으로 반응한다.

① ㄱ ② ㄴ ③ ㄷ ④ ㄱ, ㄴ ⑤ ㄱ, ㄷ

07 그림 (가)와 (나)는 계와 주위의 엔트로피 변화를 나타낸 것이다.

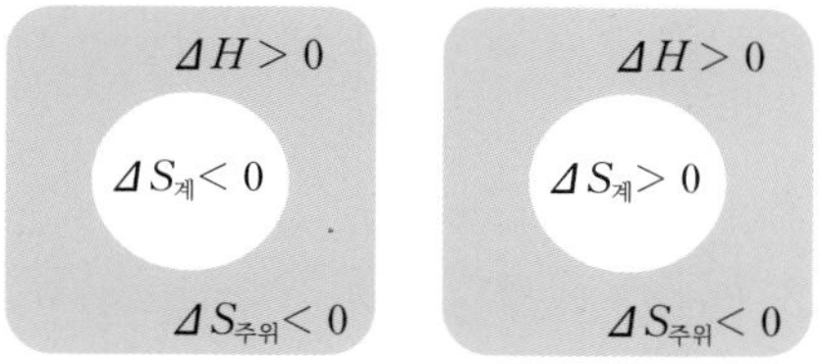

(가) (나)

이에 대한 설명으로 옳은 것은?

① (가)는 발열 반응이다.
② (가)는 모든 온도에서 비자발적인 반응이 일어난다.
③ (나)는 계의 무질서도가 감소한다.
④ (나)는 평형 온도보다 낮은 온도에서만 자발적인 반응이 일어난다.
⑤ (나)는 반응이 일어날 때 우주 엔트로피 변화($\Delta S_{우주}$)가 증가한다.

08 그림은 1 기압에서 H_2O의 상태 변화 과정을 모형으로 나타낸 것이다.

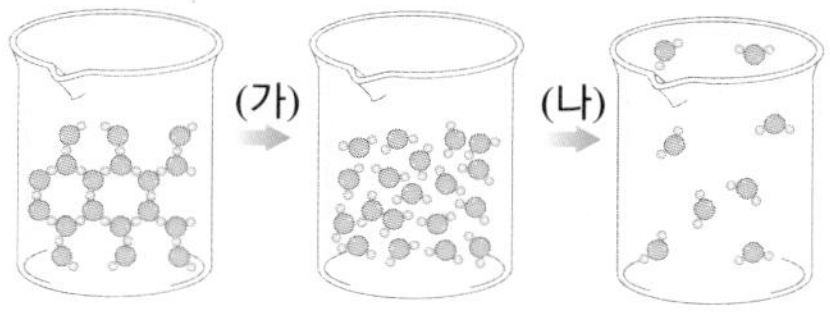

이에 대한 설명으로 옳은 것만을 <보기>에서 있는 대로 고른 것은?

<보기>

ㄱ. 10℃에서 (가) 과정은 자발적이다.
ㄴ. (나) 과정은 온도에 관계없이 항상 자발적이다.
ㄷ. 계의 엔트로피 변화는 (가)가 (나)보다 작다.

① ㄴ ② ㄷ ③ ㄱ, ㄴ
④ ㄱ, ㄷ ⑤ ㄴ, ㄷ

창의력&토론마당

01 1 기압에서 고체 암모니아의 몰 용융 엔탈피는 5.65 kJ/mol이고, 몰 용융 엔트로피는 28.9 J/K·mol 이다. 다음 물음에 답하시오.

(1) 170 K 에서 암모니아 1몰이 녹을 때 자유 에너지 변화를 구하시오.

(2) 170 K 에서 암모니아는 자발적으로 녹는지, 비자발적으로 녹는지 자유 에너지를 이용하여 설명하시오.

(3) 1 기압에서 고체와 액체 암모니아가 평형을 이루는 온도는 몇 ℃인가?

02 아래 자료를 참고로 하여 다음 물음에 답하시오.

〈 자료 1 〉
한 물질의 엔탈피는 그 온도가 높아질수록 커진다. 엔탈피 증가와 온도 증가 사이의 관계는 조건에 따라 다른데, 그 중 일정 압력 조건 하에서 나온 그래프의 접선의 기울기를 그 온도에서의 일정 압력 열용량이라고 부른다. 일정 압력 몰 열용량은 일정 압력하에서 어떤 물질 1몰의 온도를 1 K 올리는데 필요한 열량으로 C_P로 표시한다.
따라서 열용량이 일정하면 다음과 같이 유한한 온도 변화에 대한 식으로 나타낼 수 있다.
$\Delta H = nC_P \Delta T$

〈 자료 2 〉
물질에 압력을 가하는 경우 대부분의 물질은 부피가 줄어 들어 분자 사이의 거리가 가까워지면서 인력이 커지므로 기체는 액체로, 액체는 고체로 상태가 변한다. 하지만 물은 예외적으로 고체 상태인 얼음에 압력을 가하면 액체 상태인 물이 된다. 따라서 낮은 압력에서는 25 ℃의 물이 존재하게 된다.

과열된 얼음 1몰이 25 ℃에서 액체인 물로 녹았다. 이때 얼음과 물의 열용량은 같고, 온도에 무관하다고 가정한다.

(1) 이 과정에서 ΔH를 구하시오.(단, 0 ℃에서 얼음이 녹을 때 엔탈피 변화는 6020 J/mol이다.)

(2) 이 과정에서 $\Delta S_{주위}$를 구하시오.

(3) 이 과정에서 ΔG를 구하시오. (단, 25 ℃에서 계의 엔트로피 변화는 22 J/K이다.)

창의력&토론마당

03 다음은 1200℃에서 산화 철이 철과 산소가 되는 산화 환원 반응이다.

$$2Fe_2O_3(s) \rightarrow 4Fe(s) + 3O_2(g) \quad \Delta G = 840\ kJ$$

위 반응은 자발적이 아니다. 철을 코크스와 반응시켜 철 원소로 제련한다면 이 과정의 자유 에너지 변화(ΔG)를 구하시오. 또한, 자발적인지, 비자발적인지 밝히고 그 이유를 쓰시오.

$$C(s, \text{코크스}) + O_2(g) \rightarrow CO_2(g) \quad \Delta G = -400\ kJ$$

04 다음은 질산 암모늄을 분해하여 마취제인 산화 이질소를 제조하는 화학 반응식이다. 표는 각 반응 물질과 생성 물질의 25℃, 1 기압에서 표준 생성 엔탈피와 엔트로피를 나타낸 것이다. 다음 물음에 답하시오.

$$NH_4NO_3(s) \rightarrow N_2O(g) + 2H_2O(g)$$

물질	$\Delta H°$(kJ/mol)	$\Delta S°$(J/K · mol)
$NH_4NO_3(s)$	-365.5	151
$N_2O(g)$	82.1	219.7
$H_2O(g)$	-241.8	188.7

(1) 질산 암모늄이 분해될 때 반응 엔탈피를 구하시오.

(2) 질산 암모늄이 분해될 때 반응 엔트로피를 구하시오.

(3) 25 ℃에서 질산 암모늄이 분해될 때 자유 에너지를 구하시오.

(4) 25 ℃에서 질산 암모늄이 분해될 때 이 과정이 자발적인지, 비자발적인지 밝히고 그 이유를 쓰시오.

창의력&토론마당

05 염화 구리(Ⅱ)를 분해하여 염화 구리(Ⅰ)를 만들었다. 다음 물음에 답하시오. (단, 25℃, 1 기압에서 반응 엔탈피(ΔH)는 165.8 kJ이고, 반응 엔트로피 변화(ΔS)는 179.2 J/K이다.)

(1) ΔH° 와 ΔS° 를 온도에 무관하다고 가정하고 590 K 에서 ΔG를 구하시오.

(2) 고온에서 실험해 본 결과, 이 반응이 590 K 에서 ΔH_{590} 는 158.36 kJ이고, ΔS_{590} 는 177.74 J/K이다. 실험 결과를 바탕으로 ΔG_{590}를 구하고, (1)의 ΔG와 비교하시오.

(3) 염화 구리(Ⅱ)를 분해하여 염화 구리(Ⅰ)가 만들어지는 이 과정이 자발적으로 일어나려면 온도를 몇 ℃ 이상으로 높여야 하는가? (단, 반응 엔탈피 (ΔH)는 165.8 kJ이고, 반응 엔트로피 변화(ΔS)는 179.2 J/K이다.)

06 25℃, 1 기압에서 프로페인 기체의 연소 반응에 있어서 ΔH를 헤스 법칙을 이용하여 구하였다. 다음은 프로페인 기체 연소 반응의 열화학 반응식이다. 물음에 답하시오.

$$C_3H_8(g) + 5O_2(g) \rightarrow 3CO_2(g) + 4H_2O(l) \quad \Delta H = -2220 \text{ kJ}$$

(1) 25℃에서 반응의 자유 에너지 변화(ΔG)를 구하시오. (단, $C_3H_8(g)$의 표준 생성 자유 에너지는 -24 kJ/mol이고, $H_2O(l)$의 표준 생성 자유 에너지는 -237 kJ/mol이고, $CO_2(g)$의 표준 생성 자유 에너지는 -394 kJ/mol이다.)

(2) 25 ℃에서 ΔS를 구하시오.

(3) 25 ℃에서 이 반응은 자발적인지, 비자발적인지 설명하시오.

스스로 실력높이기

A

01 자유 에너지에 대한 설명 중 옳은 것은 ○표, 옳지 않은 것은 ×표 하시오.

(1) 발열 반응은 자유 에너지가 항상 감소한다. (　　)

(2) 흡열 반응에서 계의 엔트로피가 증가하는 반응은 자유 에너지가 항상 감소한다. (　　)

02 다음 빈칸에 알맞은 말을 고르시오.

> 반응의 자발성 여부는 자유 에너지, $\Delta G = \Delta H - T(\Delta S_{계}, \Delta S_{주위})$ 를 이용하여 알 수 있다.

03~04 100 K 에서 A(l)가 B(g)로 되는 반응의 엔탈피 변화와 엔트로피 변화를 나타낸 것이다. 다음 물음에 답하시오.

> A(l) → B(g)　ΔH = 50 kJ, ΔS = 200 J/K

03 100 K 에서 이 반응의 자유 에너지 변화(ΔG)를 구하시오.

(　　　　　　　　)kJ

04 100 K 에서 이 반응의 우주의 엔트로피 변화($\Delta S_{우주}$)를 구하시오.

(　　　　　　　　)J/K

05 엔탈피 변화로 반응의 자발성을 예측하기 위해서 일정하게 유지되어야 할 변수를 <보기>에서 있는 대로 골라 기호를 쓰시오.

〈 보기 〉

ㄱ. 엔탈피　　ㄴ. 온도

ㄷ. 압력　　ㄹ. 엔트로피 변화($\Delta S_{계}$)

(　　　　　　　　)

06 자유 에너지와 반응의 자발성에 대한 설명 중 옳은 것은 ○표, 옳지 않은 것은 ×표 하시오.

(1) 발열 반응은 항상 자발적으로 일어난다. (　　)

(2) $\Delta G < 0$인 반응은 자발적으로 일어난다. (　　)

(3) ΔH와 ΔS가 다른 부호일 때 반응의 자발성은 온도에 의존하지 않는다. (　　)

07 증기가 자발적으로 응축될 때 계의 엔탈피 변화와 계의 엔트로피 변화, 자유 에너지 변화를 부등호(> , = , <)를 이용하여 나타내시오.

(1) ΔH (　) 0　　(2) $\Delta S_{계}$ (　) 0

(3) ΔG (　) 0

08 다음 빈칸에 알맞은 부등호(> , = , <)를 쓰시오.

> ΔH (　) 0, ΔS (　) 0인 반응은 모든 온도에서 자발적이다.

09~10 표는 서로 다른 반응 (가)~(다)의 엔탈피 변화(ΔH)와 엔트로피 변화(ΔS)를 나타낸 것이다. 다음 물음에 답하시오.

물질	ΔH	ΔS
(가)	$\Delta H > 0$	$\Delta S < 0$
(나)	$\Delta H > 0$	$\Delta S > 0$
(다)	$\Delta H < 0$	$\Delta S < 0$

09 (가)~(다) 중 온도에 관계없이 항상 비자발적인 반응을 고르시오.

(　　　　　　)

10 (다)에 대한 설명으로 빈칸에 알맞은 말을 쓰시오.

> 발열 반응이고 엔트로피가 감소하면 ΔG는 온도에 의해 결정된다. 낮은 온도에서는 ΔG (　　) 0이 되므로 반응이 (　　　　　)이다.

B

11 다음은 얼음이 물로 되는 화학 반응식이다.

$$H_2O(s) \rightarrow H_2O(l)$$

25℃, 1 기압에서 얼음이 녹아 물이 될 때에 대한 설명으로 옳은 것만을 <보기>에서 있는 대로 고른 것은?

<보기>

ㄱ. 계의 엔트로피는 증가한다.
ㄴ. 계와 주위의 엔트로피 변화의 합($\Delta S_{계} + \Delta S_{주위}$)은 증가한다.
ㄷ. 자유 에너지 변화(ΔG)는 0보다 작다.

① ㄴ　② ㄷ　③ ㄱ, ㄴ
④ ㄴ, ㄷ　⑤ ㄱ, ㄴ, ㄷ

12 다음은 산화 수은(Ⅱ)의 분해 반응에 대한 열화학 반응식을 나타낸 것이다.

$$2HgO(s) \rightarrow 2Hg(l) + O_2(g) \quad \Delta H > 0$$

이에 대한 설명으로 옳은 것만을 <보기>에서 있는 대로 고른 것은?

<보기>

ㄱ. 산화 수은이 분해될 때 계의 무질서도는 증가한다.
ㄴ. 산화 수은이 분해될 때 $\Delta S_{주위} > 0$이다.
ㄷ. $T\Delta S > \Delta H$를 만족하는 온도에서 산화 수은은 자발적으로 분해된다.

① ㄴ　② ㄷ　③ ㄱ, ㄷ
④ ㄴ, ㄷ　⑤ ㄱ, ㄴ, ㄷ

13 다음은 25℃에서 3가지 열화학 반응식을 나타낸 것이다.

(가) $2NO(g) \rightarrow N_2(g) + O_2(g) \quad \Delta H = -180$ kJ
(나) $2NO(g) + O_2(g) \rightarrow 2NO_2(g) \quad \Delta H = 114$ kJ
(다) $N_2(g) + 2O_2(g) \rightarrow 2NO_2(g) \quad \Delta H = a$

이에 대한 설명으로 옳은 것만을 <보기>에서 있는 대로 고른 것은?

<보기>

ㄱ. (나)에서 계의 엔트로피 변화($\Delta S_{계}$)는 0보다 크다.
ㄴ. $a = 294$ kJ이다.
ㄷ. (다)의 자유 에너지 변화(ΔG)는 0보다 작다.

① ㄴ　② ㄷ　③ ㄱ, ㄴ
④ ㄱ, ㄷ　⑤ ㄴ, ㄷ

스스로 실력높이기

14 다음은 25℃, 1 기압에서 어떤 반응의 열화학 반응식을 나타낸 것이다.

$aA(g) + bB(g) \rightarrow cC(g)\ \ \Delta H > 0\ ,\ \Delta G < 0$

이에 대한 설명으로 옳은 것만을 <보기>에서 있는 대로 고른 것은?

<보기>

ㄱ. 주위의 엔트로피 변화($\Delta S_{주위}$)는 0보다 크다.
ㄴ. $a + b < c$ 이다.
ㄷ. 40℃에서 자발적이다.

① ㄴ　② ㄷ　③ ㄱ, ㄴ
④ ㄴ, ㄷ　⑤ ㄱ, ㄴ, ㄷ

15 다음은 암모니아(NH_3)의 합성 반응에 대한 자료이다.

$N_2(g) + 3H_2(g) \rightarrow 2NH_3(g)$
$\Delta H = -92$ kJ , $\Delta S = -198$ J/K

이에 대한 설명으로 옳은 것만을 <보기>에서 있는 대로 고른 것은?

<보기>

ㄱ. 25℃에서 $\Delta G > 0$이다.
ㄴ. 생성물의 엔탈피 합은 반응물의 엔탈피 합보다 작다.
ㄷ. 464 K 보다 높은 온도에서는 반응이 자발적이다.

① ㄱ　② ㄴ　③ ㄱ, ㄴ
④ ㄱ, ㄷ　⑤ ㄱ, ㄴ, ㄷ

16 다음은 어떤 반응의 열화학 반응식을 나타낸 것이다.

$2A_3(g) \rightarrow 3A_2(s)\ \ \Delta H > 0$

이 반응에 대해 엔트로피 변화(ΔS)와 자유 에너지 변화(ΔG)를 예측한 것으로 바르게 짝지은 것은?

	엔트로피 변화(ΔS)	자유 에너지 변화(ΔG)
①	$\Delta S > 0$	$\Delta G < 0$
②	$\Delta S > 0$	$\Delta G > 0$
③	$\Delta S < 0$	$\Delta G > 0$
④	$\Delta S < 0$	$\Delta G = 0$
⑤	$\Delta S < 0$	$\Delta G < 0$

17~18 그림은 온도 T_1에서 반응 (가) ~ (다)의 ΔH (kJ/mol)와 $T\Delta S$ (kJ/mol)를 각각 나타낸 것이다.

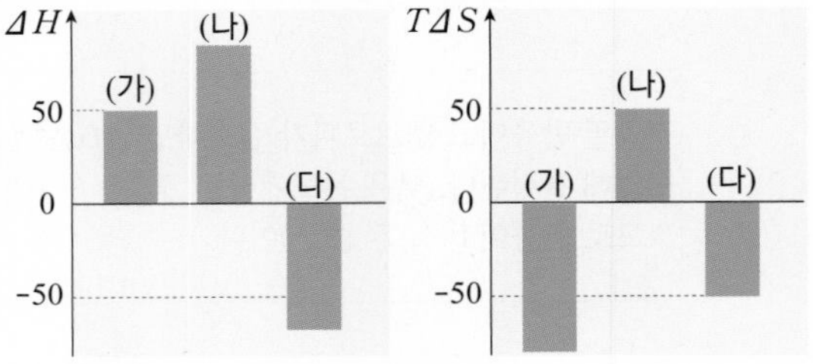

17 이에 대한 설명으로 옳은 것만을 <보기>에서 있는 대로 고른 것은?

<보기>

ㄱ. (가)는 온도 T_1에서 $\Delta G < 0$이다.
ㄴ. (나)의 $\Delta S > 0$이다.
ㄷ. (다)는 모든 온도에서 자발적으로 일어난다.

① ㄱ　② ㄴ　③ ㄱ, ㄴ
④ ㄱ, ㄷ　⑤ ㄴ, ㄷ

18 (나) 과정이 자발적으로 일어날 수 있는 온도를 나타낸 식으로 옳은 것은?

① $T < \frac{\Delta H}{\Delta S}$　② $T = \frac{\Delta H}{\Delta S}$　③ $T > \frac{\Delta H}{\Delta S}$
④ $T < \frac{\Delta S}{\Delta H}$　⑤ $T > \frac{\Delta S}{\Delta H}$

C

19 그림은 어떤 반응의 온도에 따른 자유 에너지 변화(ΔG)를 상대적으로 나타낸 것이다.

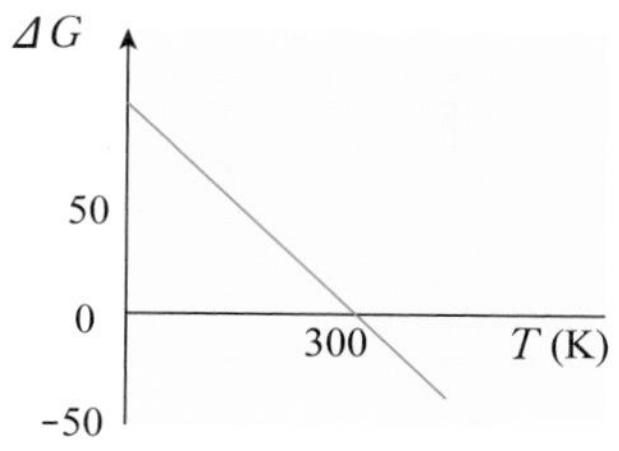

이에 대한 설명으로 옳은 것만을 <보기>에서 있는 대로 고른 것은?

<보기>

ㄱ. 엔탈피 변화(ΔH)는 0보다 크다.
ㄴ. 계의 엔트로피 변화(ΔS)는 0보다 크다.
ㄷ. 300 K 보다 높은 온도에서 자발적이다.

① ㄱ ② ㄷ ③ ㄱ, ㄷ
④ ㄴ, ㄷ ⑤ ㄱ, ㄴ, ㄷ

20 그림은 반응에 대하여 온도에 따른 ΔH와 $T\Delta S$를 나타낸 것이다.

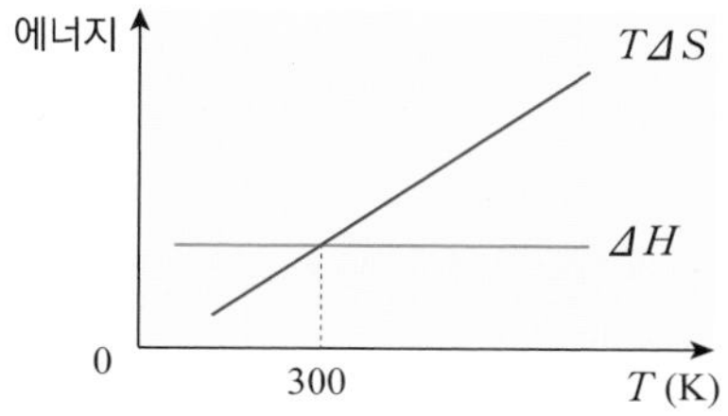

이에 대한 설명으로 옳은 것만을 <보기>에서 있는 대로 고른 것은?

<보기>

ㄱ. 200 K 에서 이 반응이 진행될 때 발열 반응이다.
ㄴ. 300 K 에서 자유 에너지 변화(ΔG)는 0이다.
ㄷ. 400 K 에서 이 반응은 비자발적이다.

① ㄴ ② ㄷ ③ ㄱ, ㄴ
④ ㄴ, ㄷ ⑤ ㄱ, ㄴ, ㄷ

21 다음은 T_1 K, 1 기압에서 일산화 탄소(CO)와 산소(O_2)가 반응하여 이산화 탄소(CO_2)가 생성되는 반응의 열화학 반응식이다.

㉠ $2CO(g) + O_2(g) \rightarrow 2CO_2(g)$ $\Delta G < 0$

그림은 반응 (가) ~ (다)의 온도에 따른 자유 에너지 변화를 나타낸 것이다.

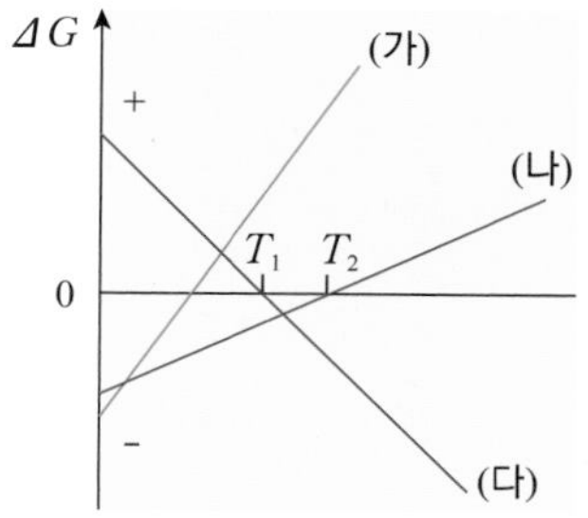

이에 대한 설명으로 옳은 것만을 <보기>에서 있는 대로 고른 것은?

<보기>

ㄱ. ㉠ 반응은 주위의 엔트로피는 증가한다.
ㄴ. ㉠ 반응에 해당하는 것은 (나)이다.
ㄷ. (나)는 T_2 K 보다 낮은 온도에서 반응이 자발적으로 일어난다.

① ㄱ ② ㄴ ③ ㄷ
④ ㄱ, ㄷ ⑤ ㄱ, ㄴ, ㄷ

22 다음은 이산화 질소가 분해되어 질소 기체와 산소 기체가 생성되는 열화학 반응식을 나타낸 것이다.

$2NO_2(g) \rightarrow N_2(g) + 2O_2(g)$ $\Delta H = -68$ kJ

이에 대한 설명으로 옳은 것만을 <보기>에서 있는 대로 고른 것은?

<보기>

ㄱ. 반응물의 자유 에너지가 생성물의 자유 에너지보다 크다.
ㄴ. $\Delta G < 0$이므로 매우 빠르게 진행되는 반응이다.
ㄷ. ΔG는 온도에 의해 결정된다.

① ㄱ ② ㄷ ③ ㄱ, ㄴ
④ ㄱ, ㄷ ⑤ ㄴ, ㄷ

23 25℃, 1 기압에서 산화철(Fe_2O_3)을 환원시켜 철을 만드는 반응의 열화학 반응식이다.

$$2Fe_2O_3(s) + 3C(s) \rightarrow 4Fe(s) + 3CO_2(g) \quad \Delta H > 0$$

이 반응에 대하여 1 기압에서 온도에 따른 자유 에너지 변화(ΔG)와 $T\Delta S$를 나타낸 것으로 가장 적절한 것은?

①
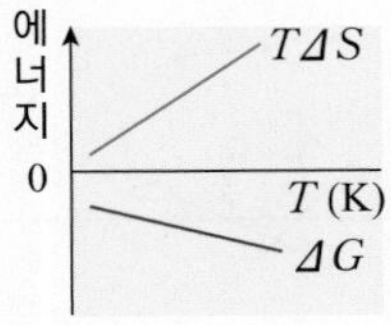

②
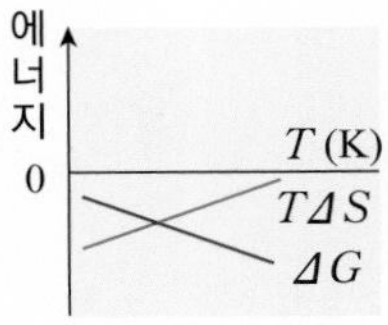

③
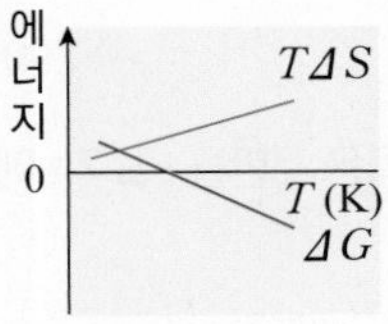

④
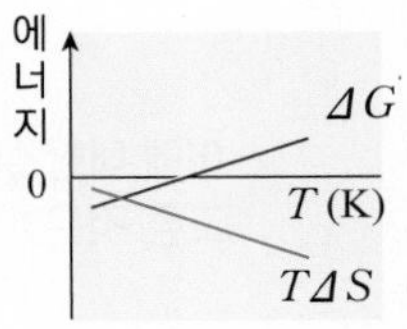

⑤
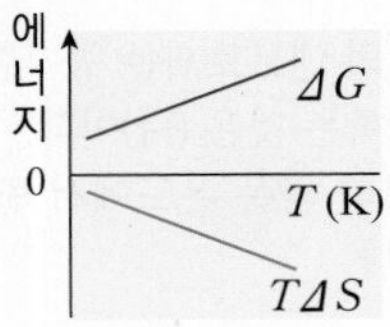

24 그림은 25℃, 1 기압에서 반응 (가) ~ (다)의 ΔH와 $T\Delta S$를 각각 나타낸 것이다

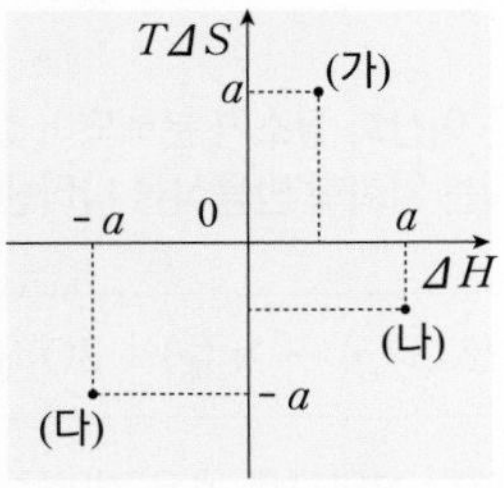

이에 대한 설명으로 옳은 것만을 <보기>에서 있는 대로 고른 것은?

<보기>

ㄱ. 25℃에서 (가)는 자발적으로 일어난다.
ㄴ. 25℃에서 (나)는 엔트로피가 감소하는 반응이다.
ㄷ. (다)는 온도와 관계없이 ΔG가 0보다 크다.

① ㄴ ② ㄷ ③ ㄱ, ㄴ ④ ㄱ, ㄷ ⑤ ㄴ, ㄷ

심화

25 아래의 표준 생성 자유 에너지를 이용하여 $C_3H_8(g)$가 연소되는 반응의 표준 자유 에너지 변화(kJ)를 구하시오.

물질	표준 생성 자유 에너지(kJ/mol)
$C_3H_8(g)$	-24
$CO_2(g)$	-390
$H_2O(l)$	-240

26 다음 표는 각 반응 생성 물질의 25℃, 1 기압에서 표준 생성 엔탈피와 엔트로피를 나타낸 것이다. 25℃에서 페놀($C_6H_5OH(s)$) 연소 반응의 자유 에너지를 구하시오.

물질	$\Delta H°$(kJ/mol)	$\Delta S°$(J/K · mol)
$C_6H_5OH(s)$	-164	145.5
$O_2(g)$	0	205
$CO_2(g)$	-393	214
$H_2O(g)$	-242	188

27 다음은 유독 가스인 포스겐이 생성되는 반응이다. 다음 반응이 자발적으로 일어나기 위한 온도의 범위를 구하시오.

$$CO(g) + Cl_2(g) \rightarrow COCl_2(g)$$
$$\Delta H = -108.3 \text{ kJ},\ \Delta S = -137 \text{ J/K}$$

28 $C_2H_5OH(l)$의 증발이 자발적으로 일어나려면 온도를 몇 ℃ 이상으로 높여야 하는가? (단, $C_2H_5OH(l)$ 의 ΔH = 38.7 kJ 이고, ΔS = 110 J/K이다.)

29 다음 그림은 온도 T(K) 에서 반응의 진행에 따른 어떤 화학 반응의 자유 에너지를 나타낸 것이다. 다음 물음에 답하시오.

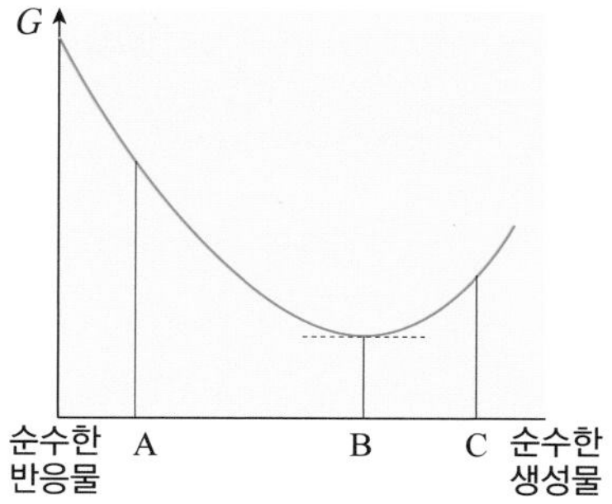

(1) A → B 구간의 반응의 자발성을 예측하시오.

(2) B → C 구간의 반응의 자발성을 예측하시오.

30 다음은 300 K 에서 철의 부식에 대한 열화학 반응식이다. 300 K 에서 다음 반응의 자유 에너지 변화를 구하시오.

$$4Fe(s) + 3O_2(g) \rightarrow 2Fe_2O_3(s)$$
$$\Delta H = -36 \text{ kJ},\ \Delta S = 446 \text{ J/K}$$

31~32 다음 표는 각 반응 물질과 생성 물질의 300 K, 1 기압에서 표준 생성 엔탈피와 엔트로피를 나타낸 것이고, 다음은 철을 제련하는 과정이다. 다음 물음에 답하시오.

$$3Fe_2O_3(s) \rightarrow 2Fe_3O_4(g) + \frac{1}{2}O_2(g)$$

물질	$\Delta H°$(kJ/mol)	$\Delta G°$(kJ/mol)
$Fe_2O_3(s)$	-824.2	-742.2
$Fe_3O_4(g)$	-1118.4	-1015.5
$O_2(g)$	0	0

31 300 K 에서 이 과정의 자유 에너지(ΔG)를 구하고, 자발적인지, 비자발적인지 밝히시오.

32 300 K 에서 이 과정의 ΔS 를 구하시오.

14강 Project 논/구술

이글루에 찬물을 뿌린다? 주제 I

에스키모의 집

이글루는 캐나다, 그린란드, 알래스카, 시베리아 등 추운 지방의 에스키모(이누이트족)가 짓는 얼음 집을 말한다. 원래는 목재, 석재, 가죽 등으로 만든 다양한 집을 모두 뜻하는 말이었지만 얼음 집이 유명해지면서 눈으로 만든 얼음 집의 고유 명사처럼 쓰이고 있다.

▲ 에스키모의 얼음집인 이글루

눈과 얼음으로 만드는 이글루

눈과 얼음으로 만든 이글루는 만드는 과정이 단순하다. 눈과 눈 칼, 영하 30 ~ 40℃의 차가운 공기를 가지고 2시간 가량이면 지름 5m의 이글루를 짓는데 충분하다. 눈덩이를 폭 50 ~ 60cm 길이의 벽돌모양으로 잘라 둥근 지붕 모양이 되게 쌓아 올린 후 문을 닫고 안에서 램프를 켜거나 가벼운 난방을 해서 실내 온도를 높인다. 내부의 눈 벽돌이 녹을 때 천정이 둥근 원형을 띄고 있기 때문에 녹은 눈은 바닥으로 떨어지지 않고 벽을 타고 흐르게 된다. 잠시 뒤 난방을 끄고 문을 열어 외부의 찬 공기가 실내로 들어오게 하면 녹아 내리던 눈이 순식간에 얼어붙어 눈 벽돌들을 강력하게 접착시킴으로써 이글루가 완성된다.

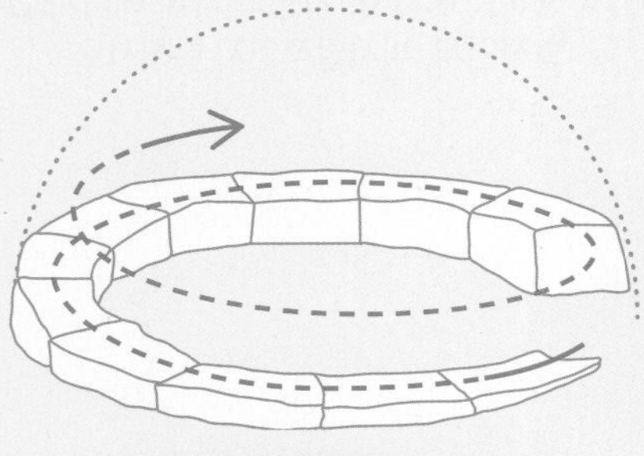

▲ 이글루의 눈벽들을 쌓는 방법

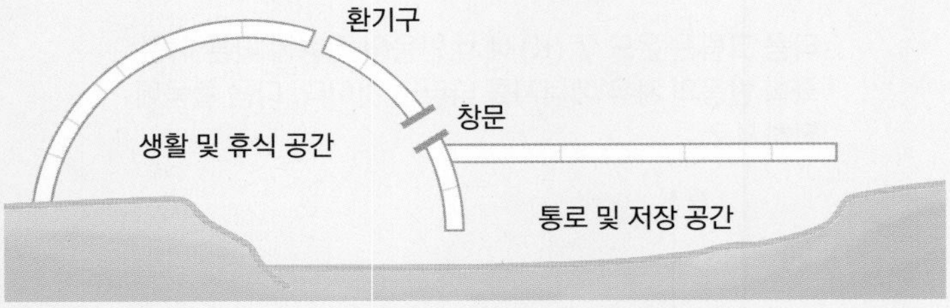

▲ 이글루의 구조

이글루 내의 실내 온도 높이기

이글루 안은 별다른 난방을 하지 않아도 영상 5℃ 정도의 기온을 유지한다. 눈 알갱이는 사이사이에 공기를 많이 지니고 있어 스타이로폼처럼 열이 빠져나가는 것을 방지하는 단열재로서의 역할을 하기 때문이다. 비슷한 원리로 겨울에 눈이 많이 오면 다음해 보리 농사가 풍년이라는 말이 있는데, 밭이 눈으로 덮이면 보리 싹이 외부의 찬바람으로부터 보호되어 보다 따뜻한 겨울을 날 수 있기 때문이다.

또한, 추운 날이면 에스키모들은 이글루 내부 벽에 물을 뿌린다. 추운 날씨에서 물을 뿌리면 단번에 얼어버려 더 추워질 것 같지만 그렇지 않다. 물이 얼 때 자체의 열을 내보내는 발열 반응을 일으키기 때문이다. 따라서 물이 어는 동안 주위의 온도는 오히려 따뜻해진다.

흡열, 발열 반응

물을 뿌려 이글루 내부를 따뜻하게 만드는 방법은 물의 발열 반응을 이용한 것이다. 얼음이 녹을 때나 물이 수증기로 증발할 때 주위의 열을 흡수하고, 수증기가 물방울이 될 때나 물이 얼음으로 얼 때 열을 방출한다. 이것은 얼음보다 물이, 물보다 수증기가 더 많은 에너지를 가지고 있기 때문이며, 반응 후 생성물이 반응물보다 에너지가 작다면 남은 에너지가 열의 형태로 주위로 방출되고, 이것을 발열 반응이라고 한다.
반대로 반응 후 생성물이 반응물보다 에너지가 크다면 모자란 에너지를 주위에서 열의 형태로 흡수하게 되고, 이것을 흡열 반응이라고 한다.

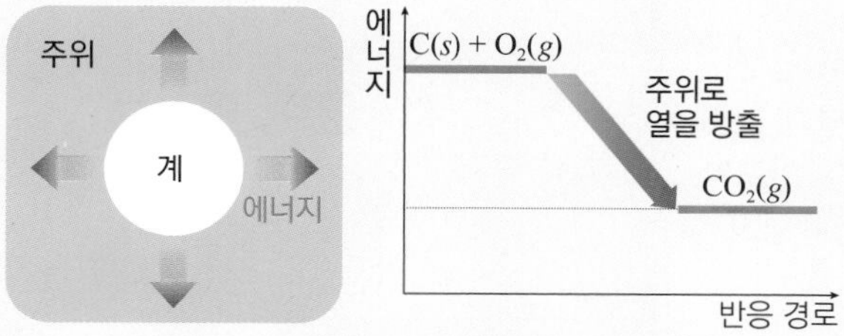

▲ 발열 반응에서 에너지 변화

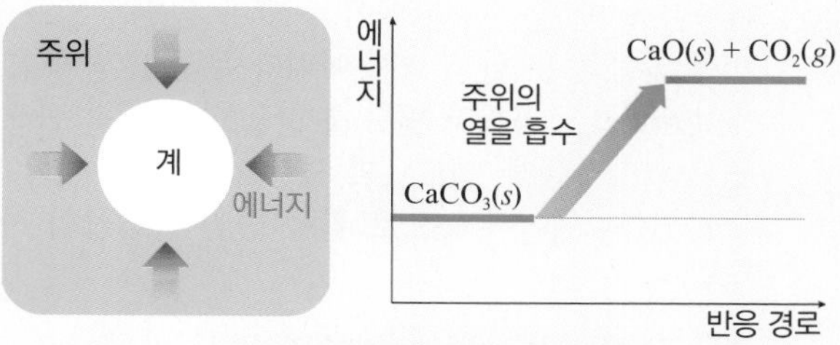

▲ 흡열 반응에서 에너지 변화

또 다른 흡열, 발열 반응의 이용

발열 반응의 다른 예는 겨울철에 체온 조절을 위해 사용하는 핫팩이 대표적이다. 핫팩에 쓰이는 재료는 여러 가지가 있는데, 흔들면 철가루가 공기 중 산소와 반응하여 산화 철이 되면서 열을 내는 고체형과, 불안정한 아세트산 나트륨의 과포화 용액을 똑딱이 금속으로 자극을 주어 고체로 응고시킴으로써 열을 방출하는 액체형이 있다. 액체형 핫팩의 고체 아세트산 나트륨은 뜨거운 물에 잘 녹으므로 재사용이 가능하다. 염화 칼슘에 물주머니가 있어 이를 터뜨려서 염화 칼슘이 물에 녹을 때 방출하는 열을 이용하기도 한다.

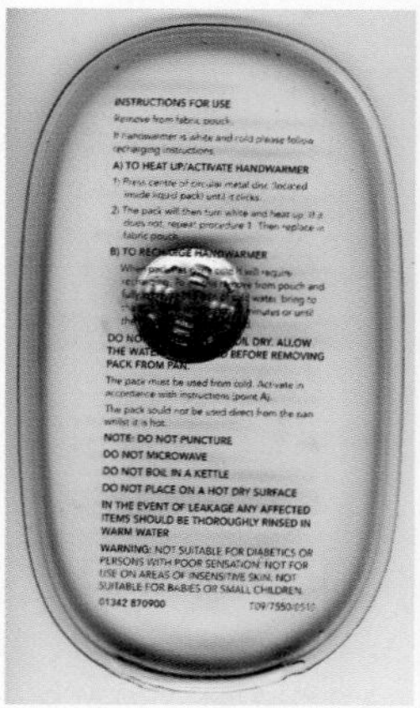

▲ 외부적 충격을 받았을 때 액체에서 고체로 변하면서 발열하는 액체형, 산소와 접촉했을 때 철이 산화하면서 발열하는 고체형 핫팩은 대표적인 발열 반응을 이용한 것이다.

흡열 반응의 예는 질산 암모늄이 물에 녹을 때 열을 흡수하는 것을 이용한 냉찜질용 주머니와 더운 여름날 마당에 물을 뿌리면 물이 증발하면서 주위의 열을 흡수하는 것, 아이스크림 포장에 드라이아이스를 넣어 녹지 않도록 막는 것, 냉장고와 에어컨의 냉매가 기화할 때 공기의 열을 빼앗아서 차갑게 만드는 것 등이 있다.

Q1 완성된 이글루 내부는 열린계, 닫힌계, 고립계 중 어디에 속하는지 그 이유와 함께 쓰시오.

Q2 철가루가 공기 중 산소와 반응하는 산화 과정 중 열을 내는 고체형 핫팩이 있다. 그렇다면 모든 산화 반응을 발열 반응이라 할 수 있을까? 이유를 들어 서술하시오.

엔트로피 사랑은 큰 걸까 주제 Ⅱ

엔트로피(Entropy) 사랑

▲ 엔트로피 사랑의 강렬한 음원 자켓

과학자들이 '발렌타인 데이'를 맞아 음원을 발표했다. 음악 취미를 갖고 있는 한 두명이 아니라 무려 12명이나 모여서 'The Scienctist - 과학자 밴드'를 만들고, 노래를 발표하였다. 노래명도 과학자답게 '엔트로피 사랑'이다. 현직 대학 교수, 연구자, 과학커뮤니케이터 등으로 활동 중인 사람들의 사랑과 열정을 담았다.

엔트로피(Entropy)는 열역학 제 2법칙의 개념으로 무질서도를 나타내는 척도이며, 우주 전체를 통틀어 결코 줄어들지 않고 항상 증가하는 것이 특징이다. '마치 퍼도 퍼도 줄지 않는 사랑과도 같다.'는 의미에서 엔트로피 사랑이라는 이름이 붙었다.

총 800만 다운로드의 팟캐스트 '과학하고 앉아있네'를 만드는 '과학과 사람들'이 작사를 담당하여 과학자들이 노래를 불렀는데, 빅뱅, 초신성 폭발, 빛의 속도, 진화 같은 단어들을 가사에 넣어 사랑을 얘기하는 재미있는 노래가 나왔다.

엔트로피가 뭐길래

엔트로피가 뭐길래 이를 사랑에도 빗대게 되는 걸까? 엔트로피는 무질서도를 나타내는 척도로, 무질서도가 감소하는 과정보다 무질서도가 증가하는 과정이 일어날 확률이 크기 때문에 자연적으로 일어나는 모든 현상은 무질서도가 증가하는 방향인 엔트로피가 낮은 상태에서 높은 상태로 변화하게 된다. 이는 방 정리에도 비유할 수 있는데, 방의 물건들이 모두 제자리에 정리되어 있는 상황은 엔트로피가 낮다. 하지만 생활을 하다 보면 자연스럽게 방의 물건들이 어질러지고 자리가 바뀌게 되는데, 이는 무질서도가 높아지는 것을 의미한다. 방을 정리하려면 자연스러운 방향과 반대로 가야하므로 '에너지'가 필요하게 되듯이, 엔트로피를 줄이기 위해서는 반드시 '에너지'가 필요하게 된다. 즉, '에너지'가 별도로 들어오지 않는 한 엔트로피는 계속해서 증가하게 된다.

▲ 무질서도의 크기 비교

엔트로피 법칙(열역학 제 2법칙)

엔트로피 법칙은 엔트로피가 항상 더 높아지는 방향으로 나아가기 때문에 운동 에너지는 100% 열에너지로 전환될 수 있지만, 열에너지는 100% 운동 에너지로 전환될 수 없다. 그리고 열은 항상 높은 온도의 물체에서 낮은 온도의 물체로만 흘러간다는 것을 의미한다.

▲ 엔트로피가 끝없이 증가하는 우주

우주의 엔트로피는 무한대로 커질까

열역학 제 2법칙에 의해 우주가 가진 엔트로피는 계속해서 커지고, 우주의 원자들은 갈수록 무질서해진다. 만약, 엔트로피가 최대로 커져서 원자와 분자의 무질서도가 더 이상 커지지 않을 때까지 흩어지고 안정되면 물질의 밀도가 희박해져 입자들로 이루어진 묽은 수프처럼 될 것이다. 이런 최종 상태를 가리켜 '열역학적 사망'이라 하며, 언젠가 올 수도 있는 우주의 종말 이론 중 하나이다.

Q3 엔트로피가 계속해서 증가하는 이유는 무엇인가?

Q4 엔트로피가 최대로 증가하여 우주가 '열역학적 사망'을 하는 과정에서 지구에는 어떤 변화가 있을지 서술해 보자.

탐구 헤스 법칙

[준비물]
스타이로폼 컵, 온도계, 눈금 실린더, 비커, 눈금 스포이트, 젓개, 수산화 나트륨, 증류수, 1M 염산

[경로 1]
(가) 스타이로폼 컵에 증류수 100mL를 넣고 잠시 후 온도를 측정한다.
(나) 수산화 나트륨(NaOH) 4.0g을 과정 (가)의 스타이로폼 컵에 넣은 후, 젓개로 저어 주면서 30초마다 용액의 온도를 측정한다.
(다) 과정 (나)의 수용액 50mL를 비커에 넣은 후, 찬물이 들어 있는 큰 비커 속에서 식힌다.
(라) 1M 염산(HCl) 50mL를 다른 비커에 넣고 과정 (다)의 수산화 나트륨 수용액과 같은 온도가 되도록 한다.
(마) 과정 (다)의 수산화 나트륨 수용액과 과정 (라)의 1M 염산을 스타이로폼 컵에 넣어 섞은 후, 30초마다 혼합 용액의 온도를 측정한다.

[경로 2]
(가) 스타이로폼 컵에 1M 염산(HCl) 100mL를 넣고 온도를 측정한다.
(나) 염산이 들어 있는 스타이로폼 컵에 수산화 나트륨(NaOH) 4.0g을 넣고, 30초마다 혼합 용액의 온도를 측정한다.

<경로 1>

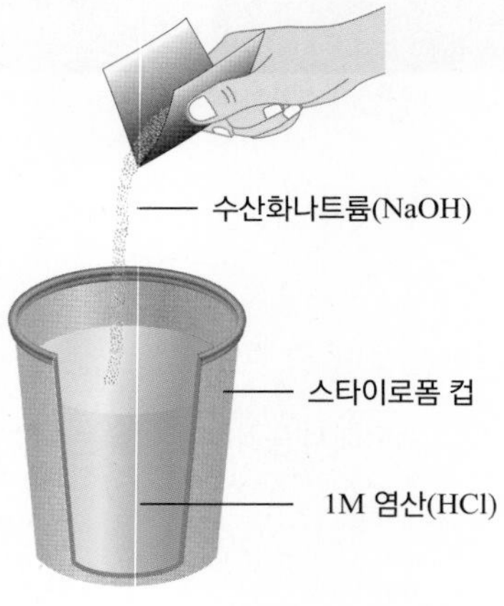

<경로 2>

〈각 과정에서 수용액의 온도 변화 측정〉

경과시간(초)		0	30	60	90	120	150	180
경로 1	과정 (나)(℃)	20	22.5	24.1	25.6	26.8	27.6	27.6
	과정 (마)(℃)	20	22.3	23.7	24.5	25.6	26.4	26.4
경로 2	과정 (나)(℃)	20	24.8	28.2	33.5	37.3	39.8	39.8

자료 해석 및 일반화

Q1 [경로 1]과 [경로 2]의 반응을 화학 반응식으로 나타내시오.

Q2 위 경로에서 물이나 수용액의 밀도를 모두 1g/mL 이라 가정하고 수용액의 비열(4.18J/g·℃)을 이용하여 각각 [경로 1]과 [경로 2]의 반응열이 몇 kJ인지 계산하시오. (단, 소수점 셋째자리에서 반올림하시오.)

Q3 위 문제에서 [경로 1]과 [경로 2]의 반응열이 헤스 법칙에 대해 오차가 나는 이유를 설명해 보시오.

MEMO

창의력과학
세페이드

세상은 재미난 일로
가득 차 있지요!

세페이드 동산에 잘 오셨어요!
잠 좀 깨우지 않기!

무한상상

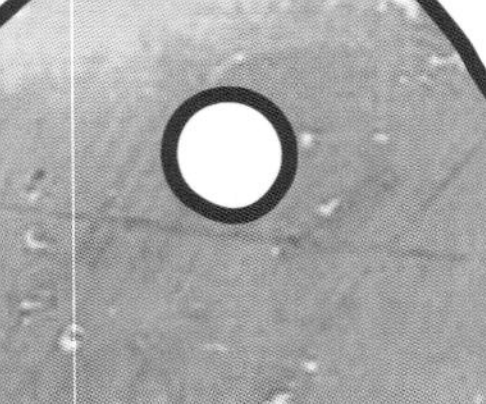

CEPHEID

창/의/력/과/학

세페이드

윤 찬 섭 무한상상 영재교육 연구소

4F. 화학(상)
정답 및 해설

무한상상

무한 상상하는 법

1. 고개를 숙인다.
2. 고개를 든다.
3. 뛰어간다.
4. 무한상상한다.

CEPHEID

창/의/력/과/학

세페이드

4F. 화학(상)
정답 및 해설

윤찬섭 무한상상 영재교육 연구소

cafe.naver.com/creativeini 무한상상

I 다양한 모습의 물질

1강. 분자 간 상호 작용

개념확인	12 ~ 15쪽
1. (1) O (2) X	2. 분산력(반데르 발스 힘)
3. (1) O (2) X	4. 분산력

확인 +			12 ~ 15쪽
1. ③	2. ③	3. ④	4. ②

개념확인

1. 답 (1) O (2) X
해설 (2) 분자량이 비슷할 경우 극성 물질이 무극성 물질보다 끓는점이 높다.

3. 답 (1) O (2) X
해설 (2) 수소 결합 물질은 분자 간 결합력이 강하므로 분자량이 비슷한 다른 물질에 비해 끓는점이 높다.

4. 답 분산력
해설 분산력은 극성 분자 사이와 무극성 분자 사이 등 모든 분자들 사이에 존재한다.

확인 +

1. 답 ③
해설 쌍극자-쌍극자 힘은 극성 분자 사이에서 작용한다. ③ 은 극성 분자이고, 나머지는 무극성 분자이다.

2. 답 ③
해설 분자량은 CH_4 < CF_4 < CCl_4 순서로 크다. 분자량이 증가할수록 편극이 쉽게 일어나기 때문에 분산력이 증가하며 끓는점이 높아진다.

3. 답 ④
해설 수소 결합은 F, O, N 원자에 결합된 수소 원자와 이웃한 분자의 F, O, N 원자 사이에 작용하는 분자 간의 인력이다. 따라서 수소 결합을 형성하는 물질은 HF 이다.

4. 답 ②
해설 공유 결합은 원자 사이에 이루어지는 결합이다.

개념다지기			16~ 17 쪽
01. ④	02. ④	03. ③	04. ⑤
05. ②	06. ⑤	07. ②	08. ①

01. 답 ④
해설 F_2, Cl_2, I_2 는 모두 무극성 분자이므로 분자 간에 분산력만 작용한다. 분산력은 분자량이 증가할수록 커지므로 끓는점은 $F_2 < Cl_2 < I_2$ 이다.

02. 답 ④
해설 ④ 쌍극자-쌍극자 힘은 극성 분자 사이에 작용하는 힘이다.

03. 답 ③
해설 CH_4, SiH_4, GeH_4, SnH_4 은 모두 14족 원소의 수소 화합물로 분자가 대칭 구조를 이루어 쌍극자 모멘트의 크기가 0이 되므로 무극성 물질이다. 무극성 물질의 끓는점은 분산력의 크기에 따라 달라진다.

04. 답 ⑤
해설 분산력은 분자량이 클수록 증가한다. I_2 의 분자량이 가장 크므로 분산력이 가장 크다.

05. 답 ②
해설 (가) 오쏘-다이클로로벤젠은 극성 분자이고, (나) 파라-다이클로로벤젠은 분자가 대칭 구조여서 쌍극자 모멘트의 크기가 0이 되므로 무극성 분자이다. 따라서 극성 분자인 (가) 의 끓는점이 더 높다.

06. 답 ⑤
해설 수소 결합을 하는 물질은 분자 사이의 힘이 크므로 비열이 크고, 녹는점과 끓는점이 높으며 증발열이 크고 증기 압력이 작다.

07. 답 ②
해설 수소 결합은 F, O, N 와 수소가 직접 결합한 화합물에서 나타나는 분자 사이의 힘이다. CH_4 는 전기 음성도가 큰 F, O, N 원자를 포함하지 않고 CH_3OCH_3 는 O 와 H 가 결합하지 않으므로 분자 사이에 수소 결합을 형성하지 않는다.

08. 답 ①
해설 HF 가 분자량이 가장 작은데 끓는점이 가장 높은 것은 수소 결합을 하고 있기 때문이다. 또한 HCl < HBr < HI 순서로 끓는점이 높은 것은 분자량의 크기에 따른 분산력의 차이 때문이다.

유형익히기 & 하브루타 18 ~ 21 쪽

[유형1-1]	④	01. ④	02. ④
[유형1-2]	④	03. ⑤	04. ①
[유형1-3]	①	05. ④	06. ④
[유형1-4]	③	07. ④	08. ⑤

[유형1-1] 답 ④

해설 ㄱ, ㄴ. 그림 (가)의 A는 극성 분자의 부분적인 양 전하(δ^+)와 인접한 다른 분자의 부분적인 음 전하(δ^-) 사이에 작용하는 인력으로 쌍극자-쌍극자 힘이다. 그림 (나)의 B는 분자가 서로 접근하면서 순간적으로 전자가 한쪽으로 쏠린 순간 쌍극자 사이에 나타나는 분산력이다. 분산력은 분극화된 분자 사이에서는 모두 존재하므로 극성 분자 사이와 무극성 분자 사이에서 모두 나타난다.

ㄷ. HCl는 극성 분자이므로 분자 사이에 쌍극자-쌍극자 힘과 분산력이 모두 작용한다. O_2는 쌍극자 모멘트의 합이 0인 무극성 분자이므로 분자 사이에 분산력만 작용한다. HCl와 O_2의 분자량이 비슷하므로 분산력(B)은 비슷하지만, O_2 분자에는 쌍극자-쌍극자 힘이 작용하지 않으므로 끓는점이 HCl보다 낮다. 따라서 두 물질의 끓는점 차이는 A로 설명할 수 있다.

01. 답 ④

해설 ㄱ. 질소, 산소, 프로페인은 쌍극자 모멘트가 0이므로 무극성 분자이다. ㄴ. 끓는점은 원자들의 결합력이 아닌 분자 사이의 인력과 관계가 있다. 산소가 질소보다 끓는점이 높은 것은 분자량이 커서 분산력이 더 크기 때문이다. ㄷ. 일산화 질소는 산소와 분자량이 비슷하지만 극성 분자이기 때문에 쌍극자-쌍극자 힘이 작용하여 분자 간 인력이 크므로 무극성 분자인 산소보다 끓는점이 높다.

02. 답 ④

해설 ④ 분자 간 인력이 클수록 끓는점이 높아지므로 끓는점이 더 높은 C가 B보다 분자 간 인력이 크다.

① 화합물 A ~ C는 모두 할로젠 수소 화합물인데 결합 길이가 길수록 할로젠 원소의 원자 반지름이 크고, 분자량도 커진다. 따라서 분자량은 결합 길이가 짧은 A가 C보다 작다.

② 분산력은 분자량이 클수록 크다. B의 결합 길이가 C보다 짧으므로 B의 분자량이 더 작고 분산력도 더 작다.

③ 전기 음성도 차이가 클수록 극성의 크기가 크므로 극성의 크기는 B가 A보다 작다.

⑤ 표에서 B와 C를 보면 전기 음성도 차이가 클수록 끓는점이 높아진다고 할 수 없다.

[유형1-2] 답 ④

해설 (가)는 아세톤이고 (나)는 헵테인이다.

ㄱ. (가)는 쌍극자 모멘트의 합이 0이 아니므로 극성 분자, (나)는 분자 구조가 대칭을 이루어 쌍극자 모멘트의 합이 0이므로 무극성 분자이다. ㄴ. (가)의 분자 사이에는 쌍극자-쌍극자 힘, 분산력이 모두 작용한다. ㄷ. 끓는점이 높을수록 분자 사이의 인력이 강하므로 분자 사이의 인력이 더 큰 것은 (나)이다.

03. 답 ⑤

해설 ㄱ. (가)는 n-뷰테인, (나)는 iso-뷰테인이다. (가)와 (나)는 이성질체이므로 분자량은 같다. ㄴ. 분산력은 모든 분자에 존재하므로 (가)와 (나)는 모두 분산력이 존재한다. ㄷ. 표면적이 넓을수록 분자 사이에 접촉 면적이 크므로 분산력이 크고 끓는점이 높다. (가)의 표면적이 (나)보다 넓으므로 끓는점이 더 높다.

04. 답 ①

해설 ㄱ. (가) ~ (라) 모두 끓는점이 25℃보다 낮으므로 25℃에서 기체 상태로 존재한다. ㄴ. 분자 사이에 작용하는 힘이 클수록 물질의 끓는점이 높으므로, 분자 사이에 작용하는 힘은 (가) < (나) < (다) < (라) 순서이다. ㄷ. (라)는 극성 물질이므로 쌍극자-쌍극자 힘과 분산력이 모두 작용한다.

[유형1-3] 답 ①

해설 ㄱ, ㄴ. 에탄올의 분자식은 C_2H_6O이고 아세트 알데하이드의 분자식은 CH_3CHO이다. 따라서 에탄올의 분자량이 더 크므로 분산력도 더 크다. 또한 에탄올은 히드록시기(-OH)를 가지고 있으므로 수소 결합을 형성한다. 따라서 에탄올은 분자간의 인력이 아세트 알데하이드보다 더 세기 때문에 끓는점이 더 높다. ㄷ. (가)는 분자 사이에 작용하는 힘의 종류가 쌍극자-쌍극자 힘, 수소 결합, 분산력으로 3개이다.

05. 답 ④

해설 ㄱ. (가)는 쌍극자-쌍극자 힘이다. HCHO에서 수소 원자는 산소 원자가 아닌 탄소 원자에 결합되어 있으므로 HCHO 분자 사이에는 수소 결합이 형성되지 않는다. ㄴ. (나)는 물 분자와 HCHO 사이의 수소 결합이다. 분자량이 비슷한 경우 분자 간 힘의 크기는 수소 결합이 쌍극자-쌍극자 힘보다 크므로 분자 사이의 힘은 (나)가 (가)보다 크다. ㄷ. HCHO 분자는 평면 삼각형 구조인데 전기 음성도가 큰 산소 원자가 부분적인 음전하를 띠고, 수소 원자가 부분적인 양전하를 띠므로 극성 분자이다.

06. 답 ④

해설 ㄱ. HA는 분자 사이에 수소 결합이 있기 때문에 분자량이 가장 작은데도 끓는점이 가장 높다. ㄴ. 분자량은 B_2가 A_2보다 크므로 분산력이 더 크고 끓는점도 B_2가 A_2보다 높다.

ㄷ. HD가 HC보다 끓는점이 높으므로 분자 간의 인력은 HD가 더 크다.

[유형1-4] 답 ③

해설 ㄱ. (나)는 (다)보다 분자량이 크지만 끓는점은 낮으므로 분자량이 증가할수록 끓는점이 높아진다고 할 수 없다.

ㄴ. (가) 메테인(CH_4)은 쌍극자 모멘트가 0인 무극성 분자이므로 분자 사이에 분산력만 작용한다. ㄷ. 물 분자는 2개의 수

소 원자를 갖고 있어 HF보다 수소 결합 수가 더 많으므로 분자 간 힘이 크고 끓는점이 높다.

07. 답 ④

해설 ④ HF의 끓는점이 HCl의 끓는점보다 높은 것은 HF가 수소 결합을 하기 때문이다.

① H_2O은 한 분자 내에 수소 원자가 2개이므로, 한 분자당 수소 결합의 개수가 2개이고, HF는 한 분자당 수소 결합의 개수가 1개이다.

② SiH_4는 쌍극자 모멘트의 합이 0인 무극성 분자이고, HCl은 극성 분자이다.

③ H_2O 분자는 전기 음성도가 큰 O와 다른 물 분자의 H 사이에 수소 결합이 존재한다.

⑤ HBr는 HCl보다 분자량이 크므로 편극이 더 잘 된다.

08. 답 ⑤

해설 (가)는 아세트 알데하이드, (나)는 프로페인, (다)는 에탄올이다.

ㄱ. (가)는 극성 분자, (나)는 무극성 분자이다. ㄴ. (가)의 끓는점이 (나)보다 높으므로, (가)가 (나)보다 분자 사이의 인력이 더 크다. ㄷ. 수소 결합은 전기 음성도가 큰 F, O, N 원자에 결합한 H 원자와 이웃하는 분자의 F, O, N 원자 사이에 작용하는 강한 인력이다. (다) 분자는 H 원자가 O에 결합되어 있으므로 분자 사이에 수소 결합이 존재한다. (다)가 (나)와 분자량이 비슷하지만 끓는점이 높은 것은 수소 결합 때문이다.

창의력 & 토론마당 22 ~ 27쪽

01 (1) ㄴ (2) ㄹ (3) ㄴ
이유 : 〈해설 참조〉

해설 (1) ㄴ, 종이의 주 재질인 셀룰로오스 속 히드록시기(-OH)는 수소 결합을 이루어 형태를 유지하고 있다. 이때 과량의 물 분자가 들어오면서 수소 결합이 깨졌기 때문에 형태가 변한다.

(2) ㄹ, 탄화수소는 무극성 분자로 분산력만 존재하는데, 분자량이 증가할수록 분산력이 증가하므로 끓는점이 높아진다. 따라서 분자량이 큰 펜테인은 상온에서 액체 상태이고 상대적으로 분자량이 작은 뷰테인은 기체 상태이다.

(3) ㄴ, 메탄올은 전기 음성도가 큰 산소에 수소가 결합되어 있으므로 분자 사이에 수소 결합을 할 수 있어 분자 간 인력이 에테인이나 프로페인보다 매우 크므로 끓는점이 높다.

02 *n*-펜테인 > *iso*-펜테인 > *neo*-펜테인,
표면적이 커서 분산력이 크기 때문이다.

해설 3가지 분자는 이성질체 관계이므로 분자량이 같다. 분자량이 같지만 표면적이 클수록 접촉 면적이 넓어지므로 분산력이 커서 분자 간 인력이 세기 때문에 끓는점이 높아진다.

03 (가) : H_2S, PH_3 > SiH_4 (나) : SiH_4 > CH_4
(다) : NH_3 > CH_4, H_2O > CH_4

해설 (가) SiH_4(분자량 : 32)와 H_2S(분자량 : 34)는 분자량이 비슷하지만, SiH_4는 무극성 분자이고 H_2S는 극성 분자이다. 따라서 H_2S는 분자 사이에 쌍극자-쌍극자 힘이 작용하기 때문에 분산력만 작용하는 SiH_4보다 끓는점이 높다.

(나) 무극성 분자인 CH_4과 SiH_4를 비교하면 SiH_4의 분자량이 CH_4보다 커서 분산력이 크기 때문에 SiH_4의 끓는점이 CH_4보다 높다.

(다) H_2O은 수소 결합을 하기 때문에 분자량이 비슷한 CH_4보다 끓는점이 훨씬 높다. NH_4 또한 수소 결합을 하기 때문에 분자량이 비슷한 CH_4보다 끓는점이 훨씬 높다.

04 (1) 하이드라진에 촉매를 첨가하면 질소와 수소로 분리된다. 이때 고온과 고온의 가스가 로켓의 연료가 된다.
(2) 하이드라진(N_2H_4)의 끓는점이 에틸렌(C_2H_4) 보다 높다. 에틸렌(C_2H_4)은 무극성 분자로 분산력만 존재하고 분자량이 비슷한 하이드라진(N_2H_4)은 분산력, 쌍극자-쌍극자 힘, 수소 결합이 존재하기 때문이다.

해설 하이드라진(N_2H_4)이 분리될 때 고온과 고온의 가스는 로켓의 연료가 된다. 그리고 보관하기 쉽다는 장점이 있다. 하이드라진(N_2H_4)의 분자량은 32이고, 에틸렌(C_2H_4)의 분자량은 28로 분산력은 비슷하다. 에틸렌(C_2H_4)은 무극성 분자이므로 분산력만 존재하지만, 하이드라진은 극성 분자이므로 분산력과 쌍극자-쌍극자 힘이 존재하며 전기 음성도가 큰 N 원자에 수소가 결합해 있으므로 수소 결합도 존재한다. 따라서 하이드라진(N_2H_4)의 끓는점이 에틸렌(C_2H_4)보다 높다.

05 (라) > (나) > (다) > (가),
분자량을 비교하면 (라) > (나) = (다) > (가) 이므로 (라)가 분산력이 가장 커서 끓는점이 가장 높고 (가)가 끓는점이 가장 낮다. (나)는 (다)보다 표면적이 커서 분산력이 크므로 끓는점이 더 높다.

해설 화합물의 끓는점은 분자 간의 인력에 비례한다. 포화 탄화수소는 무극성 분자로 분산력에 의해 끓는점이 결정된다. 탄소 수가 증가하면 분자량이 커져 분산력이 증가하고, 표면적이 증가하면 분자들의 접촉 면적이 증가하므로 분산력이 증가한다.

(라)의 탄소 수가 가장 많으므로 끓는점이 가장 높고, (가)의 탄소 수가 가장 적으므로 끓는점이 가장 낮다. (나)와 (다)의 경우 탄소 수는 같으나 접촉 면적이 (나)가 더 크므로 끓는점이 더 높다.

06 (1) 14족 수소 화합물은 분자량이 클수록 편극이 잘 일어나 분산력이 커지므로 주기가 커질수록 끓는점이 높아진다.

(2) H_2O, HF는 상대적으로 분자량이 작아 분산력이 작지만, 극성 분자여서 쌍극자-쌍극자 힘과 수소 결합을 할 수 있어 분자 사이의 힘이 강하므로 끓는점이 매우 높다.

(3) H_2Te, SbH_3는 분자량이 매우 커서 분산력이 더 크게 작용하기 때문이다.

해설 (1) 같은 족의 수소 화합물은 분자량이 클수록 편극이 잘 일어나 분산력이 커지므로 끓는점이 높아진다.
(2) 같은 족에서 수소 결합을 하는 화합물은 끓는점이 매우 높다.
(3) 수소 결합은 분자 사이의 힘 중에서 강하지만, 분자량 크기 차이가 많이 나는 분자끼리 비교할 경우 분자 사이의 힘을 모두 고려해야 한다.

스스로 실력 높이기 28 ~ 35 쪽

01. 분산력(반데르 발스 힘) 02. (1) X (2) X
03. ③ 04. ② 05. ㄴ, ㄹ
06. (1) O (2) O 07. ④ 08. ②
09. ① 10. ㄱ, ㄹ 11. ④ 12. ⑤
13. ③ 14. ① 15. ② 16. ⑤
17. ① 18. ⑤ 19. ③ 20. ③
21. ② 22. ④ 23. ④ 24. ②
25. (1) ㄴ (2) ㄱ, ㄴ, ㄷ (3) ㄱ, ㄴ 26~27. 〈해설 참조〉
28. 1.85D 29. (1) 2 (2) 4 (3) 1
30. (1) SiH_4 (2) CH_4 (3) NH_3 (4) PH_3 (5) H_2O (6) H_2S
31. (가) : 수소 결합, (나) : 공유 결합 (가) < (나)
32. (1) HI > HBr > HCl > HF
(2) HF > HCl > HBr > HI (3) 〈해설 참조〉

02. 답 (1) X (2) X
해설 (1) 쌍극자-쌍극자 힘은 분자량이 비슷한 무극성 분자 사이에 작용하는 분산력보다 크다.
(2) 무극성 분자는 분자량과 표면적이 클수록 편극이 쉽게 일어나 분산력이 증가하므로 끓는점이 높다.

03. 답 ③
해설 CH_4, SiH_4, GeH_4, SnH_4는 모두 무극성 물질이다. 무극성 물질의 끓는점은 분산력의 크기에 따라 달라진다.

04. 답 ②
해설 수소 결합은 전기 음성도가 큰 F, O, N에 직접 결합한 수소 원자와 F, O, N사이에 작용하므로 H_2O, NH_3, HF, CH_3COOH는 수소 결합을 형성하지만 CH_4는 수소 결합을 형성하지 않는다.

05. 답 ㄴ, ㄹ
해설 ㄱ. Br_2와 F_2는 모두 무극성 물질로 분자량이 클수록 분산력이 크므로 Br_2의 끓는점이 더 높다. ㄴ. HF는 HCl보다 분자량이 작지만 분자 간에 수소 결합을 하므로 끓는점이 높다. ㄷ. PH_3와 SiH_4는 분자량이 비슷하여 분산력의 크기가 비슷한데, PH_3는 극성 물질이므로 쌍극자-쌍극자 힘이 작용하여 무극성 물질인 SiH_4보다 끓는점이 높다. ㄹ. NH_3는 PH_3보다 분자량이 작지만 분자 사이에 수소 결합을 하므로 끓는점이 높다.

06. 답 (1) O (2) O
해설 (1) 수소 결합 물질은 이합체나 다합체를 형성하여 한 분자처럼 행동하기도 한다.

07. 답 ④
해설 HBr, ICl은 극성 분자이므로 분자 사이에 분산력과 쌍극자-쌍극자 힘이 작용한다. CH_3OH, NH_3는 극성 분자이며 분자 사이에 수소 결합을 형성하므로 분산력, 쌍극자-쌍극자 힘, 수소 결합이 작용한다. CO_2는 무극성 분자이므로 분자 사이에 분산력만 작용한다.

08. 답 ②
해설 2주기 수소 화합물 중에서 CH_4는 수소 결합을 형성하지 않기 때문에 분자 사이의 힘이 가장 작다. 수소 결합을 형성하는 화합물 중 H_2O는 분자당 수소 결합 수가 많기 때문에 끓는점이 가장 높다. F는 N보다 전기 음성도가 크기 때문에 HF의 끓는점이 NH_3보다 높다.

09. 답 ①
해설 ① 극성 물질이라고 모두 수소 결합을 하는 것은 아니다. 예를 들어 HCl의 경우 쌍극자 모멘트의 합이 0이 아니므로 극성 물질이지만, 분자 사이에 수소 결합을 하지 않는다.

10. 답 ㄱ, ㄹ
해설

분자	분자량	분자 사이에 작용하는 힘
CO	28	분산력, 쌍극자-쌍극자 힘
N_2	28	분산력
HF	20	분산력, 쌍극자-쌍극자 힘, 수소 결합
H_2O	18	분산력, 쌍극자-쌍극자 힘, 수소 결합
HCl	36.5	분산력, 쌍극자-쌍극자 힘
F_2	38	분산력
Cl_2	71	분산력

ㄱ. CO와 N_2는 분자량이 같으므로 분산력의 크기가 비슷하지만, CO는 극성 분자이므로 쌍극자-쌍극자 힘이 존재하여 분자 사이에 작용하는 힘이 더 크다. ㄴ. H_2O과 HF의 분자량은 비슷하지만 H_2O의 수소 결합 수가 HF보다 더 많으므로 끓는점이 더 높다. ㄷ. HCl가 HF보다 분자량이 크지만, HF는 수소 결합을 형성하므

로 HF의 분자 사이의 힘이 더 크다. ㄹ. F_2과 Cl_2는 모두 무극성 분자이므로 분자량이 큰 Cl_2의 분자 사이의 힘이 더 크다.

11. 답 ④

해설 3 가지 화합물 중에서 물에 대한 용해도가 가장 큰 것은 수소 결합을 하고 있는 CH_3CH_2OH이다. 또한 일반적으로 극성 물질은 극성 용매에 잘 녹고, 무극성 물질은 무극성 용매에 잘 녹는다. 따라서 두 번째로 물에 대한 용해도가 큰 물질은 $CHCl_3$이다.

12. 답 ⑤

해설 ⑤ HCN는 수소 결합을 형성하지 않는다. HCN는 극성 물질이고, $CH_3CH_2CH_3$은 무극성 물질이기 때문에 HCN의 끓는점이 더 높다.

① 극성 물질은 HCN 1 가지이다.

② N_2는 무극성 물질이므로 쌍극자 모멘트가 0이다.

③ SiH_4는 무극성 물질이므로 분산력만 있다.

④ SiH_4와 N_2는 모두 무극성 분자이므로 분산력만 존재한다. 분자량이 증가할수록 분산력이 커져 끓는점이 높아지므로 분자량이 더 큰 SiH_4가 N_2보다 끓는점이 더 높다.

13. 답 ③

해설 ㄱ. 할로젠 분자 중에서 F_2는 I_2보다 분자량이 작아 분산력이 작으며 F_2는 상온에서 기체 상태로, I_2는 분산력이 커서 상온에서 고체 상태로 존재한다. ㄴ. HCl는 극성 분자로 분자 사이에 분산력과 쌍극자-쌍극자 힘이 작용한다. ㄷ. NH_3의 끓는점이 PH_3보다 높은 것은 수소 결합 때문이다.

14. 답 ①

해설 ㄱ. 쌍극자 모멘트의 합이 0이라고 했으므로 (가) ~ (마) 모두 무극성 물질이다. ㄴ. 끓는점이 25℃보다 낮은 물질은 25℃에서 기체로 존재하므로 (가), (나), (다), (라)는 25℃에서 기체이다. ㄷ. 분자 사이에 작용하는 힘이 클수록 끓는점이 높으므로 (마)가 분산력이 가장 크다.

15. 답 ②

해설 ① NH_3는 수소 결합을 하는 극성 분자이므로 분자 사이에 분산력, 쌍극자-쌍극자 힘, 수소 결합이 존재한다.

② HF 의 끓는점이 NH_3보다 높으므로 HF 분자 사이의 힘이 NH_3의 분자 사이의 힘보다 크다.

③ H_2O이 HF보다 끓는점이 높은 것은 H_2O의 수소 결합 수가 HF의 수소 결합 수의 2배이기 때문이다.

④ 끓는점은 분자 사이의 힘에 의해서 결정되므로 원자 사이의 결합력인 공유 결합 에너지와는 관련이 없다.

⑤ NH_3와 H_2O는 모두 수소 결합을 하며, 수소 결합의 세기는 수소에 결합한 원소의 전기 음성도에 따라 결정된다. O의 전기 음성도가 N의 전기 음성도보다 크기 때문에 H_2O과 NH_3의 수소 결합력이 NH_3의 수소 결합력보다 크다.

16. 답 ⑤

해설 ㄱ. CI_4의 끓는점이 가장 높으므로 분자 사이에 작용하는 힘의 크기가 가장 크다. ㄴ. 할로젠 탄소 화합물은 모두 무극성 분자이므로 분산력만 작용하며, 분자량이 클수록 분산력이 커져서 끓는점이 증가한다. ㄷ. HF는 HCl보다 분자량이 작지만 수소 결합을 하기 때문에 끓는점이 높다.

17. 답 ①

해설 ㄱ. 에탄올과 폼산은 모두 극성이므로 잘 섞인다. ㄴ. 아세트 알데하이드에서 H 원자는 전기음성도가 큰 O 원자에 직접 붙어 있지 않고 모두 C 원자와 결합하고 있다. 따라서 아세트 알데하이드는 분자 사이에 수소 결합을 하지 않는다. ㄷ. 에탄올과 아세트 알데하이드는 분자량이 비슷하고 모두 극성이지만 에탄올이 끓는점이 더 높다. 이는 에탄올이 하이드록시기(-OH)를 가지고 있어서 수소 결합을 하기 때문이다.

18. 답 ⑤

해설 A는 F_2, B는 Cl_2, C는 HF, D는 HCl이다.

ㄱ. 분자량은 A(F_2)가 C(HF)보다 크다. ㄴ. 쌍극자-쌍극자 힘은 극성 분자인 D(HCl)가 무극성 분자인 B(Cl_2)보다 크다. ㄷ. B가 D보다 끓는점이 높은 이유는 B의 분자량이 D보다 커서 분산력이 더 크기 때문이다.

19. 답 ③

해설 ㄱ. 일반적으로 분자의 극성이 커질수록 쌍극자-쌍극자 힘이 커지므로 끓는점이 높다. 그러나 할로젠화 수소 화합물의 경우 분자의 극성의 크기는 HF > HCl > HBr 순으로 크지만 끓는점은 HF > HBr > HCl 순으로 높다. ㄴ. HBr가 HCl보다 끓는점이 높은 것은 HBr의 분자량이 HCl보다 커서 분산력이 크기 때문이다. ㄷ. HF는 분자 사이에 수소 결합을 하므로 HBr보다 끓는점이 높다.

20. 답 ③

해설 (가)는 NH_3, (나)는 PH_3, (다)는 AsH_3, (라)는 SbH_3이다.

ㄱ. NH_3는 수소 결합을 하여 분자량이 작지만 끓는점이 높다.

ㄴ. (라)가 (가)보다 끓는점이 높은 것은 분자량이 커서 분산력이 크기 때문이다. ㄷ. (다)가 (나)보다 끓는점이 높은 것은 분자량이 커서 분산력이 크기 때문이다. 쌍극자-쌍극자 힘은 극성의 크기가 큰 (나)가 (다)보다 크다.

21. 답 ②

해설 A ~ D는 2 ~ 3주기 원소이고 각각의 화학식과 분자량, 끓는점을 비교해 보면 각 원소를 알 수 있다. A의 수소 화합물의 화학식은 AH_4이고 B의 수소 화합물의 화학식은 BH_4이므로 A와 B는 14족 원소인 C나 Si 중의 하나이다. BH_4의 분자량이 AH_4보다 크므로 B는 3주기인 Si, A는 2주기인 C임을 알 수 있다. H_2C와 H_2D는 O나 S 중 하나인데 H_2D의 끓는점이 많이 높은 것으로 보아 H_2D는 수소 결합을 하고 있는 H_2O이므로 H_2C는 H_2S이다.

ㄱ. $H_2D(H_2O)$는 2주기, $H_2C(H_2S)$는 3주기 이므로 x는 34보다 작다.

ㄴ. AH_4와 BH_4는 대칭형 구조로 무극성 분자이므로 분산력만 작

용한다. AH_4 의 분자량이 BH_4 의 분자량보다 작아 분산력이 작으므로 끓는점 y는 -112.0보다 작다.
ㄷ. BH_4의 끓는점이 H_2C보다 낮으므로 분자 사이의 힘은 더 작다.

22. 답 ④
해설 분자량은 CX_4 < CY_4 < CZ_4이므로 X는 F, Y는 Cl, Z는 Br이다.
ㄱ. CX_4의 분자량이 CZ_4보다 작으므로 분산력도 더 작다. ㄴ.할로젠화 수소 HX(HF)는 H가 전기 음성도가 큰 F와 결합하고 있으므로 분자 사이에 수소 결합을 한다. ㄷ. 할로젠화 수소의 쌍극자-쌍극자 힘은 할로젠 원소의 전기 음성도가 클수록 커진다. 할로젠 원소의 전기 음성도는 F > Cl > Br 이므로 쌍극자-쌍극자 힘은 HY(HCl)가 HZ(HBr)보다 더 크다.

23. 답 ④
해설 ㄱ. 탄소 사이의 2중 결합은 단일 결합보다 결합력이 더 강하고 탄소 사이 2중 결합 길이(d_1)는 단일 결합 길이(d_2)보다 짧다.
ㄴ. (나)는 극성 분자이므로 쌍극자 모멘트의 합이 0이 아니다.
ㄷ. (가)는 히드록시기(-OH)를 가지고 있고, (나)는 아미노기($-NH_2$)를 가지고 있으므로 (가)와 (나) 모두 분자 사이에 수소 결합을 한다.

24. 답 ②
해설 같은 족인 할로젠 원소는 원자 번호가 작을수록 전기 음성도가 크므로 할로젠화 수소에서 전기 음성도 차이가 클수록 할로젠 원소의 원자 번호는 작다. 따라서 원자 번호는 D < C < B < A이므로 D는 F, C는 Cl, B는 Br, A는 I이다.
ㄱ. HA의 분자량이 HB의 분자량보다 크므로 분산력은 HA가 더 크다. ㄴ. 액체 상태에서 분자 사이의 힘은 끓는점이 높을수록 크므로 끓는점이 더 높은 HB가 HC보다 분자 사이의 힘이 더 크다.
ㄷ. HD가 HA보다 분자량이 작아 분산력이 작음에도 끓는점이 높은 것은 HD 분자 사이의 수소 결합 때문이다.

25. 답 (1) ㄴ (2) ㄱ, ㄴ, ㄷ (3) ㄱ, ㄴ
해설 (1) CH_4은 무극성 분자이므로 분산력만 작용한다.
(2) NH_3는 전기 음성도가 큰 N 원자에 H 원자가 직접 결합하고 있으므로 수소 결합을 할 수 있다. NH_3는 극성 분자이므로 분자 사이에 쌍극자-쌍극자 힘과 분산력도 작용한다.
(3) HCl는 극성 분자이므로 분자 사이에 쌍극자-쌍극자 힘과 분산력이 존재한다.

26. 답 〈해설 참조〉
해설 3~5주기에서는 주기가 커질수록 분자량이 커져 분산력이 증가하기 때문에 끓는점이 증가한다. 2주기인 HA는 수소 결합을 하기 때문에 분자량이 작지만, 끓는점이 높다.

27. 답 〈해설 참조〉
해설 HI는 극성 분자이므로 분자 사이에 분산력과 쌍극자-쌍극자 힘이 존재하고 I_2는 무극성 분자이므로 분산력만 존재한다. 하지만 I_2의 분자량이 HI보다 훨씬 커 I_2 분자 사이의 분산력이 HI 분자 사이의 힘보다 더 우세하기 때문에 I_2 의 끓는점이 HI보다 높다.

28. 답 1.85D
해설

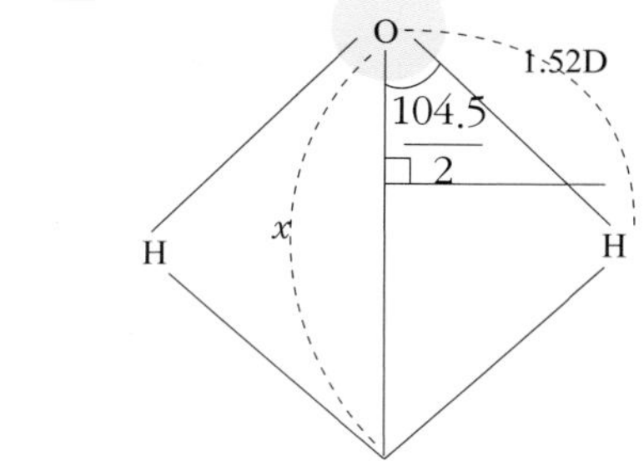

x를 쌍극자 모멘트 합이라고 하면 O-H 결합의 쌍극자 모멘트의 2배가 쌍극자 모멘트 합(x)이 된다.

$$x = 2 \times 1.52D \times \cos(\frac{104.5}{2}) \fallingdotseq 1.85D$$

29. 답 (1) 2 (2) 4 (3) 1
해설 (가)는 H_2O, (나)는 H_2S, (다)는 SiH_4, (라)는 GeH_4이다.
(1) 14족 원소의 수소 화합물은 무극성 분자이고, 16족 원소의 수소 화합물은 극성 분자이므로 분자 사이에 쌍극자-쌍극자 힘이 존재하는 것은 (가), (나)로 2개이다.
(2) 분산력은 모든 분자 사이에 작용하는 힘이므로 총 4개이다.
(3) (가)~(라)에서 분자 사이에 수소 결합은 (가) H_2O만 존재하므로 1개이다.

30. 답 (1) SiH_4 (2) CH_4 (3) NH_3
(4) PH_3 (5) H_2O (6) H_2S
해설 X는 C, N, O, Si, P, S에 해당한다고 하였으므로 수소 화합물은 CH_4, NH_3, H_2O, SiH_4, PH_3, H_2S이다. 이 중 끓는점이 가장 높은 것은 H_2O이므로 e는 H_2O이다. f는 e와 같은 족이므로 H_2S이다. c와 d에서 끓는점이 높은 c는 수소 결합을 하는 NH_3이고, d는 수소 결합을 하지 않는 PH_3이다. CH_4과 SiH_4는 무극성 분자이며, 분자량이 클 수록 분자 사이에 인력이 커져 끓는점이 높아지므로 a는 분자량이 큰 SiH_4이고 b는 CH_4이다.

31. 답 (가) : 수소 결합, (나) : 공유 결합 (가) < (나)
해설 (가)는 수소 원자와 다른 분자의 산소 원자 사이의 결합인 수소 결합이고, (나)는 질소 원자와 수소 원자 사이의 공유 결합이다. 공유 결합은 원자 간에 전자를 공유하면서 형성된 결합이지만, 수소 결합은 서로 다른 분자 간의 결합이므로 공유 결합의 세기가 수소 결합보다 더 세다.

32. 답 (1) HI > HBr > HCl > HF
(2) HF > HCl > HBr > HI
(3) 〈해설 참조〉
해설 (1) 분산력은 분자량이 클수록 증가하므로 할로젠 원소의 원자량이 큰 순서대로 할로젠 수소 화합물의 분산력이 크다.
(2) 할로젠 수소 화합물 분자 사이의 쌍극자-쌍극자 힘은 할로젠 원소의 전기 음성도가 클수록 크다.
(3) HF의 끓는점이 가장 높은 것은 수소 결합을 하기 때문이고 나머지 3개의 분자의 경우에는 분산력이 쌍극자-쌍극자 힘보다 더 큰 효과를 주기 때문에 분산력이 클수록 끓는점이 높다.

2강. 기체 1

개념확인 36 ~ 41 쪽

1. 760	2. 온도, 반비례	3. 절대 온도
4. 50	5. 기체 상수	6. 이상 기체

확인 + 36 ~ 41 쪽

1. >	2. 4	3. 273	4. 22.4
5. 이상 기체 상태 방정식		6. 압력, 온도	

개념확인

2. 답 온도, 반비례

해설 보일 법칙 : 일정한 온도에서 일정량의 기체의 부피는 압력에 반비례한다.

4. 답 50

해설 보일 - 샤를의 법칙에 의하면 일정량의 기체의 부피(V)는 압력(P)에 반비례하고, 절대 온도(T)에 비례한다.

$\frac{P_1V_1}{T_1} = \frac{P_2V_2}{T_1}$ 이다. $\frac{1 \text{ atm} \times 100 \text{ mL}}{273 \text{ K}} = \frac{4 \text{ atm} \times V_2 \text{ mL}}{(273 + 273) \text{ K}}$

따라서 $V_2 = 50$ mL이다.

확인 +

1. 답 >

해설 대기압 쪽 관의 수은 기둥의 높이가 h 만큼 더 높으면 기체의 압력이 대기압보다 더 높다.

기체의 압력 = 대기압(760 mmHg) + h(mmHg)

2. 답 4

해설 보일 법칙에 의하면 일정한 온도에서 일정량의 기체의 부피(V)는 압력(P)에 반비례하므로 $P_1V_1 = P_2V_2$이다.

1 기압 × 60 mL = P_2 × 15 mL, 따라서 P_2 = 4 기압이다.

3. 답 273

해설 샤를 법칙에 의하면 일정한 압력에서 일정량의 기체의 부피(V)는 절대 온도(T)에 비례하므로 $\frac{V_1}{T_1} = \frac{V_2}{T_2}$이다.

$\frac{300 \text{ mL}}{273 \text{ K}} = \frac{600 \text{ mL}}{T_2 \text{ K}}$, 따라서 T_2 = 546 K(= 273 ℃) 이다.

4. 답 22.4

해설 기체 1몰(6.02×10^{23})은 0 ℃, 1 기압에서 22.4 L 의 부피를 갖는다. 산소 32 g 은 $\frac{32 \text{ g}}{32 \text{ g/mol}}$ = 1 mol 이므로 22.4 L 의 부피를 갖는다.

6. 답 압력, 온도

해설 기체의 압력이 낮을수록 온도가 높을수록 분자 사이의 거리가 멀어져서 인력이나, 반발력을 무시할 수 있으므로 이상 기체에 가깝다.

개념다지기 42 ~ 43 쪽

01. ⑤	02. ②	03. ①	04. ②
05. ③	06. 48	07. 30	08. ④

01. 답 ⑤

해설 ㄱ. 토리첼리의 실험 결과 유리관을 기울이거나, 굵기를 변화시켜도 760 mm 까지 수은이 내려오다가 멈춘다. 수은의 높이가 760 mm 일 때, 대기압과 수은이 누르는 압력이 같기 때문이다. ㄴ. 용기 속에 들어 있는 기체의 압력은 수은이 들어 있는 U자관 장치로 측정할 수 있다. 양쪽 관의 수은 기둥의 높이가 같으면 기체의 압력과 대기압이 같다. ㄷ. P(압력) = $\frac{F(\text{힘})}{S(\text{힘이 작용한 면적})}$ = $\frac{200 \text{ N}}{20 \text{ m}^2}$ = 10 N/m^2 = 10 Pa 이다.

02. 답 ②

해설 보일의 법칙에 의하면 일정한 온도에서 일정량의 기체의 부피(V)는 압력(P)에 반비례하므로 $P_1V_1 = P_2V_2$이다.

1 기압 × 10 L = $\frac{190 \text{ mmHg}}{760 \text{ mmHg}}$ × V_2 L , V_2 = 40 L 이다.

03. 답 ①

해설 일정한 부피에서 온도가 올라가면 기체 분자의 속도가 빨라져서 기체의 압력이 증가한다. 용기 속에 들어 있는 헬륨 기체의 분자 수는 변하지 않고, 강철 용기이므로 부피가 변하지 않는다. 헬륨 기체의 분자 수가 변하지 않으므로 헬륨 기체의 질량도 변하지 않는다. 따라서 분자의 평균 거리와 밀도 = $\frac{\text{질량}}{\text{부피}}$ 는 변하지 않는다.

04. 답 ②

해설 ㄱ. 압력이 일정할 때 일정량의 기체의 부피는 온도가 높을수록 증가하므로 서로 다른 온도에서 기체의 압력과 부피 관계 그래프를 그리면, 온도가 높아 부피가 큰 그래프가 위쪽에 위치한다. 따라서 (가)의 온도는 $T_1 < T_2$이다. ㄴ. A와 B에서 기체의 온도가 다르므로 기체 분자의 평균 속력이 다르다. ㄷ. C가 D보다 부피가 크므로 기체 분자 사이의 평균 거리는 C가 D보다 크다.

05. 답 ③

해설 실험 (가)와 (나)를 비교하면 기체의 부피는 절대 온도에 비례한다. 실험 (나)와 (다)를 비교하면 기체의 부피는 압력에 반비례한다는 것을 알 수 있다. 따라서 일정량의 기체의 부피는 압력에 반비례하고, 절대 온도에 비례한다.

$$\frac{P_1V_1}{T_1} = \frac{P_2V_2}{T_2}$$

2 기압 819 K 에서 기체 6 g 의 부피는 실험 (가)와 비교해서

$\frac{1 \text{ atm} \times 4.48 \text{ L}}{273 \text{ K}} = \frac{2 \text{ atm} \times V_2 \text{ L}}{819 \text{ K}}$, V_2 = 6.72 L이다.

06. 답 48

해설 1 기압은 0 ℃일 때, 수은 기둥 760 mm 가 누르는 압력이다. 이상 기체 상태 방정식 $PV = nRT$ 에서

$V = \dfrac{nRT}{P}$

$= \dfrac{2\ \text{mol} \times 0.08\ \text{atm·L/mol·K} \times (273 + 27)\ \text{K}}{1\ \text{atm}} = 48\ \text{L}$ 이다.

07. 답 30

해설 기체의 분자량을 M, 질량을 w 라고 하면, 이상 기체 상태 방정식을 다음과 같이 나타낼 수 있다.

$PV = nRT = \dfrac{wRT}{M}$, $M = \dfrac{wRT}{PV}$

$M = \dfrac{wRT}{PV} = \dfrac{5\ \text{g} \times 0.08\ \text{atm·L/mol·K} \times 300\ \text{K}}{1\ \text{atm} \times 4\ \text{L}}$

$= 30$

08. 답 ④

해설 ㄱ. 이상 기체는 $\dfrac{PV}{RT} = 1.0$ 의 그래프를 나타낸다. 질소 기체는 온도가 높을수록 이상 기체의 그래프와 비슷해진다. ㄴ. 압력과 온도가 정해진 상태에서 $\dfrac{PV}{RT}$ 값이 1.0 보다 크면 같은 조건의 이상 기체보다 부피가 큰 기체이다. 따라서 A ~ C 중 C 는 이상 기체보다 부피가 큰 기체이다. ㄷ. B의 $\dfrac{PV}{RT} = 1.0$ 이므로 이상 기체 상태 방정식을 만족한다.

유형익히기 & 하브루타 44 ~ 47 쪽

[유형2-1] ③	01. ②	02. ④
[유형2-2] ②	03. ⑤	04. ①
[유형2-3] ③	05. ⑤	06. ④
[유형2-4] ⑤	07. ①	08. ②

[유형2-1] 답 ③

해설 ㄱ. (가)는 양쪽 관의 수은 기둥의 높이가 같기 때문에 기체의 압력은 대기압과 같다. (나)는 대기압 쪽 관의 수은 기둥의 높이가 h 만큼 더 높으므로 기체의 압력이 대기압보다 더 높다. 따라서 용기 속에 들어 있는 기체의 압력은 (가) < (나)이다. ㄴ. 용기 (나)에 들어 있는 기체의 압력은 1 기압보다 더 크다. ㄷ. 용기 속의 충돌 횟수가 많을수록 벽면의 작용하는 힘의 크기가 크므로 기체의 압력이 크다. 기체의 압력은 (가) < (나)이므로 용기 속의 충돌 횟수는 (가) < (나)이다.

01. 답 ②

해설 공기와 닿아 있는 수은면에서 부터 수은 기둥의 높이를 재면 대기압과 같다. 수은 기둥이 높을수록 대기압이 높은 것이므로 (가)의 기압이 가장 높고, (다)의 기압이 가장 낮다.

02. 답 ④

해설 ㄱ. (가)는 양쪽 관의 수은 기둥의 높이가 같으므로 기체의 압력과 대기압이 같다. (대기압 = 1기압) ㄴ. (나)는 대기압 쪽 관의 수은 기둥의 높이가 190 mm 만큼 더 높으므로 기체의 압력이 (760 + 190) mmHg 이 더 높다. 따라서 (나)의 기압은 1.25 기압이다. ㄷ. (가)와 (나)의 온도는 같기 때문에 평균 운동 에너지는 (가)와 (나)가 같다.

[유형2-2] 답 ②

해설 ㄱ. 기체의 부피는 압력에 반비례한다. J자관 속에 들어 있는 기체의 압력은 (대기압 + 수은 기둥의 높이 차)에 해당하는 압력에 반비례한다. ㄴ. 보일의 법칙에 의하면 일정한 온도에서 일정량의 기체의 부피(V)는 압력(P)에 반비례하므로 $P_1V_1 = P_2V_2$ 이다. (가)는 760 mmHg × 30 mL = P_2 × 10 mL 이다. 따라서 P_2 = 2280 mm 이고, (가)는 1520 mm 이다. (나)는 760 mmHg × 30 mL = (760 + 190) mmHg × V_2 mL이다. 따라서 V_2 = 24 mL 이다. ㄷ. 실험 A가 실험 B보다 부피가 크므로 기체 분자 사이의 평균 거리는 실험 A가 실험 B보다 멀다.

03. 답 ⑤

해설 샤를 법칙에 의하면 일정한 압력에서 일정량의 기체의 부피(V)는 절대 온도(T)에 비례하므로 $\dfrac{V_1}{T_1} = \dfrac{V_2}{T_2}$이다. 따라서

$\dfrac{V_{(가)}\ \text{mL}}{100\ \text{K}} = \dfrac{V_{(나)}\ \text{mL}}{200\ \text{K}}$ 따라서 $V_{(가)} : V_{(나)} = 1 : 2$ 이다.

ㄴ. 단위 부피당 분자 수는 $\dfrac{n}{V}$이다. 일정량의 기체 X이므로 n은 일정하다. 따라서 $\dfrac{n}{V} = \dfrac{P}{RT}$ 이다.

$\dfrac{n}{V_{(나)}} : \dfrac{n}{V_{(다)}} = \dfrac{1\ \text{atm}}{R \times 200\ \text{K}} : \dfrac{2\ \text{atm}}{R \times 400\ \text{K}} = 1 : 1$이다.

ㄷ. 밀도 = $\dfrac{\text{질량}}{\text{부피}}$ 이다. 일정 질량의 기체 X이므로 n은 일정하므로 $\dfrac{w}{V} = \dfrac{MP}{RT}$ 이다.

$\dfrac{w}{V_{(다)}} : \dfrac{w}{V_{(라)}} = \dfrac{M \times 2\ \text{atm}}{R \times 400\ \text{K}} : \dfrac{M \times 1.5\ \text{atm}}{R \times 400\ \text{K}} = 4 : 3$이므로 밀도는 (다) > (라) 이다.

04. 답 ①

해설 ㄱ. 기체의 분자량을 M, 질량을 w라고 하면, 이상 기체 상태 방정식을 다음과 같이 나타낼 수 있다.

$PV = nRT = \dfrac{wRT}{M}$, $M = \dfrac{wRT}{PV}$

$\dfrac{wRT}{P_XV} : \dfrac{wRT}{P_YV} = \dfrac{w \times R \times 273\ \text{K}}{2\ \text{atm} \times \text{V mL}} : \dfrac{w \times R \times 273\ \text{K}}{1\ \text{atm} \times \text{V mL}} = 1 : 2$

이다. 따라서 분자량은 기체 Y가 기체 X의 2배이다.

ㄴ. 부피가 일정할 때 일정량의 기체의 압력은 절대 온도에 비례한다. 기체 Y에 대하여 273 K 에서 1 기압이므로 (나)에서 2 기압이 되기 위해서는 온도 T_1 = 546 K 이다. ㄷ. 부피와 압력이 같을 때 기체의 몰수와 온도의 곱은 일정하다. 온도는 (나)가 (가)의 2배이므로 (가)에서 X의 몰수는 (나)에서 Y의 2배이다. 분자 사이의 평균 거리는 부피가 클수록 크고, 분자 수가 많을수록 작다. (가)에서 X와 (나)에서 Y의 부피는 같지만 (가)에서 X의 몰수가 (나)에서 Y의 몰수보다 많으므로 분자 사이의 평균 거리는 (나)가 (가)보다 크다.

[유형2-3] 답 ③

해설 ㄱ. 이상 기체 상태 방정식 $PV = nRT$ 에서

$V = \dfrac{nRT}{P}$

$= \dfrac{0.5\text{ mol} \times 0.08\text{ atm·L/mol·K} \times 400\text{ K}}{1\text{ atm}} = 16\text{ L}$

ㄴ. 보일 - 샤를 법칙에 의하면 일정량의 기체의 부피는 압력에 반비례하고, 절대 온도에 비례하므로 $\dfrac{P_AV_A}{T_A} = \dfrac{P_BV_B}{T_B}$이다.

따라서 $\dfrac{1\text{ atm} \times V_1}{400\text{ K}} = \dfrac{0.5\text{ atm} \times 2V_1}{T_B}$, $T_B = 400$ K이다.

A와 B에서의 온도가 같으므로 A와 B에서 기체 분자의 평균 운동 에너지는 같다.

ㄷ. 보일- 샤를 법칙에 의해 $\dfrac{1\text{ atm} \times V_1}{400\text{ K}} = \dfrac{0.25\text{ atm} \times 2V_1}{T_C}$

이므로 $T_C = 200$ K이다.

05. 답 ⑤

해설 ㄱ. (가) → (나)에서 기체의 온도가 감소한다. 샤를의 법칙에 의하면 일정한 압력에서 일정량의 기체의 부피(V)는 절대 온도(T)에 비례하므로 기체의 부피가 감소한다. ㄴ.

$\dfrac{P_1V_1}{T_1} = \dfrac{P_2V_2}{T_2}$이므로 $\dfrac{750\text{ mm} \times 60\text{ mL}}{(273+27)\text{ K}} : \dfrac{500\text{ mm} \times V_2\text{ mL}}{(273-73)\text{ K}}$,

$V_2 = 60$ mL이다. 따라서 (다)의 부피는 60 mL이다. ㄷ. 기체의 분자 수가 같을 때 단위 부피당 기체 분자 수는 부피가 작을수록 크다. 따라서 (가)와 (다)가 같고, (나)가 가장 많다.

06. 답 ④

해설 기체의 몰수는 압력과 부피의 곱에 비례하고, 절대 온도에 반비례한다.

ㄱ. 기체의 질량 $w = \dfrac{MPV}{RT}$이므로

$w_A : w_B : w_C = \dfrac{24 \times 2 \times 1}{R \times 273} : \dfrac{16 \times 3 \times 2}{R \times 273} : \dfrac{4 \times 2 \times 2}{R \times 546}$

$= 6 : 12 : 1$ 이다. 따라서 기체의 질량은 A가 B보다 작다.

ㄴ. 기체의 몰수 $n = \dfrac{PV}{RT}$이므로

$n_A : n_B : n_C = \dfrac{2 \times 1}{R \times 273} : \dfrac{3 \times 2}{R \times 273} : \dfrac{2 \times 2}{R \times 546} = 1 : 3 : 1$ 이다.

따라서 기체의 몰수는 C가 B보다 작다.

ㄷ. C의 온도가 가장 높으므로 기체 분자의 평균 운동 에너지가 가장 큰 것은 C이다.

[유형2-4] 답 ⑤

해설 ㄱ. 분자량이 작을수록 $\dfrac{PV}{RT}$ 의 값이 1에 가장 가까우므로 이상 기체에 가깝게 행동한다. ㄴ. 실제 기체는 분자 자체의 부피가 존재하고, 분자 사이에 인력과 반발력이 작용하는 기체로 이상 기체 상태 방정식에 정확하게 적용되지 않는다. 따라서 $\dfrac{PV}{RT} = 1$ 이 아니다. ㄷ. 낮은 압력에서 $\dfrac{PV}{RT}$ 값이 1에 가깝지만 압력이 증가할수록 $\dfrac{PV}{RT}$ 값이 1에서 멀어진다.

07. 답 ①

해설

구분	이상 기체	실제 기체
분자의 크기	없다.	기체의 종류에 따라 다르다.
분자의 질량	있다.	있다.
0 K 의 부피	0	0 K 이전에 고체, 액체가 된다.
이상 기체 법칙	일치한다.	고온 · 저압에서 일치한다.
인력 · 반발력	없다.	있다.

08. 답 ②

해설 ㄱ. 기체 X 12 g 이 0.5 mol이므로

기체 X의 분자량 $= \dfrac{\text{기체 X의 질량}}{\text{기체 X의 몰수}} = \dfrac{12\text{ g}}{0.5\text{ mol}} = 24$이다. ㄴ. 실제 기체는 온도가 높을수록 이상 기체에 가까우므로 온도는 $T_1 < T_2$이다. 기체 분자의 평균 운동 에너지는 절대 온도에 비례하므로 T_1일 때보다 T_2일 때 더 크다. ㄷ. 압력이 커지면 기체 분자 사이의 거리가 가까워지는데, 기체 분자 사이의 부피로 인하여 이상 기체처럼 압축되지 않는다.

창의력 & 토론마당 48 ~ 51 쪽

01 (1) 9.9×10^4 Pa (2) 135 mm

해설 (1) 용기 속의 기체의 압력은 760 - 15 = 745 mmHg 이다.

$745\text{ mmHg} \times \dfrac{1\text{ atm}}{760\text{ mmHg}} \times \dfrac{1.01 \times 10^5\text{ Pa}}{1\text{ atm}} = 9.9 \times 10^4\text{ Pa}$

(2) 압력은 일정하므로 $P_{수은} = P_{기름}$ 이다.

$\rho_{수은}gh_{수은} = \rho_{기름}gh_{기름}$ 이므로

$(13.5 \times 10^3\text{ kg/m}^3)(9.8\text{ m/s}^2)(15\text{ mm}) = (1.5 \times 10^3\text{ kg/m}^3)(9.8\text{m/s}^2)h_{기름}$, $h_{기름} = 135$ mm 이다.

02 17 L

해설 일정량의 기체의 부피는 절대 온도와 몰수에 비례하고, 압력에 반비례한다. $\dfrac{P_1V_1}{T_1} = \dfrac{P_2V_2}{T_2}$ 이다.

$\dfrac{3\text{ atm} \times 3.4\text{ L}}{(273+27)\text{ K}} = \dfrac{1\text{ atm} \times V_2\text{ mL}}{(273+227)\text{ K}}$ 이므로 $V_2 = 17$ L 이다.

03 (1) 50 기압 (2) 100 K (3) 155 L

해설 (1) $n = \dfrac{w}{M}$ 이다. 따라서 $O_2(g)$ 0.16 kg 은 $\dfrac{0.16 \times 10^3\text{ g}}{32\text{ g/mol}}$

$= 5$ mol이다.

이상 기체 상태 방정식 $PV = nRT$에서

$P = \dfrac{nRT}{V}$

$= \dfrac{5\text{ mol} \times 0.08\text{ atm·L/mol·K} \times (273+7)\text{ K}}{2.24\text{ L}} = 50$ 기압이다.

(2) 이상 기체 상태 방정식 $PV = nRT$에서

$$T = \frac{PV}{nR} = \frac{5\ \text{atm} \times 8\ \text{L}}{5\ \text{mol} \times 0.08\ \text{atm·L/mol·K}} = 100\ \text{K}$$ 이다.

(3) 이상 기체 상태 방정식 $PV = nRT$에서

$$V = \frac{nRT}{P}$$

$$= \frac{5\ \text{mol} \times 0.08\ \text{atm·L/mol·K} \times (273 + 37)\ \text{K}}{0.8\ \text{atm}} = 155\ \text{L}$$ 이다.

04 23.2 L

해설 $98\ \text{g} \times \frac{1\ \text{mol}}{122.5\ \text{g}} = 0.8\ \text{mol}$ 이다.
$2KClO_3(s) \rightarrow 2KCl(s) + 3O_2(g)$ 이므로 염소산 포타슘 2몰이 반응하여 3몰의 산소가 생성된다. 따라서 0.8 mol의 염소산 포타슘이 반응하여 1.2 mol 의 산소가 생성된다.
이상 기체 상태 방정식 $PV = nRT$에서

$$V = \frac{nRT}{P}$$

$$= \frac{1.2\ \text{mol} \times 0.08\ \text{atm·L/mol·K} \times (273 + 17)\ \text{K}}{1.2\ \text{atm}} = 23.2\ \text{L}$$

이다.

05 $1.08\pi \times 10^{-5}$ mol

해설 폐포의 부피 $= \frac{4}{3}\pi r^3 = \frac{4}{3}\pi(1\ \text{cm})^3 = \frac{4}{3}\pi\ \text{cm}^3$ 이다.
이상 기체 상태 방정식 $PV = nRT$에서

$$n = \frac{PV}{RT} = \frac{1\ \text{atm} \times \frac{4}{3}\pi \times 10^{-3}\ \text{L}}{0.08\ \text{atm·L/mol·K} \times (273 + 37)\ \text{K}} \fallingdotseq 5.4\pi \times 10^{-5}$$

공기는 20% 의 산소를 포함하므로 $5.4\pi \times 10^{-5}$mol의 공기에는 약 $1.08\pi \times 10^{-5}$ mol의 산소가 들어 있다.

06 (1) 1300 K (2) 1302 K

해설 (1) $CO_2(g)$ 55 g은 $\frac{55\ \text{g}}{44\ \text{g/mol}} = 1.25\ \text{mol}$ 이다.
이상 기체 상태 방정식 $PV = nRT$에서

$$T = \frac{PV}{nR} = \frac{130\ \text{atm} \times 1\ \text{L}}{1.25\ \text{mol} \times 0.08\ \text{atm·L/mol·K}} = 1300\ \text{K}$$ 이다.

(2) 반데르발스 식 $(P + a\frac{n^2}{V^2})(V - nb) = nRT$에서

$$T = \frac{(P + a\frac{n^2}{V^2})(V - nb)}{nR}$$

$$= \frac{(130 + 3.59 \times \frac{1.25^2}{1^2}) \times (1 - 1.25 \times 0.032)}{1.25\ \text{mol} \times 0.08\ \text{atm·L/mol·K}} \fallingdotseq 1302\ \text{K}$$ 이다.

스스로 실력 높이기 52 ~ 57 쪽

01. (1) 0.5 (2) 1.5 02. 300 03. 아보가드로
04. < 05. ㄱ, ㄴ, ㄷ 06. (1) O (2) X (3) O
07. = 08. 0.05 09. 8.7
10. 낮을수록, 높을수록 11. ④ 12. ①
13. ① 14. ① 15. ④ 16. ① 17. ④
18. ④ 19. ⑤ 20. ④ 21. ③ 22. ①
23. ② 24. ⑤ 25. 0.963 기압
26. 0.037 mol 27. (나) : $4n$, (다) : $2n$
28. (1) 1 : 4 (2) 5 : 2 (3) 8 : 1
29. (1) $Fe(s) + H_2SO_4(aq) \rightarrow H_2(g) + FeSO_4(aq)$
(2) 33600 L (3) 2 m
30. 26 L 31. A : 4 L , B : 12 L , C : 1200 L
32. 〈해설 참조〉

01. 답 (1) 0.5 (2) 1.5

해설 (1) 기체 쪽 관의 수은 기둥의 높이가 380 mm 만큼 더 높기 때문에 기체의 압력은 760 - 380 = 380 mmHg 이다. 1 기압이 760 mmHg 이므로 기체 A의 압력은 0.5 기압이다.
(2) 대기압 쪽 관의 수은 기둥의 높이가 380 mm 만큼 더 높기 때문에 기체의 압력은 760 + 380 = 1140 mmHg 이다. 1 기압이 760 mmHg 이므로 기체 B의 압력은 1.5 기압이다.

02. 답 300

해설 보일 - 샤를 법칙에 의하면 일정량의 기체의 부피는 압력에 반비례하고, 절대 온도에 비례하므로 $\frac{P_AV_A}{T_A} = \frac{P_BV_B}{T_B}$이다.
따라서 $\frac{1\ \text{atm} \times 300\ \text{mL}}{273\ \text{K}} = \frac{2\ \text{atm} \times V_2}{(273 + 273)\ \text{K}}$, $V_2 = 300\ \text{mL}$ 이다.

04. 답 <

해설 온도가 같을 때 P_1에서의 부피가 P_2에서보다 크므로 압력은 $P_1 < P_2$이다.

05. 답 ㄱ, ㄴ, ㄷ

해설 이상 기체 방정식($PV=nRT$)는 보일 법칙, 샤를 법칙, 아보가드로 법칙을 설명할 수 있다.

06. 답 (1) O (2) X (3) O

해설 (2) 일정한 압력에서 온도가 변해도 $\frac{\text{부피}(V)}{\text{절대 온도}(T)}$는 일정하다.

07. 답 =

해설 일정한 온도에서 $P_1V_1 = P_2V_2$이다. 따라서 P_1V_1 에서 P_1V_2를 뺀 A와 P_2V_2 에서 P_1V_2 를 뺀 B의 면적이 같다.

08. 답 0.05

해설 이상 기체 상태 방정식 $PV = nRT$에서

$n = \frac{PV}{RT} = \frac{3\text{ atm} \times 0.4\text{ L}}{0.08\text{ atm·L/mol·K} \times (273+27)\text{ K}} = 0.05\text{ mol}$ 이다.

09. 답 8.7

해설 기체의 분자량을 M, 질량을 w, d를 밀도라 하면, 이상 기체 상태 방정식을 다음과 같이 나타낼 수 있다.

$PV = nRT = \frac{wRT}{M}$, $M = \frac{dRT}{P}$

$\frac{d_1RT_1}{P_1} = \frac{d_2RT_2}{P_2}$, R은 비례 상수이므로 $\frac{d_1T_1}{P_1} = \frac{d_2T_2}{P_2}$이다.

$\frac{2.9\text{ g/L} \times (273+177)\text{ K}}{1\text{ 기압}} = \frac{d_2\text{ g/L} \times (273+27)\text{ K}}{2\text{ 기압}}$

$d_2 = 8.7$ g/L 이다.

10. 답 낮을수록, 높을수록

해설 실제 기체는 압력이 낮을수록 온도가 높을수록 분자 사이의 거리가 멀어져서 인력이나 반발력을 무시할 수 있다.

11. 답 ④

해설 ㄱ. 그림 (가)에서 기체 측정관의 수면이 수조의 수면보다 높기 때문에 (기체의 압력 + 수증기의 압력 + 기체 측정관 속의 물기둥 압력)이 대기압이다. ㄴ. 그림 (나)에서는 수면이 일치하므로 대기압과 (기체의 압력 + 수증기의 압력)의 값이 같다. ㄷ. 실험실의 온도를 높이면 기체 측정관의 수증기의 부피는 증가한다.

12. 답 ①

해설 ㄱ. 기체의 온도는 $PV = nRT = \frac{wRT}{M}$, $T = \frac{MP}{dR}$ 이다.

$T_A : T_B : T_C : T_D = \frac{M \times 1}{1 \times R} : \frac{M \times 1}{2 \times R} : \frac{M \times 2}{1 \times R} : \frac{M \times 3}{3 \times R}$

$= 2 : 1 : 4 : 2$ 이다. 따라서 C 점의 온도가 가장 높다.

ㄴ. 기체의 부피는 $V = \frac{w}{d}$ 이므로

$V_B : V_C = \frac{w}{2} : \frac{w}{1} = 1 : 2$ 이다. 따라서 C 점의 부피는 B 점의 부피의 2배이다.

ㄷ. 기체 분자의 평균 운동 에너지는 온도가 가장 높은 C 점에서 가장 크다.

13. 답 ①

해설 ㄱ. 기체의 압력은 $P = \frac{nRT}{V}$이다.

$P_A : P_B = \frac{n \times R \times \frac{1}{2.5 \times 10^{-3}}}{4} : \frac{n \times R \times \frac{1}{5 \times 10^{-3}}}{4} = 2 : 1$,

따라서 기체의 압력은 A가 B의 2배이다.

ㄴ. 기체의 밀도는 $d = \frac{MP}{RT}$이다.

$d_B : d_C = \frac{M \times 0.5}{R \times \frac{1}{5 \times 10^{-3}}} : \frac{M \times 1}{R \times \frac{1}{5 \times 10^{-3}}} = 1 : 2$ 이다.

따라서 기체의 밀도는 C가 B의 2배이다.

ㄷ. 일정량의 기체의 부피는 절대 온도와 몰수에 비례하고, 압력에 반비례한다. $\frac{P_1V_1}{T_1} = \frac{P_2V_2}{T_2}$ 이다. $1\text{ atm} \times 4\text{ L} \times 2.5 \times 10^{-3} = \frac{2\text{ atm} \times V_2\text{ L}}{600\text{ K}}$, $V_2 = 3$ L 이다.

14. 답 ①

해설 ㄱ. 기체의 분자 수 $n = \frac{PV}{RT}$이다.

$n_A : n_B = \frac{2 \times 1}{R \times T} : \frac{1 \times 3}{R \times T} = 2 : 3$ 이므로 기체의 분자 수는 A가 B보다 작다.

ㄴ. 일정한 온도에서 측정하였기 때문에 기체의 평균 운동 에너지는 B와 C가 같다.

ㄷ. 기체의 질량 $w = \frac{MPV}{RT}$이고,

$w_A : w_B : w_C = \frac{2 \times 2 \times 1}{R \times T} : \frac{8 \times 1 \times 3}{R \times T} : \frac{1 \times 3 \times 1.5}{R \times T}$

$= 4 : 24 : 4.5$ 이다. 따라서 기체의 질량은 A가 C보다 작다.

15. 답 ④

해설 기체의 질량 $w = \frac{MPV}{RT}$이고,

$w_A : w_B : w_C = \frac{2 \times 2 \times 1}{R \times T} : \frac{8 \times 1 \times 3}{R \times T} : \frac{1 \times 3 \times 1.5}{R \times T}$

$= 4 : 24 : 4.5 = 8 : 48 : 9$ 이다.

기체의 밀도 $d = \frac{MP}{RT}$ 이고,

$d_A : d_B : d_C = \frac{2 \times 2}{R \times T} : \frac{8 \times 1}{R \times T} : \frac{1 \times 3}{R \times T} = 4 : 8 : 3$ 이다.

16. 답 ①

해설 (1) 기체의 질량 구하기

기체가 들어 있는 플라스크의 질량 - 플라스크 질량 = 기체의 질량,

108.3 g - 102.3 g = 6 g

(2) 이상 기체 상태 방정식 $PV = nRT$에서

$n = \frac{PV}{RT} = \frac{1\text{ atm} \times 72\text{ L}}{0.08\text{ atm·L/mol·K} \times 300\text{ K}} = 3\text{ mol}$,

분자량 $= \frac{\text{질량}}{\text{몰수}} = \frac{6\text{ g}}{3\text{ mol}} = 2$ 이므로 이 기체는 H_2이다.

17. 답 ④

해설 기체의 분자량은 $M = \frac{wRT}{PV}$이므로

$M_A : M_B : M_C = \frac{12 \times R \times T}{3P_B \times V} : \frac{6 \times R \times T}{P_B \times V} : \frac{1 \times R \times T}{2P_B \times V}$

$= 8 : 12 : 1$ 이다.

18. 답 ④

해설 ㄱ. 분자량이 작을수록 이상 기체에 가깝다. ㄴ. 압력이 높을수록 분자 사이의 거리가 가까워진다. 실제 기체는 높은 압력에서 $PV = nRT$를 성립하지 않는다. ㄷ. 온도가 높을수록 이상 기체에 가까워지므로 $\frac{PV}{RT} = 1$ 에 가까워진다. 따라서 T_2의 온도가 T_1보다 높고, 질소 분자의 평균 운동 에너지는 $T_1 < T_2$이다.

19. 답 ⑤

해설 ㄱ. (가)와 (나)의 플라스크 부피는 같으므로 기체의 부피는 같고, 주입된 기체의 몰수가 (가) : (나) = 1 : 2이므로 밀도는 (나)가 (가)의 2배이다. ㄴ. 기체의 압력은 $P_{(가)} : P_{(다)} = (760 - 380)\text{mmHg} : (760 + 380)\text{mmHg} = 1 : 3$ 이다. 따라서 기체의 압력은 (다)가 (가)의 3배이다.

ㄷ. $\frac{P_1V_1}{T_1} = \frac{P_2V_2}{T_2}$이므로

$\frac{760\ \text{mmHg} \times 2V\text{L}}{(273+27)\ \text{K}} = \frac{(760+380)\ \text{mmHg} \times 2V\text{L}}{T_2\ \text{K}}$,
T_2 = 450 K (= 177℃)이다.

20. 답 ④

해설 ㄱ. 온도가 같을 때 P_1에서의 부피가 P_2에서보다 크므로 압력은 $P_2 > P_1$이다. ㄴ. A의 부피가 B의 부피보다 크므로 기체 분자의 평균 운동 거리는 A가 B보다 크다. ㄷ. 기체의 부피는 기체의 압력에 반비례하고 몰수, 온도에 비례한다. 압력이 일정하고 몰수가 일정할 때, 기체의 부피는 온도에 비례한다.

21. 답 ③

해설 ㄱ. (가)에서 A 점은 온도가 300 K 이고, 부피가 6 L 이다. (나)에서 온도가 300 K 인 그래프를 보면 부피가 6 L 일 때, 압력이 1기압이다. 따라서 A 점의 압력은 1 기압이다.
ㄴ. 보일 법칙에 의하면 일정한 온도에서 일정량의 기체의 부피(V)는 압력(P)에 반비례하므로 $P_1V_1 = P_2V_2$이다. 1 기압 × 6 L = P_2 기압× 3 L , P_2 = 2 기압이다. 따라서 (가)에서 B 점의 압력은 (나)의 E 점의 압력과 같다.
ㄷ. 밀도 = $\frac{\text{질량}}{\text{부피}}$ 이다. (나)에서 C 점의 밀도는 $\frac{1.5\ \text{g}}{6\ \text{L}}$이고, D의 밀도는 $\frac{1.5\ \text{g}}{6\ \text{L}}$이므로 같다.

22. 답 ①

해설 ㄱ. 기체의 압력 $P = \frac{nRT}{V}$이다. $\frac{1}{V}$ 이 같을 때 A 점에서의 압력이 B 점에서의 압력에서보다 크므로 온도는 A > B이다. ㄴ. 부피가 같을 때 PV가 C 점에서가 D 점에서보다 온도는 C > D 이다. ㄷ. 실제 기체는 온도가 높을수록, 압력이 낮을수록 이상 기체와 가깝다. 25℃, 800 기압 조건에서는 실제 기체는 이상 기체와 PV값이 다르다.

23. 답 ②

해설 ㄱ. 온도가 같을 때 P_2에서의 부피가 P_1에서의 부피보다 크므로 압력은 $P_1 > P_2$ 이다. ㄴ. 그림 (가)에서 압력이 P_1 이고, 온도가 0℃ 일 때 질량이 a g 이면 부피가 V이고, 그림 (나)에서 질량이 b g 이면 부피가 $2V$이다. 온도와 압력이 일정할 때 기체의 부피는 몰수에 비례하므로 b는 a의 2 배이다.
ㄷ. 기체의 분자량 $M = \frac{wRT}{PV}$이므로
$M_A : M_B = \frac{b \times R \times 273\ \text{K}}{P_1 \times 2V} : \frac{b \times R \times 273\ \text{K}}{P_1 \times V}$ = 1 : 2 이다.

24. 답 ⑤

해설 ㄱ. 300 K, 200 기압에서 $\frac{PV}{RT}$의 값이 A가 B 보다 크므로 A의 부피가 B의 부피보다 크다. 따라서 분자 간의 인력은 A가 B 보다 작다. ㄴ. 온도가 높을수록 이상 기체에 가까워지므로 이상 기체에 가까운 T_2가 T_1 보다 높다.
ㄷ. x는 $\frac{200\ \text{atm} \times V_1}{RT}$ = 0.8 이고, y는 $\frac{600\ \text{atm} \times V_2}{RT}$ = 1.2 이다. 따라서 $V_1 : V_2$ = 2 : 1 이다.

25. 답 0.963 기압

해설 0℃에서 높이 $h_0 = h_{35} \times \frac{13.1\ \text{g/cm}^3}{13.6\ \text{g/cm}^3}$ 이고, 35℃에서 수은의 높이가 760 mm 이므로
$h_0 = 760\text{mm} \times \frac{13.1\ \text{g/cm}^3}{13.6\ \text{g/cm}^3} ≒ 732$ mm 이다. 따라서
대기의 압력은 $\frac{732\ \text{mm}}{760\ \text{mm}}$ ≒ 0.963 atm이다.

26. 답 0.037 mol

해설 (1) 기체의 질량 구하기
기체가 들어 있는 플라스크의 질량 - 플라스크 질량 = 기체의 질량
137g - 134g = 3 g
(2) 기체의 부피 구하기
물이 들어 있는 플라스크의 질량 - 플라스크 질량 = 물의 질량
1134 - 134 = 1000 g
(물의 질량) ÷ (31℃ 에서 물의 밀도) = 플라스크의 부피
1000 g ÷ 0.997 g/mL ≒ 1003 mL
(3) 이상 기체 상태 방정식 $PV = nRT$에서
$n = \frac{PV}{RT} = \frac{0.9\ \text{atm} \times 1.003\ \text{L}}{0.08\ \text{atm·L/mol·K} \times (273+31)\ \text{K}}$ = 0.037 mol 이다.

27. 답 (나) : $4n$, (다) : $2n$

해설 아보가드로 법칙에 따르면 같은 온도와 압력에서 같은 부피의 용기 속에 들어 있는 기체 분자 수는 기체의 종류와 관계없이 모두 같다. 따라서 H_2와 같은 온도와 압력에서 (나)의 실린더에 들어 있는 Ar 분자 수는 $4n$ 개, (다)의 실린더에 들어 있는 O_2 분자 수는 n 개이다. Ar 분자는 Ar 원자 1개로 이루어지므로 Ar 원자 수는 $4n$ 개이다. O_2는 2개의 O로 이루어지므로 O 원자 수는 $2n$ 개이다.

28. 답 (1) 1 : 4 (2) 5 : 2 (3) 8 : 1

해설 (1) 기체의 분자 수 $n = \frac{PV}{RT}$이다.
$X_2 : XY_2 = \frac{1 \times 1}{R \times T} : \frac{2 \times 2}{R \times T}$ = 1 : 4 이다.
(2) 기체의 분자량 $M = \frac{wRT}{PV}$
$M_{XY_2} : M_{Z_2} = \frac{1.60 \times R \times T}{2 \times 2} : \frac{0.16 \times R \times T}{1 \times 1}$ = 5 : 2 이다.
(3) 기체의 분자량 $M = \frac{wRT}{PV}$
$M_{X_2} : M_{XY_2} = \frac{0.64 \times R \times T}{1 \times 1} : \frac{1.60 \times R \times T}{2 \times 2}$ = 8 : 5 이다.
따라서 X의 원자량 : Y의 원자량 = 8 : 1 이다.

29. 답 (1) $Fe(s) + H_2SO_4(aq) \rightarrow H_2(g) + FeSO_4(aq)$
(2) 33600 L (3) 2 m

해설 (2) $137.2 \times 10^3\ \text{g} \times \frac{1\ \text{mol}}{98\ \text{g}}$ = 1400 mol 이다.
황산($H_2SO_4(aq)$) 1몰이 반응하여 수소($H_2(g)$) 1몰이 생성되므로 수소는 1400 mol 이 생성된다.
이상 기체 상태 방정식 $PV = nRT$ 에서
$V = \frac{nRT}{P}$
$= \frac{1400\ \text{mol} \times 0.08\ \text{atm·L/mol·K} \times 300\ \text{K}}{1\ \text{atm}}$ = 33600 L

(3) $1\ m^3 = 1000\ L$ 이므로 $33600\ L = 33.6\ m^3$ 이다.
풍선의 부피 $= \frac{4}{3}\pi r^3 = 33.6\ m^3$ 이므로 $r = 2\ m$ 이다.

30. 답 26 L
해설 $KO_3(s)$의 몰수는 $5.16\ g \times \frac{1\ mol}{87\ g} = 0.06\ mol$ 이다.
$O_3(g)$ 5몰이 반응하여 $KO_3(s)$ 2몰이 생성되므로 $KO_3(s)$ 0.06 mol 이 생성되기 위해서는 $O_3(g)$ 0.15 mol 이 필요하다.
이상 기체 상태 방정식 $PV = nRT$ 에서
$V = \frac{nRT}{P}$
$= \frac{0.15\ mol \times 0.08\ atm\cdot L/mol\cdot K \times (273 - 13)K}{0.12\ atm} = 26\ L$ 이다.

31. 답 A : 4 L , B : 12 L , C : 1200 L
해설 이 기체는 $\frac{PV}{nRT} = 1$ 이 아니므로 이상 기체가 아니다.
변화시키기 전의 몰수를 구하면
$\frac{PV}{nRT} = 0.5$이므로 $n = \frac{PV}{0.5RT} = \frac{100\ atm \times 6\ L}{0.5 \times 0.08\ atm\cdot L/mol\cdot K \times 300\ K} = 50\ mol$ 이다.
A는 300 K 에서 300 기압이므로 $\frac{PV}{nRT} = 1.0$ 이다.
$\frac{300\ atm \times V_1\ L}{50\ mol \times 0.08\ atm\cdot L/mol\cdot K \times 300\ K} = 1.0$이므로
$V_1 = 4\ L$ 이다.
B는 400 K 에서 100 기압이므로 $\frac{PV}{nRT} = 0.75$ 이다.
$\frac{100\ atm \times V_2\ L}{50\ mol \times 0.08\ atm\cdot L/mol\cdot K \times 400\ K} = 0.75$이므로
$V_2 = 12\ L$ 이다.
C는 300 K 에서 1 기압이므로 $\frac{PV}{RT} = 1.0$ 이다.
$\frac{1\ atm \times V_3\ L}{50\ mol \times 0.08\ atm\cdot L/mol\cdot K \times 300\ K} = 1.0$이므로
$V_3 = 1200\ L$ 이다.

32. 답 낮은 압력에서는 기체 분자가 차지하는 부피가 전체 부피에 비해 매우 작으므로 무시할 수 있으나, 높은 압력에서는 기체 분자가 차지하는 부피가 전체 부피에 비해 상당한 비율을 차지하게 되므로 무시할 수 없다. 따라서 높은 압력에서 실제 기체의 부피는 이상 기체 상태 방정식으로부터 계산된 값보다 훨씬 큰 값을 가지게 된다.

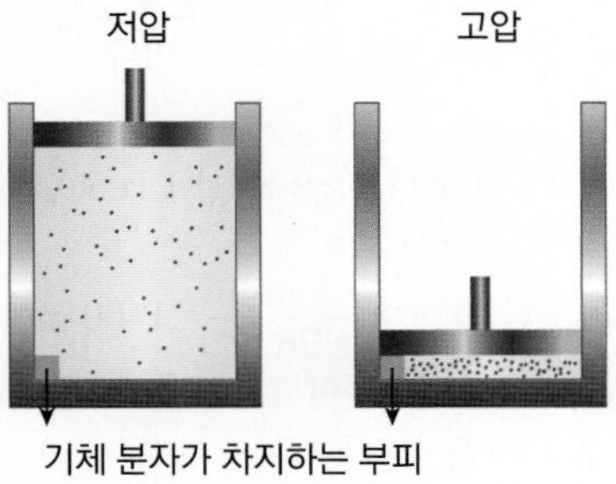

3강. 기체 2

개념확인	58 ~ 61 쪽
1. 부분 압력	2. 기체 분자 운동론
3. <	4. 확산

확인 +	58 ~ 61 쪽
1. 몰 분율	2. <
3. 증가, 증가	4. 32

개념확인

3. 답 <
해설 일정한 온도에서 일정량의 기체를 실린더에 넣고 외부 압력을 높이면 기체의 부피가 감소하여 단위 부피당 들어 있는 분자 수가 증가한다. 따라서 용기의 벽면에 충돌하는 기체 분자 수가 증가하여 기체의 압력이 증가한다.

확인 +

2. 답 <
해설 기체 분자의 평균 운동 에너지는 절대 온도에만 비례한다. 기체 분자들은 온도가 높을수록 평균 운동 에너지가 증가하기 때문에 평균 운동 속도가 빠르다. 따라서 27 ℃에서 평균 운동 속도보다 100 ℃에서 평균 운동 속도가 빠르다.

3. 답 증가, 증가
해설 일정한 압력에서 일정량의 기체를 실린더에 넣고 실린더를 가열하면 기체 분자의 평균 운동 에너지가 증가하여, 용기 내부의 압력이 외부 압력과 같아질 때까지 부피가 증가한다.

4. 답 32
해설 10mL의 기체가 확산되는 데 걸리는 시간이 기체 X는 20초이고 H_2는 5초이다. 따라서 H_2의 확산 속도는 기체 X의 4배이므로 기체 X의 분자량은 H_2의 분자량인 2의 4^2배인 32이다.
$\frac{v_X}{v_{H_2}} = \frac{1}{4}$, $\sqrt{\frac{M_{H_2}}{M_X}} = \sqrt{\frac{2}{M_X}} = \frac{1}{4}$, $M_X = 32$

개념다지기			62 ~ 63 쪽
01. ④	02. ③	03. ①	04. ⑤
05. ②	06. ⑤	07. ③	08. ④

01. 답 ④
해설 ㄱ. 일정한 온도에서 혼합 기체의 압력은 기체의 종류에 관계없이 기체 분자의 몰수에 비례한다. ㄴ. 성분 기체의 질량은 몰 분율과 관계가 없다. ㄷ. 혼합 기체에서 각 성분의 기체의 압력은 기체의 분자 수에 비례하며, 각 성분 기체의 압력을 모두 더하면 전체 압력이 된다.

02. 답 ③

해설 전체 압력은 부분 압력의 합과 같으므로 $P_T = P_{H_2}$기압 + P_{O_2}기압이다. 5 기압 × 2 L + 2 기압 × 4 L = P_T × 6 L , 따라서 P_T = 3 기압이다.

03. 답 ①

해설 ㄱ. 기체 분자들은 서로 멀리 떨어져 있기 때문에 기체가 차지하는 부피의 대부분은 빈 공간이다. 따라서 기체 분자 자체의 부피는 기체가 차지하는 전체 부피에 비해 매우 작으므로 무시한다. ㄴ. 기체 분자 사이의 충돌이나 벽과의 충돌은 완전 탄성 충돌이므로 기체 분자들은 충돌할 때 에너지 손실이 없다. 따라서 충돌 후에도 속도가 느려지지 않는다. ㄷ. 기체 분자의 평균 운동 에너지는 분자의 크기, 모양 및 종류에는 영향을 받지 않고, 절대 온도에만 비례한다.

04. 답 ⑤

해설 ㄱ. 기체 분자들은 온도가 높을수록 평균 운동 에너지가 증가하기 때문에 평균 운동 속도가 빠르다. ㄴ. 온도에 따른 질소 분자의 운동 속도 그래프는 운동 속도에 대한 분자 수 비율을 나타내므로 각각의 온도에서 그래프의 전체 면적은 모두 같다. ㄷ. 기체 분자 운동론에 의하면 기체 분자의 평균 운동 에너지는 분자의 크기, 모양 및 종류에는 영향을 받지 않는다.

05. 답 ②

해설 일정한 온도에서 일정량의 기체를 실린더에 넣고 외부 압력을 높이면 부피가 감소한다. 용기의 벽면에 충돌하는 기체 분자 수도 증가하므로 기체의 압력은 높아지고, 부피는 감소한다. 온도가 일정하므로 평균 운동 속도는 일정하다.

06. 답 ⑤

해설 ㄱ. 기체 분자의 몰수가 증가하므로 주사기 벽에 충돌하는 분자 수가 증가한다. ㄴ. 온도가 일정하므로 기체 분자의 평균 운동 속도는 일정하다. ㄷ. 기체 분자의 몰수가 증가하므로 주사기 벽에 충돌하는 기체 분자 수가 많아져 일시적으로 압력이 높아진다. 따라서 기체의 압력이 외부 압력과 같아질 때까지 주사기의 부피가 증가한다.

07. 답 ③

해설 시간이 지난 후 풍선의 크기가 B < C < A 이다. ㄱ. 같은 외부 조건에서 분자량이 작을수록 분자 운동이 활발해지기 때문에 확산이 잘 일어난다. 따라서 기체 분자의 분자량은 A > B 이다. ㄴ. 기체의 평균 운동 속도는 분자량이 작은 기체일수록 빠르다. 분자량이 작을수록 분자 운동이 활발하기 때문에 확산이 잘 일어나므로 기체의 평균 운동 속도는 B > C 이다. ㄷ. 밀도 = $\frac{질량}{부피}$ 이다. (가)에서 기체의 부피는 일정하기 때문에 밀도는 질량에 따라 달라진다. 따라서 C < A 이다.

08. 답 ④

해설 ④ 매질의 종류가 액체 → 기체 → 진공으로 갈수록 확산 속도가 빨라진다.

① 기체의 온도가 낮아지면 평균 운동 속도가 감소하여 확산 속도가 느려진다.
② 확산되는 입자가 고체 → 액체 → 기체로 갈수록 분자 운동이 활발하여 확산 속도가 빨라진다.
③ 기체 분자의 분자량이 작을수록 기체의 평균 속도가 빨라져 확산 속도가 빨라진다.
⑤ 매질이 같은 기체일 때 매질의 압력이 작을수록 확산을 방해하는 입자의 수가 적어지기 때문에 확산 속도가 빨라진다.

유형익히기 & 하브루타 64 ~ 67 쪽

[유형3-1]	④	01.	⑤	02.	②
[유형3-2]	③	03.	④	04.	①
[유형3-3]	②	05.	②	06.	④
[유형3-4]	①	07.	②	08.	⑤

[유형3-1] 답 ④

해설 ㄱ. 이상 기체 상태 방정식에서 온도가 일정할 때 기체의 몰수는 압력과 부피의 곱에 비례하므로, 기체 H_2와 O_2의 몰수비는 1 × 1 : 1 × 2 = 1 : 2 이다. H_2의 몰 분율은 $\frac{1}{1+2} = \frac{1}{3}$ 이고, O_2의 몰 분율은 $\frac{2}{1+2} = \frac{2}{3}$ 이므로 몰 분율은 O_2가 H_2의 2배이다. ㄴ, ㄷ. 기체의 부분 압력은 전체 압력에 성분 기체의 몰 분율을 곱하여 구한다. 1 기압 × 1 L + 1 기압 × 2 L = P_T × 3 L이므로 P_T = 1 기압이다. H_2의 부분 압력은 1 기압 × $\frac{1}{3} = \frac{1}{3}$ 기압이고, O_2의 부분 압력은 1 기압 × $\frac{2}{3} = \frac{2}{3}$ 기압이다.

01. 답 ⑤

해설 ㄱ. $P_T = P_A$ 기압 + P_B 기압이다. 1 기압 × 1 L + 3 기압 × 3 L = P_T × 4 L, 따라서 P_T = 2.5기압이다. ㄴ. 이상 기체 상태 방정식에서 온도가 일정할 때 기체의 몰수는 압력과 부피의 곱에 비례하므로, 혼합 기체와 헬륨 기체의 몰수는 2.5 × 4 : 2 × 1 = 10 : 2 = 5 : 1 이다. ㄷ. 기체 분자의 평균 운동 에너지는 절대 온도에만 비례한다. 절대 온도가 일정하므로 평균 운동 에너지는 모두 같다.

02. 답 ②

해설 ㄱ. (가)에서 대기압 = (수소 기체의 압력 + 수증기압 + 눈금 실린더에 있는 물기둥의 압력)이므로, 수소 기체의 압력 = (대기압 - 수증기압 - 물기둥의 압력)이다. 따라서 (가)에서 수소 기체의 압력은 1 기압보다 작다. ㄴ. (나)에서 대기압 = (수소 기체의 압력 + 수증기압)이므로, 수소 기체의 압력 = 대기압 - 수증기압 = 760 - 20 = 740 mmHg 이다. ㄷ. 수소 기체의 압력은 (가) < (나)이다. 압력과 부피는 서로 반비례하므로 눈금 실린더에 들어 있는 기체의 부피는 $V_1 > V_2$이다.

[유형3-2] 답 ③

해설 ㄱ. 기체 분자들은 온도가 높을수록 평균 운동 에너지가 증가하므로 평균 운동 속도도 증가한다. 따라서 T_1은 T_2 보다 낮다. ㄴ. 기체 분자들은 온도가 같을 경우 모든 기체의 평균 운동 에너지는 같다. 하지만 평균 운동 속도는 분자량이 작은 기체일수록 빠르다. 따라서 평균 운동 속도가 빠른 B의 분자량이 A보다 작다.
ㄷ. 기체 분자들의 평균 운동 에너지는 분자의 크기, 모양 및 종류에는 영향을 받지 않고, 절대 온도에만 비례한다. 따라서 T_2 에서 B의 평균 운동 에너지는 A와 같다.

03. 답 ④
해설 ④ 기체 분자의 평균 운동 에너지는 분자의 크기, 모양, 종류에는 영향을 받지 않고, 절대 온도에만 비례한다.
① 기체 분자들은 서로 멀리 떨어져 있기 때문에 기체가 차지하는 부피는 기체가 차지하는 전체 부피에 비해 매우 작으므로 무시한다.
② 기체는 끊임없이 무질서하게 직선 운동하며 움직이는 많은 수의 분자로 이루어져 있다.
③ 기체 분자 사이에는 인력과 반발력이 작용하지 않는다.
⑤ 기체 분자 사이의 충돌이나 벽과의 충돌은 완전 탄성 충돌이므로 충돌 후 에너지 손실이 없다.

04. 답 ①
해설 ㄱ. H_2 분자의 평균 운동 속도는 O_2보다 크지만, 일부의 느린 운동 속도를 가지는 H_2는 빠른 운동 속도를 가지는 O_2보다 운동 속도가 느리다. ㄴ. 분자의 평균 운동 에너지는 절대 온도에 비례한다. H_2, He, O_2의 온도가 일정하므로 분자의 평균 운동 에너지는 같다. ㄷ. 분자의 평균 운동 속도는 $H_2 > O_2$ 이다.

[유형3-3] 답 ②
해설 ㄱ. 이상 기체 상태 방정식에서 온도가 일정할 때 기체의 몰수는 압력과 부피의 곱에 비례하므로, 기체 A의 몰수 < 기체 B의 몰수이다. ㄴ. 이상 기체 상태 방정식에서 온도가 일정할 때 기체의 몰수는 압력과 부피의 곱에 비례하므로, 기체 B의 몰수 < 기체 C의 몰수이다. 분자량 = $\frac{질량}{몰수}$ 이고, 질량이 일정하므로, 기체 B의 분자량 > 기체 C의 분자량이다. ㄷ. 단위 면적당 기체 분자의 충돌 횟수는 내부 압력이므로 C가 A보다 크다.

05. 답 ②
해설 ㄱ. 기체 분자의 평균 운동 에너지는 분자의 크기, 모양 및 종류에는 영향을 받지 않고, 절대 온도에만 비례한다. 온도가 일정하므로 평균 운동 에너지가 같다. ㄴ. (나)는 (가)보다 온도가 낮으므로 평균 운동 에너지가 더 작지만, (나)에서 He과 N_2의 평균 운동 에너지는 같다. ㄷ. (가)보다 (나)의 절대 온도가 낮다. 따라서 (가)보다 (나)에서 He의 평균 운동 속도가 느리다.

06. 답 ④
해설 ㄱ. 혼합 기체에서 성분 기체의 부분 압력은 몰 분율에 비례한다. H_2를 주입하였기 때문에 (나)의 H_2의 몰 분율이 증가하였다. 따라서 (가)보다 (나)에서 H_2의 부분 압력이 크다. ㄴ. 기체 분자의 평균 운동 속도는 절대 온도에만 비례한다. (가)와 (다)의 절대 온도가 일정하므로 Ne의 평균 운동 속도는 일정하다. ㄷ. 일정한 온도에서 일정량의 기체를 용기에 넣고 외부 압력을 높이면 용기 벽면에 충돌하는 기체 분자 수가 증가한다. 충돌 횟수는 압력에 비례한다.

[유형3-4] 답 ①
해설 ㄱ. 확산 속도는 기체 분자량의 제곱근에 반비례하므로 농도가 달라도 상관없다. ㄴ. 같은 시간 동안 이동한 거리가 길수록 확산 속도가 빠르므로, 확산 속도는 암모니아 기체가 X 기체보다 빠르다. 기체의 확산 속도는 분자량의 제곱근에 반비례하므로 분자량이 작은 기체일수록 확산 속도가 빠르다. 따라서 분자량은 암모니아 기체가 X 기체보다 작다. ㄷ. 암모니아수(NH_3)보다 CH_3NH_2의 분자량이 더 크므로 확산 속도는 느리다. 따라서 두 기체는 A보다 오른쪽에서 만날 것이다.

07. 답 ②
해설 ㄱ. 양쪽 콕을 동시에 열었다가 닫았을 때 피스톤이 오른쪽으로 이동하였으므로, 확산 속도는 기체 B가 A보다 빠르다. 기체의 확산 속도는 분자량이나 밀도의 제곱근에 반비례하므로 기체의 밀도는 A가 B보다 크다. ㄴ. A와 B의 압력이 같아질 때까지 피스톤이 움직이게 된다. 따라서 기체의 압력은 A와 B가 같다.
ㄷ. A보다 분자량이 작은 기체를 사용하면 확산 속도가 더 빠르므로, 피스톤은 현재보다 왼쪽으로 이동한다.

08. 답 ⑤
해설 ㄱ. 기체 C가 들어 있는 용기에 기체 A와 B가 들어 있는 같은 크기의 풍선을 넣어 주었을 때 기체 A는 떠 있고, 기체 B는 가라 앉아있기 때문에 밀도는 A가 B보다 작다. ㄴ. 밀도 = $\frac{질량}{부피}$ 이다. 부피가 일정하므로 밀도가 큰 B의 질량이 더 크다. ㄷ. 기체의 밀도는 B가 C보다 크다. 기체의 확산 속도는 분자량이나 밀도의 제곱근에 반비례하므로 기체의 확산 속도는 B가 C보다 느리다.

창의력 & 토론마당 68 ~ 71 쪽

01 NO_2의 부분 압력 : 0.34 기압 , 몰 분율 : $\frac{17}{25}$
N_2O_4의 부분 압력 : 0.16 기압 , 몰 분율 : $\frac{8}{25}$

해설 처음에 $\frac{15.18\ g}{46\ g/mol}$ = 0.33몰의 NO_2가 있으므로, 같은 몰수의 질소 원자가 존재한다. 질소 원자 전체 몰수는 변함이 없으므로 다음 식이 성립한다.

$n_{NO_2} + 2n_{N_2O_4} = 0.33\ mol$ ······················ ㉠

전체 압력은 0.5 기압이므로

$P_{NO_2} + P_{N_2O_4} = 0.5$ 기압

$\frac{RT}{V}n_{NO_2} + \frac{RT}{V}n_{N_2O_4} = 0.5$ 기압

$n_{NO_2} + n_{N_2O_4} = 0.5\ 기압 \times \frac{V}{RT}$

$= \frac{0.5\ 기압 \times 12\ L}{0.08\ atm·L/mol·K \times (273 + 27)K}$

$n_{NO_2} + n_{N_2O_4} = 0.25\ mol$ ······················ ㉡

㉠과 ㉡을 연립하면

$n_{NO_2} = 0.17\ mol$, $n_{N_2O_4} = 0.08\ mol$ 이다.

따라서 NO_2의 몰 분율은 $\frac{17}{25}$ 이고, 부분 압력은 $\frac{17}{25}$ × 0.5 기압 = 0.34 기압이다. N_2O_4의 몰분율은 $\frac{8}{25}$ 이고, 부분 압력은 $\frac{8}{25}$× 0.5 기압 = 0.16 기압이다.

02 0.29

해설 아세틸렌(C_2H_2)과 수소의 몰수의 합이 1 몰이다.
$n_{C_2H_2} = x$ 로 하고, $n_{H_2} = y$ 로 계산한다.
반응 전 $x + y = 1$ mol 이다.
C_2H_2은 모두 반응에 참여하고, 수소는 $2x$ 가 반응에 참여하여 $y - 2x$ 만큼 남아있게 되고, C_2H_6 는 반응하여 x (몰)이 생긴다.
반응 결과 몰수의 합은 0.42 몰이다.
$0 + y - 2x + x = 0.42$
$x = 0.29$ mol , $y = 0.71$ mol 이다.
따라서 반응 전 혼합 기체에 들어 있는 C_2H_2의 몰 분율은 $\frac{0.29\text{ mol}}{1\text{ mol}} = 0.29$ 이다.

03 (1) 분자당 평균 운동 에너지(E_k) = $\frac{3}{2}kT$
(2) 평균 운동 속도는 온도에 비례하고, 질량에 반비례한다.

해설 (1) 이상 기체 상태 방정식에 따라 $PV = nRT$ 이다.
따라서 $nRT = \frac{1}{3}Nmv^2$ 로 나타낼 수 있다.
이식에서 N은 n에 아보가드로수를 곱한 것이기 때문에 양쪽에 n으로 나누어 주면 다음 식을 얻는다.

$$\frac{1}{3}N_Amv^2 = RT$$

이 식을 물리 법칙에 의하면 질량 m인 분자가 속도 v로 운동하는 경우에 운동 에너지는 $\frac{1}{2}mv^2$ 이다. 따라서 N_A개 분자 1몰이 가지는 평균 운동 에너지는 $\frac{1}{2}N_Amv^2$ 이다.
따라서 기체 분자들의 평균 운동 에너지 = $\frac{3}{2}RT$ 이다.

$$\frac{3}{2}RT = \frac{1}{2}N_Amv^2$$

분자당 평균 운동 에너지(E_k) = $\frac{3}{2}kT$ 이다.

(2) (1) 의 식을 평균 제곱 속력에 대해서 식을 정리하면 다음과 같다.

$$v = \sqrt{\frac{3RT}{N_Am}}$$

따라서 기체 분자 1개당 평균 운동 속도는 온도에 비례하고, 질량에 반비례한다.

04 (1) 일정하다.
(2) 일정하다.
(3) 증가한다.
(4) 감소한다.

해설 (1) 평균 운동 에너지는 절대 온도에만 비례한다. 온도가 변하지 않으므로 O_2 분자의 평균 운동 에너지는 일정하다.
(2) 일정한 온도이므로 O_2 분자의 평균 운동 속도는 일정하다.
(3) 기체의 부피가 감소하여 단위 부피당 들어 있는 분자 수가 증가하므로 충돌 수가 증가한다.
(4) 일정한 분자 수에서 부피가 감소하였으므로 기체 분자간 평균 거리가 감소한다.

05 (1) 254 (2) I_2

해설 (1) 미지 기체(X)의 분출 속도 = 0.355 × O_2의 분출 속도
그레이엄 법칙에서 일정한 온도와 압력에서 두 기체의 확산 속도는 기체의 분자량의 제곱근에 반비례한다.

$$\frac{v_X}{v_{O_2}} = \sqrt{\frac{32}{M_X}} = 0.355$$

$$\frac{32}{M_X} = (0.355)^2 \fallingdotseq 0.126$$

$$M_X = \frac{32}{0.126} \fallingdotseq 254 \text{ 이다.}$$

(2) 미지 기체는 동종 핵 2원자 분자로 구성되어 있다. 때문에 분자량은 미지 기체 원자량의 두 배를 나타내야 한다. 따라서 미지 기체는 원자량이 127 인 I 의 이원자 분자인 I_2 이다.

06 (1) $\frac{v_A}{v_B} = \sqrt{\frac{d_B}{d_A}}$
(2) 288

해설 (1) 기체의 밀도는 $d = \frac{MP}{RT}$ 이다. 일정한 온도와 압력 조건이므로 밀도비는 분자량비와 같다. 따라서 기체 A와 B의 분출 속도비를 밀도비로 나타낼 수 있다.

$$\frac{v_A}{v_B} = \sqrt{\frac{d_B}{d_A}}$$

(2) 1 L 의 기체가 확산되는 데 걸리는 시간이 기체 X는 102초이고 O_2는 34초이다. 따라서 그레이엄 법칙에 따라 아래와 같이 식을 쓸 수 있다.

$$\frac{v_X}{v_{O_2}} = \frac{1}{3},\ \sqrt{\frac{M_{O_2}}{M_X}} = \sqrt{\frac{32}{M_X}} = \frac{1}{3} \quad \therefore M_X = 288$$

스스로 실력 높이기 72 ~ 77쪽

01. 1.2 02. 0.5 03. 2 04. T_3
05. (1) > (2) < (3) < 06. (1) = (2) = (3) <
07. 4 : 9 08. 96 09. ㄱ, ㄴ, ㄷ
10. 높을수록, 작을수록 11. ① 12. ⑤
13. ④ 14. ③ 15. ② 16. ③ 17. ⑤
18. ④ 19. ③ 20. ⑤ 21. ② 22. ①
23. ④ 24. ③
25. (1) $C_6H_{12}O_6(s) + 6O_2(g) \rightarrow 6CO_2(g) + 6H_2O(l)$
(2) 0.6 mol (3) 12 기압
26. (1) 0.18 기압 (2) 28.8 g 27. 2 기압
28. (1) 증가한다. (2) 일정하다. (3) 일정하다.
29. ㄱ, ㄷ 30. $\sqrt{2.15}$ (= 1.47)
31. (1) 0.4 mol (2) 32 g
32. (1) B < A < C (2) 16 : 36 : 1

01. 답 1.2
해설 분자량이 44인 이산화 탄소 4.4 g의 몰수는 $\frac{4.4\ g}{44\ g/mol}$ = 0.1mol 이고, 분자량이 32인 산소 6.4 g의 몰수는 $\frac{6.4\ g}{32\ g/mol}$ = 0.2mol 이다. 기체의 부분 압력은 기체의 몰 분율에 비례하므로 이산화 탄소의 부분 압력이 0.4 기압이면 산소의 부분 압력은 0.8 기압이다. 따라서 혼합 기체의 전체 압력은 0.4 기압 + 0.8 기압 = 1.2 기압이다.

02. 답 0.5
해설 이상 기체 방정식에서 온도가 일정할 때 기체의 몰수는 압력과 부피의 곱에 비례한다. 몰 분율은 성분 기체의 몰수를 전체 기체의 몰수로 나누어서 구할 수 있으므로 질소 기체의 몰 분율은 $\frac{n_{N_2}}{n_{N_2} + n_{O_2}} = \frac{6\ 기압 \times 1\ L}{6\ 기압 \times 1\ L + 3\ 기압 \times 2\ L}$ = 0.5 이다.

03. 답 2
해설 콕을 열면 혼합 기체 전체의 부피는 3 L 가 된다. 산소 기체의 부분 압력은 3 기압 × 2 L = P_{O_2} × 3 L , P_{O_2} = 2 기압 이다.

04. 답 T_3
해설 온도가 높을수록 빠른 속도를 가지는 분자 수의 비율이 크므로 기체의 평균 운동 속도가 빠르다. 따라서 온도는 $T_1 < T_2 < T_3$ 이다. 온도가 가장 높은 것은 T_3 이다.

05. 답 (1) > (2) < (3) <
해설 (1) 같은 온도에서 분자량이 작은 기체일수록 빠르다. 따라서 25℃, He(*g*)의 평균 운동 속도가 25℃, $O_2(g)$의 평균 운동 속도보다 빠르다.
(2) 온도가 높을수록 평균 운동 에너지가 증가하므로 평균 운동 속도도 증가한다. 따라서 25℃, $N_2(g)$의 평균 운동 속도가 150℃, $N_2(g)$의 평균 운동 속도보다 느리다.
(3) 기체 분자 운동론에 의하면 평균 운동 에너지는 온도에 비례한다. 따라서 25℃, $H_2(g)$의 평균 운동 에너지보다 50℃, $O_2(g)$의 평균 운동 에너지가 더 높다.

06. 답 (1) = (2) = (3) <
해설 (1) 평균 운동 에너지는 절대 온도에만 비례하기 때문에 (가)의 평균 운동 에너지와 (나)의 평균 운동 에너지는 같다.
(2) 온도가 일정하므로 (나)의 평균 운동 속도와 (다)의 평균 운동 속도는 일정하다.
(3) (가)에서 (다)가 될 때, 외부 압력이 높아졌기 때문에 용기의 벽면에 충돌하는 기체 분자 수가 증가한다.

07. 답 4 : 9
해설 기체의 확산 속도비는 일정한 시간 동안 움직인 거리의 비로 구할 수 있다. A와 B의 확산 속도비는 A : B = $\frac{36}{t} : \frac{24}{t}$ = 3 : 2 이다. 온도와 압력이 같을 때 기체의 확산 속도는 분자량의 제곱근에 반비례하므로 $\frac{v_A}{v_B} = \frac{3}{2} = \sqrt{\frac{M_B}{M_A}}$ 이다. 따라서 $M_A : M_B$ = 4 : 9 이다.

08. 답 96
해설 XO_2와 O_2의 분출 속도가 1 : 2일 때, X의 원자량을 *x*라 하면 다음과 같은 식이 성립한다. $\frac{v_{XO_2}}{v_{O_2}} = \frac{1}{2} = \sqrt{\frac{M_{O_2}}{M_{XO_2}}} = \sqrt{\frac{32}{x + 16 \times 2}}$
$\therefore x + 16 \times 2 = 128$이다. $x = 96$ 이다.

09. 답 ㄱ, ㄴ, ㄷ
해설 확산 속도에 영향을 주는 요인으로는 온도, 질량, 물질의 상태, 매질의 종류가 있다.

11. 답 ①
해설 ㄱ. 이상 기체 방정식에서 온도가 일정할 때 기체의 몰수는 압력과 부피의 곱에 비례한다. 2 기압 × 1 L : 1 기압 × 3 L = 2 : 3 이다.
ㄴ. 콕을 열면 내부 기압이 대기압과 같아진다. 따라서 혼합 기체에서 성분 기체의 부분 압력은 몰 분율에 비례하므로, Ne의 부분 압력은 1 기압 × $\frac{3}{2+3} = \frac{3}{5}$ 기압이다.
ㄷ. 보일 법칙에 따르면 혼합 전후에 기체의 압력과 부피의 곱은 일정하므로 혼합 후 전체 부피 *V*로 두면, 2 기압 × 1 L + 1 기압 × 3 L = 1 기압 × *V*, *V* = 5 L 이다. 이때 용기 (가)의 부피는 1 L 이므로 실린더 (나)의 부피는 4 L 이다.

12. 답 ⑤
해설 기체 A의 압력은 대기압 쪽 관의 수은 기둥의 높이가 더 높으므로 기체의 압력이 대기압보다 더 높다.
기체 A의 압력 = 대기압(760 mmHg) + 380 mmHg = 1140 mmHg 이다. 기체 A + B의 압력은 대기압(760 mmHg) + 760 mmHg = 1520 mmHg 이다. 따라서 (나)에서 기체 A의 부분 압력(P_A) : 기체 B의 부분 압력(P_B) = 1140 mmHg : (1520 - 1140) mmHg = 3 : 1 이다.

13. 답 ④

해설 ㄱ. 과정 ㉠에서 콕 A를 열면 혼합 기체 전체의 부피는 3 L가 된다. 전체 압력은 2 기압 × 2 L + 2 기압 × 1 L = P_T × 3 L, P_T = 2 기압 이다. 혼합 기체에서 성분 기체의 부분 압력은 몰 분율에 비례하므로, He의 부분 압력은 2 기압 × $\frac{4}{4+2}$ = $\frac{4}{3}$ 기압이다. CH_4의 부분 압력은 2 기압 × $\frac{2}{4+2}$ = $\frac{2}{3}$ 기압이다. 따라서 He과 CH_4의 부분 압력은 다르다.

ㄴ. 과정 ㉡에서 콕 B를 열면 혼합 기체 전체의 부피는 4 L가 된다. 전체 압력은 2 기압 × 2 L + 2 기압 × 1 L + 1 기압 × 1 L = P_T × 4 L, P_T = 1.75 기압 이다.

ㄷ. 이상 기체 방정식에서 온도가 일정할 때 기체의 몰수는 압력과 부피의 곱에 비례한다. 2 기압 × 2 L : 2 기압 × 1 L : 1 기압 × 1 L = 4 : 2 : 1 이다. 몰 분율 = $\frac{CH_4 \text{ 기체의 몰수}}{\text{전체 기체의 몰수}}$ 이다.

㉠에서 CH_4의 몰 분율은 $\frac{1}{3}$ 이고, ㉡에서 CH_4의 몰 분율은 $\frac{2}{7}$ 이다. 따라서 ㉠ > ㉡이다.

14. 답 ③

해설 ㄱ. 평균 운동 속도가 (나)가 (가)보다 크므로 분자량은 (가)가 (나)보다 크다. ㄴ. 온도가 같으므로 (가)와 (나)의 평균 운동 에너지는 같다. ㄷ. (가)에서 온도를 높이면 평균 운동 속도가 증가하므로 그래프의 꼭짓점이 오른쪽 아래로 이동하게 된다. 따라서 v_1의 속력을 갖는 분자의 수는 감소한다.

15. 답 ②

해설 ㄱ. 평균 운동 에너지는 분자의 크기, 모양 및 종류에는 영향을 주지 않고, 절대 온도에만 비례한다. (가)와 (나)는 온도가 일정하므로 기체 분자의 평균 운동 에너지가 일정하다. ㄴ. 몰 분율은 혼합 기체에서 성분 기체의 몰수를 전체 기체의 몰수를 나눈 값이다. 기체 A를 주입하였으므로 전체 기체의 몰수는 증가하였고, 기체 B는 일정하다. 따라서 (가)보다 (다)에서 기체 B의 몰 분율이 더 작다. ㄷ. 압력이 일정하므로 (나)와 (다)의 충돌 횟수는같다.

16. 답 ③

해설 평균 운동 에너지는 온도가 높을수록 빠르다. 온도가 모두 일정하므로 평균 운동 에너지는 (가) = (나) = (다)이다.

17. 답 ⑤

해설 ㄱ. 실린더에 들어 있는 기체 X와 Y의 확산 속도를 피스톤이 바닥으로 내려오는데 걸리는 시간과 기체의 부피로 나타내면 다음과 같다. $v_X : v_Y = \frac{V_X}{t_X} : \frac{V_Y}{t_Y} = \frac{2}{8} : \frac{1}{16} = 4 : 1$ 이므로 분출 속도는 X가 Y의 4배이다.

ㄴ. 온도와 압력이 같을 때 기체의 확산 속도는 분자량의 제곱근에 반비례하므로 $\frac{v_X}{v_Y} = \frac{4}{1} = \sqrt{\frac{M_Y}{M_X}}$ 이다. 따라서 $M_Y = 16M_X$ 이므로 Y의 분자량은 X의 16배이다.

ㄷ. 온도와 압력이 같을 때 기체의 몰수는 부피에 비례하므로 기체 X의 몰수는 Y의 2배이다.

몰수 = $\frac{\text{질량}}{\text{분자량}}$ 이므로 $n_X : n_Y = \frac{a}{M_X} : \frac{b}{M_Y} = \frac{a}{1} : \frac{b}{16} = 2 : 1$ 이다.

식을 정리하면, $b = 8a$ 이다.

18. 답 ④

해설 ㄱ. 같은 온도, 압력의 기체 X와 Y는 아보가드로 법칙에 의해 부피와 분자 수가 비례한다. A에는 기체 X가 n 몰 존재한다면, C에는 기체 Y가 $2n$ 몰 존재한다. 따라서 기체 분자의 평균 거리는 기체 X와 Y가 같다.

ㄴ. 콕을 동시에 열었다가 닫으면 기체 X, Y는 B 용기로 들어간다. 일정한 온도와 압력에서 두 기체의 확산 속도는 기체의 분자량과 밀도의 제곱근에 반비례한다. 기체 Y의 부피가 더 많이 감소했으므로 기체의 밀도는 X가 Y 보다 크다.

ㄷ. 용기 B에는 1 기압, 1 L 의 기체 X와 1 기압, 2 L 의 기체 Y가 들어 있다. B의 부피는 4 L 이므로 1 기압 × 1 L + 1 기압 × 2 L = P_T × 4 L, P_T = 0.75 기압이다.

19. 답 ③

해설 ㄱ. He 1 L 의 밀도와 CH_4 1 L 의 밀도가 같으므로 He과 CH_4의 질량은 같다.

ㄴ. He의 분자량은 CH_4의 분자량보다 작기 때문에 같은 질량의 He과 CH_4의 몰수는 He이 CH_4보다 크다. 따라서 $\frac{\text{He의 몰수}}{CH_4\text{의 몰수}}$는 1보다 크다.

ㄷ. 같은 온도와 압력에서 기체의 부피 비 = 몰수 비이므로 $\frac{\text{He의 몰수}}{CH_4\text{의 몰수}} = \frac{\text{He의 부피}}{CH_4\text{의 부피}}$ 이다. 따라서 $\frac{\text{He의 몰수}}{CH_4\text{의 몰수}} = 4$ 이며, $\frac{\text{He의 부피}}{CH_4\text{의 부피}} = 4$ 이므로 물리량의 비는 (다) = (나) > (가) 순이다.

20. 답 ⑤

해설 ㄱ. 반응 전의 전체 압력은 0.2 기압 × 1 L + 1 기압 × 1 L = P_T × 2 L, P_T = 0.6 기압 이다.

ㄴ. 화학 반응식은 $CH_4(g) + 2O_2(g) \rightarrow CO_2(g) + 2H_2O(g)$이다. 계수의 비는 반응물과 생성물의 몰수에 비례하므로 반응 전과 후 남아 있는 기체의 상대적인 몰수는 다음과 같다.

구분	CH_4	O_2	CO_2	H_2O
연소 전	0.2	1	-	-
반응	- 0.2	- 0.4	+ 0.2	+ 0.4
연소 후	0	0.6	0.2	0.4

압력 × 부피는 일정하므로 반응 후 전체 압력은 P_T = 0.6 기압이다. 따라서 남은 산소의 부분 압력은 0.6 기압 × $\frac{0.6}{0 + 0.6 + 0.2 + 0.}$ = 0.3 기압이다.

ㄷ. 연소 전의 상대적인 몰수는 0.2 + 1 mol 이고, 연소 후의 상대적인 몰수는 0.6 + 0.2 + 0.4 mol 이므로 반응 전과 후의 총 분자 수는 같다.

21. 답 ②

해설 두 기체의 확산 속도는 분자량의 제곱근에 반비례하므로 $\frac{v_Y}{v_X} = \frac{1}{2} = \sqrt{\frac{M_X}{M_Y}}$ 이다. 따라서 X와 Y의 분자량의 비는 $M_X : M_Y$ = 1 : 4이다. 온도가 일정할 때 기체의 몰수는 압력 × 부피에 비례하므로 X와 Y의 몰수비는 1 기압 × 1 L : 1 기압 × 2 L = 1 : 2이다. 질량 = 몰수 × 분자량이므로 X와 Y의 질량비 a : b = 1 × 1 : 2 × 4 = 1 : 8 이다.

22. 답 ①

해설 ㄱ. 같은 온도에서 평균 운동 속도가 C > B > A이다. 기체의 평균 운동 속도는 분자량이 작은 기체일수록 빠르므로 분자량은 A > B > C 이다. 질량이 같을 때 분자 수가 가장 많은 기체는 분자량이 가장 작은 C이다. ㄴ. 기체 분자의 평균 운동 속도는 C가 A보다 크지만, 기체 분자의 운동 속도 분포에서 C가 A보다 작은 값을 나타내기도 한다. ㄷ. 평균 운동 에너지는 절대 온도에만 비례한다. B와 C의 온도가 같으므로 평균 운동 에너지는 같다.

23. 답 ④

해설 ㄱ. $A(g) + 2B(g) \rightarrow 2C(g)$에서 온도와 압력이 일정할 때 부분 압력은 몰수에 비례하므로 반응은 다음과 같다.

구분	A	B	C
반응 전	0.2	0.8	-
반응	- 0.2	- 0.4	+ 0.4
반응 후	0	0.4	0.4

질량 보존의 법칙에 의해 반응 전후 질량이 같고, 기체의 부피비는 5 : 4이므로 밀도비는 4 : 5이다. ㄴ. 반응 후 기체 몰수가 같으므로 기체 B의 부분 압력은 0.5 기압이다. ㄷ. 혼합 기체의 총 몰수 비가 반응 전 : 반응 후 = 1 : 0.8이므로 반응 전이 반응 후보다 크다.

24. 답 ③

해설 ㄱ. 기체의 확산 속도비는 일정한 시간 동안 움직인 거리의 비로 구할 수 있다. He과 기체 X의 확산 속도비는 He : X = $\frac{20}{2}$: $\frac{10}{2}$ = 2 : 1 이다. 두 기체의 확산 속도는 분자량의 제곱근에 반비례하므로 $\frac{v_{He}}{v_X} = \frac{2}{1} = \sqrt{\frac{M_X}{M_{He}}}$ 이다. 따라서 X와 헬륨의 분자량의 비는 $M_X : M_{He}$ = 4 : 1이다. He의 분자량이 4 이므로 기체 X의 분자량은 16이다.

ㄴ. 헬륨 4 g(= 1몰)은 3분 뒤 모두 분출된다. 따라서 2분 동안 배출된 기체 X의 몰수는 $\frac{2}{3}$ 이다.

ㄷ. 기체가 분출되는 동안 실린더 외부의 추의 무게는 일정하므로 압력이 일정하다. 따라서 실린더 내부의 기체 분자 사이의 평균 거리는 일정하다.

25. 답 (1) $C_6H_{12}O_6(s) + 6O_2(g) \rightarrow 6CO_2(g) + 6H_2O(l)$
(2) 0.6 mol (3) 12 기압

해설 (1) $C_6H_{12}O_6$의 연소 반응에 대한 화학 반응식은 다음과 같다.

$$C_6H_{12}O_6(s) + 6O_2(g) \rightarrow 6CO_2(g) + 6H_2O(l)$$

(2) O_2의 몰수는 이상 기체 상태 방정식에서

$$n = \frac{PV}{RT} = \frac{30\text{ atm} \times 0.8\text{ L}}{0.08\text{ atm·L/mol·K} \times 300\text{ K}} = 1\text{ mol}$$

반응 전과 후 각 물질의 상대적인 몰수는 다음과 같다.

구분	$C_6H_{12}O_6$	O_2	CO_2	H_2O
연소 전	0.1	1.0	-	-
반응	-0.1	-0.6	+0.6	+0.6
연소 후	0	0.4	0.6	0.6

반응 후 CO_2는 0.6 mol이 존재한다.

(3) 반응 전 O_2 1몰의 압력이 30 기압이고, 반응 후 $O_2(g)$의 몰 분율이 $\frac{0.4}{1}$ 이므로 $O_2(g)$ 부분 압력은 30 기압 × $\frac{0.4}{1}$ = 12 기압이다.

26. 답 (1) 0.18 기압 (2) 28.8 g

해설 (1) 혼합 기체에서 성분 기체의 부분 압력은 몰 분율에 비례한다. 따라서 O_2의 부분 압력은 1 기압 × $\frac{18}{1.5 + 18 + 80.5}$ = 0.18 기압이다.

(2) 이상 기체 상태 방정식 $PV = nRT$에서

$$n = \frac{PV}{RT} = \frac{1\text{ atm} \times 120\text{ L}}{0.08\text{ atm·L/mol·K} \times 300\text{ K}} = 5\text{ mol}$$ 이므로

필요한 대기의 몰수가 5mol이다.

그 중 O_2의 몰수는 5 × $\frac{18}{1.5 + 18 + 80.5}$ = 0.9 몰이다.

따라서 0.9 mol × $\frac{32\text{g}}{1\text{ mol}}$ = 28.8 g이 필요하다.

27. 답 2 기압

해설 반응 전과 후 각 물질의 몰수는 다음과 같다.

구분	$NaHCO_3$	Na_2CO_3	CO_2	H_2O
반응 전	1	-	-	-
반응	-1	+0.5	+0.5	+0.5
반응 후	0	0.5	0.5	0.5

반응 후 기체는 He 1몰과 CO_2 0.5몰, H_2O 0.5 몰 남아 있다.
이상 기체 상태 방정식 $PV = nRT$ 이므로

$$P = \frac{nRT}{V} = \frac{2\text{ mol} \times 0.08\text{ atm·L/mol·K} \times 600\text{K}}{24\text{L}} = 4\text{ 기압}$$

이다. He 1 몰이 나타내는 부분 압력은

4 기압 × $\frac{1}{1 + 0.5 + 0.5}$ = 2 기압이다.

28. 답 (1) 증가한다. (2) 일정하다. (3) 일정하다.

해설 (1) 온도를 증가시키면 평균 운동 에너지가 증가하고, 평균 운동 속도가 증가한다.

(2) 시료 부피는 평균 운동 속도에 영향을 주지 않는다. 시료 부피를 증가시키면 압력은 감소하지만 평균 운동 속도는 일정하다.

(3) 온도가 일정하므로 평균 운동 에너지가 일정하고, 평균 운동 속도도 일정하다.

29. 답 ㄱ, ㄷ

해설 ㄱ. 평균 운동 에너지는 A가 B의 2배이다. ⇨ 평균 운동 에너지는 분자의 크기, 모양, 종류에는 영향을 받지 않고 절대 온도에만 비례한다. A와 B의 온도가 일정하므로 평균 운동 에너지는 동일하다.

ㄷ. 일정한 온도에서 용기의 부피를 2배로 증가시키면 각 기체의

평균 운동 속도는 2배가 된다. ⇨ 평균 운동 속도는 $v = \sqrt{\frac{3kT}{m}}$이다. 따라서 부피 변화에는 영향을 받지 않는다.

30. 답 $\sqrt{2.15}$(= 1.47)
해설 두 기체의 확산 속도는 분자량의 제곱근에 반비례하므로 $\frac{v_{NH_3}}{v_{HCl}} = \sqrt{\frac{M_{HCl}}{M_{NH_3}}} = \sqrt{\frac{36.5}{17}}$ 이다. 따라서 NH_3의 확산 속도는 HCl의 확산 속도의 $\sqrt{2.15}$(= 1.47)배이다.

31. 답 (1) 0.4 mol (2) 32 g
해설 (1) (가)에서 온도와 압력이 일정하므로 기체의 부피는 몰수에 비례한다. 헬륨과 산소의 부피비는 3 : 2이고, 헬륨의 몰수는 $\frac{2.4\ g}{4\ g/mol}$ = 0.6 mol이다. 따라서 산소의 몰수는 0.4 mol이다.
(2) (나)에서 헬륨과 산소의 부피비는 3 : 7이고, 헬륨의 몰수는 0.6 mol이므로 산소의 몰수는 1.4 mol이다. 따라서 (나)에서 더 넣어준 산소의 몰수는 1.4 - 0.4 = 1 mol이고, 질량은 32g이다.

32. 답 (1) B < A < C (2) 16 : 36 : 1
해설 (1) (가) 유리관에서 기체 A가 B보다 더 많은 거리를 이동한 것을 알수 있고, (나) 유리관에서 기체 C가 A보다 더 많은 거리를 이동한 것을 알 수 있으므로 평균 운동 속도는 B < A < C이다.
(2) 두 기체의 확산 속도는 분자량의 제곱근에 반비례하므로 $\frac{v_A}{v_B} = \frac{3}{2} = \sqrt{\frac{M_B}{M_A}}$ 이고, $\frac{v_A}{v_C} = \frac{1}{4} = \sqrt{\frac{M_C}{M_A}}$ 이므로 A와 B의 분자량의 비는 $M_A : M_B = 4 : 9$이고, A와 C의 분자량의 비는 $M_A : M_C = 16 : 1$이다. 따라서 $M_A : M_B : M_C = 16 : 36 : 1$이다.

4강. 액체

개념확인	78 ~ 81 쪽
1. 수소, 산소, 수소	2. ⑤
3. >	4. 표면 장력

확인 +	78 ~ 81 쪽
1. 비열	2. >
3. 4	4. 모세관 현상

개념확인

2. 답 ⑤
해설 물은 수소 결합을 하여 분자 사이의 인력이 크기 때문에 분자량이 비슷한 다른 물질에 비해 녹는점과 끓는점이 높다.

3. 답 >
해설 물은 액체 상태에서 일부는 수소 결합을 하고 있고, 일부는 떨어져 있다. 온도가 0℃보다 낮아져 물이 얼면 분자 운동이 느려지고, 분자 사이의 간격이 가까워진다. 따라서 모든 물 분자들이 수소 결합을 하게 된다.

확인 +

2. 답 >
해설 물이 수증기로 기화가 일어나는 동안 사용되는 열에너지가 얼음이 물로 융해가 일어나는 동안 사용되는 열에너지보다 크다.

개념다지기			82 ~ 83 쪽
01. ③	02. ①	03. ①	04. ②
05. ①	06. ⑤	07. ④	08. ②

01. 답 ③
해설 ③ 물 분자 한 개는 최대 4 개의 이웃 물 분자와 수소 결합을 할 수 있다.
① 산소 원자의 비공유 전자쌍(2개) 사이의 반발력이 공유 전자쌍(2개) 사이의 반발력보다 크기 때문에 결합각이 104.5°인 굽은형 구조를 가진다.
② 물 분자에서 산소는 부분적인 (-) 전하를 띠고, 수소는 부분적인 (+) 전하를 띠므로 물 분자는 극성을 띤다. 극성 물질은 극성 용매에 잘 녹는다.
④ 물 분자의 산소 원자 1개와 수소 원자 2개는 각각 전자를 내놓아 전자쌍을 만들고, 이 전자쌍을 공유하여 결합을 이룬다.
⑤ 물 분자를 구성하는 산소는 부분적인 (-) 전하를 띠고 있고, 수소는 부분적인 (+) 전하를 띠고 있다.

02. 답 ①
해설 물의 비열이 크기 때문에 낮이 되면 바닷물이 육지보다 느리게 가열되어 상대적으로 저온 상태가 되므로 하강 기류가 발생한다. 따라서 바다에서 육지 쪽으로 해풍이 분다. 밤이 되면 육지는 바닷물에 비해 빨리 식어서 상대적으로 저온 상태가 되므로 하강 기류가 발생한다. 따라서 육지에서 바다 쪽으로 육풍이 분다.

03. 답 ①

해설 ㄱ. 전자쌍을 끌어당기는 힘이 큰 F, O, N 원자와 공유 결합을 하는 H 원자와, 이웃한 다른 분자의 F, O, N 원자 사이에 강한 힘인 수소 결합이 형성된다. 따라서 수소 결합을 하는 물질은 암모니아와 물 두 가지이다. ㄴ. 녹는점 < 상온(25℃) < 끓는점인 물질은 상온에서 액체 상태로 존재한다. 따라서 액체 상태로 존재하는 물질은 물 한 가지이다. 메테인과 암모니아, 황화 수소는 상온에서 기체 상태로 존재한다. ㄷ. H_2S와 H_2O를 비교하면 분자량이 커질수록 분자 사이의 힘이 커지는 것이 아니다.

04. 답 ②

해설 ㄱ. 얼음이 물로 상태 변화하면 부피가 변하기 때문에 밀도가 변한다. ㄴ. 얼음이 물로 상태 변화할 때 분자 구조는 일정하다. ㄷ. 얼음이 물이 되는 것은 물리 변화이므로 분자 수가 변하지 않는다. 따라서 얼음과 물의 전체 질량은 일정하다. ㄹ. 얼음이 물이 될 때 육각 고리가 끊어져 빈 공간이 줄어들게 되므로 분자 사이의 평균 거리가 짧아진다.

05. 답 ①

해설 ㄱ. A에서 B로 변할 때 부피가 증가한다. 따라서 밀도가 감소한다. ㄴ. C는 얼음이 융해되는 녹는점이다. F는 밀도가 최대인 곳이므로 4℃이다. ㄷ. D는 얼음이고, E는 물이다. 얼음이 물 일 때보다 수소 결합을 많이 생성하므로 평균 수소 결합 수는 D > E이다.

06. 답 ⑤

해설 물은 일반적인 물질과는 다르게 고체 상태에서 수소 결합에 의해 빈 공간이 많은 육각 고리형 구조를 가지기 때문에 예외적으로 부피가 액체 < 고체 < 기체 순이다. 0℃의 물이 4℃가 될 때까지 부피는 감소하여 4℃에서 최소가 되며, 밀도는 4℃에서 최대가 된다.

07. 답 ④

해설 ㄱ. 물은 수소 결합에 의해 응집력과 부착력이 크므로 다른 액체에 비해 모세관 현상이 잘 나타난다. ㄴ. 물은 더 가는 유리관을 사용하면 부착력이 커져 물이 더 높게 올라가 관 안의 액면이 높아진다. ㄷ. 수은은 부착력에 비해 응집력이 훨씬 크기 때문에 모세관 속에서 위로 볼록한 모양을 하고 있다.

08. 답 ②

해설 설명하는 현상은 표면 장력을 나타낸 것이다.
①, ③ 부피 변화와 밀도 변화로 인해 나타나는 현상이다.
④ 모세관 현상으로 인해 나타나는 현상이다.
⑤ 물의 극성으로 인해 나타나는 현상이다.

유형익히기 & 하브루타

84 ~ 87 쪽

[유형4-1]	③	01. ①	02. ②
[유형4-2]	②	03. ①	04. ④
[유형4-3]	④	05. ⑤	06. ②
[유형4-4]	③	07. ③	08. ②

[유형4-1] 답 ③

해설 결합 A는 물 분자 사이의 수소 결합이고, 결합 B는 원자 사이의 결합인 공유 결합이다.
ㄱ. 물이 수증기가 될 때 수소 결합(결합 A)이 끊어진다. ㄴ. 원자 사이의 결합은 분자 사이의 결합보다 강하므로 결합 A는 결합 B보다 결합력이 작다. ㄷ. 이온성 물질이 물에 잘 녹는 것은 이온성 물질과 물의 정전기적 인력이 크기 때문이므로 공유 결합인 결합 B와 관계없다. 사염화 탄소(CCl_4)는 물 분자와 같이 극성 공유 결합을 가지고 있어도 이온성 물질을 잘 녹이지 못한다.

01. 답 ①

해설 그래프를 보면 같은 시간 동안 온도 변화는 물 < 액체 A이다. 비열이 큰 물질일수록 온도가 쉽게 오르거나 내려가지 않으므로 물의 비열이 액체 A보다 큰 것을 확인할 수 있다.

02. 답 ②

해설 ㄱ. 비열이 크면 온도가 쉽게 변하지 않는다. 생물체는 비열이 큰 물이 주를 이루기 때문에 온도가 쉽게 변하지 않는다. ㄴ. 물이 얼면 밀도가 작아지는 것은 생물체가 수분과 체온을 일정하게 유지하는 것과 관계가 없다. ㄷ. 물은 수소 결합을 하고 있어 끓는점이 높고, 기화열이 크다. 끓는점이 높으므로 생물체의 수분이 쉽게 빠져 나가지 않는다. 기화열이 크기 때문에 쉽게 증발하지 않고 외부 온도가 높으면 증발하면서 많은 열을 흡수하여 체온을 일정하게 유지한다. ㄹ. 물이 얼면 부피가 커지는 것은 수분과 체온을 일정하게 유지하는 것과 관계가 없다.

[유형4-2] 답 ②

해설 ㄱ. 분자 사이의 인력이 큰 물질일수록 녹는점과 끓는점이 높다. A의 녹는점과 끓는점이 B의 녹는점과 끓는점보다 높으므로, 분자 사이의 인력은 A가 B보다 크다. ㄴ. 가열 곡선에서 그래프의 기울기가 클수록 온도 변화가 크므로 비열이 작다. 따라서 A는 고체 상태의 비열이 액체 상태의 비열보다 작다. ㄷ. 질량이 2배가 되면 온도를 높이는 데 필요한 열량도 2배가 되므로 액체 구간의 기울기가 감소한다.

03. 답 ①

해설 ㄱ. $P_1 \sim P_2$ 사이에 가한 에너지는 상태 변화에 사용된다. ㄴ. 비열은 물질 1 g을 1℃ 높이는데 필요한 에너지이다. 물 5몰(= 90 g)을 $(t_2 - t_1)$℃ 높이는데 (C - B)kJ의 열량을 가해주어야 한다. 따라서 물의 비열은 $\frac{C - B}{90(t_2 - t_1)}$ 이다.
ㄷ. 몰수와 관계없이 물의 녹는점은 일정하다.

04. 답 ④

해설 ㄱ. AB 구간은 얼음이 물로 녹는 구간이다. 따라서 얼음의 질량이 2배가 되면 얼음을 녹이는 데 필요한 열량이 2배가 되므로 AB 구간의 길이는 2배가 된다. ㄴ. t_1 은 녹는점으로 물의 녹는점은 0 ℃이고, t_2 는 끓는점으로 물의 끓는점은 100 ℃이다. 녹는점과 끓는점은 물질의 양과 관계없이 일정한 값을 갖는다. 따라서 t_1과 t_2 차이는 변하지 않는다. ㄷ. BC 구간은 액체 상태의 물의 온도가 상승하는 구간이다. 물의 질량이 2배가 되므로 물의 온도를 상승시키는 데 필요한 열량도 2배가 되어 BC의 기울기는 작아진다.

[유형4-3] 답 ④

해설 ㄱ. A에서 B로 될 때 밀도가 갑자기 증가했으므로 얼음에서 물로 상태 변화한 것을 알 수 있다. 따라서 이때의 온도는 녹는점이 된다. ㄴ. B에서 C로 될 때 밀도가 증가하므로 부피는 감소한다. 부피가 감소하므로 물 분자의 평균 거리는 감소한다. ㄷ. 얼음(A)의 평균 수소 결합 수가 물(C)의 평균 수소 결합 수보다 많다.

05. 답 ⑤

해설 ㄱ. 0 ℃ 에서 물이 얼음으로 응고되고, 얼음이 물로 융해되는 상태 변화가 일어난다. 이때 부피가 급격하게 변한다. ㄴ. 4 ℃ 에서 물의 부피가 가장 작다. 질량은 일정하므로 4 ℃ 에서 물의 밀도는 가장 크다. ㄷ. 얼음의 온도가 높아질수록 부피가 증가하므로 분자 사이의 빈 공간은 커진다.

06. 답 ②

해설 ㄱ. 결합 A는 수소와 산소의 공유 결합이다. 얼음이 녹아 물이 되더라도 공유 결합 길이는 변하지 않는다. ㄴ. -10 ℃ 얼음의 밀도가 10 ℃ 물의 밀도보다 작으므로 부피는 -10 ℃의 얼음이 10 ℃의 물보다 크다. ㄷ. 얼음이 물로 상태 변화할 때 분자 사이의 수소 결합(결합 B) 수가 감소한다.

[유형4-4] 답 ③

해설 ㄱ. 표면 장력은 액체가 표면에서 표면적을 최소화하려는 힘이므로 방울의 모양이 둥글수록 표면 장력이 크다. 방울의 둥근 정도는 수은 > 물 > 에탄올이므로 표면 장력은 수은 > 물 > 에탄올이다. ㄴ. 물과 에탄올을 혼합하면 표면 장력이 낮은 에탄올 때문에 혼합 용액의 표면 장력은 물보다 작아진다. ㄷ. 수면에 클립을 살짝 얹어 놓으면 가라앉지 않는 이유와 물방울 모양이 둥근 이유는 모두 표면 장력 때문이다.

07. 답 ③

해설 ㄱ. 에탄올은 물보다 분자 사이의 힘이 작다. 물에 에탄올을 혼합하면 분자 사이의 힘이 작아져 모세관 현상이 잘 일어나지 않는다. 따라서 모세관 내 액면의 높이 h는 감소한다. ㄴ. 물의 액면의 모습은 아래로 볼록한 모양이다. 따라서 물은 응집력보다 부착력이 더 크다. ㄷ. 수은의 액면의 모습은 위로 볼록한 모양이므로 수은은 부착력에 비해 응집력이 훨씬 크다.

08. 답 ②

해설 결합 A는 물 분자 사이의 수소 결합이고, 결합 B는 원자 사이의 결합인 공유 결합이다.

ㄱ. 물방울 모양이 둥근 것은 물의 표면 장력으로 인해 나타나는 현상이다. 물의 표면 장력이 큰 이유는 물 분자 사이의 수소 결합(결합 A) 때문이다. ㄴ. 표면 장력이 클수록 물방울의 모양이 더 둥글다. 40 ℃ 물방울은 20 ℃ 물방울보다 표면 장력이 작으므로, 1몰당 수소 결합의 평균 개수는 더 적다. ㄷ. 온도가 높아지면 분자 운동이 활발해지므로 분자 사이의 힘이 작아진다. 따라서 표면 장력은 작아지게 된다.

창의력 & 토론마당 88 ~ 93 쪽

01 (1) ~ (2) 〈해설 참조〉
(3) 바람의 명칭 : 육풍, 기온 : A > B , 기압 : A < B

해설 (1) 모래가 물보다 비열이 작으므로 온도 변화가 크다. 따라서 모래가 물보다 빨리 가열되고 빨리 냉각된다.

(2) 해안 지방에서는 육지와 바다의 비열이 다르기 때문에 가열 또는 냉각되는 속도가 달라 해륙풍이 분다. 낮에는 육지가 바다보다 빨리 가열된다. 육지의 공기가 팽창하고 가벼워져서 상승하고, 지상의 기압이 낮아져 저기압이 형성된다. 바다는 공기가 하강하는 고기압이 형성된다. 대류 현상이 일어나 상승한 공기로 비워진 육지를 채우기 위해 바다의 공기가 이동하면서 해풍이 분다. 밤에는 육지가 바다보다 빨리 냉각된다. 육지의 공기가 수축하고 무거워져 하강하고, 지상의 기압이 높아져 고기압을 형성한다. 바다는 공기가 상승하는 저기압이 형성된다. 대류 현상이 일어나 상승한 공기로 비워진 바다를 채우기 위해 육지의 공기가 이동하면서 육풍이 분다.

(3) 그림에서 등압선 간격이 육지 위에서는 좁고 바다 위에서는 매우 넓다. 따라서 A 지점은 저기압, B 지점은 고기압이 형성되어 바람은 육지에서 바다로 부는 육풍이 된다. 육지가 바다보다 비열이 작아 더 빨리 냉각되어 밤에는 바다의 온도가 더 높으므로 밤 동안 A 지점이 B 지점보다 기온이 더 높다.

02 (1) 연소하는 동안 방출되는 열이 물이 기화하는 데 사용되기 때문이다.
(2) 〈해설 참조〉

해설 (1) 연소하는 동안 열이 방출되지만, 열을 물이 기화하는 데 소모하므로 목장갑이 타지 않고 얼마 동안은 온도가 올라가지 않아 뜨거움을 못 느낀다. 온도가 올라가지 않아 목장갑의 발화점에 도달하지 않으므로 타지 않는다.

(2) 목장갑이 타는 데 걸리는 시간이 짧아진다. 물은 수소 결합을 하여 분자 사이의 인력이 크기 때문에 끓는점이 매우 높다. 하지만 사염화 탄소(CCl_4)는 끓는점이 물보다 낮기 때문에 발화점에 금방 도달하여 목장갑이 타는 데 걸리는 시간이 짧아진다.

03 (1) 〈해설 참조〉
(2) 끓인 물을 얼린 얼음보다 상온의 물을 얼린 얼음이 더 잘 뜬다.

해설 (1) 물이 얼음으로 응고될 때 강한 수소 결합을 하면서 물 분자들은 육각 구조로 배열된다. 이때 분자 사이에 빈 공간이 생기므로 그 빈 공간에 기체(공기)가 들어가서 갇혀 있게 되는 것이다.

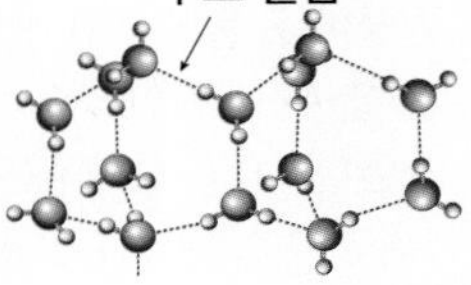

(2) 물은 다른 액체들과는 달리 얼면 부피가 증가하는 특이한 성질을 가지고 있다. 액체 상태에서 물 분자 중의 일부는 수소 결합에 의해 응집해 있고, 일부는 따로 떨어져 있다. 그런데 온도가 낮아져 물이 얼면 물 분자 사이의 간격이 가까워지면서 수소 결합에 의해 결합하게 되어 육각 고리 모양의 결정을 이루고 빈 공간이 생긴다. 이 육각 고리 사이에 생기는 공간 때문에 얼음의 부피가 증가하는 것이다. 이 육각 고리에 기체가 갇혀 있어 상온의 물을 얼린 얼음은 불투명하다. 하지만 물을 끓여주면 물 속에 용해되어 있던 기체들이 빠져나가 끓인 물을 얼린 얼음은 투명하게 보인다. 따라서 불투명한 얼음이 밀도가 더 작아 물에 더 잘 뜬다.

04 (1) 물어 얼어 얼음으로 응고되면서 육각 구조로 배열되어 밀도가 작아진다.
(2) 8.3 %
(3) 바닷물의 밀도가 크므로 부력을 더 크게 받아 잠기지 않는 부분은 커진다.
(4) 4 ℃ 에서 물의 부피는 최소이다.

해설 (1) 물이 얼어서 얼음이 될 때는 물 분자들이 수소 결합에 의해 규칙적으로 배열되면서 빈 공간이 많은 육각 고리형 구조를 형성하므로 밀도가 작아진다.
(2) 얼음의 중력과 얼음에 대한 부력이 같아야 한다.
얼음의 질량 × 중력가속도
= 잠긴 부분에 대한 물의 질량 × 중력가속도
이때 V_1은 얼음 전체의 부피이고, V_2는 얼음이 잠긴 부피이다.
질량 = 밀도 × 부피이므로, 얼음의 밀도 × V_1 = 물의 밀도 × V_2
물과 빙산이 온도가 같은 지점은 0 ℃ 가 될 수 있으므로 0 ℃ 에서 얼음의 밀도는 0.917 g/cm^3, 물은 0.9998 g/cm^3 이다.
$\frac{V_2}{V_1} = \frac{\text{얼음의 밀도}}{\text{물의 밀도}} = 0.917$
따라서 잠기지 않는 부분은 $1 - \frac{V_2}{V_1} = \frac{V_1 - V_2}{V_1} = 0.083$ 이므로 8.3 % 이다.
(3) $\frac{V_2}{V_1} = \frac{\text{얼음의 밀도}}{\text{물의 밀도}}$ 에서 바닷물은 물보다 밀도가 크므로 그 값이 작아진다. 따라서 잠기지 않는 부분은 커진다.
(4) 같은 부피의 0 ℃ 물과 8 ℃ 물을 섞으면 온도가 대략 4 ℃ 정도가 되어 밀도가 커진다. 질량은 일정하므로 부피는 작아진다.

05 (1) 표면적이 가장 작은 것이 구형이므로 액체 방울이 구형을 이룬다.
(2) 온도가 높아지면 분자 운동이 활발해지므로 표면 장력이 작아진다.
(3) 비누 분자의 친수성과 소수성 부분이 표면적을 넓힌다.

해설 (1) 액체 표면에 있는 분자는 인력이 위쪽 방향으로는 작용하지 않고, 안쪽으로만 작용하기 때문에 물속으로 끌리게 된다. 따라서 액체는 표면에 있는 분자의 수를 가능한 적게 하여 표면적을 줄이려는 성질을 가지고 있다. 기하학적으로 같은 부피일 때 표면적이 가장 작은 것이 구형이므로 액체 방울이 구형을 이루게 된다.
(2) 온도가 높아지면 분자 운동이 활발해지므로 분자 사이의 힘이 작아진다. 따라서 표면 장력은 작아진다.
(3) 비눗물은 표면 장력을 약화시키므로 물보다는 옆으로 퍼진 모양을 하게 된다. 비눗물의 표면 장력이 작은 이유는 비눗물의 표면에서 비누 분자의 친수성 부분은 물속을 향하고 소수성 부분은 물 밖을 향해 표면적이 넓어지기 때문이다.

06 (1) 〈해설 참조〉 (2) 〈해설 참조〉

해설 (1) 유리의 표면은 부분 음전하를 갖는 산소 원자들을 많이 갖고 있어 물과 같은 극성 분자의 부분 양전하 쪽을 끌어당긴다. 즉, 물은 유리와의 부착력이 크다. 물의 표면이 유리에 닿아 물은 관의 벽을 따라 올라가게 된다. 이때 물의 표면적을 증가시키게 되고 표면을 최소로 하려는 응집력의 저항을 받게 된다. 따라서 물은 강한 응집력과 유리에 대한 강한 부착력을 동시에 갖게 되고, 물기둥의 무게가 유리 표면에 물이 끌리는 정도와 균형을 이루는 높이까지 올라가게 된다. 물은 응집력보다 부착력이 더 커 아래로 볼록한 모양이다.
(2) 수은에는 수소나 산소 원자가 없기 때문에 부착력이 작다. 그러나 수은은 수은 분자 사이에 서로 잡아 당기는 힘인 응집력이 강하다. 수은은 부착력에 비해 응집력이 더 크기 때문에 위로 볼록한 모양이다.

스스로 실력 높이기 94 ~ 99 쪽

01. 공유, 수소, >	02. B	03. (1) X (2) O (3) O		
04. (1) = (2) < (3) <		05. ㄱ, ㄴ, ㄷ, ㄹ		
06. (1) O (2) X (3) O		07. 수소		
08. (1) < (2) >		09. (1) O (2) O (3) X		
10. ②	11. ⑤	12. ①	13. ③	14. ④
15. ②	16. ⑤	17. ④	18. ④	19. ②
20. ④	21. ②	22. ④	23. ③	24. ⑤
25 ~ 32. 〈해설 참조〉				

2. 답 B
해설 비열은 물질 1 g을 1 ℃ 올리는 데 필요한 열량이다. 액체 A는 온도 변화가 크므로 비열이 작고, 액체 B는 온도 변화가 작으므로 비열이 크다.

3. 답 (1) X (2) O (3) O

해설 (1) BC 구간에는 수소 결합의 일부가 끊어지면서 얼음이 물로 상태가 변하므로 수소 결합의 수가 감소한다.
(2) CD 구간의 기울기가 AB 구간의 기울기보다 작으므로, 물은 얼음보다 비열이 크다.
(3) DE 구간의 길이가 BC 구간의 길이보다 길다. 따라서 물의 기화열은 얼음의 융해열보다 크다.

4. 답 (1) = (2) < (3) <
해설 (1) 녹는점은 질량과 관계없다.
(2) 얼음이 융해되는 융해열보다 물이 기화되는 기화열이 더 크다.
(3) 얼음, 물 가열 구간에서 직선의 기울기가 클수록 가한 열에 의한 온도 변화가 큰 것이므로 AB의 기울기와 CD의 기울기를 비교하면, 물의 비열이 얼음의 비열보다 크다.

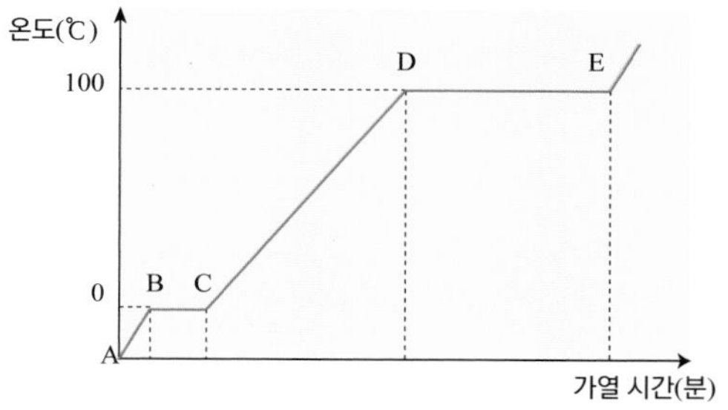

5. 답 ㄱ, ㄴ, ㄷ, ㄹ
해설 얼음은 물보다 수소 결합 수가 많아 분자 간 인력이 크고, 분자 사이의 평균 거리가 멀어 부피가 크다.

6. 답 (1) O (2) X (3) O
해설 (1) 얼음은 물보다 밀도가 작다. 따라서 질량이 같을 때 얼음이 물보다 부피가 크다.
(2) 물은 0 ℃에서 온도가 높아질 때 4 ℃까지는 밀도가 커지지만, 4 ℃ 이후에는 밀도가 작아진다. 따라서 4 ℃에서 물 분자 사이의 평균 거리가 가장 가까워 물의 부피가 가장 작다.
(3) 0 ℃에서 얼음이 물로 변할 때 수소 결합이 끊어지므로 수소 결합의 수가 감소한다.

8. 답 (1) < (2) >
해설 (1) 물은 응집력보다 부착력이 더 커서 아래로 볼록한 모양이다.
(2) 수은은 부착력에 비해 응집력이 훨씬 크기 때문에 모세관 속에서 위로 볼록한 모양을 하며 아래로 내려간다.

9. 답 (1) O (2) O (3) X
해설 (1) 물이 얼때 수소 결합의 수가 증가하여 육각 모양을 만들기 때문에 부피가 증가한다.
(2) 물은 4 ℃에서 밀도가 가장 크므로 같은 부피의 물의 질량은 4 ℃에서 가장 크다.
(3) 물이 분자량이 비슷한 메테인보다 끓는점이 높은 이유는 수소 결합을 하기 때문이다.

10. 답 ②
해설 ② 체온이 올라갈 때 땀을 흘리는 것은 물의 기화열을 이용하는 현상이다. 물은 기화열이 크기 때문에 수증기로 상태 변화하면서 피부로부터 많은 양의 열을 빼앗아가므로 효과적으로 체온을 낮출 수 있는 것이다.
① 물은 비열이 크기 때문에 온도가 쉽게 변하지 않는다. 하지만 육지는 비열이 작기 때문에 온도가 쉽게 변한다. 따라서 해안 지방은 내륙 지방보다 일교차가 작다.
③ 물이 얼면 부피가 팽창하므로 겨울철에 수도관이 얼어서 터지는 현상이 발생한다.
④ 물은 극성 분자로 용해성이 커서 여러 가지 다양한 물질들을 녹일 수 있으므로 영양분을 효과적으로 흡수할 수 있다.
⑤ 물은 표면 장력이 크기 때문에 풀잎에 맺힌 물방울의 모양이 동그랗다.

11. 답 ⑤
해설 결합 A는 수소 결합이고, 결합 B는 공유 결합이다.
ㄱ. 얼음에서 물로 상태 변화하면 수소 결합이 끊어져 부피가 감소한다. ㄴ. 얼음은 물에 비해 부피가 크므로, 분자 사이의 평균 거리가 더 멀다. ㄷ. 원자 사이의 공유 결합은 분자 사이의 수소 결합보다 결합 세기가 강하다. 결합 A는 결합 B보다 결합력이 작아 끊어지기 쉽다.

12. 답 ①
해설 ㄱ. 액체인 구간은 A가 t_2 ~ t_4, B가 t_1 ~ t_3이다. 이때 가열 시간에 따른 온도 변화가 작은 A의 비열이 B보다 크다. ㄴ. 액체로 존재하는 온도 범위는 A가 t_2 ~ t_4, B가 t_1 ~ t_3 로 B가 더 크다. ㄷ. 기화열은 끓는점에서의 가열 시간에 비례한다. t_4에서 A의 가열 시간보다 t_3에서 B의 가열 시간이 더 길기 때문에 B의 기화열이 더 크다.

13. 답 ③
해설 ㄱ. 수소 결합은 전기 음성도가 큰 F, O, N 원자와 결합된 H 원자와, 이웃한 분자의 F, O, N 원자 사이에 작용하는 힘이다. 따라서 수소 결합을 하는 물질은 (가), (나) 2가지이다.
ㄴ. 비열은 물질 1 g의 온도를 1 ℃ 올리는 데 필요한 에너지이다. 액체 1몰을 가열하여 1 ℃ 올리는 데 필요한 열량은 (가) 4.2 J/g·℃ × 18 g/몰 = 75.6 J/몰·℃이고, (나) 2.44 J/g·℃ × 46 g/몰 = 112.24 J/몰·℃이고, (다) 1.05 J/g·℃ × 78 g/몰 = 81.9 J/몰·℃이다. 따라서 액체 1몰을 가열할 때 온도 변화가 가장 작은 물질은 1몰당 열용량이 가장 큰 (나)이다.
ㄷ. 기화열은 끓는점에서 액체 1 g 을 모두 기체 상태로 변화시키는 데 필요한 에너지이다. 따라서 끓는점에서 1 g 의 액체를 기체로 상태 변화시키는 데 가장 적은 열에너지가 필요한 물질은 기화열이 가장 작은 (다)이다.

14. 답 ④
해설 ㄱ. A와 B의 상태는 다르고, B와 C의 상태는 같으므로 A ~ C의 상태는 2가지 경우로 가능하다.
1) A : 얼음, B와 C : 물　　2) A : 물 , B와 C : 얼음
밀도는 A < B < C이므로 A는 얼음, B와 C는 물이다.
ㄴ. 단위 부피당 분자 수와 단위 부피당 질량은 비례한다. 밀도가

A < B < C 이므로 단위 부피당 분자 수도 A < B < C 이다. ㄷ. 물의 온도가 높아질수록 수소 결합의 평균 개수가 감소하는데 수소 결합의 평균 개수가 C < B 이므로 온도는 B < C 이다.

15. 답 ②
해설 질량이 일정할 때 밀도는 A < B < C 순이므로, 부피는 A > B > C 이다. 따라서 H_2O 분자 사이의 평균 거리는 A > B > C 이다. A는 0 ℃의 얼음이고, B는 0 ℃의 물이므로 수소 결합(결합 a)의 개수는 A > B이다. 수소 결합의 개수는 온도가 높을수록 감소하므로 B > C 이다. 따라서 결합 a의 평균 개수는 A > B > C 이다.

16. 답 ⑤
해설 ㄱ. 물에 비누를 녹인 비눗물의 표면 장력이 물보다 작으므로 비누가 물의 표면 장력을 감소시킨다는 것을 알 수 있다. ㄴ. 분자 사이에 작용하는 인력이 큰 물질일수록 표면 장력이 커진다. 따라서 물이 벤젠보다 표면 장력이 크기 때문에 분자 간 인력이 더 크다. ㄷ. 액체의 표면 장력이 클수록 액체 방울의 모양이 동그랗다. 따라서 상온에서 세 가지 액체를 각각 아크릴판 위에 떨어뜨리면 표면 장력이 가장 큰 물방울의 모양이 가장 동그랗다.

17. 답 ④
해설 ㄱ. 물속에 폴리에틸렌관을 넣으면 물 분자 사이의 응집력이 물과 폴리에틸렌관 사이의 부착력보다 크기 때문에 수면의 모양은 볼록하고 모세관 안쪽의 수면은 바깥쪽보다 낮다. ㄴ. 물속에 유리관을 넣으면 물 분자와 유리관 사이의 부착력이 물 분자들 사이의 응집력보다 크기 때문에 수면의 모양은 오목하고 모세관 안쪽의 수면은 바깥쪽보다 높다. ㄷ. 물과 유리관 사이의 부착력에 의해 끌려 올라간 물기둥은 물의 무게와 부착력이 균형을 이루는 높이까지 끌려 올라간다. 따라서 가는 유리관을 사용하면 h는 커진다.

18. 답 ④
해설 ㄱ. A가 B보다 더 둥근 모양이므로 표면 장력이 더 크다. ㄴ. 분자간의 힘이 클수록 휘발성은 작다. 따라서 휘발성이 작은 A가 분자간의 힘이 더 크다. ㄷ. 분자간의 힘이 클수록 끓는점이 높다. 따라서 끓는점이 높은 것은 A이다.

19. 답 ②
해설 ㄱ. 물은 고체 상태에서 모든 물 분자들이 수소 결합을 한다. 분자 구조에서 에탄올은 탄소와 수소로 구성된 부분이 존재하므로 고체 상태에서 물보다 수소 결합 수가 적다. ㄴ. 에탄올과 물은 모두 분자 사이에 수소 결합이 존재하므로 두 물질을 혼합해도 수소 결합이 형성된다. ㄷ. 물이 에탄올보다 분자당 수소 결합 수가 많기 때문에 표면 장력이 크다. 따라서 물의 표면 장력이 물과 에탄올을 섞은 액체보다 크다.

20. 답 ④
해설 Δabc : Δabd = 2 : 5 이므로 Δabc : Δacd = 2 : 3 이다. 높이가 일정하기 때문에 bc : cd = 2 : 3이다. 온도가 0 ℃ 에서 40 ℃로 가열될 때 걸리는 시간은 4분이므로 40 ℃에서 0 ℃로 냉각될 때 걸리는 시간은 6분이다. 얼음에서 물로 상태 변화하는 데 걸리는 시간은 8분이므로 물에서 얼음으로 상태 변화하는데 걸리는 시간은 12분이다. -20 ℃ 에서 0 ℃로 가열될 때 걸리는 시간은 1분이므로 0 ℃에서 -40 ℃로 냉각될 때 걸리는 시간은 3분이다. 시간을 모두 더하면 13 + 6 + 12 + 3 = 34분이다.

21. 답 ②
해설 ㄱ. 벤젠 분자 사이에는 수소 결합이 존재하지 않는다. 질량이 일정할 때 고체 벤젠의 부피가 액체 벤젠의 부피보다 작다. 고체 벤젠의 밀도가 액체 벤젠의 밀도보다 크므로 고체 벤젠이 가라앉는다. ㄴ. 액체 벤젠이 고체가 되면 분자 사이의 거리가 가까워지므로 빈 공간이 감소한다. 따라서 부피가 더 작아져 밀도가 커진다. ㄷ. 얼음은 녹으면서 수면 밖으로 나온 만큼의 부피가 감소하므로 물의 수면 높이는 변화가 없다.

22. 답 ④
해설 ㄱ. 4 ℃에서 물의 부피가 가장 작고, 밀도가 가장 크다. 밀도 = $\frac{\text{질량}}{\text{부피}}$이므로 동일 부피에 대한 물의 질량은 가장 크다.
ㄴ. 분자들의 배열 상태는 온도가 낮은 0 ℃에서 더 규칙적이다.
ㄷ. 4 ℃ 이상에서 물 분자의 운동 에너지가 증가하기 때문에 분자의 운동이 활발해진다. 따라서 부피가 증가한다.

23. 답 ③
해설 ㄱ. 온도가 높을수록 액체 A와 B의 표면 장력이 감소하므로 분자 사이의 인력이 감소한다. ㄴ. 액체 A 대신 액체 A와 B를 섞은 용액을 동전에 떨어뜨리면 동전에 최대로 떨어뜨릴수 있는 액체 방울 수는 감소한다. 따라서 액체 A에 액체 B를 섞으면 용액의 표면 장력이 감소한다. ㄷ. 25 ℃ 액체 A의 표면 장력이 15 ℃ 액체 B보다 크므로 25 ℃ 액체 A와 15 ℃ 액체 B를 한 방울씩 각각 떨어뜨리면 25 ℃ 액체 A의 표면적이 더 작다.

24. 답 ⑤
해설 ㄱ. 힘 A는 물 분자 사이의 응집력이고, 힘 B는 물 분자와 유리 사이의 부착력이다. ㄴ. (나)에서 아래로 볼록한 모양이다. 따라서 응집력보다 부착력이 더 크다. ㄷ. 물 대신 수은을 사용하면 부착력이 작아지기 때문에 모세관 내 수면의 높이는 낮아진다.

25. 해설 비열은 물질 1 g의 온도를 1 ℃ 높이는 데 필요한 열량이다. 물의 비열이 큰 이유는 가해지는 열의 일부를 물 분자 사이의 수소 결합을 끊는 데 사용하기 때문이다. 물이 에탄올보다 수소 결합을 더 많이 하기 때문에 물은 같은 열을 가해도 에탄올보다 온도가 쉽게 올라가지 않는다.

26. 해설 남극 주변의 해양에서 증발하여 대기로 방출된 수증기는 남극 주변으로 이동하면 눈 입자가 되어 육상으로 떨어진다. 표층에 쌓인 눈은 계속해서 내리는 눈에 덮이면서 점점 깊이 매몰되고, 상부의 눈층에 의해 가해지는 압력 때문에 얼음으로 변형된다. 얼음은 육각 고리 모양의 결정을 이루고 있어 빈 공간이 존재한다. 이 빈 공간은 당시의 대기에 포함되어 있던 대기의 성분을 그대로 가지고 있다. 그리고 온도가 높을 때는 육각 고리 모양 결

정의 빈 공간에 대기를 적게 가지고 있고, 온도가 낮을 때는 빈 공간에 대기를 많이 가지고 있어 그 당시의 기온을 알 수 있다.

27. 해설 (1) 대부분 물질은 온도가 높아지면 분자 운동이 강해져 부피가 증가하지만, 얼음은 수소 결합에 의해 육각 고리 모양의 결정을 이루어 빈 공간을 가지고 있으므로 부피가 크다. 온도가 높아지다가 얼음의 녹는점인 0 ℃가 되면 부피가 큰 얼음이 물로 녹아 수소 결합이 일부가 끊어지면서 육각 고리 모양이 사라지므로 부피가 크게 감소한다. 따라서 밀도는 크게 증가하게 된다.

(2) 육각 고리 모양의 결정을 이루고 있던 얼음이 녹아 물이 되면 수소 결합의 일부가 끊어지면서 육각 고리가 허물어져 빈 공간에 물 분자들이 채워지면서 물의 부피가 작아지고, 물의 밀도는 커진다. 온도가 높아지면 물 분자의 운동이 활발해지면서 분자 사이의 거리가 멀어져 부피가 팽창하기 때문에 밀도가 계속 커지지 않는다. 따라서 물 분자의 운동과 수소 결합이 균형을 이루어 물의 부피가 가장 작아지는 온도가 4 ℃이고, 밀도는 4 ℃에서 가장 크다.

28. 해설 얼음에 압력이 가해지면 수소 결합에 의해 육각 구조로 배열되어 있던 물 분자 사이의 결합이 깨지면서 불규칙적으로 배열된다. 육각 고리가 허물어져 빈 공간이 줄어들게 되므로 부피가 감소하고, 물로 상태 변화한다.

29. 해설 유리(SiO_2)의 경우에는 친수기가 존재하므로 물과 부착력이 존재하여 안정해지지만, 양초의 경우에는 친수기가 존재하지 않으므로 부착력이 없어 물이 접촉면을 최대한 줄이려고 한다. 따라서 유리는 물과 접촉면이 넓으나, 양초는 물과 접촉면이 매우 작다.

30. 해설 바늘을 물에 수직으로 넣으면 바늘은 물속으로 가라앉는다. 바늘의 밀도가 물보다 크고, 바늘 끝에 작용하는 물의 표면 장력은 작기 때문이다. 수평으로 살짝 얹어 놓은 바늘은 물 표면에 뜬다. 바늘과 닿는 물의 표면적이 커져서 바늘을 뜨게 할 정도의 표면 장력이 작용한다.

31. 해설 단위 질량당 부착력이 커지기 때문에 액체 분자간의 인력에 따른 표면 장력에 의한 모세관 현상이 더 크게 일어난다.

32. 해설 신문이나 휴지는 나무를 가공한 펄프로 만들어지는데 펄프는 셀룰로오스로 구성된다. 셀룰로오스는 수소 결합을 하여 가느다란 관 형태로 존재한다. 셀룰로오스는 물과의 부착력이 크기 때문에 모세관 현상이 일어나 물이 스며들게 된다.

5강. 고체

개념확인 100 ~ 103 쪽

1. ⑤	2. 금속 결합
3. 단순 입방 격자	4. 상태 변화

확인 + 100 ~ 103 쪽

1. 비결정성 고체	2. ③
3. 1, 2	4. (1) X (2) O

개념확인

1. 답 ⑤
해설 결정성 고체는 각 구성 입자간 결합력의 크기가 모두 같기 때문에 녹는점이 일정하고, 비결정성 고체는 각 구성 입자 간 결합력이 일정하지 않으므로 가열하면 결합이 약한 부분부터 먼저 끊어져 녹는점이 일정하지 않다.
결정성 고체 : 얼음, 석영(SiO_2), NaCl, Cu
비결정성 고체 : 유리(SiO_2)

2. 답 금속 결합
해설 구리는 구리 양이온과 자유 전자 간의 정전기적 인력인 금속 결합에 의해 결합된 금속 결정으로, 금속에 전류를 흘려주면 (-) 전하를 띤 자유 전자들이 (+) 극 쪽으로 이동하기 때문에 고체 상태와 액체 상태에서 모두 전기 전도성이 크다.

확인 +

2. 답 ③
해설 이온 결정은 양이온과 음이온으로, 분자 결정은 분자로, 원자 결정은 원자로, 금속 결정은 양이온과 자유 전자로 이루어져 있다.
CO_2, I_2 : 분자 결정　　Fe : 금속 결정
KOH : 이온 결정　　SiO_2(석영) : 원자 결정

3. 답 1, 2
해설 체심 입방 구조는 단순 입방 격자의 단위 세포 중심에 1개의 원자가 위치해 있는 구조로 단위 세포 속의 입자 수는 중심에 위치한 입자 1개와 꼭짓점에 있는 입자를 더한, $1 + \frac{1}{8} \times 8 =$ 2(개)이다.

4. 답 (1) X (2) O
해설 (1) 물질의 상태는 온도와 압력에 따라 변한다.

개념다지기 104 ~ 105 쪽

01. ①	02. ②	03. ⑤	04. ④
05. ⑤	06. 4	07. 멀어져서, 기체	08. ③

01. 답 ①

해설 ㄱ. 고체는 입자 사이의 인력이 매우 커서 자유롭게 운동할 수 없으므로 일정한 모양과 부피를 갖는다. ㄴ. 고체를 이루는 입자의 배열 상태에 따라 결정성 고체와 비결정성 고체로 분류한다. 그리고 결정을 구성하는 입자와 입자 사이의 결합 방식에 따라 이온 결정, 분자 결정, 원자 결정, 금속 결정 등으로 분류한다. ㄷ. 유리와 플라스틱은 구성 입자들이 불규칙한 배열을 이루고 있는 비결정성 고체이다.

02. 답 ②

해설 ② 비결정성 고체는 열을 받으면 쉽게 변형이 일어난다.
① 각 구성 입자 간 결합력의 크기가 위치에 따라 다르기 때문에 녹는점이 일정하지 않다.
③ 방향이 달라져도 물리적인 성질에는 차이가 없는 등방성이다.
④ 결정을 구성하는 입자가 불규칙적인 배열을 이루고 있는 고체이다.
⑤ 결정을 구성하는 입자와 입자 사이의 결합 방식에 따라 분자 결정, 원자 결정, 금속 결정, 이온 결정으로 나눈 것은 결정성 고체이다.

03. 답 ⑤

해설 ㄱ. 고체, 액체 상태 모두 전기 전도성을 갖는 A는 금속 결합 물질이다. 따라서 금속 양이온과 자유 전자로 구성되어 있다. ㄴ. 고체 상태에서는 전기 전도성이 없지만, 액체 상태에서 전기 전도성을 갖는 B는 이온 결합 물질이다. 이온 결합 물질은 이온 사이의 정전기적 인력에 의해 형성된다. ㄷ. 고체 상태와 액체 상태에서 모두 전기 전도성을 갖지 않는 C는 공유 결합 물질이다.

04. 답 ④

해설 ㄱ. 분자 결정은 분자 사이에 작용하는 인력이 약하기 때문에 녹는점과 끓는점이 매우 낮다. ㄴ. 공유 결합 에너지는 분자를 구성하는 원자 사이의 결합의 세기를 나타내는 것이지만, 녹는점은 분자 사이의 인력에 의해 결정되기 때문에 분자의 공유 결합 에너지는 녹는점이나 끓는점과 관계가 없다. ㄷ. 분자 결정에서 전자는 원자 사이에 공유되어 있거나 원자핵에 강하게 결합되어 있어 이동할 수 없기 때문에 고체 상태와 액체 상태에서 모두 전기 전도성을 갖지 않는다.

05. 답 ⑤

해설 ㄱ. (가)는 단순 입방 격자의 단위 세포 중심에 1개의 원자가 위치해 있는 체심 입방 격자이다. ㄴ. (가)의 단위 세포 안에 들어 있는 입자 수는 $\frac{1}{8}$ × 꼭짓점 8 + 중심 1 = 2(개)이다. ㄷ. (나)는 단순 입방 격자의 단위 세포에 있는 6개의 면의 중심에 원자가 위치해 있는 면심 입방 격자이다. 면심 입방 격자는 12개의 입자에 의해 둘러싸여 있으므로 배위수는 12이다.

06. 답 4

해설 꼭짓점에 위치하는 8개의 입자는 $\frac{1}{8}$ 에 해당하고, 면에 위치하는 6개의 입자는 $\frac{1}{2}$ 에 해당하므로 단위 세포 안에 있는 Cu 원자의 수는 $\frac{1}{8} \times 8 + \frac{1}{2} \times 6 = 4$(개)이다.

07. 답 멀어져서, 기체

해설 LPG는 기체를 압축하여 액화시킨 것으로, 가스 밸브를 열어 사용할 때는 압력이 낮아지면서 분자 사이의 거리가 멀어져 인력이 작아지므로 기체 상태가 된다.

08. 답 ③

해설 ㄱ. 융해와 기화는 열에너지를 흡수하는 흡열 과정이다. ㄴ. 물에서의 분자 배열이 얼음에서보다 더 조밀하기 때문에 고체 상태인 얼음에 압력을 가하면 액체 상태인 물이 된다. ㄷ. 드라이아이스는 분자 결정으로 이산화 탄소 분자들이 약한 분자 사이의 인력으로 결합되어 있기 때문에 녹는점과 끓는점이 매우 낮다. 따라서 1 기압, 상온에서 고체에서 기체로 상태가 변한다.

유형익히기 & 하브루타 106 ~ 109 쪽

[유형5-1] ①	01. ⑤	02. ③
[유형5-2] ④	03. ③	04. ②
[유형5-3] ②	05. ⑤	06. ①
[유형5-4] ③	07. ①	08. ②

[유형5-1] 답 ①

해설 ㄱ. (가)는 구성 입자들이 규칙적인 배열을 이루고 있는 결정성 고체이다. ㄴ. (나)는 구성 입자들이 불규칙적인 배열을 이루고 있는 비결정성 고체이므로 구성 입자들 사이의 결합력이 일정하지 않다. ㄷ. (가)는 규칙적인 배열을 이루고 있어 녹는점이 일정하고, (나)는 불규칙적인 배열을 이루고 있어 열에 의해 결합이 약한 부분부터 끊어지므로 녹는점이 일정하지 않다.

01. 답 ⑤

해설 ㄱ. 그림 (가)의 고체는 녹는점이 327 ℃로 일정하므로 결정성 고체이고, 그림 (나)의 고체는 온도가 일정한 구간이 없는 것으로 보아 녹는점이 일정하지 않은 비결정성 고체이다. 따라서 (나)의 고체는 녹는점이 327 ℃가 아니다. ㄴ. (가)는 결정성 고체로 구성 입자들이 규칙적인 배열을 이루고 있다. ㄷ. (나)는 비결정성 고체로 각 구성 입자 간 결합력의 크기가 위치에 따라 다르기 때문에 열을 받으면 쉽게 변형이 일어난다.

02. 답 ③

해설 ㄱ. 고체는 입자 사이에 작용하는 힘이 세기 때문에 압력에 의해 부피가 거의 변하지 않는다. ㄴ. 결정성 고체는 결정을 구성하는 입자와 입자 사이의 결합 방식에 따라 이온 결정, 분자 결정, 원자 결정, 금속 결정으로 분류한다. ㄷ. 비결정성 고체는 방향이 달라져도 물리적인 성질에는 차이가 없으므로 열전도율, 굴절률 등이 등방성이다.

[유형5-2] 답 ④

해설 ㄱ. 고체 상태에서는 전기 전도성이 없지만, 액체 상태에서 전기 전도성을 갖는 A는 이온 결정이다. 이온 결정은 양이온과 음이온으로 이루어져 있다. ㄴ. 고체 상태와 액체 상태에서 모두 전기 전도성을 갖는 B는 금속 결정이다. 금속 결정은 외부에서 힘을 받아 금속 양이온이 밀려도 자유 전자가 빠르게 이동하여 금속 결합이 유지될 수 있기 때문에 전성이 매우 크다. ㄷ. 고체 상태와 액체 상태에서 모두 전기 전도성을 갖지 않고 녹는점이 높은 C는 원자 결정이다. 원자 결정은 공유 결합으로 결정을 이룬다.

03. 답 ③

해설 ㄱ. 고체 A의 결정 구조에서 X^+과 가장 인접하고 있는 Y^-의 개수를 세어 보면 같은 평면에 4개, 위, 아래에서 각각 1개씩 총 6개이다. ㄴ. 고체 B는 금속 양이온과 자유 전자 간의 정전기적 인력에 의해 결합하는 금속 결정이다. ㄷ. 금속 결정은 자유 전자가 자유롭게 이동하기 때문에 고체, 액체 상태에서 모두 전기 전도성이 크다.

04. 답 ②

해설 ㄱ. A는 원자 결정으로 모든 원자들이 강한 공유 결합에 의해 그물처럼 연결되어 있어 고체 상태와 액체 상태에서 모두 전기 전도성을 갖지 않는다. ㄴ. B는 분자 결정으로 구성 입자 간 결합력이 약하기 때문에 녹는점과 끓는점이 매우 낮다. ㄷ. 원자 결정 A는 원자들의 공유 결합에 의해 연속적으로 배열되어 이루어진 결정이고, 분자 결정 B는 공유 결합으로 이루어진 분자들이 분자 사이의 인력에 의해 규칙적으로 배열된 결정이다.

[유형5-3] 답 ②

해설 ㄱ. (가)는 금속 결정으로 고체와 액체일 때 모두 전기 전도성이 있고, (나)는 이온 결정으로 고체일 때는 전기 전도성이 없지만, 액체일 때는 이온이 자유롭게 이동할 수 있으므로 전기 전도성이 있다. ㄴ. (가)는 단순 입방 격자의 단위 세포 중심에 1개의 원자가 자리 잡은 구조로 체심 입방 격자이다. ㄷ. Na^+이 내부에 1개, 모서리에 12개가 있으므로 Na^+의 수는 $1 + 12 \times \frac{1}{4} = 4$(개)이고, Cl^-이 꼭짓점에 8개, 면에 6개가 있으므로 $8 \times \frac{1}{8} + 6 \times \frac{1}{2} = 4$(개)이다.

05. 답 ⑤

해설 ㄱ. 단위 세포에서 산화 이온은 꼭짓점에 8개가 있으므로 산화 이온의 수는 $8 \times \frac{1}{8} = 1$(개)이다. ㄴ. 단위 세포에서 레늄 이온은 모서리의 중심에 12개가 있으므로 레늄 이온의 수는 $12 \times \frac{1}{4} = 3$(개)이다. ㄷ. 레늄 이온 1개와 가장 인접한 산화 이온의 수는 2(개)이다.

06. 답 ①

해설 ㄱ. (가)와 (나)는 금속 결정으로 고체 상태에서 전기 전도성이 있지만, (다)는 이온 결정으로 액체 상태나 수용액 상태에서만 전기 전도성이 있다. ㄴ. 단위 세포에 포함된 입자 수는 (가)의 경우 Na이 내부에 1개, 꼭짓점에 8개가 있으므로 $1 + 8 \times \frac{1}{8} = 2$(개)이고, Na^+이 내부에 1개, 모서리에 12개가 있으므로 Na^+의 수는 $1 + 12 \times \frac{1}{4} = 4$(개)이다. 따라서 (가)의 Na 원자와 (다)의 Na^+의 개수비는 1 : 2이다. ㄷ. (나)는 면심 입방 격자로 한 개의 입자를 둘러싸고 있는 가장 가까운 입자는 12개이다.

[유형5-4] 답 ③

해설 ㄱ. 온도가 높을수록 분자의 평균 운동 에너지가 커지므로 분자의 평균 운동 에너지는 A < B < C 이다. ㄴ. B 구간은 액체가 가열되어 온도가 높아지는 구간이므로 액체 상태만 존재하고, C 구간은 기체가 가열되어 온도가 높아지는 구간이므로 기체 상태만 존재한다. ㄷ. 기화가 일어날 때는 분자 사이의 결합을 완전히 끊고 분자들이 자유롭게 운동할 수 있게 되어야 하므로 융해가 일어날 때보다 더 많은 열에너지가 필요하다.

07. 답 ①

해설 (가)는 기체 상태, (나)는 고체 상태, (다)는 액체 상태이다. ㄱ. 고체 상태의 물질이 기체 상태로 변화할 때 에너지를 흡수하므로 기체 상태에서의 에너지가 고체 상태보다 크다. ㄴ. 물을 제외한 다른 물질은 압력을 높이면 액체가 고체로 상태 변화한다. ㄷ. (가) 기체 상태일 때 분자 사이의 힘이 거의 작용하지 않으므로 가장 활발하게 운동한다.

08. 답 ②

해설 ㄱ. 일정한 온도에서 기체 상태의 수증기에 압력을 가하면 부피가 감소하여 고체 상태의 얼음을 거쳐 액체 상태의 물로 변한다. A에서 B로의 변화는 수증기에서 얼음으로의 변화이므로 승화이다. ㄴ. C는 얼음, D는 물이므로 같은 온도에서 단위 부피당 질량인 밀도는 C가 D보다 작다. ㄷ. BC 구간에서는 고체 상태의 얼음으로만 존재한다.

창의력 & 토론마당 110 ~ 113 쪽

01 A : (가) , B : (나)
이유 : 〈해설 참조〉

해설 그림 (가)는 구성 입자의 배열이 규칙적인 결정성 고체이다. 결정성 고체는 각 구성 입자 간 결합력의 크기가 모두 같이 때문에 녹는점이 일정하다. 그림 (나)는 구성 입자들이 불규칙적인 비결정성 고체이다. 비결정성 고체는 각 구성 입자 간 결합력의 크기가 위치에 따라 다르기 때문에 녹는점이 일정하지 않다. (다)에서 밀도가 크게 변하는 구간에서 상태 변화가 일어난다. 대부분은 고체에서 액체로 되면 입자 간의 거리가 멀어져 밀도가 감소한다. A는 일정 온도에서 밀도가 크게 변하는 것으로 보아 녹는점이 일정한 결정성 고체 (가) 이고, 녹는점이 일정하지 않은 B는 비결정성 고체 (나)이다.

02 (1) Na은 금속 결합, NaCl은 이온 결합, Cl_2는 공유 결합이다.
(2) Na은 쪼개지지 않고 모양만 바뀌고, NaCl은 쉽게 부서진다.
이유 : 〈해설 참조〉

해설 (1) 고체, 액체 상태에서 모두 전기 전도성이 있는 Na은 금속 결합을 하는 금속 결정, 액체 상태에서만 전기 전도성이 있는 NaCl은 이온 결합을 하는 이온 결정, 고체, 액체 상태에서 모두 전기 전도성을 갖지 않는 Cl_2는 공유 결합을 하는 분자 결정이다.
(2) Na은 금속 결정으로 금속 양이온과 자유 전자가 결합하고 있다. 외부에서 힘을 받아 금속 양이온의 위치가 바뀌어도 자유 전자가 이동하여 금속 결합은 그대로 유지되기 때문에 쪼개지지 않고 모양만 바뀐다. 이러한 특성 때문에 퍼짐성과 뽑힘성이 크다.

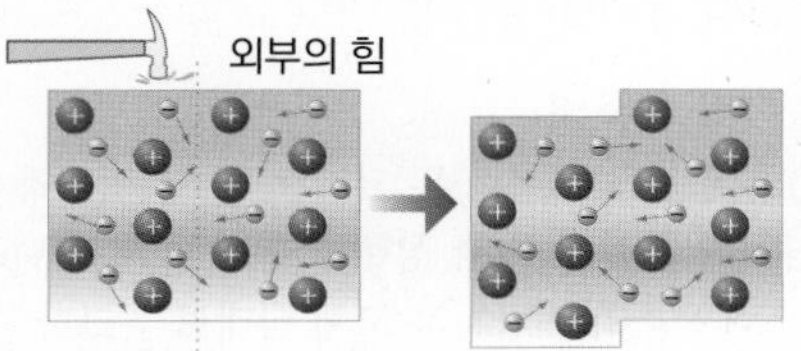

NaCl은 이온 결정으로 양이온과 음이온이 강하게 결합하고 있어 대부분 단단하지만, 외부에서 힘을 가하거나 충격을 주면 쉽게 부서진다. 외부 충격으로 인하여 이온의 상대적인 위치에 변화가 생겨서, 같은 전하를 띠는 이온들끼리 강하게 반발하기 때문이다.

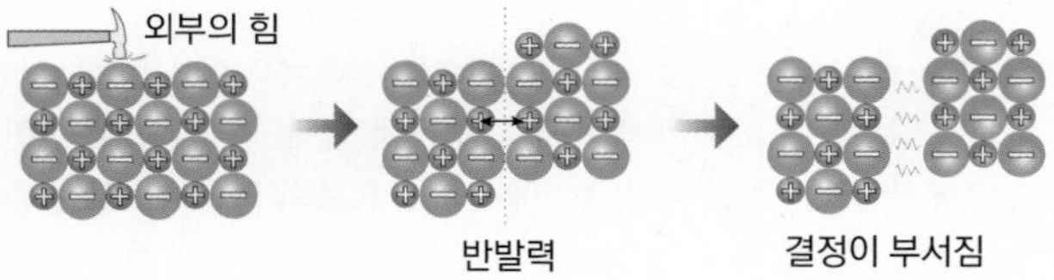

03 (1) 나트륨 이온(Na^+) : 4개, 염화 이온(Cl^-) : 4개
(2) NaCl 결정은 Na^+ 이 6개의 Cl^- 에 의해 둘러싸여 있고, Cl^- 도 6개의 Na^+ 에 의해 둘러싸여 있다.
(3) 면심 입방 구조 2개가 겹쳐 있는 구조

해설 (1) 나트륨 이온(Na^+)은 단위 세포 중앙에 1개, 모서리에 $\frac{1}{4}$ 개씩 12개 존재한다. 염화 이온(Cl^-)은 단위 세포 꼭지점에 $\frac{1}{8}$개씩 8개, 단위 세포 각 면의 중심에 $\frac{1}{2}$ 개씩 6개가 존재한다.
나트륨 이온의 수 : $1 + 12 \times \frac{1}{4} = 4$(개)
염화 이온의 수 : $8 \times \frac{1}{8} + 6 \times \frac{1}{2} = 4$(개)
(2)

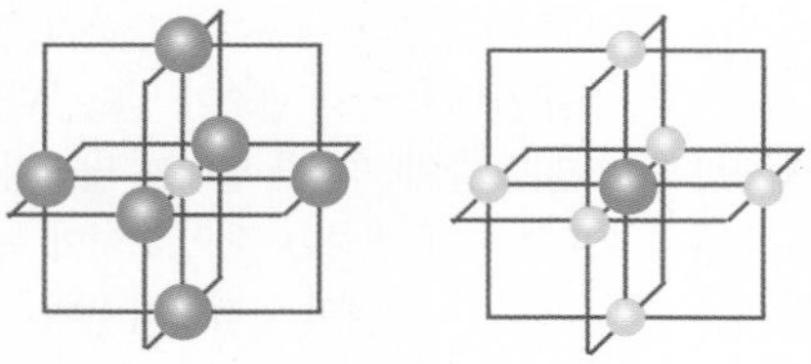

NaCl 결정은 Na^+ 이 6개의 Cl^- 에 의해 둘러싸여 있고, Cl^- 도 6개의 Na^+ 에 의해 둘러싸여 있다.
(3) Na^+ 과 Cl^- 은 정육면체의 꼭짓점과 각 면의 중심에 위치하고 있다. 즉 NaCl은 면심 입방 구조 2개가 겹쳐 있는 구조이다.

04 (1) 68 % (2) 74 %

해설 (1) 체심 입방 구조 : 정육면체의 한 변의 길이를 a라고 하면 그림에서와 같이 입자의 반지름 r과 a 사이에 다음 식이 성립한다.

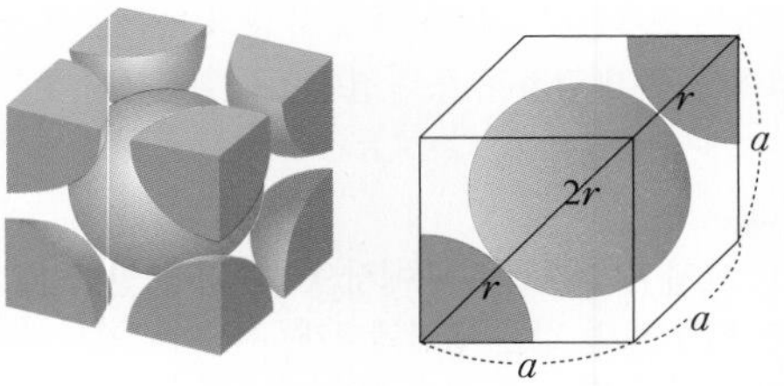

$4r = \sqrt{a^2 + a^2 + a^2}$, $r = \frac{\sqrt{3}a}{4}$
입자의 부피 $= \frac{2 \times 4\pi r^3}{3} = \frac{2 \times 4\pi(\sqrt{3}a/4)^3}{3} = \frac{\sqrt{3}\pi a^3}{8}$
격자의 부피 $= a^3$
입자의 점유 비율 $= \frac{(\sqrt{3}\pi a^3/8)}{a^3} \times 100 = 68$ %
(2) 면심 입방 구조 : 정육면체의 한 변의 길이를 a라고 하면 그림에서와 같이 입자의 반지름 r과 a 사이에 다음 식이 성립한다.

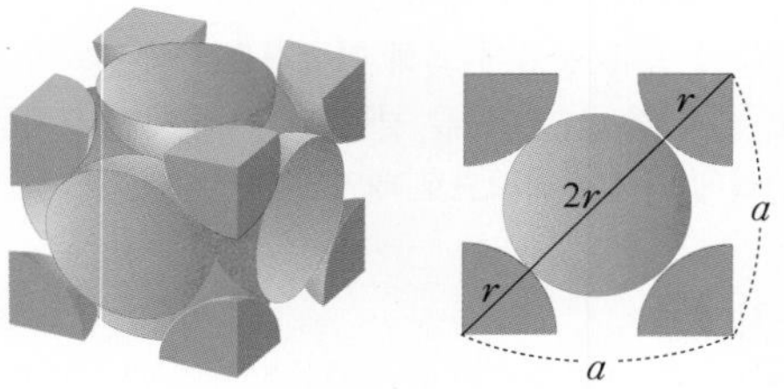

$4r = \sqrt{a^2 + a^2}$, $r = \frac{\sqrt{2}a}{4}$
입자의 부피 $= \frac{4 \times 4\pi r^3}{3} = \frac{4 \times 4\pi(\sqrt{2}a/4)^3}{3} = \frac{\sqrt{2}\pi a^3}{6}$
격자의 부피 $= a^3$
입자의 점유 비율 $= \frac{(\sqrt{2}\pi a^3/6)}{a^3} \times 100 = 74$ %

05 CsCl, 단순 입방 구조를 가지는 세슘 이온과 염화 이온이 겹쳐 있는 구조

해설 결정성 고체의 단위 세포 내의 원자들 사이의 정수비를 이용하면 화학식을 나타낼 수 있다.
세슘 이온은 단위 세포 중앙에 완전한 세슘 원자 1개가 존재하고, 염화 이온은 단위 세포의 꼭지점에 $\frac{1}{8}$ 개씩 8개 총 1개 존재한다.
$Cs^+ : Cl^- = 1 : 1$ 이므로, 화학식은 CsCl이다. 세슘 이온과 염화 이온이 정육면체의 꼭짓점과 중심에 각각 자리 잡은 구조로 단순 입방 구조를 가지는 세슘 이온과 염화 이온이 겹쳐 있는 구조이다.

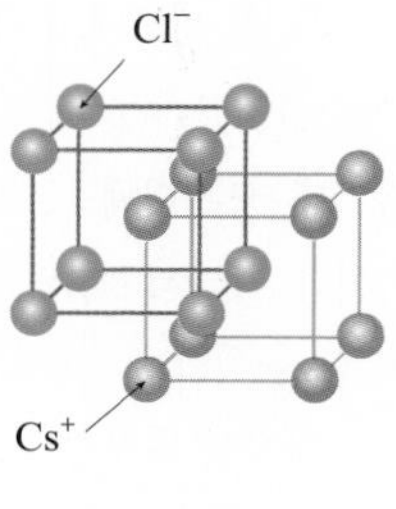

06 〈해설 참조〉

해설 둥근 바닥 플라스크에 물을 끓인 다음에 고무마개를 이용하여 닫았기 때문에 플라스크 내부에는 수증기가 있다. 플라스크 윗부분에 얼음주머니를 올려 놓으면 플라스크 속 수증기가 액화되어 내부 압력이 작아진다. 물은 1 기압에서 끓는점이 100 ℃이지만, 플라스크 안의 압력이 낮아지면 끓는점이 낮아지므로 플라스크의 물은 다시 끓기 시작한다.

스스로 실력 높이기 114 ~ 119 쪽

01. 불규칙적인, 일정하지 않다.
02. (1) O (2) X (3) O 03. ②
04. (1) O (2) O (3) X 05. ④ 06. ②
07. (1) O (2) O (3) X 08. 단순 입방 격자
09. (1) X (2) O (3) X 10. ③ 11. ⑤ 12. ②
13. ④ 14. ① 15. ③ 16. ⑤ 17. ②
18. ① 19. ③ 20. ⑤ 21. ① 22. ②
23. ④ 24. ① 25. 유리 26. 〈해설 참조〉
27. (1) 이온 결정 (2) 〈해설 참조〉 28. 〈해설 참조〉
29. 〈해설 참조〉 30. m + n = 3x
31. 126.7 pm 32. 〈해설 참조〉

2. 답 (1) O (2) X (3) O
해설 (2) 고체를 이루는 입자들의 배열 상태에 따라 결정성 고체와 비결정성 고체로 분류하고, 결정성 고체는 결정을 구성하는 입자와 입자 사이의 결합 방식 따라 이온 결정, 분자 결정, 원자 결정, 금속 결정 등으로 분류한다.

3. 답 ②
해설 고체 상태에서 전기가 통하지 않지만, 용융 상태에서는 전기가 통하는 물질은 이온 결정이다.
Ag, K : 금속 결정 Ag_2O_3 : 이온 결정 CO_2 : 분자 결정
Si : 원자 결정

4. 답 (1) O (2) O (3) X
해설 (3) (가)는 분자 결정으로 이온으로 구성되어 있지 않고, 전자들이 이동할 수 없기 때문에 고체 상태에서 전기 전도성이 없다. (나)는 금속 결정으로 전압을 걸면 자유 전자가 자유롭게 이동하기 때문에 고체 상태에서 전기 전도성이 있다.

5. 답 ④
해설 결정을 구성하는 입자와 입자 사이의 결합 방식에 따라 이온 결정, 분자 결정, 원자 결정, 금속 결정 등으로 분류한다.
· NaCl, CsCl : 이온 결정 · CO_2, CH_4, H_2O, I_2 : 분자 결정
· SiO_2 : 원자 결정 · Na, Cu, Mg : 금속 결정

6. 답 ②
해설 ② 금속 양이온과 자유 전자 사이의 강한 정전기적 인력 때문에 녹는점과 끓는점이 높다.
① 열에너지를 얻은 자유 전자에 의해 열이 전달되기 때문에 열전도성이 크다. ③ 외부에서 힘을 받아 금속 양이온이 밀려도 자유 전자가 빠르게 이동하여 금속 결합이 유지될 수 있기 때문에 펴짐성과 뽑힘성이 크다. ④ 자유 전자가 가시광선을 모두 흡수하여 들뜬 상태로 되었다가 바닥 상태로 돌아오면서 거의 모든 파장의 가시광선을 방출하기 때문에 광택이 있다. ⑤ 전압을 걸면 자유 전자가 (+) 극 쪽으로 자유롭게 이동하기 때문에 전류가 흐른다.

7. 답 (1) O (2) O (3) X
해설 (3) (가)의 단위 세포에는 꼭짓점에 8개, 내부에 1개의 입자가 있으므로 단위 세포에 들어 있는 입자 수는 $1 + 8 \times \frac{1}{8} = 2$(개)이다. (나)의 단위 세포에는 면에 6개, 꼭짓점에 8개의 입자가 있으므로 단위 세포에 들어 있는 입자 수는 $6 \times \frac{1}{2} + 8 \times \frac{1}{8} = 4$(개)이다.

9. 답 (1) X (2) O (3) X
해설 (1) 응고와 액화는 열에너지를 방출하는 발열 과정이다. (3) 드라이아이스는 이산화 탄소 분자들이 약한 분자 사이의 인력으로 결합되어 있기 때문에 대기압, 상온에서 액체 상태를 거치지 않고 고체 상태에서 바로 기체 상태로 승화된다.

10. 답 ③
해설 스케이트 날에 체중이 실리면 큰 압력으로 얼음을 누르게 되므로 얼음의 녹는점이 낮아져 얼음은 물로 변한다.

11. 답 ⑤
해설 ㄱ. (가)는 구성 입자들이 규칙적인 배열을 이루고 있어 구성 입자 간 결합력의 크기가 모두 같기 때문에 녹는점이 일정하다. ㄴ. (나)는 구성 입자들이 불규칙한 배열을 이루고 있는 고체로 비결정성 고체이다. ㄷ. 비결정성 고체의 예로는 유리, 플라스틱, 엿 등이 있다.

12. 답 ②
해설 A는 분자로 이루어져 녹는점이 낮고, 고체의 전기 전도성이 없기 때문에 분자 결정이다. B는 양이온과 음이온으로 이루어져 있기 때문에 이온 결정이다. C는 양이온과 자유 전자로 이루어져 있기 때문에 금속 결정이다.
ㄱ. A, B, C는 결정성 고체이다. 결정을 구성하는 입자와 입자 사이의 결합 방식에 따라 분자 결정, 이온 결정, 금속 결정 등으로 분류한다. ㄴ. 이온 결합은 액체 상태에서 이온들이 자유롭게 이동할 수 있기 때문에 전기 전도성이 있다. ㄷ. C는 금속 결정이다.

13. 답 ④
해설 X는 금속이므로 금속 양이온과 자유 전자로 이루어진다. 따라서 A는 금속 양이온, B는 자유 전자이다.
ㄱ. 금속 결합은 금속 양이온과 자유 전자 사이의 정전기적 인력에 의해 형성된다. ㄴ. 액체 상태에서 전압을 걸어주면 자유 전자는 (+) 극으로 이동하지만, 금속 양이온은 그 배열 상태가 조밀하

여 서로 전기적 반발력이 크게 작용하기 때문에 이동하지 않는다. ㄷ. 자유 전자는 금속 원자에서 떨어져 나온 원자가 전자이다. 자유 전자의 수가 금속 양이온 수의 2배이므로 금속 X의 원자가 전자는 2개이며, A는 +2의 전하를 띤다는 것을 알 수 있다.

14. 답 ①

해설 분자 사이에 작용하는 인력은 약하기 때문에 분자 결정의 녹는점은 매우 낮다. 따라서 비금속 원소로만 구성된 NO_2는 분자이며 녹는점, 끓는점이 이온 결정인 NaCl, MgO보다 낮다. 이온 결정의 녹는점은 이온 결합력이 클수록 크며 이온 결합력은 이온 간 거리가 가까울수록, 이온의 전하량이 클수록 커지므로 NaCl보다 MgO의 녹는점이 높다. 따라서 (가)는 NO_2, (나)는 MgO이고, (다)는 NaCl이다.

ㄱ. (가) NO_2 는 공유 결합 물질이다. ㄴ. (나) MgO은 이온 결정으로 고체 상태에서 전기 전도성이 없다. ㄷ. 전기 분해시 금속을 얻을 수 있는 물질은 금속을 포함한 물질 (나)와 (다)이다.

15. 답 ③

해설 ㄱ. (가)는 탄소 사이의 공유 결합력이 일정하게 형성되므로 녹는점이 일정하다. ㄴ. (나)는 같은 평면을 구성하는 탄소 사이의 인력이 일정하게 이루어져 있는 고체 결정 구조이다. ㄷ. (가)에서 전자는 탄소 원자 사이에 공유되어 있거나 원자핵에 강하게 결합되어 있어 이동할 수 없기 때문에 고체 상태와 액체 상태에서 모두 전기 전도성을 갖지 않지만, (나)는 탄소 원자의 전자 중 공유 결합에 참여하지 않은 전자가 있어 고체 상태에서 전기 전도성이 있다.

16. 답 ⑤

해설 ㄱ. (가)는 단순 입방 격자이다. ㄴ. (나)의 단위 세포에는 꼭짓점에 8개, 내부에 1개의 입자가 있으므로 단위 세포에 들어 있는 입자 수는 $1 + 8 \times \frac{1}{8} = 2$(개)이다. (다)의 단위 세포에는 면에 6개, 꼭짓점에 8개의 입자가 있으므로 단위 세포에 들어 있는 입자 수가 $6 \times \frac{1}{2} + 8 \times \frac{1}{8} = 4$(개)이다. 따라서 단위 세포에 들어 있는 원자의 수는 (나) < (다)이다. ㄷ. (다)는 단순 입방 격자의 단위 세포에 있는 6개의 면의 중심에 원자가 위치해 있는 구조로 면심 입방 격자이다. 단위 세포 한변의 길이를 a라고 할 때 가까운 입자는 $\sqrt{2}a$에 위치한 입자이다. 거리가 $\sqrt{2}a$인 입자는 12개 존재한다. 따라서 면심 입방 격자의 가장 가까운 입자의 수는 12개이다.

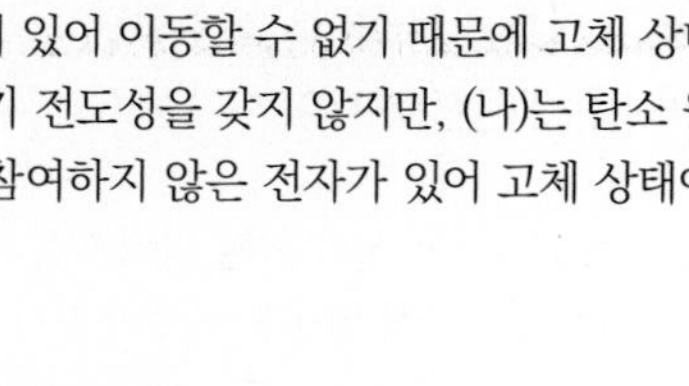

17. 답 ②

해설 ㄱ. 단순 입방 격자의 단위 세포에 있는 6개의 면의 중심에 원자들이 자리 잡은 구조로 면심 입방 구조이다. ㄴ. 단위 세포에 포함된 입자는 꼭짓점에 8개가 있고, 면에 6개가 있으므로 입자 수는 $6 \times \frac{1}{2} + 8 \times \frac{1}{8} = 4$(개)이다. ㄷ. 면심 입방 구조에서 한 원자를 둘러싸고 있는 가장 가까운 원자의 개수는 12개이다.

18. 답 ①

해설 ㄱ. 고체 혼합물은 녹는점이 일정하지 않으므로 온도가 일정한 구간이 나타나지 않는다. 이 고체 물질은 녹는점이 일정하므로 순물질이다. ㄴ. A, B, C의 상태는 각각 고체, 액체, 기체 상태에 해당한다. 입자 사이의 인력의 크기는 A > B > C이다. ㄷ. C 구간에서 기체의 온도가 계속 높아지고 있으므로 기체 분자의 평균 운동 에너지는 증가한다.

19. 답 ③

해설 그림 (가)의 고체는 t ℃ 에서 녹는점이 일정하므로 결정성 고체인 석영이고, 그림 (나)의 고체는 녹는점이 일정하지 않기 때문에 비결정성 고체인 유리이다.

ㄱ. (가)는 공유 결합에 의해 연속적으로 배열되어 이루어진 결정으로 고체 상태에서 전기 전도성이 없다. ㄴ. 비결정성 고체는 각 구성 입자 간 결합력의 크기가 위치에 따라 다르기 때문에 융해열이 일정하지 않다. ㄷ. 결정성 고체는 비결정성 고체보다 단단하다.

20. 답 ⑤

해설 A는 원자 결정이고, B는 분자 결정이고, C는 금속 결정이고, D는 이온 결정이다.

ㄱ. A는 원자 사이의 공유 결합으로 생성된 원자 결정이고, B는 분자 사이의 인력에 의해 생성된 분자 결정으로 결정의 종류가 다르다. ㄴ. C는 금속 결정으로 힘을 가해도 자유 전자가 금속의 양이온 사이로 쉽게 이동하여 금속의 양이온을 결합시켜주므로 부서지지 않고 변형된다. 따라서 연성과 전성이 크다. ㄷ. C는 금속 양이온과 자유 전자의 정전기적 인력에 의해 생성된 금속 결정이고, D는 양이온과 음이온의 정전기적 인력에 의해 생성된 이온 결정이다.

21. 답 ①

해설 (가)는 분자 결정, (나)는 이온 결정, (다)는 원자 결정이다.

ㄱ. 분자 결정과 원자 결정을 이루는 원자 사이의 결합은 공유 결합이다. ㄴ. 드라이아이스는 분산력에 의해 결정을 이루므로 분자 사이의 인력이 작다. ㄷ. 고체 상태에서 분자 결정과 이온 결정은 전자들이 이동할 수 없기 때문에 전기 전도성이 없다.

22. 답 ②

해설 ㄱ. (가)에서 O^{2-}는 모서리의 중심에 12개, 단위 세포의 중심에 1개 있으므로 O^{2-} 의 수는 $1 + 12 \times \frac{1}{4} = 4$(개) 이고, (나)의 O^{2-}는 면의 중심에 6개 있으므로 O^{2-} 의 수는 $6 \times \frac{1}{2} = 3$(개)이다.

ㄴ. (나)에서 단위 세포에 포함된 A 이온은 중심에 1개, Ba^{2+} 는 꼭짓점에 8개가 있으므로 $8 \times \frac{1}{8} = 1$(개)이고, O^{2-} 의 수는 3개 이므로 (나)에 있는 금속 산화물의 화학식은 $BaAO_3$이다. 화학식에 존재하는 이온의 전하의 합은 0이 되어야 하므로 +2 + (A 이온의 전하) + (-2 × 3) = 0 이다. 따라서 A 이온의 전하는 +4 가 된다.

ㄷ. (가)에서 단위 세포에 Ca^{2+} 이 꼭짓점에 8개, 면의 중심에 6개 있으므로 $8 \times \frac{1}{8} + 6 \times \frac{1}{2} = 4$(개)이다. O^{2-} 의 수는 4개이므로 전체 이온의 수는 8개이다. (나)에서 A 이온의 수는 1개, Ba^{2+} 의 수는 1개, O^{2-} 의 수는 3개이므로 전체 이온 수는 5개이다. 따라서 단위 세포에 포함된 전체 이온 수는 (가) : (나) = 8 : 5이다.

23. **답** ④

해설 (가)의 단위 세포에는 A 이온과 B 이온이 있다. A 이온은 중심에 1개 있다. B 이온은 꼭짓점에 8개 있으므로 B 이온의 수는 $8 \times \frac{1}{8} = 1$(개)이다. (나)의 단위 세포에는 C 이온과 D 이온이 있다. C 이온은 모서리의 중심에 12개 있으므로 C 이온의 수는 $12 \times \frac{1}{4} = 3$(개)이다. D 이온은 꼭짓점에 8개 있으므로 D 이온의 수는 $8 \times \frac{1}{8} = 1$(개)이다. 따라서 $\frac{\text{(나)의 단위 세포에 포함된 이온 수}}{\text{(가)의 단위 세포에 포함된 이온 수}} = \frac{3+1}{1+1} = 2$이다.

24. **답** ①

해설

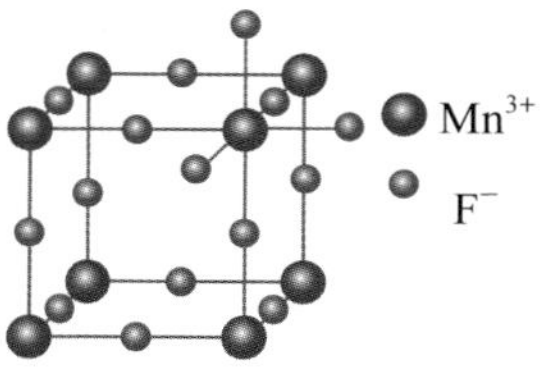

단위 세포에서 Mn 양이온은 꼭짓점에 8개 있으므로 Mn 양이온의 수는 $8 \times \frac{1}{8} = 1$(개)이다. 단위 세포에서 F 음이온은 모서리의 중심에 12개가 있으므로 F 음이온의 수는 $12 \times \frac{1}{4} = 3$(개)이다. 따라서 Mn : F = 1 : 3 으로, 화학식은 MnF_3이다. Mn 양이온 1개와 가장 인접한 F 음이온의 수는 6개이다. F 음이온 1개와 가장 인접한 Mn 양이온의 수는 2개이다.

25. **답** 유리

해설 용융 실리카를 급격히 냉각시키면 입자들이 빠르게 달라붙기 때문에 불규칙한 배열을 이루어 비결정성 고체인 유리가 된다.

26. **답** 분자 결정 : 부서지기 쉽다. 원자 결정 : 단단하다.

해설 분자 결정은 분자 사이의 인력이 약하기 때문에 외부에서 힘을 가하면 부서지기 쉽다. 원자 결정은 모든 원자가 공유 결합을 통해 결합하고 있어 매우 단단하다.

27. **답** (1) 이온 결정 (2) 해설 참조

해설 (2) 이온 결합 물질은 녹는점 이전에는 양이온과 음이온이 자유롭게 움직일 수 없는 고체 상태이므로 전기 전도성이 없다. 녹는점 이후에는 액체 상태이므로 양이온은 (-) 극 방향으로, 음이온은 (+) 극 방향으로 이동하여 전류가 흐른다.

28. **해설** 흑연은 탄소 원자 1개가 이웃한 탄소 원자 3개와 육각형을 이루면서 공유 결합한 원자 결정으로, 탄소가 갖는 4개의 원자가 전자 중 3개는 이웃한 탄소와 공유 결합을 하고 나머지 1개의 전자가 탄소 원자로 이루어진 육각형의 판 위를 자유롭게 이동할 수 있게 되어 전기 전도성을 갖는다.

29. **답** Mg, 금속 양이온의 반지름이 작고, 전하량이 크다.

해설 Na과 Mg은 금속 양이온과 자유 전자 간의 인력인 금속 결합에 의해 규칙적으로 배열되어 결정을 이룬다. 금속 결합은 금속 결합력이 클수록 금속의 녹는점은 높아진다. 일반적으로 금속 양이온의 반지름이 작을수록, 금속 양이온의 전하량이 클수록 금속 결합력은 증가한다. Na은 3주기 1족 원소, Mg는 3주기 2족 원소이다. 원자 반지름은 Na > Mg, 금속 양이온의 전하량은 Na < Mg이므로, 금속 결합력은 Na < Mg이다. 따라서 녹는점은 Na < Mg이다.

30. **답** m + n = 3x

해설 단위 세포 속 존재하는 각각의 이온의 개수비를 계산하면 다음과 같다.

A^{m+} : 단위 세포 꼭짓점에 $\frac{1}{8}$ 씩 8개의 이온이 존재

B^{n+} : 단위 세포 중앙에 1개의 이온이 존재

C^{x-} : 단위 세포의 각 면에 $\frac{1}{2}$ 씩 6개의 입자가 존재

$A^{m+} : B^{n+} : C^{x-} = 1 : 1 : 3$

따라서 제시된 이온 결합 물질의 화학식은 ABC_3이며, ABC_3가 전기적으로 중성이기 위해서는 양이온의 총 전하량과 음이온의 총 전하량이 같아야 한다. 양이온의 총 전하량(m + n) = 음이온의 총 전하량(3x) 이므로 m + n = 3x 이다.

31. **답** 126.7 pm

해설

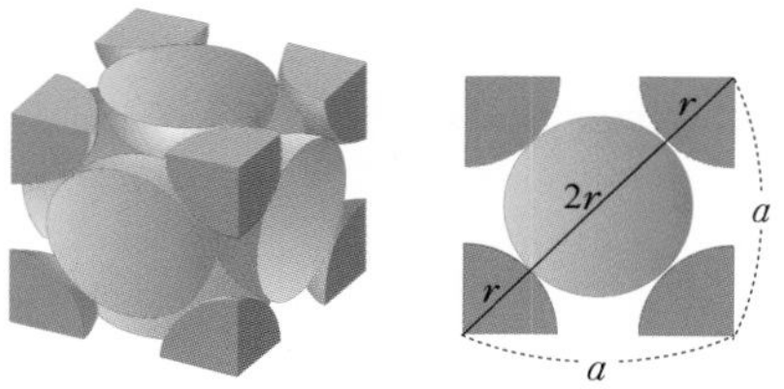

정육면체의 한 변의 길이를 a라고 하면 그림에서와 같이 입자의 반지름 r과 a 사이에 다음 식이 성립한다.

$4r = \sqrt{a^2 + a^2}$, $r = \frac{\sqrt{2}a}{4}$

구리 이온이 들어 있는 단위 세포 한변의 길이가 362 pm 이므로 a = 362pm 이다.

$r = \frac{\sqrt{2}a}{4} = \frac{\sqrt{2} \times 362}{4} = 126.7$ pm 이다.

32. **답** 얼음 위에 돌멩이가 매달린 철사줄을 올려놓았을 때 철사줄이 얼음 속을 통과한다. 이것은 압력이 높아지면 어는점이 낮아지기 때문에 얼음이 녹으면서 철사줄이 얼음 속을 통과하게 되는 것이다.

6강. 용해와 용액의 농도

개념확인 120 ~ 123 쪽

1. 용해	2. (1) X (2) O
3. (1) X (2) X	4. 1.32 (m)

확인 + 120 ~ 123 쪽

1. ⑤	2. ppm
3. 3 (M)	4. 0.96 (m)

개념확인

1. 답 용해
해설 용해는 용질이 용매에 녹아 들어가 균일하게 섞이는 현상이다.

2. 답 (1) X (2) O
해설 (1) 질량 퍼센트 농도는 용액 100 g 속에 녹아있는 용질의 질량을 나타낸다.
(2) $\frac{30}{10^6} \times 10^6 = 30$ (ppm) 이다.

3. 답 (1) X (2) X
해설 (1) 몰 농도는 용액 1 (L)에 들어있는 용질의 몰수를 나타낸다.
(2) 온도의 변화에 따라 용매의 질량과 용질의 몰수는 변하지 않으므로 몰랄 농도는 온도의 영향을 받지 않는다.

4. 답 1.32 (m)
해설 NaOH의 질량 = 100 × 0.05 = 5 (g)
NaOH의 몰수 = $\frac{\text{용질의 질량}}{\text{용질의 화학식량}} = \frac{5}{40}$ (mol) = 0.125 (mol)
용매의 질량 = 100 - 5 = 95 (g) 이므로,
몰랄 농도 = $\frac{\text{용질의 몰수(mol)}}{\text{용매의 질량(kg)}} = \frac{0.125}{0.095}$ (m) ≒ 1.32 (m)이다.

확인 +

1. 답 ⑤
해설 ⑤ Cl_2는 분자가 대칭 구조이므로 무극성 물질이다. 무극성 물질은 극성 용매인 물에 잘 녹지 않는다.

2. 답 ppm 농도
해설 강물 속에 녹아 있는 중금속처럼 용액 속에 녹아 있는 용질의 질량이 매우 작을 때 ppm 농도를 사용하는 것이 적절하다.

3. 답 3 (M)
해설 몰 농도 = $\frac{\text{용질의 몰수(mol)}}{\text{용액의 부피(L)}} = \frac{3}{1}$ (M) = 3 (M)

4. 답 0.96 (m)
해설 용질의 질량 = 용액의 몰 농도 × 용질의 분자량
= 1 × 60 = 60 (g)
수용액의 질량 = 수용액의 부피 × 수용액의 밀도
= 1000 × 1.1 = 1100 (g)
용매의 질량 = 1100 - 60 = 1040 (g)
용질의 몰수 = $\frac{\text{용질의 질량}}{\text{용질의 분자량}}$ = 1 (mol) 이므로,
몰랄 농도 = $\frac{\text{용질의 몰수(mol)}}{\text{용매의 질량(kg)}} = \frac{1}{1.04}$ (m) = 0.96 (m)이다.

개념다지기 124 ~ 125 쪽

01. ③	02. ②	03. ②	04. ①
05. ④	06. ②	07. ①	08. ④

01. 답 ③
해설 극성 용매인 H_2O에는 극성 물질과 이온성 물질이 용해가 잘 이루어지고, 무극성 용매인 벤젠에는 무극성 물질이 용해가 잘 이루어 진다.

02. 답 ②
해설 ① Br_2는 무극성 물질이므로 수화가 잘 일어나지 않는다. ② 포도당은 극성 물질이므로 수화가 잘 일어난다. ③ 물 분자가 용질을 둘러싸 안정화하는 현상이다. ④ 용질과 물 사이의 인력이 더 클 때 수화가 일어난다. ⑤ $BaSO_4$는 이온성 물질이지만, 물과 용질 사이의 인력이 용질과 용질 사이의 인력보다 작아 앙금을 생성한다.

03. 답 ②
해설 용질의 질량 = w (g), % 농도 = $\frac{\text{용질의 질량}}{\text{용액의 질량}} \times 100$ 이므로, $\frac{w}{100 + w} \times 100 = 20$ (%), $w = 25$ (g)이다.

04. 답 ①
해설 20 ppm 수은 용액은 10^6 g 속에 수은 20 g 녹아 있다. 강물 10^4 g 속의 수은의 질량은 $10^6 : 20 = 10^4 : x$ 이다.
$\therefore x = 0.2$ (g)

05. 답 ④
해설 수용액 속 용질의 몰수 = $\frac{\text{용질의 질량}}{\text{용질의 화학식량}} = \frac{12}{40}$ (mol)
= 0.3 (mol) 수용액의 부피 = 0.6 (L) 이므로,
몰 농도 = $\frac{\text{용질의 몰수(mol)}}{\text{용액의 부피(L)}} = \frac{0.3}{0.6}$ (M) = 0.5 (M) 이다.

06. 답 ②

해설 수용액 속 용질의 몰수 = $\frac{19.6}{98}$ (mol) = 0.2 (mol)
용액의 부피(L) = 0.25 L 이므로,

몰 농도 = $\frac{\text{용질의 몰수(mol)}}{\text{용액의 부피(L)}} = \frac{0.2}{0.25}(M) = 0.8\ (M)$이다.

수용액 속 용질의 몰수 = 0.2 (mol)이고,
용액의 질량 = 용액의 부피 × 용액의 밀도
= 250 (mL) × 1.84 (g/cm^3) = 460 (g),
용매의 질량은 460 - 19.6 = 440.4 (g) 이므로,

몰랄 농도 = $\frac{\text{용질의 몰수(mol)}}{\text{용매의 질량(kg)}} = \frac{0.2}{0.4404}(m) \fallingdotseq 0.45\ (m)$이다.

07. 답 ①

해설 아세트산의 몰수 = $\frac{\text{용질의 질량}}{\text{용질의 분자량}} = \frac{40}{60}$ (mol)
= $\frac{2}{3}$ (mol), 물의 몰수 = $\frac{24}{18}$ (mol) = $\frac{4}{3}$ (mol) 이다.

몰분율 = $\frac{\text{특정 성분의 몰수}}{\text{전체 성분의 몰수}}$ 이므로, 물의 몰분율 = $\frac{\frac{4}{3}}{2} \fallingdotseq$ 0.67, 아세트 산의 몰분율 = $\frac{\frac{2}{3}}{2} \fallingdotseq$ 0.33이다.

08. 답 ④

해설 HCl의 질량 = 0.08 × 300 = 24 (g)

HCl의 몰수 = $\frac{\text{용질의 질량}}{\text{용질의 분자량}} = \frac{24}{36.5}$ (mol) ≒ 0.66 (mol)

용액의 부피 = $\frac{\text{용액의 질량}}{\text{용액의 밀도}} = \frac{300}{1.04}$ (mL) = 288.5 (mL)

∴ 몰 농도 = $\frac{\text{용질의 몰수(mol)}}{\text{용액의 부피(L)}} = \frac{0.66}{0.2885}(M) \fallingdotseq 2.29\ (M)$

유형익히기 & 하브루타 126 ~ 129 쪽

[유형6-1] ③	01. ④	02. ①
[유형6-2] ④	03. ③	04. ③
[유형6-3] ①	05. ②	06. ④
[유형6-4] ①	07. ④	08. ④

[유형6-1] 답 ③

해설 ㄱ. 염화 나트륨 사이의 인력보다 염화 나트륨과 물 사이의 인력이 크므로 염화 나트륨은 물에 용해된다. ㄴ. Na^+과 물의 δ^- 부분인 산소 간 인력이 작용하고, Cl^-과 물의 δ^+ 부분인 수소 간 인력이 작용한다. ㄷ. 염화 나트륨은 이온성 물질이므로 무극성 용매인 사염화 탄소에 용해되지 않는다.

01. 답 ④

해설 ㄱ. 물에 용해되지 않으므로 아이오딘은 무극성 물질이다. ㄴ. 무극성 물질인 아이오딘은 극성 용매인 물과의 인력보다 아이오딘 분자 간의 인력이 더 강하다. ㄷ. 벤젠은 무극성 용매이므로 아이오딘은 벤젠에 잘 용해된다.

02. 답 ①

해설 ① 용매 X는 NaCl 이 용해되는 극성 용매이다. 극성 물질인 요소는 극성 용매인 X에 용해된다.
② 용매 Y는 무극성 용매로 쌍극자 모멘트 = 0 이므로, 극성 용매의 쌍극자 모멘트보다 작다.
③ X는 극성 용매이므로 무극성 용매인 사염화 탄소와 성질이 다르다.
④ 무극성 용매인 벤젠을 사용하면 NaCl 은 잘 용해되지 않는다.
⑤ 용질 간 인력이 용질과 용매 사이의 인력보다 크면 용해되지 않는다.

[유형6-2] 답 ④

해설 ㄱ. 수돗물 1 (kg) 속 수은의 농도 = 2 (ppm) 이므로,

2 (ppm) = $\frac{x\ (g)}{10^3\ (g)} \times 10^6$

∴ 수돗물 1 (kg) 속 수은의 질량(x) = 2 × 10^{-3} (g) 이다.
ㄴ. 수돗물 1 (kg) 속 아연의 농도 = 2000 (ppm) 이므로,

2000 (ppm) = $\frac{x\ (g)}{10^3\ (g)} \times 10^6$

∴ 수돗물 1 (kg) 속 아연의 질량(x) = 2 (g) 이다.

ㄷ. 수돗물 1 (kg) 속 아연의 몰수 = $\frac{\text{용질의 질량}}{\text{용질의 분자량}}$
= $\frac{2}{65}$ (mol) ≒ 0.031 (mol),
용매의 질량 = 1000 - 2 - 0.002 ≒ 998 (g) 이므로

아연의 몰랄 농도 = $\frac{\text{용질의 몰수(mol)}}{\text{용매의 질량(kg)}} = \frac{0.031}{0.998}(m) \fallingdotseq$ 0.031 (m) 이다.

03. 답 ③

해설 ㄱ. 용질의 몰수 = $\frac{\text{용질의 질량}}{\text{용질의 분자량}}$ 이므로, 분자량이 작은 NaCl의 몰수가 더 크다. ㄴ. 용매의 질량이 같고, 퍼센트 농도가 같으면, 용질의 질량도 같다. ㄷ. 용액의 부피가 같으므로, 몰수가 큰 NaCl 수용액의 몰 농도가 더 크다.

04. 답 ③

해설 ㄱ. 탄수화물의 하루 권장 섭취량은 36 (g) : 11 (%) = x (g) : 100 (%) 이므로, x ≒ 327 (g)이다. ㄴ. 단백질의 하루 권장 섭취량은 3 (g) : 5 (%) = x (g) : 100 (%) 이므로, x = 60 (g)이다. 지방의 하루 권장 섭취량은 23 (g) : 46 (%) = x (g) : 100 (%) 이므로, x = 50 (g)이다. ∴ 단백질의 하루 권장 섭취량이 지방의 하루 권장 섭취량보다 크다. ㄷ. 나트륨의 권장 섭취량은 0.190 (g) : 10 (%) = x (g) : 100 (%) 이므로, x = 1.90 (g)이고, 나트륨의 ppm 농도 = $\frac{1.90}{10^6} \times 10^6$ = 1.90 (ppm)이다.

[유형6-3] 답 ①

해설 ㄱ. (가) 수용액의 질량 = 용액의 부피 × 용액의 밀도
= 1000 × 1.01 = 1010 (g)
용질의 질량 = 1010 × 0.01 = 10.1 (g)

용질의 몰수 = $\frac{\text{용질의 질량}}{\text{용질의 분자량}}$ = $\frac{10.1}{180}$ (mol) ≒ 0.056 (mol)

용매의 질량 = 1010 - 10.1 = 999.9 g 이므로,

(가) 수용액의 몰랄 농도 = $\frac{\text{용질의 몰수(mol)}}{\text{용매의 질량(kg)}}$

= $\frac{0.056}{0.999}$ (m) ≒ 0.056 (m)이다.

ㄴ. (가) 수용액의 용질의 분자 수 = 0.056 N_A(아보가드로수)

(나) 수용액의 용질의 몰수 = 0.1 × 0.5 = 0.05 (mol)

(나) 수용액의 용질의 분자 수 = 0.05 N_A (아보가드로수)이다.

ㄷ. (가) 수용액의 용질의 몰수 = 0.056 (mol)

(가) 수용액의 부피 = 1 L 이므로,

(가) 수용액의 몰 농도 = $\frac{\text{용질의 몰수(mol)}}{\text{용액의 부피(L)}}$

= $\frac{0.056}{1}$ (M) = 0.056 (M), (나) 수용액의 몰 농도 = 0.1 (M)이다.

05. 답 ②

해설 (가) 수용액의 용질의 몰수 = 용액의 몰 농도 × 용액의 부피 = 0.1 mol/L × 0.1 L = 0.01 (mol)

(나) 수용액의 용질의 몰수 = x mol/L × 0.3 L = 0.3 x (mol)

(다) 수용액의 용질의 몰수 = 0.25 mol/L × 0.4 L = 0.1 (mol)

(가), (나) 용액을 혼합하여도 혼합한 (다) 용액의 용질의 총 몰수는 변하지 않으므로 0.01 (mol) + 0.3x (mol) = 0.1 (mol) 이고, x = 0.3 (M)이다.

06. 답 ④

해설 ㄱ. (가) 수용액의 용질의 몰수 = 용액의 몰 농도 × 용액의 부피 = 2.0 mol/L × 0.03 L = 0.06 (mol)

(나) 수용액의 용질의 몰수 = 1.0 mol/L × 0.02 L = 0.02 (mol)

두 용액을 혼합하여도 용질의 몰수는 변하지 않으므로

(다) 수용액의 용질의 몰수 = 0.02 + 0.06 = 0.08 (mol)이다.

ㄴ. (다) 수용액의 용질의 몰수 = 0.08 mol,

용액의 부피 = 0.05 L 이므로

(다) 수용액의 몰 농도 = $\frac{\text{용질의 몰수(mol)}}{\text{용액의 부피(L)}}$ = $\frac{0.08}{0.05}$ (M) = 1.6 (M)이다.

ㄷ. 용액의 부피는 온도에 따라 변하므로, 용액의 온도를 100 ℃ 까지 높이면 (다) 수용액의 몰 농도는 감소한다.

[유형6-4] 답 ①

해설 ㄱ. (가) 수용액의 용질의 몰수 = 용액의 몰 농도 × 용액의 부피 = 0.1 mol/L × 0.05 L = 0.005 (mol)

(다) 수용액의 용질의 질량 = 50 × 0.01 = 0.5 (g) 이므로,

용질의 몰수 = $\frac{0.5}{40}$ (mol) = 0.0125 (mol)이다.

ㄴ. 0.1 (m) NaOH 수용액은 용액 1004 (g) 중 NaOH이 4 (g) 녹아 있다. (나) 수용액에서 질량이 50 (g) 이므로, 1004 : 4 = 50 : x 이고, 용질의 질량 (x) ≒ 0.20 (g), 용매의 질량 = 50 - 0.20 = 49.8 (g)이다. (다) 수용액에서 용질의 질량 = 0.5 (g), 용매의 질량 = 50 - 0.5 = 49.5 (g) 이다. 따라서 용매의 질량은 (나) 수용액이 (다) 수용액 보다 크다. ㄷ. (다) 수용액의 용매의 질량 = 49.5 (g), 용질의 몰수 = 0.0125 (mol) 이므로,

몰랄 농도 = $\frac{\text{용질의 몰수(mol)}}{\text{용매의 질량(kg)}}$ = $\frac{0.0125}{0.0495}$ (m) = 0.25 (m)이다.

07. 답 ④

해설 ㄱ. 1 (m) 황산 수용액은 용액 1098 (g) 중 황산 98 (g) 이 녹아 있다. (가) 수용액의 질량은 366 (g) 이므로, 1098 : 98 = 366 : x 이므로 용질의 질량(x) = 32.7 (g)이다. (나) 수용액의 용질의 질량 = 360 × 0.09 = 32.4 (g)이다.

ㄴ. (나) 수용액에서 용질의 몰수 = $\frac{32.4}{98}$ (mol) = 0.33 (mol),

용매의 질량 = 360 - 32.4 = 327.6 (g) 이므로, 몰랄 농도 = $\frac{0.33}{0.3276}$ (m) = 1.01 (m)이다. 따라서 수용액의 몰랄 농도는 (가)가 (나)보다 작다.

ㄷ. (가) 수용액의 퍼센트 농도 = $\frac{\text{용질의 질량}}{\text{용액의 질량}}$ × 100 = $\frac{32.6}{366}$ × 100 = 8.9 (%)이다. 따라서 수용액의 퍼센트 농도는 (가)가 (나)보다 작다.

08. 답 ④

해설 ㄱ. 용질의 질량 = 100 × 0.05 = 5 (g)이므로, 용매의 질량 = 100 - 5 = 95 (g)이다.

ㄴ. 용질의 질량 = 100 - A (g), 용질의 분자량 = 36.5이므로

용질의 몰수 = $\frac{\text{용질의 질량}}{\text{용질의 분자량}}$ = $\frac{100 - A}{36.5}$ 이다.

ㄷ. 용질의 몰수 = B (mol), 용매의 질량 (kg) = A (g) × 10^{-3} 이므로, 몰랄 농도 (m) = $\frac{\text{용질의 몰수(mol)}}{\text{용매의 질량(kg)}}$ = $\frac{B}{A \times 10^{-3}}$ 이다.

창의력 & 토론마당 130 ~ 133 쪽

01 (1) (가) 수용액을 취한 부피 : 2 (mL),
첨가한 증류수의 부피 : 8 (mL)
(2) (다) 수용액의 부피 : 2.5 (mL),
녹아 있는 요소의 질량 : 0.6 (g)

해설 (1) (가) 수용액 x (mL) 의 몰수 = (나) 수용액 10 (mL) 의 몰수이므로, $M_1 \times V_1 = M_2 \times V_2$ 이다.

$$5 \times x = 1 \times 0.01 \quad \therefore x = 2 \text{ (mL)}$$

(나) 수용액의 부피 = $x + y$ = 10 (mL) 이므로 y = 8 (mL)이다.

(2) (나) 수용액의 10 (mL) 의 몰수 = (다) 수용액 z (mL) 의 몰수이므로, $M_1 \times V_1 = M_2 \times V_2$ 이다.

$$1 \times 0.01 = 4 \times z \text{ 이므로} \quad \therefore z = 2.5 \text{ (mL)}$$

(다) 수용액 속 용질의 몰수 = $\frac{\text{용질의 질량}}{\text{용질의 분자량}}$ = 0.01 (mol) 이므로,

0.01 (mol) = $\frac{w}{60}$ (mol), w = 0.6 (g)이다.

02 6.17 m

해설 수용액의 질량 = x (g) + y (g) = 500 ·········(1)

요소의 몰 분율 = $\dfrac{\text{요소의 몰수}}{\text{전체 성분의 몰수}}$ 이므로,

$$0.1 = \dfrac{\dfrac{x\ (g)}{60\ (g/mol)}}{\dfrac{x\ (g)}{60\ (g/mol)} + \dfrac{y\ (g)}{18\ (g/mol)}},\ y = 2.7\,x\ \cdots\cdots\ (2)$$

(1)식에 (2)식을 대입하면 3.7 x = 500이다.

따라서 x ≒ 135.14 (g), y ≒ 500 - 135.14 = 364.86 (g)이다.

용질의 몰수 = $\dfrac{\text{용질의 질량}}{\text{용질의 분자량}} = \dfrac{135.14}{60}$ (mol) ≒ 2.25 (mol)

이므로 몰랄 농도 = $\dfrac{\text{용질의 몰수(mol)}}{\text{용매의 질량(kg)}} = \dfrac{2.25}{0.36486}$ (m) = 6.17 (m)이다.

03 (1) $AgNO_3$: 0 (M), (2) NaCl : 0.5 (M)
(3) $NaNO_3$: 1.5 (M)

해설 3 (M) $AgNO_3$ 수용액 500 (mL) 의 $AgNO_3$ 몰수
= 몰 농도 × 용액의 부피 = 3 × 0.5 = 1.5 (mol)이다.
∴ $AgNO_3$ 수용액 속 Ag^+, NO_3^- 의 몰수 = 1.5 (mol)
4 (M) NaCl 수용액 500 (mL) 의 NaCl 몰수
= 4 × 0.5 = 2.0 (mol)이다.
∴ NaCl 수용액 속 Na^+, Cl^- 의 몰수 = 2.0 (mol)
앙금 생성 반응을 통해 AgCl 1.5 (mol)이 생성되므로, 혼합 용액 속 남아 있는 이온의 몰수는
NO_3^- : 1.5 (mol), Na^+ : 2.0(mol), Cl^- : 0.5 (mol)이다.
$AgNO_3$의 몰수 = Ag^+의 몰수 = 0 (mol)이므로

혼합 용액 속 $AgNO_3$의 몰 농도 = $\dfrac{\text{용질의 몰수(mol)}}{\text{용액의 부피(L)}}$ = 0 (M),

NaCl의 몰수 = Cl^- 의 몰수 = 0.5 (mol) 이므로

NaCl의 몰 농도 = $\dfrac{0.5}{1}$ (M) = 0.5 (M),

$NaNO_3$의 몰수 = NO_3^- 의 몰수 = 1.5 (mol) 이므로

$NaNO_3$의 몰 농도 = $\dfrac{1.5}{1}$ (M) = 1.5 (M)이다.

04 (1) 60 ℃ 수산화 바륨 수용액 몰랄 농도 : 1.3 (m)
(2) 80 ℃ 수산화 바륨 수용액 몰랄 농도 : 1.7 (m)

해설 60 ℃ 증류수 300 g 에 용해된 수산화 바륨의 질량 = 60 (g),

용질의 몰수 = $\dfrac{\text{용질의 질량}}{\text{용질의 화학식량}} = \dfrac{60}{154}$ (mol) = 0.39 (mol),

용매의 질량 = 0.3 (kg) 이므로

60 ℃ 수산화 바륨 수용액의 몰랄 농도 = $\dfrac{\text{용질의 몰수(mol)}}{\text{용매의 질량(kg)}}$

= $\dfrac{0.39}{0.3}$ (m) = 1.3 (m)이다. 80 ℃ 증류수 300 g 에 용해된 수산화 바륨의 질량 = 77 (g), 용질의 몰수 = $\dfrac{77}{154}$ (mol) = 0.5 (mol),

용매의 질량 = 0.3 (kg) 이므로 80 ℃ 수산화 바륨 수용액의 몰랄 농도 = $\dfrac{0.5}{0.3}$ (m) ≒ 1.7(m)이다.

05 (1) D, E, B, C, A
(2) 200 mL

해설 (1) 표준 용액을 만드는 과정은 D, E, B, C, A 순으로 실시해야 한다. 표준 용액은 농도를 정확하게 알고 있는 용액이므로, 실험 과정에서 정확한 농도로 제조하기 위해 실험 도구에 묻어 있는 용질을 완전히 녹여야 하고, 용액의 부피를 정확하게 측정하여 용액을 제조한다. 제조한 용액은 시약병에 라벨을 붙여 보관하며 이때 용액의 온도와 농도를 기입하여야 한다.

(2) 제조한 표준 용액 속 용질의 몰수 = $\dfrac{\text{용질의 질량}}{\text{용질의 화학식량}}$

= $\dfrac{8}{40}$ (mol) = 0.2 (mol), 용액의 부피 = 1 (L) 이므로

표준 용액의 몰 농도 = $\dfrac{0.2}{1}$ (M) = 0.2 (M)이다.

혼합 용액 에서 H^+ 과 OH^- 의 몰수가 같아야 HCl 수용액이 중화하므로 $M_1 \times V_1 = M_2 \times V_2$,
0.1 × 0.4 = 0.2 × V, 따라서 V = 0.2 (L)이다.

06 (1) 7 %, (2) 1.64 (M), (3) 1.46 (m)

해설 (1) 혼합 용액의 질량 = 150 + 150 = 300 (g),

혼합 용액 속 NaCl의 질량 = 14 % NaCl 수용액 속 NaCl의 질량

= 0.14 × 150 = 21 (g),

∴ 혼합 용액의 NaCl % 농도

= $\dfrac{\text{용질의 질량}}{\text{용액의 질량}} \times 100 = \dfrac{21}{300} \times 100$ = 7 (%)

(2) NaCl 수용액의 부피 = $\dfrac{\text{용질의 질량}}{\text{용액의 밀도}} = \dfrac{150}{1.1}$ ≒ 136.4(mL),

KCl 수용액의 부피 = $\dfrac{150}{1.13}$ ≒ 132.7 (mL),

혼합 용액의 부피 = 136.4 + 132.7 = 269.1 (mL),

혼합 용액 속 KCl의 질량 = 0.22 × 150 = 33 (g),

혼합 용액 속 KCl의 몰수 = $\dfrac{33}{74.5}$ (mol) = 0.44 (mol),

∴ 혼합 용액 속 KCl의 몰 농도 = $\dfrac{\text{용질의 몰수(mol)}}{\text{용액의 부피(L)}}$

= $\dfrac{0.44}{0.2691}$ (M) = 1.64 (M)

(3) 혼합 용액 속 용질 전체의 질량 = 21 + 33 = 54 (g),
혼합 용액 속 용매의 질량 = 300 - 54 = 246 (g),

혼합 용액 속 NaCl의 몰수 = $\dfrac{21}{58}$ (mol) ≒ 0.36 (mol),

∴ 혼합 용액 속 NaCl의 몰랄 농도 = $\dfrac{\text{용질의 몰수(mol)}}{\text{용매의 질량(kg)}}$

= $\dfrac{0.36}{0.246}$ (m) ≒ 1.46 (m)

스스로 실력 높이기 134 ~ 139 쪽

01. 수화 02. ㄴ, ㄷ
03. (1) X, (2) X 04. (1) O, (2) X
05. ㄷ > ㄱ > ㄴ 06. ③ 07. ㄱ, ㄴ, ㄹ
08. ③ 09. 180 10. 2.68 (M), 2.78 (m)
11. ① 12. ② 13. ① 14. ②
15. ③ 16. ② 17. ③ 18. ④
19. ⑤ 20. ① 21. ③ 22. ④
23. ④ 24. ① 25. 3.56 (m)
26. (가) : 0.1 (M), (나) : 0.3 (M), (다) : 0.2 (M)
(나), (다), (가) 순으로 몰 농도가 진하다.
27. 몰 농도 : 2.40 (M), 몰랄 농도 : 2.62 (m)
28. 10.8 (%)
29. x = 33.70 (mL), y = 466.30 (mL)
30. x = 31.6 (g) , y = 443.4 (g)
31. 부피 변화량 : 0.33 (mL)
32. HCl 0 (M), NaOH 0.14 (M)

01. 답 수화
해설 수화란 용질의 입자가 용매인 물에 둘러싸여 고르게 녹아 안정화되는 현상이다.

02. 답 ㄴ, ㄷ
해설 무극성 용매에는 무극성 물질인 CH_4, I_2이 잘 용해되고, 이온성 물질과 극성 물질인 NaCl, KOH은 잘 녹지 않는다.

03. 답 (1) X, (2) X
해설 (1) 용액의 부피는 온도의 영향을 받으므로 몰 농도는 온도의 영향을 받는다.
(2) 용질의 분자량이 커지면 용질의 몰수가 작아지기 때문에 몰 농도는 작아진다.

04. 답 (1) O, (2) X
해설 (1), (2) 몰랄 농도는 용매 1 kg 중 용질의 몰수를 나타낸 농도이다. 용질의 몰수와 용매의 질량 모두 온도의 영향을 받지 않는다. 따라서 몰랄 농도는 온도의 영향을 받지 않는다.

05. 답 ㄷ > ㄱ > ㄴ
해설 ㄴ. 5100 ppm NaCl 수용액 = $\dfrac{5100\text{ g}}{100\text{ g}} \times 10^6 = 0.51$ %
ㄷ. 수용액의 퍼센트 농도 = $\dfrac{5.5\text{ g}}{100\text{ g}}\boxed{\times 100}$ = 5.5 % 이다.

06. 답 ③
해설 ③ ppm 은 전체 용액 10^6 g 중 용질의 질량을 나타낸다.
① 질량은 온도의 영향을 받지 않으므로 ppm 농도도 온도의 영향을 받지 않는다.
② ppm은 'parts per million'의 약자이다.
④, ⑤ ppm 농도는 전체의 질량에 비해 용질의 질량이 매우 작을 때 사용하기 적절하고, 대기 중의 오존의 양은 전체에 비해 매우 작으므로 ppm 농도를 사용하기 적절하다.

07. 답 ㄱ, ㄴ, ㄹ
해설 몰 농도 = $\dfrac{\text{용질의 몰수(mol)}}{\text{용액의 부피(L)}}$,

용질의 몰수 = $\dfrac{\text{용질의 질량}}{\text{용질의 화학식량}}$ 이므로 용질의 화학식량, 질량, 용액의 부피가 필요하다.

08. 답 ③
해설 ①, ④, ⑤ % 농도를 환산한 몰 농도 = $\dfrac{10wd}{M_w}$ 이다.
(d = 용액의 밀도, w = 용질의 질량, M_w = 용질의 화학식량)
용액의 밀도, 용질의 질량, 용질의 화학식량을 알면 환산 할 수 있다.
② 용액의 질량과 퍼센트 농도를 알면 용질의 질량을 알 수 있다.

09. 답 180
해설 물질 X의 몰수 = $\dfrac{\text{용질의 질량}}{\text{용질의 분자량}} = \dfrac{45\text{ g}}{M\text{ g/mol}}$ 이고
용매의 질량 = 0.1 kg 이므로,

몰랄 농도 = $\dfrac{\text{용질의 몰수(mol)}}{\text{용매의 질량(kg)}} = \dfrac{\dfrac{45\text{ g}}{M\text{ g/mol}}}{0.1\text{ kg}}$ = 2.5 (m)이다.

따라서 M = 180이다.

10. 답 2.68 (M), 2.78 (m)
해설 수용액 속 용질의 질량 = 0.10 × 400 = 40 (g),
수용액 속 용질의 몰수 = $\dfrac{\text{용질의 질량}}{\text{용질의 화학식량}} = \dfrac{40}{40}$ (mol) = 1 (mol),
수용액의 부피 = $\dfrac{\text{용질의 질량}}{\text{용액의 밀도}} = \dfrac{400}{1.07}$ (mL) ≒ 373.8 (mL),
∴ 몰 농도 = $\dfrac{\text{용질의 몰수(mol)}}{\text{용액의 부피(L)}} = \dfrac{1}{0.3738}$ (M) ≒ 2.68 (M)
용매의 질량 = 400 - 40 = 360 (g), 용질의 몰수 = 1 (mol) 이므로, ∴ 몰랄 농도 = $\dfrac{\text{용질의 몰수(mol)}}{\text{용매의 질량(kg)}} = \dfrac{1}{0.360}$ (m) ≒ 2.78 (m)

11. 답 ①
해설 ①, ② 설탕은 극성 물질이므로 극성 용매에 잘 용해되고, 무극성 용매에는 잘 용해되지 않는다.
③ 물 분자의 수소 결합이 모두 끊어지면 물은 액체 상태가 아닌 기체 상태로 상태가 변화한다.
④ 수화 현상은 무극성 물질에서 일어나지 않는다.
⑤ 그림은 수화 현상으로, 용질과 물의 인력이 용질과 용질사이의 인력보다 강할 때 일어나는 현상이다.

12. 답 ②
해설 NaCl 수용액 속 Cl^- 의 몰수 = 1 × 0.2 = 0.2 (mol),
$MgCl_2$ 한 분자는 물에 해리되어 Cl^- 를 두 분자 생성하므로,
$MgCl_2$ 수용액 속 Cl^- 의 몰수 = 2 × 1 × 0.2 = 0.4 (mol)
혼합 용액 속 Cl^- 의 몰수 = 0.2 + 0.4 = 0.6 (mol),
혼합 용액의 부피 = 0.4 L,

∴ 혼합 용액 속 Cl^- 의 몰 농도 = $\frac{\text{용질의 몰수(mol)}}{\text{용액의 부피(L)}}$

= $\frac{0.6}{0.4}$ (M) = 1.5 (M)이다.

13. 답 ①

해설 수용액 속 용질의 질량 = 160 g × 0.15 = 24 g,
용매의 질량 = 160 - 24 = 136 g , x = 24 , y = 136
∴ $y - x$ = 136 - 24 = 112

14. 답 ②

해설 ㄱ. (가) 수용액의 몰 농도 = 0.1 (M),
(나) 수용액 속 용질의 몰수 = 0.1 × 0.2 = 0.02 (mol),
(나) 수용액의 부피 = 0.15 (L) 이므로.

(나) 수용액의 몰 농도 = $\frac{\text{용질의 몰수(mol)}}{\text{용액의 부피(L)}}$

= $\frac{0.02}{0.15}$ (M) ≒ 0.133 (M)이다.

따라서 (나) 수용액의 몰 농도는 (가) 수용액의 몰 농도의 약 1.33 배이다.

ㄴ. (나) 수용액에서 HCl는 비휘발성이므로 (가) 수용액의 HCl의 몰수와 같다.

ㄷ. (나) 수용액에 증류수를 첨가한 용액의 몰 농도 = $\frac{0.02}{0.15 + 0.05}$ (M) = 0.1 (M)이다.

15. 답 ③

해설 ① (가) 수용액의 퍼센트 농도 = $\frac{\text{용질의 질량}}{\text{용액의 질량}}$ × 100

= $\frac{3.5}{1003.5}$ × 100 ≒ 0.349 (%)

② (가) 수용액의 몰수 = $\frac{\text{용질의 질량}}{\text{용질의 화학식량}}$

= $\frac{3.5}{58}$ (mol) ≒ 0.06 (mol), 용매의 질량 = 1 (kg),

∴ (가) 수용액의 몰랄 농도 = $\frac{\text{용질의 몰수(mol)}}{\text{용매의 질량(kg)}}$

= $\frac{0.06}{1}$ (m) = 0.06 (m)

③ (나) 수용액의 몰랄 농도 = (가) 수용액의 몰랄 농도 = 0.06 (m)
④ (나) 수용액 속 용질의 몰수 = 0.5 × 0.06 = 0.03 (mol)
0.03 (mol) = $\frac{x}{58}$ (mol) , ∴ x = 1.74 (g)이다.
⑤ 용매의 질량과 용질의 몰수는 온도의 영향을 받지 않으므로 몰랄 농도는 온도의 영향을 받지 않는다.

16. 답 ②

해설 두 용액을 혼합하여도 몰수의 총 합은 같다.
$M_1 \times V_1 + M_2 \times V_2 = M \times V$ 이므로,
0.2 × 0.2 + 0.3 × 0.15 = x × 0.35, ∴ x ≒ 0.24 (M)

17. 답 ③

해설 ㄱ. (나) 수용액의 용질의 몰수 = $\frac{\text{용질의 질량}}{\text{용질의 분자량}}$

= $\frac{5.5}{60}$ (mol) ≒ 0.092 (mol)

(나) 수용액 속 용매의 질량 = 0.0445 (kg) 이므로,

∴ (나) 수용액의 몰랄 농도 = $\frac{\text{용질의 몰수(mol)}}{\text{용매의 질량(kg)}}$

= $\frac{0.092}{0.0445}$ (m) = 2.07 (m)

ㄴ. 1 (m) 요소 수용액 1060 (g) 에 요소 60 (g) 용해되어 있다 .
(가) 수용액의 질량이 53 (g)이므로, 1060 : 60 = 53 : x,
(가) 수용액 속 용질의 질량 x = 3 (g)이다.
(나) 수용액 속 요소의 질량 = 50 × 0.11 = 5.5 (g)이므로
(나) 수용액에 녹아 있는 요소의 질량이 더 크다.

ㄷ. (가) 수용액이의 퍼센트 농도 = $\frac{3}{53}$ × 100 = 5.7 (%),

(나) 수용액의 퍼센트 농도 = 11 (%)이다.

18. 답 ④

해설 ㄱ. (가) 수용액의 몰랄 농도는 같은 질량의 용매에 용질의 질량을 2배로 용해시키면 몰랄 농도가 2배가 된다.
ㄴ. (나) 수용액의 몰 농도는 KNO_3를 101 g 을 더 녹이게 되면, 그만큼 용액의 부피도 늘어나 몰 농도는 2배보다 작게 된다.
ㄷ. KNO_3은 비휘발성 물질이므로 물 500 g 이 증발하면 용액의 질량이 반으로 줄고 용질의 질량은 같으므로 용액의 농도는 2배가 된다.

19. 답 ⑤

해설 ㄱ. A 수용액 속 용질의 몰수 = $\frac{6}{42}$ (mol) ≒ 0.14 (mol),

A 수용액의 부피 = 1 (L),

A 수용액의 몰 농도 = $\frac{\text{용질의 몰수(mol)}}{\text{용액의 부피(L)}}$ = $\frac{0.14}{1}$ (M) = 0.14 (M)

ㄴ. A 수용액에서 1 (mL) 취한 용액의 몰 농도는 A 수용액의 몰 농도와 같다.
ㄷ. B 수용액 속 용질의 몰수 = 용액의 몰 농도 × 용액의 부피
= 0.14 × 0.001 = 1.4 × 10^{-4} (mol),

∴ B 수용액의 몰 농도 = $\frac{1.4 \times 10^{-4}}{1}$ (M) = 1.4 × 10^{-4} (M)

20. 답 ①

해설 ㄱ. (가) 수용액 속 용질의 질량 = 100 × 0.05 = 5 (g)

∴ (가) 수용액 속 용질의 몰수 = $\frac{5}{40}$ (mol) = 0.125 (mol)

ㄴ. (나) 수용액의 질량 = 용액의 부피 × 용액의 밀도
= 50 × 1.02 = 51 (g)
0.5 (M) NaOH 수용액 1 (L) 에는 용질이 0.5 (mol) 녹아 있다.
(나) 수용액이 0.05 (L) 이므로, 1 : 0.5 = 0.05 : x, x = 0.025 (mol)이다.
용질의 질량 = 용질의 몰수 × 용질의 화학식량
= 0.025 × 40 = 1 (g)

∴ (나)의 퍼센트 농도 = $\frac{1}{51}$ × 100 ≒ 1.96 %

ㄷ. (다) 수용액 속 용질의 몰수 = 0.025 + 0.125=0.150 (mol),
용질의 질량 = 1 + 5 = 6 (g),
용매의 질량 = 200 - 6 = 194 (g),

∴ 몰랄 농도 = $\frac{\text{용질의 몰수(mol)}}{\text{용매의 질량(kg)}}$ = $\frac{0.150}{0.194}$ (m) ≒ 0.77 (m)

21. 답 ③

해설 몰 농도 : A % 황산 수용액 부피가 V(mL) 이므로

용액의 질량 = V mL× d g/mL = Vd (g),

용질의 질량 = $Vd \times \frac{A}{100} = \frac{VAd}{100}$ (g),

용질의 몰수 = $\frac{VAd}{100M_w}$ (mol)이다.

용액의 부피 = $V \times 10^{-3}$ (L) 이므로,

몰 농도 = $\frac{10Ad}{M_w}$ (M)이다.

부피 : A (%) 수용액 x (mL)를 취해 1 (M)황산 수용액을 만들어도 용질의 몰수는 변함이 없으므로 $\frac{10Ad}{M_w} \times x = 1 \times 1000$

황산 수용액의 부피(x) = $\frac{100M_w}{Ad}$ 이다.

22. 답 ④

해설 ㄱ. (가) 수용액 속 용질의 몰수 = $\frac{8.7}{58}$ (mol) = 0.15 (mol)

용액의 부피 = 0.5 (L) 이므로,

(가) 수용액의 몰 농도 = $\frac{\text{용질의 몰수(mol)}}{\text{용액의 부피(L)}}$

= $\frac{0.15}{0.5}$ (M) = 0.3 (M)이다.

ㄴ. (나)에서 취한 (가)의 수용액 속 용질의 몰수

= 용액의 몰 농도 × 용액의 부피 = 0.3 × 0.2 = 0.06 (mol)이다.

ㄷ. (나) 수용액 속 용질의 몰수 = 0.06 mol이므로

희석시킨 용액의 몰 농도 = $\frac{0.06}{1}$ (M) = 0.06 (M)이다.

23. 답 ④

해설 ㄱ. (가)의 몰수 = $\frac{\text{용질의 질량}}{\text{용질의 화학식량}} = \frac{6.3}{42}$ = 0.15 (mol)

ㄴ. (나) 수용액 속 용질의 몰수 = 용액의 몰 농도 × 용액의 부피

= 0.2 × 0.4 = 0.08 (mol)

(나) 수용액 속 용질의 질량 = 용질의 몰수 × 용질의 분자량

= 0.08 × 42 = 3.36 (g)

ㄷ. (다) 수용액 속 용질의 몰수 = 0.15 + 0.08 = 0.23 (mol)

(다) 수용액의 부피 = 1 (L),

∴ (다) 수용액의 몰 농도 = $\frac{\text{용질의 몰수(mol)}}{\text{용액의 부피(L)}}$

= $\frac{0.23}{1}$ (M) = 0.23 (M)

24. 답 ①

해설 ㄱ. (가) 수용액 속 HCl 질량 = 300 × 0.15 = 45 (g),

(나) 수용액 속 HCl 질량 = 용질의 몰수 × 용질의 분자량

= 0.9 × 36.5 = 32.85 (g)

ㄴ. (가) 수용액 속 용질의 몰수 = $\frac{\text{용질의 질량}}{\text{용질의 분자량}}$

= $\frac{45}{36.5}$ ≒ 1.23 (mol),

(가) 수용액 속 용매의 질량 = 300 - 45 = 255 (g)

(가) 수용액의 몰랄 농도 = $\frac{\text{용질의 몰수(mol)}}{\text{용매의 질량(kg)}}$

= $\frac{1.23}{0.255}$ (m) ≒ 4.82 (m)

(나) 수용액의 질량 = 용액의 부피 × 용액의 밀도

= 300 × 1.1 = 330 (g),

(나) 수용액 속 용매의 질량 = 330 - 32.85 = 297.15 (g),

(나) 수용액 속 용질의 몰수 = 3 × 0.3 = 0.9 (mol),

∴ (나) 수용액의 몰랄 농도 = $\frac{0.9}{0.297}$ (m) ≒ 3.03 (m)

ㄷ. (나) 수용액 속 용질의 몰수 = 용액의 몰 농도 × 용액의 부피

= 3 × 0.3 = 0.9 (mol)

25. 답 3.56 (m)

해설 4 (M) 요소 수용액의 몰수

= 용액의 몰 농도 × 용액의 부피 = 4 × 0.5 = 2 (mol),

4 (M) 요소 수용액 속 용질의 질량 = 용질의 몰수 × 용질의 분자량 = 2 × 60 = 120 (g),

12 % 요소 수용액의 용질의 질량 = 100 × 0.12 = 12 (g),

혼합 수용액의 용질의 질량 = 120 + 12 = 132 (g),

혼합 수용액 속 용질의 몰수 = $\frac{\text{용질의 질량}}{\text{용질의 분자량}}$

= $\frac{132}{60}$ (mol) = 2.2 (mol),

혼합 수용액의 용매의 질량 = 750 - 132 = 618 (g) 이므로,

혼합 수용액의 몰랄 농도 = $\frac{\text{용질의 몰수(mol)}}{\text{용매의 질량(kg)}}$

= $\frac{2.2}{0.618}$ (m) = 3.56 (m)이다.

26. 답 (가) : 0.1 (M), (나) : 0.3 (M), (다) : 0.2 (M)

(나), (다), (가) 순으로 몰 농도가 진하다.

해설 (가) 수용액 속 용질의 몰수 = $\frac{\text{용질의 질량}}{\text{용질의 화학식량}}$

= $\frac{4}{40}$ (mol) = 0.1 (mol)

(가) 수용액의 부피 = 1 (L) 이므로,

(가) 수용액의 몰 농도 = $\frac{\text{용질의 몰수(mol)}}{\text{용액의 부피(L)}}$

= $\frac{0.1}{1}$ (M) = 0.1 (M)이다.

(나) 수용액의 몰수 = $\frac{24}{40}$ (mol) = 0.6 (mol)

(나) 수용액의 부피 = 2 (L) 이므로,

(나) 수용액의 몰 농도 = $\frac{0.6}{2}$ (M) = 0.3 (M)이다.

(다) 수용액의 몰수 = $\frac{24}{40}$ (mol) = 0.6 (mol)

(다) 수용액의 부피 = 3 (L) 이므로,

(다) 수용액의 몰 농도 = $\frac{0.6}{3}$ (M) = 0.2 (M)이다.

따라서 몰 농도는 (나), (다), (가) 순으로 크다.

27. 답 몰 농도 : 2.40 (M), 몰랄 농도 : 2.62 (m)

해설 용질의 질량 = 250 × 0.238 = 59.5 (g)

용질의 몰수 = $\frac{\text{용질의 질량}}{\text{용질의 화학식량}}$ = $\frac{59.5}{119}$ (mol) = 0.5 (mol),

용액의 부피 = $\frac{\text{용액의 질량}}{\text{용액의 밀도}}$ = $\frac{250}{1.2}$ (mL) ≒ 208 (mL),

∴ 몰 농도 = $\frac{\text{용질의 몰수}}{\text{용액의 부피}}$ = $\frac{0.5}{0.208}$ (M) ≒ 2.40 (M)

용질의 몰수 = 0.5 (mol)

용매의 질량 = 250 - 59.5 = 190.5 (g),

∴ 몰랄 농도 = $\frac{\text{용질의 몰수(mol)}}{\text{용매의 질량(kg)}}$ = $\frac{0.5}{0.1905}$ (m) ≒ 2.62 (m)

28. 답 10.8 (%)

해설 3 (m) NaOH 수용액은 용액 1120 (g) 에 NaOH 120 (g) 이 녹아 있다. (가) 수용액의 질량은 400 (g) 이므로,

1120 : 120 = 400 : x,

따라서 (가) 수용액 속 용질의 질량 (x) ≒ 42.86 (g)이다.

(나) 수용액 속 용질의 몰수 = 용액의 몰 농도 × 용액의 부피

= 3 × 0.3 = 0.9 (mol),

(나) 수용액 속 용질의 질량 = 용질의 몰수 × 용질의 화학식량

= 0.9 × 40 = 36 (g),

(나) 수용액의 질량 = 용액의 부피 × 용액의 밀도

= 300 × 1.1 = 330 (g)이다.

(다) 수용액 속 용질의 질량 = 36 + 42.86 = 78.86 (g),

용액의 총 질량 = 400 + 330 = 730 (g) 이므로,

(다) 수용액의 퍼센트 농도 = $\frac{78.86}{730}$ × 100 = 10.8 (%)이다.

29. 답 x = 33.70 (mL), y = 466.30 (mL)

해설 28 (%) 암모니아수의 질량 = 용액의 부피 × 용액의 밀도

= 250 × 0.90 = 225 (g),

용액 속 용질의 질량 = 225 × 0.28 = 63 (g),

28 (%) 암모니아수 용액 속 용질의 몰수 = $\frac{\text{용질의 질량}}{\text{용질의 분자량}}$

= $\frac{63}{17}$ (mol) ≒ 3.71 (mol),

28 (%) 암모니아수의 부피 = 0.25 (L) 이므로,

28 (%) 암모니아수의 몰 농도 = $\frac{\text{용질의 몰수(mol)}}{\text{용액의 부피(L)}}$

= $\frac{3.71}{0.25}$ (M) = 14.84 (M)이다.

14.84 (M) 암모니아수 x (mL) 와 1 (M) 암모니아수 500 (mL) 의 몰수는 같으므로, $M_1 \times V_1 = M_2 \times V_2$

= 14.84 × x = 1 × 500,

x ≒ 33.70 (mL), y = 500 - 33.70 = 466.30 (mL)이다.

30. 답 x = 31.6 (g) , y = 443.4 (g)

해설 수용액 A 속 요소의 질량 = 5 (g), 용액의 질량은 305 (g),

수용액 B 속 요소의 질량 = 20 (g),

수용액 B의 질량 = 용액의 부피 × 용액의 밀도

= 200 × 1.1 = 220 (g),

수용액 C의 질량 = 1000 - (305 + 220) = 475 (g),

C 수용액의 질량 = 475 = x + y 이다.

1 (m) 요소 수용액은 1060 (g) 용액에 요소 60 (g) 이 녹아 있다.

1 (m) 혼합 수용액 1000 (g) 이므로, 1060 : 60 = 1000 : w ,

혼합 용액 속 요소의 질량(w) = 56.60 (g) , 56.60 = 5 + 20 + x 이다. 따라서 x = 31.6 (g), y = 475 - 31.6 = 443.4 (g)이다.

31. 답 부피 변화량 : 0.33 (mL)

온도가 증가하면 용액의 부피가 증가하므로 몰 농도는 감소한다.

해설 25 ℃에서 용액의 부피 = 0.5 (L),

25 ℃ NaOH 수용액 속 용질의 몰수

= 용액의 몰 농도 × 용액의 부피 = 3 × 0.5 = 1.5 (mol),

60 ℃ NaOH 수용액 속 용질의 몰수 = 1.5 (mol),

60 ℃ NaOH 수용액의 몰 농도 = $\frac{\text{용질의 몰수(mol)}}{\text{용액의 부피(L)}}$

= 2.998 (M) ,

60 ℃ NaOH 수용액의 부피 = $\frac{1.5}{2.998}$ (L) = 0.50033 (L)

∴ 수용액의 온도에 따른 부피의 변화량 = 0.33 (mL)

32. 답 HCl 0 (M), NaOH 0.14 (M)

해설 HCl 수용액 속 용질의 몰수 = 용액의 몰 농도 × 용액의 부피

= 5 × 0.4 = 2 (mol),

∴ HCl 수용액 속 H^+ 와 Cl^- 의 몰수는 각각 2 (mol)

NaOH 수용액 속 용질의 몰수 = 7 × 0.3 = 2.1 (mol),

∴ NaOH 수용액 속 Na^+ 와 OH^- 의 몰수는 각각 2.1 (mol)

반응 후 혼합 용액 속 이온의 몰수는 Na^+ : 2.1 (mol), Cl^- : 2 (mol), H^+ : 0 (mol), OH^- : 0.1 (mol)이다.

혼합 용액 속 HCl의 몰수 = 0

혼합 용액 속 NaOH의 몰수 = 0.1 (mol), 용액의 부피 = 0.7 (L),

혼합 용액 속 NaOH의 몰 농도 = $\frac{\text{용질의 몰수(mol)}}{\text{용액의 부피(L)}}$

= $\frac{0.1}{0.7}$ (M) = 0.14 (M)이다.

7강. 묽은 용액의 성질

개념확인 140 ~ 143 쪽

1. 동적 평형 상태	2. 증기 압력 내림
3. 1 (m)	4. 삼투압

확인 + 140 ~ 143 쪽

1. (1) O (2) X	2. 14.08 (mmHg)
3. -3.72 (℃)	4. 2.44 (atm)

개념확인

1. 답 동적 평형 상태
해설 동적 평형 상태에서는 증발과 응결이 같은 분자 수 만큼 일어나 겉보기에 변화가 없어 보이는 상태이다.

2. 답 증기 압력 내림
해설 비휘발성 용질이 용액에 녹아 있으면 용매의 증발을 방해하여 증기 압력 내림 현상이 일어난다.

3. 답 1 (m)
해설 끓는점 오름(ΔT_b) = 82.07 - 77 = 5.07
$\Delta T_b = K_b \times m = 5.07 \times x(m) = 5.07 \therefore x = 1\ (m)$

확인 +

1. 답 (1) O, (2) X
해설 (1) 끓는점은 액체의 온도가 높아져 액체의 증기 압력이 커지다가 외부 압력과 같아져 액체 내부에서도 기화가 일어날 때의 온도이다.
(2) 액체 분자 사이의 인력이 크면 액체 표면에서 증발이 활발히 이루어지지 않아 증기 압력이 낮아진다.

2. 답 14.08 (mmHg)
해설 물의 몰 분율 = $\dfrac{\text{물의 몰수}}{\text{전체 성분의 몰수}} = \dfrac{1.6}{1.6+0.4}$ = 0.8
설탕물의 증기 압력 = $P^\circ_{용매} \times X_{용매} = 17.6 \times 0.8$
= 14.08 (mmHg)

3. 답 -3.72 (℃)
해설 어는점 내림(ΔT_f) = $K_f \times m = 1.86 \times 2 = 3.72$,
∴ 어는점 = 0 - 3.72 = -3.72 (℃)

4. 답 2.44 (atm)
해설 삼투압(π) = $C \times R \times T$
= $0.1\ \text{mol·L}^{-1} \times 0.082\ \text{L·atm·mol}^{-1}\text{·K}^{-1} \times 298\ \text{K} \fallingdotseq 2.44$ (atm)

개념다지기 144 ~ 145 쪽

01. ①	02. ⑤	03. ①	04. ③
05. ④	06. ①	07. ④	08. ⑤

01. 답 ①
해설 ㄱ. 동적 평형 상태에서 증기가 나타내는 압력을 증기 압력이라고 한다.
ㄴ. 같은 물질인 경우 온도가 높을수록 증발이 활발해지므로, 증기 압력은 더 커진다.
ㄷ. 비휘발성 용질이 용매의 증발을 방해하므로, 용액의 증기 압력은 순수한 용매의 증기 압력보다 작다.

02. 답 ⑤
해설 밀폐된 플라스크를 가열하면 증발이 활발히 이루어지므로, 증발하는 분자 수는 증가한다. 또한, 증발로 인해 기체 상태의 분자 수와 증기의 압력도 증가한다.

03. 답 ①
해설 휘발성 용질이 녹은 용액의 증기 압력 (P) = $P_A + P_B$
에탄올의 몰 분율 = $\dfrac{\text{에탄올의 몰수}}{\text{전체 성분의 몰수}} = \dfrac{0.8}{0.8+0.2} = 0.8$,
순수한 에탄올의 증기 압력 = 0.136 (atm),
∴ 에탄올의 부분 압력 = 0.136 × 0.8 = 0.1088 (atm)
뷰탄올의 몰 분율 = 0.2,
순수한 뷰탄올의 증기 압력 = 0.022 (atm),
∴ 뷰탄올의 부분 압력 = 0.022 × 0.2 = 0.0044 (atm)
∴ 혼합 용액의 증기 압력 = 0.1088 + 0.0044 = 0.1132 (atm)

04. 답 ③
해설 요소의 몰수 = $\dfrac{\text{용질의 질량}}{\text{용질의 분자량}} = \dfrac{30}{60}$ = 0.5 (mol),
물의 몰수 = $\dfrac{351}{18}$ = 19.5 (mol),
물의 몰 분율 = $\dfrac{\text{물의 몰수}}{\text{전체 성분의 몰수}} = \dfrac{19.5}{19.5+0.5}$ = 0.975,
∴ 요소 수용액의 증기 압력 = $P^\circ_{용매} \times X_{용매}$
= 0.975 × 17.6 = 17.16 (mmHg)

05. 답 ④
해설 설탕의 몰수 = $\dfrac{\text{용질의 질량}}{\text{용질의 분자량}} = \dfrac{3.42}{340}$ = 0.01 (mol)
용매의 질량 = 0.1 (kg),
∴ 설탕물의 몰랄 농도 = $\dfrac{\text{용질의 몰수(mol)}}{\text{용매의 질량(kg)}} = \dfrac{0.01}{0.1}(m) = 0.1\ (m)$
끓는점 오름 = $K_b \times m$ = 0.52 × 0.1 = 0.052 (℃)
∴ 끓는점 = 100 + 0.052 = 100.052 (℃)
어는점 내림 = $K_f \times m$ = 1.86 × 0.1 = 0.186 (℃)
∴ 어는점 = 0 - 0.186 = - 0.186 (℃)

06. 답 ①

해설 끓는점 오름 = $K_b \times m = 0.52 \times m = 0.173$,
$\therefore m = 0.333$

$0.333\ (m) = \dfrac{\text{용질의 몰수(mol)}}{\text{용매의 질량(kg)}} = \dfrac{6}{M} \times \dfrac{1}{0.1}$,

$\therefore M \fallingdotseq 180$

07. 답 ④

해설 ㄱ. 용질 입자는 크기가 커서 반투막을 통과할 수 없다.
ㄴ. 삼투압은 삼투 현상이 일어날 때 반투막이 받는 압력이다.
ㄷ. 삼투 현상은 입자의 크기가 작은 용매가 농도가 낮은 용액에서 농도가 진한 용액으로 이동하는 현상이다.

08. 답 ⑤

해설 포도당의 몰수 = $\dfrac{\text{용질의 질량}}{\text{용질의 분자량}} = \dfrac{18}{180} = 0.1$ (mol)

수용액의 부피 = 0.2 (L),

$\therefore$ 수용액의 몰 농도(C) = $\dfrac{\text{용질의 몰수(mol)}}{\text{용액의 부피(L)}} = \dfrac{0.1}{0.2} = 0.5\ (M)$

$\therefore$ 삼투압(π) = $C \times R \times T = 0.5 \times 0.082 \times (273 + 27)\ K$
= 12.3 (atm)

유형익히기 & 하브루타 146 ~ 149 쪽

[유형7-1] ③	01. ①	02. ⑤
[유형7-2] ③	03. ①	04. ①
[유형7-3] ⑤	05. ④	06. ④
[유형7-4] ③	07. ②	08. ③

[유형7-1] 답 ③

해설 ㄱ. 수은 기둥의 높이 차가 같으므로, 설탕물 A와 설탕물 C의 증기 압력이 같다.
ㄴ. 설탕물 A와 B 사이에 있는 수은 기둥이 설탕물 A 쪽으로 올라가 있으므로, 설탕물의 증기 압력은 B가 A보다 크다. 따라서 설탕물 A의 농도가 설탕물 B보다 진하다.
ㄷ. 설탕물 B의 농도가 증가하면 설탕물 B의 증기 압력은 작아지므로 h 값은 작아진다.

01. 답 ①

해설 ㄱ, ㄴ. (가), (나)에서 증발이 응결보다 많이 일어나므로, 액체의 양은 줄어든다.
ㄷ. (다)에서 증발 속도와 응결 속도가 같아 겉보기에는 변화가 없어 보이지만, 증발과 응결이 서로 평형을 이루고 있다.

02. 답 ⑤

해설 ㄱ. 용액의 농도가 진할수록 증기 압력이 낮으므로, A 수용액의 농도가 B 수용액보다 진하다. 따라서, 용질의 몰수는 A 수용액이 B 수용액보다 크다. 용질 A와 B의 질량이 같으므로,
A의 분자량이 B보다 작다.

ㄴ. B 수용액의 증기 압력은 대기압 보다 h_2 만큼 낮으므로 B 수용액의 증기 압력 = $(760 - h_2)$ mmHg,
A 수용액의 증기 압력 = $(760 - h_2 - h_1)$ mmHg 이다.
ㄷ. B 수용액의 농도가 진해지면 증기 압력은 낮아지므로 h_1 의 값은 작아진다.

[유형7-2] 답 ③

해설 ㄱ, ㄴ. 용액의 증기 압력 = 용매의 증기 압력($P^\circ_{\text{용매}}$) × 용매의 몰 분율($X_{\text{용매}}$) 이므로,
$722 = 760 \times X_{\text{용매}}$, 물의 몰 분율($X_{\text{용매}}$) = 0.95 이다.

물의 몰수 = $\dfrac{171}{18}$ = 9.5 (mol) 이고, 요소의 몰수 = n 이라고

하면, 물의 몰 분율 = $\dfrac{\text{물의 몰수}}{\text{전체 성분의 몰수}} = \dfrac{9.5}{9.5 + n} = 0.95$

요소의 몰수(n) = 0.5 (mol) 이다. 요소의 질량 = x 라고 하면,

요소의 몰수 = $\dfrac{x}{60}$ = 0.5이므로 x = 30 (g) 이다.

ㄷ. T(℃) 일 때, 요소 수용액의 증기 압력은 외부 압력인 760 mmHg 보다 작으므로, 요소 수용액의 끓는점은 T(℃) 보다 크다.

03. 답 ①

해설 ㄱ. 용액의 증기 압력 = $P^\circ_{\text{용매}} - \Delta P$ 이다. A일 때 용액의 증기 압력 내림이 B일 때보다 크므로, A일 때 용액의 증기 압력이 B일 때보다 낮다.
ㄴ. 증기 압력 내림 = 용매의 증기 압력($P^\circ_{\text{용매}}$) × 용질의 몰 분율($X_{\text{용질}}$) 이므로, $40 = P^\circ_{\text{용매}} \times 0.1$, $P^\circ_{\text{용매}}$ = 400 (mmHg)이다.
ㄷ. 증기 압력 내림 = $P^\circ_{\text{용매}} \times X_{\text{용질}}$
= 400 × 0.2 = 80 (mmHg) 이다.

04. 답 ①

해설 증기 압력 내림 = $P^\circ_{\text{용매}} \times X_{\text{용질}}$ = 2.64 (mmHg),
$2.64 = 17.6 \times X_{\text{용질}}$, $X_{\text{용질}}$ = 0.15 이고,

수용액 속 물의 질량이 153 g 이므로, 물의 몰수 = $\dfrac{153}{18}$
= 8.5 mol 이다. 따라서, 용질의 몰수 = 1.5 mol 이다.

포도당 수용액의 몰랄 농도 = $\dfrac{\text{용질의 몰수}}{\text{용매의 질량}} = \dfrac{1.5}{0.153}$
≒ 9.80 (m)

[유형7-3] 답 ⑤

해설 ㄱ. 끓는점은 외부 압력과 증기 압력이 같을 때의 온도이므로, A와 B가 1 atm 일 때 끓는점은 A가 B보다 낮다. ㄴ. 같은 온도일 때 증기 압력은 A가 B보다 크므로, A가 분자 사이의 인력이 작아 B보다 증발이 잘 일어난다. 따라서, 분자 사이의 인력은 A가 B보다 작다. ㄷ. A가 B보다 끓는점이 낮지만, 용액 X는 용액 Y보다 끓는점이 높으므로, 용액 X 의 끓는점 오름($\Delta T_b = K_b \times m$)이 용액 Y보다 크다는 것을 알 수 있다. 두 용액의 몰랄 농도가 같으므로, 몰랄 오름 상수는 A가 B보다 크다.

05. 답 ④

해설 ㄱ. B 수용액의 끓는점 오름 = 101.04 - 100 = 1.04이므로

$\Delta T_b = K_b \times m$, $1.04 = 0.52 \times x(m)$, $x = 2(m)$이다.

B 수용액의 몰랄 농도 = $\frac{n\ (\text{mol})}{0.1\ (\text{kg})}$ = 2, n = 0.2 (mol) 이고,

B 수용액의 용질의 몰수 = $\frac{6}{M}$ = 0.2, M = 30 (g) 이다.

ㄴ. A 수용액 용질의 몰수 = $\frac{5}{30}$ ≒ 0.167 (mol),

A 수용액의 몰랄 농도 = $\frac{0.167}{0.1}$ = 1.67 (m) 이다.

$\Delta T_b = 0.52 \times 1.67 ≒ 0.87$ 이므로,
A 수용액의 끓는점 = 100 + 0.87 = 100.87 (℃) 이다.
ㄷ. B 수용액의 몰랄 농도 = 2 (m) 이고,
$\Delta T_f = 1.86 \times 2 = 3.72$ 이므로,
B 수용액의 어는점 = 0 - 3.72 = -3.72 (℃) 이다.

6. 답 ④

해설 ㄱ. (나) 수용액의 $\Delta T_f = K_f \times m = K_f \times a = t_1 - t_3$

$\therefore K_f = \frac{t_1 - t_3}{a}$

ㄴ. (가) 수용액의 $\Delta T_f = K_f \times a = t_2 - t_3$, $K_f = \frac{t_2 - t_3}{a}$ 이다.
$t_1 - t_3 = (t_1 - t_2) + (t_2 - t_3)$ 이므로,

몰랄 내림 상수는 Y가 X 보다 $\frac{t_1 - t_2}{a}$ 만큼 크다.

ㄷ. 1.5 a (m) (나) 수용액의 $\Delta T_f = \frac{t_1 - t_3}{a} \times 1.5a$
$= 1.5(t_1 - t_3)$ 이므로, 어는점 = $t_1 - 1.5(t_1 - t_3) = 1.5t_3 - 0.5t_1$

[유형7-4] 답 ③

해설 ㄱ. 삼투압(π) = $C \times R \times T$ 이다.
온도가 올라가면 용액의 삼투압이 커지므로, h 도 증가한다.
ㄴ. (나)에 가한 압력은 삼투압과 크기가 같다.
삼투압(π) = $C \times R \times T = 0.2 \times R \times (273 + 27)$ 이므로
(나)에 가한 압력 = $60R$ 이다.
ㄷ. (가)는 포도당 수용액 쪽에서 물 쪽으로 가는 물 분자의 수와 물 쪽에서 포도당 수용액 쪽으로 가는 물 분자의 수가 같아져 평형인 상태이다.

7. 답 ②

해설 ㄱ. 삼투압(π) = $C \times R \times T$ 이므로, 각 용액의 온도에 따른 $\Delta\pi = C \times R \times \Delta T$ 이다. 이때 R 과 ΔT 가 같으므로, $\Delta\pi$ 는 몰 농도에 비례한다. 따라서 $\Delta\pi$ 는 (가) 수용액이 더 크므로 h 의 값도 커진다. ㄴ. 수용액 기둥의 높이 차이 = 삼투압 차이이므로 (가) 수용액의 삼투압이 더 크다. 따라서 온도가 같으므로 몰 농도는 (가)가 (나)보다 크다. ㄷ. (나) 수용액의 농도가 진해지면 삼투압이 증가하므로, (가) 수용액과의 삼투압 차이가 줄어든다. 따라서 h 는 감소한다.

8. 답 ③

해설 ㄱ. A 수용액의 삼투압이 B 수용액의 삼투압보다 크므로, A 수용액의 몰 농도가 더 크고, 수용액의 부피가 같으므로 A의 몰수가 B의 몰수보다 크다. 두 용질의 질량이 같으므로, 용질의 분자량은 A가 B보다 작다.
ㄴ. 삼투 현상에 의해 물이 수용액 쪽으로 유입되므로, 두 수용액의 몰 농도는 처음보다 작아진다.
ㄷ. 삼투압(π) = $C \times R \times T$,
25 (℃) B 수용액의 삼투압 = $C_B \times R \times (273+25)$
25 (℃) A 수용액의 삼투압 = $2 \times C_B \times R \times (273+25)$
50 (℃) B 수용액의 삼투압 = $C_B \times R \times (273+50)$
∴ 25 (℃) A 수용액의 삼투압 ≠ 50 (℃) B 수용액의 삼투압

창의력 & 토론마당 150 ~ 153 쪽

01 (1) 요소 수용액의 끓는점 : 100.078 (℃)
NaCl 수용액의 끓는점 : 100.052 (℃)
⇨ 요소 수용액의 끓는점이 더 높다.
(2) 요소 수용액의 끓는점 : 100.078 (℃)
NaCl 수용액의 끓는점 : 100.099 (℃)
⇨ NaCl 수용액의 끓는점이 더 높다.

해설 (1) 용액의 끓는점 오름 = $K_b \times m$,
요소 수용액의 끓는점 오름 = 0.52 × 0.15 = 0.078
∴ 요소 수용액의 끓는점 = 100 + 0.078 = 100.078 ℃
NaCl 수용액의 끓는점 오름 = 0.52 × 0.1 = 0.052
∴ NaCl 수용액의 끓는점 = 100.052 ℃
⇨ 요소 수용액의 끓는점이 NaCl 수용액의 끓는점보다 높다.
(2) 요소 수용액의 끓는점 = 100.078 ℃
NaCl의 몰수 = 0.1 (mol), NaCl은 물에 녹아 90 % 만 해리되므로, 해리된 NaCl 수용액의 몰수 =
0.01 (NaCl) + 0.09 (Na^+) + 0.09 (Cl^-) = 0.19 (mol) 이고,
해리된 NaCl 수용액의 몰랄 농도 = 0.19 (m) 이다.
NaCl 수용액의 끓는점 오름 = 0.52 × 0.19 ≒ 0.099
∴ NaCl 수용액의 끓는점 = 100 + 0.099 = 100.099 ℃
⇨ NaCl 수용액의 끓는점이 요소 수용액의 끓는점보다 높다.

02 A의 분자량 : 47

해설 A 수용액 한 분자는 물에 녹아 두 이온을 생성하므로, 이온화 된 A 수용액의 몰랄 농도 = $2x$ (m) 이다.
용액의 어는점 내림 = $K_f \times m = 1.86 \times 2x\ (m) = 1.91$ 이므로 x ≒ 0.51 (m) 이다.

몰랄 농도 = $\frac{\text{용질의 몰수(mol)}}{\text{용매의 질량(kg)}} = \frac{\frac{12}{M}}{0.5} = 0.51$, $\therefore M ≒ 47$

03 요소 수용액의 녹는점 = - 3.11 (℃)
포도당 수용액의 녹는점 = - 1.04 (℃)
염화 칼슘 수용액의 녹는점 = - 5.02 (℃),
염화 나트륨 수용액의 녹는점 = - 6.36 (℃)
질산 알루미늄 수용액의 녹는점 = - 3.45 (℃)
제설제로 사용하기에 가장 경제적인 물질 : 염화 칼슘

해설 요소의 몰수 = $\frac{100}{60}$ ≒ 1.67(mol)

요소 수용액의 몰랄 농도 = $\frac{1.67}{1}$ = 1.67 (m)

요소 수용액의 어는점 내림 = $K_f \times m$ = 1.86 × 1.67 ≒ 3.11 (℃)

∴ 요소 수용액의 녹는점 = 0 - 3.1 = - 3.11 (℃)

포도당의 몰수 = $\frac{100}{180}$ ≒ 0.56 (mol)

포도당 수용액의 몰랄 농도 = $\frac{0.56}{1}$ = 0.56 (m)

포도당 수용액의 어는점 내림 = 1.86 × 0.56 ≒ 1.04 (℃)

∴ 포도당 수용액의 녹는점 = 0 - 1.04 = - 1.04 (℃)

염화 칼슘의 몰수 = $\frac{100}{111}$ ≒ 0.90 (mol)

해리된 염화 칼슘 수용액의 몰랄 농도 = 3 × $\frac{0.90}{1}$ = 2.7 (m)

염화 칼슘 수용액의 어는점 내림 = 1.86 × 2.7 ≒ 5.02 (℃)

∴염화 칼슘 수용액의 녹는점 = 0 - 5.02 = - 5.02 (℃)

염화 나트륨의 몰수 = $\frac{100}{58.5}$ ≒ 1.71 (mol)

해리된 염화 나트륨 수용액의 몰랄 농도 = 2 × $\frac{1.71}{1}$ = 3.42 (m)

염화 나트륨 수용액의 어는점 내림 = 1.86 × 3.42 ≒ 6.36 (℃)

∴ 염화 나트륨 수용액의 녹는점 = 0 - 6.36 = - 6.36 (℃)

질산 알루미늄의 몰수 = $\frac{100}{213}$ ≒ 0.47 (mol)

해리된 질산 알루미늄 수용액의 몰랄 농도 = 4 × $\frac{0.47}{1}$ = 1.88 (m)

질산 알루미늄 수용액의 어는점 내림 = 1.86 × 1.88 ≒ 3.5 (℃)

∴질산 알루미늄 수용액의 어는점 = -3.5 (℃)

1원당 각 수용액의 어는점 내림을 확인하면 가장 경제적인 제설제를 알 수 있다.

요소 1원당 요소 수용액의 어는점 내림 = $\frac{3.11}{150}$ ≒ 0.021 (℃)

포도당 1원당 포도당 수용액의 어는점 내림 = $\frac{1.04}{280}$ ≒ 0.004 (℃)

염화 칼슘 1원당 염화 칼슘 수용액의 어는점 내림 = $\frac{5.02}{180}$ ≒ 0.028 (℃)

염화 나트륨 1원당 염화 나트륨 수용액의 어는점 내림 = $\frac{6.36}{260}$ ≒ 0.024 (℃)

질산 알루미늄 1원당 질산 알루미늄 수용액의 어는점 내림 = $\frac{3.5}{300}$ ≒ 0.012 (℃)

⇨ 제설제로 사용하기에 가장 경제적인 물질은 염화 칼슘이다.

04 (1) 0.002 (M) (2) 〈해설 참조〉

해설 (1) 삼투압(π) = $\rho \times g \times h$

= 1050 (kg/m^3) × 9.8 (m/s^2) × 0.5 (m)

= 5145 (kg/m·s^2) = 5145 (Pa) ≒ 0.05 (atm)

반트 호프식에서 삼투압(π) = $C \times R \times T$ 이므로,

∴ $C = \frac{\pi}{R \times T} = \frac{0.05}{0.082 \times 300}$ = 0.002 (M)

(2) 설탕물의 삼투압 = $C \times R \times T$ 이므로, 설탕물의 온도(T)가 높아지면 설탕물의 삼투압도 커진다. 설탕물의 삼투압이 커지므로, 삼투압과 평형을 이루기 위해 깔때기 관 속의 설탕물 기둥의 높이가 높아진다.

05 24.6 (atm)

해설 0.5 M 요소 수용액의 삼투압 = $C \times R \times T$

= 0.5 × 0.082 × (273 + 27) = 12.3 (atm) 이다.

요소 수용액에 압력을 12.3 (atm)만큼 가하면 요소 수용액과 물의 높이가 같아진다. 물의 높이가 (가)의 요소 수용액 높이만큼 올라가야 하므로, 요소 수용액에 12.3 (atm) 압력을 더 가해야 한다.

∴ 24.6 (atm)

06 18.3 (m)

해설 삼투압 = $C \times R \times T$ 이므로,

∴ 삼투압 = 0.08 × 0.082 × 298 = 1.95 (atm)

삼투압은 수액이 나무 뿌리의 반투막에 가하는 압력과 같으므로,

삼투압 = $\rho \times g \times h$,

1.95 atm × 101325 Pa/atm = 1.1 × 10^{3}kg/m^3 × 9.8 m/s^2 × h

⇨ 197.6 × 10^3 kg/m·s^2 = 1.1 × 10^3 kg/m^3 × 9.8 m/s^2 × h

h 에 관한 식으로 정리하면

$h = \frac{197.6 \times 10^3\ \text{kg/m·s}^2}{1.1 \times 10^3\ \text{kg/m}^3 \times 9.8\ \text{m/s}^2}$ ≒ 18.3 (m) 이다.

스스로 실력 높이기 154 ~ 161 쪽

01. 삼투 현상　02. ㄴ
03. (1) O (2) X　04. 0.5 (m) 설탕물
05. 0.53 (mmHg)　06. (1) X (2) X (3) O
07. 몰랄 농도　08. ㄷ, ㄴ, ㄱ
09. 100.87 (℃), -3.11 (℃)　10. 176.5
11. ①　12. ②　13. ①　14. ②　15. ⑤
16. ①　17. ①　18. ④　19. ⑤　20. ④
21. ②　22. ③　23. ③　24. ②
25. 4.29 (g)　26. 72 (g)
27. 〈해설 참조〉　28. 9.07
29. 끓는점 = 100.65 (℃), 어는점 = -2.33 (℃)
30, 31. 〈해설 참조〉　32. 0.48 (m)

01. 답 삼투 현상

해설 삼투 현상은 반투막을 사이에 두고 묽은 용액의 용매가 진한 용액 쪽으로 반투막을 통과하여 이동하는 현상을 말한다.

02. 답 ㄴ

해설 동적 평형 상태에서는 증발하는 분자 수와 응결하는 분자 수가 같아 겉보기에 아무런 변화가 없어 보이는 상태이다.

03. 답 (1) O (2) X

해설 (1) 액체 분자 사이에 작용하는 인력이 작을수록 용매의 증발이 쉬워 증기 압력이 높아진다.

(2) 비휘발성 용질이 녹아 있는 용액의 농도가 진하면 용액 표면의 용질이 용매의 증발을 방해하여 증기 압력이 낮아진다.

04. 답 0.5 (m) 설탕물

해설 용액의 농도가 묽을수록 증기 압력은 높아진다. 따라서 0.5 m 설탕물의 증기 압력이 2 m 설탕물의 증기 압력보다 높다.

05. 답 0.53 (mmHg)

해설 물의 몰수 = $\frac{174.6}{18}$ = 9.7 (mol)

요소의 몰수 = $\frac{18}{60}$ = 0.3 (mol)

요소의 몰 분율 = $\frac{\text{요소의 몰수}}{\text{전체 성분의 몰수}} = \frac{0.3}{9.7 + 0.3}$ = 0.03

∴ 요소 수용액의 증기 압력 내림 = $P^\circ_{\text{용매}} \times X_{\text{용질}}$ = 17.6 × 0.03 = 0.53 (mmHg)

06. 답 (1) X (2) X (3) O

해설 (1) 끓는점 오름은 몰랄 농도에 비례한다.

(2) 어는점 내림은 용액의 절대 온도와 무관하다.

(3) 비휘발성, 비전해질 물질이 녹아 있는 수용액의 끓는점은 용질의 종류와 상관없이 용액의 몰랄 농도와 용매의 몰랄 오름 상수에만 영향을 받는다.

07. 답 몰랄 농도

해설 용액의 끓는점 오름은 용매가 같을 때 용액의 몰랄 농도에 비례한다.

08. 답 ㄷ, ㄴ, ㄱ

해설 용액의 어는점 내림은 용액의 몰랄 농도에 비례한다.

각 설탕물의 몰랄 농도는 ㄱ : 0.1 m, ㄴ : 0.15 m, ㄷ : 0.2 m 이므로 설탕물의 어는점은 (ㄷ) 이 가장 낮고, (ㄱ) 이 가장 높다.

09. 답 100.87 (℃), -3.11 (℃)

해설 요소의 몰수 = $\frac{\text{물질의 질량}}{\text{물질의 분자량}} = \frac{30}{60}$ = 0.5 (mol)

요소 수용액의 몰랄 농도 = $\frac{\text{용질의 몰수}}{\text{용매의 질량}} = \frac{0.5}{0.3}$ ≒ 1.67 (m)

요소 수용액의 끓는점 오름 = $K_b \times m$ = 0.52 × 1.67 ≒ 0.87 (℃)

∴ 요소 수용액의 끓는점 = 100 + 0.87 = 100.87 (℃)

요소 수용액의 어는점 내림 = $K_f \times m$ = 1.86 × 1.67 ≒ 3.11 (℃)

∴ 요소 수용액의 어는점 = 0 - 3.11 = -3.11 (℃)

10. 답 176.5

해설 삼투압 = $C \times R \times T$ 이므로,

4.11 = C × 0.082 × (273 + 27), C ≒ 0.17 (M) 이다.

$C = \frac{\text{용질의 몰수}}{\text{용액의 부피}}$, 용질의 몰수 = C × 용액의 부피

$\frac{30}{\text{용질의 분자량}(M)}$ = 0.17 × 1 이므로 용질의 분자량(M) = 176.5 이다.

11. 답 ①

해설 ㄱ. 플라크스 속 물은 증발이 일어나 물의 양이 점점 줄어들므로, (가)의 물의 양이 가장 많다.

ㄴ. (다)는 동적 평형 상태이므로, 20 ℃ 의 물의 증기 압력과 같다.

ㄷ. 일정한 온도에서 밀폐된 플라스크 속 액체의 증기 압력은 액체와 증기가 동적 평형 상태일 때 플라스크 속 증기가 나타내는 압력이다. 따라서 (다)의 증기가 나타내는 압력을 20 ℃ 물의 증기 압력이라고 한다.

12. 답 ②

해설 ㄱ. 증기 압력 내림 = $P^\circ_{\text{용매}} \times X_{\text{용질}}$

A 수용액의 증기 압력 내림 = 1.76 - 1.496 = 0.264 이므로

0.264 = 1.76 × $X_{\text{용질}}$, 따라서 A의 몰 분율($X_{\text{용질}}$) = 0.15 이다.

ㄴ. 물의 증기 압력 = 17.6 mmHg,

A 수용액의 증기 압력 = 14.96 mmHg 이므로 물의 증기 압력이 A 수용액의 증기 압력보다 크다.

ㄷ. 용액의 농도가 진해지면, 용액의 증기 압력은 작아진다. 따라서 수은 기둥의 높이 차는 1.496 cm 보다 작아진다.

13. 답 ①

해설 (가) 수용액 속 포도당의 질량 = 200 × 0.1 = 20 (g)

(나) 수용액 속 포도당의 질량 = 7 + 20 = 27 (g)

(나) 수용액 속 용매의 질량 = 207 - 27 = 180

(나) 수용액 속 물의 몰수 = $\frac{180}{18}$ = 10 (mol)

(나) 수용액 속 포도당의 몰수 = $\frac{27}{180}$ = 0.15 (mol)

(나) 수용액 속 물의 몰 분율 = $\frac{\text{물의 몰수}}{\text{전체 성분의 몰수}} = \frac{10}{10.15}$ ≒ 0.985

∴ (다) 수용액의 증기 압력 = $P^\circ_{\text{용매}} \times X_{\text{용매}}$ = 17.6 × 0.985 ≒ 17.34 (mmHg)

14. 답 ②

해설 끓는점 오름 = $K_b \times m$ 이므로 B 수용액의 끓는점 오름 = 0.52 × x (m) = 0.156 (℃), x = 0.3 (m) 이다.

몰랄 농도 = $\frac{\text{용질의 몰수}}{\text{용매의 질량}}$, 용질의 몰수 = 몰랄 농도 × 용매의 질량 = $\frac{18}{\text{물질의 분자량}(M)}$ = 0.3 × 1, ∴ M = 60

A 수용액의 용질의 몰수 = $\frac{15}{60}$ = 0.25 (mol)

A 수용액의 몰랄 농도 = $\frac{0.25}{1}$ = 0.25 (m)

A 수용액의 끓는점 오름 = 0.52 × 0.25 = 0.13 (℃)

∴ (가) = 100 + 0.13 = 100.13 (℃)

B 수용액의 어는점 내림 = $K_f \times m$ = 1.86 × 0.3 = 0.558 (℃)

∴ (나) = 0 - 0.558 = -0.558 (℃)

15. 답 ⑤

해설 ㄱ, ㄴ. 용액의 끓는점 오름 = $K_b \times m$

80.75 - 80.09 = 0.66 = 2.64 × m, m = 0.25

몰랄 농도 = $\frac{\text{용질의 몰수}}{\text{용매의 질량}}$, 용질의 몰수 = 몰랄 농도 × 용매의 질량

= $\frac{32}{\text{물질의 분자량}(M)}$ = 0.25 × 1, ∴ M = 128

ㄷ. 용질이 용매의 증발을 방해하므로, 용액의 증기 압력은 순수한 용매인 A보다 낮다.

16. 답 ①

해설 ㄱ. X 수용액의 어는점 내림 = A, Y 수용액의 어는점 내림 = 3A , 어는점 내림 = $K_f \times m$, 몰랄 내림 상수가 같으므로, 몰랄 농도는 X 가 Y 수용액보다 3배 작다.

ㄴ. 끓는점 오름 = $K_b \times m$ 이므로, 몰랄 농도가 큰 Y 수용액의 끓는점이 더 높다.

ㄷ. 농도가 진할수록 용액의 증기 압력은 낮아지므로, X 수용액의 증기 압력이 Y 수용액의 증기 압력보다 크다.

17. 답 ①

해설 ㄱ. 삼투 현상에 의해 (가)의 A가 전해질 물질이 녹아 있는 (나) 쪽으로 이동한다.

ㄴ. B와 C는 수용액의 용질이므로, 수용액 속 용질의 수가 줄어들면, 수용액의 몰 농도도 줄어들므로, 수용액의 삼투압은 작아진다.

ㄷ. 반투막에 가하는 압력이 같을 때, 평형을 이루고 있으므로 용매 A는 반투막을 통과하여 양쪽 모두로 이동한다.

18. 답 ④

해설 ㄱ. 삼투 현상에 의해 묽은 용액의 용매가 진한 용액 쪽으로 이동하여 진한 용액 쪽의 높이가 높아진다. 따라서 포도당 수용액의 몰 농도가 설탕물의 몰 농도보다 작다.

ㄴ. 각 용액의 온도에 따른 $\Delta\pi = C \times R \times \Delta T$ 이므로, R 과 ΔT 가 같으므로, $\Delta\pi$ 는 몰 농도에 비례한다. 몰 농도는 설탕물이 더 크므로, h 의 값도 커진다.

ㄷ. 설탕 입자는 크기가 커서 반투막을 통과하지 못한다.

19. 답 ⑤

해설 ㄱ. A와 B가 같을 때 동적 평형 상태이고, 특정한 온도에서 액체의 증기 압력은 동적 평형 상태에서 증기가 나타내는 압력이다. (나)는 A와 B의 값이 같지 않으므로, 동적 평형 상태가 아니다.

ㄴ, ㄷ. 밀폐된 용기에 물을 넣어주면, 처음에는 증발하는 분자 수가 응결하는 분자 수보다 많고, 시간이 흐르면서 증발하는 분자 수와 응결하는 분자 수가 같아진다. 따라서 A는 응결하는 분자 수, B는 증발하는 분자 수이고, 동적 평형 상태는 (나), (가), (다) 과정 순으로 도달한다.

20. 답 ④

해설 ㄱ. 용질의 몰 분율이 작을수록 용액의 증기 압력이 크다. (가) 수용액의 증기 압력이 더 크므로, (가) 수용액 속 요소의 몰 분율은 (나) 수용액의 요소의 몰 분율보다 작다.

ㄴ. 용액의 농도가 진해지면 증기 압력은 낮아진다. 따라서 (가)의 요소 수용액의 농도가 진해지면 h 는 감소한다.

ㄷ. 용액의 증기 압력 = $P^\circ_{용매} \times X_{용매}$,

(가) 요소 수용액의 증기 압력 = 17.6 × 0.975 = 17.16 (mmHg)

(나) 요소 수용액의 증기 압력 = 17.16 - 0.5 = 16.66 (mmHg)

16.66 = 17.6 × $X_{용매}$, $X_{용매}$ ≒ 0.947,

∴ $X'_{용질}$ = 1 - 0.947 = 0.053

21. 답 ②

해설 ㄱ. 몰랄 농도가 0일 때의 끓는점이 순수한 용매의 끓는점이므로, A의 끓는점이 B의 끓는점보다 낮다.

ㄴ. 끓는점 오름 = $K_b \times m$ 이고, K_b는 그래프의 기울기와 같다. 따라서 몰랄 오름 상수는 기울기가 큰 A가 B보다 크다.

ㄷ. (가)의 몰랄 오름 상수 = $\frac{T_1 - T_3}{2a}$

$a(m)$ (가) 용액의 끓는점 오름 = $\frac{T_1 - T_3}{2a} \times a = \frac{T_1 - T_3}{2}$ (℃),

∴ $a(m)$ (가) 용액의 끓는점 = $T_3 + \frac{T_1 - T_3}{2} = \frac{T_1 + T_3}{2}$ (℃)

22. 답 ③

해설 ㄱ. 끓는점 오름은 몰랄 농도에 비례하므로, 끓는점 오름이 큰 (가)가 초기 몰랄 농도도 크다. 따라서 0.2몰을 녹인 수용액은 (가)이다.

ㄴ. 몰랄 오름 상수는 용매의 종류에 의해서만 결정되므로, 용매가 모두 물로 같으므로 몰랄 오름 상수도 같다.

ㄷ. (나)에서 t 분일 때 끓는점 오름이 1.04 ℃ 이므로, t 분일 때 용액의 몰랄 농도는 2 (m)이다.

(나)의 용질의 몰수 = 0.1 (mol) , 용액의 몰랄 농도 = $\frac{0.1}{x}$ = 2,

(나)수용액 속 용매의 질량(x) = 0.05 (kg) = 50 (g)

∴ 증발한 용매의 질량 = 100 - 50 = 50 (g)

23. 답 ③

해설 용액의 삼투압의 크기는 달라진 수면의 높이를 같아지도록 외부에서 가하는 압력의 크기와 같다. (나)에서 가해준 압력이 (가)의 2배이므로, X 수용액의 삼투압은 요소 수용액의 삼투압의 2배이다. 삼투압 = $C \times R \times T$ 이고, 용액의 온도와 기체 상수가 같으므로, X 수용액의 몰 농도 = 2 × 요소 수용액의 몰농도

= 2 × 0.5 = 1 (M) 이다.

X 수용액의 삼투압 = $C \times R \times T$

= 1 × 0.082 × (273 + 27) = 24.6 (atm) 이다.

24. 답 ②

해설 ㄱ. 깔대기 관 속 수용액 기둥의 높이가 (가)가 (나)보다 크므로, 수용액의 삼투압은 (가)가 (나)보다 크다.

ㄴ. 삼투압 = $C \times R \times T$ 이고,

(나) 수용액의 삼투압 = 0.5 × (가) 수용액의 삼투압 이므로,

$C_{(나)} \times R \times T = 0.5 \times 0.5 \times R \times T$, ∴ $C_{(나)} = 0.25\ (M)$ 이다.

ㄷ. (가) 수용액 속 용질의 몰수 = 0.5 × 0.2 = 0.1 (mol)

용질의 몰수 = $\frac{\text{물질의 질량}}{\text{물질의 분자량}}$, $0.1 = \frac{18}{M}$, ∴ $M = 180$ 이다.

25. **답** 4.92 (g)

해설 1. (나) 수용액의 몰 분율 구하기 :

0.4 m 요소 수용액 1024 g 에 요소 24 g 이 녹아 있다.

용질의 질량을 x 라고 하면,

(나) 수용액은 400 g 이므로, 1024 : 24 = 400 : x ,

용질의 질량(x) = 9.38 (g),

용질의 몰수 = $\frac{9.38}{60}$ = 0.16 (mol),

용매의 질량 = 400 - 9.38 = 390.62 (g),

용매의 몰수 = $\frac{390.62}{18}$ = 21.7 (mol),

용질의 몰 분율 = $\frac{0.16}{21.7 + 0.16}$ = 0.0073 이다.

2. (가) 수용액의 몰 분율 구하기 :

0.2 m 요소 수용액 1012 g 에 요소 12 g 이 녹아 있다.

용질의 질량을 x 라고 하면,

(가) 수용액은 400 g 이므로, 1012 : 12 = 400 : x ,

용질의 질량(x) = 4.74 (g),

용질의 몰수 = $\frac{4.74}{60}$ = 0.08 (mol),

용매의 질량 = 400 - 4.74 = 395.26 (g),

용매의 몰수 = $\frac{395.26}{18}$ = 21.96 (mol),

용질의 몰 분율 = $\frac{0.08}{21.96 + 0.08}$ = 0.0036 이다.

3. (가)에 추가한 요소의 질량 구하기 :

증기 압력이 같으려면 용질의 몰 분율이 같아야 한다.

두 수용액 속 용질의 몰 분율의 차 = 0.0073 - 0.0036 = 0.0037

(가) 수용액에 추가되는 용질의 몰 분율 = 0.0037

추가되는 요소의 몰수 = $\frac{x}{21.96 + x}$ = 0.0037,

x = 0.082 (mol)

∴ 추가되는 요소의 질량 = 0.082 × 60 = 4.92 (g)

26. **답** 72 (g)

해설 (나) 수용액 속 물의 몰수 = $\frac{178.2}{18}$ = 9.9 (mol)

(나) 수용액 속 포도당의 몰수 = $\frac{18}{180}$ = 0.1 (mol)

(나) 수용액 속 용매의 몰 분율 = $\frac{9.9}{9.9 + 0.1}$ = 0.99

(나) 수용액의 증기 압력 = $P^{\circ}_{용매} \times X_{용매}$,

= 17.6 × 0.99 ≒ 17.42 (mmHg) 이다.

h = 0.5 (mm) 이므로,

(가) 수용액의 증기 압력 = 17.42 - 0.5 = 16.92,

(가) 수용액의 증기 압력 내림 = 17.6 - 16.92 = 0.68 (mmHg),

$\Delta P = P^{\circ}_{용매} \times X'_{용질}$, $0.68 = 17.6 \times X'_{용질}$, $X'_{용질} ≒ 0.039$,

(가) 수용액 속 용질의 몰 분율

= $\frac{x}{9.9 + x}$ = 0.039, 용질의 몰수(x) = 0.40 (mol),

따라서 (가) 수용액 속 용질의 질량 = 0.40 × 180 = 72 (g) 이다.

27. **답** 용매의 몰랄 내림 상수

A 용액 = $\frac{t_2}{3a}$, B 용액 = $\frac{t_2 - t_1}{a}$

A 용액의 어는점 = $-\frac{2t_2}{3}$ (℃), B 용액의 어는점 = $3t_1 - 2t_2$ (℃)

해설 용액의 어는점 내림 = $K_f \times m$ 이므로,

A 용액의 몰랄 내림 상수 = $\frac{\text{어는점 내림}}{\text{용액의 몰랄 농도}} = \frac{t_2}{3a}$

B 용액의 몰랄 내림 상수 = $\frac{t_2 - t_1}{a}$

$2a\ (m)$ A 용액의 어는점 내림 = $\frac{t_2}{3a} \times 2a = \frac{2t_2}{3}$ (℃)

∴ $2a\ (m)$ A 용액의 어는점 = $0 - \frac{2t_2}{3} = -\frac{2t_2}{3}$ (℃)

$2a\ (m)$ B 용액의 어는점 내림 = $\frac{t_2 - t_1}{a} \times 2a = 2(t_2 - t_1)$ (℃)

∴ $2a\ (m)$ B 용액의 어는점 = $t_1 - 2(t_2 - t_1) = 3t_1 - 2t_2$ (℃)

28. **답** 9.07

해설 용액의 끓는점 오름 = $K_b \times m$ 이므로,

(가) 용액의 끓는점 오름 = 0.52 × m = 0.52 (℃), m = 1 이고,

용액의 몰랄 농도 = $\frac{\text{용질의 몰수}}{\text{용매의 질량}}$, 물의 질량이 1 kg 이므로,

용질 A의 몰수(x) = 1 (mol) 이다.

(나) 용액의 끓는점 오름 = 100.52 - 80.1 = 20.42 (℃),

20.42 = 2.53 × m, m = 8.07 이고,

벤젠의 질량이 1 kg 이므로, 용질 B의 몰수(y) = 8.07 (mol) 이다.

∴ $x + y = 9.07$

29. **답** 끓는점 = 100.65 (℃), 어는점 = -2.33 (℃)

해설 혼합 용액 속 포도당의 몰수 = $\frac{45}{180}$ = 0.25 (mol)

NaCl은 물에 녹아 Na^+ 과 Cl^- 로 완전히 해리되므로,

이온화된 NaCl의 몰수 = 2 × NaCl의 몰수

= 2 × $\frac{29.25}{58.5}$ = 1 (mol),

혼합 용액 속 용질의 총 몰수 = 0.25 + 1 = 1.25 (mol)

혼합 용액의 몰랄 농도 = $\frac{1.25\text{mol}}{1\text{kg}}$ = 1.25 (m) 이다.

혼합 용액의 끓는점 오름 = $K_b \times m$ = 0.52 × 1.25 = 0.65 (℃)

∴ 혼합 용액의 끓는점 = 100 + 0.65 = 100.65 (℃)

혼합 용액의 어는점 내림 = $K_f \times m$ = 1.86 × 1.25 = 2.33 (℃)

∴ 혼합 용액의 어는점 = 0 - 2.33 = - 2.33 (℃)

30. **답** 〈해설 참조〉

해설 1. (가) 수용액 속 A의 몰 분율과 수용액의 끓는점 구하기 :

증기 압력 내림 = $P^\circ_{용매} \times X_{용질} = 17.6 \times X_{용질} = 17.6 - 15.44$,
$\therefore X_{용질} ≒ 0.12$
물의 몰수 = $\frac{1000}{18}$ ≒ 55.56 (mol),
용질의 몰수를 x 라고 할 때,
용질 A의 몰 분율 = $\frac{x}{55.56 + x}$ = 0.12, x ≒ 7.58 (mol),
물의 질량이 1 kg 이므로, 몰랄 농도 = 7.58 (m),
끓는점 오름 = $K_b \times m = 0.52 \times 7.58 = 3.94$ (℃),
∴ (가) 수용액의 끓는점 = 100 + 3.94 = 103.94 (℃)

2. (나) 수용액의 증기 압력, 끓는점 구하기 :
증기 압력 내림 = 17.6 × 0.15 = 2.64 (mmHg),
∴ 증기 압력 = 17.6 - 2.64 = 14.96 (mmHg)
용액 속 용질의 몰 분율 = $\frac{x}{55.56 + x}$ = 0.15, x = 9.80 (mol)
몰랄 농도 = 9.80 (m) , 끓는점 오름 = 0.52 × 9.80 = 5.10 (℃),
∴ (나) 수용액의 끓는점 = 105.10 (℃)

3. (다) 수용액 속 A의 몰분율과 수용액의 증기 압력 구하기 :
끓는점 오름 = 0.52 × m = 7.22 (℃), 몰랄 농도(m) = 13.88 (m)
용매의 질량이 1 kg 이므로, 용질의 몰수 = 13.88 (mol)
∴ 용질 A의 몰 분율 = $\frac{13.88}{55.56 + 13.88}$ = 0.20
증기 압력 내림 = 17.60 × 0.20 = 3.52 (mmHg),
∴ (다) 수용액의 증기 압력 = 17.6 - 3.52 = 14.08 (mmHg)

31. 답 〈해설 참조〉
해설 1. (가), (나), (다) 속 설탕물의 몰농도 :
용액의 몰 농도가 높을수록 삼투압이 높으므로, 깔때기 관 속 설탕물 기둥의 높이는 높아진다. 따라서 (가) = 0.3 (M) 설탕물, (나) = 0.1 (M) 설탕물, (다) = 0.2 (M) 설탕물이다.
2. 수조의 물을 0.2 M 설탕물로 바꿨을 때 깔때기 관 속 설탕물의 높이 변화 :
(가) 속 설탕물의 높이는 수조 속 액체와 깔때기 관 속 설탕물의 농도 차이가 줄어들므로, 삼투압도 줄어들어 깔때기 관 속 설탕물의 높이도 줄어든다.
(나) 속 설탕물의 높이는 수조 속 액체보다 농도가 낮은 (나) 속 설탕물의 용매가 수조 쪽으로 이동하므로, 수조의 수면보다 낮아진다.
(다) 속 설탕물의 높이는 수조의 액체와 농도가 같으므로, 수조의 수면과 같아진다.

32. 답 0.48 (m)
해설 삼투압 = $C \times R \times T$ 이므로
삼투압 = 0.002 × 0.082 × 300 ≒ 0.049 (atm) 이다.
삼투압은 수용액이 반투막에 가하는 압력과 같으므로
삼투압 = $\rho \times g \times h$ 이고,
0.049 atm = 1050 kg/m^3 × 9.8 m/s^2 × h 이다.
atm 을 kg/m·s^2 로 환산하여 정리하면,
4.96 × 10^3 kg/m·s^2 = 1050 kg/m^3 × 9.8 m/s^2 × h 이고,
h 에 관한 식으로 정리하면,
$$h = \frac{4.96 \times 10^3 \text{ kg/m·s}^2}{1050 \text{ kg/m}^3 \times 9.8 \text{ m/s}^2} ≒ 0.48 \text{ (m)}$$ 이다.

8강. Project 1

Project 논/구술 162 ~ 167 쪽

Q1

〈예시 답안〉 각질층은 일종의 죽은 세포층이며, 살아있는 세포층과는 달리 오랫동안 물속에 담그고 있으면 수분을 흡수하여 팽창한다. 그래서 피부 세포가 물에 불어 서로를 밀어내게 된다. 반면, 표피 아래 있는 배아층이나 진피층은 각질층처럼 팽창하지 않기 때문에 표피는 아래로 끌어 당겨 지게 된다. 그래서 위와 옆으로 팽창해서 주름처럼 되는 것이다. (표면적이 넓어진다.) 특히 각질층이 많은 손과 발 부위가 심하게 쭈글쭈글해진다. 목욕탕에서의 삼투압 현상은 목욕 후 시간이 지나게 되면 몸속에 흡수되었던 수분들이 다시 빠지게 되어 원래의 알맞은 상태로 되돌아가게 된다. 이러한 삼투압 현상 때문에 염분 함량이 높은 바닷물에서는 오랜 시간 수영을 해도 손발이 잘 쭈글쭈글해지지 않으며 오히려 피부에 수분함량이 역으로 낮아지므로 바다 수영 후에는 염분이 없는 수돗물 등으로 몸에 묻어있는 소금기를 모두 씻어내어서 수분 부족으로 인한 피부 노화를 방지해야 한다.

해설 물속에서 20~30분이 지나면 손이 쭈글쭈글해지는 현상이 나타난다. 이 현상은 피부층과 피부의 '천연 보호 기름층' 차이 때문이다. 사람의 피부 조직에서 표피는 각질층, 그 밑이 배아층, 또 그 밑이 진피층으로 나뉜다. 피부의 두께는 부위별로 매우 차이가 있는데, 눈꺼풀이나 귓바퀴는 매우 얇은 피부층으로 되어 있고, 손바닥과 발바닥 등은 두꺼운 각질층이 발달되어 다른 부위보다 튼튼하다. 최상층이 많은 물을 흡수하고 저층은 흡수가 미흡하게 된다. 그 차이 때문에 굴곡이 생기고 이상한 주름이 생기며, 쉽게 말하자면 각질 속으로 물이 들어가서 주름이 생긴다. 삼투압 현상은 목욕 후 시간이 지나게 되면 몸속에 흡수되었던 수분들이 빠져나와 원래 상태로 되돌아가게 된다.

Q2

〈예시 답안〉 배추를 소금에 절인 다음 물이 생겨난 것은 배추 세포보다 밖의 농도가 소금 때문에 훨씬 높아 농도 차이를 줄이기 위해 낮은 농도인 배추에서 물이 밖으로 빠져나왔기 때문이다. 김치를 담글 때 이 과정을 거치지 않고 바로 양념을 버무려 김치를 담그면 양념의 농도가 배추 세포보다 높기 때문에 나중에 배추 세포의 물이 빠져나온다. 그러면 의도하지 않았던 물김치가 되고, 간이 맞지 않으며 맛도 없고 먹기도 불편해진다.

Q3

〈예시 답안〉 활성탄과 자외선을 사용하여 정수한다. 활성탄을 이용한 필터는 중금속과 같은 유해 성분 140여 가지를 흡착해 제거하고, 물속 칼슘·마그네슘 같은 유익한 미네랄은 통과시킨다. 즉, 활성탄은 불순물 제거 능력이 탁월하다. 그리고 필터를 통과한 물은 자외선을 통해 최종 살균한다. 자외선은 바이러스·박테리아를 99.99%까지 살균할 수 있기 때문이다.

Ⅱ 물질 변화와 에너지

9강. 화학 반응과 에너지1

개념확인 170 ~ 173 쪽

1. (1) X (2) X (3) O	2. ②
3. 엔탈피	4. g, l, +

확인 + 170 ~ 173 쪽

1. 반응열	2. (1) O (2) X (3) O
3. (1) O (2) X (3) X	4. -241.8

개념확인

1. 답 (1) X (2) X (3) O

해설 (1) 화학 반응에서는 반응물과 생성물이 계에 해당하고, 반응물과 생성물을 제외한 용기, 주변 공기, 공간 등의 모든 것은 주위에 해당한다.

(2) 에너지 보존 법칙에 의해 에너지는 새로 생성되거나 소멸되지 않기 때문에 반응계가 에너지를 잃으면 주위는 에너지를 얻는다.

2. 답 ②

해설 식물의 광합성은 흡열 반응으로 주위의 에너지가 계로 이동하여 계의 에너지는 증가하고 주위의 온도는 낮아진다.

4. 답 g, l, +

해설 열화학 반응식에서 화학 반응이 역으로 진행되면 반응열과 반응 엔탈피는 원래 반응과 비교하여 절댓값은 같고 부호가 반대이다.

확인 +

2. 답 (1) O (2) X (3) O

해설 (2) 흡열 반응이 일어날 때 주위의 열을 흡수하므로 반응 물질은 생성 물질보다 에너지가 낮다.

3. 답 (1) O (2) X (3) X

해설 (2) 일정한 압력에서 반응열과 반응 엔탈피의 절댓값은 같지만, 부호가 반대이다.

(3) 흡열 반응은 반응 엔탈피가 0보다 크기 때문에 생성 물질의 엔탈피 합이 반응 물질의 엔탈피 합보다 크다.

4. 답 -241.8 kJ

해설 $2H_2(g) + O_2(g) \rightarrow 2H_2O(g) \quad \Delta H = -483.6\ kJ$

반응 엔탈피는 크기 성질이므로 화학 반응식의 계수가 변하면 반응 엔탈피도 비례하여 변한다.

따라서 $H_2(g) + \frac{1}{2}O_2(g) \rightarrow H_2O(g)$의 반응 엔탈피($\Delta H$)는 -241.8 kJ이다.

개념다지기 174 ~ 175 쪽

01. ⑤	02. (1) X (2) O (3) X	03. ④
04. 흡수, 주위, 계	05. ⑤	06. ④
7. ④	08. -1780	

01. 답 ⑤

해설 ㄱ. 계는 우리가 관심을 갖는 우주의 한 부분으로 화학 반응에서는 반응물과 생성물을 의미하고, 주위는 반응물과 생성물을 제외한 용기, 주변 공기, 공간 등의 모든 것을 의미한다. ㄴ. 닫힌계에서는 주위의 물질은 교환되지 않고 에너지만 교환된다. ㄷ. 에너지 보존 법칙에 의해 에너지는 다른 형태로 바뀔 수는 있지만, 새로 생성되거나 소멸되지 않는다. 따라서 화학 반응이 일어날 때 반응계의 에너지와 주위의 에너지 합은 일정하다.

02. 답 (1) X (2) O (3) X

해설 (1) 화학 반응이 일어날 때 열을 방출하거나 흡수하는데, 이때 방출하거나 흡수하는 열을 반응열이라고 한다.
(2) 에너지 보존 법칙에 의해 에너지는 다른 형태로 바뀔 수는 있지만, 새로 생성되거나 소멸되지 않는다. 따라서 반응계가 에너지를 잃으면 주위는 에너지를 얻으며, 반응계가 에너지를 얻으면 주위는 에너지를 잃는다.
(3) 연료의 연소 반응이 일어날 때 화학 에너지가 열에너지로 변한 것은 에너지가 다른 형태로 바뀐 것으로, 소멸된 것이 아니다.

03. 답 ④

해설 ④ 이누이트가 얼음집 내부에 물을 뿌리는 것은 물이 얼음이 될 때 열을 방출하기 때문에 발열 반응이다.
① ② 화학 반응이 일어날 때 계의 에너지가 주위로 이동하는 것으로 열에너지를 방출하며 반응하는 발열 반응이다. 발열 반응은 반응열(Q)이 0보다 크다. ③ 화학 반응이 일어날 때 열에너지를 방출하기 때문에 반응물질의 에너지가 생성 물질의 에너지보다 높다. ⑤ 아이스크림을 포장할 때 드라이아이스를 넣는 것은 드라이아이스가 이산화 탄소로 승화할 때 에너지를 흡수하기 때문이다. 따라서 이것은 흡열 반응이다.

05. 답 ⑤

해설 반응이 일어날 때 반응 엔탈피(ΔH) 값이 0보다 큰 값인 경우는 흡열 반응이다. 금속과 산의 반응, 연소 반응, 중화 반응, 금속의 산화 반응은 발열 반응이다.

06. 답 ④

해설 아연과 묽은 염산이 반응하는 것은 발열 반응이다. 발열 반응은 생성 물질의 엔탈피의 합보다 반응 물질의 엔탈피의 합이 더 크기 때문에 $\Delta H < 0$ 이고, 반응열(Q) > 0 이다. 열을 방출하기 때문에 주위의 온도가 올라간다.

07. 답 ④

해설 열 화학 반응식을 통해 반응열의 크기, 반응 물질과 생성 물질의 종류, 반응 물질과 생성 물질의 상태, 반응 엔탈피는 알 수 있지만, 반응 물질과 생성 물질의 엔탈피는 알 수 없다.

08. 답 -1780

해설 $CH_4(g) + 2O_2(g) \rightarrow CO_2(g) + 2H_2O(l) + 890$ kJ
메테인(CH_4) 16 g (1mol)이 연소하여 이산화 탄소(CO_2)와 물(H_2O)이 생성될 때 반응 엔탈피(ΔH)는 -890 kJ이다. 엔탈피는 크기 성질이므로 화학 반응식의 계수가 변하면 반응 엔탈피도 비례해서 변한다. 따라서 메테인(CH_4) 32 g (2mol)이 연소할 때 반응 엔탈피(ΔH)는 -1780 kJ이다.

유형익히기 & 하브루타 176 ~ 179 쪽

[유형9-1] ③	01. ⑤	02. 닫힌계, 방출
[유형9-2] ②	03. ④	04. ①
[유형9-3] ④	05. ⑤	06. ④
[유형9-4] ②	07. ②	08. 〈해설 참조〉

[유형9-1] 답 ③

해설 그림 (가)는 열린계, (나)는 닫힌계, (다)는 고립계이다.
ㄱ. (가)에서 물이 얼음이 될 때, 열을 방출하므로 주위의 온도가 올라간다. ㄴ. (나)는 뚜껑으로 밀폐되어 있으므로 수증기가 주위로 이동할 수 없다. ㄷ. (다)는 주위로 물질, 에너지 모두 이동할 수 없다.

01. 답 ⑤

해설 계는 반응물과 생성물을 의미하므로 반응물인 철(Fe) 조각과 묽은 염산(HCl), 생성물인 H_2(플라스크 내부), $FeCl_2$이다. 주위는 계를 제외한 모든 부분을 의미하므로 반응물과 생성물을 제외한 용기, O_2, H_2(실험실) 등이다.

02. 답 닫힌계, 방출

해설 실험실에서 중화 반응 실험을 할 때 플라스크를 고무마개로 막았다면 주위의 에너지는 교환 가능하지만, 물질은 교환되지 않는 닫힌계이다. 중화 반응은 화학 반응이 일어날 때 열에너지를 방출하는 발열 반응이다.

[유형9-2] 답 ②

해설 ㄱ. 수소 기체와 산소 기체가 반응하여 물이 될 때는 열에너지를 방출하는 발열 반응이다. ㄴ. 같은 조건에서 엔탈피가 낮을수록 안정한 물질이기 때문에 물은 수증기보다 에너지 면에서 더 안정하다. ㄷ. 수소 기체 1몰과 산소 기체 0.5몰이 반응하여 수증기가 될 때 반응열(Q)은 242 kJ로 0보다 크다. 반응 엔탈피(ΔH)는 -242 kJ로 0보다 작다.

03. 답 ④

해설 계의 에너지가 주위로 이동하여 주위의 온도가 높아지는 반응은 발열 반응이다. ④ 광합성은 흡열 반응이다.
① 연소 반응, ② 금속의 산화 반응, ③ 금속과 산의 반응, ⑤ 중화 반응은 발열 반응이다. 탄산수소 나트륨($NaHCO_3$)이 이온화하여 생성되는 HCO_3^-은 산성 물질의 H^+과 중화 반응을 한다.

04. 답 ①

해설 ㄱ. 화학 반응에서는 질량 보존의 법칙에 의해 물질을 이루는 원자의 종류와 수가 변하지 않기 때문에 반응 전후 질량이 일정하다. ㄴ. 중화 반응은 발열 반응이므로 계의 에너지가 주위로 이동하면서 주위의 온도가 높아진다. ㄷ. 더운 여름날 마당에 물을 뿌리는 것은 물이 증발하면서 열을 흡수하는 흡열 반응이다.

[유형9-3] 답 ④

해설 ㄱ. 반응 엔탈피는 생성 물질의 엔탈피 합에서 반응 물질의 엔탈피 합을 뺀 값으로 $(E_1 - E_2)$ kJ이다. ㄴ. 반응이 일어나면 계의 에너지가 주위로 이동하므로 주위의 온도는 높아진다. ㄷ. 반응 엔탈피가 0보다 작기 때문에 생성물의 엔탈피 합이 반응물의 엔탈피 합보다 낮다.

05. 답 ⑤

해설 ⑤ 같은 조건에서 엔탈피가 낮을 수록 안정한 물질이기 때문에 반응 엔탈피(ΔH)가 0보다 작을 때는 반응 물질보다 생성물질이 안정한 물질이다.

① 반응 엔탈피(ΔH)는 크기 성질이다. ② 반응 엔탈피(ΔH)가 0보다 클 때는 열을 흡수하는 반응이다. ③ 금속과 산의 반응은 발열 반응으로 반응 엔탈피(ΔH)가 0보다 작은 값을 갖는다. ④ 일정한 압력에서 반응열(Q)은 반응 엔탈피(ΔH)와 절댓값은 같지만, 부호가 다르다.

06. 답 ④

해설 생성의 비린내를 없애기 위해 레몬즙을 뿌려주는 것은 중화 반응이다. 중화 반응은 발열 반응으로 반응열(Q)은 0보다 크고, 반응 엔탈피(ΔH)는 0보다 작다.

[유형9-4] 답 ②

해설 ㄱ. 반응 물질의 원자 수와 생성 물질의 원자 수가 같아지도록 계수를 맞춘다.

$$C_2H_2(g) + \frac{5}{2}O_2(g) \rightarrow 2CO_2(g) + H_2O(l) + 1299\ \text{kJ}$$

$$C_6H_6(l) + \frac{15}{2}O_2(g) \rightarrow 6CO_2(g) + 3H_2O(l) + 3273\ \text{kJ}$$

a와 b를 더해주면 $\frac{5+15}{2} = 10$ 이다. ㄴ. 1 g 을 완전 연소시킬 때 발생하는 열량은 1몰을 완전 연소시킬 때 발생하는 열량을 분자량으로 나누어 주면 된다. 실험식이 같은 에타인(C_2H_2)과 벤젠(C_6H_6)의 분자량 비는 1 : 3 이므로 1 g 완전 연소시킬 때 발생하는 열량은 에타인이 벤젠보다 크다. ㄷ. 기체 벤젠(C_6H_6) 1몰을 완전 연소시켰을 때 반응 엔탈피는 -3273 kJ보다 작다.

07. 답 ②

해설 ㄱ. 반응 물질의 원자 수와 생성 물질의 원자 수가 같아지도록 계수를 맞춘다.

$$2CH_3OH(l) + 3O_2(g) \rightarrow 2CO_2(g) + 4H_2O(l) \quad \Delta H = -1452\ \text{kJ}$$

㉠에 들어갈 값은 3이다. ㄴ. 2mol의 액체 메탄올(CH_3OH)을 연소시키면 반응열은 +1452 kJ이다. 반응열은 크기 성질이므로 화학 반응식의 계수가 변하면 비례하여 변한다. 1mol의 액체 메탄올(CH_3OH)을 연소시키면 반응열은 +726 kJ이다. ㄷ. 물질이 가지는 엔탈피는 상태에 따라 달라진다. 액체 메탄올에서 기체 메탄올이 될 때 열을 흡수하므로 액체 메탄올(CH_3OH) 1몰을 연소시켰을 때보다 기체 메탄올(CH_3OH) 1몰을 연소시켰을 때 반응 엔탈피 값이 작아진다.

08. 해설 뷰테인($C_4H_{10}(g)$) 116 g (= $\frac{116}{58}$ = 2mol)이 연소하여 물과 이산화 탄소가 될 때 2878 kJ의 열이 방출된다. 이 반응을 열화학 반응식으로 나타내면 다음과 같다.

$$2C_4H_{10}(g) + 13O_2(g) \rightarrow 8CO_2(g) + 10H_2O(l) + 2878\ \text{kJ}$$

또는 $2C_4H_{10}(g) + 13O_2(g) \rightarrow 8CO_2(g) + 10H_2O(l) \quad \Delta H = -2878\ \text{kJ}$

창의력 & 토론마당 180 ~ 185 쪽

01 고립계, 우주는 주위의 물질과 에너지가 모두 교환되지 않는다.

해설 우주는 완전히 독립되어 다른계와 상호 작용하지 않고, 영향을 받지 않는다. 따라서 우주는 우주 외부와 물질, 에너지 교환을 하지 않는다. 고립계인 우주에서는 에너지 교환이 이루어지지 않기 때문에 에너지의 형태는 바뀔 수 있지만, 사라지지 않는다는 에너지 보존의 법칙이 성립할 수 있다.

02 열린계, 뚜껑을 열어놓으면 물질과 에너지의 출입이 모두 가능하다.
닫힌계, 뚜껑을 닫으면 물질의 출입이 불가능하지만, 에너지의 출입이 있다.

해설 보온병의 뚜껑을 열어놓으면 물질과 에너지의 출입이 모두 가능하기 때문에 열린계이다. 하지만 보온병의 뚜껑을 닫으면 물질의 출입이 불가능하며 보온병은 내벽과 외벽 사이를 진공 상태로 만들어서 내용물을 원하는 온도로 유지할 수 있도록 설계되어 있는데, 시간이 지남에 따라 내용물의 온도가 변하므로 에너지의 이동이 있다는 것을 알 수 있다. 그러므로 뚜껑을 닫은 보온병은 닫힌계이다.

03 (1) 흡열 반응
(2) 수산화 바륨($Ba(OH)_2$) 수화물과 염화 암모늄(NH_4Cl)이 반응하면 흡열 반응이 일어난다. 이때 나무판 위의 물이 열을 빼앗겨 얼음으로 상태 변화하면서 얼어붙기 때문에 나무판에 비커가 달라붙는다.

해설 물을 뿌린 나무판 위에 비커를 올려 놓은 다음, 비커 속에 수산화 바륨($Ba(OH)_2$) 수화물과 염화 암모늄(NH_4Cl)의 두 고체를 섞으면 나무판에 비커가 달라붙는다. 이것은 수산화 바륨($Ba(OH)_2$) 수화물과 염화 암모늄(NH_4Cl)의 반응이 흡열 반응이므로 나무판 위에 있던 물이 열을 빼앗기고 얼어붙어서 나타나는 현상이다. 흡열 반응이 일어나면 주위의 에너지가 계로 이동하므로 주위의 온도는 낮아진다.

04 〈해설 참조〉

해설 흑연, 흑연과 다이아몬드가 완전 연소될 때, 발생하는 열량이 각각 393.7 kJ, 395.4 kJ이다. 생성물이 $CO_2(g)$로 같으므로 반응열이 작은 흑연이 다이아몬드보다 안정함을 알 수 있다.

05 (1) 2878 kJ

(2) $2C_4H_{10}(g) + 13O_2(g) \rightarrow 8CO_2(g) + 10H_2O(l)$ $\Delta H = -5756$ kJ

(3) 54.77 L

해설 (1) 표준 상태에서 22.4 L 1몰의 뷰테인(C_4H_{10})을 연소시킬 때의 연소열은 22.4 × 128.48 ≒ 2878 kJ이다.

(2) 1 mol 의 뷰테인(C_4H_{10}) 기체를 연소 시킬 때 생성 엔탈피(ΔH)가 -2878 kJ이므로 2 mol 의 뷰테인(C_4H_{10}) 기체를 연소 시킬 때 생성 엔탈피(ΔH)는 -5756 kJ이다.

$$2C_4H_{10}(g) + 13O_2(g) \rightarrow 8CO_2(g) + 10H_2O(l) \quad \Delta H = -5756 \text{ kJ}$$

(3) 반응식은

$2C_4H_{10}(g) + 13O_2(g) \rightarrow 8CO_2(g) + 10H_2O(l)$이므로 산소는 반응한 뷰테인의 $\frac{13}{2}$배 필요하다. 이상 기체 방정식을 이용하면

$$V_{산소} = \frac{n_{산소}RT}{P} = \frac{6.5 \times n_{뷰테인}RT}{P} = 6.5 \times \frac{20}{58} \times 0.082$$

× 298 = 54.77 L 이다.

06 (1) -285.8 kJ

(2) 〈해설 참조〉

해설 (1) 물($H_2O(l)$) 2 mol을 전기 분해하여 수소(H_2) 기체와 산소(O_2) 기체가 될 때 반응열(Q)는 -571.6 kJ이다. 엔탈피는 크기 성질이므로 화학 반응식의 계수가 변하면 반응열도 비례해서 변한다. 따라서 물($H_2O(l)$) 18 g (= 1mol)을 전기 분해하여 수소(H_2) 기체와 산소(O_2) 기체가 될 때 반응열(Q)은 -285.8 kJ이다.

(2) 물이 얼음이 될 때는 발열 반응이고, 물이 수증기가 될 때는 흡열 반응이다. 얼음과 수증기가 각각 산소 기체와 수소 기체로 분해되기 위해서는 흡열 반응이 진행되어야 한다. 얼음이 수소 기체와 산소 기체로 분해될 때 반응 엔탈피(ΔH)는 물이 전기 분해되어 수소 기체와 산소 기체로 분해될 때의 반응 엔탈피(ΔH)보다 크고, 수증기가 분해될 때 반응 엔탈피(ΔH)는 물이 분해될 때의 반응 엔탈피(ΔH)보다 작다.

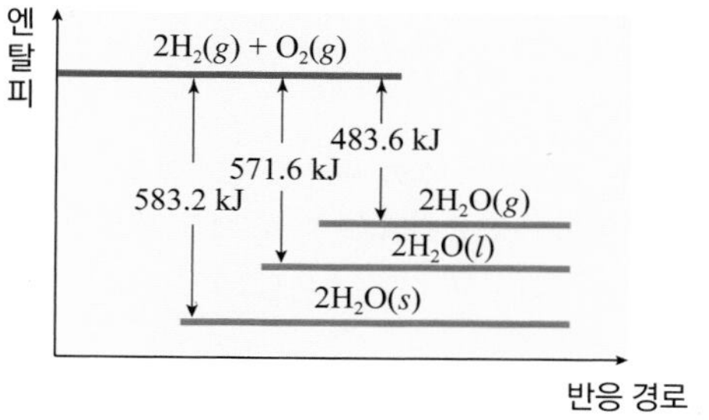

스스로 실력 높이기 186 ~ 191 쪽

01. (1) O (2) O (3) O　02. ①　03. 보존
04. ㄴ, ㄷ　05. (1) O (2) X (3) O　06. ③
07. H_2　08. 열화학 반응식　09. -180.6
10. 2, -361.2　11. ①　12. ①　13. ⑤
14. ③　15. ⑤　16. ④　17. ⑤　18. ⑤
19. ②　20. ③　21. ③　22. ①　23. ④
24. ①　25 ~ 27. 〈해설 참조〉
28. ΔH = 7.55 kJ, 흡열 반응　29. 41.3 kJ
30. 〈해설 참조〉　31. (1) - 2848 kJ
(2) $C_4H_{10}(g) + 6.5O_2(g) \rightarrow 4CO_2(g) + 5H_2O(l)$, $\Delta H = -2848$ kJ
32. 〈해설 참조〉

02. 답 ①

해설 (가)는 주위의 에너지와 물질 교환이 모두 가능한 열린계이다. (나)는 주위의 물질은 교환되지 않고, 에너지만 교환 가능한 닫힌계이다. (다)는 주위의 물질, 에너지가 모두 교환되지 않는 고립계이다.

04. 답 ㄴ, ㄷ

해설 ㄱ, ㄹ은 흡열 반응으로, 반응이 일어날 때 주위의 온도는 낮아진다.

05. 답 (1) O (2) X (3) O

해설 (2) 흡열 반응이 일어나면 주위의 에너지가 계로 이동하므로, 계의 에너지는 증가한다.

06. 답 ③

해설 ㄱ. 열이 방출되는 반응으로 반응 물질의 엔탈피 합이 생성물의 엔탈피 합보다 크다. ㄴ. 열이 방출되므로 반응열(Q)은 0보다 크다. ㄷ. 반응 결과 주위의 온도가 올라간다. ㄹ. 엔탈피는 감소하므로 반응 엔탈피(ΔH)는 0보다 작다.

07. 답 H_2
해설 이 반응은 흡열 반응이므로 반응물이 더 안정하다.

09. 답 -180.6
해설 일정한 압력에서 반응열(Q)과 반응 엔탈피($\varDelta H$)는 절댓값은 같지만, 부호가 반대이다.

10. 답 2, -361.2
해설 반응 물질의 원자 수와 생성 물질의 원자 수가 같아지도록 계수를 맞춘다. 화학 반응식의 계수가 2배가 되면 반응열(Q)도 비례해서 2배가 된다.

11. 답 ①
해설 ㄱ. 열린계는 주위와 물질, 에너지 교환이 모두 가능하므로 수증기가 출입할 수 있다. ㄴ. 닫힌계는 주위와 물질은 교환되지 않고 에너지만 교환 가능하다. ㄷ. 고립계는 주위와 물질, 에너지가 모두 교환되지 않기 때문에 온도가 올라가지 않는다.

12. 답 ①
해설 ㄱ. 흑연과 다이아몬드의 엔탈피 차이가 1.9 kJ이므로 흑연을 연소시킬 때 반응 엔탈피($\varDelta H$)는 -393.5 kJ이다. ㄴ. 같은 조건에서 엔탈피가 낮을 수록 안정한 물질이다. 흑연의 엔탈피가 다이아몬드보다 낮기 때문에 더 안정한 물질이다. ㄷ. 다이아몬드는 원자 결정이다.

13. 답 ⑤
해설 ⑤ 엔탈피는 어떤 압력과 온도에서 물질이 가지고 있는 고유한 총 에너지 함량으로 물질이 가진 엔탈피를 정확하게 측정하는 것이 불가능하다. 따라서 엔탈피 변화만 알 수 있으므로 (가)의 반응물과 (나)의 반응물 사이의 엔탈피는 비교할 수 없다.
①, ② (가)는 발열 반응으로 열을 방출하며 계의 에너지가 주위로 이동하므로 주위의 온도는 높아진다.
③, ④ (나)는 흡열 반응으로 생성물의 에너지가 반응물의 에너지보다 크다. 예로는 열분해, 광합성, 물의 전기 분해 등이 있다.

14. 답 ③
해설 ㄱ. 이 반응으로 이산화 탄소(CO_2)가 생성되므로 석회수가 뿌옇게 변한다. ㄴ. 이 반응은 열분해 반응으로 흡열 반응이다. 따라서 생성 물질의 엔탈피 합이 반응 물질의 엔탈피 합보다 크다. ㄷ. 흡열 반응은 반응열(Q)이 0보다 작다.

15. 답 ⑤
해설 ㄱ. 표준 반응 엔탈피($\varDelta H^\circ$)은 25℃, 1 기압에서 측정한 엔탈피 값이다. ㄴ. 이 반응은 발열 반응으로 주위의 온도가 올라간다. ㄷ. 벤젠 1몰이 액화될 때 30.6 kJ의 열을 방출하므로 벤젠(C_6H_6) 26 g (= $\frac{26}{78}$몰)이 액화될 때는 10.2 kJ의 열을 방출한다.

16. 답 ④
해설 황가루 1몰이 연소할 때 300 kJ의 열을 방출하므로 황($S(s)$) 8 g (= $\frac{8}{32}$몰)이 완전 연소할 때 75 kJ의 열을 방출한다. 따라서 반응열(Q)은 75 kJ이다.

17. 답 ⑤
해설 ㄱ. 메테인이 가진 엔탈피를 정확하게 측정하는 것은 불가능하고, 엔탈피 변화만 알 수 있다. ㄴ. 이 반응은 발열 반응이므로 엔탈피가 더 낮은 생성물이 더 안정하다. ㄷ. 기체에서 액체로 상태 변화할 때 발열 반응을 한다. 따라서 액체 메테인을 완전 연소하면 반응 엔탈피($\varDelta H$)값은 더 커진다.

18. 답 ⑤
해설 메테인($CH_4(g)$) 8 g (= $\frac{8}{16}$몰)이 완전 연소할 때 445 kJ의 열을 방출한다. 메테인($CH_4(g)$) 1몰이 반응할 때 열화학 반응식은 다음과 같다.

$$CH_4(g) + 2O_2(g) \rightarrow CO_2(g) + 2H_2O(l) \quad \varDelta H = -890 \text{ kJ}$$

19. 답 ②
해설 열화학 반응식은 다음과 같다.

$$CH_4(g) + 2O_2(g) \rightarrow CO_2(g) + 2H_2O(l) \quad \varDelta H = -890 \text{ kJ}$$

메테인(CH_4) 연소 반응에서 O_2 1몰이 소모되는 반응 엔탈피 ($\varDelta H_1$) = -445 kJ
메테인(CH_4) 연소 반응에서 CO_2 1몰이 생성되는 반응 엔탈피 ($\varDelta H_2$) = -890 kJ
$\therefore \varDelta H_1 : \varDelta H_2 = 1 : 2$

20. 답 ③
해설 이 반응은 발열 반응으로 반응 물질의 엔탈피 합이 생성 물질의 엔탈피 합보다 크다. 반응 엔탈피($\varDelta H$)는 반응 물질과 생성 물질의 엔탈피 차이이므로 반응 물질의 에너지가 생성 물질의 에너지보다 30.6 kJ만큼 더 크다.

21. 답 ③
해설 ㄱ. 고체인 $NaCl(s)$, $KCl(s)$, $NH_4NO_3(s)$이 물에 녹을 때 반응 엔탈피($\varDelta H$)는 0보다 크므로 열을 흡수하는 반응이다.
ㄴ. $HCl(g)$와 $NH_3(g)$가 물에 녹을 때 반응 엔탈피($\varDelta H$)는 0보다 작으므로 열을 방출하는 반응이다.
ㄷ. 1몰을 물 100 g에 녹일 때 물의 온도를 하강시키는 물질은 반응 엔탈피($\varDelta H$)가 0보다 크다. 그중 값이 가장 큰 $NH_4NO_3(s)$이 물의 온도를 가장 많이 하강시킨다.

22. 답 ①
해설 ㄱ. 이 반응의 열화학 반응식은 $2A(g) + B(g) \rightarrow C(g) - 10$ kJ이다. ㄴ. 이 반응은 열을 흡수하며 반응하는 흡열 반응이다. ㄷ. 흡열 반응이므로 $C(g)$ 1몰의 에너지는 $A(g)$ 2몰과 $B(g)$ 1몰의 에너지 합보다 크다.

23. 답 ④
해설 ㄱ. 1몰의 NaOH을 물에 녹이면 45 kJ의 열이 방출된다. 1 L의 물에 $NaOH(s)$ 8 g(= $\frac{8}{40}$몰)을 녹이면 9 kJ의 열이 방출된다.

ㄴ. 1 % 수용액에는 용질 1 g 이 녹아 있다. HCl 1몰이 용해될 때 75 kJ 열을 방출하므로 HCl 1 g (= $\frac{1}{36.5}$ 몰)이 용해될 때는 약 2.05 kJ 의 열을 방출한다. NaOH 1몰이 용해될 때 45 kJ 열을 방출하므로 NaOH 1 g (= $\frac{1}{40}$ 몰)이 완전 용해될 때 약 1.125 kJ의 열을 방출한다. 따라서 방출되는 열은 $HCl(g)$가 더 크다.

ㄷ. 물에 녹인 HCl와 NaOH을 반응시키면 중화 반응이 일어나므로 열에너지를 방출하여 주위의 온도가 높아진다.

24. 답 ①

해설 ㄱ. 뷰텐이 연소할 때 열화학 반응식은 다음과 같다.

$$C_4H_8(g) + 6O_2(g) \rightarrow 4CO_2(g) + 4H_2O(l)$$

Q_1이 뷰텐(C_4H_8)을 완전 연소해서 2몰의 CO_2가 생성될 때 발생하는 반응열이므로 1몰의 뷰텐(C_4H_8)이 완전 연소할 때 발생하는 반응 엔탈피(ΔH)는 $-2Q_1$이다.

ㄴ. 뷰텐을 연소시키면 계의 에너지가 주위로 이동하므로 주위의 온도는 높아진다.

ㄷ. 계수의 합 ㉠ + ㉡ + ㉢ + ㉣ = 15이다.

25. 답 〈해설 참조〉

해설 ㄱ. 응축기에서는 흡열 반응이 일어난다. ⇨ 기체에서 액체로 상태 변화할 때는 열에너지를 방출하며 반응이 일어난다. 따라서 응축기에서는 발열 반응이 일어난다.

ㄷ. 증발기에서의 반응 엔탈피(ΔH)가 작을수록 좋은 냉매이다. ⇨ 증발기에서는 액체에서 기체로 상태 변화하므로 열에너지가 필요하므로 냉장고에서 열에너지를 빼앗아 냉장고의 온도를 낮아지게 만든다. 반응 엔탈피(ΔH)가 클수록 열에너지를 많이 흡수하여 온도를 많이 낮추므로 좋은 냉매이다.

26. 답 〈해설 참조〉

해설 냉매는 응축기와 증발기를 순환하며 열을 흡수하거나 방출하므로 계를 구성하는 물질이다.

27. 답 〈해설 참조〉

해설 이 반응은 중화 반응으로 발열 반응이다. 따라서 계의 에너지가 주위로 이동한다. 반응한 산과 염기의 몰수는 0.1 M ×0.1 L = 0.01 mol 이다. 0.01 mol 을 반응시켜 물의 열이 562 J 이 증가했다. 따라서 1몰이 반응하여 발생하는 열은 100배 커져 562 × 100 = 56200 J = 56.2 kJ 증가할 것이다. HCl 수용액과 NaOH 수용액의 중화 반응 결과 56.2 kJ의 열이 방출되고, 이 열은 물에서 측정된다. 따라서 계가 잃은 열과 주위가 얻은 총 열량이 같으므로 에너지 보존 법칙이 성립한다는 것을 알 수 있다.

28. 답 ΔH = 7.55 kJ, 흡열 반응

해설 $MgO(s)$ 1몰이 생성될 때 302 kJ 열을 흡수하므로 $MgO(s)$ 1 g (= $\frac{1}{40}$ 몰)이 생성될 때는 7.55 kJ의 열을 흡수한다.

29. 답 41.3 kJ

해설 $Br_2(l)$이 들어 있는 유리 캡슐을 과량의 $NaOH(aq)$에 녹이면 121.3 J의 열을 방출한다. 이 열은 $Br_2(l)$ 2.88 × 10^{-3} 몰과 빈 캡슐이 녹으면서 방출한 열이므로 빈 캡슐을 과량의 $NaOH(aq)$에 녹여 방출한 2.34 J을 빼주면 $Br_2(l)$의 방출열을 알 수 있다.

121.3 - 2.34 = 118.96 J

1몰 $Br_2(l)$를 과량의 $NaOH(aq)$에 녹인 열은 다음과 같다.

2.88 × 10^{-3} 몰 : 118.96 J = 1 몰 : x J

x ≒ 41300 J ≒ 41.3 kJ

30. 답 〈해설 참조〉

해설 프로페인($C_3H_8(g)$) 22 g (= $\frac{22}{44}$몰)이 완전 연소될 때 1110 kJ의 열을 방출한다. 이 반응의 열화학 반응식은

$$\frac{1}{2}C_3H_8(g) + \frac{5}{2}O_2(g) \rightarrow \frac{3}{2}CO_2(g) + 2H_2O(l) + 1110 \text{ kJ}$$이고,

물($H_2O(l)$) 4몰이 생성될 때의 열화학 반응식은

$$C_3H_8(g) + 5O_2(g) \rightarrow 3CO_2(g) + 4H_2O(l) + 2220 \text{ kJ}$$

$$C_3H_8(g) + 5O_2(g) \rightarrow 3CO_2(g) + 4H_2O(l) \quad \Delta H = -2220 \text{ kJ}$$이다.

31. 답 (1) - 2848 kJ

(2) $C_4H_{10}(g) + 6.5O_2(g) \rightarrow 4CO_2(g) + 5H_2O(l)$, ΔH= -2848 kJ

해설 (1) 이 반응의 화학 반응식은 $C_4H_{10}(g) + 6.5O_2(g) \rightarrow 4CO_2(g) + 5H_2O(l)$이다. 0℃, 1 기압에서 모든 기체 1몰의 부피는 22.4L이므로, 산소 50 L (= $\frac{50}{22.4}$몰)는 약 2.232 몰이다.

2.232몰의 산소가 연소에 사용될 때 978 kJ의 열을 방출한다. 뷰테인(C_4H_8) 1몰을 반응시킬 때의 반응 엔탈피(ΔH)는 -2848 kJ(≒ $\frac{978 \times 6.5}{2.232}$)이다.

(2) 1몰의 뷰테인을 반응시킬때 열화학 반응식은

$$C_4H_{10}(g) + 6.5O_2(g) \rightarrow 4CO_2(g) + 5H_2O(l) + 2848 \text{ kJ}$$

$$C_4H_{10}(g) + 6.5O_2(g) \rightarrow 4CO_2(g) + 5H_2O(l) \quad \Delta H = -2848 \text{ kJ}$$이다.

32. 답 〈해설 참조〉

해설 ㄴ. 이 반응은 역반응이 더 잘 일어난다. ⇨ 이 반응은 생성 물질의 엔탈피 합이 반응 물질의 엔탈피 합보다 더 작으므로 생성물이 더 안정하다. 따라서 정반응이 더 잘 일어난다.

ㄷ. 이산화 황의 상태와 무관하게 반응열 값은 일정하다. ⇨ 상태 변화할 때 에너지의 출입이 있기 때문에 상태에 따라 엔탈피 값이 달라진다. 따라서 이산화 황의 상태에 따라 반응열 값이 달라진다. 이산화 황이 기체 상태일 때 반응열이 가장 크고 고체 상태일 때 반응열이 가장 작다.

10강. 화학 반응과 에너지2

개념확인 192 ~ 195 쪽

1. (1) X (2) O (3) X	2. ⑤
3. -55.8	4. (1) O (2) X

확인 + 192 ~ 195 쪽

1. 생성열	2. (1) O (2) X
3. 연소열	4.-37.8

개념확인

1. 답 (1) X (2) O (3) X

해설 (1) 모든 홑원소 물질의 표준 생성 엔탈피($\varDelta H_f^\circ$)는 0이다. 하지만 홑원소 물질에 여러 가지 동소체가 존재하는 경우에는 표준 상태에서 가장 안정한 물질의 표준 생성 엔탈피가 0이다.
(3) 가상의 반응에서도 표준 생성 엔탈피 변화를 정의할 수 있다.

2. 답 ⑤

해설 황산(H_2SO_4)을 물에 용해시키는 반응이다.

3. 답 -55.8

해설 $2CH_3COOH(aq) + Ba(OH)_2(aq)$
$\rightarrow 2H_2O(l) + Ba(CH_3COO)_2(aq)\quad \varDelta H = -111.6$ kJ
중화열은 1몰의 $H_2O(l)$이 생성될 때의 반응열이다. $H_2O(l)$ 2몰이 생성될 때 방출하는 열이 -111.6 kJ이므로 $H_2O(l)$ 1몰이 생성될 때 방출되는 열은 $-\frac{111.6}{2} = -55.8$ kJ/mol이다.

4. 답 (1) O (2) X

해설 (2) 간이 열량계는 반응이 일어나는 동안 압력이 대기압으로 일정하게 유지된다. 통열량계는 반응이 일어나는 동안 생성물이 밖으로 빠져나가지 못하므로 부피가 일정하게 유지된다.

확인 +

2. 답 (1) O (2) X

해설 (2) NaCl을 물에 녹이면 열을 흡수하고, NaOH을 물에 녹이면 열을 방출한다. 따라서 고체 물질이 물에 용해될 때는 열을 흡수하기도, 방출하기도 한다.

4. 답 -37.8

해설 용액이 흡수한 열량(Q) = 용액의 비열(c) × 용액의 질량(m) × 용액의 온도 변화($\varDelta t$) = 4.2 J/g·℃ ×100 g × (39 - 30) ℃ = 3780 J = 3.78 kJ
용해된 물질 A의 몰수 = $\frac{10}{100}$ = 0.1몰
물질 A의 용해 반응은 발열 반응이므로
물질 A의 용해열($\varDelta H$) = $-\frac{3.78}{0.1}$ = -37.8 kJ/mol이다.

개념다지기 196 ~ 197 쪽

01. ④	02. ⑤	03. (1) O (2) X (3) O	04. ②
05. 68	06. ④	07. 크다, 열용량	08. 4.2

01. 답 ④

해설 생성열은 어떤 물질 1몰이 성분 원소의 가장 안정한 홑원소 물질로부터 생성 될 때 흡수되거나 방출되는 열량을 말한다. 따라서 $NO_2(g)$가 생성될 때 열화학 반응식은 $\frac{1}{2}N_2(g) + O_2(g) \rightarrow NO_2(g) - 33.18$ kJ/mol이다.

02. 답 ⑤

해설 ⑤ 물($H_2O(l)$) 1몰이 생성될 때 286 kJ 열을 방출하므로 물($H_2O(l)$) 1 g (= $\frac{1}{18}$몰)이 생성될 때 약 15.89 kJ의 열을 방출한다. 수증기($H_2O(g)$) 1몰이 생성될 때 242 kJ 열을 방출하므로 수증기($H_2O(g)$) 1 g (= $\frac{1}{18}$몰)이 생성될 때 약 13.44 kJ의 열을 방출한다. 따라서 $H_2O(l)$ 1 g 을 생성하는 데 발생하는 에너지는 $H_2O(g)$보다 크다.
① $H_2O(l)$의 생성 엔탈피($\varDelta H$)는 -286 kJ/mol이다.
② $H_2O(g)$의 분해 엔탈피($\varDelta H$)는 242 kJ/mol이다.
③ $H_2O(l)$ 1몰을 $H_2O(g)$ 1몰로 만드는 데 필요한 에너지가 44.0 kJ이므로 1 g 일 때 에너지는 더 작다.
④ 같은 물질이라도 상태에 따라 가지고 있는 에너지의 양이 다르다. 따라서 물과 수증기의 에너지 양도 다르다.

03. 답 (1) O (2) X (3) O

해설 (2) 강산과 강염기의 중화 반응은 알짜 이온 반응식이 동일하므로 산과 염기의 종류에 상관없이 중화열($\varDelta H$)은 -55.8 kJ/mol로 비슷하다.

04. 답 ②

해설 ㄱ. 생성 엔탈피는 어떤 물질 1몰이 성분 원소의 가장 안정한 홑원소 물질로부터 생성될 때 흡수하거나 방출하는 열량으로 $NO_2(g)$의 생성 엔탈피는 -33 kJ/mol이다. ㄴ. 연소 엔탈피는 어떤 물질 1몰이 완전 연소할 때 방출하는 열량으로 $N_2(g)$의 연소 엔탈피는 -66 kJ/mol이다. ㄷ. 분해 엔탈피는 어떤 물질 1몰이 성분 원소의 가장 안정한 홑원소 물질로 분해될 때 흡수하거나 방출하는 열량으로 $NO_2(g)$의 분해 엔탈피는 33 kJ/mol이다.

05. 답 68

해설 일산화 탄소(CO) 1몰이 연소할 때 136 kJ의 열을 방출하므로 일산화 탄소(CO) 14 g (= 0.5몰)이 완전 연소할 때 68 kJ의 열을 방출한다. 따라서 반응열(Q)은 68 kJ이다.

06. 답 ④

해설 ④ 황산(H_2SO_4)은 2몰의 H^+을 내놓는다. 황산(H_2SO_4)과 수산화 나트륨(NaOH)이 중화 반응하면 111.6 kJ의 열을 방출한다. 하지만 중화열은 $H_2O(l)$ 1몰을 생성할 때의 열량이므로 황산(H_2SO_4)과 수산화 나트륨(NaOH)의 중화열($\varDelta H$)은 -55.8 kJ이다.

① 수산화 나트륨(NaOH)과 묽은 염산(HCl)의 중화 반응은 중화열을 방출하면서 반응하므로 발열 반응이다.
② 발열 반응은 엔탈피(ΔH)가 0보다 작으므로 반응물보다 생성물의 엔탈피가 더 작다.
③ 나트륨 이온과 염화 이온은 반응에 참여하지 않으므로 구경꾼 이온이다.
⑤ 수산화 칼륨(KOH)은 OH^-을 내놓는다. 수산화 칼륨(KOH)과 묽은 염산(HCl)의 중화 반응은 알짜 이온 반응식이 동일하므로 중화열이 -55.8 kJ로 같다.

07. 답 크다, 열용량
해설 열량(Q) = 비열(c) × 질량(m) × 온도 변화(Δt)
= 열용량(C) × 온도 변화(Δt)
열량은 질량이 같을 때 비열이 클수록 온도를 높이는 데 필요한 열량이 크다.

08. 답 4.2
해설 메탄올 0.4 g 이 연소하면서 발생한 열은 물 100 g 이 흡수한 열량과 같다.
물이 흡수한 열량(Q) = 물의 비열(c) × 물의 질량(m) × 물의 온도 변화(Δt) = 4.2 J/g·℃ ×100 g ×(35-25)℃ = 4200 J = 4.2 kJ

유형익히기 & 하브루타 198 ~ 201 쪽

[유형10-1] ①	01. ④	02. ⑤
[유형10-2] ①	03. ①	04. ④
[유형10-3] ③	05. ⑤	06. ④
[유형10-4] ③	07. ④	08. 89.82

[유형10-1] 답 ①
해설 ㄱ. 생성 엔탈피는 가장 안정한 홑원소 물질로부터 생성될 때 흡수되거나 방출되는 열량이다. 그림에 주어진 반응식으로 $6C(s) + 6H_2(g) + 3O_2(g) \rightarrow C_6H_{12}O_6(s)$ ΔH = - 1260 kJ이므로 $C_6H_{12}O_6(s)$의 생성 엔탈피는 -1260 kJ/mol이다. ㄴ. 그림에 주어진 열화학 반응식이 $6C(s) + 6H_2(g) + 3O_2(g) \rightarrow 2C_2H_5OH(l) + 2CO_2(g)$ ΔH = -1342 kJ 이므로 $C_2H_5OH(l)$의 생성 엔탈피를 구할 수 없다. ㄷ. 반응 엔탈피는 생성 물질의 엔탈피 합에서 반응 물질의 엔탈피 합을 빼준 값으로 $C_6H_{12}O_6(s)$ 1몰이 발효되어 $C_2H_5OH(l)$ 2몰과 $CO_2(g)$ 2몰이 될 때 반응 엔탈피는 -82 kJ이다.

01. 답 ④
해설 ㄱ. 홑원소 물질에 여러 가지 동소체가 존재하는 경우에는 표준 상태에서 가장 안정한 물질의 표준 생성 엔탈피가 0이다. 탄소의 경우 표준 상태에서 가장 안정한 홑원소 물질이 흑연이므로 흑연의 표준 생성 엔탈피가 0이다. ㄴ. 같은 원소로부터 생성되는 여러 화합물 중에서 표준 생성 엔탈피가 작을수록 상대적으로 안정하다. $H_2O(l)$이 $H_2O(g)$보다 표준 생성 엔탈피가 작으므로 $H_2O(l)$이 $H_2O(g)$보다 안정하다. ㄷ. 생성 엔탈피는 어떤 화합물 1몰이 그 성분 원소의 가장 안정한 홑원소 물질로부터 생성될 때의 열량으로 $NH_3(g)$ 2몰이 생성될 때 92.2 kJ의 열이 방출되므로 $NH_3(g)$의 생성 엔탈피는 -46.1 kJ/mol이다.

02. 답 ⑤
해설 엔탈피 변화(ΔH) = $\Sigma H^\circ_{생성\ 물질} - \Sigma H^\circ_{반응\ 물질}$ 이므로 $C_2H_6(g)$의 생성 엔탈피 - ($C_2H_4(g)$의 생성 엔탈피 + $H_2(g)$의 생성 엔탈피) = -85 - (52 + 0) = -137 kJ/mol이다.

[유형10-2] 답 ①
해설 ㄱ. 1몰의 $CO_2(g)$의 생성열은 ΔH_1이다.
ㄴ. 분해 반응은 생성 반응의 역반응에 해당하므로 분해열과 생성열의 절댓값은 같지만, 부호가 반대이다. 따라서 1몰의 CO(g)의 분해열은 $-\frac{\Delta H_2}{2}$이다.
ㄷ. 생성열은 그 성분 원소의 가장 안정한 홑원소 물질로부터 생성되는 열량으로 $\frac{\Delta H_3}{2}$는 1몰의 $CO_2(g)$의 생성열이 아니다.

03. 답 ①
해설 ① $H_2SO_4(l) \rightarrow H_2SO_4(aq)$ ΔH = -81.9 kJ (용해열)
② $2C(s) + 3H_2(g) \rightarrow C_2H_6(g)$ ΔH = -84.68 kJ (생성열)
③ $CH_4(g) + 2O_2(g) \rightarrow CO_2(g) + 2H_2O(l)$ ΔH = -890.8 kJ (연소열)
④ $C_6H_{12}O_6(s) \rightarrow 6C(s) + 3O_2(g) + 6H_2(g)$ ΔH = 1260 kJ (분해열)
⑤ $CH_3COOH(aq) + NaOH(aq) \rightarrow CH_3COONa(aq) + H_2O(l)$
ΔH = -55.8 kJ (중화열)

04. 답 ④
해설 ㄱ. 용해열은 어떤 화합물 1몰이 충분한 양의 용매에 용해될 때의 열량으로 $NH_3(g)$의 용해열은 -34.7 kJ이다. ㄴ. $NH_3(g)$를 물에 용해할 때 발열 반응이므로 주위의 온도가 높아진다. ㄷ. 기체의 용해도는 온도가 낮을수록 커지기 때문에 $NH_3(g)$의 용해도는 온도가 낮을수록 커진다.

[유형10-3] 답 ③
해설 ㄱ. $H_2SO_4(l) \rightarrow H_2SO_4(aq)$ ΔH_1은 충분한 양의 물에 용해될 때의 열량으로 용해열이다.
ㄴ. $Ca(s) + C(s) + \frac{3}{2}O_2(g) \rightarrow CaCO_3(s)$ ΔH_2는 성분 원소의 가장 안정한 홑원소 물질로부터 생성되는 열량으로 생성열이다.
ㄷ. $HCl(aq) + KOH(aq) \rightarrow KCl(aq) + H_2O(l)$ ΔH_3는 산과 염기가 중화 반응하여 물이 생길 때의 열량으로 중화열이다.
ㄹ. $C_2H_5OH(l) + 3O_2(g) \rightarrow 2CO_2(g) + 3H_2O(l)$ ΔH_4는 완전 연소할 때의 열량으로 연소열이다.

05. 답 ⑤
해설 ㄱ. 반응 물질의 원자 수와 생성 물질의 원자 수가 같아지도록 계수를 맞춘다.

$$H_3PO_4(aq) + 3NaOH(aq) \rightarrow Na_3PO_4(aq) + 3H_2O(l) \quad \Delta H = -167.4\ kJ$$

㉠에 들어갈 값은 3이다. ㄴ. 이 반응은 발열 반응으로 생성 물질의 엔탈피 합이 반응 물질의 엔탈피 합보다 작다. ㄷ. 중화열(ΔH)

은 산과 염기가 중화 반응하여 1몰의 $H_2O(l)$이 생성될 때의 열량으로 $-\frac{167.4}{3}$ = -55.8 kJ/mol이다.

06. 답 ④

해설 표준 생성 엔탈피는 25℃, 1 기압에서 어떤 화합물 1몰이 가장 안정한 성분 홑원소 물질로부터 생성되는 열량이다.

$2C(s) + 3H_2(g) \rightarrow C_2H_6(g)$ $\Delta H^\circ_f = x$ kJ,

$CO_2(g)$의 표준 생성 엔탈피는

$C(s) + O_2(g) \rightarrow CO_2(g)$ $\Delta H^\circ_f = -394$ kJ,

$H_2O(l)$의 표준 생성 엔탈피는

$H_2(g) + \frac{1}{2}O_2(g) \rightarrow H_2O(l)$ $\Delta H^\circ_f = -286$ kJ,

$C_2H_6(g)$의 연소열은

$C_2H_6(g) + \frac{7}{2}O_2(g) \rightarrow 2CO_2(g) + 3H_2O(l)$ $\Delta H = -1561$ kJ,

엔탈피 변화(ΔH) = $\Sigma H^\circ_{생성 물질} - \Sigma H^\circ_{반응 물질}$ 이므로

(2 × $CO_2(g)$의 생성 엔탈피 + 3 × $H_2O(l)$의 생성 엔탈피) - ($C_2H_6(g)$의 생성 엔탈피 + $\frac{7}{2}$ × $O_2(g)$의 생성 엔탈피) = (2 × -394 + 3 × -286) - (x + 0) = -1561이고, x = -85 kJ/mol이다.

[유형10-4] 답 ③

해설 발생한 열량(Q) = 물이 흡수한 열량 + 통열량계가 흡수한 열량 = 물의 비열(c) × 물의 질량(m) × 물의 온도 변화(Δt) + 통열량계의 열용량($C_{통열량계}$) × 온도 변화(Δt) = (4.2 J/g·℃ × 400 g × 3.5℃) + (840 J/℃ × 3.5℃) = 8820 J

에탄올 1몰은 46 g 이므로 에탄올 1몰이 연소할 때 발생하는 열량은 8820 J × $\frac{46}{1.46}$ = 277900 J = 277.9 kJ이다.

∴ $C_2H_5OH(l) + 3O_2(g) \rightarrow 2CO_2(g) + 3H_2O(l)$ ΔH = -277.9 kJ

07. 답 ④

해설 ㄱ. 열용량은 물질의 온도를 1℃ 높이는 데 필요한 열량으로 열용량이 클수록 온도를 높이는 데 필요한 열량이 크다. ㄴ. 열량은 비열 × 질량 × 온도 변화로 단위는 J이다. ㄷ. 비열은 물질 1 g 의 온도를 1℃ 높이는 데 필요한 열량이다.

08. 답 89.81

해설 열량(Q) = 비열(c) × 질량(m) × 온도 변화(Δt)
= 열용량(C) × 온도 변화(Δt)

395.4 kJ/mol × 5mol = 6.1 kJ/mol·℃ × 5mol × Δt

Δt = 64.82℃, 연소 후 주위 온도는 25 + 64.82 = 89.82℃이다.

창의력 & 토론마당

202 ~ 207 쪽

01 (1) -156.3 kJ/mol
(2) -62.3 kJ/mol
(3) 사이클로헥세인

해설 (1) 표준 생성 엔탈피는 25℃, 1 기압에서 어떤 화합물 1몰이 가장 안정한 성분 홑원소 물질로부터 생성되는 열량이다.

$6C(s) + 6H_2(g) \rightarrow C_6H_{12}(l)$ $\Delta H = x$ kJ,

$CO_2(g)$의 표준 생성 엔탈피는

$C(s) + O_2(g) \rightarrow CO_2(g)$ $\Delta H^\circ_f = -394$ kJ,

$H_2O(l)$의 표준 생성 엔탈피는

$H_2(g) + \frac{1}{2}O_2(g) \rightarrow H_2O(l)$ $\Delta H^\circ_f = -286$ kJ,

$C_6H_{12}(l)$의 연소열은

$C_6H_{12}(l) + 9O_2(g) \rightarrow 6CO_2(g) + 6H_2O(l)$ $\Delta H = -3923.7$ kJ이다.

엔탈피 변화(ΔH) = $\Sigma H^\circ_{생성 물질} - \Sigma H^\circ_{반응 물질}$이므로

(6 × $CO_2(g)$의 생성 엔탈피 + 6 × $H_2O(l)$의 생성 엔탈피) - ($C_6H_{12}(l)$의 생성 엔탈피 + 9 × $O_2(g)$의 생성 엔탈피) = (6 × -394 + 6 × -286) - (x + 0) = -3923.7

x = -156.3 kJ/mol이다.

(2) $6C(s) + 5H_2(g) \rightarrow C_6H_{10}(l)$ $\Delta H^\circ_f = y$ kJ,

$C_6H_{10}(l)$의 연소열은

$C_6H_{10}(l) + \frac{17}{2}O_2(g) \rightarrow 6CO_2(g) + 5H_2O(l)$ $\Delta H = -3731.7$ kJ이다.

엔탈피 변화(ΔH) = $\Sigma H^\circ_{생성 물질} - \Sigma H^\circ_{반응 물질}$이므로

(6 × $CO_2(g)$의 생성 엔탈피 + 5 × $H_2O(l)$의 생성 엔탈피) - ($C_6H_{10}(l)$의 생성 엔탈피 + $\frac{17}{2}$ × $O_2(g)$의 생성 엔탈피) = (6 × -394 + 5 × -286) - (y + 0) = -3731.7

y = -62.3 kJ/mol이다.

(3) 같은 원소로부터 생성되는 여러 화합물 중에서 표준 생성 엔탈피가 작을수록 상대적으로 안정하다. 따라서 사이클로헥세인이 더 안정하다.

02 (1) -81.35 kJ/mol
(2) 28.85 ℃

해설 (1) 용해열은 어떤 화합물 1몰이 충분한 양의 용매에 용해될 때의 열량이다.

$CaCl_2(s) \rightarrow Ca^{2+}(aq) + 2Cl^-(aq)$ $\Delta H = x$ kJ,

$Ca^{2+}(aq)$의 표준 생성 엔탈피는

$Ca(s) \rightarrow Ca^{2+}(aq)$ $\Delta H^\circ_f = -542.83$ kJ,

$2Cl^-(aq)$의 표준 생성 엔탈피는

$Cl_2(g) \rightarrow 2Cl^-(aq)$ $\Delta H^\circ_f = -334.32$ kJ,

$CaCl_2(s)$의 표준 생성 엔탈피는

$Ca(s) + Cl_2(g) \rightarrow CaCl_2(s)$ $\Delta H^\circ_f = -795.8$ kJ이다.

엔탈피 변화(ΔH) = $\Sigma H^\circ_{생성 물질} - \Sigma H^\circ_{반응 물질}$이므로

($Ca^{2+}(aq)$의 생성 엔탈피 + $2Cl^-(aq)$의 생성 엔탈피) - $CaCl_2(s)$의 생성 엔탈피 = (-542.83 + -334.32) - (-795.8) = x

x = -81.35 kJ/mol이다.

(2) 열량(Q) = 비열(c) × 질량(m) × 온도 변화(Δt)
= 열용량(C) × 온도 변화(Δt)

81.35 kJ/mol × $\frac{5}{110}$ mol = 418 J/℃ × Δt

81.35×10^3 J/mol $\times \frac{5}{110}$ mol = 418 J/℃ $\times \Delta t$
$\Delta t = 8.85$℃
연소 후 물의 온도는 20 + 8.85 = 28.85℃이다.

03 (1) -2880.8 kJ/mol
(2) $C_6H_{12}O_6(g) + 6O_2(g) \rightarrow 6CO_2(g) + 6H_2O(l)$
ΔH° = -2880.8 kJ/mol
(3) -1199.2 kJ/mol

해설 (1) 열량(Q) = 비열(c) × 질량(m) × 온도 변화(Δt)
= 열용량(C) × 온도 변화(Δt)
x J/mol $\times \frac{0.312}{180}$ mol = 641 J/℃ × 7.79℃
x ≒ 2880800 J/mol = 2880.8 kJ/mol
글루코스의 표준 몰 연소 엔탈피는 -2880.8 kJ/mol이다.
(2) $C_6H_{12}O_6(g) + 6O_2(g) \rightarrow 6CO_2(g) + 6H_2O(l)$
$\Delta H^\circ = -2880.8$ kJ/mol
(3) 표준 생성 엔탈피는 25℃, 1 기압에서 어떤 화합물 1몰이 가장 안정한 성분 홑원소 물질로부터 생성되는 열량이다.
$6C(s) + 6H_2(g) + 3O_2(g) \rightarrow C_6H_{12}O_6(s)$ $\Delta H^\circ_f = x$ kJ,
$CO_2(g)$의 표준 생성 엔탈피는
$C(s) + O_2(g) \rightarrow CO_2(g)$ $\Delta H^\circ_f = -394$ kJ,
$H_2O(l)$의 표준 생성 엔탈피는
$H_2(g) + \frac{1}{2}O_2(g) \rightarrow H_2O(l)$ $\Delta H^\circ_f = -286$ kJ,
$C_6H_{12}O_6(s)$의 연소열은
$C_6H_{12}O_6(s) + 6O_2(g) \rightarrow 6CO_2(g) + 6H_2O(l)$ $\Delta H^\circ = -2880.8$ kJ
이다. 엔탈피 변화(ΔH) = $\Sigma H^\circ_{생성\ 물질} - \Sigma H^\circ_{반응\ 물질}$이므로
(6 × $CO_2(g)$의 생성 엔탈피 + 6 × $H_2O(l)$의 생성 엔탈피) - ($C_6H_{12}O_6(s)$의 생성 엔탈피 + 6 × $O_2(g)$의 생성 엔탈피) = (6 × -394 + 6 × -286) - (x + 0) = -2880.8이고, x = -1199.2 kJ/mol이다.

04 (1) $C_{10}H_8(s) + 12O_2(g) \rightarrow 10CO_2(g) + 4H_2O(l)$
ΔH = -5157 kJ
(2) ΔH = -1289.25 kJ
(3) 314.2 kJ/mol

해설 (1) 나프탈렌($C_{10}H_8(s)$) 6.4 g (=0.05몰)이 완전 연소할 때 257.85 kJ 열을 방출하므로 나프탈렌($C_{10}H_8(s)$) 1몰이 완전 연소할 때는 5157 kJ의 열을 방출한다.
$C_{10}H_8(s) + 12O_2(g) \rightarrow 10CO_2(g) + 4H_2O(l)$ ΔH = -5157 kJ
(2) 이 반응의 화학 반응식은 $C_{10}H_8(s) + 12O_2(g) \rightarrow 10CO_2(g) + 4H_2O(l)$이다. $C_{10}H_8(s)$ 1몰이 완전 연소할 때 5157 kJ 열을 방출하므로 $C_{10}H_8(s)$ 32 g (= $\frac{32}{128}$몰)이 완전 연소할 때 1289.25 kJ의 열을 방출한다.

(3) 표준 생성 엔탈피는 25℃, 1 기압에서 어떤 화합물 1몰이 가장 안정한 성분 홑원소 물질로부터 생성되는 열량이다.
$10C(s) + 4H_2(g) \rightarrow C_{10}H_8(s)$ $\Delta H^\circ_f = x$ kJ,
$CO_2(g)$의 표준 생성 엔탈피는
$C(s) + O_2(g) \rightarrow CO_2(g)$ $\Delta H^\circ_f = -394$ kJ,
$H_2O(l)$의 표준 생성 엔탈피는
$H_2(g) + \frac{1}{2}O_2(g) \rightarrow H_2O(l)$ $\Delta H^\circ_f = -225.7$ kJ,
$C_{10}H_8(s)$의 연소열은
$C_{10}H_8(s) + 12O_2(g) \rightarrow 10CO_2(g) + 4H_2O(l)$ $\Delta H = -5157$ kJ
이다. 엔탈피 변화(ΔH) = $\Sigma H^\circ_{생성\ 물질} - \Sigma H^\circ_{반응\ 물질}$이므로 (10 × $CO_2(g)$의 생성 엔탈피 + 4 × $H_2O(l)$의 생성 엔탈피) - ($C_{10}H_8(s)$의 생성 엔탈피 + 12 × $O_2(g)$의 생성 엔탈피) = (10 × -394 + 4 × -225.7 - (x + 0) = -5157이고, x = 314.2 kJ/mol이다.

05 (1) 504 J
(2) 50.4 kJ
(3) 공기 중으로 열이 빠져나갔다.

해설 (1) 열량(Q) = 비열(c) × 질량(m) × 온도 변화(Δt)
= 열용량(C) × 온도 변화(Δt)
열량(Q) = 4.2 J/g·℃ × (100 + 100) g × (20.6 - 20)℃ = 504 J
(2) 이 반응은 중화 반응으로 발열 반응이다. 반응한 산과 염기의 몰수는 0.1M×0.1L = 0.01mol이다. 따라서 1몰이 반응하여 발생하는 열은 100배 커져 504× 100 = 50400 J = 50.4 kJ 이다.
(3) 간이 열량계는 단열 효과가 약하기 때문에 열이 수용액의 온도를 높이는 데 모두 사용되지 않고, 공기 중으로 빠져나가는 열이 있다.

06 (1) 66.11 J/℃
(2) 6.63℃

해설 (1) 열량(Q) = 비열(c) × 질량(m) × 온도 변화(Δt)
= 열용량(C) × 온도 변화(Δt)
열용량(C) × 1.35℃ = 7061 kJ/mol $\times \frac{2.25 \times 10^{-3}}{178}$ mol,
열용량(C) = 66.11 J/℃
(2) 열량(Q) = 비열(c) × 질량(m) × 온도 변화(Δt)
= 열용량(C) × 온도 변화(Δt)
3054 kJ/mol $\times \frac{13.5 \times 10^{-3}}{94}$ mol = 66.11 J/℃ × Δt
$\Delta t = 6.63$℃
연소 후 열량계의 온도는 6.63 ℃ 올라갔다.

스스로 실력 높이기 208 ~ 213 쪽

01. (1) X (2) O (3) O	02. ②	03. ④		
04. 생성열	05.(1) O (2) X (3) X	06. ④		
07. -46	08. 비열	09. 74.8	10. 2, -74.8	
11. ③	12. ②	13. ②	14. ⑤	15. ③
16. ②	17. ③	18. ①	19. ③	20. ③
21. ②	22. ①	23. ⑤	24. ③	
25. 〈해설 참조〉	26. 45 J/℃	27. 〈해설 참조〉		
28. 43 kJ/mol	29. 500	30. -711 kJ/mol		
31. (1) -878.26 kJ/mol (2) 35.77℃				
32. 1.1℃ 상승				

01. 답 (1) X (2) O (3) O

해설 (1) 중화 반응은 발열 반응으로 항상 생성물이 반응물보다 안정하다.

02. 답 ②

해설 HCl 1몰이 그 성분 원소의 가장 안정한 홑원소 (H_2, Cl_2)로부터 생성 될 때의 열량이므로 생성열이다.

03. 답 ④

해설 열량(Q) = 비열(c) × 질량(m) × 온도 변화(Δt)
= 열용량(C) × 온도 변화(Δt)
100 kJ = 열량계의 열용량(C) × 5℃
열량계의 열용량(C) = 20 kJ/℃

05. 답 (1) O (2) X (3) X

해설 (2) 홑원소 물질이 산소와 반응하는 반응 엔탈피는 열화학 반응식에 따라 나눌 수 있다.

$N_2(g) + 2O_2(g) \rightarrow 2NO_2(g)$ ΔH = -66 kJ, $N_2(g)$의 연소 엔탈피는 -66 kJ/mol이다.

$\frac{1}{2}N_2(g) + O_2(g) \rightarrow NO_2(g)$ ΔH = -33 kJ, $NO_2(g)$의 생성 엔탈피는 -33 kJ/mol이다.

(3) 동소체의 표준 생성 엔탈피 값은 다르다. 홑원소 물질에 여러 가지 동소체가 존재하는 경우 표준 상태에서 가장 안정한 물질의 표준 생성 엔탈피가 0이다. 따라서 동소체를 연소시킬 때 연소 엔탈피는 다른 값을 갖는다.

06. 답 ④

해설 ㄴ. 중화열은 산과 염기의 종류에 관계없이 1몰의 물이 생성될 때 55.8 kJ의 열을 방출한다. 따라서 발열 반응이므로 주위의 온도가 높아진다. ㄷ. 물질의 연소 반응은 발열 반응이므로 주위의 온도가 높아진다. ㄱ.ㄹ. 발열 반응, 흡열 반응 모두 가능하다.

07. 답 -46

해설 생성열은 어떤 화합물 1몰이 그 성분 원소의 가장 안정한 홑원소 물질로부터 생성될 때의 열량이다. $NH_3(g)$ 2몰이 생성될 때의 생성열이 -92 kJ이므로 $NH_3(g)$ 1몰이 생성될 때의 생성열은 -46 kJ/mol이다.

09. 답 74.8

해설 메테인 8 g (= $\frac{8}{16}$몰)이 생성될 때 37.4 kJ 열을 방출하므로 메테인 1몰이 생성될 때 74.8 kJ의 열을 방출한다. 메테인의 생성열은 -74.8 kJ/mol이다. 분해열은 생성열과 절댓값은 같지만, 부호가 반대이므로 74.8 kJ/mol이다.

10. 답 2, -74.8

해설 반응 물질의 원자 수와 생성 물질의 원자 수가 같아지도록 계수를 맞춘다. 메테인 8 g (= $\frac{8}{16}$몰)이 생성될 때 37.4 kJ 열을 방출하므로 메테인 1몰이 생성될 때 74.8 kJ의 열을 방출한다.

11. 답 ③

해설 표에 주어진 자료에 대한 열화학 반응식은 다음과 같이 나타낼 수 있다.

$C(s) + \frac{1}{2}O_2(g) \rightarrow CO(g)$ ΔH°_f = a

$C(s) + O_2(g) \rightarrow CO_2(g)$ ΔH°_f = b

$3C(s) + 4H_2(g) \rightarrow C_3H_8(g)$ ΔH°_f = c

$H_2(g) + \frac{1}{2}O_2(g) \rightarrow H_2O(l)$ ΔH° = d

$CO(g) + \frac{1}{2}O_2(g) \rightarrow CO_2(g)$ ΔH° = e

$C_3H_8(g) + 5O_2(g) \rightarrow 3CO_2(g) + 4H_2O(l)$

위 식을 이용하여 프로페인($C_3H_8(g)$)의 연소열을 구한다. 엔탈피 변화(ΔH) = $\Sigma H^\circ_{생성\ 물질} - \Sigma H^\circ_{반응\ 물질}$이므로 (3 × $CO_2(g)$의 생성 엔탈피 + 4 × $H_2O(l)$의 생성 엔탈피) - ($C_3H_8(g)$의 생성 엔탈피 + 5 × $O_2(g)$의 생성 엔탈피) = (3b + 4d) - c이다.

12. 답 ②

해설 ㄱ. 엔탈피 변화(ΔH) = $\Sigma H^\circ_{생성\ 물질} - \Sigma H^\circ_{반응\ 물질}$ 이다. 따라서 C(s, 다이아몬드) → C(s, 흑연)의 반응열은 - (b - a) kJ이다. ㄴ. 생성열은 그 성분의 가장 안정한 홑원소 물질로부터 생성될 때이다. C(s, 다이아몬드)보다 C(s, 흑연)이 더 안정하기 때문에 $CO_2(g)$의 생성열(ΔH)은 -b kJ이다. ㄷ. 같은 원소로부터 생성되는 여러 화합물 중에서 표준 생성 엔탈피가 작을수록 안정하다. C(s, 흑연)이 C(s, 다이아몬드)보다 안정하다.

13. 답 ②

해설 ㄱ. 연소 반응은 발열 반응으로 반응 엔탈피는 0보다 작다.

ㄴ. $2Fe(s) + \frac{3}{2}O_2(g) \rightarrow Fe_2O_3(s)$ ΔH에서 Fe(s)의 연소열은 $\frac{\Delta H}{2}$, $Fe_2O_3(s)$의 생성열은 ΔH이므로 다르다.

ㄷ. $2Fe(s) + \frac{3}{2}O_2(g) \rightarrow Fe_2O_3(s)$에서 철의 산화수는 0에서 3으로 증가한다.

14. 답 ⑤

해설 $NH_3(g)$의 표준 생성 엔탈피는

$\frac{1}{2}N_2(g) + \frac{3}{2}H_2(g) \rightarrow NH_3(g)$ $\Delta H^\circ_f = -46.1$ kJ

$H_2O(l)$의 표준 생성 엔탈피는

$H_2(g) + \frac{1}{2}O_2(g) \rightarrow H_2O(l)\ \Delta H^\circ_f = -286$ kJ

엔탈피 변화는

$NH_3(g) + \frac{3}{4}O_2(g) \rightarrow \frac{1}{2}N_2(g) + \frac{3}{2}H_2O(l)\ \ \Delta H = x$일 때

엔탈피 변화(ΔH) = $\Sigma H^\circ_{생성\ 물질} - \Sigma H^\circ_{반응\ 물질}$이므로

($\frac{1}{2}$ × $N_2(g)$의 생성 엔탈피 + $\frac{3}{2}$ × $H_2O(l)$의 생성 엔탈피)

- ($NH_3(g)$의 생성 엔탈피 + $\frac{3}{4}$ × $O_2(g)$의 생성 엔탈피) =

$(0 + \frac{3}{2} \times -286) - (-46.1 + 0) = x$ 이다.

$\therefore x = -382.9$ kJ/mol

15. 답 ③

해설 $NaOH(s) \rightarrow NaOH(aq)\ \ \Delta H_1$ 는 충분한 양의 용매에 용해될 때의 열량으로 용해열이다.

$NaOH(aq) + HCl(aq) \rightarrow NaCl(aq) + H_2O(l)\ \ \Delta H_2$ 는 산과 염기가 중화 반응하여 1몰의 $H_2O(l)$이 생성될 때의 열량으로 중화열이다.

16. 답 ②

해설 $NaOH(s) \rightarrow NaOH(aq)\ \ \Delta H = x$

열량(Q) = 비열(c) × 질량(m) × 온도 변화(Δt)

= 열용량(C) × 온도 변화(Δt)

수산화 나트륨 1몰은 40 g 이다. 수산화 나트륨 1 mol 을 용해시킬 때 용해열을 x라고 하면 2.0 g 의 용해열은 x kJ/mol × $\frac{2}{40}$ mol로 구할 수 있다.

x kJ/mol × $\frac{2}{40}$ mol = 4.2 J/℃·g × 400 g × 1.3℃

x kJ/mol × $\frac{2}{40}$ mol = 2184 J = 2.184 kJ

x = 43.68 kJ/mol이고, 발열 반응이므로 ΔH_1 = -43.68 kJ/mol 이다.

17. 답 ③

해설 $NaOH(aq) + HCl(aq) \rightarrow NaCl(aq) + H_2O(l)\ \ \Delta H = x$

열량(Q) = 비열(c) × 질량(m) × 온도 변화(Δt)

= 열용량(C) × 온도 변화(Δt)

= 4.2 J/℃·g × (500 + 500) g × 1.3℃

=5460 J = 5.46 kJ

수산화 나트륨 0.1몰과 염화 수소 0.15몰 중 수산화 나트륨 0.1몰과 염화 수소 0.1몰이 반응한다.

x kJ/mol × 0.1 mol = 5460 J = 5.46 kJ

x = 54.6 kJ/mol이고, 발열 반응이므로 ΔH_2 = -54.6 kJ/mol이다.

18. 답 ①

해설 열량(Q) = 비열(c) × 질량(m) × 온도 변화(Δt)

= 열용량(C) × 온도 변화(Δt)

염화 칼슘 1몰은 111 g 이다. 염화 칼슘 1mol을 용해시킬 때 용해열을 x라고 하면 4 g 의 용해열은 다음과 같이 구할 수 있다.

x kJ/mol × $\frac{4}{111}$ mol = 4.18 J/℃·g × 100 g × (32.2 - 25)℃

x kJ/mol × $\frac{4}{111}$ mol ≒ 3010 J = 3.01 kJ

x = 83.53 kJ/mol이고, 발열 반응이므로 용해열(ΔH) = - 83.53 kJ/mol이다.

19. 답 ③

해설 ㄱ. $NaOH(s)$을 물에 녹일 때 발열 반응이므로 주위의 온도가 올라간다. ㄴ. 기체의 용해도는 온도가 낮을수록 커진다. ㄷ. $HCl(g)$와 $NaOH(s)$을 같은 물에 각각 1몰씩 녹이면 용해열과 중화열이 발생하기 때문에 약 -120 kJ + -55 kJ의 열이 발생한다.

20. 답 ③

해설 일정한 열원으로 가열하므로 x축은 열량이다. 따라서 이 그래프는 일정한 열량(Q)에 따른 온도 변화(Δt) 그래프이다.

열량(Q) = 비열(c) × 질량(m) × 온도 변화(Δt)

= 열용량(C) × 온도 변화(Δt)

비열(c) = $\frac{열량(Q)}{질량(m) \times 온도\ 변화(\Delta t)}$

에탄올의 비열($\frac{2Q}{50 \times 25}$) : 물의 비열($\frac{8Q}{100 \times 25}$) = 1 : 2

열용량(C) = $\frac{열량(Q)}{온도\ 변화(\Delta t)}$

에탄올의 열용량($\frac{2Q}{25}$) : 물의 열용량($\frac{8Q}{25}$) = 1 : 4

21. 답 ②

해설 ㄱ. 같은 원소로부터 생성되는 여러 화합물 중 표준 생성 엔탈피가 작을수록 상대적으로 안정하다. 따라서 탄소와 수소로부터 생성되는 $C_2H_2(g)$와 $C_6H_6(l)$ 중 표준 엔탈피가 낮은 $C_6H_6(l)$가 더 안정하다.

ㄴ. $C_6H_6(l)$ 1몰이 완전 연소할 때 3267 kJ 열을 방출하므로 $C_6H_6(l)$ 1 g (= $\frac{1}{78}$몰)이 완전 연소할 때 약 41.88 kJ의 열을 방출한다. $C_2H_2(g)$ 1몰이 완전 연소할 때 1300 kJ 열을 방출하므로 $C_2H_2(g)$ 1 g (= $\frac{1}{26}$몰)이 완전 연소할 때 약 50 kJ의 열을 방출한다. 따라서 물질 1 g 을 완전 연소시키는데 방출하는 열량은 $C_2H_2(g)$이 $C_6H_6(l)$보다 크다.

ㄷ. $6C(s) + 3H_2(g) \rightarrow 3C_2H_2(g)\ \ \Delta H$ = 681 kJ/mol 이고, $6C(s) + 3H_2(g) \rightarrow C_6H_6(l)\ \ \Delta H$ = 49 kJ/mol 이다. 따라서 $3C_2H_2(g) \rightarrow C_6H_6(l)$ 반응이 일어날 때 열을 방출한다.

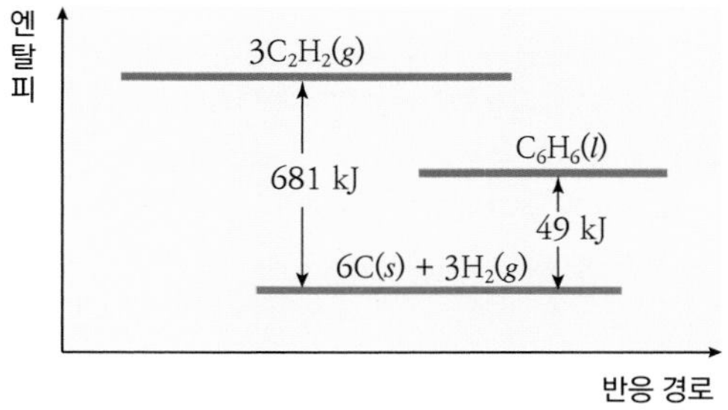

22. 답 ①

해설 ㄱ. 탄화수소의 연소 생성 물질은 $CO_2(g)$와 $H_2O(l)$로 같다. ㄴ. 열량계에서 연소될 때 용액의 온도가 가장 많이 올라가는 것은 $C_4H_{10}(g)$이다.

ㄷ. $C_2H_6(g)$ 1몰이 완전 연소할 때 1557 kJ 열을 방출하므로 $C_2H_6(g)$ 1 g (= $\frac{1}{30}$몰)이 완전 연소할 때 약 52.0 kJ의 열을 방출한다. $C_3H_8(g)$ 1몰이 완전 연소할 때 2219.2 kJ 열을 방출하므로 $C_3H_8(g)$ 1 g (= $\frac{1}{44}$몰)이 완전 연소할 때 약 50.44 kJ의 열을 방출한다. $C_4H_{10}(g)$ 1몰이 완전 연소할 때 2877.6 kJ 열을 방출하므로 $C_4H_{10}(g)$ 1 g (= $\frac{1}{58}$몰)이 완전 연소할 때 약 49.61 kJ의 열을 방출한다. 따라서 물질 1 g 발열량은 $C_2H_6(g)$이 가장 크다.

23. 답 ⑤

해설

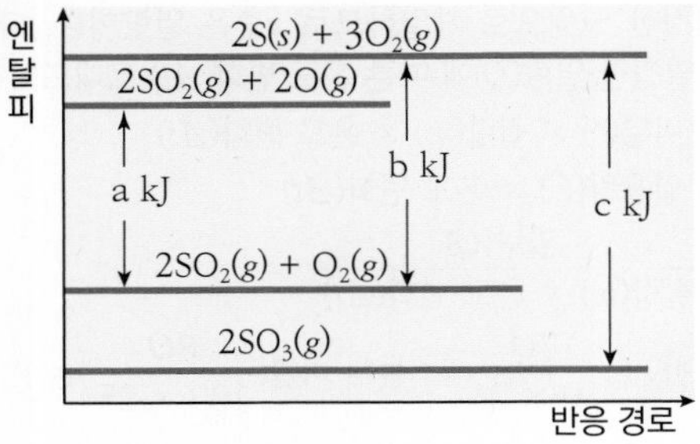

a, b, c 는 엔탈피 차이를 의미하므로 양수이다.

ㄱ. $2SO_2(g) + O_2(g) \rightarrow 2SO_2(g) + 2O(g)$이다. 따라서 $O(g)$의 생성 엔탈피는 $\frac{a}{2}$ kJ이다. ㄴ. 반응 $2S(s) + 2O_2(g) \rightarrow 2SO_2(g)$의 반응 엔탈피는 -b kJ이다. ㄷ. $2SO_2(g) + O_2(g) \rightarrow 2SO_3(g)$에서 $SO_2(g)$의 연소 엔탈피는 $-\frac{c-b}{2}$ kJ이다.

24. 답 ③

해설 ㄱ. 표준 생성 엔탈피는 25℃, 1 기압에서 어떤 화합물 1몰이 가장 안정한 성분 홑원소 물질로부터 생성되는 열량이다.

$N_2H_4(g)$의 표준 생성 엔탈피는

$N_2(g) + 2H_2(g) \rightarrow N_2H_4(g)$ $\Delta H^\circ_f = 50.6$ kJ,

$N_2O_4(g)$의 표준 생성 엔탈피는

$N_2(g) + 2O_2(g) \rightarrow N_2O_4(g)$ $\Delta H^\circ_f = 9.16$ kJ,

$H_2O(l)$의 표준 생성 엔탈피는

$H_2(g) + \frac{1}{2}O_2(g) \rightarrow H_2O(l)$ $\Delta H^\circ_f = -286$ kJ,

반응 엔탈피는

$2N_2H_4(g) + N_2O_4(g) \rightarrow 3N_2(g) + 4H_2O(g)$ $\Delta H^\circ_f = x$ kJ이다.

엔탈피 변화(ΔH) = $\Sigma H^\circ_{생성\ 물질} - \Sigma H^\circ_{반응\ 물질}$이므로

(3 × $N_2(g)$의 생성 엔탈피 + 4 × $H_2O(l)$의 생성 엔탈피) - (2 × $N_2H_4(g)$의 생성 엔탈피 + $N_2O_4(g)$의 생성 엔탈피) = (0 + 4 × -286) - (2 × 50.6 + 9.16) = -1254.4 kJ/mol 이다.

ㄴ. 발열 반응이므로 주위의 온도가 올라간다. ㄷ. $N_2H_4(g)$ 0.3몰과 $N_2O_4(g)$ 0.2몰 중 $N_2H_4(g)$ 0.3몰과 $N_2O_4(g)$ 0.15몰이 반응하므로 발생하는 열량은 약 -188 kJ/mol 이다.

25. 답 〈해설 참조〉

해설 ㄴ. 간이 열량계와 발생한 열량을 구하는 계산 과정이 같다. ⇨ 간이 열량계의 반응열을 측정하는 법은 발생한 열량(Q) = 용액이 흡수한 열량 = 용액의 비열(c) × 용액의 질량(m) × 용액의 온도 변화(Δt) 이다. 통열량계의 반응열을 측정하는 법은 발생한 열량(Q) = 물이 흡수한 열량 + 통열량계가 흡수한 열량 = 물의 비열(c) × 물의 질량(m) × 물의 온도 변화(Δt) + 통열량계의 열용량($C_{통열량계}$) × 온도 변화(Δt) 이다.

ㄹ. 흡열 반응만 실험 가능하다. ⇨ 흡열 반응, 발열 반응 모두 실험 가능하다. 주로 연소 반응의 반응열을 측정하는 데 사용한다.

26. 답 45 J/℃

해설 발생한 열량(Q) = 물이 흡수한 열량 + 통열량계가 흡수한 열량 = 물의 비열(c) × 물의 질량(m) × 물의 온도 변화(Δt) + 통열량계의 열용량($C_{통열량계}$) × 온도 변화(Δt) 이므로

7061×10^3J/mol × $\frac{2.25 \times 10^{-3}}{178}$ mol = (4.2 J/℃·g × 50 g × 0.35℃) + (C J/℃ × 0.35℃),

89.25 J = 73.5 J + (C J/℃ × 0.35℃)

C = 45 J/℃ 이다.

27. 답 〈해설 참조〉

해설 (1) $CH_4(g) + 2O_2(g) \rightarrow CO_2(g) + 2H_2O(l)$ $\Delta H = -880$ kJ

$C_2H_6(g) + \frac{7}{2}O_2(g) \rightarrow 2CO_2(g) + 3H_2O(l)$ $\Delta H = -1467$ kJ

(2) $CH_4(g)$가 x g (= $\frac{x}{16}$몰)이면 $C_2H_6(g)$가 (110-x) g (= $\frac{110-x}{30}$몰)이다. 그러므로 $-5867 = \frac{x}{16} \times -880 + \frac{110-x}{30} \times -1467$, $x = 80$이다. $CH_4(g) = \frac{x}{16} = \frac{80}{16} = 5$몰, $C_2H_6(g) = \frac{110-x}{30} = \frac{30}{30} = 1$몰이므로 $CH_4(g)$의 몰 분율 = $\frac{5}{5+1} \fallingdotseq 0.83$이다.

28. 답 43 kJ/mol

해설 열량(Q) = 비열(c) × 질량(m) × 온도 변화(Δt)
= 열용량(C) × 온도 변화(Δt)
= 4.18 J/℃·g × 100 g ×(25 - 24.16)℃
= 351.12 J

염소산 포타슘 1몰은 122.55 g 이므로 염소산 포타슘 1몰이 용해될 때 방출하는 열량은 351.12J × $\frac{122.55}{1}$ = 43 kJ/mol이다.

29. 답 500

해설 열량(Q) = 비열(c) × 질량(m) × 온도 변화(Δt)
= 열용량(C) × 온도 변화(Δt)

C_1(벽돌의 열용량) = C_2(물의 열용량)

0.85 J/g·℃ × (168 × n)g = 4.2J/g·℃ × 17kg

0.85 J/g·℃ × (168 × n)g = 4.2J/g·℃ × 17 × 10^3 g

n = 500, 500개의 벽돌이 필요하다.

30. 답 -711 kJ/mol

해설 표준 생성 엔탈피는 25℃, 1기압에서 어떤 화합물 1몰이 가장 안정한 성분 홑원소 물질로부터 생성되는 열량이다.

$CO_2(g)$의 표준 생성 엔탈피는

$C(s) + O_2(g) \rightarrow CO_2(g)$ $\Delta H^\circ_f = -394$ kJ,

$H_2O(l)$의 표준 생성 엔탈피는

$H_2(g) + \frac{1}{2}O_2(g) \rightarrow H_2O(l)$ $\Delta H^\circ_f = -286$ kJ,

$CH_3NO_2(l)$의 표준 생성 엔탈피는

$C(s) + \frac{1}{2}N_2(g) + \frac{3}{2}H_2(g) + O_2(g) \rightarrow CH_3NO_2(l)$

$\Delta H^\circ_f = -112$ kJ,

$CH_3NO_2(l)$의 연소열은

$2CH_3NO_2(l) + \frac{3}{2}O_2(g) \rightarrow N_2(g) + 2CO_2(g) + 3H_2O(l)$
$\Delta H = x$ kJ이다.

엔탈피 변화(ΔH) = $\Sigma H°_{생성\ 물질}$ - $\Sigma H°_{반응\ 물질}$이므로 ($N_2(g)$의 생성 엔탈피 + 2 × $CO_2(g)$의 생성 엔탈피 + 3 × $H_2O(l)$의 생성 엔탈피) - (2 × $CH_3NO_2(l)$의 생성 엔탈피 + $\frac{3}{2}$ × $O_2(g)$의 생성 엔탈피) = (0 + 2× -394 + 3 × -286) - (2× -112 + 0) = -1422 kJ

이것은 $CH_3NO_2(l)$ 2몰이 연소될 때의 반응 엔탈피이므로 $CH_3NO_2(l)$의 연소열은 -711 kJ/mol이다.

31. 답 (1) -878.26 kJ/mol (2) 35.77℃

해설 (1) 표준 생성 엔탈피는 25℃, 1기압에서 어떤 화합물 1몰이 가장 안정한 성분 홑원소 물질로부터 생성되는 열량이다.

$ZnS(s)$의 표준 생성 엔탈피는

$Zn(s) + S(s) \rightarrow ZnS(s)$ $\Delta H°_f = -205.98$ kJ,

$SO_2(g)$의 표준 생성 엔탈피는

$S(s) + O_2(g) \rightarrow SO_2(g)$ $\Delta H°_f = -296.83$ kJ,

$ZnO(s)$의 표준 생성 엔탈피는

$Zn(s) + \frac{1}{2}O_2(g) \rightarrow ZnO(s)$ $\Delta H°_f = -348.28$ kJ,

반응 엔탈피는

$2ZnS(s) + 3O_2(g) \rightarrow 2ZnO(s) + 2SO_2(g)$ $\Delta H = x$ kJ이다.

엔탈피 변화(ΔH) = $\Sigma H°_{생성\ 물질}$ - $\Sigma H°_{반응\ 물질}$이므로

(2 × $ZnO(s)$의 생성 엔탈피 + 2 × $SO_2(g)$의 생성 엔탈피) - (2 × $ZnS(s)$의 생성 엔탈피 + 3 × $O_2(g)$의 생성 엔탈피)

= (2 × -348.28 + 2 × -296.83) - (2 × -205.98+ 0) = -878.26 kJ/mol이다.

(2) 열량(Q) = 비열(c) × 질량(m) × 온도 변화(Δt)
= 열용량(C) × 온도 변화(Δt)

$ZnS(s)$ 1몰은 97.5 g 이다. $ZnS(s)$ 1mol을 연소시킬 때의 연소열이 439.13kJ/mol이므로 1 g 의 연소열은 439.13 kJ/mol × $\frac{1}{97.5}$ mol로 구할 수 있다.

439.13 kJ/mol × $\frac{1}{97.5}$ mol = 418 J/℃ × Δt

439.13 × 10^3 J/mol × $\frac{1}{97.5}$ mol = 418 J/℃ × Δt

Δt = 10.77℃

연소 후 물의 온도는 25 + 10.77 = 35.77℃이다.

32. 답 1.1℃ 상승

해설 열량(Q) = 비열(c) × 질량(m) × 온도 변화(Δt)
= 열용량(C) × 온도 변화(Δt)

글루코스 1몰은 180 g 이다. 글루코스 1mol을 연소시킬 때 연소열을 2880.8 kJ/mol라고 하면 1 g 의 연소열은 2880.8 kJ/mol × $\frac{1}{180}$ mol로 구할 수 있다.

2880.8 kJ/mol × $\frac{14.3}{180}$ mol = 4.18 J/℃ × 50 kg × Δt

2880.8 × 10^3 J/mol × $\frac{14.3}{180}$ mol = 4.18 J/℃·g × 50 × 10^3 g× Δt, Δt ≒ 1.1이므로 연소 후 사람 몸의 온도는 1.1℃ 올라간다.

11강. 헤스 법칙과 결합 에너지

개념확인	214 ~ 217 쪽
1. $x + y$	2. 87
3. 결합 에너지	4. -96.5

확인 +	214 ~ 217 쪽
1. 헤스 법칙	2. (1) O (2) O
3. 1609	4. 590

개념확인

1. 답 $x + y$

해설 구하고자 하는 열화학 반응식은 A → C 이고, 주어진 열화학 반응식은 A → B $\Delta H_1 = x$, B → C $\Delta H_2 = y$ 이다.

$$\begin{array}{ll} & A \rightarrow B \quad \Delta H_1 \\ +) & B \rightarrow C \quad \Delta H_2 \\ \hline & A \rightarrow C \quad \Delta H = \Delta H_1 + \Delta H_2 \end{array}$$

이므로 $\Delta H = x + y$ 이다.

2. 답 87

해설 1단계 : $H_2(g) + \frac{1}{2}O_2(g) \rightarrow H_2O(g)$ ΔH_1 = -484 kJ … ㉠

$H_2(g) + \frac{1}{2}O_2(g) \rightarrow H_2O(l)$, ΔH_2 = -571 kJ … ㉡

2단계 : $H_2O(l) \rightarrow H_2O(g)$ $\Delta H = x$ kJ

3단계 : $H_2(g) + \frac{1}{2}O_2(g) \rightarrow H_2O(g)$, ΔH = -484 kJ … ㉠

-) $H_2(g) + \frac{1}{2}O_2(g) \rightarrow H_2O(l)$, ΔH = -571 kJ … ㉡

$H_2O(l) \rightarrow H_2O(g)$

4단계 : ΔH = -484 - (-571) = 87 kJ

물의 몰 기화열은 87 kJ/mol이다.

4. 답 - 96.5

해설 반응 엔탈피 = (반응물의 결합 에너지 합) - (생성물의 결합 에너지 합)

ΔH = (N ≡ N 결합 에너지 + 3 × H – H 결합 에너지) - (6 × N – H 결합 에너지) = (946.9 + 3 × 435.8) - (6 × 391.8) = -96.5 kJ

확인 +

3. 답 1609

해설 해리 에너지는 분자에 존재하는 모든 결합을 끊어 원자 상태로 만드는 데 필요한 에너지로 CO_2의 해리 에너지 = 2 × (C = O 평균 결합 에너지) = 2 × 804.5.2 kJ/mol = 1609 kJ/mol

4. 답 590

해설 에틸렌의 구조식은 다음과 같다.

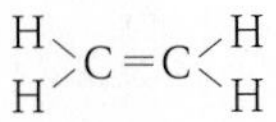

따라서 에틸렌에는 C – H 결합 4개와 C = C 결합 1개가 있다. 에틸렌에 존재하는 결합을 모두 끊는 데 필요한 에너지가 2250 kJ/mol이므로 C = C 결합 에너지를 x라 하면 다음 식이 성립한다.
$2250 = 415 \times 4 + x$ 따라서 $x = 590$ kJ/mol이다.

개념다지기 218 ~ 219 쪽

01. ⑤	02. ④	03. 종류, 일정하다	04. ②
05. 351.1	06. ④	07. -240.5	08. -808

01. 답 ⑤

해설 $2SO_2(g) + O_2(g) \rightarrow 2SO_3(g)$, $\Delta H = x$ kJ

주어진 열화학 반응식은

$S(s) + O_2(g) \rightarrow SO_2(g)$ $\Delta H = -71.0$ kJ …… ㉠

$S(s) + \frac{3}{2}O_2(g) \rightarrow SO_3(g)$ $\Delta H = -23.5$ kJ …… ㉡

이므로, 2㉡ - 2㉠ 을 하면 다음과 같다.

$2S(s) + 3O_2(g) \rightarrow 2SO_3(g)$, $\Delta H = -47$ kJ 2㉡

-) $2S(s) + 2O_2(g) \rightarrow 2SO_2(g)$, $\Delta H = -142$ kJ 2㉠

$2SO_2(g) + O_2(g) \rightarrow 2SO_3(g)$, $\Delta H = 95$ kJ

02. 답 ④

해설 $2NO(g) + O_2(g) \rightarrow 2NO_2(g) + x$ kJ

주어진 열화학 반응식은

$N_2(g) + O_2(g) \rightarrow 2NO(g)$ $\Delta H = 180$ kJ …… ㉠

$N_2(g) + 2O_2(g) \rightarrow 2NO_2(g)$ $\Delta H = 68$ kJ …… ㉡

이므로, ㉡ - ㉠ 을 하면 다음과 같다.

$N_2(g) + 2O_2(g) \rightarrow 2NO_2(g)$, $\Delta H = 68$ kJ …… ㉡

-) $N_2(g) + O_2(g) \rightarrow 2NO(g)$, $\Delta H = 180$ kJ …… ㉠

$2NO(g) + O_2(g) \rightarrow 2NO_2(g)$, $\Delta H = -112$ kJ

$\Delta H = -Q = 112$ kJ

03. 답 종류, 일정하다.

해설 헤스 법칙(총열량 불변의 법칙)에 따라 화학 변화에서 반응 전 물질의 종류, 상태와 반응 후 물질의 종류, 상태가 결정되면 반응 경로와 상관없이 그 사이에 출입하는 열량의 총합은 일정하다.

04. 답 ②

해설 ① 생성 엔탈피는 가장 안정한 홑원소 물질로부터 생성될 때 흡수되거나 방출되는 열량이므로 $H_2O(g)$의 생성 엔탈피는 $-\frac{(E_1 + E_2)}{2}$ kJ/mol이다.

② 분해 엔탈피는 성분 원소의 가장 안정한 홑원소 물질로 분해될 때 흡수되거나 방출되는 열량이므로 $NO(g)$의 분해 엔탈피는 $-\frac{E_2}{2}$ kJ/mol이다.

③ $H_2O(g)$가 생성되는 반응은 열을 방출하는 발열 반응이다.

④ $NO(g)$의 생성 엔탈피는 $\frac{E_2}{2}$ kJ/mol이다.

⑤ $H_2(g) + \frac{1}{2}N_2(g) + O_2(g) \rightarrow H_2O(g) + NO(g)$, $\Delta H_1 = -\frac{1}{2}E_1$, $2H_2O(g) + 2NO(g) \rightarrow 2H_2O(g) + N_2(g) + O_2(g)$, $\Delta H_2 = -E_2$ 이다. 따라서 $H_2(g) + NO(g) \rightarrow \frac{1}{2}N_2(g) + H_2O(g)$ 반응의 반응 엔탈피는 $\Delta H = \Delta H_1 + \Delta H_2 = -(\frac{1}{2}E_1 + E_2)$ kJ/mol이다.

05. 답 351.1

해설 $H_2(g) + Br_2(g) \rightarrow 2HBr(g)$ 반응의 반응 엔탈피는 다음과 같다.

ΔH = (H – H 결합 에너지 + Br - Br 결합 에너지) - (2 × H - Br 결합 에너지) = (435.8 + 193.6) - (2 × D) = -72.8 kJ,

따라서 H – Br의 결합 에너지는 351.1 kJ/mol이다.

06. 답 ④

해설 ㄱ. $Cl_2(g) \rightarrow 2Cl(g)$의 반응은 흡열 반응이므로 반응 엔탈피는 0보다 크다. ㄴ. $H_2(g) + Cl_2(g) \rightarrow 2H(g) + Cl_2(g)$ 의 반응 엔탈피는 436 kJ/mol이므로 H – H의 결합 에너지는 436 kJ/mol 이다. ㄷ. 생성 엔탈피는 성분 원소의 가장 안정한 홑원소 물질로부터 생성될 때 흡수되거나 방출되는 열량이다. $H_2(g) + Cl_2(g) \rightarrow 2HCl(g)$의 ΔH는 -185 kJ이므로 $HCl(g)$의 생성 엔탈피는 -92.5 kJ/mol이다.

07. 답 -240.5

해설 반응 엔탈피 = (반응물의 결합 에너지 합) - (생성물의 결합 에너지 합)

ΔH = {(H – H 결합 에너지) + ($\frac{1}{2}$ × O = O 결합 에너지)} - 2(O – H 결합 에너지) = (436 + $\frac{1}{2}$ × 499) - (2 × 463) = -240.5 kJ

08. 답 -808

해설 반응 엔탈피 = (반응물의 결합 에너지 합) - (생성물의 결합 에너지 합)

ΔH = (4× C – H 결합 에너지 + 2 × O = O 결합 에너지) - (2 × C = O 결합 에너지 + 4 × O – H 결합 에너지) = (4 × 414 + 2 × 499) - (2 × 805 + 4 × 463) = -808 kJ

유형익히기 & 하브루타 220 ~ 223 쪽

[유형11-1] ④	01. ⑤	02. ③
[유형11-2] ②	03. ④	04. ②
[유형11-3] ④	05. ⑤	06. ②
[유형11-4] ④	07. ④	08. 326

[유형11-1] 답 ④

해설 $C(s) + \frac{1}{2}O_2(g) \rightarrow CO(g)$, ΔH_1

$CO(g) + \frac{1}{2}O_2(g) \rightarrow CO_2(g)$, ΔH_2

$C(s) + O_2(g) \rightarrow CO_2(g)\ \Delta H$

헤스 법칙에서 $\Delta H = \Delta H_1 + \Delta H_2$이다. 하지만 ΔH는 탄소 1몰(12 g)이 완전 연소할 때 반응 엔탈피이므로 1 g이 연소할 때 반응 엔탈피를 계산하면

$12 : (\Delta H_1 + \Delta H_2) = 1 : x,\ x = \dfrac{\Delta H_1 + \Delta H_2}{12}$ 이다.

01. 답 ⑤

해설 ㄱ. 엔탈피는 상태 함수이므로 반응의 경로와는 무관하다. 따라서 연속적으로 일어나는 반응에서 엔탈피 변화의 합은 전체 반응의 엔탈피 변화와 같다. 탄소(s, 흑연)를 완전 연소시켜 $CO_2(g)$가 되는 반응과 불완전 연소하여 중간 상태인 $CO(g)$를 거쳐 $CO_2(g)$가 되는 반응의 엔탈피는 같다.

ㄴ. 헤스 법칙에서 화학 변화에서 반응 전 물질의 상태와 종류, 반응 후 물질의 상태와 종류가 같아야 반응 경로와 상관없이 그 사이에 출입하는 열량의 총합이 일정하다. 따라서 탄소(s, 흑연)의 연소열은 탄소(s, 다이아몬드)를 완전 연소시켜 $CO_2(g)$가 되는 반응 엔탈피와 다르다.

ㄷ. 헤스 법칙을 이용하면 이미 알고 있는 반응성을 이용하여 실험적으로 구하기 어려운 반응열을 알 수 있다. 실험적으로 불가능한 탄소(s, 흑연)가 불완전 연소하는 반응의 반응 엔탈피를 구할 수 있다.

02. 답 ③

해설 $\frac{1}{2}N_2(g) + O_2(g) \rightarrow NO_2(g)$, $\Delta H = x$ kJ

주어진 열화학 반응식은

$N_2(g) + O_2(g) \rightarrow 2NO(g)$, $\Delta H_1 = -286$ kJ ······ ㉠

$NO_2(g) \rightarrow NO(g) + \frac{1}{2}O_2(g)$, $\Delta H_2 = -187.6$ kJ ······ ㉡

이므로, $\frac{1}{2}$㉠ - ㉡ 을 하면 다음과 같다.

$\frac{1}{2}N_2(g) + \frac{1}{2}O_2(g) \rightarrow NO(g)$, $\Delta H_1 = -143$ kJ ······$\frac{1}{2}$㉠

$-)\ NO_2(g) \rightarrow NO(g) + \frac{1}{2}O_2(g)$, $\Delta H_2 = -187.6$ kJ ···· ㉡

$\frac{1}{2}N_2(g) + O_2(g) \rightarrow NO_2(g)$, $\Delta H = 44.6$ kJ

[유형11-2] 답 ②

해설 $C_2H_5OH(l) + 3O_2(g) \rightarrow 2CO_2(g) + 3H_2O(l)$, $\Delta H = x$ kJ

주어진 열화학 반응식은

$2C$(s, 흑연) $+ 3H_2(g) + \frac{1}{2}O_2(g) \rightarrow C_2H_5OH(l)$, $\Delta H_1 = -278$ kJ ······ ㉠

C(s, 흑연) $+ O_2(g) \rightarrow CO_2(g)$, $\Delta H_2 = -394$ kJ ······ ㉡

$H_2(g) + \frac{1}{2}O_2(g) \rightarrow H_2O(l)$, $\Delta H_3 = -286$ kJ ······ ㉢

이므로 2㉡ + 3㉢ - ㉠을 하면 다음과 같다.

$2C$(s, 흑연) $+ 2O_2(g) \rightarrow 2CO_2(g)$, $\Delta H_2 = -788$ kJ ······ 2㉡

$+)\ 3H_2(g) + \frac{3}{2}O_2(g) \rightarrow 3H_2O(l)$, $\Delta H_3 = -858$ kJ ······ 3㉢

$2C$(s, 흑연) $+ \frac{7}{2}O_2(g) + 3H_2(g) \rightarrow 2CO_2(g) + 3H_2O(l)$, $\Delta H = -1646$ kJ

$2C$(s, 흑연) $+ \frac{7}{2}O_2(g) + 3H_2(g) \rightarrow 2CO_2(g) + 3H_2O(l)$, $\Delta H = -1646$ kJ

$-)\ 2C$(s, 흑연) $+ 3H_2(g) + \frac{1}{2}O_2(g) \rightarrow C_2H_5OH(l)$, $\Delta H_1 = -278$ kJ ···· ㉠

$C_2H_5OH(l) + 3O_2(g) \rightarrow 2CO_2(g) + 3H_2O(l)\ \Delta H = -1368$ kJ

03. 답 ④

해설 $N_2(g) + 2H_2(g) \rightarrow N_2H_4(g)$, $\Delta H = x$ kJ

주어진 열화학 반응식은

$N_2(g) + 3H_2(g) \rightarrow 2NH_3(g)$, $\Delta H_1 = -92.2$ kJ ······ ㉠

$N_2H_4(g) + H_2(g) \rightarrow 2NH_3(g)$, $\Delta H_2 = -187.6$ kJ ······ ㉡

이므로 ㉠ - ㉡을 하면 다음과 같다.

$N_2(g) + 3H_2(g) \rightarrow 2NH_3(g)$, $\Delta H_1 = -92.2$ kJ ······ ㉠

$-)\ N_2H_4(g) + H_2(g) \rightarrow 2NH_3(g)$, $\Delta H_2 = -187.6$ kJ ······ ㉡

$N_2(g) + 2H_2(g) \rightarrow N_2H_4(g)\ \ \Delta H = 95.4$ kJ

04. 답 ②

해설 $C_6H_6(l) \rightarrow C_6H_6(g)$, $\Delta H = x$ kJ

주어진 열화학 반응식은

$6C(s) + 3H_2(g) \rightarrow C_6H_6(g)$, $\Delta H_1 = 82.93$ kJ ······ ㉠

$6C(s) + 3H_2(g) \rightarrow C_6H_6(l)$, $\Delta H_2 = 49.0$ kJ ······ ㉡

이므로 ㉠ - ㉡을 하면 다음과 같다.

$6C(s) + 3H_2(g) \rightarrow C_6H_6(g)$, $\Delta H_1 = 82.93$ kJ ······ ㉠

$-)\ 6C(s) + 3H_2(g) \rightarrow C_6H_6(l)$, $\Delta H_2 = 49.0$ kJ ······ ㉡

$C_6H_6(l) \rightarrow C_6H_6(g)$, $\Delta H = 33.93$ kJ

기화열(kJ/g)은 $C_6H_6(l)$ 1 g 이 $C_6H_6(g)$로 상태 변화할 때 필요한 에너지이다. $C_6H_6(l)$ 1몰의 질량은 78 g 이므로 $78 : 33.93 = 1 : x$, $x = 0.435$이다. 따라서 $C_6H_6(l)$의 몰 기화열은 33.93 kJ/mol이고, 기화열은 0.435 kJ/g이다.

[유형11-3] 답 ④

해설 ㄱ. 결합 에너지는 결합의 세기를 나타내는 척도로 결합 에너지가 클수록 결합이 강하다. 따라서 $H_2(g)$가 $Cl_2(g)$보다 결합 에너지가 크므로 결합이 세다. ㄴ. 결합 에너지는 단일 결합 < 2중 결합 < 3중 결합이다. ㉠은 C = C의 결합 에너지이므로 346.1 kJ/mol보다 크고, 842.2 kJ/mol보다 작다. ㄷ. $\Delta H =$ (H – H 결합 에너지 + Cl – Cl 결합 에너지) - (2 × H – Cl 결합 에너지) = (435.8 + 242.6) - (2 × 431.6) = -184.8 kJ이다.

05. 답 ⑤

해설 반응 엔탈피 = (반응물의 결합 에너지 합) - (생성물의 결합 에너지 합)

ΔH = (N ≡ N 결합 에너지(D) + 3 × H – H 결합 에너지) - (6 × N – H 결합 에너지) = -92 kJ

D = -92 + {6 × (N – H 결합 에너지) - 3 × (H – H 결합 에너지)}

06. 답 ②

해설 반응 엔탈피 = (반응물의 결합 에너지 합) - (생성물의 결합 에너지 합)이고, $CHCl_3$는 C – H 결합 1개, C – Cl 결합 3개를 가지고 있다.

ΔH = (4 × C – H 결합 에너지 + 3 × Cl – Cl 결합 에너지) - (3 × C – Cl 결합 에너지 + C – H 결합 에너지 + 3 × H – Cl 결합 에너지) = (4 × 413.6 + 3 × 242.6) - (3 × 325.2 + 413.6 + 3 × 431.6) = -301.8 kJ

[유형11-4] 답 ④

해설 반응 엔탈피 = (반응물의 결합 에너지 합) - (생성물의 결합 에너지 합)
반응 1은 결합이 끊어지는 반응으로 결합 에너지가 필요하므로 흡열 반응이다. 반응 2는 화학 결합이 생성되는 반응으로 결합 에너지만큼의 에너지를 방출하므로 발열 반응이다. 전체 엔탈피 변화는 $\Delta H = \Sigma D_{끊} - \Sigma D_{생}$이다.

07. 답 ④

해설 ㄱ. 결합이 끊어질 때는 결합 에너지 만큼의 에너지를 흡수하고, 결합이 생성될 때는 결합 에너지 만큼의 에너지를 방출한다. ㄴ. 다원자 분자에서 결합이 2개 이상인 경우 같은 결합이라도 결합 에너지가 다르게 나타난다. 따라서 화합물의 결합 에너지를 각각 측정한 후 평균 결합 에너지를 구해야 한다. ㄷ. 끊어지는 결합의 수와 생성되는 결합의 수가 같을 경우 생성되는 결합이 더 강하면 발열 반응이고, 끊어지는 결합이 더 강하면 흡열 반응이다.

08. 답 326

해설 반응 엔탈피 = (반응물의 결합 에너지 합) - (생성물의 결합 에너지 합)
ΔH = {(N ≡ N 결합 에너지) + 2 × (H – H 결합 에너지)} - {4 × (N – H 결합 에너지(*D*)) + (N = N 결합 에너지)} = 95.4,
$4D = -95.4 + (946.9 + 2 \times 435.8) - (419)$,
$D = \dfrac{1304.1}{4} \fallingdotseq 326$ kJ/mol

창의력 & 토론마당 224 ~ 227 쪽

01 -851.5 kJ

해설 표준 생성 엔탈피는 25℃, 1 기압에서 어떤 화합물 1몰이 가장 안정한 성분 홑원소 물질로부터 생성되는 열량이다.
$2Al(s) + Fe_2O_3(s) \rightarrow 2Fe(s) + Al_2O_3(s)$, $\Delta H^\circ_f = x$ kJ
$Fe_2O_3(s)$의 표준 생성 엔탈피는
$2Fe(s) + \frac{3}{2}O_2(g) \rightarrow Fe_2O_3(s)$, $\Delta H^\circ_f = -824.2$ kJ
$Al_2O_3(s)$의 표준 생성 엔탈피는
$2Al(s) + \frac{3}{2}O_2(g) \rightarrow Al_2O_3(s)$, $\Delta H^\circ_f = -1675.7$ kJ
엔탈피 변화(ΔH) = $\Sigma H^\circ_{생성\ 물질} - \Sigma H^\circ_{반응\ 물질}$이므로

(2 × Fe(*s*) + $Al_2O_3(s)$의 생성 엔탈피) - (2 × Al(*s*) + $Fe_2O_3(s)$의 생성 엔탈피) = (0 + -1675.7) - (0 + -824.2) = -851.5 kJ

02 -2066 kJ

해설 $Ca^{2+}(g) \rightarrow Ca^{2+}(aq)$ $\Delta H = x$ kJ
주어진 열화학 반응식은
$Ca(s) \rightarrow Ca(g)$, $\Delta H_1 = 178.2$ kJ/mol ······ ㉠
$Ca(g) \rightarrow Ca^{2+}(g) + 2e^-$, $\Delta H_2 = 1734.7$ kJ/mol ······ ㉡
$Br_2(l) \rightarrow Br_2(g)$, $\Delta H_3 = 30.91$ kJ/mol ······ ㉢
$Br_2(g) \rightarrow 2Br(g)$, $\Delta H_4 = 192.9$ kJ/mol ······ ㉣
$Br(g) + e^- \rightarrow Br^-(g)$, $\Delta H_5 = -331.0$ kJ/mol ······ ㉤
$CaBr_2(s) \rightarrow CaBr_2(aq)$, $\Delta H_6 = -103.1$ kJ/mol ······ ㉥
$Br^-(g) \rightarrow Br^-(aq)$, $\Delta H_7 = -97.5$ kJ/mol ······ ㉦
$Ca(s) + Br_2(l) \rightarrow CaBr_2(s)$, $\Delta H_8 = -682.8$ kJ/mol ······ ㉧
이므로 - ㉥ - ㉧ + ㉠ + ㉢ + ㉡ + ㉣ + 2 × ㉤ + 2 × ㉦을 하면 $Ca^{2+}(aq) \rightarrow Ca^{2+}(g)$의 반응 엔탈피를 구할 수 있다.
ΔH = -(-103.1) - (-682.8) + 178.2 + 30.91 + 1734.7 + 192.9 + 2 ×-331.0 + 2 × -97.5 = 2066 kJ/mol이므로
따라서 $Ca^{2+}(g) \rightarrow Ca^{2+}(aq)$, ΔH = -2066 kJ이다.

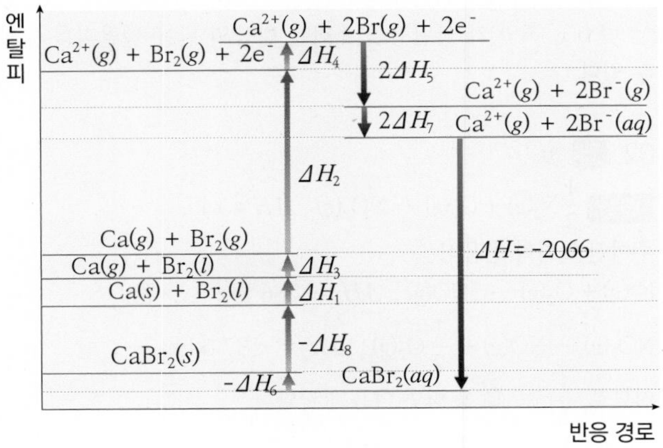

03 (1) 203.48 kJ (2) 843.6 kJ

해설 (1) $E = h\nu = 6.626 \times 10^{-34}$J·s ×$5.1 \times 10^{14}$s^{-1} = 3.38×10^{-19}J이다. 이 값은 Na 원자 1개의 에너지이다. 따라서 1몰의 *E*를 구하면 $3.38 \times 10^{-19} \times 6.02 \times 10^{23}$ = 203476 J = 203.48 kJ이 나온다.
(2) $Na(g) \rightarrow Na^*(g)$, $\Delta H_I = 203.48$ kJ
$Na(s) \rightarrow Na(g)$, $\Delta H_2 = 108.8$ kJ······ ㉠
$NaCl(s) \rightarrow Na(s) + \frac{1}{2}Cl_2(g)$, $\Delta H_3 = 410.0$ kJ······ ㉡
$Cl_2(g) \rightarrow 2Cl(g)$, $\Delta H_4 = 242.7$ kJ······ ㉢
이므로 ㉡ + ㉠ + $\frac{1}{2}$ × ㉢ + ΔH_I이다. 따라서
$\Delta H = 410.0 + 108.8 + \frac{1}{2} \times 242.7 + 203.48 = 843.6$ kJ이다.

04 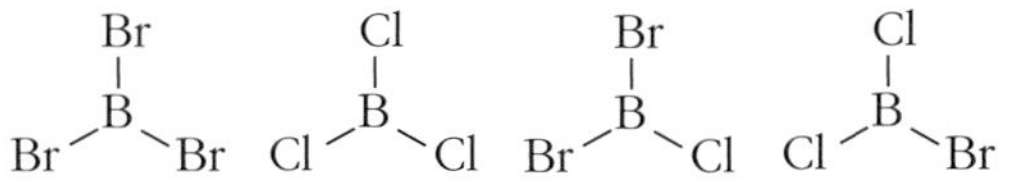

〈해설 참조〉

해설 화학 반응이 일어날 때 반응 물질을 이루고 있는 입자들 사이의 결합이 끊어질 때 에너지를 흡수하고, 생성 물질을 이루기 위해 새로운 결합이 생성될 때 에너지를 방출한다.
이 반응은 결합이 끊어지고 새로운 결합이 생성되지만 이때 끊어지는 결합과 생성되는 결합이 비슷하다.
반응 엔탈피 = (반응물의 결합 에너지 합) - (생성물의 결합 에너지 합), ΔH = (3 × B – Br 결합 에너지 + 3 × B – Cl 결합 에너지) - (2 × B – Br 결합 에너지 + B – Cl 결합 에너지 + 2 × B – Cl 결합 에너지 + B – Br 결합 에너지) ≒ 0 이다.
결합이 2개 이상인 경우 다원자 분자에서 같은 결합이라도 결합 에너지가 다르게 나타나므로 반응 엔탈피가 0이 아니라 0에 가까운 값을 갖는다.

05 -276.3 kJ/mol

해설 $C(s) + \frac{3}{2}Cl_2(g) + \frac{1}{2}F_2(g) \rightarrow CCl_3F(g)$, $\Delta H = x$ kJ
주어진 열화학 반응식은
$C(s) \rightarrow C(g)$, ΔH_1 = 716.7 kJ ······ ㉠
$C(g) + \frac{3}{2}Cl_2(g) + \frac{1}{2}F_2(g) \rightarrow CCl_3F(g)$, $\Delta H = D$ kJ
반응 엔탈피 = (반응물의 결합 에너지 합) - (생성물의 결합 에너지 합)
ΔH = ($\frac{3}{2}$ × (Cl – Cl 결합 에너지) + $\frac{1}{2}$ × (F – F 결합 에너지)) - (3 × (C – Cl 결합 에너지) + (C – F 결합 에너지)) = ($\frac{3}{2}$ × 242.6 + $\frac{1}{2}$ × 159.2) - (3 × 325.2 + 460.9)
= -993 kJ
$C(g) + \frac{3}{2}Cl_2(g) + \frac{1}{2}F_2(g) \rightarrow CCl_3F(g)$, ΔH = -993 kJ ······ ㉡
이므로 ㉠ + ㉡을 하면 다음과 같다.

$C(s) \rightarrow C(g)$, ΔH_1 = 716.7 kJ ······ ㉠
+) $C(g) + \frac{3}{2}Cl_2(g) + \frac{1}{2}F_2(g) \rightarrow CCl_3F(g)$, ΔH = -993 kJ ㉡
$C(s) + \frac{3}{2}Cl_2(g) + \frac{1}{2}F_2(g) \rightarrow CCl_3F(g)$, ΔH = -276.3 kJ

06 (1) -811 kJ (2) -59 kJ/mol (3) 356.7 kJ/mol

해설 (1) $CH_4(g) + 2O_2(g) \rightarrow CO_2(g) + 2H_2O(g)$, $\Delta H = x$ kJ
반응 엔탈피 = (반응물의 결합 에너지 합) - (생성물의 결합 에너지 합)
ΔH = (4 × C – H 결합 에너지 + 2 × O = O 결합 에너지) - (4 × O – H 결합 에너지 + 2 × C = O 결합 에너지) = (4 × 413.6 + 2 × 498.6) - (4 × 463.4 + 2 × 804.5) = -811 kJ/mol
$CH_4(g) + 2O_2(g) \rightarrow CO_2(g) + 2H_2O(g)$, ΔH = -811 kJ
(2) 메테인($CH_4(g)$)이 $O_2(g)$와 반응하여 $CO_2(g)$와 $H_2O(g)$가 생성되는 반응은 표준 생성 엔탈피로도 나타낼 수 있다.
$CH_4(g) + 2O_2(g) \rightarrow CO_2(g) + 2H_2O(g)$, $\Delta H = x$ kJ
$CO_2(g)$의 표준 생성 엔탈피는
$C(s) + O_2(g) \rightarrow CO_2(g)$, ΔH°_f = -390 kJ
$H_2O(g)$의 표준 생성 엔탈피는
$H_2(g) + \frac{1}{2}O_2(g) \rightarrow H_2O(g)$, ΔH°_f = -240 kJ
엔탈피 변화(ΔH) = $\Sigma H^\circ_{생성 물질}$ - $\Sigma H^\circ_{반응 물질}$ = (반응물의 결합 에너지 합) - (생성물의 결합 에너지 합)
= ($CO_2(g)$의 생성 엔탈피 + 2 × $H_2O(g)$의 생성 엔탈피) - ($CH_4(g)$의 생성 엔탈피 + 2 × $O_2(g)$의 생성 엔탈피) = (-390 + 2 × -240) - (x + 0) = -811
따라서 -870 - (x) = -811, x = -59 kJ/mol이다.
(3) 에테인($C_2H_6(g)$)의 C – C 평균 결합 에너지를 구하기 위해서는 먼저 에테인($C_2H_6(g)$)과 $O_2(g)$가 반응하여 $CO_2(g)$와 $H_2O(g)$가 생성되는 반응을 알아야 한다. 표준 생성 엔탈피는 25℃, 1 기압에서 어떤 화합물 1몰이 가장 안정한 성분 홑원소 물질로부터 생성되는 열량이다.
$C_2H_6(g) + \frac{7}{2}O_2(g) \rightarrow 2CO_2(g) + 3H_2O(g)$, $\Delta H^\circ = x$ kJ
$CO_2(g)$의 표준 생성 엔탈피는
$C(s) + O_2(g) \rightarrow CO_2(g)$, ΔH°_f = −390 kJ
$H_2O(g)$의 표준 생성 엔탈피는
$H_2(g) + \frac{1}{2}O_2(g) \rightarrow H_2O(g)$, ΔH°_f = −240 kJ
$C_2H_6(g)$의 생성열은
$2C(s) + 3H_2(g) \rightarrow C_2H_6(g)$, ΔH°_f = -85 kJ 로 주어졌다.
엔탈피 변화(ΔH) = $\Sigma H^\circ_{생성 물질}$ - $\Sigma H^\circ_{반응 물질}$
= (2 × $CO_2(g)$의 생성 엔탈피 + 3 × $H_2O(g)$의 생성 엔탈피) - ($C_2H_6(g)$의 생성 엔탈피 + $\frac{7}{2}$ × $O_2(g)$의 생성 엔탈피) = (2 × -390 + 3 × -240) - (-85 + 0) = -1415,
에테인($C_2H_6(g)$)과 $O_2(g)$의 반응 엔탈피는 -1415 kJ이다.
반응 엔탈피 = (반응물의 결합 에너지 합) - (생성물의 결합 에너지 합)
ΔH = {6 × (C – H 결합 에너지) + $\frac{7}{2}$ × (O = O 결합 에너지) + (C – C 결합 에너지(D))} - {6 × (O – H 결합 에너지) + 4 × (C = O 결합 에너지)} = (6 × 413.6 + $\frac{7}{2}$ × 498.6 + D) - (6 × 463.4 + 4 × 804.5)
표준 생성 엔탈피로 구한 값과 결합 에너지로 구한 값이 같으므로 (4226.7 + D) - (5998.4) = -1415 kJ이다.
D = 356.7 kJ/mol이다.

스스로 실력 높이기 228 ~ 233 쪽

01. (1) X (2) O (3) O 02. $x + y$ 03. -147.5
04. 10.59 05.(1) O (2) O (3) O
06. (1) < (2) < (3) > 07. 흡수 08. 결합 에너지
09. 413.6 10. 끊어질 때, 커진다. 11. ③ 12. ①
13. ⑤ 14. ① 15. ④ 16. ① 17. ②
18. ① 19. ③ 20. ⑤ 21. ① 22. ①
23. ⑤ 24. ① 25. -2063 kJ
26. 328.2kJ/mol
27. (1) 496 kJ/mol (2) 787 kJ/mol
28. -206 kJ 29. (1) 239.7 kJ (2) 228 kJ
30. (1) $-\Delta H_2$ (2) $-\dfrac{\Delta H_3 + \Delta H_4 + \Delta H_5}{3}$
31. (1) -92.5 kJ (2) -150 kJ 32. -589.56 kJ

01. 답 (1) X (2) O (3) O
해설 (1) 엔탈피는 상태 함수이므로 반응의 경로와는 무관하다.

02. 답 $x + y$
해설 주어진 열화학 반응식은 $N_2(g) + O_2(g) \rightarrow 2NO(g)$, $\Delta H_1 = x$, $2NO(g) + O_2(g) \rightarrow 2NO_2(g)$, $\Delta H_2 = y$ 이다. 위의 식과 아래 식을 더하면 $N_2(g) + 2O_2(g) \rightarrow 2NO_2(g)$의 열화학 반응식이 나온다. 따라서 반응 엔탈피는 $\Delta H = x + y$ 이다.

03. 답 -147.5
해설 $SO_3(g)$이 생성되는 반응의 열화학 반응식은

$S(s) + \frac{3}{2}O_2(g) \rightarrow SO_3(g)$ 이다.

주어진 열화학 반응식은

$2S(s) + 3O_2(g) \rightarrow 2SO_2(g) + O_2(g)$ $\Delta H_1 = -197$ kJ ······ ㉠
$2SO_2(g) + O_2(g) \rightarrow 2SO_3(g)$ $\Delta H_2 = -98$ kJ ············· ㉡

이므로, $\frac{㉠ + ㉡}{2}$을 하면 다음과 같다.

$S(s) + \frac{3}{2}O_2(g) \rightarrow SO_2(g) + \frac{1}{2}O_2(g)$ $\Delta H_1 = -98.5$ kJ
+) $SO_2(g) + \frac{1}{2}O_2(g) \rightarrow SO_3(g)$ $\Delta H_2 = -49$ kJ

$S(s) + \frac{3}{2}O_2(g) \rightarrow SO_3(g)$ $\Delta H = -147.5$ kJ

04. 답 10.59
해설 C_6H_6이 ~~용융~~될 때의 열화학 반응식은 $C_6H_6(s) \rightarrow C_6H_6(l)$이다.
주어진 열화학 반응식은

$C_6H_6(l) \rightarrow C_6H_6(g)$ $\Delta H_1 = 30.8$ kJ ······· ㉠
$C_6H_6(s) \rightarrow C_6H_6(g)$ $\Delta H_2 = 41.39$ kJ ······ ㉡

이므로, ㉡ - ㉠을 하면 다음과 같다.

$C_6H_6(s) \rightarrow C_6H_6(g)$ $\Delta H_2 = 41.39$ kJ ······ ㉡
-) $C_6H_6(l) \rightarrow C_6H_6(g)$ $\Delta H_1 = 30.8$ kJ ······ ㉠

$C_6H_6(s) \rightarrow C_6H_6(l)$ $\Delta H = 10.59$ kJ

06. 답 (1) < (2) < (3) >
해설 결합 에너지는 결합의 세기를 나타내는 척도로 결합 에너지가 클수록 결합이 강하기 때문에 끊기 어렵다.
(1) 다중 결합일수록 결합 에너지가 증가한다.
(2) 원자 사이의 결합이 강할수록 결합 에너지가 크다.
(3) 극성이 클수록 결합 에너지가 크다.

09. 답 413.6
해설 결합이 2개 이상인 다원자 분자의 경우 같은 결합이라도 결합 에너지가 다르게 나타난다. 따라서 화합물의 결합 에너지를 각각 측정한 후 그 평균 결합 에너지를 구한다. 메테인에는 C – H 결합이 4개 있다. 따라서 C – H 결합 에너지 × 4 = 1654.4 kJ/mol, C – H 결합 에너지 = 413.6 kJ/mol이다.

10. 답 끊어질 때, 커진다.
해설 해리 에너지는 분자에 존재하는 모든 결합을 끊어 원자 상태로 만드는데 필요한 에너지이다. 메테인의 H를 F으로 바꾸면 원자 사이의 극성이 커져 평균 결합 에너지가 커진다. 따라서 해리 에너지가 커진다.

11. 답 ③
해설 ㄱ. $N_2(g)$가 $2N(g)$이 될 때 163.4 kJ의 열을 흡수한다.
따라서 $N_2(g) \rightarrow 2N(g) - 163.4$ kJ이다.
ㄴ. $O_2(g)$가 $2O(g)$가 될 때 498.6 kJ의 열을 흡수한다.
따라서 $O_2(g) \rightarrow 2O(g) - 498.6$ kJ이다.
ㄷ. $N_2(g) + O_2(g) \rightarrow 2NO(g)$는 헤스의 법칙을 이용하여

$N_2(g) \rightarrow 2N(g)$ $\Delta H = 163.4$ kJ ················· ㉠
$O_2(g) \rightarrow 2O(g)$ $\Delta H = 498.6$ kJ ················· ㉡
$2N(g) + 2O(g) \rightarrow 2NO(g)$ $\Delta H = -481.5$ kJ ······ ㉢

이므로 ㉠ + ㉡ + ㉢을 하면 다음과 같다.

$N_2(g) \rightarrow 2N(g)$ $\Delta H_1 = 163.4$ kJ ················· ㉠
$O_2(g) \rightarrow 2O(g)$ $\Delta H_2 = 498.6$ kJ ················· ㉡
+) $2N(g) + 2O(g) \rightarrow 2NO(g)$ $\Delta H_3 = -481.5$ kJ ······ ㉢

$N_2(g) + O_2(g) \rightarrow 2NO(g)$ $\Delta H = 180.5$ kJ

12. 답 ①
해설 ㄱ. 생성열은 어떤 물질 1몰이 그 성분 홑원소 물질로부터 생성될 때의 반응 엔탈피이다. 따라서 $C_2H_4(g)$의 생성열은 C(s, 흑연)와 $H_2(g)$가 반응하여 $C_2H_4(g)$이 생성될 때의 반응 엔탈피이므로 ΔH_3이다. ㄴ. 흑연의 연소열은 흑연 1몰이 완전 연소할 때의 반응 엔탈피이므로 C(s, 흑연) + $O_2(g) \rightarrow CO_2(g)$ 반응의 반응 엔탈피는 $-\frac{\Delta H_2}{2}$ 이다. ㄷ. $C_2H_4(g)$의 연소열은 $C_2H_4(g) + 3O_2(g) \rightarrow 2CO_2(g) + 2H_2O(l)$의 반응 엔탈피이므로 $-\Delta H_4$이다.

13. 답 ⑤
해설 ㄱ. $\Delta H_{PQ} = -128$ kJ이다. 반응 엔탈피가 0보다 작으므로 발열 반응이다. ㄴ. $\Delta H_{RS} = \Delta H_{RP} + \Delta H_{PQ} + \Delta H_{QS} = 64 + (-128) + (-87) = -151$ kJ이다. ㄷ. $\Delta H_{SP} = \Delta H_{SQ} + \Delta H_{QP} = -(-87) - (-128) = 215$ kJ이다.

14. 답 ①

해설 ㄱ. 반응 엔탈피 = (반응물의 결합 에너지 합) - (생성물의 결합 에너지 합) = {(H – H 결합 에너지) + (F – F 결합 에너지)} - {2 × (H – F 결합 에너지)} = (435.8 + 159.2) - (2 × 569.8) = -544.6 kJ이다. ㄴ. 반응 엔탈피는 0보다 작기 때문에 반응물의 결합 에너지 합이 생성물의 결합 에너지 합보다 작다. 따라서 [$H_2(g)$ + $F_2(g)$]의 결합 에너지의 합은 2HF(g)의 결합 에너지의 합보다 작다. ㄷ. 결합 에너지는 결합의 세기를 나타내는 척도로 결합 에너지가 클수록 결합이 강하다. 따라서 표에 제시된 결합 중 가장 강한 결합은 H – F 이다.

15. 답 ④

해설 ㄱ. ΔH_1는 반응물의 결합 에너지 합으로 $H_2(g)$와 $Cl_2(g)$ 가 2H(g)와 2Cl(g)가 되는 반응이다. ΔH_1 = {(H – H 결합 에너지) + (Cl – Cl 결합 에너지)} = 436 + 243 = 679 kJ이다. ΔH_2는 생성물의 결합 에너지 합으로 2H(g)와 2Cl(g)가 2HCl(g)이 되는 반응이다. ΔH_2 = -{2 × (H – Cl 결합 에너지)} = -(2 × 423) = -846 kJ이다. 따라서 ΔH_1는 ΔH_2보다 크다. ㄴ. ΔH_1는 0보다 크다. ㄷ. 전체 반응은 $\Delta H = \Delta H_1 + \Delta H_2$ = 679 - 846 = -167 kJ이다.

16. 답 ①

해설 $\frac{3}{2}H_2(g) + \frac{1}{2}N_2(g) + S(s) + O_2(g) \rightarrow H_3NSO_2(s)$는 헤스의 법칙을 이용하여 구할 수 있다.

$$S(s) + O_2(g) \rightarrow SO_2(g) \quad \Delta H_1 = -296.8\ kJ \cdots\cdots ㉠$$

$$\frac{1}{2}N_2(g) + \frac{3}{2}H_2(g) \rightarrow NH_3(g) \quad \Delta H_2 = -46.11\ kJ \cdots ㉡$$

$$H_3NSO_2(s) \rightarrow SO_2(g) + NH_3(g) \quad \Delta H_3 = 40\ kJ \cdots\cdots ㉢$$

이므로 ㉠ + ㉡ - ㉢을 하면 다음과 같다.

$$S(s) + O_2(g) \rightarrow SO_2(g) \quad \Delta H_1 = -296.8\ kJ \cdots\cdots ㉠$$

$$+)\ \frac{1}{2}N_2(g) + \frac{3}{2}H_2(g) \rightarrow NH_3(g) \quad \Delta H_2 = -46.11\ kJ \cdots ㉡$$

$$S(s) + O_2(g) + \frac{1}{2}N_2(g) + \frac{3}{2}H_2(g) \rightarrow SO_2(g) + NH_3(g)$$

$$\Delta H = -342.91\ kJ$$

$$-)\ H_3NSO_2(s) \rightarrow SO_2(g) + NH_3(g) \quad \Delta H_3 = 40\ kJ \cdots\cdots ㉢$$

$$\frac{3}{2}H_2(g) + \frac{1}{2}N_2(g) + S(s) + O_2(g) \rightarrow H_3NSO_2(s)$$

$$\Delta H^\circ_f = -382.91\ kJ$$

17. 답 ②

해설 ㄱ. $C_2H_4(g) + 3O_2(g) \rightarrow 2C(g) + 4H(g) + 3O_2(g)$

ΔH_1 = 2266 kJ

위 식은 $C_2H_4(g) \rightarrow 2C(g) + 4H(g)$, ΔH_1 = 2266 kJ 과 같다. ΔH_1 = {(C = C 결합 에너지) + 4 × (C – H 결합 에너지)} = 2266 kJ이다. 따라서 C – H 결합 에너지는 413 kJ이다.

$2CO_2(g) + 2H_2O(g) \rightarrow 2CO_2(g) + 4H(g) + 2O(g)$

ΔH_2 = 1852 kJ

위 식은 $2H_2O(g) \rightarrow 4H(g) + 2O(g)$, ΔH_2 = 1852 kJ 과 같다. ΔH_2 = 4 × (O – H 결합 에너지) = 1852 kJ이다. O – H의 결합 에너지는 463 kJ이다.

따라서 O – H 결합이 C – H 결합보다 강하다.

ㄴ. 해리 에너지는 분자에 존재하는 모든 결합을 끊어 원자 상태로 만드는 데 필요한 에너지이다.

$2H_2O(g) \rightarrow 4H(g) + 2O(g)$ ΔH_2 =1852 kJ이다.

따라서 $H_2O(g)$의 해리 에너지는 926 kJ이다.

ㄷ. $2C(g) + 4H(g) + 3O_2(g) \rightarrow 2C(g) + 4H(g) + 6O(g)$

ΔH_3 =1494 kJ

ΔH_3 = 3 × (O = O의 결합 에너지) = 1494 kJ이다.

따라서 O = O의 결합 에너지는 498 kJ이다.

18. 답 ①

해설 반응 엔탈피 = (반응물의 결합 에너지 합) - (생성물의 결합 에너지 합) = {(4 ×C – H 결합 에너지) + (C = C 결합 에너지) + (3 × O = O 결합 에너지)} - {(4 × C = O 결합 에너지) + (4 × O – H 결합 에너지)} = {(4 ×413) + 614 + (3 ×498)} - {(4 × 799) + (4 × 463)} = -1288 kJ이다.

19. 답 ③

해설 ㄱ. $O_2(g) \rightarrow 2O(g)$ 반응은 O = O 결합이 끊어지는 반응이다. 이 반응에서 O = O 결합 에너지는 ΔH_2이다.

ㄴ. 주어진 반응식은

$$2O_3(g) \rightarrow 3O_2(g)\ ,\ \Delta H_1 \cdots\cdots ㉠$$

$$O_2(g) \rightarrow 2O(g)\ ,\ \Delta H_2 \cdots\cdots ㉡$$

$$NO(g) + O_3(g) \rightarrow NO_2(g) + O_2(g)\ ,\ \Delta H_3 \cdots\cdots ㉢$$

이므로 ㉢ - $\frac{㉠}{2}$ - $\frac{㉡}{2}$을 하면 다음과 같다.

$$NO(g) + O_3(g) \rightarrow NO_2(g) + O_2(g)\ ,\ \Delta H_3 \cdots\cdots ㉢$$

$$-)\ O_3(g) \rightarrow \frac{3}{2}O_2(g),\ \frac{\Delta H_1}{2} \cdots\cdots \frac{㉠}{2}$$

$$NO(g) + \frac{1}{2}O_2(g) \rightarrow NO_2(g)\ ,\ \Delta H_3 - \frac{\Delta H_1}{2}$$

$$-)\ \frac{1}{2}O_2(g) \rightarrow O(g)\ ,\ \frac{\Delta H_2}{2} \cdots\cdots \frac{㉡}{2}$$

$$NO(g) + O(g) \rightarrow NO_2(g)\ ,\ \frac{2\Delta H_3 - \Delta H_1 - \Delta H_2}{2}$$

ㄷ. 해리 에너지는 분자에 존재하는 모든 결합을 끊어 원자 상태로 만드는 데 필요한 에너지이다. $O_3(g)$의 해리 에너지는

$$2O_3(g) \rightarrow 3O_2(g) \quad \Delta H_1 \cdots\cdots ㉠$$

$$O_2(g) \rightarrow 2O(g) \quad \Delta H_2 \cdots\cdots ㉡$$

이므로 $\frac{㉠ + 3㉡}{2}$을 하면 다음과 같다.

$$O_3(g) \rightarrow \frac{3}{2}O_2(g)\ ,\ \frac{\Delta H_1}{2} \cdots\cdots \frac{㉠}{2}$$

$$+)\ \frac{3}{2}O_2(g) \rightarrow 3O(g)\ ,\ \frac{3\Delta H_2}{2} \cdots\cdots \frac{3㉡}{2}$$

$$O_3(g) \rightarrow 3O(g)\ ,\ \frac{\Delta H_1 + 3\Delta H_2}{2}$$

20. 답 ⑤

해설 반응 엔탈피 = (반응물의 결합 에너지 합) - (생성물의 결합 에너지 합)

A_2 분자 1개에는 A = A 결합이 1개 있고, $2B_2$에는 B – B 결합이 2개 있고, $2AB_2$에는 A – B 결합이 4개 있다. A = A, B – B, A – B의 결합 에너지를 $5x$, $3x$, x라고 하고 식에 대입하면 $5x + 6x$ -

$4x$ = 2800 kJ이다. 따라서 x = 400 kJ/mol이고 A = A의 결합 에너지는 2000 kJ/mol이다.

21. 답 ①

해설 반응 엔탈피 = (반응물의 결합 에너지 합) - (생성물의 결합 에너지 합) = {(6 × C – H 의 결합 에너지) + (C = C 결합 에너지) + (C – C 의 결합 에너지) + (2 × O – H 의 결합 에너지)} - {7 × (C – H 의 결합 에너지) + (2 × C – C 의 결합 에너지) + (O – H 의 결합 에너지) + (C – O 의 결합 에너지)}
= {(C = C 결합 에너지) + (O – H 의 결합 에너지)} - {(C – H 의 결합 에너지) + (C – C 의 결합 에너지) + (C – O 의 결합 에너지)}
= (615.9 + 463.4) - (413.6 + 346.1 + 356.2) = -36.6 kJ이다.

22. 답 ①

해설 ㄱ. $H_2O(l)$의 엔탈피는 $H_2O(g)$보다 ΔH_4만큼 높으므로 $H_2O(g)$의 생성열은 $H_2O(l)$의 생성열 ΔH_1에서 ΔH_4를 뺀 값과 같다. ㄴ. 표준 상태에서 $H_2(g)$가 연소되면 $H_2O(l)$이 생성되므로 $H_2(g)$의 연소열은 $H_2O(l)$의 생성열과 같다. 헤스 법칙에 따라 연소열은 $\Delta H_1 = (\Delta H_2 + \Delta H_3 + \Delta H_4)$ kJ과 같다. ㄷ. O – H의 결합 에너지는 기체 상태의 분자가 가지는 1몰의 결합을 끊을 때의 반응열이며, 1몰의 $H_2O(g)$는 2몰의 O – H의 결합을 가지므로 O – H의 결합의 결합 에너지는 $-\frac{\Delta H_3}{2}$ 와 같다.

23. 답 ⑤

해설 ㄱ. 다이아몬드에서 한 개의 C - C 결합을 2개의 탄소가 서로 공유하므로 탄소 한개는 $\frac{1}{2}$ 결합을 한다. 각 탄소는 서로 다른 네 개의 탄소와 결합하므로 다이아몬드에서 하나의 탄소는 $\frac{1}{2}$ × 4 의 결합을 하게 된다. 따라서 다이아몬드에서 구성하는 탄소 수가 1 mol일 때 C – C 결합은 2 mol이 존재하므로 ΔH_1 = 2 × (C – C 결합 에너지)이다.
ㄴ. 다이아몬드에서 흑연이 될 때 에너지를 방출하므로 발열 반응이다.
ㄷ. 헤스 법칙에 의해 흑연은 다이아몬드보다 안정하므로 $\Delta H_3 + \Delta H_2 - \Delta H_1$ 의 열을 흡수한다.

24. 답 ①

해설 ㄱ. 헤스 법칙에 의해 $CH_2O(g)$의 표준 생성 엔탈피는 +285 - 394 = -109 kJ/mol이다.
ㄴ. $CO_2(g) + H_2(g) \rightarrow C(s, 흑연) + H_2(g) + O_2(g)$, ΔH = 394 kJ
결합 에너지는 기체 상태의 두 원자 사이의 공유 결합 1몰을 끊어 원자 상태로 만드는 데 필요한 에너지이다. 위의 열화학 반응식에서 $O_2(g)$는 원자가 아니므로 $CO_2(g)$에서 C = O의 평균 결합 에너지는 197 kJ/mol이 아니다
ㄷ. $CO(g) + H_2O(g) \rightarrow C(s, 흑연) + H_2(g) + O_2(g)$, ΔH = {394 + (-285) - (-244)} = 353 kJ이다. 이 반응에서는 $CO(g)$의 생성 엔탈피를 알 수 없다.

25. 답 -2063 kJ

해설 $C_3H_6(g) + \frac{9}{2}O_2(g) \rightarrow 3CO_2(g) + 3H_2O(l)$
주어진 열화학 반응식은
$C_3H_6(g) + H_2(g) \rightarrow C_3H_8(g)$, ΔH_1 = -124 kJ ………… ㉠
$C_3H_8(g) + 5O_2(g) \rightarrow 3CO_2(g) + 4H_2O(l)$, ΔH_2 = -2220 kJ ‥ ㉡
$2H_2O(l) \rightarrow 2H_2(g) + O_2(g)$, ΔH_3 = 562 kJ ………………… ㉢
이므로 ㉠ + ㉡ + $\frac{㉢}{2}$을 하면 다음과 같다.

$C_3H_6(g) + H_2(g) \rightarrow C_3H_8(g)$, ΔH_1 = -124 kJ ……………… ㉠
$C_3H_8(g) + 5O_2(g) \rightarrow 3CO_2(g) + 4H_2O(l)$, ΔH_2 = -2220 kJ ‥㉡
+) $H_2O(l) \rightarrow H_2(g) + \frac{1}{2}O_2(g)$, ΔH_3 = 281 kJ ………… $\frac{㉢}{2}$
$C_3H_6(g) + \frac{9}{2}O_2(g) \rightarrow 3CO_2(g) + 3H_2O(l)$ ΔH = -2063 kJ

26. 답 328.2kJ/mol

해설 $C_3H_6(g) + \frac{9}{2}O_2(g) \rightarrow 3CO_2(g) + 3H_2O(l)$
결합 에너지는 기체 상태에서 두 원자 사이의 공유 결합 1몰을 끊는데 필요한 에너지이기 때문에 $H_2O(g)$로 반응 엔탈피를 구한 뒤 물에서 수증기가 될 때의 엔탈피 변화를 더해준다.

$C_3H_6(g) + \frac{9}{2}O_2(g) \rightarrow 3CO_2(g) + 3H_2O(l)$, ΔH = -2058 kJ
+) $3H_2O(l) \rightarrow 3H_2O(g)$, ΔH = 120 kJ
$C_3H_6(g) + \frac{9}{2}O_2(g) \rightarrow 3CO_2(g) + 3H_2O(g)$, ΔH = -1938 kJ

반응 엔탈피 = (반응물의 결합 에너지 합) - (생성물의 결합 에너지 합) = {(6 × C – H 의 결합 에너지) + (C = C 결합 에너지) + (C – C 의 결합 에너지,D) + ($\frac{9}{2}$ × O = O 의 결합 에너지)} - {(6 × C = O 의 결합 에너지) + (6 × O – H 의 결합 에너지)} = {(6 × 413.6) + 615.9 + C – C 의 결합 에너지(D) + ($\frac{9}{2}$ × 498.6)} - {(6 × 804.5) + (6 × 463.4)} = -1938
C – C 의 결합 에너지(D) = 328.2 kJ/mol이다.

27. 답 (1) 496 kJ/mol (2) 787 kJ/mol

해설 (1) Na의 1차 이온화 에너지를 구하기 위해서는 다음의 열화학 반응식을 이용한다.
$Na(g) + Cl(g) \rightarrow Na^+(g) + Cl^-(g)$ ΔH = 147 kJ/mol
이 반응의 반응 엔탈피는 Na의 1차 이온화 에너지와 Cl의 전자 친화도를 합한 값이다. 따라서 이 반응의 반응 엔탈피에서 Cl의 전자 친화도를 빼면 Na의 1차 이온화 에너지를 구할 수 있다.
Na의 1차 이온화 에너지 = 147 - (Cl의 전자 친화도)
Cl의 전자 친화도는 $Cl(g)$이 $Cl^-(g)$가 되는 반응이므로
$\frac{1}{2}Cl_2(g) \rightarrow Cl(g)$, ΔH = 122 kJ/mol …… ㉠
$\frac{1}{2}Cl_2(g) \rightarrow Cl^-(g)$, ΔH = -227 kJ/mol …… ㉡
㉡ - ㉠을 하면 Cl의 전자 친화도를 구할 수 있다.
$Cl(g) \rightarrow Cl^-(g)$ ΔH = -349 kJ/mol
따라서 Na의 1차 이온화 에너지 = 147 - (-349) = 496 kJ/mol
(2) NaCl의 격자 에너지는
$NaCl(s) \rightarrow Na^+(g) + Cl^-(g)$ 반응의 ΔH이다.

헤스 법칙을 이용하여 계산한다.

$NaCl(s) \rightarrow Na(s) + \frac{1}{2}Cl_2(g)$ ΔH = 411 kJ/mol ··········· ㉠

$Na(s) + \frac{1}{2}Cl_2(g) \rightarrow Na(g) + Cl(g)$ ΔH = 229 kJ/mol ······ ㉡

$Na(g) + Cl(g) \rightarrow Na^+(g) + Cl^-(g)$ ΔH = 147 kJ/mol ········ ㉢

이므로 ㉠ + ㉡ + ㉢을 하면 NaCl의 격자 에너지를 구할 수 있다.

$NaCl(s) \rightarrow Na^+(g) + Cl^-(g)$ ΔH = 787 kJ/mol

28. 답 -206 kJ

해설 벤젠(C_6H_6) 연소의 열화학 반응식은

$C_6H_6(g) + \frac{15}{2}O_2(g) \rightarrow 6CO_2(g) + 3H_2O(l)$ ΔH_1 = -3268 kJ이다.

사이클로헥세인(C_6H_{12}) 연소의 열화학 반응식은

$C_6H_{12}(g) + 9O_2(g) \rightarrow 6CO_2(g) + 6H_2O(l)$ ΔH_2 = -3920 kJ이다.

벤젠 연소의 열화학 반응식에서 사이클로헥세인 연소의 열화학 반응식을 빼주면

$C_6H_6(g) + \frac{15}{2}O_2(g) \rightarrow 6CO_2(g) + 3H_2O(l)$ ΔH_1 = -3268 kJ

$-)$ $C_6H_{12}(g) + 9O_2(g) \rightarrow 6CO_2(g) + 6H_2O(l)$ ΔH_2 = -3920 kJ

$C_6H_6(g) + 3H_2O(l) \rightarrow C_6H_{12}(g) + \frac{3}{2}O_2(g)$ ΔH_3 = 652 kJ

물의 표준 생성 엔탈피는

$H_2(g) + \frac{1}{2}O_2(g) \rightarrow H_2O(g)$ ΔH_4 = -286 kJ이다.

벤젠의 수소화 반응의 화학 반응식은 $C_6H_6(g) + 3H_2(g) \rightarrow C_6H_{12}(g)$ 이다. 벤젠의 수소화 반응의 반응 엔탈피는 다음과 같다.

$C_6H_6(g) + 3H_2O(l) \rightarrow C_6H_{12}(g) + \frac{3}{2}O_2(g)$ ΔH_3 = 652 kJ

$+)$ $3H_2(g) + \frac{3}{2}O_2(g) \rightarrow 3H_2O(l)$ ΔH_4 = -858 kJ

$C_6H_6(g) + 3H_2(g) \rightarrow C_6H_{12}(g)$ ΔH = -206 kJ

29. 답 (1) 239.7 kJ (2) 228 kJ

해설 (1) 엔탈피 변화(ΔH) = $\Sigma H^\circ_{생성 물질} - \Sigma H^\circ_{반응 물질}$이므로 ($SiH_2(g)$의 생성 엔탈피 + $H_2(g)$의 생성 엔탈피) - $SiH_4(g)$의 생성 엔탈피 = (274 + 0) - 34.3 = 239.7 kJ이다.

(2) 엔탈피 변화(ΔH) = $\Sigma H^\circ_{생성 물질} - \Sigma H^\circ_{반응 물질}$이므로 ($SiH_2(g)$의 생성 엔탈피 + $SiH_4(g)$의 생성 엔탈피) - $Si_2H_6(g)$의 생성 엔탈피 = (274 + 34.3) - 80.3 = 228 kJ이다.

30. 답 (1) $-\Delta H_2$

(2) $-\frac{\Delta H_3 + \Delta H_4 + \Delta H_5}{3}$

해설 (1) $NH_3(g) \rightarrow \frac{1}{2}N_2(g) + \frac{3}{2}H_2(g)$ ΔH_2이므로 $NH_3(g)$의 표준 생성 엔탈피는 $-\Delta H_2$이다.

(2) 평균 결합 에너지는 결합이 2개 이상인 다원자 분자에서 같은 결합이라도 결합 에너지가 나타나기 때문에 화합물의 결합 에너지를 각각 측정한 후 그 평균 값을 나타낸 것이다. 따라서 N – H의 평균 결합 에너지는 $-\frac{\Delta H_3 + \Delta H_4 + \Delta H_5}{3}$ 이다.

31. 답 (1) -92.5 kJ (2) -150 kJ

해설 (1) HCl(g)의 표준 생성 엔탈피는 $\frac{\Delta H_3}{2}$ 이다.

헤스 법칙에 의하면 $\Delta H_3 = \Delta H_1 + \Delta H_2$이 성립한다.

ΔH_1 = (H – H 결합 에너지) + (Cl – Cl 결합 에너지)

= 435 + 240 = 675 kJ

ΔH_2 = -2 ×(H – Cl 결합 에너지) = -(2 × 430) = -860 kJ

$\Delta H_3 = \Delta H_1 + \Delta H_2$ = 675 + (-860) = -185 kJ

HCl(g)의 표준 생성 엔탈피는 $\frac{-185}{2}$ = -92.5 kJ이다.

(2) $H_2O(g)$의 표준 생성 엔탈피는 $\frac{\Delta H_6}{2}$ 이다.

헤스 법칙에 의하면 $\Delta H_6 = \Delta H_4 + \Delta H_5$이 성립한다.

ΔH_4 = 2 × (H – H 결합 에너지) + (O = O 결합 에너지) = (2 × 435) + 490 = 1360 kJ

ΔH_5 = -(4 ×H – O 결합 에너지) = -(4 × 470) = -1880 kJ

$\Delta H_6 = \Delta H_4 + \Delta H_5$ = 1360 + (-1880) = -520 kJ

$H_2O(g)$의 표준 생성 엔탈피는 $\frac{-520}{2}$ = -260 kJ이다.

엔탈피 변화(ΔH) = $\Sigma H^\circ_{생성 물질} - \Sigma H^\circ_{반응 물질}$이므로

(2 × $Cl_2(g)$의 생성 엔탈피 + 2 × $H_2O(g)$의 생성 엔탈피) - (4 × HCl(g)의 생성 엔탈피 + $O_2(g)$의 생성 엔탈피) = (2 ×-260) - (4 × -92.5) = -150 kJ

32. 답 -589.56 kJ

해설 $4HI(g) + O_2(g) \rightarrow 2I_2(g) + 2H_2O(g)$ $\Delta H = x$ kJ

주어진 열화학 반응식은

$H_2(g) + I_2(g) \rightarrow 2HI(g)$ ΔH_1 = 52.96 kJ ················· ㉠

$2H_2(g) + O_2(g) \rightarrow 2H_2O(g)$ ΔH_2 = -483.64 kJ ·········· ㉡

이므로, ㉡ - 2㉠ 을 하면 다음과 같다.

$2H_2(g) + O_2(g) \rightarrow 2H_2O(g)$ ΔH_2 = -483.64 kJ ······ ㉡

$-)$ $2H_2(g) + 2I_2(g) \rightarrow 4HI(g)$ ΔH_1 = 105.92 kJ ········ 2㉠

$4HI(g) + O_2(g) \rightarrow 2I_2(g) + 2H_2O(g)$ ΔH = -589.56 kJ

12강. 엔트로피

개념확인	234 ~ 237 쪽
1. (1) O (2) X	2. 자발적 과정
3. 불규칙적, 증가	4. 열역학 제 2법칙

확인 +	234 ~ 237 쪽
1. 내부 에너지	2. (1) O (2) X
3. >	4. -22

개념확인

1. 답 (1) O (2) X

해설 (2) 발열 반응이 일어날 때 반응 물질과 생성 물질의 에너지 차이만큼 화학 에너지가 열에너지로 전환되므로 전체 에너지는 보존된다.

3. 답 불규칙적, 증가

해설 물질의 상태가 고체에서 액체로 갈수록 입자들의 배열이 불규칙적이고 무질서하게 배열되므로 엔트로피가 증가한다.

확인 +

2. 답 (1) O (2) X

해설 (2) 열린계에서 자발적 과정은 계와 주위를 합한 우주 전체의 엔트로피가 증가하는 방향으로 진행된다. 따라서 계의 엔트로피가 감소하더라도 주위의 엔트로피가 증가하면 반응이 자발적으로 일어날 수도 있다.

3. 답 >

해설 NaCl을 물에 용해시키면 이온화하는 과정의 엔트로피 증가 정도는 물에 의해 수화되는 과정의 엔트로피의 감소 정도보다 크기 때문에 엔트로피가 증가한다.

4. 답 -22

해설 $\Delta S_{주위} = -\frac{\Delta H}{T} = -\frac{(-6006\ J)}{273\ K} = 22\ J/K$

평형 상태에서 우주 전체의 엔트로피 변화는 0이다.
따라서 $\Delta S_{계} = -\Delta S_{주위}$ 이고, $\Delta S_{계} = -\ 22\ J/K$이다.

개념다지기			238 ~ 239 쪽
01. 3.735	02. ①	03. ②	04. ④
05. ③	06. 증가, 증가	07. ④	08. ⑤

01. 답 3.735

해설 이상 기체에 가까운 Ne은 위치 에너지가 없고, 에너지 등분배 원리에 의해 공간 상에서 3가지 병진 운동이 가능하기 때문에 $E_i = E_k = \frac{3}{2}nRT$ 이다.

$E_i = \frac{3}{2}nRT = \frac{3}{2} \times 1\ mol \times 8.3\ J/mol \cdot K \times (273 + 27)\ K$
$= 3735\ J = 3.735\ kJ$

02. 답 ①

해설 ① 산화 철이 철과 산소로 분해되는 것은 비자발적인 반응이다. 자발적인 반응은 철이 산소와 만나 녹슬어 산화 철이 되는 것이다.
②, ③, ④, ⑤는 모두 자발적 반응이다.

03. 답 ②

해설 ㄱ. 모든 자발적인 변화는 계의 엔트로피가 증가하는 것이 아니라 계와 주위를 합친 우주의 엔트로피가 증가하는 변화이다. ㄴ. 엔트로피는 무질서도를 나타내는 척도로 무질서가 클수록 엔트로피가 크다. ㄷ. 반응 후 기체 분자 수가 많아지면 무질서도가 증가하므로 엔트로피가 증가한다.

04. 답 ④

해설 (가)는 열린계, (나)는 닫힌계, (다)는 고립계이다.
ㄱ. (가)는 에너지와 물질이 모두 교환 가능한 열린계이다. ㄴ. 물이 증발할 때 주위에서 열을 흡수하여 주위의 온도가 낮아지므로 주위의 엔트로피는 감소한다. ㄷ. (다)에서 물이 자발적으로 증발하여 액체에서 기체로 되므로 전체 엔트로피가 증가한다.

05. 답 ③

해설 ㄱ. 액체 상태의 물이 얼어 고체 상태의 얼음이 되면 분자들이 매우 규칙적으로 배열하므로 계의 엔트로피가 감소한다. ㄴ. 수소가 연소되어 물이 생성되는 반응은 기체가 반응하여 액체가 생성되므로 계의 엔트로피가 감소한다. ㄷ. 염화 나트륨이 물에 녹아 이온화하는 과정은 엔트로피가 증가하는 과정이다.

06. 답 증가, 증가

해설 대부분의 이온 결합성 물질이 이온화하는 과정의 엔트로피 증가 정도는 물에 의해 수화되는 과정의 엔트로피 감소 정도보다 크다. 따라서 물속에 퍼질 때 무질서도가 증가하여 엔트로피가 증가한다.

07. 답 ④

해설 (가) 1몰의 N_2와 3몰의 H_2가 반응하여 2몰의 NH_3가 생성된다. 반응 후 기체 분자 수가 감소하므로 계의 엔트로피는 감소한다. (나) 액체 물질이 반응하여 기체 물질이 생성되므로 계의 엔트로피는 증가한다. (다) 2몰의 C_2H_6와 7몰의 O_2가 반응하여 4몰의 CO_2와 6몰의 H_2O가 생성된다. 반응 후 기체 분자 수가 증가하므로 계의 엔트로피는 증가한다.

08. 답 ⑤

해설 얼음이 녹아서 물이 되는 반응은 고체에서 액체가 되는 상태 변화이므로 흡열 반응이다. 따라서 $\Delta H > 0$이다. 분자 배열이 규칙적인 고체 상태에서 흐트러진 액체 상태로 변하기 때문에 $\Delta S > 0$이고, 자발적 반응이다.

유형익히기 & 하브루타 240 ~ 243 쪽

[유형12-1] ⑤	01. ⑤	02. 발열, 같다
[유형12-2] ②	03. ①	04. ③
[유형12-3] ④	05. ①	06. ④
[유형12-4] ②	07. 4	08. ④

[유형12-1] 답 ⑤

해설 ㄱ. $CH_4(g)$의 연소 반응은 발열 반응이므로 $CH_4(g) + 2O_2(g)$의 에너지는 $CO_2(g) + 2H_2O(l)$의 에너지보다 E만큼 더 크다. ㄴ. 반응이 일어날 때 주위로 방출된 열에너지는 물질이 가지고 있던 화학 에너지가 열에너지로 전환된 것이다. ㄷ. 화학 반응에서 에너지 총합은 항상 일정하다.

01. 답 ⑤

해설 ㄱ. 고립계에서 발열 반응이 일어날 때 반응 물질과 생성 물질의 에너지 차이만큼 화학 에너지가 열에너지로 전환되므로 전체 에너지는 보존된다. ㄴ. 고립계에서 헤스 법칙으로 다른 경로의 엔탈피 변화를 계산할 수 있다. ㄷ. 냉찜질팩은 흡열 반응 과정에서 열에너지가 화학 에너지로 전환된다.

02. 답 발열, 같다

해설 응축기는 발열 반응이고, 고립계에서 에너지는 한 형태에서 다른 형태로 전환되어도 생성되거나 소멸되지 않고 에너지의 총합이 일정하다. 따라서 방출한 열에너지는 흡수한 열에너지와 같다.

[유형12-2] 답 ②

해설 서로 다른 기체를 양쪽 용기에 넣은 후 콕을 열면 기체 분자들이 섞이면서 용기 전체에 균일하게 분포한다. 이 반응은 무질서도가 증가하는 과정으로 엔트로피가 증가하고, 자발적으로 일어난다.

03. 답 ①

해설 ① 분수는 전기 에너지를 소모하며, 모터를 작동하여 일을 해주지 않으면 자발적으로 뿜어져 나오지 않는다. 물이 중력을 거슬러 위로 올라가면 위치 에너지가 증가한다.

② 물에 설탕을 넣으면 물 분자에 의해 설탕 분자가 수화되어 자발적으로 녹는다.

③ 방향제의 뚜껑을 열어 놓으면 방향제가 증발하여 기체 분자가 되고 스스로 운동하므로 냄새가 방 안에 자발적으로 퍼진다.

④ 열은 온도가 높은 물체에서 낮은 물체로 이동한다.

⑤ 염산과 수산화 나트륨 수용액을 혼합하면 중화 반응이 일어나 염화 나트륨 수용액이 된다. 이 반응은 자발적이다.

04. 답 ③

해설 (가)는 닫힌계이고, (나)는 열린계이다.

ㄱ. 닫힌계는 물질은 교환할 수 없지만, 에너지는 교환할 수 있다. ㄴ. 닫힌계에서 자발적 과정은 우주의 엔트로피가 증가하는 방향으로 진행된다. ㄷ. 열린계에서 자발적 과정은 계와 주위를 합한 우주 전체의 엔트로피가 증가하는 방향으로 진행된다. 따라서 계의 엔트로피가 감소하더라도 주위의 엔트로피가 증가하면 반응이 자발적으로 일어날 수도 있다.

[유형12-3] 답 ④

해설 ㄱ, ㄴ. 반응 후 기체 분자 수가 감소한다. 따라서 계의 엔트로피(무질서도)는 감소한다. ㄷ. $\Delta H > 0$인 흡열 반응이므로 반응이 일어나면 주위의 온도가 낮아진다.

05. 답 ①

해설 (가)는 고체에서 액체로 상태 변화하고, (나)는 액체에서 기체로 상태 변화한다.

ㄱ. (가)는 주위에서 열을 흡수한다. ㄴ. (가) 고체에서 액체로 갈수록 입자들의 배열이 불규칙적이고 무질서하게 되므로 엔트로피가 증가한다. ㄷ. (나) 액체에서 기체로 갈수록 입자들의 배열이 불규칙적이고 무질서하게 배열되므로 엔트로피가 증가한다.

06. 답 ④

해설 ④ 1몰의 $CaCO_3(s)$이 분해되어 1몰의 $CaO(s)$과 1몰의 $CO_2(g)$가 생성되므로 엔트로피가 증가한다. 기체가 발생하거나 기체의 몰수가 증가하는 반응은 엔트로피가 크게 증가한다.

① 물질의 상태가 기체에서 액체로 갈수록 입자들의 배열이 규칙적이고 질서있게 배열되므로 엔트로피가 감소한다.

② 질소 분자 1개와 수소 분자 3개가 반응하여 암모니아 분자 2개를 생성하는 경우 분자 수는 4개에서 2개로 감소하므로 엔트로피가 감소한다.

③ 두 액체 상태의 수화된 이온이 반응하여 AgCl 앙금이 생성되므로 입자 수가 줄어들고 분자 운동이 약해져 엔트로피가 감소한다.

⑤ 기체 분자 수가 감소하는 반응은 엔트로피가 감소한다.

[유형12-4] 답 ②

해설 ㄱ. 물이 얼음이 될 때 주위로 열을 방출하므로 계의 엔탈피가 감소한다. ㄴ. 물이 얼음이 될 때 입자들의 배열이 규칙적으로 변하므로 계의 엔트로피는 감소한다. ㄷ. 0℃는 녹는점이므로 자발, 비자발이 아닌 평형 상태이다.

07. 답 4

해설 $\Delta S_{주위} = -\dfrac{\Delta H}{T} = -\dfrac{(-1192)\text{ kJ}}{(273+25)\text{ K}} = 4\text{ kJ/K}$ 이므로,

$\Delta S_{주위} = 4\text{ kJ/K}$이다.

08. 답 ④

해설 (가)는 $\Delta S_{주위} < 0$이고, $\Delta S_{계} < 0$이다. $\Delta S_{우주} = \Delta S_{계} + \Delta S_{주위}$ 이므로 $\Delta S_{우주} < 0$이다. 우주 전체의 엔트로피가 0보다 작으므로 비자발적이다.

(나)는 $\Delta S_{주위} > 0$이고, $\Delta S_{계} > 0$이다. $\Delta S_{우주} = \Delta S_{계} + \Delta S_{주위}$ 이므로 $\Delta S_{우주} > 0$이다. 우주 전체의 엔트로피가 0보다 크므로 자발적이다.

창의력 & 토론마당 244 ~ 247 쪽

01 〈해설 참조〉

해설 (1) 자동차 엔진은 연료의 연소로 인한 부피 증가로 엔진의 피스톤을 움직이며 힘을 발생시켜 자동차를 움직이게 한다. 움직이는 자동차는 운동 에너지를 갖는다. 따라서 자동차 연료의 화학 에너지가 열에너지와 운동 에너지로 전환되는 것이다.

(2) 자동차 연료의 연소 반응에서 발생한 에너지는 유용한 에너지인 냉각수의 열과 엔진의 출력으로 사용되고 유용하지 않은 에너지인 배기가스의 열에 사용된다. 따라서 자동차 연료의 연소 반응에서 발생한 에너지는 냉각수의 열과 엔진의 출력과 배기가스의 열의 합과 같다. 따라서 내부 에너지는 열이나 일로 전환될 수 있지만, 새로 생성되거나 소멸되지는 않는다는 열역학 제 1법칙으로 설명할 수 있다.

02 (1) 81가지 (2) $\frac{1}{81}$

해설 (1) 기체 분자들이 3개의 공간에서 1가지를 선택하는 경우의 수는 3가지이다. 따라서 4개의 분자들이 선택하는 방법은 3 × 3 × 3 × 3 = 3^4으로 총 81가지가 가능하다.

(2) 기체 분자들을 구분할 수 없으므로 1가지 배열만 가능하다. 따라서 확률은 $\frac{1}{81}$ 이다.

03 (1) $\Delta S_{계} < 0$ (2) $\Delta S_{계} > 0$

해설 (1) 각각의 부피로 분리시키는 경우의 수보다 대기의 공기로 고르게 배열하는 경우의 수가 크기 때문에 무질서도가 감소한다. 따라서 엔트로피가 감소한다.

(2) 물에 금속 나트륨(Na(s))을 넣으면 불꽃을 일으키며 격렬히 반응하여 수소 기체($H_2(g)$)가 발생하고, 수산화 나트륨 수용액(NaOH(aq))이 된다. 이 반응은 기체가 발생하므로 계의 엔트로피가 증가하며, 일정한 온도와 압력 조건에서 외부에서 일을 해주지 않아도 스스로 일어나기 때문에 자발적 과정이다. 열역학 제 2법칙에서 자연계에서 일어나는 모든 자발적 반응은 우주 전체의 엔트로피가 증가하는 방향으로 일어나기 때문에 이 반응에서 우주 전체의 엔트로피는 증가한다.

04 (1) 38686 J (2) -110.1 J/K

해설 (1) 841 J/g은 에탄올 1 g이 증발될 때 841 J의 열이 흡수되는 것을 의미한다. 에탄올 1mol은 46 g이다.

$841\,J/g \times \frac{46\,g}{1mol} = 38686\,J/mol$이다.

(2) 에탄올 1몰이 증발할 때 주위의 엔트로피 변화는

$\Delta S_{주위} = -\frac{\Delta H}{T} = -\frac{38686\,J}{(273 + 78.4)K} \fallingdotseq -110.1\,J/K$

$\Delta S_{주위} \fallingdotseq -110.1\,J/K$이다.

05 (1) $\Delta S_{우주} = 0$ (2) 1.11 J/K

해설 (1) 360 K에서 결정 형태가 변하기 때문에 두 상이 서로 평형 상태이다. 따라서 $\Delta S_{우주} = 0$ 이다.

(2) 사방정계의 황이 단사 결정계로 반응할 때 주위의 엔트로피 변화는

$\Delta S_{주위} = -\frac{\Delta H}{T} = -\frac{400\,J}{360\,K} = -1.11\,J/K$ 이다.

평형 상태에서 $\Delta S_{우주} = \Delta S_{계} + \Delta S_{주위} = 0$이므로, $\Delta S_{계} = -\Delta S_{주위}$이다. 따라서 $\Delta S_{계} = 1.11\,J/K$이다.

06 (1) 기체가 발생하므로 엔트로피가 증가한다.
(2) 비자발적

해설 (1) $CaCO_3(s) \rightarrow CaO(s) + CO_2(g)$
이 반응에서 생성 물질의 분자 수가 증가할 뿐만 아니라, 기체가 발생하므로 계의 엔트로피는 크게 증가한다.

(2) $\Delta S_{주위} = -\frac{\Delta H}{T} = -\frac{180 \times 10^3\,J}{(273 + 27)\,K} = -600\,J/K$ 이다.

탄산 칼슘의 열분해 반응은 낮은 온도에서 $\Delta S_{주위}$ 의 값이 크게 감소하므로 $\Delta S_{우주} < 0$이 된다. 따라서 탄산 칼슘의 열분해 반응은 27℃에서 자발적으로 일어나지 않는다. 실제로 탄산 칼슘의 열분해 반응이 일어나기 위해서는 700℃이상의 고온이 필요하고, 주위로부터 에너지를 공급받아야 한다.

스스로 실력 높이기 248 ~ 253 쪽

01. (1) O (2) O (3) O
02. 위치, 운동
03. 엔트로피
04. ②
05. ㄴ
06. (1) < (2) < (3) >
07. < , <
08. (1) X (2) O (3) O
09. (1) > (2) > (3) <
10. <
11. ⑤
12. ①
13. ⑤
14. ②
15. ④
16. ⑤
17. ④
18. ①
19. ⑤
20. ④
21. ⑤
22. ①
23. ④
24. ⑤
25. 〈해설 참조〉
26. $\left(\frac{1}{2}\right)^{3 \times 6.02 \times 10^{23}}$
27. 255 J/K
28. (1) 증가한다. (2) 증가한다.
29. (1) $\Delta S_{계} < 0$ (2) $\Delta S_{주위} > 0$
30. 12.23 J/K
31. $\Delta S_{계} > 0$, $\Delta S_{주위} < 0$, $\Delta S_{우주} > 0$
32. 〈해설 참조〉

02. 답 위치, 운동

해설 계를 구성하는 입자들의 위치 에너지와 운동 에너지의 총합을 내부 에너지라고 한다.

04. 답 ②

해설 질소와 수소가 반응하여 암모니아 기체가 생성되는 반응의 반응식은 $N_2(g) + 3H_2(g) \rightarrow 2NH_3(g)$ 이다. 기체 분자 수가 감소하므로 엔트로피가 감소한다.

ㄱ. $2C(s) + O_2(g) \rightarrow 2CO(g)$ 반응은 기체의 분자 수가 증가하므로 엔트로피가 증가한다.

ㄴ. $NaCl(s) \rightarrow Na^+(aq) + Cl^-(aq)$ 반응은 이온 결합성 물질이 용해되는 반응이다. 이온화하는 과정의 엔트로피 증가 정도는 물에 의해 수화되는 과정의 엔트로피 감소 정도보다 크기 때문에 엔트로피가 증가한다.

ㄷ. $C_2H_4(g) + 3O_2(g) \rightarrow 2CO_2(g) + 2H_2O(l)$ 반응은 기체 분자 수가 감소하므로 엔트로피가 감소한다.

05. 답 ㄴ

해설 ㄱ. 물이 얼어 얼음이 될 때 입자들의 배열이 규칙적으로 질서있게 배열되므로 엔트로피가 감소한다. ㄴ. 드라이아이스가 승화할 때 입자들의 배열이 불규칙적이고 무질서하게 배열되므로 엔트로피가 증가한다. ㄷ. 여러 가지 부품으로 컴퓨터를 조립하면 질서있게 배열되므로 엔트로피가 감소한다.

06. 답 (1) < (2) < (3) >

해설 (1) 엔트로피는 엔탈피와 마찬가지로 상태 함수이기 때문에 분자 수가 많을수록 엔트로피가 크다.

(2) 이온 결합 물질이 이온화하는 과정의 엔트로피 증가 정도는 물에 의해 수화하는 과정의 엔트로피 감소 정도보다 크기 때문에 용해된 $NaCl(aq)$의 엔트로피가 더 크다.

(3) 물질의 상태가 액체에서 기체로 갈수록 입자들의 배열이 불규칙적이고 무질서하게 배열되므로 엔트로피가 증가한다. 따라서 엔트로피는 $H_2O(g)$가 $H_2O(l)$보다 크다.

07. 답 <, <

해설 물질의 상태가 고체 → 액체 → 기체로 갈수록 입자들의 배열이 불규칙적이고 무질서하게 배열되므로 엔트로피가 커진다.

08. 답 (1) X (2) O (3) O

해설 (1) 자연계에서 일어나는 모든 자발적인 반응은 우주 전체의 엔트로피가 증가하는 방향으로 일어난다.

09. 답 (1) > (2) > (3) <

해설 (1) 물이 수증기가 될 때 흡열 반응이므로 ΔH는 0보다 크다.

(2) 물이 수증기가 될 때 입자들의 배열이 질서 있는 배열의 액체 상태에서 무질서하게 배열되어 있는 기체 상태로 변하므로 계의 엔트로피는 증가한다.

(3) 흡열 반응이므로 계가 주위에서 열을 흡수하고, 이 열로 인해 주위의 엔트로피가 감소한다.

10. 답 <

해설 25℃에서 물이 수증기가 되는 반응은 비자발적인 반응이기 때문에 우주의 엔트로피는 0보다 작다.

11. 답 ⑤

해설 (가)는 열린계, (나)는 닫힌계, (다)는 고립계이다.

ㄱ. 사람의 신체는 주위와 물질, 에너지 모두 교환 가능하기 때문에 열린계이다. ㄴ. 계와 주위 사이에 물질은 이동하지 않지만, 주위와 에너지 교환이 가능하기 때문에 닫힌계이다. 닫힌계에서 자발적 과정은 우주 전체의 엔트로피가 증가하는 방향으로 진행된다. ㄷ. 고립계는 계와 주위 사이에 물질, 에너지를 모두 교환할 수 없다. 따라서 고립계에서 열이 발생하면 계의 온도가 올라간다.

12. 답 ①

해설 ㄱ. (가)는 주위와 물질, 에너지를 모두 교환할 수 있지만 (나)는 주위와 에너지 교환만 가능하고 물질 교환은 불가능하다. 따라서 A의 기준은 '주위와 에너지를 교환할 수 있는가?'이다.

ㄴ. 우주는 물질과 에너지를 교환할 수 없기 때문에 대표적인 고립계이다. 따라서 아이스박스 속의 얼음 (다)와 같이 분류할 수 있다.

ㄷ. (다)는 주위와 물질, 에너지를 모두 교환할 수 없기 때문에 고립계이다.

13. 답 ⑤

해설 ㄱ. 반응 전후에 기체 분자 수를 비교하면 감소하므로 계의 엔트로피는 감소한다. ㄴ. 반응이 자발적으로 일어나기 때문에 우주의 엔트로피는 증가해야 한다. 계의 엔트로피가 감소하였기 때문에 주위의 엔트로피는 증가한다. ㄷ. 주위의 엔트로피 변화는 계에서 방출한 열에너지에 비례한다. 주위의 엔트로피가 증가하였기 때문에 이 반응은 발열 반응이다. 따라서 반응 결과 주위의 온도는 올라간다.

14. 답 ②

해설 ㄱ. (가) 과정과 (나) 과정은 모두 엔트로피가 증가한다. 이때 기체의 분자 배열이 가장 불규칙하므로 엔트로피 변화의 크기는 고체가 액체로 될 때 보다 액체가 기체로 될 때가 더 크다. ㄴ. (다) 과정은 액체가 고체로 상태 변화하는 과정이기 때문에 계의 엔트로피는 감소한다. ㄷ. 기체가 액체로 상태 변화할 때 열을 주위로 방출한다.

15. 답 ④

해설 ㄱ. (가) 반응은 연소 반응이기 때문에 발열 반응이다. 따라서 주위의 엔트로피는 증가한다.

ㄴ. (가) 반응은 반응 후 기체 분자 수가 감소하므로 계의 엔트로피가 감소하는 반응이다. 자연계에서 일어나는 모든 자발적 반응은 우주 전체의 엔트로피가 증가하는 반응이다. (가) 반응은 계의 엔트로피는 감소하고, 주위의 엔트로피가 증가하는 반응이다. 따라서 주위의 엔트로피 증가 정도가 계의 엔트로피 감소 정도보다 클 때 자발적인 반응이 일어난다.

ㄷ. 질산 암모늄이 물에 용해되면 입자의 무질서도가 증가하므로 계의 엔트로피가 증가한다.

16. 답 ⑤
해설 ㄱ. ΔH가 0보다 작기 때문에 발열 반응이다. ㄴ. 2몰의 $H_2(g)$와 1몰의 $O_2(g)$가 2몰의 $H_2O(g)$을 생성하므로 기체 분자의 수가 감소한다. 따라서 계의 엔트로피 변화는 0보다 작다. ㄷ. 이 반응에서 계가 방출한 열에 의해 주위의 엔트로피는 증가한다.

17. 답 ④
해설 $NH_3(g)$가 생성되는 반응의 열화학 반응식은 $N_2(g) + 3H_2(g) \rightarrow 2NH_3(g)$ $\Delta H = -92.4$ kJ이다. 1몰의 $NH_3(g)$가 생성될 때,

$$\Delta S_{주위} = -\frac{\Delta H}{T} = -\frac{-46.2 \times 10^3 \text{ J}}{(273 + 27) \text{ K}} = 154 \text{ J/K}$$ 이다.

18. 답 ①
해설 ㄱ. 수소 기체와 산소 기체가 반응하여 암모니아 기체가 생성되는 반응은 기체 분자 수가 감소하므로 계의 엔트로피가 감소한다.
ㄴ. 발열 반응이므로 반응이 일어나면 계에서 열을 방출하여 주위의 온도가 높아진다. 따라서 주위의 엔트로피가 증가한다.
ㄷ. 자연계에서 일어나는 모든 자발적 반응은 우주 전체의 엔트로피가 증가하는 반응이다. 계의 엔트로피는 감소하고, 주위의 엔트로피가 증가하는 반응이다. 주위의 엔트로피가 증가 정도가 계의 엔트로피 감소 정도보다 클 때 반응이 일어난다.

19. 답 ⑤
해설 ㄱ. $NaCl(s)$에서 떨어져 나온 Na^+과 Cl^-은 상대적으로 자유롭게 움직일 수 있고 불규칙적으로 배열되어 있으므로 엔트로피가 증가한다.
ㄴ. Na^+과 Cl^-이 수화되는 과정에서 물 분자의 배열이 질서 있게 변하므로 수화되는 과정은 엔트로피가 감소한다.
ㄷ. 자연계에서 일어나는 모든 자발적 반응은 우주 전체의 엔트로피가 증가하는 반응이다. 물 분자의 엔트로피가 조금 감소하지만 Na^+과 Cl^-의 엔트로피 증가 정도가 물 분자의 엔트로피 감소 정도보다 크므로 계의 엔트로피는 증가한다. 이 반응에서 계가 흡수한 열에 의해 주위의 엔트로피는 감소한다. 따라서 $|\Delta S_{계}| > |\Delta S_{주위}|$일 때 $NaCl(s)$은 자발적으로 용해된다.

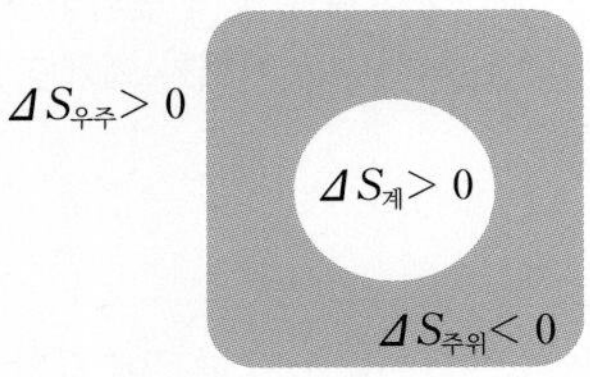

20. 답 ④
해설 $Ca(OH)_2(aq) + CO_2(g) \rightarrow CaCO_3(s) + H_2O(l)$ 반응은 염기인 $Ca(OH)_2$과 CO_2가 물에 녹아 형성된 탄산이 중화 반응을 하여 물이 생성되는 중화 반응이다.
ㄴ. 기체가 반응하여 액체와 고체가 되므로 계의 엔트로피는 감소한다.
ㄷ. 자연계에서 일어나는 모든 자발적 반응은 우주 전체의 엔트로피가 증가하는 반응이다. 이 반응은 상온에서 자발적으로 일어나기 때문에 상온에서 우주의 엔트로피가 증가하는 반응이다.

21. 답 ⑤
해설 a는 융해, b는 응고, c는 기화, d는 액화이다.
ㄱ. a와 c는 분자 간 인력을 끊기 위해 에너지를 흡수하는 흡열 반응이므로 주위의 온도가 낮아진다. ㄴ. b와 d는 분자 간 인력이 형성되며 주위로 열을 방출하는 발열 반응이다. 따라서 주위는 엔트로피가 증가한다. ㄷ. 모든 과정에서 계와 주위 사이에 에너지는 교환해도 총량은 변함이 없으므로 우주의 에너지는 보존된다.

22. 답 ①
해설 ㄱ. 산과 염기의 중화 반응은 발열 반응이므로 반응 엔탈피는 0보다 작다. ㄴ. 중화 반응이 일어나면 주위로 열을 방출하므로 주위의 엔트로피는 증가한다. ㄷ. 자연계에서 일어나는 모든 자발적 반응은 우주 전체의 엔트로피가 증가하는 반응이다. $\Delta S_{우주} = \Delta S_{계} + \Delta S_{주위}$이고, 중화 반응은 자발적으로 일어나기 때문에 $\Delta S_{계} + \Delta S_{주위} > 0$이다.

23. 답 ④
해설 ㄱ. ΔS_1에서 얼음이 녹고 ΔS_2에서 물이 끓어 수증기가 생성되므로 t는 물의 끓는점인 100℃이다. ㄴ. ΔS_1의 변화가 일어나는 것은 얼음이 녹아 물이 되는 과정이므로 무질서도가 증가하기 때문에 계의 엔트로피는 증가한다. ㄷ. 고체가 녹아 액체가 될 때보다 액체가 기체로 될 때 더 많은 양의 열이 필요하고 무질서도가 더 커지므로 대부분의 물질에서 $\Delta S_2 > \Delta S_1$이다.

24. 답 ⑤
해설 ㄱ. 2몰의 $C_2H_2(g)$와 5몰의 $O_2(g)$가 반응하여 4몰의 $CO_2(g)$와 2몰의 $H_2O(l)$이 생성된다. 기체 분자 수가 감소하므로 계의 엔트로피는 감소한다. ㄴ. 발열 반응이 일어나면 주위로 열을 방출하여 주위의 온도가 높아지므로 주위의 엔트로피가 증가한다. ㄷ. 반응이 자발적으로 일어나므로 우주의 엔트로피는 증가한다.

25. 답 〈해설 참조〉
해설 ㄴ. (가)는 발열 반응에 해당한다. ⇨ 이 반응은 열에너지가 화학 에너지로 전환되는 것으로 흡열 반응에 해당한다.
ㄹ. 철사를 구부리는 과정은 화학 에너지가 열에너지로 바뀐 것이다. ⇨ 철사를 구부리는 과정은 역학적 에너지가 열에너지로 바뀐 것이다. 철사를 구부리는 과정은 사람의 팔이 가진 운동 에너지가 철사를 구부리고, 철사는 원자의 운동 에너지가 증가해 열이 발생하여 온도가 올라간다.

26. 답 $\left(\frac{1}{2}\right)^{3 \times 6.02 \times 10^{23}}$
해설 모든 질소가 통의 왼쪽에 존재할 확률은 $\left(\frac{1}{2}\right)^{2N_A}$ 이고, 모든 산소가 오른쪽에 존재할 확률은 $\left(\frac{1}{2}\right)^{N_A}$ 이다. 따라서 모든 질소가 통의 왼쪽에, 모든 산소가 통의 오른쪽에 있을 확률은

$$\left(\frac{1}{2}\right)^{2N_A} \times \left(\frac{1}{2}\right)^{N_A} = \left(\frac{1}{2}\right)^{3N_A} = \left(\frac{1}{2}\right)^{3 \times 6.02 \times 10^{23}}$$ 이다.

27. 답 255 J/K

해설 $\Delta S_{주위} = -\frac{\Delta H}{T} = -\frac{30.8\text{ kJ}}{(273+80)\text{K}} = -\frac{30.8 \times 10^3\text{ J}}{(273+80)\text{K}}$

≒ - 87.25 J/K 이고, 3몰이 증발했으므로

$\Delta S_{주위}$ = - 87.25 J/K·mol × 3 mol = - 261.75 J/K이다.

끓는점에서는 평형 상태이므로 $\Delta S_{우주} = \Delta S_{계} + \Delta S_{주위} = 0$ 이고, $\Delta S_{계} = -\Delta S_{주위}$ 이므로 $\Delta S_{계}$ = 261.75 J/K이다.

28. 답 (1) 증가한다. (2) 증가한다.

해설 (1) 고무줄을 가열하면 열에너지를 흡수하여 분자들의 운동이 활발해지면서 엔트로피는 증가하게 된다.

(2) 압축된 기체로 채워진 가스통의 가스가 누출되면 질서 있는 상태에서 무질서한 상태로 변하기 때문에 무질서도가 증가하여 엔트로피는 증가하게 된다.

29. 답 (1) $\Delta S_{계} < 0$ (2) $\Delta S_{주위} > 0$

해설 (1) 이 반응은 $NH_3(g) + HCl(g) \rightarrow NH_4Cl(s)$ 이다. 흰 연기가 생성될 때는 기체 분자 수가 감소하므로 계의 엔트로피는 감소한다.

(2) 흰 연기가 생성될 때 계의 엔트로피가 감소하고 자발적으로 일어나는 중화 반응이므로 발열 반응이다. 따라서 주위의 엔트로피는 증가한다.

30. 답 12.23 J/K

해설 열은 니켈에서 얼음으로 흘러 얼음의 일부가 녹는다. 따라서 니켈의 엔트로피는 감소하고 얼음의 엔트로피는 증가한다. 얼음의 일부가 남아 있기 때문에 계와 얼음 모두의 최종 온도는 0℃이다.

$\Delta S_{주위} = -\frac{\Delta H_{계}}{T} = -\frac{-334\text{ J} \times 10\text{ g}}{273\text{ K}\cdot\text{g}}$ ≒ 12.23 J/K

31. 답 $\Delta S_{계} > 0$, $\Delta S_{주위} < 0$, $\Delta S_{우주} > 0$

해설 $Br_2(l) \rightarrow Br_2(g)$ 반응이 일어날 때 물질을 구성하는 입자들의 배열이 불규칙적으로 되고 무질서하게 배열되므로 $\Delta S_{계}$는 양의 값이다. 기화는 흡열 반응이므로 $\Delta S_{주위}$는 음의 값이다. 65℃는 브로민의 끓는점보다 높으므로 기화가 자발적으로 일어난다. 자연계에서 일어나는 모든 자발적 반응은 우주 전체의 엔트로피가 증가하는 반응이므로 $\Delta S_{우주}$는 양의 값이다.

32. 답 〈해설 참조〉

해설 ㄱ. (가)에서 $Br_2(l) \rightarrow Br_2(g)$는 자발적이다. ⇨ (가)의 온도는 브로민의 끓는점보다 낮으므로 $Br_2(l) \rightarrow Br_2(g)$는 비자발적이다.

ㄴ. (나)에서 전체 엔트로피 변화 $\Delta S_{전체} = \Delta S_{주위} + \Delta S_{계}$는 0보다 크다. ⇨ (나)의 온도는 브로민의 끓는점이므로 기화와 액화가 모두 일어난다. 따라서 $S_{전체} = \Delta S_{주위} + \Delta S_{계} = 0$이다.

13강. 자유 에너지

개념확인	254 ~ 257 쪽
1. (1) O (2) X	2. 표준 생성 자유 에너지
3. $T\Delta S$, 온도	4. >, <
확인 +	**254 ~ 257 쪽**
1. 자유 에너지	2. (1) X (2) O
3. >	4. 52

개념확인

1. 답 (1) O (2) X

해설 (2) 흡열 반응은 주위에서 열을 흡수하므로 계의 엔탈피가 증가한다.

3. 답 $T\Delta S$, 온도

해설 반응의 자발성을 결정하는 자유 에너지 변화는 $\Delta G = \Delta H - T\Delta S$이므로 반응의 자발성은 온도에 영향을 받는다.

4. 답 >, <

해설 흡열 반응이고 엔트로피가 감소하면 $\Delta G = \Delta H - T\Delta S$에서 $\Delta H > 0$ 이고, $T\Delta S < 0$ 이므로 $\Delta H - T\Delta S$는 항상 + 값이다. 따라서 모든 온도에서 비자발적인 반응이다.

확인 +

2. 답 (1) X (2) O

해설 (1) 자발적 반응은 $\Delta G < 0$이다.

3. 답 >

해설 물이 얼음으로 상태 변화할 때 발열 반응이다. 액체가 고체로 되므로 무질서도가 감소하여 엔트로피가 감소한다. $\Delta G = \Delta H - T\Delta S$ 에서 $\Delta H < 0$ 이고, $T\Delta S < 0$ 이므로 $\Delta H - T\Delta S$는 온도(T)에 의해 결정된다. 따라서 1 기압에서 물이 얼음이 되는 과정은 어는점인 0 ℃(= 273 K)를 기준으로 0 ℃보다 낮은 온도에서는 자발적이고, 0 ℃보다 높은 온도에서는 비자발적이다. 따라서 25 ℃에서는 비자발적이다.

4. 답 52

해설 $\Delta G = \Delta H - T\Delta S = 0$에서

$T = \frac{\Delta H}{\Delta S} = \frac{57.2 \times 10^3\text{ J}}{176\text{ J/K}}$ = 325 K(= 52 ℃) 이다.

52 ℃보다 높은 온도에서 $\Delta G < 0$이 되므로 52 ℃ 보다 높은 온도에서 이 반응은 자발적이다.

개념다지기			258 ~ 259 쪽
01. $-T\Delta S_{우주}$, 자발적	02. ⑤	03. ②	04. ⑤
05. ①	06. ④	07. ①	08. 352

01. 답 - $T\Delta S_{우주}$, 자발적

해설 일정한 온도와 압력에서 일어나는 화학 반응의 자유 에너지 변화를 우주의 엔트로피로 나타낼 수 있다. $\Delta G = -T\Delta S_{우주}$ 이고, $\Delta S_{우주} > 0$ 일 때 반응은 자발적으로 일어난다.

02. 답 ⑤

해설 ㄱ. 흡열 반응은 주위에서 계로 열이 이동하며 항상 주위의 엔트로피는 감소하지만 흡수한 열이 계의 엔트로피를 증가시키기 보다 계의 엔탈피를 증가시키는데 쓰이기도 하므로 항상 계의 엔트로피가 증가하는 것은 아니다. ㄴ. 발열 반응은 계에서 주위로 열을 방출하기 때문에 항상 주위의 엔트로피가 증가한다. ㄷ. 열역학 제 2법칙에서 계와 주위를 합한 우주의 엔트로피가 증가하는 반응이 자발적이다.

03. 답 ②

해설 ㄱ. ΔG는 $\Delta S_{우주}$에 비례하지만, 부호는 반대이다.
ㄴ. $\Delta S_{우주} > 0$ 일 때 반응이 자발적이므로 $\Delta G < 0$일 때 반응이 자발적으로 일어난다. ㄷ. $\Delta H > 0$ 이고, $\Delta S < 0$ 이면 온도에 관계없이 $\Delta H - T\Delta S > 0$이므로 반응이 항상 비자발적이다. 따라서 ΔH와 ΔS가 서로 다른 부호일 때 반응의 자발성은 온도에 의존하지 않는다.

04. 답 ⑤

해설 발열 반응이므로 $\Delta H < 0$이다. 반응 후 기체의 몰수가 증가하므로 $\Delta S > 0$이다. $\Delta G = \Delta H - T\Delta S$ 에서 $\Delta H < 0$ 이고, $T\Delta S > 0$ 이므로 $\Delta H - T\Delta S$는 항상 - 값이다. 따라서 모든 온도에서 자발적인 반응이고 $\Delta G < 0$ 이다.

05. 답 ①

해설 ㄱ. $\Delta H > 0$ 이고, $\Delta S > 0$ 일 때 높은 온도에서는 $|\Delta H| < |T\Delta S|$이 되어 $\Delta H - T\Delta S < 0$이 되므로 반응이 자발적이다.
ㄴ. $\Delta H < 0$ 이고, $\Delta S < 0$ 일 때 낮은 온도에서는 $|\Delta H| > |T\Delta S|$이 되어 $\Delta H - T\Delta S < 0$이 되므로 반응이 자발적이다. 그리고 높은 온도에서는 $|\Delta H| < |T\Delta S|$이 되어 $\Delta H - T\Delta S > 0$이 되므로 반응이 비자발적이다.
ㄷ. $\Delta H > 0$ 이고, $\Delta S < 0$ 일 때 어느 온도에서나 ΔG는 항상 양수이다.

06. 답 ④

해설 드라이아이스가 승화될 때 흡열 반응이므로 $\Delta H > 0$이다. 분자 배열이 규칙적인 고체 상태에서 흐트러진 기체 상태로 변하기 때문에 $\Delta S > 0$이다. $\Delta G = \Delta H - T\Delta S$ 에서 $\Delta H > 0$ 이고, $T\Delta S > 0$ 이므로 낮은 온도에서는 $|\Delta H| > |T\Delta S|$이 되어 $\Delta H - T\Delta S > 0$이 되므로 반응이 비자발적이다. 높은 온도에서는 $|\Delta H| < |T\Delta S|$이 되어 $\Delta H - T\Delta S < 0$이 되므로 반응이 자발적이다. 이 반응에서는 특정 온도보다 낮은 온도에서 $\Delta G > 0$ 이고, 특정 온도보다 높은 온도에서 $\Delta G < 0$이다.

07. 답 ①

해설 ㄱ. 물이 수증기가 될 때 주위에서 열을 흡수하므로 $\Delta H > 0$이다. ㄴ. 물이 수증기가 되면 분자 운동이 활발해지고, 분자 배열이 불규칙해지므로 분자가 공간에서 배열할 수 있는 경우의 수가 커진다. 따라서 $\Delta S > 0$이다. ㄷ. $\Delta H > 0$, $\Delta S > 0$인 반응은 특정 온도보다 높은 온도에서 $\Delta G = \Delta H - T\Delta S < 0$이 될 수 있다.

08. 답 352

해설 $C_2H_5OH(l)$의 끓는점은 평행 상태이므로 $\Delta G = \Delta H - T\Delta S = 0$ 이다.

$$\therefore T = \frac{\Delta H}{\Delta S} = \frac{38.72 \times 10^3 \text{ J}}{110 \text{ J/K}} = 352 \text{ K}(= 79 ℃)$$

유형익히기 & 하브루타 260 ~ 263 쪽

[유형13-1] ③	01. ④	02. ⑤
[유형13-2] ②	03. ③	04. ①
[유형13-3] ⑤	05. ①	06. ④
[유형13-4] ②	07. ②	08. ④

[유형13-1] 답 ③

해설 기체 A_2와 B_2가 반응하여 액체 AB가 되기 때문에 기체의 몰수가 감소하여 계의 엔트로피는 감소한다. ($\Delta S_{계} < 0$) 반응이 25℃에서 자발적으로 일어나기 때문에 우주의 엔트로피는 증가한다.($\Delta S_{우주} > 0$) $\Delta S_{우주} = \Delta S_{계} + \Delta S_{주위}$ 이다. 우주의 엔트로피는 증가하였고 계의 엔트로피는 감소하였기 때문에 주위의 엔트로피는 증가한다. 따라서 계가 주위로 열을 방출하여 분자 운동이 활발해지는 발열 반응이다.($\Delta H < 0$)

01. 답 ④

해설 (가)는 발열 반응이고, (나)는 흡열 반응이다.
ㄱ. (가)는 발열 반응이므로 계의 엔탈피가 감소한다. ㄴ. (나)는 흡열 반응이므로 $\Delta H > 0$이다. 반응의 자발성은 $\Delta G = \Delta H - T\Delta S$로 결정하는데 여기서 ΔS 값을 알 수 없으므로 반응의 자발성을 판단할 수 없다. ㄷ. (가)는 발열 반응이므로 주위로 열을 방출하여 주위의 엔트로피가 증가한다. (나)는 흡열 반응이므로 계로 열을 흡수하여 주위의 엔트로피가 감소한다.

02. 답 ⑤

해설 ㄱ. 자유 에너지는 일정한 온도와 압력에서 일어나는 반응의 자발성 여부를 계의 엔탈피와 계의 엔트로피를 이용하여 반응이 자발적인지를 예측하기 위해 제안한 상태 함수이다. ㄴ. 자유 에너지는 우주 전체의 엔트로피 변화에 비례하지만, 부호가 반대이다. ($\Delta G = -T\Delta S_{우주}$) ㄷ. 자유 에너지는 일정한 온도에서 계의 엔탈피와 계의 엔트로피를 이용해서 나타낸다. ($\Delta G = \Delta H - T\Delta S$)

[유형13-2] 답 ②

해설 ㄱ. 반응이 진행될 때 발열 반응이므로 계가 주위로 열을 방출하면 분자 운동이 활발해져서 주위의 엔트로피는 증가한다. ㄴ. 반응의 자유 에너지 변화는 $\Delta G = \Delta H - T\Delta S = -1192$ kJ - {(273 + 25) K × -0.221 kJ/K} ≒ -1126 kJ이다. ㄷ. 낮은 온도에서는 $\Delta G < 0$이므로 25℃ 에서 반응이 자발적이다.

03. 답 ③

해설 $C_2H_4(g) + 3O_2(g) \rightarrow 2CO_2(g) + 2H_2O(l)$에서 자유 에너지 변화($\Delta G$) = $\Sigma G^\circ_{f,\text{생성 물질}} - \Sigma G^\circ_{f,\text{반응 물질}}$ 이므로 (2 × $CO_2(g)$의 생성 자유 에너지 + 2 × $H_2O(l)$의 생성 자유 에너지) - ($C_2H_4(g)$의 생성 자유 에너지 + 3 × $O_2(g)$의 생성 자유 에너지) = (2 × -390 + 2 × -240) - (x + 0) = -1328 이고, x = 68 kJ 이다.

04. 답 ①

해설 ㄱ. 물에서 수증기로 기화할때 입자들의 배열이 불규칙적이고 무질서하게 배열되므로 계의 엔트로피가 증가한다. ㄴ. 이 반응은 자유 에너지가 0보다 크기 때문에 반응이 자발적으로 일어나지 않는다. ㄷ. 물의 끓는점은 100 ℃이므로 반응이 평형 상태이다. 따라서 자유 에너지 변화(ΔG)는 0이다.

[유형13-3] 답 ⑤

해설 ㄱ. 반응 전후에 기체 분자 수를 비교하면 증가하므로 계의 엔트로피는 증가한다. ㄴ. 이 반응은 발열 반응이므로 계가 주위로 열을 방출하면 분자 운동이 활발해져서 주위의 엔트로피는 증가한다. ㄷ. $\Delta H < 0$ 이고, $\Delta S > 0$ 일 때 어느 온도에서나 ΔG는 항상 자발적이다.

05. 답 ①

해설 발열 반응이므로 반응 엔탈피는 감소한다. ($\Delta H < 0$)
기체의 몰수가 증가하므로 계의 엔트로피는 증가한다. ($\Delta S_\text{계} > 0$)
$\Delta H < 0$ 이고, $T\Delta S > 0$ 이므로 $\Delta H - T\Delta S$ 는 항상 - 값이다. 따라서 모든 온도에서 자발적인 반응이다. ($\Delta G < 0$)

06. 답 ④

해설 ㄱ. 기체의 몰수가 감소하므로 반응이 일어날 때 계의 엔트로피는 감소한다. ㄴ. 발열 반응이므로 계가 주위로 열을 방출하면 분자 운동이 활발해져서 주위의 엔트로피는 증가한다.
ㄷ. $\Delta H < 0$ 이고, $T\Delta S < 0$ 이므로 $\Delta H - T\Delta S$ 는 온도에 의해서 결정된다. 특정 온도보다 낮은 온도에서 $\Delta G < 0$이 되므로 낮은 온도에서 반응이 자발적이다.

[유형13-4] 답 ②

해설 ㄱ. 계의 엔트로피가 증가하기 때문에 계의 무질서도는 증가한다. ㄴ. 흡열 반응이 일어나면 주위는 계에 열을 빼앗기므로 주위의 엔트로피는 감소한다. ㄷ. $\Delta H > 0$ 이고, $T\Delta S > 0$ 이므로 $\Delta H - T\Delta S$ 는 온도에 의해서 결정된다. 이 반응은 특정 온도보다 높은 온도에서 $\Delta G < 0$이 되므로 높은 온도에서 반응이 자발적이다. $T = \dfrac{\Delta H}{\Delta S} = \dfrac{98.8 \times 10^3\ \text{J}}{141.5\ \text{J/K}} \fallingdotseq 698$ K 이므로 425 ℃ 이상의 온도에서 반응이 자발적이다.

07. 답 ②

해설 ① (가)는 주위의 열을 흡수하여 계의 엔탈피가 증가하므로 주위의 엔트로피는 감소한다.
② (가)는 $\Delta H > 0$ 이고, $T\Delta S < 0$ 이므로 모든 온도에서 비자발적이다.
③ 엔트로피는 무질서도의 척도이기 때문에 (나)에서 계의 엔트로피 증가는 계의 무질서도가 증가한 것을 의미한다.
④ (나)는 $\Delta H > 0$ 이고, $T\Delta S > 0$ 이므로 $\Delta H - T\Delta S$ 는 온도에 의해 결정된다. 따라서 특정 온도보다 높은 온도에서 $\Delta G < 0$이 되므로 높은 온도에서 반응이 자발적이다.
⑤ (나)는 특정 온도보다 높은 온도에서 $\Delta G < 0$이 되므로 특정 온도보다 높을 때 우주 엔트로피 변화가 증가한다.

08. 답 ④

해설 (가)는 얼음에서 물로, (나)는 물에서 수증기로 상태 변화하는 모형을 나타낸 것이다.
ㄱ. 얼음에서 물은 0℃에서 상태 변화하므로 10℃에서 (가) 과정은 자발적이다. ㄴ. (나)는 $\Delta H > 0$ 이고, $T\Delta S > 0$ 이므로 $\Delta H - T\Delta S$ 는 온도에 의해서 결정된다. ㄷ. (가) 과정과 (나) 과정은 모두 엔트로피가 증가한다. 이때 기체의 분자 배열이 가장 불규칙하므로 엔트로피 변화의 크기는 고체가 액체로 될 때 보다 액체가 기체로 될 때 더 크다.

창의력 & 토론마당 264 ~ 269 쪽

01 (1) 737 J
(2) $\Delta G > 0$이기 때문에 비자발적인 반응이다.
(3) -77.5℃

해설 (1) 반응의 자유 에너지 변화는 $\Delta G = \Delta H - T\Delta S$ = 5.65 kJ - (170 K × 28.9 J/K) = 5.65×10^3 J - (170 K × 28.9 J/K) = 737 J이다.
(2) $\Delta S_\text{우주} > 0$일 때 반응이 자발적이므로 $\Delta G < 0$일 때 반응이 자발적이다. 170 K 에서 암모니아 1몰이 녹을 때 자유 에너지 변화는 0보다 크기 때문에 비자발적인 반응이다.
(3) 1 기압에서 고체와 액체 암모니아가 평형을 이루는 온도는 자유 에너지가 0(ΔG = 0)일 때 이다.
$T = \dfrac{\Delta H}{\Delta S} = \dfrac{5.65 \times 10^3\ \text{J}}{28.9\ \text{J/K}} \fallingdotseq 195.5$ K 이므로 평형을 이루는 온도는 -77.5 ℃ 이다.

02 (1) 6020 J (2) -20.2 J/K (3) -536 J

해설 (1) 엔탈피는 온도와 압력에 따라 달라진다. 따라서 25 ℃에서 얼음이 물로 녹을 때 엔탈피 변화를 구하기 위해서는 3단계의 엔탈피 변화를 합쳐야 한다. 25 ℃에서 0 ℃로 얼음의 엔탈피 변화(ΔH_1), 0 ℃에서 얼음이 물로 상태 변화할 때의 엔탈피 변화(ΔH_2), 0 ℃에서 25 ℃로 물의 엔탈피 변화(ΔH_3)이다.
$\Delta H = \Delta H_1 + \Delta H_2 + \Delta H_3 = nC_P(s)\Delta T + 6020\ \text{J} + nC_P(l)\Delta T = nC_P(s)(0 - 25)\ ℃ + 6020\ \text{J} + nC_P(l)(25 - 0)\ ℃ = 6020\ \text{J}$
(2) $\Delta S_\text{주위} = -\dfrac{\Delta H}{T} = -\dfrac{6020\ \text{J}}{(273 + 25)\ \text{K}} \fallingdotseq -20.2$ J/K 이다.
(3) 반응의 자유 에너지 변화는 $\Delta G = \Delta H - T\Delta S$ = 6020 J - {(273 + 25) K × 22 J/K} = -536 J이다.

03 -360 kJ, $\Delta G < 0$이기 때문에 자발적으로 반응한다.

해설 ΔG는 상태 함수이기 때문에 반응의 경로와는 무관하다. 따라서 연속적으로 일어나는 반응의 자유 에너지 변화의 합은 전체 반응의 자유 에너지 변화와 같다.

$2Fe_2O_3(s) + 3C(s) \rightarrow 3CO_2(g) + 4Fe(s)$ $\Delta G = x$ kJ

주어진 열화학 반응식은

$2Fe_2O_3(s) \rightarrow 4Fe(s) + 3O_2(g)$ $\Delta G = 840$ kJ ······· ㉠

$C(s) + O_2(g) \rightarrow CO_2(g)$ $\Delta G = -400$ kJ ······· ㉡

이므로, ㉠ +3㉡ 을 하면 다음과 같다.

$2Fe_2O_3(s) \rightarrow 4Fe(s) + 3O_2(g)$ $\Delta G = 840$ kJ ······· ㉠

$+)\ 3C(s) + 3O_2(g) \rightarrow 3CO_2(g)$ $\Delta G = -1200$ kJ ······· 3㉡

$2Fe_2O_3(s) + 3C(s) \rightarrow 3CO_2(g) + 4Fe(s)$ $\Delta G = -360$ kJ

$\Delta G < 0$이므로 반응이 자발적이다. 따라서 산화 철이 철과 산소가 되는 반응은 자발적이 아니지만, 발생하는 모든 산소를 탄소와 반응시키면 이 과정이 자발적으로 반응한다.

04 (1) -36 kJ (2) 446.1 J/K (3) -169 kJ
(3) $\Delta G < 0$이기 때문에 자발적인 반응이다.

해설 (1) 엔탈피 변화(ΔH) = $\Sigma H^\circ_{생성\ 물질} - \Sigma H^\circ_{반응\ 물질}$ 이다.
따라서 ($N_2O(g)$의 생성 엔탈피 + 2 × $H_2O(g)$의 생성 엔탈피) - ($NH_4NO_3(s)$의 생성 엔탈피) = (82.1 + 2 × -241.8) - (-365.5) = -36 kJ 이다.

(2) 엔트로피 변화(ΔS) = $\Sigma S^\circ_{생성\ 물질} - \Sigma S^\circ_{반응\ 물질}$ 이다.
따라서 ($N_2O(g)$의 생성 엔트로피 + 2 × $H_2O(g)$의 생성 엔트로피) - ($NH_4NO_3(s)$의 생성 엔트로피) = (219.7 + 2 × 188.7) - (151) = 446.1 J/K

(3) 반응의 자유 에너지 변화는 $\Delta G = \Delta H - T\Delta S$ = -36 kJ - {(273+25) K × 446.1 J/K} = -36 kJ - {(273+25) K × 0.4461 kJ/K} ≒ -169 kJ이다.

(4) $\Delta S_{우주} > 0$일 때 반응이 자발적이므로 $\Delta G < 0$일 때 반응이 자발적이다. 25 ℃에서 질산 암모늄을 분해할 때 자유 에너지 변화는 0보다 작기 때문에 자발적인 반응이다.

05 (1) 60 kJ (2) 53.5 kJ, 비슷하다.
(3) 652.2 ℃ 보다 높은 온도에서 이 반응은 자발적이다.

해설 (1) 반응의 자유 에너지 변화는 $\Delta G = \Delta H - T\Delta S$ = 165.8 kJ - (590 K × 179.2 J/K) = 165.8×10^3 J - (590 K × 179.2 J/K) ≒ 60 kJ이다.

(2) 반응의 자유 에너지 변화는 $\Delta G = \Delta H - T\Delta S$ = 158.36 kJ - (590 K × 177.74 J/K) = 158.36×10^3 J - (590 K × 177.74 J/K) ≒ 53.5 kJ이다.

25℃의 반응 엔탈피와 반응 엔트로피 변화를 이용하여 구한 값과 590 K 에서 실험한 값으로 구한 값이 비슷하다.

(3) $\Delta H > 0$ 이고, $T\Delta S > 0$ 이므로 $\Delta H - T\Delta S$는 온도에 의해서 결정된다. 따라서 특정 온도보다 높은 온도에서 $\Delta G < 0$이 되므로 높은 온도에서 반응이 자발적이다.

$\Delta G = \Delta H - T\Delta S = 0$,

$\therefore T = \dfrac{\Delta H}{\Delta S} = \dfrac{165.8 \times 10^3\ \text{J}}{179.2\ \text{J/K}}$ = 925.2 K(= 652.2 ℃)

652.2 ℃보다 높은 온도에서 $\Delta G < 0$이 되므로 652.2℃ 보다 높은 온도에서 이 반응은 자발적이다.

06 (1) -1632 kJ (2) -0.383 kJ/K
(3) 25℃에서 $\Delta G < 0$이기 때문에 자발적인 반응이다.

해설 (1) 자유 에너지 변화(ΔG) = $\Sigma G^\circ_{생성\ 물질} - \Sigma G^\circ_{반응\ 물질}$ 이므로 (3 × $CO_2(g)$의 생성 자유 에너지 + 4 × $H_2O(l)$의 생성 자유 에너지) - ($C_3H_8(g)$의 생성 자유 에너지 + 5 × $O_2(g)$의 생성 자유 에너지) = (3 × -394 + 4 × -237) - (-24 + 0) = -2106 kJ 이다.

(2) 반응의 자유 에너지 변화는 $\Delta G = \Delta H - T\Delta S$ = -2220 kJ - {(273+25) K × x kJ/K} = -2106 kJ 이므로, x ≒ -0.383 kJ/K 이다. 따라서 25℃에서 ΔS는 -0.383 kJ/K 이다.

(3) 기체의 몰수가 감소하므로 반응이 일어날 때 계의 엔트로피는 감소한다. $\Delta H < 0$ 이고, $T\Delta S < 0$ 이므로 $\Delta H - T\Delta S$는 온도에 의해서 결정된다. 평형 상태에서 $\Delta H - T\Delta S = 0$ 이므로, $T = \dfrac{\Delta H}{\Delta S}$ 이다.

$T = \dfrac{-2220\ \text{kJ}}{-0.383\text{kJ/K}}$ ≒ 5796 K(5523℃) 보다 낮은 온도에서 자발적이므로 이 반응은 25℃에서 자발적 반응($\Delta G < 0$)이다.

스스로 실력 높이기 270 ~ 275 쪽

01. (1) X (2) X 02. $\Delta S_{계}$ 03. 30 04. -300
05. ㄹ 06. (1) X (2) O (3) O
07. (1) < (2) < (3) < 08. < , > 09. (가)
10. < , 자발적 11. ⑤ 12. ③ 13. ①
14. ④ 15. ② 16. ③ 17. ② 18. ③
19. ⑤ 20. ① 21. ⑤ 22. ① 23. ③
24. ③ 25. -2106 kJ 26. -3000 kJ
27. 517.5℃ 보다 낮은 온도 28. 351.8 K
29. (1) 자발적인 반응 (2) 비자발적인 반응
30. -169.8 kJ 31. 195.6 kJ, 비자발적인 반응
32. 134 J/K

01. **답** (1) X (2) X

해설 (1) 발열 반응 중 엔트로피가 증가하면 모든 온도에서 자유 에너지가 감소하고, 엔트로피가 감소하면 낮은 온도에서 자유 에너지가 감소한다.

(2) 흡열 반응에서 계의 엔트로피가 증가하는 반응은 높은 온도에서 자유 에너지가 감소한다.

02. 답 $\Delta S_{계}$
해설 자유 에너지는 일정한 온도와 압력에서 일어나는 반응의 자발성 여부를 계의 엔탈피와 엔트로피를 이용하여 반응이 자발적인지를 예측하기 위해 제안한 상태 함수이다.

03. 답 30
해설 반응의 자유 에너지 변화는
$\Delta G = \Delta H - T\Delta S$ = 50 kJ - (100 K × 200 J/K) = 50×10^3 J - (100 K × 200 J/K) = 30 kJ이다.

04. 답 -300
해설 $\Delta G = -T\Delta S_{우주} = -100\ K \times \Delta S_{우주} = 30\ kJ$
$$\Delta S_{우주} = -\frac{30 \times 10^3\ J}{100\ K} = -300\ J/K$$

05. 답 ㄹ
해설 반응의 자발성을 예측하기 위해서 필요한 자료는 ΔG이다. $\Delta G = \Delta H - T\Delta S$ 이므로 엔탈피 변화로 반응의 자발성을 예측하기 위해서는 엔트로피 변화(ΔS)가 일정하게 유지되어야 한다.

06. 답 (1) X (2) O (3) O
해설 (1) 반응의 자발성을 결정하는 자유 에너지 변화는 $\Delta G = \Delta H - T\Delta S$ 이므로 반응의 자발성은 온도의 영향을 받는다. 발열 반응 중 엔트로피가 증가하면 모든 온도에서 자유 에너지가 감소하고, 엔트로피가 감소하면 낮은 온도에서 자유 에너지가 감소한다.

07. 답 (1) < (2) < (3) <
해설 (1) 증기가 응축되어 액체가 될 때는 액화열을 방출하므로 $\Delta H < 0$이다.
(2) 기체에서 액체가 될 때 무질서도가 감소하므로 엔트로피가 감소한다. 따라서 $\Delta S_{계} < 0$이다.
(3) 주어진 조건에서 증기의 응축 과정이 자발적으로 일어나므로 $\Delta G < 0$이다.

08. 답 <, >
해설 $\Delta H < 0$ 이고, $T\Delta S > 0$ 이므로 $\Delta H - T\Delta S$ 는 항상 - 값이다. 따라서 모든 온도에서 자발적인 반응이다. ($\Delta G < 0$)

09. 답 (가)
해설 (가)는 $\Delta H > 0$ 이고, $\Delta S < 0$ 이므로 $\Delta H - T\Delta S$ 는 항상 + 값이다. 따라서 모든 온도에서 비자발적인 반응이다. ($\Delta G > 0$)
(나)는 $\Delta H > 0$ 이고, $\Delta S > 0$ 이므로 $\Delta H - T\Delta S$ 는 온도에 의해 결정된다. 따라서 특정 온도보다 높은 온도에서 $\Delta G < 0$이 되므로 높은 온도에서 반응이 자발적이다.

10. 답 <, 자발적
해설 (다)는 발열 반응이고 엔트로피가 감소하면 ΔG는 온도에 의해 결정된다. 낮은 온도에서는 $\Delta G < 0$ 이 되므로 반응이 자발적이다.

11. 답 ⑤
해설 ㄱ. 얼음이 녹아 물로 될 때는 무질서도가 증가하므로 계의 엔트로피는 증가한다. ㄴ. 전체의 엔트로피 변화가 0보다 큰 반응만 자발적으로 진행된다. 이 반응은 25℃에서 자발적으로 진행되기 때문에 계와 주위의 엔트로피 변화의 합은 증가한다. ㄷ. 이 반응은 25℃에서 자발적으로 진행되므로 자유 에너지 변화(ΔG)는 0보다 작다.

12. 답 ③
해설 ㄱ. 산화 수은이 분해될 때 기체 분자 수가 증가하므로 계의 무질서도는 증가한다. ㄴ. 이 반응은 흡열 반응이므로 반응이 일어날 때 주위로부터 열을 흡수하여 주위의 온도가 낮아진다. 따라서 산화 수은이 분해될 때 $\Delta S_{주위} < 0$이다. ㄷ. 산화 수은이 분해될 때 $\Delta H > 0$ 이고, $\Delta S > 0$ 이므로 $\Delta H - T\Delta S$ 는 온도에 의해 결정된다. $\Delta G = \Delta H - T\Delta S < 0$를 만족하는 온도에서는 산화 수은이 자발적으로 분해된다.

13. 답 ①
해설 ㄱ. 반응 (나)는 반응물이 생성될 때 기체의 몰수가 감소하므로 엔트로피 변화(ΔS)는 0보다 작다.
ㄴ. $N_2(g) + 2O_2(g) \rightarrow 2NO_2(g)$ 는 헤스의 법칙을 이용하여 구할 수 있다.

$2NO(g) \rightarrow N_2(g) + O_2(g)$ $\Delta H = -180$ kJ ······· ㉠
$2NO(g) + O_2(g) \rightarrow 2NO_2(g)$ $\Delta H = 114$ kJ ······· ㉡

이므로 ㉡ - ㉠을 하면 다음과 같다.

$2NO(g) + O_2(g) \rightarrow 2NO_2(g)$ $\Delta H_1 = 114$ kJ ······· ㉡
$-)$ $2NO(g) \rightarrow N_2(g) + O_2(g)$ $\Delta H_2 = -180$ kJ ······· ㉠
$N_2(g) + 2O_2(g) \rightarrow 2NO_2(g)$ $\Delta H = 294$ kJ

ㄷ. (다)의 반응은 $\Delta H > 0$ 이고, 반응물이 생성물이 될 때 기체의 몰수가 감소하므로 $\Delta S < 0$ 이다. $\Delta G = \Delta H - T\Delta S > 0$ 이다.

14. 답 ④
해설 ㄱ. 흡열 반응이므로 계가 주위에서 열을 흡수하면 분자 운동이 둔해져서 주위의 엔트로피 변화($\Delta S_{주위}$)는 0보다 작다.
ㄴ. 반응물의 몰수비 : 생성물의 몰수비 = a + b : c이다. 25℃, 1 기압에서 $\Delta H > 0$, $\Delta G < 0$ 이고, $\Delta G = \Delta H - T\Delta S$ 이므로 $\Delta S > 0$ 이다. 반응물과 생성물이 모두 기체이기 때문에 기체 분자 수가 증가하는 반응일 때 계의 엔트로피가 증가하기 위해서는 a + b < c 이다.
ㄷ. $\Delta H > 0$ 이고, $\Delta S > 0$ 이므로 $\Delta H - T\Delta S$ 는 온도에 의해 결정된다. 특정 온도보다 높은 온도에서 $\Delta G = \Delta H - T\Delta S < 0$ 이 될 수 있다. 25℃에서 자발적이므로 25℃보다 높은 40℃에서도 자발적이다.

15. 답 ②
해설 ㄱ. 반응의 자유 에너지 변화는
$\Delta G = \Delta H - T\Delta S$ = -92 kJ - {(273 +25) K × -198 J/K} = -92×10^3 J - {(273 +25) K × -198 J/K} = -33 kJ이므로 $\Delta G < 0$ 이다.

ㄴ. 엔탈피 변화(ΔH) = $\Sigma H^\circ_{생성 물질}$ - $\Sigma H^\circ_{반응 물질}$ < 0 이므로 생성물의 엔탈피 합은 반응물의 엔탈피 합보다 작다.
ㄷ. $\Delta G = \Delta H - T\Delta S$ = 0에서

$T = \frac{\Delta H}{\Delta S} = \frac{-92.2 \times 10^3 \text{ J}}{-198.7 \text{ J/K}}$ = 464 K 이다.

464 K보다 낮은 온도에서 $\Delta G < 0$이 되므로 464 K 보다 낮은 온도에서 이 반응은 자발적이다.

16. 답 ③
해설 반응하여 기체에서 고체가 되기 때문에 엔트로피 변화는 0보다 작다.($\Delta S < 0$) $\Delta H > 0$,이고, $\Delta S < 0$ 이므로, $\Delta G = \Delta H - T\Delta S > 0$ 이다.

17. 답 ②
해설 ㄱ. (가)는 온도 T_1에서 $\Delta H > 0$ 이고, $\Delta S < 0$ 이므로 $\Delta H - T\Delta S$는 항상 + 값이다. 따라서 모든 온도에서 비자발적($\Delta G > 0$)인 반응이다. ㄴ. 절대 온도(T)는 항상 + 값을 갖는다. 따라서 온도 T_1에서 (나)의 $T\Delta S > 0$이므로 $\Delta S > 0$이다. ㄷ. (다)는 $\Delta H < 0$ 이고, $\Delta S < 0$ 이므로 $\Delta H - T\Delta S$는 온도에 의해 결정된다. 따라서 특정 온도보다 낮은 온도에서 $\Delta G < 0$ 이 되므로 낮은 온도에서 반응이 자발적이다.

18. 답 ③
해설 (나)는 $\Delta H > 0$ 이고, $\Delta S > 0$ 이므로 $\Delta H - T\Delta S$는 온도에 의해 결정된다. 특정 온도보다 높은 온도에서 $\Delta G < 0$이 되므로 높은 온도에서 반응이 자발적이다. 따라서 반응이 자발적으로 진행되기 위해서는 $T > \frac{\Delta H}{\Delta S}$ 이다.

19. 답 ⑤
해설 ㄱ, ㄴ. $\Delta G = \Delta H - T\Delta S$ 이므로 x축이 T, y축이 ΔG인 직선의 방정식이다. y절편이 0보다 크므로 $\Delta H > 0$이고, 직선의 기울기가 0보다 작으므로 $\Delta S > 0$이다. 이 반응은 300 K 보다 낮은 온도에서 $\Delta G > 0$ 이고, 온도가 증가할수록 ΔG 값이 작아지므로 $\Delta H > 0$, $\Delta S > 0$ 인 반응이다.

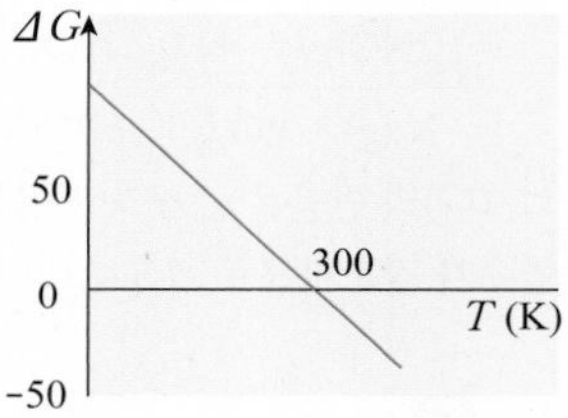

ㄷ. 이 반응은 300 K 보다 높은 온도에서 $\Delta G < 0$ 이므로 자발적이다.

20. 답 ①
해설 ㄱ. 200 K 에서 이 반응의 엔탈피 변화(ΔH)는 0보다 크므로 흡열 반응이다. ㄴ. 300 K 에서 $T\Delta S = \Delta H$이므로 이 반응의 $\Delta G = \Delta H - T\Delta S$ = 0 이다. ㄷ. 400 K 에서 $T\Delta S > \Delta H$이므로 $\Delta G < 0$ 이 된다. 따라서 이 반응은 자발적이다.

21. 답 ⑤
해설 ㄱ. 기체의 분자 수가 감소하므로 엔트로피는 감소한다.($\Delta S < 0$) $\Delta G = \Delta H - T\Delta S$에서 $\Delta G < 0$이고, $\Delta S < 0$이므로 $\Delta H < 0$ 이어야 한다. 발열 반응은 주위로 열을 방출하므로 분자 운동이 활발해져서 주위의 엔트로피는 증가한다.
ㄴ. T_1 K 에서 (가)는 $\Delta G > 0$ 이므로 비자발적이고, (나)는 $\Delta G < 0$ 이므로 자발적이고, (다)는 $\Delta G = 0$ 이므로 평형이다. 이 반응은 T_1 K 에서 $\Delta G < 0$ 이므로 (나) 반응에 해당한다.
ㄷ. (나)는 T_2 K 보다 낮은 온도에서 $\Delta G < 0$ 이므로 자발적으로 일어난다.

22. 답 ①
해설 ㄱ. $\Delta H < 0$ 이고, 기체 분자 수가 증가하므로 $\Delta S > 0$ 이다. $\Delta G = \Delta H - T\Delta S$이므로 $\Delta G < 0$ 이다. 따라서 반응물의 자유 에너지가 생성물의 자유 에너지보다 크다. ㄴ. $\Delta H < 0$ 이고, $\Delta S > 0$ 이므로 $\Delta H - T\Delta S$는 항상 - 값이다. 따라서 모든 온도에서 자발적인 반응이지만, 반응 속도는 알 수 없다. ㄷ. $\Delta H < 0$이고, $\Delta S > 0$ 이므로 $\Delta H - T\Delta S$는 항상 - 값이다. 따라서 온도에 관계없이 $\Delta G < 0$ 이다.

23. 답 ③
해설 이 반응은 $\Delta H > 0$ 이고, 반응하여 기체의 몰수가 증가하기 때문에 $\Delta S > 0$ 이다. 따라서 $\Delta H - T\Delta S$는 온도에 의해서 결정된다. 이 반응은 특정 온도보다 높은 온도에서 $\Delta G < 0$ 이 되므로 높은 온도에서 반응이 자발적이다. $T > \frac{\Delta H}{\Delta S}$ 온도에서 반응이 자발적이므로 일정 온도 이상일 때만 $\Delta G < 0$ 이어야 한다.

24. 답 ③
해설 ㄱ. 25℃에서 (가)는 $\Delta H < T\Delta S$ 이므로 $\Delta G = \Delta H - T\Delta S < 0$ 이다. 따라서 반응이 자발적으로 일어난다. ㄴ. 25℃에서 (나)는 $T\Delta S < 0$ 이다. 절대 온도(T)는 항상 0보다 크므로 엔트로피가 감소하는 반응이다.($\Delta S < 0$) ㄷ. (다)는 $\Delta G = \Delta H - T\Delta S = 0$ 이므로 평형 상태이다.

25. 답 -2106 kJ
해설 이 반응은 $C_3H_8(g) + 5O_2(g) \rightarrow 3CO_2(g) + 4H_2O(l)$이다.
자유 에너지 변화(ΔG) = $\Sigma G^\circ_{생성 물질}$ - $\Sigma G^\circ_{반응 물질}$ 이므로
{(3 × $CO_2(g)$의 생성 자유 에너지) + (4 × $H_2O(l)$의 생성 자유 에너지)} - {($C_3H_8(g)$의 생성 자유 에너지) + (5 × $O_2(g)$의 생성 자유 에너지)} = (3 × -390 + 4 × -240) - (-24 + 0) = -2106 kJ 이다.

26. 답 -3000 kJ
해설 이 반응은 $C_6H_5OH(s) + 7O_2(g) \rightarrow 6CO_2(g) + 3H_2O(l)$이다.
엔탈피 변화(ΔH) = $\Sigma H^\circ_{생성 물질}$ - $\Sigma H^\circ_{반응 물질}$ 이므로
{(6 × $CO_2(g)$의 생성 엔탈피) + (3 × $H_2O(l)$의 생성 엔탈피)} - {($C_6H_5OH(s)$의 생성 엔탈피) + (7 × $O_2(g)$의 생성 엔탈피) } = (6 × -393 + 3 × -242) - (-164 + 0) = -2920 kJ 이다.

엔트로피 변화(ΔS) = $\Sigma S^\circ_{생성 물질}$ - $\Sigma S^\circ_{반응 물질}$ 이므로
{(6 × $CO_2(g)$의 생성 엔트로피) + (3 × $H_2O(l)$의 생성 엔트로피)} - {($C_6H_5OH(s)$의 생성 엔트로피) + (7 × $O_2(g)$의 생성 엔트로피)} = (6 × 214 + 3 × 188) - (145.5 + 7 × 205) = 267.5 J/K 이다.

반응의 자유 에너지 변화는 $\Delta G = \Delta H - T\Delta S$ = -2920 kJ - {(273 +25) K × 267.5 J/K} = -2920 × 10^3 J - {(273 +25) K × 267.5 J/K} ≒ -3000 kJ이다.

27. 답 517.5 ℃보다 낮은 온도

해설 $\Delta H < 0$ 이고, $T\Delta S < 0$ 이므로 $\Delta H - T\Delta S$ 는 온도에 의해서 결정된다. 특정 온도보다 낮은 온도에서 $\Delta G < 0$ 이 되므로 낮은 온도에서 반응이 자발적이다.

$\Delta G = \Delta H - T\Delta S = 0$에서

$T = \dfrac{\Delta H}{\Delta S} = \dfrac{-108.3 \times 10^3\ \text{J}}{-137\ \text{J/K}} \fallingdotseq 790.5\ \text{K}(= 517.5\ ℃)$이다.

517.5 ℃보다 낮은 온도에서 $\Delta G < 0$이 되므로 517.5 ℃ 보다 낮은 온도에서 이 반응은 자발적이다.

28. 답 351.8 K(= 78.8 ℃)

해설 $\Delta H > 0$ 이고, $T\Delta S > 0$ 이므로 $\Delta H - T\Delta S$ 는 온도에 의해서 결정된다. 따라서 특정 온도보다 높은 온도에서 $\Delta G < 0$ 이 되므로 높은 온도에서 반응이 자발적이다.

$\Delta G = \Delta H - T\Delta S = 0$에서

$T = \dfrac{\Delta H}{\Delta S} = \dfrac{38.7 \times 10^3\ \text{J}}{110\ \text{J/K}} \fallingdotseq 351.8\ \text{K}(= 78.8\ ℃)$이다.

78.8 ℃보다 높은 온도에서 $\Delta G < 0$이 되므로 78.8 ℃ 보다 높은 온도에서 이 반응은 자발적이다.

29. 답 (1) 자발적인 반응 (2) 비자발적인 반응

해설 (1) A → B 구간은 반응이 진행됨에 따라 ΔG(그래프의 기울기) < 0 이기 때문에 반응이 자발적으로 일어난다. 따라서 정반응이 자발적이기 때문에 반응물이 반응하여 생성물이 된다.
(2) B → C 구간은 반응이 진행됨에 따라 ΔG(그래프의 기울기) $>$ 0 이기 때문에 반응이 비자발적으로 일어난다. 따라서 정반응이 비자발적이기 때문에 역반응이 자발적으로 진행된다.

30. 답 -169.8 kJ

해설 반응의 자유 에너지 변화는 $\Delta G = \Delta H - T\Delta S = -36\ \text{kJ} - (300\ \text{K} \times 446\ \text{J/K}) = -36 \times 10^3\ \text{J} - (300\ \text{K} \times 446\ \text{J/K}) = -169.8\ \text{kJ}$이다.

31. 답 195.6 kJ , 비자발적인 반응

해설 자유 에너지 변화(ΔG) = $\Sigma G^\circ_{\text{생성 물질}} - \Sigma G^\circ_{\text{반응 물질}}$ 이므로 {(2 × $Fe_3O_4(g)$의 생성 자유 에너지) + ($\frac{1}{2}$ × $O_2(g)$의 생성 자유 에너지)} - (3 × $Fe_2O_3(s)$의 생성 자유 에너지) = (2 × -1015.5 + 0) - (3 × -742.2) = 195.6 kJ 이다. $\Delta G > 0$ 이기 때문에 반응이 비자발적으로 일어난다.

32. 답 134 J/K

해설 엔탈피 변화(ΔH) = $\Sigma H^\circ_{\text{생성 물질}} - \Sigma H^\circ_{\text{반응 물질}}$ 이므로 {(2 × $Fe_3O_4(g)$의 생성 엔탈피) + ($\frac{1}{2}$ × $O_2(g)$의 생성 엔탈피)} - (3 × $Fe_2O_3(s)$의 생성 엔탈피) = (2 × -1118.4 + 0) - (3 × -824.2) = 235.8 kJ 이다.

반응의 자유 에너지 변화는 $\Delta G = \Delta H - T\Delta S = 235.8\ \text{kJ} - (300\ \text{K} \times x\ \text{J/K}) = 195.6\ \text{kJ}$ 이므로 $x \fallingdotseq 134\ \text{J/K}$ 이다. 300 K 에서 ΔS는 134 J/K 이다.

14강. Project 2

Project 논/구술 276 ~ 279 쪽

Q1

열린계이다. 내부와 외부를 눈벽으로 단열하는 기능이 있긴 하지만, 환기구와 창문을 통해 물질과 에너지가 오고갈 수 있기 때문이다.

해설 열린계는 주위와 물질, 에너지를 모두 교환할 수 있고 닫힌계는 주위와 물질은 교환되지 않고 에너지만 교환할 수 있다. 그리고 고립계는 주위와 물질, 에너지가 모두 교환되지 않는다. 이글루는 연기가 빠져나가기 위한 환기구와 창문 등으로 인해 외부와 물질, 에너지 교환이 모두 가능한 열린계이지만, 그 크기가 작고 눈벽 사이에 갇힌 공기로 인해 외부와 내부의 열에너지 출입이 최대한으로 차단되므로 온도가 유지되게 된다. 만약 이글루의 환기구와 창문, 문을 모두 막으면 이글루 내부를 닫힌계라 할 수 있을 것이다.

Q2

모든 산화 반응을 발열 반응이라 할 수 없다. 물을 전기분해할 때 산화·환원 반응을 통해 분해되는데, (+)극과 (-)극에 모두 물이 있지만 (+)극에서는 물이 전자를 잃고 산화되어 산소 기체를 발생하게 되고, (-)극에서는 물이 전자를 얻어 환원되고 수소 기체를 발생하는 이 과정은 산화 반응을 포함하고 있음에도 에너지를 필요로 하는 흡열 반응이다.

Q3

자연에서 무질서도가 감소하는 방향으로 변화할 확률보다 무질서도가 증가하는 방향으로 변화할 확률이 더 높기 때문이다. 다른 색깔의 공을 위 아래로 쌓고, 병을 흔들면 조금씩 두 개의 색이 섞이는 것을 관찰할 수 있지만, 아무리 흔들어도 더 섞이기만 할 뿐 원래 모양대로 각각의 색으로 분리되지는 않는 것과 같다.

Q4

〈예시 답안〉 우주 자체의 엔트로피가 최대로 증가하는 과정이라면 지구 내의 지권, 기권, 수권, 생명권의 엔트로피도 최대로 증가하여(즉, 골고루 분해되어) 이미 아무것도 살아있지 못할 것이다.

해설 우주의 엔트로피가 계속 커져서 에너지를 모두 사용하는 경우의 종말 이론을 '빅 프리즈(Big Freeze)'라 한다. 이에 따르면, 우주에 비해 비교적 가까운 은하끼리는 서로 합쳐지고, 멀리 떨어진 은하와는 시야 밖으로 거리가 더 멀어져 보이지 않게 된다. 100조 년 뒤에는 새로운 별의 탄생이 끝나는 등 서서히 아무런 일도 일어나지 않는 최종 상태로 나아가게 될 것이다.

Project 탐구 〈헤스 법칙〉 280 ~ 281 쪽

자료 해석 및 일반화

Q1

[경로 1] 과정 (나) : $NaOH(s) \longrightarrow NaOH(aq)$

과정 (마) : $NaOH(aq) + HCl(aq) \longrightarrow NaCl(aq) + H_2O(l)$

[경로 2] $NaOH(s) + HCl(aq) \longrightarrow NaCl(aq) + H_2O(l)$

해설 헤스 법칙은 총 열량 불변의 법칙이라고도 하며, 화학 변화에서 반응 전 물질의 상태와 종류, 반응 후 물질의 상태와 종류가 결정되면 반응 경로와 상관없이 그 사이에 출입하는 열량의 총합은 일정하다는 법칙이다. 헤스 법칙을 이용하면, 이미 알고 있는 반응열을 이용하여 실험적으로 구하기 어려운 반응열을 쉽게 구할 수 있다. 이 실험에서는 고체 수산화 나트륨과 염산의 반응열을 수산화 나트륨의 용해열과 수산화 나트륨 수용액과 염산과의 반응열로 경로를 나눠 구함으로써 헤스 법칙이 성립한다는 것을 알아보았다.

Q2

[경로 1] 과정 (나) : 33.04 kJ/mol

과정 (마) : 53.50 kJ/mol

[경로 2] 86.07 kJ/mol

해설 [경로 1]과 [경로 2]의 반응열을 계산하기 위해서는 먼저 질량, 몰 농도, 온도 변화량을 알아야 한다.
[경로 1]의 질량은 밀도를 모두 1g/mL로 가정했으므로
과정 (나) : 물 100g + 수산화 나트륨 4g = 104g
과정 (마) : 염산 50g + 수산화 나트륨 수용액 50g = 100g
이다.
[경로 2]의 질량은
염산 100g + 수산화 나트륨 4g = 104g이다.
[경로 1]의 과정 (나)에서 NaOH(*aq*)의 몰 농도를 계산해야 한다.

$$\text{NaOH의 몰수} = \frac{4.0}{40} = 0.1\text{몰}$$

$$\text{NaOH}(aq)\text{의 몰 농도(M)} = \frac{0.1\text{몰}}{0.104\text{L}} \fallingdotseq 1\text{M}$$

[경로 1]의 과정 (나)의 온도 변화량은 7.6℃, 과정 (마)의 변화량은 6.4℃이고, [경로 2]의 온도 변화량은 19.8℃이다.
수용액의 비열(4.18J/g·℃)을 이용하여 반응열을 계산하면
[경로 1]의 과정 (나) 반응열 : 4.18 × 7.6 × 104 ÷ 0.1 = 33038.72 J ≒ 33.04 kJ
[경로 1]의 과정 (마) 반응열 : 4.18 × 6.4 × 100 ÷ 0.05 = 53504 J ≒ 53.50 kJ
[경로 2]의 반응열 : 4.18 × 19.8 × 104 ÷ 0.1 = 86074.56 J ≒ 86.07 kJ이다.
[경로 1]의 전체 반응열 86.54 kJ과 [경로 2]의 전체 반응열 86.07 kJ은 거의 같다.
반응 전후에 물질의 종류와 상태가 같으면 반응 경로에 관계없이 방출 또는 흡수되는 열량이 일정하다는 헤스 법칙에 부합하는 결과이다.

Q3

계산할 때 물과 수용액의 밀도를 모두 1g/mL로 통일시켰던 것이 실제로는 다르다는 것, 그리고 열량계의 열용량을 무시하는 것 등에 의해 실제 실험에서 오차가 발생하게 되었다.

창 / 의 / 력 / 과 / 학

세페이드 시리즈

1. 창의력 과학의 결정판	기본 이론 정리, 창의력 문제를 통한 확장된 사고력, 탐구와 서술 프로젝트까지 과학적 창의력 확장 활동의 모든 것을 수록하였습니다.
2. 단계별 맞춤 학습	물리, 화학, 생명과학, 지구과학을 중등기초 부터 고등 Ⅰ,Ⅱ, 특목고, 각종 대회 준비까지 통틀어 5단계로 구성하였습니다.
3. 유형별 학습	소단원 별로 대표적인 유형의 문제와 적용 문제를 담았습니다.
4. 풍부한 창의력 문제	소단원 별로 심화 문제, 실생활 적용형, 개념 서술형 등 STEAM 형태의 창의력 향상 문제를 제시하였습니다.
5. 단원별 탐구, 서술 프로젝트	대단원 별로 서술, 논술, 탐구 활동 등의 프로젝트를 구성하였습니다.
6. 스스로 풀어 보는 문제	소단원 별로 각 유형의 풍부한 문제를 난이도 A-B-C-심화 로 구분하여 스스로 풀도록 구성하였습니다.

CEPHEID

무한상상

무한상상

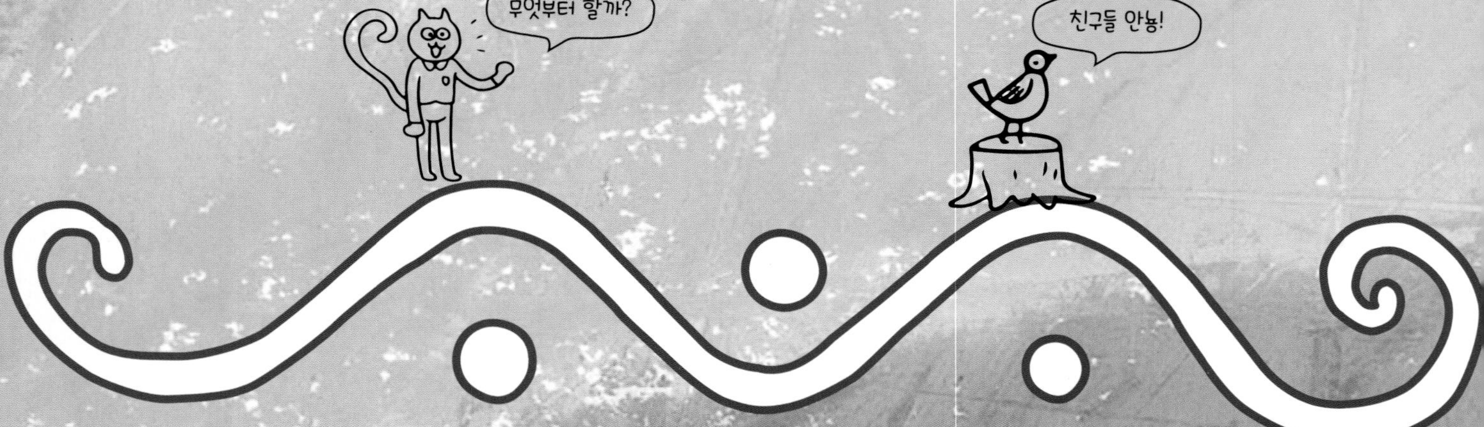